Die Grosse National Geographic
ENZYKLOPÄDIE
WELTALL

Einen spektakulären Anblick bot
der Komet Hale-Bopp 1997
am Himmel über Mount Whitney
in Kalifornien. Der blaue Kome-
tenschweif entstand, als Teilchen
des Sonnenwinds auf die Ionen
trafen, die vom Kometenkern ausgestoßen wurden.

Die Grosse National Geographic
ENZYKLOPÄDIE
WELTALL

Linda K. Glover

mit Andrew Chaikin, Patricia S. Daniels,
Andrea Gianopoulos und Jonathan T. Malay

VORWORT BUZZ ALDRIN

MIT ESSAYS VON

GHASSEM R. ASRAR
National Aeronautics and
Space Administration

J. KELLY BEATTY
SKY & TELESCOPE

CARISSA BRYCE CHRISTENSEN
The Tauri Group

LEONARD DAVID
Space.com

DAVID DeVORKIN
National Air and Space Museum,
Smithsonian Institution

SYLVIA A. EARLE
National Geographic
Explorer-in-Residence

DIANE L. EVANS
Jet Propulsion Laboratory,
California Institute of Technology

GARY A. FEDERICI
Center for Naval Analyses

KONTERADMIRAL RAND FISHER
National Reconnaissance Office

SENATOR JAKE GARN
US-Senat 1974–1993

WILLIAM HARWOOD
Unabhängiger Berater

SEAN O'KEEFE
National Aeronautics and
Space Administration

SARA SCHECHNER
Harvard University

ROBERT W. SMITH
University of Alberta

KATHRYN D. SULLIVAN
COSI Columbus

JAMES TREFIL
George Mason University

J. ANTHONY TYSON
Lucent Technologies, Bell Labs

CHRISTOPHER WANJEK
Unabhängiger Berater

DEBORAH JEAN WARNER
National Museum of American History,
Smithsonian Institution

DAVID WILKINSON
Princeton University

ROBERT W. WILSON
Harvard-Smithsonian
Center for Astrophysics

INHALT

1 | DIE TIEFEN DES ALLS
ANDREA GIANOPOULOS

2 | UNSER SONNENSYSTEM
PATRICIA S. DANIELS

3 | HINAUS INS ALL
Patricia S. Daniels und Linda K. Glover

4 | BEMANNTE RAUMFAHRT
ANDREW CHAIKIN

5 | GEOWISSENSCHAFTEN UND DIE KOMMERZIELLE NUTZUNG DES ALLS
JONATHAN T. MALAY

6 | MILITÄRISCHE UND GEHEIMDIENSTLICHE NUTZUNG DES ALLS

LINDA K. GLOVER

ANHANG/KARTEN

Der riesige Nebel NGC 604 ist 2,7 Millionen Lichtjahre entfernt und explodiert fast vor der Aktivität seiner mehr als 200 neu entstandenen, massereichen Sterne im Zentrum. Sie erhitzen das Gas in ihrer Umgebung und erzeugen dadurch das charakteristische Leuchten des Nebels. Das Bild ist 1995 mit dem Hubble-Weltraumteleskop gemacht worden.

VORWORT

Buzz Aldrin

ES IST NOCH IMMER EINE EHRE, EINER DER WENIGEN MENSCHEN ZU SEIN, DIE auf dem Mond gestanden und die Erde von oben betrachtet haben. Rückblickend scheint meine Karriere als Astrophysiker und Astronaut wie vorherbestimmt: Mein Vater war Flugzeugpionier, meine Mutter trug den Mädchennamen „Moon". Schon als Zweijähriger saß ich zum ersten Mal in einem Flugzeug, einer einmotorigen „Lockheed Vega", die mein Vater steuerte. Aber was war erforderlich, um unseren Trabanten zu erreichen?

Am 20. Juli 1969, knapp zwölf Jahre nachdem die Sowjetunion „Sputnik 1", den ersten künstlichen Erdsatelliten, gestartet hatte, betraten Neil Armstrong und ich den Mond. Hinter uns lag ein außergewöhnliches Jahrzehnt technologischer Entwicklung und Weltraumforschung. Tausende von wissenschaftlichen Durchbrüchen waren notwendig, um Menschen lebendig auf den Mond und wieder zurück zu bringen. Den Antrieb dafür lieferte der Wettlauf zwischen den beiden Supermächten USA und Sowjetunion in den 1960er Jahren. Es ging um militärische Vorteile und die nationale Ehre. Aber es war auch ein neuartiges Unterfangen, dessen Kühnheit die Phantasie der Forscher und Medien weltweit in ihren Bann zog.

Was hat uns die Mondlandung schließlich gebracht? Wir haben gewaltige technische Probleme überwunden und neue Industrien aufgebaut. Wir haben neue Materialien, Prozesse und Produkte entwickelt, die aus unserem Alltag auf der Erde nicht mehr wegzudenken sind. Wir haben die Vorstellungskraft einer ganzen Generation beflügelt. Und wir haben Daten gesammelt, die für die künftige Erforschung des Weltalls wichtig sind. In den 35 Jahren seit dem ersten Mondspaziergang – nicht gerechnet die fünf Folgemissionen des „Apollo"-Programms bis 1972 – haben mehr als 250 Astronauten im Weltraum gelebt und gearbeitet; immer in niedrigen Umlaufbahnen nahe der Erde. Der Flug von Menschen ins All ist zwar noch immer kompliziert, gefährlich und teuer, aber er ist doch so alltäglich geworden, dass zunehmend ernste Pläne für einen Weltraumtourismus geschmiedet werden. Viele unbemannte Systeme – von Planetensonden und -fahrzeugen bis zu Satelliten und Teleskopen – haben spektakuläre Entdeckungen ermöglicht. Diese Untersuchungen lieferten Hinweise darauf, dass es vermutlich Wasser auf den Jupitermonden und dem Mars gibt beziehungsweise früher gegeben hat. Wir haben mehr als 100 Planeten entdeckt, die andere Sterne wie unsere Sonne umkreisen.

Ich bin sehr erfreut über die Raumfahrtvisionen, die Präsident George W. Bush am 14. Januar 2004 angekündigt hat, und von dem darauf folgenden Plan, den die Nasa im Februar 2004 vorgestellt hat. 35 Jahre nachdem wir erstmals den Mond erreicht haben, existiert damit ein Plan für die künftige bemannte Weltraumforschung. Die Internationale Raumstation wird dazu dienen, die Folgen

Astronaut Buzz Aldrin
spaziert am 20. Juli 1969
auf dem Mond durch
das Meer der Stille. Sein
„Apollo 11"-Kollege
Neil Armstrong, der sich
im Visier von Aldrins
Helm spiegelt, nahm die-
ses Foto mit einer spe-
ziell für den Mond präpa-
rierten Kamera auf.

eines langen Weltraumflugs für den Menschen zu untersuchen. Unbemannte Mondmissionen sollen eine ständig bemannte Mondstation vorbereiten. Mit dort durchgeführten Tests bereiten wir uns auf eine Marslandung vor, suchen aber auch nach Rohstoffen auf unserem Trabanten. Vielleicht lässt sich beispielsweise das Wassereis an den Mondpolen in Wasserstoff und Sauerstoff spalten, um daraus Treibstoff für Raketen zu gewinnen. Das würde den Bedarf an Treibstoff reduzieren, den man von der Erde herantransportieren müsste.

Viele von uns malen sich stationäre Anlagen an einem Ort im Weltraum aus, der L1 heißt. Dabei handelt es sich um einen Punkt nahe des Mondes, an dem sich die Anziehungskräfte der Erde und unseres Trabanten gegenseitig neutralisieren. Ein Objekt könnte dort fast ohne Energieaufwand auf unbestimmte Zeit bleiben. Weil wir an diesem Punkt nicht die Anziehungskraft der Erde überwinden müssen, wäre weniger Energie erforderlich, um eine Marssonde zu starten.

Wir werden auch mehrere Sonden zum Mars schicken, um die Chancen für eine Landung von Menschen dort zu untersuchen. Eine bemannte Landung sollte man zuerst auf einem der Marsmonde testen, aber schließlich werden wir Menschen schicken, die den Mars selbst untersuchen. Im Gegensatz zu Computern können Menschen schnell auf das reagieren, was sie sehen, und ihr tägliches wissenschaftliches Programm entsprechend ändern. Bei den heutigen autonomen Marsfahrzeugen dagegen müssen die Computer stundenlang neu programmiert werden.

Bis der erste Mensch auf dem Mars landen kann, brauchen wir wiederum viele wissenschaftliche und technische Durchbrüche. Ich meine, wir sollten flüssige und keine festen Treibstoffe verwenden. Die Flüssigtreibstoffraketen sollten wieder verwendbar sein und, nachdem der Treibstoff verbraucht ist, abgestoßen werden, damit sie selbständig zur Erde zurückkehren können. Sobald wir für die Marslandungen bereit sind, sollten wir eine dauerhafte Präsenz anstreben: Astronauten sollten für eine mehrjährige Mission anheuern, die sowohl die Zeit auf dem Mars umfasst als auch den Hin- und Rückflug. Für den Flug selbst könnten wir den von mir so getauften „Mars Cycler" verwenden – ein Raumfahrzeug, das zwischen der Erde und dem Mars umläuft. Eine kleinere Raumfähre sollte Menschen und Material zwischen dem „Cycler" und dem jeweiligen Planeten hin- und hertransportieren, dem sich der „Cycler" alle 26 Monate nähert.

Für die Marsmission brauchen wir neue Treibstoffe, Antriebssysteme, Raumfahrzeuge, Raumanzüge, lebenserhaltende Systeme, Startfahrzeuge und Kommunikationsmittel. Trotz all dieser Unbekannten steckt die Mehrzahl der amerikanischen Astronauten bereits in Trainingsprogrammen für lang dauernde Raumflüge. Wir müssen intensiver mit anderen Ländern zusammenarbeiten. China hat die Arena der bemannten Raumfahrt betreten, nachdem es am 16. Oktober 2003 erfolgreich seinen ersten bemannten Orbitalflug (21,5 Stunden) beendet hatte. Europa baut seine Anlagen für Weltraumstarts weiter aus und perfektioniert sie. Das sowjetische – heute russische – Programm ist lange der Motor der Raumfahrt gewesen und war vor der Mondlandung mit neuen Entwicklungen oft schneller als das Programm der Amerikaner. Es bedarf einer gemeinsamen Anstrengung von uns allen, um bis zum Mars zu gelangen. Vor allem fordert es den Menschen unglaubliche Genialität und Hartnäckigkeit ab, um mit den Gesetzen von Zeit, Raum, Masse und Energie umgehen zu können, die unser Universum bestimmen. Aber ich weiß, dass wir es schaffen können.

Das Interesse am Weltraumtourismus ist enorm gewachsen. Es gibt Firmen, die bereits Fahrkarten für Flüge ins All verkaufen. Ich glaube, dass Regierung und Industrie in die Mond-Mars-Mission investieren müssen, um die kosteneffektiven Technologien zu entwickeln, die unsere Kinder später ins All befördern werden. Ich erwarte dabei eine erste Phase, in der einige wenige Menschen die Erde in einem „Weltraum-Tourbus" für einen Tag umkreisen. Vielleicht werden dann in einem zweiten Schritt Weltraumtouristen die Erde für rund fünf Tage auf einer Umlaufbahn umrunden – in einem raumkapselähnlichen „Weltraumhotel". Und irgendwann dürfte es Touristen geben, die mit 40 200 Kilometern pro Stunde einmal um den Mond herumfliegen, um ihn aus der Nähe anzuschauen und dann zur Erde zurückzukehren.

Diese unzähligen Weltraumaktivitäten werden grundlegend neue Bereiche der wissenschaftlichen Forschung eröffnen, neue Arbeitsplätze schaffen, neue Felder der Rechtssprechung und der Sozialforschung sowie neue Karrieremöglichkeiten. Während meines Astronautik-Studiengangs am Massa-chusetts Institute of Technology (MIT) entwickelte ich neue Techniken, die später im Rahmen des amerikanischen und russischen Raumfahrtprogramms verwendet wurden: beim Rendevous bemannter Raumfahrzeuge mit Raumstationen. Als junger Astronaut bereitete ich den Weg, die neue Methode des Gerätetauchens zu nutzen, um die Schwerelosigkeit eines Weltraumflugs in Wassertanks zu trainieren. Ich entwickelte auch den Ansatz des „Orbital Cycler", um durch das Sonnensystem zu reisen – auf einer stabilen Umlaufbahn um zwei benachbarte Massen. Hoffentlich wird er bei der Marsmission berücksichtigt.

Die heutigen Studenten können an dem wunderbaren Abenteuer der Weltraumforschung teilnehmen, das in den kommenden Jahrzehnten vor uns liegt, indem sie intensiv forschen, ein tiefes Verständnis für neue Technologien entwickeln und neuartige Verbindungen zwischen dem Gelernten herstellen. Sie werden sich neuen Herausforderungen stellen müssen.

All diese Themen und noch viel mehr sind Inhalt dieses Buches. Es bietet eine breite Einführung in das große Thema Weltraum und seine wissenschaftlichen Grundlagen. Ich möchte Sie dazu ermuntern, mehr über unser gewaltiges Universum zu lernen, über unseren eigenen Planeten und über die Methoden, mit denen wir dies alles erforschen. Und ich möchte Sie ermutigen, zu träumen – von Leben auf einem anderen Planeten, von neuen Raumfahrzeugen und Antriebssystemen sowie von Ihrer eigenen Reise ins All. Genießen Sie den „Flug", während Sie durch die Seiten dieses Buches steuern! ■

Einführung

Linda K. Glover

DIE MENSCHEN WAREN SCHON IMMER VOM ALL FASZINIERT – VON SEINER Größe, seinen Rätseln, seiner Struktur und seiner Schönheit. Diese Faszination veranlasste manche Menschen, ihr Leben zu verändern. Astronomen früherer Zeiten riskierten Gefängnisstrafen, weil sie an wissenschaftlichen Erkenntnissen über den Himmel festhielten. Astronauten und Kosmonauten haben unermesslichen Mut bewiesen, als sie sich auf die Spitze einer kontrollierten Bombe setzten, um ins All geschossen zu werden. Diese Männer und Frauen haben uns eine neue Vorstellung von der Winzigkeit und Zerbrechlichkeit der Erde in diesem weitgehend lebensfeindlichen All gegeben.

Viele Menschen arbeiten unbemerkt von der Öffentlichkeit auf dem Gebiet der Raumfahrt, um mathematische und technische Herausforderungen zu überwinden. Andere verfolgen kommerzielle Interessen bei der Nutzung des Alls, und noch mehr Menschen arbeiten im Verborgenen an geheimen militärischen Projekten.

Wir alle nutzen das All in unserem Alltag: bei Ferngesprächen, Geldtransaktionen am Bankautomaten, beim Gebrauch von Landkarten oder für die Wettervorhersage. Dabei ist uns unsere Abhängigkeit von Satelliten oft nicht bewusst. Die meisten von uns haben nur eine vage Vorstellung von den großen Augenblicken der Weltraumforschung.

Während meiner Kindheit hatte das All für mich eine sowohl vage als auch ergreifende Bedeutung. Ich habe nie erfahren, wie meine Großeltern mütterlicherseits aussahen. Sie wurden durch die erste deutsche „V2"-Rakete getötet, die London im Zweiten Weltkrieg traf. Meine Mutter heiratete einen Offizier der US-Luftwaffe, der die erste mobile Wettereinheit befehligte, die die Landung der Alliierten in der Normandie im Juni 1944 unterstützte. Später war mein Vater intensiv in Satellitenprojekte eingebunden: im Weltraumrat von Vizepräsident Hubert H. Humphrey, um Wettersatelliten zu verbessern, und in geheimen Programmen, von denen ich erst Jahrzehnte später durch meine eigene Tätigkeit erfuhr. Aber ich erinnere mich noch lebhaft an den Oktober 1957, als unsere Familie im Garten stand, um den ersten Satelliten „Sputnik" über uns hinwegfliegen zu sehen. Meine Eltern tauften unsere erste Katze „Sputnik".

Als ich später eine Stelle beim National Reconnaissance Office bekam, musste ich viel über das All lernen. Das war spannend und frustrierend zugleich. Nirgendwo fand ich das Einführungsbuch, das alle Themen abdeckte, die ich als Anfängerin brauchte: von den Tiefen des Alls über den Lebenszyklus der Sterne, unser Sonnensystem, Raketen und Satelliten. Von den internationalen Weltraumabkommen bis hin zur wissenschaftlichen, kommerziellen, militärischen und geheimdienstlichen Nutzung des Alls. Genau dieses Spektrum bieten wir Ihnen hier.

ÜR FORSCHER UND ENTDECKER, UNTERnehmer, Militärstrategen und Träumer sind die Wunder des Weltraums und sein Nutzen von großem Interesse. In den sechs leicht zu handhabenden Kapiteln dieser Enzyklopädie befassen wir uns damit.

Das erste Kapitel (Die Tiefen des Alls) erklärt die Grundlagen der Astronomie sowie die komplizierte Struktur der Sterne, der Galaxien und des Universums. Kapitel zwei (Unser Sonnensystem) zeigt uns den Weltraum in unserer Nähe. Es behandelt die Planeten und andere Himmelskörper, die zu unserem Sonnensystem gehören. Kapitel drei (Hinaus ins All) erklärt die Technik und Physik, die nötig ist, um ins All zu gelangen und sich dort aufhalten zu können. Das vierte Kapitel (Bemannte Raumfahrt) behandelt die Erforschung des Weltraums. Kapitel fünf (Geowissenschaften und die kommerzielle Nutzung des Alls) erklärt die Methoden, mit denen wir vom Weltraum profitieren und unseren Planeten besser verstehen können. Kapitel sechs (Militärische und geheimdienstliche Nutzung des Alls) beschreibt schließlich die strategische Nutzung des Weltraums durch die Vereinigten Staaten.

Jedes Kapitel der Enzyklopädie ist in Unterkapitel aufgeteilt, die in weitere Abschnitte untergliedert sind. Man kann jedes Unterkapitel (wie das über Nebel in dem rechts gezeigten Beispiel) als eigenständige Einheit lesen oder den ausführlichen Index am Ende des Buchs nutzen, um einen bestimmten Abschnitt (Reflexionsnebel) oder Unterabschnitt (Adler-Nebel) zu finden. Innerhalb eines jeden Eintrags verweisen fett gedruckte Wörter auf andere Abschnitte des Buchs, in denen der Begriff erklärt wird.

Essays von führenden Experten auf dem jeweiligen Gebiet liefern einen persönlichen Einblick in bestimmte Themen.

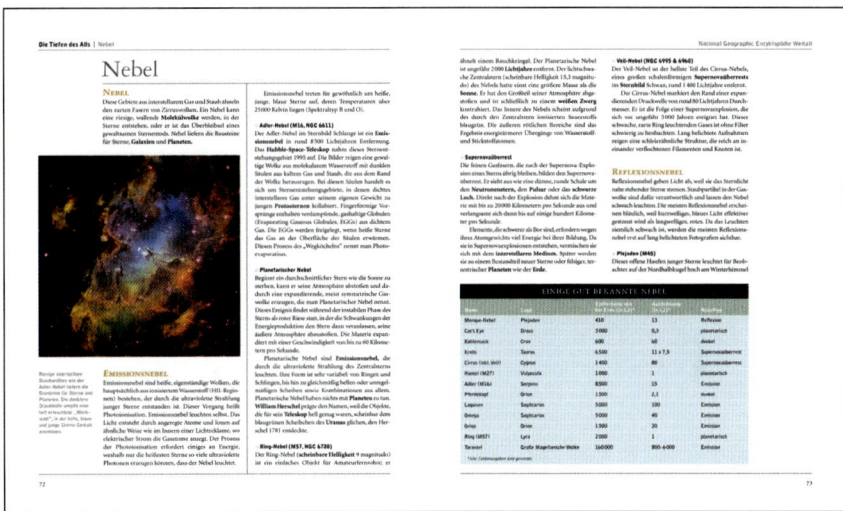

Tabellen, Diagramme und Zeitleisten ermöglichen eine schnelle Orientierung. Alle Maßangaben beziehen sich auf das Internationale Einheitensystem (das metrische System).

Der Kartenteil am Ende des Buchs enthält Sternkarten des Nord- und Südhimmels, eine Karte des Erdmonds, des Mars' sowie des Sonnensystems, des Milchstraßensystems und des Universums.

Eine Liste mit weiterführender Literatur und das umfangreiche und übersichtliche Schlagwortregister runden „Die große NATIONAL GEOGRAPHIC Enzyklopädie Weltall" ab.

1 | Die Tiefen des Alls

Helle, junge Sterne, die kaum älter als fünf
Millionen Jahre sind, bilden einen Ring
um den Kern der Balkenspiralgalaxie NGC
4314. Die durch Staubbänder voneinander
getrennten Spiralarme rahmen den Stern-
ring ein und tragen zu den Staub- und
Gaswolken in seinem Innern bei. Diese
Aufnahme des Hubble-Weltraumteleskops
entstand 1995 und zeigt nur das Zentrum
einer viel größeren Galaxie.

DER HIMMEL UND SEINE VERÄNDERUNGEN FASZINIEREN DEN Menschen seit Jahrtausenden. Diese Faszination sowie der Wunsch, den Himmel und unseren eigenen Platz im All zu verstehen, hat die Astronomie zu einer der ältesten Wissenschaften der Welt gemacht. Einige der frühen Sterngucker waren Hirten, die ihre Herden nachts bewachten. Während sie den Himmel beobachteten, erkannten diese frühen Astronomen nach und nach Muster und die Bewegungen der hellsten Objekte. Die ältesten astronomischen Aufzeichnungen stammen von den Sumerern vor rund 5 000 Jahren. Auf den antiken Tontafeln tauchen Sternbilder wie Taurus (der Stier), Leo (der Löwe) und Scorpius (der Skorpion) auf.

Aus der eher zufälligen Sternenguckerei entwickelte sich mit der Zeit eine systematische Beobachtung. Die Babylonier gehörten zu den ersten Kulturen, die regelmäßig die Bewegungen von Sonne, Mond und Planeten kartierten. Einige der ältesten astronomischen Berechnungen, die man auf Tontafeln aus dem 4. Jahrhundert v. Chr. gefunden hat, beruhen auf Daten, die im Lauf von mehreren Generationen aus den Beobachtungen abgeleitet worden sind. Frühere Himmelsbeobachter sammelten bereits Daten und stellten Berechnungen an, um die Bewegungen von Sonne, Mond und Planeten vorhersagen zu können. Sie glaubten, dass sie Vergangenheit und Zukunft verstünden, wenn sie die Bewegungen des Himmels entschlüsseln könnten. Und dass die Positionen der Himmelskörper unser Schicksal beeinflussen – wie Astrologen bis heute. Früher hielt der Wunsch, das Schicksal vorherzusagen, die beobachtende Astronomie am Leben. Die alten Aufzeichnungen der Mond-, Sonnen- und Planetenpositionen lieferten den ersten Astronomen eine Grundlage, auf der sie aufbauen konnten.

Daraus hat sich eine umfassende Naturwissenschaft entwickelt. Die moderne Astronomie lässt uns nicht nur die Bewegungen von Sonne, Mond und Planeten verstehen, sondern auch die Natur des Universums. Wie unsere Vorfahren fragen wir nach unserer Herkunft und unserem Platz im All. Aber im Gegensatz zu ihnen verfügen wir über ein ganzes Arsenal an Teleskopen, die durch die unvorstellbaren Dimensionen von Raum und Zeit das schwache Leuchten der ersten Galaxien nachweisen können. Wir starten automatische Raumsonden, die unsere Nachbarplaneten umkreisen und in ihre Atmosphäre eindringen. Und wir entwickeln Geräte, um den Himmel bei Wellenlängen beobachten zu können, die die Fähigkeiten des menschlichen Auges bei weitem überschreiten. ◖

Wie sahen die ersten Galaxien aus? Antworten liefert das extrem lichtstarke Hubble-Weltraumteleskop, mit dessen Hilfe wir einige der ältesten Galaxien sehen können – Milliarden von Lichtjahren entfernt. Die größten und hellsten Objekte dieses Bildes sind Galaxien, so wie sie eine Milliarde Jahre nach dem Urknall ausgesehen haben. Das rote Objekt ist ein Stern.

Himmelskugel

HIMMELSKUGEL

Wer von einem dunklen Ort aus zum Nachthimmel blickt, sieht unzählige **Sterne, Planeten** und diffuse Lichter. Mit fortschreitender Nacht tauchen im Osten neue Sterne auf, während andere am Westhorizont verschwinden. Dem irdischen Betrachter erscheint der Himmel wie eine große Hohlkugel, die sich langsam

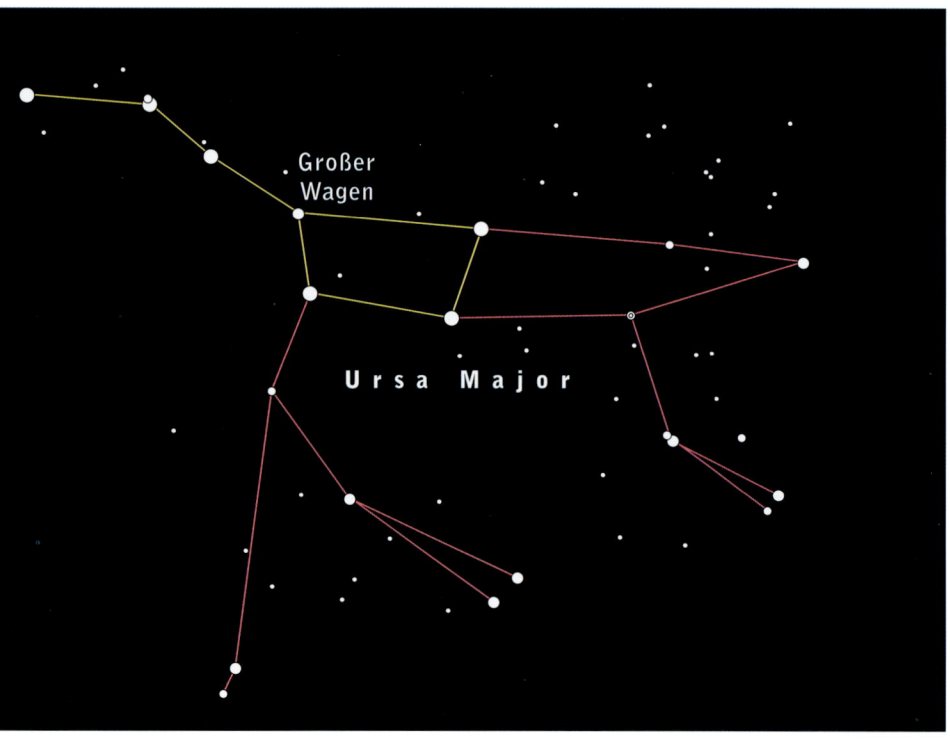

Sieben helle Sterne bilden die als Großer Wagen bekannte Sternfigur. Sie gehört zum Sternbild Ursa Major, dem Großen Bären.

über der ruhenden **Erde** dreht. Die Sterne wirken fixiert, da sie sich nicht in ihren Positionen verschieben. Frühe griechische Astronomen stellten sich unter der Himmelskugel eine kristalline Sphäre vor, in die die Sterne wie Juwelen eingebettet waren.

Heute wissen wir, dass die Erde nicht im Zentrum dieser großen Himmelskugel steht und dass die scheinbaren Auf- und Untergänge der Sterne eine Folge der Erdrotation sind. Die Erde dreht sich um ihre eigene **Achse,** vom Nordpol aus betrachtet von West nach Ost, also gegen den Uhrzeigersinn. Deshalb scheinen die Himmelsobjekte im Osten auf- und im Westen unterzugehen. Für die Bewohner der Nordhalbkugel sieht es so aus, als würden einige Sterne nie untergehen, sondern einen Kreis um den Himmelsnordpol beschreiben. Solche Sterne nennt man zirkumpolar. Der

Himmelsnordpol ist die Projektion des irdischen Nordpols an den Himmel. In seiner Nähe steht der **Polarstern.** Auch am Südhimmel gibt es zirkumpolare Sterne, zum Beispiel Sigma Octantis.

Während die Sterne an der gedachten Himmelskugel befestigt scheinen, bewegen sich **Sonne, Mond** und Planeten vor ihrem Hintergrund. Die Bewegung des Mondes lässt sich am einfachsten erkennen: Er umläuft die Erde alle 27,3 Tage und bewegt sich dadurch innerhalb von 24 Stunden am Himmel rund 13 Grad weiter. Die Bewegung der Sonne im Verhältnis zu den Sternen entsteht dadurch, dass die Erde sie im Verlauf eines Jahres umkreist. Wenn wir uns durch das **Planetensystem** bewegen, scheint die Sonne durch die **Sternbilder** des **Tierkreises** zu wandern.

STERNBILDER

Wer das Gefunkel am Abendhimmel länger betrachtet, wird im Geiste damit beginnen, die Lichtpunkte zu Mustern zu verbinden. Frühere Himmelsbeobachter übertrugen sogar ihre Götter und Helden auf die Sterne. Die damit verbundenen Legenden, die über Generationen weitergegeben wurden, zeugen von der menschlichen Fantasie. Am Himmel tummeln sich zum Beispiel Bären, Könige und Königinnen, ein Drache, Zentaur oder Löwe, obwohl die meisten Sternmuster den mythologischen Figuren kaum ähneln.

Heute sind in der westlichen Welt die Sternbilder am bekanntesten, die auf die Mesopotamier vor mehr als 5 000 Jahren zurückgehen sowie auf babylonische, ägyptische und griechische Astronomen der Antike. 1928 legte die International Astronomical Union (IAU) eine offizielle Liste mit 88 Sternbildern fest, deren lateinische Namen bis heute gelten. 48 dieser Sternbilder stammen aus antiken Zeiten, die anderen 40 sind erst in den vergangenen Jahrhunderten hinzugekommen. Manche von ihnen sind nach Geräten wie Mikroskop, **Teleskop** und Kompass benannt. Die IAU legte auch die Grenzen eines jeden Sternbilds fest. Sternbilder repräsentieren also nicht nur Sternmuster, sondern bestimmte Bereiche des Himmels.

◼ Asterism

Asterism ist der englische Begriff für eine Gruppe von Sternen, die ein bestimmtes Muster bilden, das aber nicht mit einem **Sternbild** gleichzusetzen ist. Vielmehr gehören diese Muster zu einem oder mehreren Sternbildern. Die bekannteste Sterngruppe ist der Große Wagen: sieben Sterne, die einen Teil des Sternbilds Großer Bär bilden. Der Kleine Wagen, der in unmittelbarer Nachbarschaft liegt, gehört zum Kleinen Bären (Ursa minor).

Andere markante Sterngruppen sind die Sichel des Löwen, der Teekessel des Schützen, das Kreuz des Nordens im Schwan und das Himmels-W der Kassiopeia. Das Sommer- und das Winterdreieck sowie das Wintersechseck gehören zu verschiedenen Sternbildern. Das Sommerdreieck besteht aus den Sternen Deneb im Schwan, Altair im Adler und Wega in der Leier. Zum Wintersechseck gehören Betelgeuse und Rigel im Orion, Prokyon im Kleinen Hund, Sirius im Großen Hund, Aldebaran im Stier, Kapella im Fuhrmann und Pollux in den Zwillingen. Das Herbstviereck besteht aus einem Teil des Pegasus, wobei der linke, obere Eckstern zur Andromeda gehört.

Tierkreis

Sternbilder des Tierkreises liegen entlang der **Ekliptik** in einem Streifen, der eine Breite von jeweils neun Grad rechts und links der Ekliptik hat. Die Ekliptik ist die scheinbare Bahn der der Sonne am Himmel, die sie im Lauf eines Jahres beschreibt. Die scheinbaren Bahnen von **Mond** und **Planeten** – mit Ausnahme des **Pluto** – verlaufen ebenfalls in diesem Bereich. Die griechischen Astronomen der Antike unterteilten den Tierkreis, auch Zodiak genannt, in zwölf Abschnitte.

Diese als Tierkreiszeichen bekannten Abschnitte waren am Himmel ursprünglich identisch mit den Sternbildern Widder, Stier, Zwillinge, Krebs, Löwe, Jungfrau, Waage, Skorpion, Schütze, Steinbock, Wassermann und Fische. Die leichte Taumelbewegung der Erdachse führte jedoch dazu, dass sich die Ekliptik um mehr als 30 Grad gegenüber dem Hintergrund der Sternbilder verschoben hat.

HELLIGKEITSMESSUNGEN

Bereits ein flüchtiger Blick auf den Nachthimmel zeigt, dass die Sterne unterschiedlich hell sind. Bei näherer Betrachtung erkennt man sowohl schwache, diffuse Flecken, die Sternhaufen und **Nebel** darstellen, als auch die hellen **Planeten,** die alles überstrahlen. Astronomen bestimmen die Helligkeit dieser Objekte, indem sie ihre Intensität oder ihren Lichtstrom messen. Darunter versteht man die Lichtmenge, die – gemessen von der Erde – durch einen Quadratmeter pro Sekunde hindurchgeht.

Ein ganzer Zweig der beobachtenden Astronomie befasst sich ausschließlich mit der Messung des Sternlichts. Man nennt ihn Photometrie. Zu ihren Methoden gehört es beispielsweise, eine Metallplatte mit einem winzigen Loch in der Brennebene eines Fernrohrs einzusetzen. Fällt das Licht eines Sterns ins **Teleskop** und erreicht den Brennpunkt, gelangt es durch das Loch auf ein elektronisches Gerät, das die Intensität des Lichts misst (Photomultiplier). Der durch den Photomultiplier erzeugte Strom ermöglicht eine exakte Messung der empfangenen Lichtmenge.

Die Entfernung eines Sterns wirkt sich erheblich auf seine Helligkeit aus. Stellen Sie sich eine Reihe von Straßenlaternen vor, die alle die gleiche Lichtmenge abstrahlen. Wenn Sie unter einer der Laternen stehen, kommt Ihnen diese viel heller als vor als eine andere am Ende der Straße. Die Helligkeit nimmt nach einem umgekehrt quadratischen Gesetz ab: Verdoppelt sich die Entfernung, sinkt die Helligkeit auf ein Viertel.

Größenklassenskala

Der griechische Astronom Hipparch (etwa 160–127 v. Chr.) entwickelte vor mehr als 2000 Jahren eine Methode, um die Helligkeit der Sterne zu bestimmen. Er unterteilte sie in sechs Kategorien. Die hellsten Sterne kamen in die erste Kategorie (lat.: magnitudo 1),

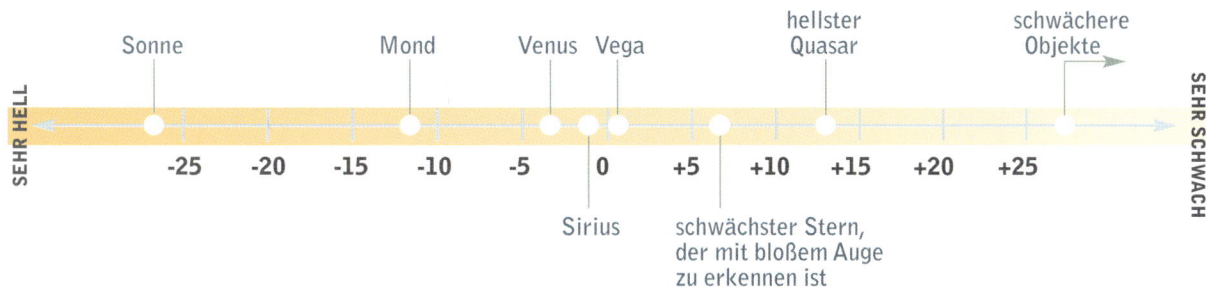

SCHEINBARE HELLIGKEIT EINIGER OBJEKTE IN DER GRÖSSENKLASSENSKALA

Sonne — Mond — Venus — Vega — hellster Quasar — schwächere Objekte

SEHR HELL — SEHR SCHWACH

-25 -20 -15 -10 -5 0 +5 +10 +15 +20 +25

Sirius — schwächster Stern, der mit bloßem Auge zu erkennen ist

STERNBILDER

Lateinischer Name	Deutscher Name	Genitiv	Abkürzung	Hellste Sterne
Andromeda	Andromeda	Andromedae	And	
Antlia	Luftpumpe	Antliae	Ant	
Apus	Paradiesvogel	Apodis	Aps	
Aquarius	Wassermann	Aquarii	Aqr	
Aquila	Adler	Aquilae	Aql	Altair
Ara	Altar	Arae	Ara	
Aries	Widder	Arietis	Ari	
Auriga	Fuhrmann	Aurigae	Aur	Kapella
Bootes	Bootes, Bärenhüter	Bootis	Boo	Arktur
Caelum	Grabstichel	Caeli	Cae	
Camelopardalis	Giraffe	Camelopardalis	Cam	
Cancer	Krebs	Cancri	Cnc	
Canes Venatici	Jagdhunde	Canum Venaticorum	CVn	
Canis Major	Großer Hund	Canis Majoris	CMa	Sirius, Adhara
Canis Minor	Kleiner Hund	Canis Minoris	CMi	Prokyon
Capricornus	Steinbock	Capricorni	Cap	
Carina	Schiffskiel	Carinae	Car	Canopus
Cassiopeia	Kassiopeia	Cassiopeiae	Cas	
Centaurus	Zentaur	Centauri	Cen	Rigil Centaurus (Alpha), Hadar (Beta)
Cepheus	Kepheus	Cephei	Cep	
Cetus	Walfisch	Ceti	Cet	
Chamaeleon	Chamäleon	Chamaeleontis	Cha	
Circinus	Zirkel	Circini	Cir	
Columba	Taube	Columbae	Col	
Coma Berenices	Haar der Berenike	Comae Berenices	Com	
Corona Australis	Südliche Krone	Coronae Australis	CrA	
Corona Borealis	Nördliche Krone	Coronae Borealis	CrB	
Corvus	Rabe	Corvi	Crv	
Crater	Becher	Crateris	Crt	
Crux	Kreuz des Südens	Crucis	Cru	Alpha Crucis, Beta Crucis
Cygnus	Schwan	Cygni	Cyg	Deneb
Delphinus	Delfin	Delphini	Del	
Dorado	Dorado	Doradus	Dor	
Draco	Drache	Draconis	Dra	
Equuleus	Füllen	Equulei	Equ	
Eridanus	Eridanus	Eridani	Eri	Achernar
Fornax	Chemischer Ofen	Fornacis	For	
Gemini	Zwillinge	Geminorum	Gem	Pollux
Grus	Kranich	Gruis	Gru	
Hercules	Herkules	Herculis	Her	
Horologium	Pendeluhr	Horologii	Hor	
Hydra	Wasserschlange	Hydrae	Hya	
Hydrus	Kleine Wasserschlange	Hydri	Hyi	

STERNBILDER

Lateinischer Name	Deutscher Name	Genitiv	Abkürzung	Hellste Sterne
Indus	Inder	Indi	Ind	
Lacerta	Eidechse	Lacertae	Lac	
Leo	Löwe	Leonis	Leo	Regulus
Leo Minor	Kleiner Löwe	Leo Minoris	LMi	
Lepus	Hase	Leporis	Lep	
Libra	Waage	Librae	Lib	
Lupus	Wolf	Lupi	Lup	
Lynx	Luchs	Lyncis	Lyn	
Lyra	Leier	Lyrae	Lyr	Wega
Mensa	Tafelberg	Mensae	Men	
Microscopium	Mikroskop	Microscopii	Mic	
Monoceros	Einhorn	Monocerotis	Mon	
Musca	Fliege	Muscae	Mus	
Norma	Winkelmaß	Normae	Nor	
Octans	Oktant	Octantis	Oct	
Ophiuchus	Schlangenträger	Ophiuchi	Oph	
Orion	Orion	Orionis	Ori	Rigel, Betelgeuse
Pavo	Pfau	Pavonis	Pav	
Pegasus	Pegasus	Pegasi	Peg	
Perseus	Perseus	Persei	Per	
Pictor	Maler	Pictoris	Pic	
Pisces	Fische	Piscium	Psc	
Piscis Austrinus	Südlicher Fisch	Piscis Austrini	PsA	Fomalhaut
Puppis	Achterschiff	Puppis	Pup	
Pyxis	Kompass	Pyxidis	Pyx	
Reticulum	Netz	Reticuli	Ret	
Sagitta	Pfeil	Sagittae	Sge	
Sagittarius	Schütze	Sagittarii	Sgr	
Scorpius	Skorpion	Scorpii	Sco	Antares
Sculptor	Bildhauer	Sculptoris	Scl	
Scutum	Schild	Scuti	Sct	
Serpens	Serpentis	Serpens	Ser	
Sextans	Sextant	Sextantis	Sex	
Taurus	Stier	Tauri	Tau	Aldebaran
Telescopium	Fernrohr	Telescopii	Tel	
Triangulum	Dreieck	Trianguli	Tri	
Triangulum Australe	Südliches Dreieck	Trianguli Australis	TrA	
Tucana	Tukan	Tucanae	Tuc	
Ursa Major	Großer Bär	Ursae Majoris	UMa	
Ursa Minor	Kleiner Bär	Ursae Minoris	UMi	
Vela	Segel	Velorum	Vel	
Virgo	Jungfrau	Virginis	Vir	Spica
Volans	Fliegender Fisch	Volantis	Vol	
Vulpecula	Füchschen	Vulpeculae	Vul	

die gerade noch mit dem bloßen Auge erkennbaren in die sechste (magnitudo 6). Nach diesem Schema ordnete Hipparch rund 850 Sterne ein. **Ptolemäus** (2. Jahrhundert n. Chr.) erweiterte diese Größenklassenskala. Sie wird bis heute von Astronomen verwendet. Sterne mit magnitudo 1 sind rund 100-mal heller als Sterne mit magnitudo 6.

Es gibt jedoch auch Sterne, die heller als magnitudo 1 sind. Die moderne Helligkeitsskala musste deshalb erweitert werden. Vega zum Beispiel leuchtet so hell, dass der Wert mit 0,04 magnitudo fast bei null liegt. Der hellste Stern des Nachthimmels, Sirius, funkelt mit -1,42 magnitudo. Die Sonne hat -26,5 magnitudo. Je kleiner also die Zahl, desto heller das Objekt. Auch nach oben hin wurde die Helligkeitsskala erweitert, seit sich mit Instrumenten wie dem **Hubble-Space-Teleskop** sogar Objekte mit +28 magnitudo und schwächer nachweisen lassen.

Scheinbare Helligkeit

Die scheinbare Helligkeit eines Objekts gibt an, wie hell es dem Auge erscheint. Sie sagt wenig darüber aus, wie hell ein **Stern** tatsächlich ist, weil ein sehr leuchtkräftiges Objekt schwach erscheint, wenn es weiter entfernt ist. Dagegen kann uns ein leuchtschwacher Stern hell erscheinen, wenn er nah ist.

Absolute Helligkeit

Die absolute Helligkeit gibt an, wie hell ein Stern bei einer Entfernung von zehn **Parsec** (32,6 **Lichtjahre**) wäre. Dadurch wird die tatsächliche Helligkeit oder Leuchtkraft der Sterne vergleichbar.

Lichtverschmutzung

Wenn man die hellen Lichter einer Stadt hinter sich lässt und aufs Land fährt, wo der Nachthimmel dunkler ist, erkennt man die Folgen der Lichtverschmutzung. In der Stadt sehen wir nur die hellsten Sterne und die **Planeten.** Das liegt überwiegend am Licht der Zivilisation, aber auch natürliche Leuchtquellen können „Störfaktoren" sein. Dazu gehören der **Mond,** das diffuse Licht des **Milchstraßenbands,** die Streuung des Sonnenlichts durch Staub im **Planetensystem** und das *airglow* (Nachthimmelsleuchten), ein schwaches, allgegenwärtiges Leuchten der **Erdatmosphäre.**

POSITIONSMESSUNGEN

So wie Landkarten haben auch Sternkarten ein Koordinatensystem. Längengrade legen die Position im Osten oder Westen fest, Breitengrade die in Nord-Süd-

Die Plejaden, auch Siebengestirn genannt, sind ein Haufen aus mehr als 500 Sternen, der eine Ausdehnung von zwei Grad am Himmel hat. Das Licht der Sterne muss bis zur Erde 400 Lichtjahre zurücklegen. Am Nachthimmel ähneln die Plejaden einem schwachen, diffusen Flecken. Die blauen Reflexionsnebel, die die juwelengleichen Sterne wie ein Lichtschleier umgeben, sieht man nur auf Fotografien.

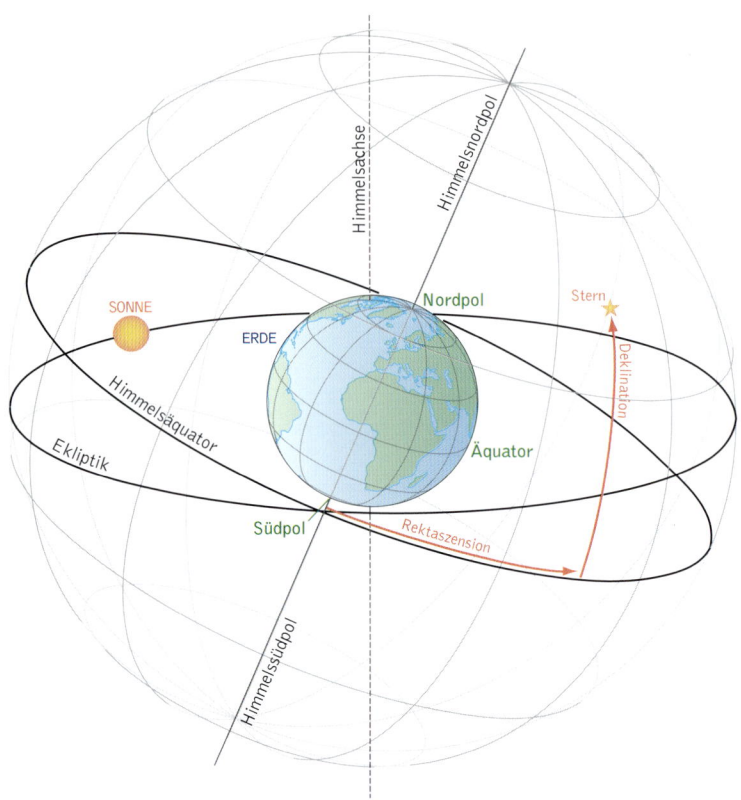

Sonnenauf- und untergang sind eine Folge der Erddrehung. Das Koordinatensystem des Sternhimmels gleicht dem, das auf der Erdoberfläche genutzt wird. An der Himmelskugel befindet sich daher eine jeweilige Entsprechung zu Erdäquator, Längen- und Breitengraden. Eine zusätzliche Linie ist die Ekliptik, auf der die Sonne scheinbar vor dem Sternhintergrund entlangwandert.

Richtung. Das Koordinatensystem von Sternkarten ist ähnlich, verwendet aber Kreise von **Rektaszension** und **Deklination.** Jedes Objekt am Himmel hat spezielle Koordinaten, deren Bezugspunkt die **Erde** ist.

Rektaszension

Die Rektaszension eines Objekts ist seine Winkelposition entlang dem **Himmelsäquator** und entspricht den Längengraden der **Erde**. Der Nullpunkt liegt am Frühlingspunkt und wird in östliche Richtung entlang dem Himmelsäquator gezählt. Da sich die Erde in 24 Stunden einmal um ihre Achse dreht, wird die Rektaszension meist in Stunden, Minuten und Sekunden gemessen. Einer Stunde Rektaszension entsprechen 15 Winkelgrad.

Deklination

Die Deklination gibt den Winkelabstand eines Objekts nördlich oder südlich des **Himmelsäquators** an und entspricht der geographischen Breite. Objekte zwischen dem Himmelsäquator und dem **Himmelsnordpol** haben positive Deklinationen zwischen 0 und 90 Grad; Objekte zwischen dem Himmelsäquator und dem Himmelssüdpol haben negative Deklinationen zwischen 0 und -90 Grad.

Azimut

Der Azimut wird relativ zum Beobachter auf der **Erde** gemessen. Es handelt sich dabei um den Winkelabstand vom Nordpunkt entlang dem Horizont, der von 0 bis 360 Grad in östlicher Richtung gezählt wird. Norden entspricht also 0 Grad Azimut, Osten 90 Grad, Süden 180 Grad und Westen 270 Grad.

Höhe

Die Höhe wird relativ zum Beobachter auf der **Erde** gemessen. Sie entspricht dem Winkelabstand eines Objekts in Relation zum Horizont des Beobachters. Ein Punkt senkrecht über uns hat 90 Grad Höhe, ein Punkt am Horizont hat 0 Grad Höhe.

Zenit

Der Zenit ist der Punkt der **Himmelskugel**, der senkrecht über uns liegt, also 90 Grad über dem Horizont.

Nadir

Der Nadir ist der Punkt der **Himmelskugel**, der – in 180 Grad Entfernung von **Zenit** – senkrecht unter uns liegt. Der Nadir liegt 90 Grad unter dem Horizont auf der anderen Seite der Erdkugel und ist daher nicht sichtbar.

Himmelspole

Die Himmelspole sind Projektionen des irdischen Nord- und Südpols an die **Himmelskugel.** Am Nordpol steht der nördliche Himmelspol senkrecht über einem Beobachter; der südliche Himmelspol steht senkrecht über einem Beobachter am Südpol. Durch die Himmelspole verläuft die **Achse,** um die sich der Himmel scheinbar von Ost nach West dreht. Tatsächlich entsteht diese Bewegung durch die Rotation der Erde von Westen nach Osten.

Polarstern

Der auch als Nordstern bekannte Polarstern liegt derzeit weniger als ein Grad vom nördlichen **Himmelspol** entfernt. Manche halten ihn für den hellsten Stern am Himmel, aber dieser cremegelbe Überriese hat eine Helligkeit von lediglich 1,97; Sirius dagegen strahlt mit -1,42 magnitudo.

Der Polarstern ist ein **Cepheiden-Veränderlicher,** der fast unmerklich mit einer Periode von rund vier Tagen pulsiert. Die Periode ist das Zeitintervall, in dem der Stern eine Pulsation komplett durchlaufen hat. Sieht man sich den Nordstern durch ein kleines **Fernrohr** an, erkennt man seinen Begleitstern, der mit 8,2 magnitudo relativ schwach ist.

Himmelsäquator

Wie bei den Himmelspolen handelt es sich beim Himmelsäquator entsprechend um eine Projektion des **Erdäquators** an die **Himmelskugel.**

Ekliptik

Die Ebene, in der die **Erde** die Sonne umläuft, heißt Ekliptik. Sie ist gegen die Äquatorebene der Erde geneigt. Denn unser Planet steht nicht „aufrecht", während er die Sonne umrundet: Die **Erdachse** ist um 23,5 Grad gegen die Senkrechte der Ekliptik geneigt. Da aber die **Himmelskugel** als Bezug den Erdäquator hat, ist die Ekliptik gegenüber dem **Himmelsäquator** um 23,5 Grad geneigt. Die Ekliptik markiert die scheinbare Bahn der Sonne am Himmel und schneidet den Himmelsäquator an zwei Stellen. Der erste Schnittpunkt liegt im **Sternbild** Fische. An ihm steht die Sonne zu Frühlingsbeginn (Frühjahrsäquinoktium). Zum Herbstanfang (Herbstäquinoktium) steht sie am zweiten Schnittpunkt in der Jungfrau. Hat die Sonne den größten Abstand oberhalb des Himmelsäquators – auf dem Wendekreis des Krebses – erreicht, ist Sommeranfang (Sommersolstitium) auf der Nordhalbkugel. Umgekehrt markiert ihr tiefster Punkt – auf dem Wendekreis des Steinbocks – den Winteranfang (Wintersolstitium).

Winkelabstand

Abstände auf der **Erde** gibt man meist in Kilometern an. Astronomen messen dagegen in Winkelabständen. Die Einheit heißt Grad; ein Vollkreis entspricht 360 Grad (360°). Jedes Grad unterteilt sich in 60 Bogenminuten (60'), jede Bogenminute in 60 Bogensekunden (60"). Ein Astronom würde sagen, dass die **Venus** drei Grad nördlich der Mondsichel steht oder dass zwei durchs **Fernrohr** betrachtete Sterne acht Bogensekunden Abstand (8") zueinander haben.

Winkelabstände kann man sogar mit der eigenen Hand schätzen. Dies funktioniert, weil die Armlänge eines Erwachsenen proportional zur Größe seiner Hand ist. Der Zeigefinger am ausgestreckten Arm ist rund ein Grad breit, die Faust ungefähr zehn Grad. Die gespreizten Finger einer Hand überspannen von der Spitze des Daumens bis zur Spitze des kleinen Fingers einen Winkel von rund 18 Grad.

DAS HIMMLISCHE UHRWERK

Die ersten Astronomen waren kluge Beobachter. Sie erkannten, dass sich die zyklischen Bewegungen von **Sonne, Mond, Planeten** und Sternen als Grundlage eigneten, um die Zeit zu messen und einen Kalender zu entwickeln. So kann man die Uhrzeit tagsüber anhand der Ost-West-Bewegung der Sonne schätzen und nachts anhand der Bewegung der Sterne.

Die Menschen auf der Nordhalbkugel stellten fest, dass die Deichsel des Kleinen Wagens jeden Tag einmal den **Polarstern** umrundet. Sie ließ sich somit als eine Art Stundenzeiger verwenden, der den Polarstern einmal in 24 Stunden umkreist. Eine Viertelumdrehung dauert sechs Stunden. Steht der Kleine Wagen um Mitternacht an seiner höchsten Position am Himmel, wird er um sechs Uhr morgens halbhoch zwischen seiner Mitternachtsposition und dem Horizont stehen und mittags knapp über dem Horizont.

Während der Wintermonate geht die Sonne für die Bewohner der Nordhalbkugel im Südosten auf und im Südwesten wieder unter. Ein kurzer Tag ist die Folge. Im Sommer geht die Sonne dagegen im Nordosten auf, steht mittags im Süden hoch am Himmel und geht abends im Nordwesten unter. Der lange Bogen, den die Sonne dabei zurücklegt, führt dazu, dass es im Sommer lange hell ist. Da die Menschen früher die Bewegung der Sonne über dem Horizont regelmäßig verfolgten, wussten sie, wann sie das Getreide säen oder ernten mussten.

Konjunktion

Haben zwei Himmelskörper infolge ihres Bahnumlaufs sehr ähnliche Rektaszensionen, stehen sie in Konjunktion. Es gibt zwei Arten von Konjunktionen. Bei einer oberen Konjunktion steht ein Planet von der **Erde** aus betrachtet direkt hinter der **Sonne.** Bei einer unteren Konjunktion steht ein Planet zwischen der Erde und der Sonne. Nur **Merkur** und **Venus** können in die untere Konjunktion gelangen, weil ihre Bahnen innerhalb der Erdbahn verlaufen. Der **Erdmond** steht während einer **Sonnenfinsternis** und bei Neumond in unterer Konjunktion.

Opposition

Opposition bedeutet, dass ein Objekt von der **Erde** aus betrachtet der **Sonne** gegenübersteht. Unser **Mond** ist bei Vollmond in Opposition. Er geht auf, sobald die Sonne am Abendhimmel versinkt. Die inneren Planeten **Merkur** und **Venus** stehen nie in Opposition, weil sie innerhalb der Erdbahn um die Sonne kreisen. Die äußeren Planeten – **Mars, Jupiter, Saturn, Uranus, Neptun** und **Pluto** – lassen sich in Opposition am besten beobachten, weil sie dann den kleinsten Abstand zur Erde haben und wir ihre sonnenbeschienene Seite vollständig sehen.

Die Kartierung des Himmels

Deborah Jean Warner

Die westliche Tradition der Himmelskartografie geht auf zwei Ursprünge zurück. Einer liegt in den Geschichten über Sternbilder, die sich die Menschen früher erzählt haben. Die bekanntesten Sternsagen finden sich im griechischen Gedicht „Phaenomena" von Aratus von Soli (3. Jahrhundert v. Chr.) und in dem noch 200 Jahre älteren lateinischen Gedicht „Poeticon Astronomicon" von Gaius Julius Hyginus. Diese Sagen wurden auch in der Statue „Atlas Farnese" verewigt: Der aus der griechischen Mythologie stammende Titan Atlas trägt die Himmelskugel auf seiner Schulter. Diese Statue, mit dem bekanntesten der erhalten gebliebenen Himmelsgloben der klassischen Antike, befindet sich seit dem frühen 16. Jahrhundert in Italien. Sie ist nach dem römischen Kardinal Alessandro Farnese benannt.

Der zweite Ursprung liegt in den frühen Sternkatalogen, vor allem in dem des griechischen Gelehrten Claudius Ptolemäus. Im 2. Jahrhundert n. Chr. katalogisierte er 1 025 Sterne, die vom Mittelmeerraum aus mit bloßem Auge zu sehen waren, und ordnete sie den 48 damals bekannten Sternbildern zu. Von jedem Stern notierte er die Position (in himmlischer Länge und Breite), die Größenklasse (scheinbare Helligkeit) und den Ort innerhalb des Sternbildes. Der Katalog von Ptolemäus bildete für die kommenden 1 400 Jahre die Grundlage der Stellarastronomie.

Himmelskarten

Im letzten Viertel des 16. Jahrhunderts ermittelte der dänische Astronom Tycho Brahe erneut die Positionen vieler Sterne aus Ptolemäus' Katalog und kartierte einige Sterne, die der Grieche übersehen hatte. Der holländische Kartograf Willem Janszoon Blaeu besuchte Brahes Sternwarte auf der Insel Hven im Winter 1595/96 und nahm ein Exemplar des neuen, aber noch unveröffentlichten Sternkatalogs mit. Nach seiner Rückkehr veröffentlichte Blaeu in Amsterdam einen Himmelsglobus, der auf Brahes Arbeit beruhte. Auf diesem verzeichnete Blaeu auch die Supernova in der Kassiopeia, die Brahe und andere Astronomen 1572 beobachtet hatten. Die Entdeckung dieser Super-

nova hatte zu einer erhitzten Debatte darüber geführt, ob die Himmelsobjekte tatsächlich so unveränderlich waren, wie früher angenommen.

Im 16. Jahrhundert hatten Seefahrer der Nordhalbkugel begonnen, die weiter südlich gelegenen Meere zu erkunden. Sie erkannten dort Sterne am Südhimmel, die Ptolemäus nicht hatte sehen können und daher auch nicht kartiert hatte. Blaeu wusste von diesen südlichen Sternen, entschloss sich aber, sie nicht auf seinen Globus aufzunehmen, da ihre Positionen deutlich ungenauer bekannt waren als jene des Nordhimmels von Brahe. Bald sollte er jedoch seine Meinung ändern.

1603 veröffentlichte Blaeu die überarbeitete Version seines Globus. Sie enthielt zum einen zwei neue südliche Sternbilder, die aus Sternen bestanden, die Ptolemäus kartiert hatte: die Taube und das Kreuz des Südens (das Blaeu „El Cruzero Hispanis" nannte). Weitere 196 Sterne des Südhimmels zierten den Globus sowie zwölf südliche Sternbilder, die holländische Seefahrer jüngst kartografiert hatten. Zu diesen Sternbildern gehörten Apus, Chamaeleon, Dorado, Grus, Hydrus, Indus, Musca, Pavo, Phoenix, Piscis Volucris, Triangulum Australe und Toucan.

Im selben Jahr erschien der erste wichtige Himmelsatlas: die „Uranometria" von Johann Bayer, einem Juristen aus Augsburg. Der Atlas beruhte auf Tycho Brahes Katalog und beinhaltete Kupferdrucke der ptolemäischen Sternbilder. Außerdem enthielt er eine Karte der neuen südlichen Sterne sowie zwei Planisphären. Auf die Rückseite einer jeden Karte verzeichnete Bayer die verschiedenen Namen der dargestellten Sternbilder und die Namen der einzelnen Sterne. Dieses Werk hatte einen gewaltigen Einfluss. Der Text

Dieses Deckenfresko im Palazzo Farnese im italienischen Caprarola stammt aus dem späten 16. Jahrhundert. Der Nachthimmel ist mit mythologischen und allegorischen Sternbildern versehen, die zueinander in Beziehung stehen. Ähnliche Darstellungen, die sich stilistisch stark voneinander unterscheiden, sind bis Mitte des 19. Jahrhunderts auf Sternkarten zu finden.

wurde fünfmal neu aufgelegt, die Karten – ohne Begleittext – achtmal.

Bayers wichtigste Erfindung war die Benennung der Sterne mit Buchstaben: griechische für die helleren, lateinische für die schwächeren Sterne. Die alphabetische Reihenfolge korrespondiert in den meisten Fällen mit einer abnehmenden Helligkeit. Damit entfiel die ptolemäische Konvention, die Sterne nach ihrer Position im Sternbild anzugeben.

Einen weiteren schönen Sternatlas veröffentlichte Johannes Hevelius gegen Ende des 17. Jahrhunderts unter dem Titel „Firmamentum sobiescianum sive uranographia". Von seiner privaten Sternwarte in Danzig aus kartierte der Astronom die Strukturen des Monds, die Bahnen von Kometen und die Positionen der Sterne. Hevelius' Sternkatalog „Prodromus astronomiae", auf dem sein Sternatlas beruhte, erschien 1690. Zusätzlich zu den traditionellen ptolemäischen Sternbildern nahm Hevelius einige neue Sternbilder mit Sternen auf, die erst im Lauf des 17. Jahrhunderts

Johannes Hevelius erstellte 1647 mit seiner „Selenographia sive lunae descriptio" die erste detaillierte Karte des Mondes und seiner Phasen. Die Karte der erdzugewandten Mondseite zeigt eindeutig Krater und andere geographische Strukturen, die damals in Analogie zur Erde für Ozeane und Kontinente gehalten wurden.

beschrieben worden waren. Er führte neun Sternbilder ein, von denen die Namen der meisten noch heute geläufig sind.

John Flamsteed war ein weiterer bekannter Astronom, der zur Entwicklung der Sternkarten beitrug. Er wurde 1675 zu Englands erstem Königlichen Astro-

nom ernannt und verbrachte anschließend den Großteil seines Lebens damit, einen Sternkatalog und einen Kartensatz zu erstellen, der auf teleskopischen Beobachtungen beruhte.

Flamsteed wusste, dass Astronomen an den modernen Sternwarten wie in Paris und Greenwich ein Himmelsobjekt womöglich nur aufgrund seiner Koordinaten identifizieren konnten. Aber die breite Masse der Beobachter an kleineren Einrichtungen und Außenstellen konnte dies nicht. Ihm war klar, dass die meisten von ihnen die Positionen von Planeten, Kometen oder neu entdeckten Sternen in Bezug zu anderen Objekten beschrieben, die bekannt und deshalb leicht zu finden waren. So bezeichnete er seine Karten als «die Krönung der Arbeit und, neben dem Katalog, als den nützlichsten Teil». Aus demselben Grund kritisierte Flamsteed Bayer und andere Kartografen, die die ptolemäische Konvention der Sternpositionen nicht eingehalten hatten, und stellte sicher, dass dies bei seinen eigenen Karten der Fall war. Daher sind Flamsteeds Karten geozentrisch, seine Sternbildfiguren blicken alle zur Erde.

Flamsteeds Zurückhaltung, seinen Sternkatalog ohne den Begleitatlas zu veröffentlichen, führte zu einem gut dokumentierten Streit mit dem Mathematiker Isaac Newton, der die Sternpositionen benötigte, aber kaum Interesse an den bildlichen Darstellungen der Karten hatte. Flamsteed siegte schließlich. Der Katalog wurde erst 1725 nach seinem Tod als „Historia coelestis britannicae" veröffentlicht, der „Atlas coelestis" 1729.

Die „Historia coelestis britannicae" sollte der letzte große Himmelsatlas bleiben. Bald darauf wurden die Teleskope so leistungsfähig, dass die Zahl der bekannten Sterne drastisch stieg. Die Menge war kaum noch überschaubar.

In der Zeit, als die Technik die Astronomen unabhängig von der räumlichen Anordnung der Sternbilder auf traditionellen Sternkarten machte, sprengte die Fülle der Information das Kartenformat. Mitte des 19. Jahrhunderts wurde dies den ersten Astronomen bewusst. Daraufhin verringerten sie die Zahl der gebräuchlichen Sternbilder, vereinfachten deren Grenzen und ließen die figürlichen Darstellungen weg. Hieraus resultierten Karten ohne Zauber und Schönheit, die der modernen Wissenschaft einfach als funktionelle Hilfsmittel dienten.

Auch wenn Astronomen die fantasiereichen Sternkarten nicht mehr verwenden, werden diese kunstvollen Dokumente als Vermächtnis der visuellen Ära der Astronomie in Ehren gehalten. ∎

Bedeckungen

Verdunkelt ein Objekt das Licht eines anderen Objekts, spricht man von Bedeckung. Während der **Mond** um die **Erde** kreist, bedeckt er mehr als 4 000 Sterne pro Jahr, die in der Reichweite eines Amateurfernrohrs liegen. Gelegentlich bedeckt er auch **Planeten** oder die **Sonne** – dann haben wir eine **Sonnenfinsternis**. Auch ein Planet kann einen Stern bedecken. Wandert der Planet vor dem Stern vorbei, scheint dessen Licht kurz durch die Planetenatmosphäre hindurch. Dabei lernen Astronomen etwas über die Atmosphärenschichten des Planeten. Liegen die Bahnebenen von **Jupiter** und **Saturn** in der Erdbahnebene, können Hobbyastronomen die gegenseitigen Bedeckungen des Planeten und seiner Monde verfolgen. Eine solche gegenseitige Bedeckung kommt beinahe täglich vor.

Siderische Umlaufzeit

Die Siderische Umlaufzeit ist die Zeit, die ein **Planet** oder **Mond** braucht, bis er von der **Sonne** aus betrachtet wieder am selben **Stern** vorbeizieht. Ein siderischer Monat dauert rund 27 Tage, in dieser Zeit hat der Mond die **Erde** einmal umlaufen. Der siderische Tag der Erde ist 23 Stunden 56 Minuten und 4 Sekunden lang, ein siderischer Tag auf der **Venus** dauert mehr als 243 Erdentage.

Synodische Umlaufzeit

Die Synodische Umlaufzeit ist die Zeit, die ein **Planet** benötigt, um von der **Erde** aus betrachtet wieder dieselbe Position zur Sonne zu erreichen. Zum Beispiel von **Opposition** zu Opposition.

Präzession

Vor mehr als 2 000 Jahren verglich Hipparch die Positionen von Sternen mit denen, die fast 200 Jahre früher notiert worden waren. Dabei kam heraus, dass sich der **Himmelspol** und -**äquator** seitdem kontinuierlich bewegt hatten. Grund für diese Bewegung, Präzession genannt, ist das leichte Taumeln der **Erdachse.**

Die Erde dreht sich um eine imaginäre Linie, die durch Nord- und Südpol verläuft: die Erdachse. Sie ist um 23,5 Grad gegen die Senkrechte der **Ekliptik** geneigt. Die Ekliptik ist die Erdbahnebene um die **Sonne.** Wegen dieser Neigung und weil die Anziehungskräfte von Sonne, **Mond** und **Planeten** ständig die Richtung ändern, taumelt die Erde während ihrer Rotation. Heute zeigt der irdische Nordpol fast genau auf den **Polarstern.** Um 3 000 v. Chr. stand der Stern Thuban im Drachen nahe beim Himmelsnordpol, wie Aufzeichnungen aus Ägypten belegen. In 12 000 Jahren

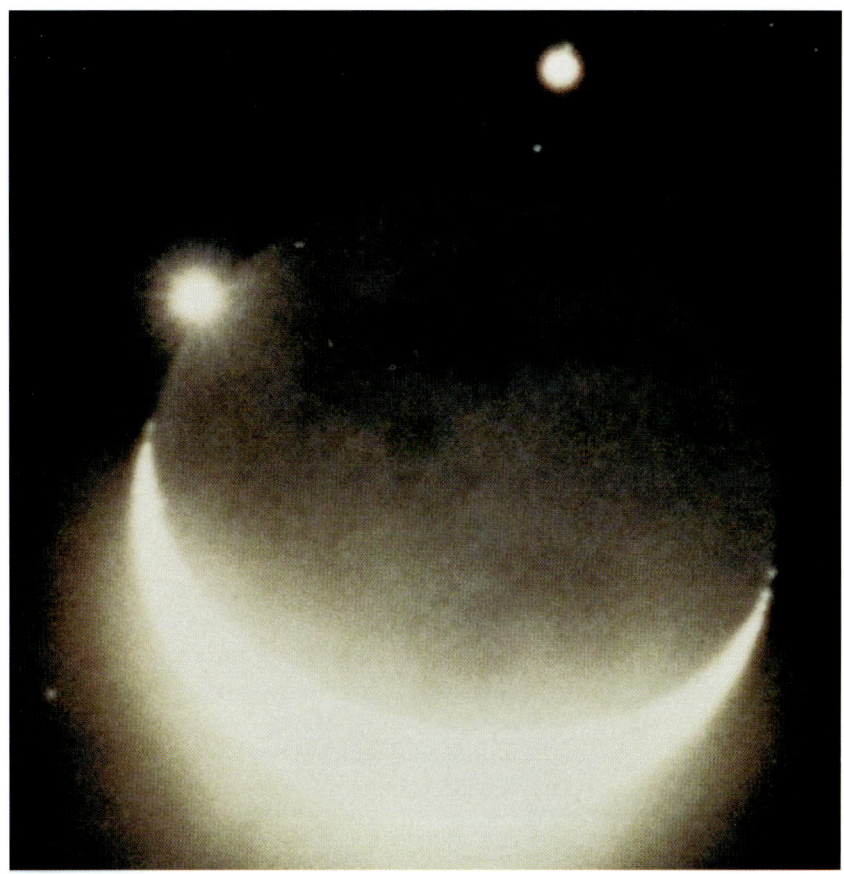

wird der Himmelsnordpol zum Stern Vega präzediert sein (auf fünf Grad genau).

Eigenbewegung

Unter der Eigenbewegung versteht man die scheinbare jährliche Bewegung eines Sterns an der Himmelskugel. Die Sterne wirken an der **Himmelskugel** wie Fixpunkte, aber in Wirklichkeit bewegen sich alle Sterne um das Zentrum unseres **Milchstraßensystems.** Diese Bewegung kann das Aussehen eines **Sternbilds** völlig verändern. Das macht sich allerdings erst in Jahrzehntausenden bemerkbar.

Weltzeit

Die Weltzeit (Universal Time, UT) ist eine Standardzeitskala, die auf präzisen Messungen der Erdrotation und der täglichen Bewegung der Sterne beruht. Greenwich Mean Time (GMT) entspricht der UT.

Da die Rotation der **Erde** nach und nach langsamer wird, verändert sich auch die Weltzeit. Genauer ist dagegen die Koordinierte Weltzeit (Universal Time Coordinated, UTC), weil sie auf Cäsium-Atomuhren und Wasserstoffmasern beruht. Wasserstoffmasern sind Laser im Mikrowellenbereich.

Auf dieser Fotografie werden Venus und Jupiter vom Mond bedeckt. Während die Venus (links) scheinbar am sonnenbeschienenen Mondrand hängt, schwebt Jupiter (oben) über ihm. Einer der Jupitersatelliten, Ganymed, ist zwischen dem Planeten und dem Mond zu sehen, während Io, ein weiterer Jupitersatellit, als winziger Lichtfleck am oberen Rand des Jupiters zu erkennen ist.

Die Ursprünge der modernen Astronomie

DIE URSPRÜNGE DER MODERNEN ASTRONOMIE

Die Anfänge der beobachtenden Astronomie reichen Tausende von Jahren zurück. Denkmäler wie Stonehenge in England und die Maya-Pyramiden in Mittelamerika zeugen von der Bedeutung, die frühere Kulturen dem Sternhimmel beimaßen. Sie alle entwickelten ihre eigenen Legenden über den Anfang des Universums. Meistens waren es Priester, die das astronomische Wissen bewahrten. Im Alten Ägypten wurde anhand der Sternenpositionen die jährliche Überschwemmung des Nil vorhergesagt. Astronomische Ereignisse wie **Planetenkonjunktionen**, Finsternisse oder das Auftauchen eines **Kometen** galten als Omen für kommende irdische Ereignisse.

Die Griechen studierten den Himmel mit besonders wissenschaftlicher Akribie. **Aristoteles** (384–322 v. Chr.) beschäftigte sich mit den Bahnen der **Planeten** und **Sterne** und leitete daraus ein geozentrisches Weltbild mit der Erde im Mittelpunkt ab. Aristarch (320–250 v. Chr.) schätzte die Entfernung von **Sonne** und **Mond** ab. Ihm schreibt man auch die Entwicklung des ersten heliozentrischen Weltbilds zu, also mit der Sonne im Mittelpunkt. Eratosthenes (276–194 v. Chr.) berechnete den Erdumfang und traf den wahren Wert auf 15 Prozent genau. Er schätzte die Neigung der **Erdachse**. Hipparch (etwa 160–127 v. Chr.) stufte die Helligkeit der Sterne ein und entdeckte die Taumelbewegung der Erdachse. Er entwickelte mathematische Modelle, um die Bewegung der Sonne und des Mondes zu beschreiben. Der letzte der großen antiken Astronomen war **Ptolemäus** (im 2. Jahrhundert n. Chr.). Er entwickelte sein eigenes geozentrisches Weltbild, das fast 1 500 Jahre lang zum Standard werden sollte.

Erst die religiösen, politischen und geistigen Umbrüche der Renaissance legten den Grundstein für unser modernes Bild des Universums. **Nikolaus Kopernikus** (1473–1543) revolutionierte die Astronomie, indem er ein heliozentrisches Modell vom Weltall entwickelte. Dieses wurde Jahrzehnte später durch **Galileo Galilei** (1564–1642) unterstützt. In jener Zeit forschten in Nordeuropa zwei weitere Astronomen: **Tycho Brahe** (1546–1601) und **Johannes Kepler** (1571–1630). Sie entwickelten das kopernikanische Modell so weiter, dass man mit ihm die Planetenpositionen genau vorhersagen konnte. Brahe blieb jedoch ein überzeugter Geozentriker.

Die Arbeiten von Kopernikus, Galilei, Brahe und Kepler halfen dabei, die lange bestehende Vorstellung eines geozentrischen Universums mit perfekten Kreisen und gleichmäßigen Bewegungen in ein dynamisches heliozentrisches Universum zu verwandeln. Sie ebneten den Weg für eine der einflussreichsten Persönlichkeiten der westlichen Naturwissenschaften: **Isaac Newton** (1642–1727). Wie Galilei studierte Newton Optik und die Bewegungen von fallenden

Wichtige Daten zu den Wurzeln der modernen Astronomie

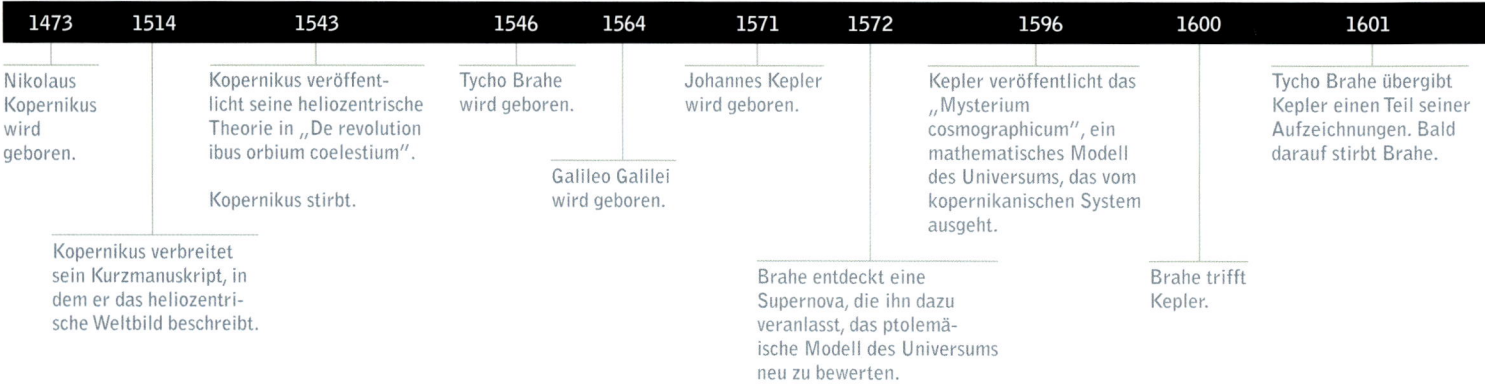

1473	1514	1543	1546	1564	1571	1572	1596	1600	1601
Nikolaus Kopernikus wird geboren.		Kopernikus veröffentlicht seine heliozentrische Theorie in „De revolution ibus orbium coelestium".	Tycho Brahe wird geboren.		Johannes Kepler wird geboren.		Kepler veröffentlicht das „Mysterium cosmographicum", ein mathematisches Modell des Universums, das vom kopernikanischen System ausgeht.		Tycho Brahe übergibt Kepler einen Teil seiner Aufzeichnungen. Bald darauf stirbt Brahe.

Kopernikus stirbt.

Galileo Galilei wird geboren.

Kopernikus verbreitet sein Kurzmanuskript, in dem er das heliozentrische Weltbild beschreibt.

Brahe entdeckt eine Supernova, die ihn dazu veranlasst, das ptolemäische Modell des Universums neu zu bewerten.

Brahe trifft Kepler.

Körpern. Er erfand die Differenzial- und Integralrechnung, baute das erste **Spiegelteleskop,** entdeckte die Schwerkraft und entwickelte die drei berühmten Bewegungsgesetze.

William Herschel (1738–1822) wurde elf Jahre nach Newtons Tod geboren. Gemeinsam mit seiner Schwester Caroline dehnte er die Astronomie über die Grenzen des **Sonnensystems** hinweg aus. Die Herschels (später auch mit Williams Sohn John) katalogisierten Sterne, Sternhaufen und **Nebel** und erweiterten unsere Vorstellungen über das **Universum** erheblich.

Der nächste große Revolutionär war **Albert Einstein** (1879–1955). Er katapultierte uns in die Raumzeit und die Quantenphysik. Sein Zeitgenosse **Arthur Eddington** (1882–1944) bewies die Allgemeine Relativitätstheorie. Außerdem entwickelte er eine Theorie der Energieproduktion im Innern der Sterne und eine Theorie der Sternentwicklung.

Zur gleichen Zeit schuf **Edwin Hubble** (1889–1953) die Voraussetzungen für eine neue Ära der Kosmologie. Hubbles Entdeckung, dass das All expandiert, war genauso revolutionär wie das kopernikanische Weltbild. Vor Hubble war unser Verständnis des Universums auf unser **Milchstraßensystem** beschränkt.

ARISTOTELES (384–322 V. CHR.)

Der griechische Philosoph war der berühmteste und produktivste unter Platos Studenten. In seinen Büchern „Über den Himmel" und „Meteorologica" versuchte Aristoteles, die scheinbaren Bewegungen von **Planeten, Mond** und **Sternen** zu erklären. Er nahm an, dass sich alles auf gleichmäßigen Kreisbahnen bewegte; Impuls und Gravitation waren ihm unbekannt.

Aus seinen Beobachtungen entwickelte er ein kompliziertes kosmologisches Modell aus 49 Sphären, in deren Mitte die **Erde** stand. Er glaubte, die Erde ruhe im Mittelpunkt des **Universums.** Würde sich die Erde drehen, argumentierte er, dann würde ein nach oben geworfenes Objekt nicht an denselben Punkt zurückkehren. Außerdem müssten die Sterne eine jährliche Verschiebung am Himmel zeigen, was aber niemand je beobachtet hatte. Das lag an der weiten Entfernung der Sterne. Erst moderne Messgeräte konnte deren leichte Verschiebung, **Parallaxe** genannt, nachweisen.

Obwohl die genauen Beobachtungen Aristoteles zu einem falschen Modell führten, traf er einige richtige Schlussfolgerungen: etwa, dass die Erde eine Kugel sein müsse. Auf diese Idee kam er während einer **Mondfinsternis,** als er einen gekrümmten Schatten auf dem Mond sah. Er versuchte, den Erddurchmesser zu errechnen, aber lag mit 5 100 Kilometern weit daneben. Um das Jahr 200 v. Chr. machte sich sein Landsmann Eratosthenes erneut an diese Aufgabe und kam auf 13 400 Kilometer. Damit war er der Realität schon erstaunlich nahe: Es sind rund 12 756 Kilometer.

CLAUDIUS PTOLEMÄUS (2. JAHRHUNDERT N. CHR.)

Claudius Ptolemäus aus Alexandria, Ägypten, ist vor allem für das ptolemäische Weltbild bekannt: eine geometrische Darstellung von **Sonne, Mond** und **Planeten,** mit der **Erde** als Mittelpunkt des Universums. Aber anders als das aristotelische Modell sagte das ptolemäische damals die Bewegungen der Körper auf ein Grad genau voraus.

Ursprünglich schlug Apollonius von Perga jenes Modell vor, das im 2. Jahrhundert n. Chr. das ptolemäische Weltbild wurde. In diesem Modell bewegte sich jeder Planet entlang einem kleinen **Kreis,** Epizykel genannt, der wiederum auf einem größeren Kreis

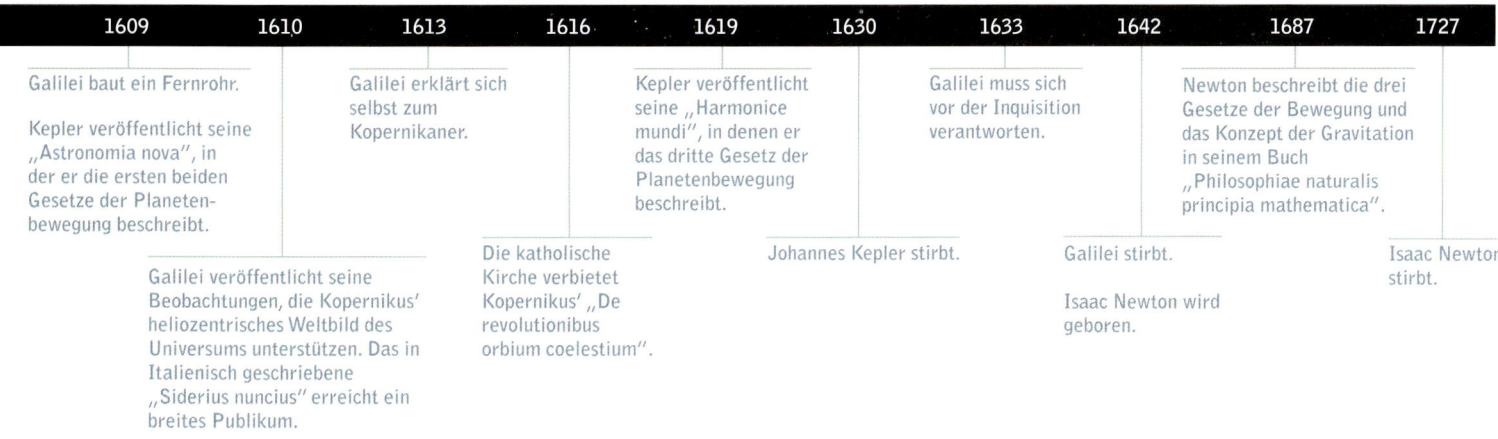

1609	1610	1613	1616	1619	1630	1633	1642	1687	1727

Galilei baut ein Fernrohr.

Kepler veröffentlicht seine „Astronomia nova", in der er die ersten beiden Gesetze der Planetenbewegung beschreibt.

Galilei veröffentlicht seine Beobachtungen, die Kopernikus' heliozentrisches Weltbild des Universums unterstützen. Das in Italienisch geschriebene „Siderius nuncius" erreicht ein breites Publikum.

Galilei erklärt sich selbst zum Kopernikaner.

Die katholische Kirche verbietet Kopernikus' „De revolutionibus orbium coelestium".

Kepler veröffentlicht seine „Harmonice mundi", in denen er das dritte Gesetz der Planetenbewegung beschreibt.

Johannes Kepler stirbt.

Galilei muss sich vor der Inquisition verantworten.

Galilei stirbt.

Isaac Newton wird geboren.

Newton beschreibt die drei Gesetze der Bewegung und das Konzept der Gravitation in seinem Buch „Philosophiae naturalis principia mathematica".

Isaac Newton stirbt.

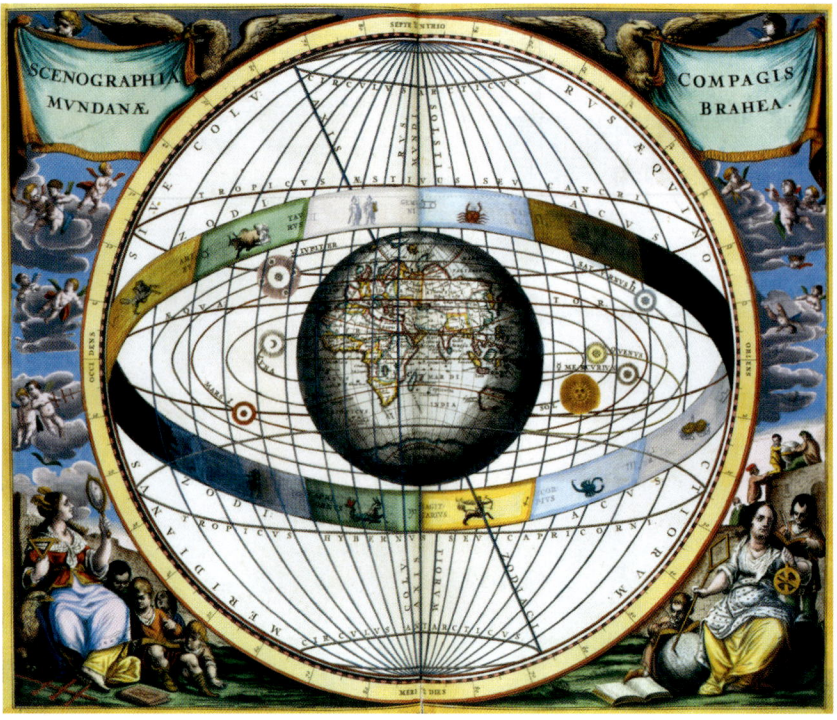

Tycho Brahe war im 16. Jahrhundert ein begnadeter Beobachter und kartierte die Bahnen der Sterne und Planeten. Brahes Modell war geozentrisch wie das von Ptolemäus. Aber das Auftauchen einer brillanten Supernova im Sternbild Kassiopeia überzeugte Brahe davon, dass solche Supernovae jenseits des Mondes liegen müssten und nicht, wie früher geglaubt, zwischen Erde und Mond.

saß. Die Mitte jedes Epizykels bewegte sich auf Kreisen mit größer werdendem Radius um die Erde. Aber diese einfachen Kreise sagten die Bewegungen am Himmel nicht richtig voraus. Deshalb verschob Ptolemäus die Erde etwas aus dem Zentrum heraus. Das ptolemäische Modell war ein kompliziertes System aus mehreren Dutzend Kreisen unterschiedlicher Größe, die unterschiedlich schnell rotierten. Im Verlauf der Jahrhunderte häuften sich die Fehler, weshalb sich Planetenbewegungen nur ungenau vorhersagen ließen.

Ptolemäus' umfangreichste Arbeit war sein 13-bändiger „Almagest" (140 n. Chr.), der den Großteil seines eigenen Schaffens enthielt sowie Erkenntnisse anderer antiker griechischer Astronomen, hauptsächlich von Hipparch. Die Ideen von Ptolemäus prägten die astronomische Gedankenwelt fast 1500 Jahre lang.

NIKOLAUS KOPERNIKUS (1473–1543)

Nikolaus Kopernikus wurde am 19. Februar 1473 als Kind einer wohlhabenden Familie in Thorn (polnisch Torú) geboren. Er machte den revolutionären Vorschlag, die Sonne als Mittelpunkt des Alls zu betrachten. Das bis dahin vorherrschende ptolemäische Weltbild beruhte auf den Arbeiten von **Aristoteles** und Hipparch. Aristoteles sah den Himmel als perfekte Region an, unterhalb derer sich die Bedingungen nur

verschlechterten. Am schlimmsten wären sie am Mittelpunkt der **Erde**. Das deckte sich ideal mit der christlichen Vorstellung von Himmel und Hölle. Stellte man Aristoteles infrage, provozierte man zugleich die Kirchenvertreter. Kopernikus aber hatte beste Beziehungen zur Kirche. Sein Onkel war Bischof des Ermlandes, er selbst wurde mit 24 Jahren Domherr. Trotzdem widersetzte er sich, wenn auch vorsichtig, der Vorstellung einer ruhenden Erde.

Während seiner Schulzeit hatte Kopernikus die Werke der alten Griechen gelesen. Eine Niederschrift seiner eigenen Vorstellungen verteilte er 1514 an Freunde. Ein Leben lang feilte Kopernikus an seinem heliozentrischen Weltbild, aber veröffentlichte es erst kurz vor seinem Tod. Sein wichtigstes Werk, „De revolutionibus orbium coelestium" („Über den Umlauf der himmlischen Körper"), erschien 1543 in Nürnberg.

Im kopernikanischen System bewegten sich die **Planeten** in Kreisbahnen um die **Sonne.** Je näher ein Planet der Sonne stand, desto schneller musste er sie umkreisen. Die Erde überholte daher regelmäßig die äußeren Planeten, weshalb sie sich am Himmel scheinbar rückwärts (retrograd) bewegten.

Obwohl das kopernikanische Modell eleganter als das ptolemäische war, gab es Schwierigkeiten. Durch die gleichförmigen Kreisbewegungen machte das kopernikanische System nur ungenaue Vorhersagen über die Planetenbewegungen. Beide Modelle erzeugten Ungenauigkeiten in den Positionen von bis zu zwei Grad – dem vierfachen Durchmesser des **Vollmonds.**

GALILEO GALILEI (1564–1642)

Galileo Galilei wurde am 15. Februar 1564 im italienischen Pisa geboren. Entgegen einer weit verbreiteten Meinung erfand er nicht das **Fernrohr.** 1609 hörte er von einem Holländer, der ein Fernglas entwickelt hatte, und konstruierte seine eigene Version. Mit ihr sahen Gegenstände rund 30-mal größer aus als mit dem bloßen Auge. Eines der ersten Objekte, das Galilei sich anschaute, war der **Erdmond.** Er sah pockennarbig und schroff aus. Im Fernrohr erkannte Galilei Gipfel, Täler und etwas, das er für Meere (maria) hielt. Anhand der Schattenlänge der Mondberge berechnete er deren Höhe. Galilei hielt sein Fernrohr auch auf das schwache Band der **Milchstraße** und sah unzählige Sterne, die zu schwach waren, um sie mit bloßem Auge erkennen zu können. Schließlich richtete Galilei sein Teleskop auf die **Planeten.** Bei der Beobachtung des **Jupiters** entdeckte er vier weitere – wie er dachte – Planeten, die Jupiter umkreisen. Wir kennen diese

Objekte heute als die galileischen Monde, die vier größten Satelliten des Jupiters.

Galileis Beobachtungen waren unvereinbar mit der aristotelischen Vorstellung von den perfekten Himmelskörpern. Der Mond war keine glatte Kugel, sondern bergig wie die „unvollkommene" **Erde** auch. Galileis Beobachtungen unterstützten das kopernikanische Modell mit der Sonne im Mittelpunkt. Kritiker des kopernikanischen Weltbilds sagten, die Erde könne sich gar nicht bewegen, weil sie ansonsten den Mond zurücklassen würde. Als Galilei sah, wie die Jupitermonde den Planeten umkreisten, der wiederum die **Sonne** umkreiste, wurde ihm klar, dass auch die Erde zusammen mit ihrem Mond die Sonne umlaufen könne. Die Bewegungen der galileischen Monde um den Jupiter erschütterten die aristotelische Vorstellung, dass alle himmlischen Objekte die Erde umkreisen.

Am 12. März 1610 veröffentlichte Galilei seine Beobachtungen im „Siderius nuncius" („Der Sternenbote"). Mit Ausnahme des Titels war das Buch in Italienisch, nicht Lateinisch, geschrieben, so dass es ein breites Publikum erreichte. Es wurde ein Riesenerfolg; innerhalb von fünf Jahren gab es sogar eine chinesische Übersetzung.

Später entdeckte Galilei die **Sonnenflecken:** dunkle, kühlere Bereiche in der **Sonnenphotosphäre** auf der ebenfalls als perfekt geltenden Sonne. Er bemerkte auch, dass die **Venus** wie der Mond Phasen zeigt. 1613 erklärte sich Galilei öffentlich zum Kopernikaner. 1616 forderte ihn ein Vertreter der Inquisition auf, sich öffentlich vom kopernikanischen Weltbild zu distanzieren. Ungefähr zur selben Zeit verbot die katholische Kirche **Kopernikus'** Buch „De revolutionibus orbium coelestium". Am 22. Juni 1633, im Alter von 69 Jahren, kniete Galilei vor der Inquisition nieder und widerrief. Er wurde zu lebenslanger Haft verurteilt und bis zu seinem Tod in seiner Villa unter Hausarrest gestellt. Er starb am 8. Januar 1642, 99 Jahre nach Kopernikus.

Tycho Brahe (1546–1601)

Tygre (latinisiert „Tycho") Brahe wurde am 14. Dezember 1546 als Adliger im dänischen Skåne geboren, das heute zu Schweden gehört. Brahe war eines von zehn Kindern und wurde von seinem Onkel Jörgen Brahe und dessen Frau aufgezogen. Mit 13 Jahren nahm Tycho sein Studium an der Lutherischen Universität in Kopenhagen auf. Sein Onkel wollte, dass er Jurist wird. Aber als Tycho am 12. August 1560 eine **Sonnenfinsternis** sah, begann er sich für Astronomie zu interessieren. Seine Familie war nicht erfreut, so musste er sei-

nem Forscherdrang heimlich nachgehen. Er gab sein Geld für Astronomiebücher aus und schlich sich spät nachts zur Himmelsobservation nach draußen.

Im August 1563 beobachtete Brahe die **Konjunktion** der **Planeten Jupiter** und **Saturn.** Nacht für Nacht kartierte er ihre Bahnen. Die Planeten näherten sich immer weiter an, bis sie am 24. August fast zu einem Punkt verschmolzen. Tycho wurde zunehmend bewusst, dass die astronomischen Tabellen, die auf dem ptolemäischen Modell beruhten, Fehler hatten. Er nahm sich vor, sie zu korrigieren. Als sein Onkel 1565 starb, schrieb sich der 19-Jährige an der Universität Wittenberg in Astronomie ein. Ein Jahr später verlor er bei einem Duell mit seinem Cousin einen Teil der Nase. Bis an sein Lebensende trug er eine Prothese aus Gold, Silber und Kupfer, die mit Wachs befestigt wurde.

Am 11. November 1572 sah Brahe einen «neuen und ungewöhnlichen **Stern,** der die anderen Sterne an Helligkeit übertrifft». Es war eine brillante **Supernova** (Tychos Stern) im **Sternbild** Kassiopeia, die 18 Monate

Indem er die Sonne in den Mittelpunkt des Universums rückte, brach der Astronom Nikolaus Kopernikus mit der Tradition und Lehre der katholischen Kirche. «Im Zentrum von allem ruht die Sonne», schrieb Kopernikus. «Denn wer könnte dieses Licht des schönsten Tempels an einen besseren Platz setzen?»

ASTRONOMISCHE GERÄTE DER FRÜHZEIT

Sara Schechner

DIE GESCHICHTE DER WISSENSCHAFTLICHEN INSTRUMENTE HAT MICH SCHON immer fasziniert. Als ich in Harvard, im Adler-Planetarium und seinem Astronomiemuseum arbeitete, fing ich an, Geräte der Vergangenheit nachzubauen, um mit ihnen den Himmel zu beobachten. Auf diese Weise konnte ich besser nachempfinden, welchen Herausforderungen die frühen Astronomen ausgesetzt waren. Das Gnomon etwa, ein senk-

recht stehender Stab, dessen Schattenlänge zur Bestimmung der Sonnenhöhe gemessen wird, erscheint trügerisch einfach. Für seine Zeit war es aber ein durchdachtes astronomisches Gerät. Im 6. Jahrhundert v. Chr. stellte der Philosoph und Astronom Anaximander von Milet im griechischen Sparta den Schattenstab auf. Anhand der Längen und Winkel des Schattens ermittelten er und seine Kollegen die Zeitpunkte der Sonnenwenden (Solstitien) und Tagundnachtgleichen (Äquinoktien). Indem sie die Zahl der Tage dazwischen bestimmten, entwickelten sie einen Kalender. Aus der Kombination von Gnomon und mathematischer Projektion entstand die Sonnenuhr. Im 3. Jahrhundert v. Chr. waren Sonnenuhren mit einer Einteilung von Stunden in Griechenland und Rom weit verbreitet. Schon damals hatten Mathematik und Astronomie für den Alltag der Menschen eine große Bedeutung.

Beim Himmelsglobus handelte es sich um eine weitere Projektion der Himmelskugel. Die ersten Globen markierten die Positionen der wichtigsten Sterngruppen zusammen mit den wichtigsten Himmelskreisen: dem Äquator, den Wendekreisen des Krebses und des Steinbocks, den nördlichen und südlichen Polarkreisen und der Ekliptik (die Bahn der Sonne vor dem Hintergrund der Sterne). Mit Hilfe dieser Himmelsgloben wollte man grundlegende Fragen der Positionsastronomie lösen. Der Astronom und Platoschüler Eudoxus von Cnidus nutzte einen Globus, ebenso wie Ptolemäus fünf Jahrhunderte später.

Vom 3. Jahrhundert v. Chr. an dienten Globen als Unterrichtsmittel. Sie verkörperten die astronomische und kulturelle Kosmologie ihrer Zeit: ein rundes, geschlossenes Universum, wie man es von außerhalb

des Alls sehen würde. Die Globen zeigten die Sternbilder als wissenschaftliche Karten und knüpften gleichzeitig an die Götter der antiken Mythologie an. Diese umfangreiche Sammlung von Informationen machte Himmelsgloben auch zu Statussymbolen. Der älteste erhaltene Himmelsglobus ruht auf den Schultern des „Atlas Farnese", einer römischen Statue ungefähr aus der Zeit um 200 n. Chr. Sie steht heute im Archäologischen Nationalmuseum in Neapel.

Ein weiteres Modell des Universums ist die Armillarsphäre. Sie besteht aus zwei Ringen, die die Großkreise der Himmelskugel darstellten. Zwei Varianten der Armillarsphäre gehen auf die Antike zurück: Die eine war ein Gerät zum Beobachten, die andere diente als Unterrichtsmittel. Das Beobachtungsinstrument hat Ptolemäus erfunden, um die Positionen von Sternen und Planeten im Koordinatensystem seiner Wahl zu messen. In den mittelalterlichen Sternwarten islamischer Gelehrter gehörte so ein Gerät zur Standardausstattung. Das Wissen über die Konstruktion und die Verwendung dieser Geräte gelangte erst im späten 12. Jahrhundert in den Westen. Nikolaus Kopernikus gehörte im frühen 16. Jahrhundert zu denen, die eine Armillarsphäre für die Beobachtung einsetzten. Tycho Brahe verfeinerte ihren Aufbau und Gebrauch am Ende desselben Jahrhunderts.

Als Lehrmittel diente eine verkleinerte Ausgabe der Armillarsphäre. Sie bestand aus den äußeren Ringen, die den Bereich der Fixsterne darstellten, und einem Globus in der Mitte für die Erde. Mehrere ineinander verschachtelte, bewegliche Ringe oder Sphären repräsentierten den Mond, die Sonne und die Planeten. Die Armillarsphäre verkörperte das Weltbild von Aristoteles mit der Erde im Mittelpunkt. Vom

Mittelalter bis ins 18. Jahrhundert gehörte sie zur Standardausrüstung der Astronomen.

Der Quadrant war ein wichtiges Winkelmessinstrument. Sein Vorläufer wurde bereits von Ptolemäus beschrieben: ein Stab, der einen Schatten auf einen vertikalen 90-Grad-Bogen warf, womit man die Höhe der Sonne messen konnte. Al-Battani (gestorben 929), ein islamischer Astronom, besaß in seiner Sternwarte einen großen Quadranten, der an einer Wand hing, die in Nord-Süd-Richtung ausgerichtet war. Er verwendete ein schwenkbares Visierlineal (*alhidade*) für seine Beobachtungen. Der islamische Astronom und Mathematiker Nasir al-Din al Tusi Maragha (1201–1274) hatte verschiebbare Quadranten, mit denen er Winkel in Höhe und Azimut (die Richtung eines Objekts) messen konnte. Das Prinzip dieser Quadranten wurde von westlichen Astronomen während der Renaissance übernommen. Kleine, transportable Quadranten verwendete man im Mittelalter, um die Zeit zu bestimmen.

Die Krönung der altertümlichen wissenschaftlichen Instrumente ist jedoch das Astrolabium, mit dem sich die scheinbare Drehung der Sterne um den Himmelsnordpol simulieren ließ. Dieses Beobachtungs- und Messgerät, mit dem Ptolemäus viel gearbeitet hat, war in der islamischen Welt weit verbreitet. Dort wurde es auch verbessert, bevor es im 10. Jahrhundert über

Spanien den Westen erreichte. Ein Astrolabium besteht aus einer „durchsichtigen" Sternkarte, die auf einer Reihe von gravierten Scheiben rotiert. Jede dieser Scheiben stellt den Himmel dar, wie man ihn von einem anderen Breitengrad aus sieht. Hat der Beobachter die Scheibe für seine geographische Breite gewählt, kann er ermitteln, wo und wann die Himmelskörper von seinem Standort aus zu sehen sind. Das Astrolabium diente außerdem dazu, Sterne am Himmel zu finden, ihre Auf- und Untergänge zu bestimmen und die Stunde zu ermitteln. Mit ihm ließen sich astrologische Berechnungen anstellen und der Himmel vermessen. In islamisch geprägten Regionen bestimmte man mit seiner Hilfe die Gebetsstunde und in welcher Richtung Mekka lag. Das Astrolabium war analoger Computer und tragbares Modell des Himmels in einem.

Die heutigen Wissenschaftler stehen tief in der Schuld der Erfinder von Astrolabium und Quadrant. Diese brillanten Geister erkannten, wie ein einfacher Stab ihnen Aufschluss über die Bewegung der Sonne gibt. Viel verdanken wir auch den Philosophen und Mathematikern, die den Nachthimmel beobachteten und dessen Gesetzmäßigkeiten erkannten. Unser heutiges Verständnis vom Universum wäre ohne dieses Fundament kaum möglich gewesen. ■

Tycho Brahe leitete zwei Sternwarten, die ihm der dänische König Frederick II. finanziert hatte. Das Bild zeigt Brahe mit seinen Assistenten bei der Himmelsbeobachtung. In seinen Observatorien katalogisierte der Astronom die Positionen von 777 Sternen.

lang zu sehen war. Sie erreichte -4 magnitudo und verblüffte den klassisch ausgebildeten Astronomen. Er hing der aristotelischen Vorstellung an, dass die Sterne einer perfekten, unveränderlichen Sphäre jenseits des Mondes angehörten. Ein neuer Stern konnte demnach nur zwischen **Mond** und **Erde** auftauchen.

Als engagierter Beobachter verfolgte Brahe die Supernova, solange er sie mit bloßem Auge sehen konnte. Er sammelte Daten von anderen Beobachtern aus ganz Europa und ermittelte daraus, dass sich die Position des Sterns nicht verändert hatte. Egal, wo die Beobachter standen, der Stern blieb immer an derselben Stelle in der Kassiopeia. Da sich seine Position gegenüber den anderen Sternen nicht veränderte, musste der neue Stern folglich doch zur äußeren, perfekten Sternsphäre gehören. Die konnte dann aber nicht unveränderlich sein, wie bislang angenommen. Brahe begann das ptolemäische Weltbild zu überdenken und veröffentlichte seine Ergebnisse 1573 in einem kleinen Buch mit dem Titel „De stella nova" („Der neue Stern").

Brahe und sein Stern wurden berühmt. 1576 bot ihm der dänische König Frederick II. Geld und die Insel Hven im dänischen Sund an, um dort eine Sternwarte zu bauen. Brahe errichtete Uraniborg (Himmelsburg) und später Stjerneborg (Sternenburg), wo er lebte und mehr als 20 Jahre lang den Nachthimmel mit unzähligen riesigen Instrumenten beobachtete.

Während seiner Zeit auf Hven versuchte Brahe, die **Parallaxe** der Sterne zu messen, eine kleine Verschiebung ihrer Positionen. Da ihm der Nachweis nicht gelang, folgerte er, dass das kopernikanische Modell falsch sein müsse. Inzwischen wissen wir, dass die Sternparallaxen durch den **Umlauf** der Erde um die **Sonne** entstehen und 100-mal präziser sind als die Messgenauigkeit damaliger Instrumente.

Brahe bestimmte ohne **Fernrohr** die Positionen von 777 Sternen. Aufgrund seiner Gewissenhaftigkeit und der großen Geräte, die er gebaut hatte, erreichte er eine hohe Genauigkeit (von weniger als vier Bogenminuten).

Nach dem Tod von Frederick II. 1588 verlor Brahe wegen seiner schroffen Art bald die Gunst des neuen Königs. Er packte Instrumente und Aufzeichnungen zusammen, um in Prag eine Stelle als kaiserlicher Mathematiker beim Heiligen Römischen Kaiser Rudolph II. anzutreten. Aus den jahrelangen Beobachtungen wollte Brahe sein eigenes „tychonisches" Weltbild ableiten. Er stellte mehrere Astronomen und Mathematiker an, die ihm bei den Berechnungen helfen sollten. Einer von ihnen war **Johannes Kepler.**

Im November 1601 erlitt Brahe einen Zusammenbruch. Auf seinem Sterbebett überzeugte Brahe Rudolph II. davon, Kepler als Nachfolger anzustellen.

Johannes Kepler (1571–1630)
Siehe Seite 116.

Sir Isaac Newton (1642–1727)
Der englische Physiker und Mathematiker wurde am 25. Dezember 1642 in Woolsthorpe Manor, Lincoln-

shire, England, geboren. Nach dem Gregorianischen Kalender, der 1582 durch einen Erlass des Papstes für Europa in Kraft trat, wäre Newtons Geburtstag am 4. Januar 1643. Doch das protestantische England richtete sich weiterhin nach dem Julianischen Kalender.

Schon als Kind war Newton besonders wissbegierig und an Mechanik interessiert. Er besuchte von 1661 an das Trinity College in Cambridge. Der Lehrplan war stark an die aristotelische Sichtweise angelehnt. Newton schrieb in sein Notizbuch: «Plato und Aristoteles sind meine Freunde, aber mein bester Freund ist die Wahrheit.»

1665 wütete die Pest in Britannien, das Trinity College wurde geschlossen. Newton kehrte nach Woolsthorpe zurück und erweiterte dort seine Vorstellungen über Mechanik und Optik. In dieser Zeit untersuchte er die Natur des Lichts und begann, seine drei Bewegungsgesetze zu entwickeln.

Newton fragte sich, ob die Kraft, die einen Apfel auf den Boden fallen ließ, dieselbe sein könne, die den **Mond** auf seiner **Bahn** um die **Erde** hielt. Er leitete ab, dass die Stärke dieser Kraft (Gravitation) mit dem umgekehrten Quadrat der Entfernung abnimmt.

Nach seiner Rückkehr nach Trinity erzählte Newton seinem Mentor Isaac Barrow von diesen Ergebnissen, und der erkannte Newtons Genie. Als Barrow 1669 in den Ruhestand ging, wurde Newton zum Lukasischen Professor für Mathematik ernannt. 1671 baute Newton das erste **Teleskop,** das Spiegel statt Linsen nutzte, um ein Bild im Brennpunkt zu erzeugen. Er veröffentlichte einige Artikel über Licht und Farbe, die so kontrovers diskutiert wurden, dass Newton sich vornahm, nie wieder zu publizieren.

Newton forschte im stillen Kämmerlein weiter, bis sein Freund Edmund Halley (1656–1742) ihn wegen eines Problems um Rat fragte, das mit **Keplers** elliptischen Umlaufbahnen zu tun hatte. Halley interessierte sich für die Kraft zwischen der Sonne und den Planeten und stellte überrascht fest, dass Newton bereits die Schwerkraft identifiziert hatte.

Halley überzeugte Newton, doch wieder zu publizieren. Seine 1687 erschienene „Philosophiae naturalis principia mathematica" („Die mathematischen Prinzipien der Naturphilosophie") markierte den Anfang der modernen Himmelsmechanik. Darin beschrieb Newton die neue Physik der Bewegung und das Prinzip der Gravitation.

Das Buch beginnt mit den drei Bewegungsgesetzen, auch als Newtonsche Axiome bekannt: der Trägheitssatz, das Aktionsprinzip und das Reaktionsprinzip. Der Trägheitssatz besagt, dass ein ruhender Körper in Ruhe bleibt und ein sich bewegender in seiner Bewegung. Das Aktionsprinzip besagt, dass sich die Beschleunigung eines Körpers nur ändern kann, wenn eine Kraft von außen auf ihn wirkt. Die Größe und die Richtung dieser Änderung sind direkt proportional zur von außen wirkenden Kraft und umgekehrt proportional zur Masse des Körpers: Kraft ist gleich Masse mal Beschleunigung (F=ma). Newtons Reaktionsprinzip besagt, dass es zu jeder Wirkung eine gleich große, entgegengesetzte Wirkung gibt. Diese dritte Regel schließt mit ein, dass alle Kräfte paarweise auftreten, wobei diese Kräfte gleich groß, aber einander entgegengerichtet sind.

Newton benutzte diese Gesetze, um die Bewegung der Planeten zu beschreiben und schließlich daraus sein allgemeines Gesetz der Gravitation abzuleiten. Demnach ziehen sich alle Objekte gegenseitig an. Die Größe der Schwerkraft ist proportional zur Masse eines Körpers und umgekehrt proportional zum Quadrat der Entfernung zweier Körper.

1705 wurde Newton von Königin Anne zum Ritter geschlagen. Newton starb am 20. März 1727 in London. Sein Einfluss auf die Mathematik und Astronomie wurde als „Newtonsche Revolution" bezeichnet.

DIE FAMILIE HERSCHEL: SIR WILLIAM (1738–1822), CAROLINE (1750–1848), SIR JOHN (1792–1871)

Sir William Herschel ist als Begründer der Stellarastronomie bekannt. Aber er konstruierte auch **Teleskope,** entdeckte Planeten und entwickelte Theorien. Er wurde am 15. November 1738 als Sohn einer Musikerfamilie in Hannover geboren. Bereits als Kind beobachtete Friedrich Wilhelm (anglisiert „William") mit seinem Vater stundenlang den Nachthimmel. Er lernte Geige- und Oboespielen und wurde 1753 wie sein Vater Mitglied der Regimentskapelle in Hannover.

Vier Jahre später zog er nach England, wo er Musiklehrer wurde, später Organist der Octagon Chapel in Bath. 1772 siedelte Herschels Schwester Caroline ebenfalls nach England über.

Während seiner Zeit als Musiklehrer und Musiker blieb Herschel fasziniert vom Nachthimmel. 1773 begann er ein Fernrohr zu bauen und verwandelte nahezu jeden Raum des Hauses in eine Werkstatt. Am 4. März 1774 richtete Herschel sein gerade fertig gestelltes 1,6 Meter langes **Spiegelteleskop** auf den Orion-Nebel. Es sollte der Anfang seiner großen astronomischen Karriere sein.

Herschel baute noch einige weitere Fernrohre, das größte maß zwölf Meter und beherbergte einen 1,2-Meter-Spiegel. Am 13. März 1781 beobachtete Herschel ein Objekt, das er zunächst für einen **Kometen** hielt. Nachdem er es mehrere Nächte lang verfolgt hatte, erkannte er, dass es sich um einen neuen **Planeten** handelte, der jenseits der Saturnbahn um die Sonne lief. Herschel hatte **Uranus** entdeckt, den ersten neuen Planeten seit der Antike.

Er nannte seinen Planeten ursprünglich zu Ehren von König George III. Georgium Sidus, dann entschied er sich für Uranus, um die Tradition fortzusetzen, dass Planeten die Namen von Göttern aus der antiken Mythologie tragen. Im folgenden Jahr gestand der König Herschel ein bescheidenes Gehalt zu und ernannte ihn zum Königlichen Astronomen.

Herschel verschrieb sich nun vollends der astronomischen Forschung. Er fing an, **Sterne** methodisch zu untersuchen und zu katalogisieren. 1783 veröffentlichte er ein Verzeichnis mit Doppel- und Mehrfachsternen und begann eine systematische Suche nach **Nebeln.** Fast 2 500 Objekte innerhalb von 20 Jahren waren seine Ausbeute. 1783 entdeckte Caroline drei neue Nebel (damals hielt man auch ferne Galaxien für Nebel). Während William am Okular saß und seiner Schwester beschrieb, was er sah, fertigte Caroline umfangreiche Notizen an.

Wenn William unterwegs war, suchte Caroline mit einem kleinen Teleskop, das sie von ihrem Bruder bekommen hatte, nach Kometen. 1786 entdeckte sie den ersten von acht Kometen, die sie im Lauf ihres Lebens noch finden sollte. Caroline Herschel war nicht nur eine treusorgende Schwester, die sich 16 Jahre lang um William und seinen Haushalt gekümmert hatte, sondern auch eine ausgezeichnete Beobachterin. Um Kometen zu entdecken, muss man sich am Himmel sehr gut auskennen. Die meisten Sternhaufen, Nebel und **Galaxien** glichen in Carolines Fernrohr nur lichtschwachen, diffusen, kometenähnlichen Fleckchen.

Während dieser überaus produktiven Phase entdeckte William Herschel zwei Monde des Uranus (1787) und zwei des Saturns (1789). Indem Herschel systematisch den Himmel beobachtete und die Sterne zählte, erkannte er, dass unser **Sonnensystem** inmitten einer scheibenförmigen Sternwolke lag, dem **Milchstraßensystem.**

Am 8. Mai 1788 heiratete William Mary Pitt. 1792 kam ihr Sohn John Frederick William Herschel zur Welt, der später die Forschungen seines Vaters und seiner Tante Caroline fortsetzte. Aus ihren Ergebnissen erstellte John den „General Catalogue of Nebulae and Clusters". Von England aus entdeckte John mehrere hundert neue Sternhaufen und Nebel. Eines der Teleskope seines Vaters nahm er mit nach Afrika ans Kap der guten Hoffnung. Von dort aus erfasste er den Südhimmel und katalogisierte 1200 neue Sterne sowie 1700 neue Nebel und Sternhaufen. 1849 schrieb John „Outlines of Astronomy", das für Jahrzehnte das Standardlehrbuch der Astronomie sein sollte.

Als William Herschel am 25. August 1822 im Alter von 83 Jahren starb, war Caroline am Boden zerstört. Die gemeinsame Arbeit mit William war ihr Lebensinhalt gewesen. Nach mehr als 50 Jahren in England kehrte sie im Oktober 1823 nach Hannover zurück. Dort sortierte sie alle Sternhaufen und Nebel, die William entdeckt hatte, nach Zonen, was ihr 1828 die Goldmedaille der Royal Astronomical Society (der Königlichen Astronomischen Gesellschaft) einbrachte. 1846 verlieh ihr der preußische König die Goldmedaille der Wissenschaften. Caroline stand weiterhin in engem Kontakt mit ihrem Neffen und wünschte sich oft, mit ihm gemeinsam Beobachtungen durchführen zu können. Sie starb am 9. Januar 1848. John starb 23 Jahre später und beendete damit eine astronomische Dynastie, die fast ein Jahrhundert gedauert hatte.

■ Sternkataloge

Viele Astronomen folgten den Herschels und katalogisierten Sterne. **Tycho Brahe** allerdings hatte schon im letzten Viertel des 16. Jahrhunderts einen Sternkatalog erstellt. 1781 katalogisierte Charles Messier seinen 87. Nebel, **M 87.** Der 1888 veröffentlichte New General Catalogue (NGC) benennt jedes Objekt mit dem NGC-Präfix und einer Nummer. Die Index Catalogues, zwei Ergänzungen, die zur Jahrhundertwende erschienen sind, erweitern den NGC um mehr als 5 000 Objekte. Einige Sternkataloge, wie Edward E. Barnards Katalog der Dunkelnebel sind sehr speziell.

ALBERT EINSTEIN (1879–1955)

Der am 14. März 1879 in Ulm geborene Albert Einstein ist wohl der bekannteste Wissenschaftler des 20. Jahrhunderts. Im Alter von zwölf Jahren hatte er sich Geometrie selbst beigebracht, aber ansonsten zeigte Einstein keine besondere Neigung zum Lernen. Trotzdem schaffte er die Schule und das Physikstudium am Schweizer Polytechnikum, das er 1900 mit einem akademischen Grad abschloss.

1902 nahm er eine Stelle als Beamter am Schweizer Patentamt an. Parallel zu seiner Prüftätigkeit begann Einstein, die Besonderheiten von Raum und Zeit zu

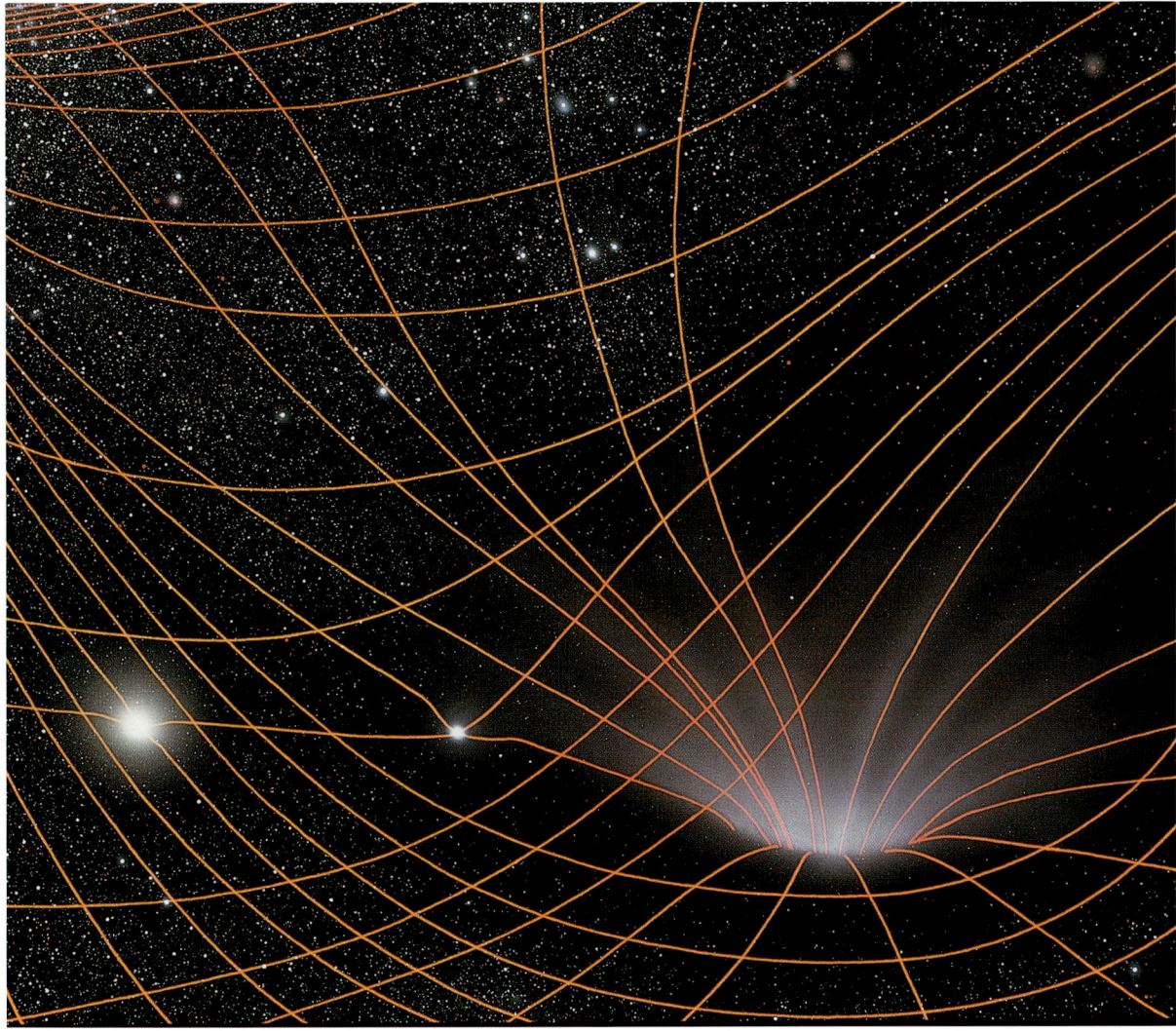

Die starke Anziehungs-
kraft eines schwarzen
Lochs (rechts im Bild)
verzerrt die Struktur
des Weltraums. Albert
Einsteins Theorie veran-
schaulicht, dass der
Raum durch die Masse
gekrümmt ist. Unsere
Sonne, links außen,
erzeugt kaum eine Delle.
Der Neutronenstern
(Bildmitte) rechts von
ihr, der dichter und
massereicher ist, ver-
ursacht dagegen eine
leichte Krümmung.
Der Raum ist wie ein
Gummituch, auf dem
Objekte unterschied-
lichen Gewichts wie
Planeten und Sterne
kleinere oder größere
Dellen erzeugen.

erforschen und wie Bewegung und Gravitation miteinander in Beziehung stehen. 1905 veröffentlichte er
seine Spezielle Relativitätstheorie. Bewegung, Zeit und
Entfernung sind nicht absolut, so die Aussage, sondern
hängen vom Bezugssystem ab.

Stellen Sie sich vor, Sie sitzen in einem Zug, der am
Bahnhof steht. Wenn Sie aus dem Fenster heraus-
schauen und den Zug auf dem Nachbargleis anfahren
sehen, kommt es Ihnen einen Moment lang vor, als
hätte sich der eigene Zug in Bewegung gesetzt. Bei
geringen Geschwindigkeiten liefert Einsteins Theorie
die gleiche Vorhersage wie **Newtons** Bewegungsgesetze. Nur bei hohen Geschwindigkeiten (das heißt,
nahe der Lichtgeschwindigkeit) unterscheiden sich die
Vorhersagen der beiden Theorien.

Im Jahr 1916 legte Albert Einstein eine allgemei-
nere Theorie der Relativität vor. Sie besagt, dass die
Masse die **Raumzeit** krümmt. Diese Krümmung

bestimmt die Bewegungen der Körper im All.

Stellen Sie sich ein großes Gummituch vor, das auf
einen Rahmen gespannt ist. Wenn Sie eine Bowlingkugel in der Mitte platzieren, hängt das Tuch aufgrund
ihrer Masse nach unten durch. Wenn Sie dann versuchen würden, einen Golfball entlang einer geraden
Linie über das Tuch zu rollen, wäre das nicht möglich.
Er würde in die Mitte zur Bowlingkugel rollen. So wie
das durchhängende Gummituch mit der Bowlingkugel
die Bewegung des Golfballs beeinflusst, krümmt Materie die Raumzeit. Die Raumzeit bestimmt wiederum,
wie sich Materie bewegt.

Einstein sagte voraus, dass das Licht entfernter
Sterne, sobald es in der Nähe der Sonne verläuft, durch
die große Masse der **Sonne** abgelenkt wird.

Arthur Eddington bestätigte diese ablenkende
Wirkung während einer totalen **Sonnenfinsternis,** die
sich 1919 ereignete.

Mit dem Hooker-Teleskop des Mount-Wilson-Observatoriums in Kalifornien bewies Edwin Hubble, dass die meisten Nebel in Wirklichkeit Galaxien sind, die sich in den Tiefen des Alls jenseits unseres Milchstraßensystems voneinander entfernen. Seine Entdeckungen zeigten, dass das Universum expandiert, anstatt gleich groß zu bleiben.

SIR ARTHUR STANLEY EDDINGTON (1882–1944)

Arthur Stanley Eddington wurde am 28. Dezember 1882 in Westmoreland in England geboren. Er gilt als der Vater der modernen Astrophysik und wurde am bekanntesten durch seine Beiträge zur Stellarastronomie. Nach seinem Studium der Physik und Mathematik wurde er 1906 zum Chefassistenten am Königlichen Observatorium in Greenwich ernannt. Dort lernte er die astronomische Beobachtung kennen.

1910 veröffentlichte Eddington einen Katalog mit rund 6 000 **Sternen.** Vier Jahre später schlug er in „Stellar Movements and the Structure of the Universe" vor, dass weit entfernte „Spiralnebel" in Wirklichkeit **Galaxien** weit jenseits des **Milchstraßensystems** seien. Er sollte Recht behalten.

1917 versuchte Eddington, eine Theorie der stellaren Energieproduktion und Entwicklung darzulegen. Mit seinem Wissen über Atomphysik und **Einsteins** Spezielle Relativitätstheorie zeigte er, dass die Wärme in Sternen durch Strahlung transportiert wird. Er argumentierte auch, dass bei den hohen Temperaturen im Sterninnern die Elektronen ihren Kernen entrissen sind und daher ein Plasma bilden, wie Physiker heute sagen. Schließlich entwickelte Eddington eine Beziehung zwischen der Masse eines Sterns und dessen Leuchtkraft. 1926 veröffentlichte er diese Erkenntnisse unter dem Titel „The Internal Constitution of the Stars".

Eddington schrieb 1918 einen Bericht über die Allgemeine Relativitätstheorie. Ein Jahr danach leitete er eine Expedition zur Insel Principe vor der westafrikanischen Küste, um eine **Sonnenfinsternis** zu beobachten. Während ihrer dunkelsten Phase belichtete Eddington mehrere fotografische Platten mit Sternen, die sich in Randnähe der verdunkelten **Sonne** befanden. Nach seiner Rückkehr nach England untersuchte er die Aufnahmen und vermaß die Positionen der Sterne. Die von Eddington gemessenen kleinen Positionsverschiebungen bestätigten Einsteins Allgemeine Relativitätstheorie.

EDWIN POWELL HUBBLE (1889–1953)

Edwin Hubble wurde als Sohn eines Juristen am 20. November 1889 in Marshfield, Missouri, geboren. Hubble besuchte von 1906 an die University of Chicago und erhielt 1910 ein Rhodes-Stipendium für das Queen's College im englischen Oxford. 1914 kehrte er für seine Promotion an die University of Chicago

zurück und setzte seine akademische Arbeit als Forschungsassistent am Yerkes-Observatorium fort. Dort untersuchte er schwache **Nebel.** Während des Ersten Weltkriegs verbrachte Hubble zwei Jahre bei der US-Infanterie. 1919 wurde er am **Mount-Wilson-Observatorium** angestellt, wo er bis zum Ende seines Berufslebens weiterforschte.

Hubble nutzte das 2,5-Meter-Hooker-Teleskop auf dem Mount Wilson, um die Nebel neu zu klassifizieren. Über deren Natur war die Wissenschaft damals in zwei Lager gespalten. Die einen glaubten, Nebel wären Wolken aus interstellarem Gas innerhalb unserer eigenen **Galaxis.** Die anderen hielten sie für Galaxien außerhalb unseres **Milchstraßensystems.** Es stellte sich heraus, dass beide Lager Recht hatten.

1922 unterteilte Hubble als Erster die diffusen Nebel der Galaxis in **Reflexions-** und **Emissionsnebel.** Im folgenden Jahr, am 4. Oktober 1923, konnte Hubble einzelne Sterne im Andromeda-Nebel – heute als **Andromeda-Galaxie** bekannt – unterscheiden. Er untersuchte auch die **Cepheiden-Veränderlichen** im Andromeda-Nebel und in anderen so genannten Nebeln. Schließlich konnte Hubble beweisen, dass es sich bei diesen Nebeln um Galaxien handelte, die weit jenseits der Objekte des Milchstraßensystems lagen.

War Hubbles Entdeckung ferner Galaxien an sich schon eine Sensation, hatte sie wegen **Einsteins** Allgemeiner Relativitätstheorie noch größere Bedeutung. Damals diskutierten Astronomen, ob das Universum statisch war, expandierte oder kontrahierte. Hubble vermaß die Spektren von 46 Galaxien und erkannte, dass deren Licht zum roten Ende des **Spektrums** verschoben war (Rotverschiebung). Dies bewies, dass sich die Galaxien von der **Erde** entfernten und das **Universum** somit expandierte. Hubble entdeckte, dass sich die Galaxien umso schneller von uns entfernten, je weiter weg sie waren. Er schloss daraus auf eine Expansionsrate, die man inzwischen Hubble-Konstante nennt und deren Wert ziemlich genau bekannt ist.

Aufgrund seiner Beobachtungen an Galaxien klassifizierte Hubble sie nach ihrer Gestalt. Dieses als Hubble-Klassifikation bekannte Schema unterteilt die Galaxien in vier Hauptklassen: **Ellipsen** (E), **Spiralen** (S), Balkenspiralen (SB) und **Irreguläre** (Irr).

Gegen Ende seiner Laufbahn wirkte Edwin Hubble an der Konstruktion des Fünf-Meter-Hale-Teleskops auf dem Mount Palomar in Kalifornien mit. 1948 bediente er das Instrument als Erster. Das Hale-Teleskop wurde Hubbles Hauptinstrument bis zu seinem Tod. Am 28. September 1953 starb er an den Folgen eines Schlaganfalls.

Die Augen des Himmels

SPEKTRUM

Wenn die Astronomen der Vergangenheit den Himmel beobachteten, waren sie auf das relativ kleine Spektrum des sichtbaren Lichts angewiesen. Das sichtbare Spektrum ist der Farbverlauf, der durch die Aufspal-

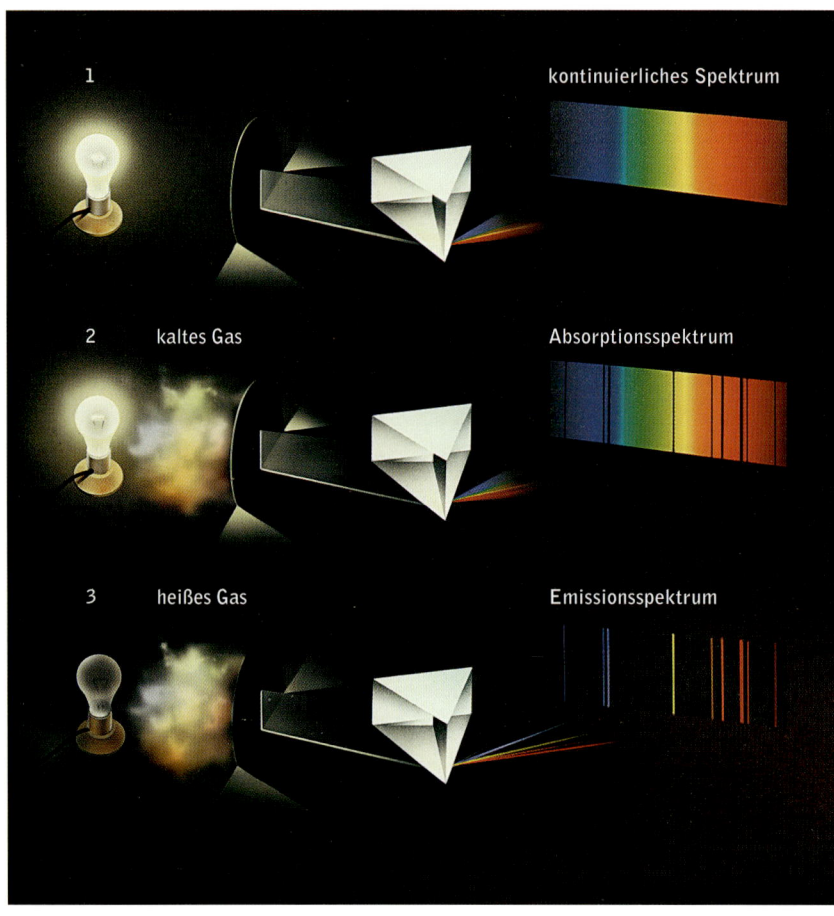

Dank der Spektren können Wissenschaftler das Sternlicht entschlüsseln. Das Licht einer Glühlampe, das auf ein Prisma fällt, erzeugt ein kontinuierliches Farbband (1). Läuft das Licht durch ein kaltes Gas, werden bestimmte Wellenlängen absorbiert und hinterlassen dunkle Linien (2). Dagegen erzeugt ein heißes Gas helle Linien (3).

tung eines weißen Lichtstrahls entsteht. Um den Himmel auch bei Wellenlängen zu beobachten, die weit über das sichtbare Spektrum hinausgehen, wurde eine Vielzahl an Instrumenten entwickelt. Sie erlauben den Astronomen heute einen Blick durch Radio-, Infrarot-Ultraviolett-, Gamma- oder Röntgen-„Augen".

Um diese sehr unterschiedlichen Wellenlängen empfangen zu können, sind sehr verschiedene **Teleskoptypen** erforderlich. Da die Atmosphäre den großen Teil der **elektromagnetischen Strahlung** nicht durchlässt, arbeiten **erdgebundene Sternwarten** bei sichtbarem Licht und Radiowellen. Hoch fliegende Flugzeuge, Ballone, Raketen und **Satelliten** auf einer Erdum-

laufbahn erlauben es uns, auch über den Schutzschild der Atmosphäre hinauszuschauen. Außerhalb der Erdatmosphäre wird hauptsächlich **Infrarot-, Ultraviolett, Röntgen-** und **Gammaastronomie** betrieben.

Ein Regenbogen entsteht, wenn sich der sichtbare Bereich des Sonnenlichts an den Regentropfen bricht. Wenn Astronomen das Licht von **Galaxien,** Sternen und anderen Himmelsobjekten untersuchen, zeichnen sie häufig die Verteilung und Intensität der Strahlung auf, indem sie ein Spektrum gewinnen. So wie ein Regenbogen das Licht aufspaltet, kann man die Strahlung eines Objekts am Himmel in seine Bestandteile aufspalten und dadurch ein Spektrum erhalten. Es gibt darüber Auskunft, wie heiß ein Objekt ist, welche chemischen Elemente es enthält und wie weit das Objekt entfernt ist. Mit welchem Verfahren die Astronomen das Spektrum eines Objekts aufnehmen, hängt von der Wellenlänge ab, bei der sie beobachten.

Kontinuierliches Spektrum

Ein kontinuierliches Spektrum ist eine ununterbrochene Verteilung des Lichts in einem weiten Wellenlängenbereich, beispielsweise von Rot bis Violett. Ein solches Spektrum entsteht, wenn die Teilchen eines Festkörpers, einer Flüssigkeit oder eines dichten Gases, die alle heiß und undurchsichtig sind, bis zu einem Punkt angeregt werden, an dem sie Licht abstrahlen. Bei einem kontinuierlichen Spektrum emittiert das Objekt Photonen bei allen Wellenlängen.

Emissionsspektrum

Ein Emissionsspektrum sieht wie eine Reihe von hellen Linien aus, die bei diskreten Wellenlängen auftreten. Man sieht es, wenn ein heißes Gas geringer Dichte zur Emission von Photonen bei spezifischen Wellenlängen angeregt wird.

Absorptionsspektrum

Ein Absorptionsspektrum ist eine Reihe dunkler Linien, die das Fehlen von Wellenlängen vor dem Hintergrund eines kontinuierlichen Spektrums anzeigen. Diese dunklen Linien entstehen, wenn das Licht eines Objekts, das ein kontinuierliches Spektrum emittiert, durch ein kühles Gas geringer Dichte läuft. Das Gas absorbiert Photonen bei bestimmten Wellenlängen und erzeugt die dunklen Linien. Die dunklen Linien im Sonnenspektrum heißen Fraunhofer-Linien. Sie geben uns darüber Aufschluss, welche chemischen Elemente es in der Sonnenatmosphäre gibt.

Spektroskopie

Spektroskopie nennt man das Verfahren, durch das Astronomen ein Spektrum aufnehmen. Man erhält ein Spektrum mit einem Gerät namens Spektrograf, von dem es mehrere Varianten gibt. Mit einem Echelle-Spektrografen beispielsweise kann man hoch aufgelöste Spektren in einem sehr engen Wellenlängenbereich aufnehmen. Ein Spektroheliograf ermöglicht Astronomen, die Sonne zu untersuchen.

Beugungsgitter

Ein Beugungsgitter ist der Teil eines Spektrografs, der weißes Licht in seine einzelnen Farben zerlegt. Dazu besteht die Oberfläche eines Beugungsgitters aus einer Reihe von eng beieinander liegenden, parallelen Rillen. Wenn weißes Licht auf diese Rillen trifft, wird es in die einzelnen Wellenlängen aufgespreizt. Man erhält ein optisches Spektrum. Jeder Zentimeter eines typischen Beugungsgitters hat 6000 dieser Rillen.

Schwarzer Körper

Ein schwarzer Körper ist ein theoretisches Objekt. Er absorbiert alle Energie, die auf ihn trifft. Ein schwarzer Körper ist auch die ideale Strahlungsquelle. Die weiß leuchtende Glühbirne, bei der Sie vielleicht diese Passage lesen, strahlt ebenfalls wie ein schwarzer Körper. Der elektrische Strom, der durch die Glühwendel hindurchfließt, erwärmt sie. Sobald diese Wärmeenergie freigesetzt wird, leuchtet die Wendel. Obwohl ein schwarzer Körper theoretisch ist, lassen sich mit seiner Hilfe die innere Funktionsweise der Sterne sowie ihre Farben und Temperaturen modellhaft beschreiben.

Schwarzkörperstrahlung ist die Wärmeenergie, die ein schwarzer Körper bei einer bestimmten Temperatur abgibt. Das **Spektrum** eines solchen Strahlers ist kontinuierlich, und die Wellenlänge des Strahlungsmaximums hängt nur von der Temperatur des schwarzen Körpers ab. Weil ein schwarzer Körper ein idealer Absorber von Wärmeenergie ist, ist er auch ein idealer Wärmestrahler. An dieser Stelle kommen die Sterne ins Spiel. Wir wissen, dass sich Atome bei höheren Temperaturen schneller bewegen als bei niedrigen Temperaturen. Das bedeutet: Je heißer ein Objekt ist, desto schneller bewegen sich die Atome, aus denen es besteht. Wenn diese angeregten Teilchen mit Elektronen zusammenstoßen, können sie die Elektronen beschleunigen, wodurch diese wiederum Energie in Form von Photonen abgeben.

ELEKTROMAGNETISCHE STRAHLUNG

Der Begriff „Licht" ruft die Vorstellung von sichtbarem Licht oder dem Wellenlängenbereich hervor, für den das menschliche Auge empfindlich ist. Jede Farbe, die wir sehen – von Rot bis Violett – repräsentiert eine andere Wellenlänge des sichtbaren **Spektrums.** Die Überlagerung aller Wellenlängen des sichtbaren Spektrums führt zu weißem Licht. Das elektromagnetische Spektrum reicht auf beiden Seiten weit über diesen Bereich hinaus. Die elektromagnetische Strahlung ist eine Schwingung, die sich im Vakuum oder in Materie ausbreitet. Sie verhält sich sowohl wie ein Teilchen (Photon) als auch wie eine Welle. Trotzdem kann man die meisten Eigenschaften der elektromagnetischen Strahlung mittels einer sich ausbreitenden Welle beschreiben: eine Welle, die ihre Energie mit sich trägt und sich bis ins Unendliche erstreckt. Sie hat ein elektrisches und ein magnetisches Feld, die senkrecht zueinander stehen, und breitet sich mit Lichtgeschwindigkeit aus. Beide Felder beeinflussen sich gegenseitig. Verändert sich das elektrische Feld, verwandelt sich auch das Magnetfeld und umgekehrt.

Die Formen der elektromagnetischen Energie unterscheiden sich aufgrund ihrer Wellenlängen voneinander. Radiowellen sind die längsten. Sie reichen von Tausenden von Kilometern bis herab zu einem Millimeter. In Richtung der immer kürzer werdenden Wellenlängen kommen danach die infraroten Wellenlängen (rund ein Millimeter bis zu einem Mikrometer). Daran schließt das sichtbare Licht (Rot bei 700 Nanometer, abgekürzt nm, bis Violett bei 400 Nanometer). Danach kommen das ultraviolette Licht (400 Nanometer bis 10 Nanometer), dann die Röntgenstrahlen (10 Nanometer bis 0,01 Nanometer) und schließlich die Gammastrahlen (kürzer als 0,01 Nanometer). Mancher dieser Spektralbereiche wird noch weiter unterteilt: in harte und weiche Röntgenstrahlen, in extremes Ultraviolett, in Nah-, Mittel- und Ferninfrarot sowie in Submillimeter- und Millimeterwellen.

INTERFEROMETRIE

Die Interferometrie ist ein Vorgang, bei dem zwei oder mehr elektromagnetische Signale eines astronomischen Objekts überlagert werden. Ein Interferometer kombiniert dazu die Beobachtungen verschiedener Instrumente über dasselbe Objekt. Dadurch erhält man eine höhere Auflösung als mit jedem Einzelgerät. Werden die Signale richtig miteinander überlagert, verstärken sie einander oder löschen sich aus. Diesen

Das Spektrum des schwarzen Körpers

David Wilkinson

Der Satellit „COBE" mass die Intensität der kosmischen Hintergrundstrahlung – den Feuerball des Urknalls – im Infrarot- und Mikrowellenbereich, einer sehr kalten Strahlung. Das Diagramm, das die Intensität der Strahlung (senkrechte Achse) in Abhängigkeit von der Wellenlänge (horizontale Achse) darstellt, sah aus wie das Spektrum eines schwarzen Körpers. Jedes Objekt, das sämtliche auftreffende Energie unabhängig von der Wellenlänge absorbiert, nennt man schwarzen Körper. Dieser strahlt auch bei allen Wellenlängen gemäß einer Formel, deren grafische Darstellung unabhängig von der Zusammensetzung des schwarzen Körpers immer die gleiche Form annimmt. Ein erhitztes Stück Eisen hat die Eigenschaften eines schwarzen Körpers, weil alle Energie, die es abgibt, thermische Energie ist. Die Kurve im unten stehenden Diagramm zeigt, wie das Spektrum eines schwarzen Körpers geformt ist. Die Position und Größe des Maximalwerts hängen von der Temperatur des strahlenden Körpers ab, aber die Form ist für alle schwarzen Körper gleich.

Das Spektrum eines schwarzen Körpers wird in zwei wichtigen Entdeckungen des 20. Jahrhunderts behandelt: in der Quantenmechanik und in der Urknalltheorie des Universums. Max Planck führte 1900 den Begriff „Quant" ein, um die Form des Spektrums eines schwarzen Körpers zu erklären. Die klassische Mechanik erklärte die Form der Kurve bei langen und kurzen Wellenlängen, nicht aber im Bereich des spektralen Maximums. Planck stellte fest, dass er durch die Annahme, Strahlungsenergie werde in Paketen (Quanten) transportiert, die Form des gemessenen Schwarzkörperspektrums berechnen konnte. 50 Jahre später erkannte George Gamow, dass eine Schwarzkörperstrahlung die Folge des Urknallmodells ist. Diese Strahlung füllte das Universum noch immer aus, obwohl sie nun viel kälter war. Die Messungen des Spektrums der kosmischen Hintergrundstrahlung, vor allem durch den Satelliten „COBE", passen zu einem Schwarzkörperspektrum bei einer Temperatur von 2,728 Kelvin über dem absoluten Nullpunkt.

Der Nachweis des Schwarzkörperspektrums als Überrest des Urknalls half, die Natur des Urknalls zu ermitteln. Körper, die Energie mit ausschließlich thermischen Eigenschaften abgeben, sehen genauso aus wie die Strahlungseigenschaften des Urknalls. Ein Vergleich zwischen den Beobachtungen von Arno Penzias und Robert Wilson sowie der Arbeitsgruppe um Robert Dicke deuteten dies an, aber die untersuchten Wellenlängenbereiche unterschieden sich nur wenig. Weitere Physiker analysierten die Verteilung der Strahlung in anderen Wellenlängenbereichen. Ballone, Flugzeuge und schließlich der Nasa-Satellit „COBE" vervollständigten das Bild. Sie bestätigten, dass der Urknall ein thermischer Vorgang war – die Strahlung stammte von einem sehr heißen Körper, nicht von einer anderen Art von Strahlungsquelle. ∎

Dieses Diagramm des Spektrums eines schwarzen Körpers ist aus Daten des Satelliten „Cosmic Background Explorer" („COBE") entstanden. Es stützt die Urknalltheorie über die Entstehung des Universums.

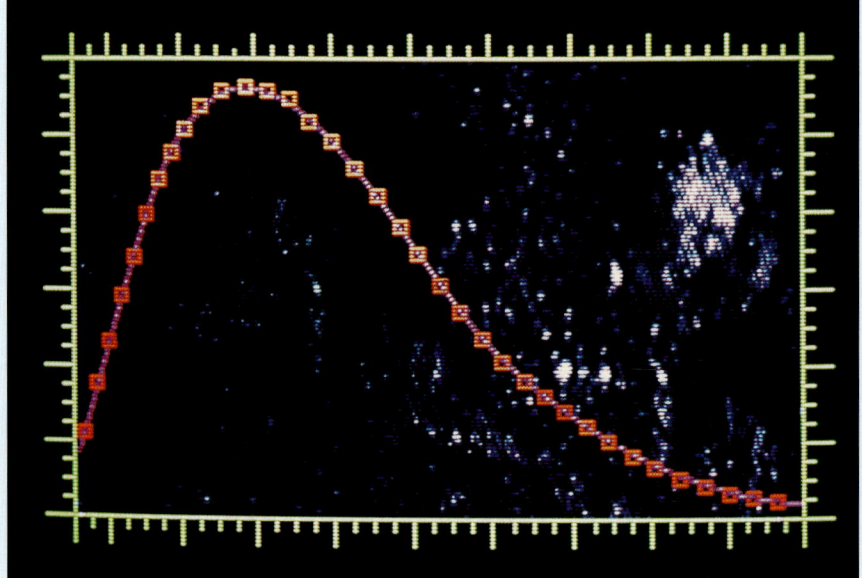

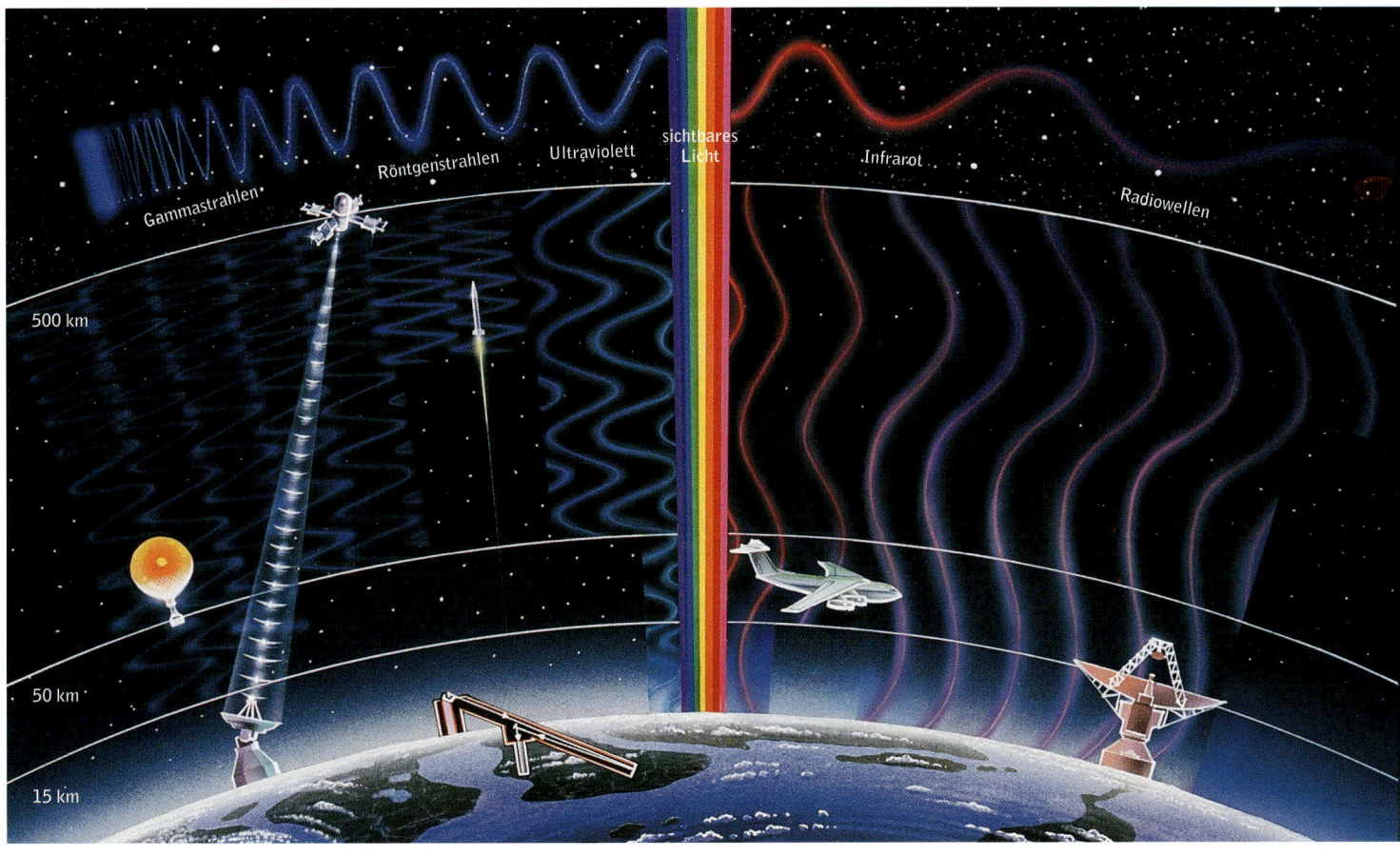

Vorgang kann man sich leicht vorstellen, wenn man an die Wellennatur des Lichts denkt. Sind zwei Signale in Phase, so dass Berg und Tal jeweils übereinander liegen, ist das überlagerte Signal stärker. Sind sie so verschoben, dass Berg auf Tal und Tal auf Berg zu liegen kommen, löschen sie sich gegenseitig aus. Mittels Interferometern können Astronomen schwache Signale besser untersuchen.

Optische Interferometer wie die Keck-Teleskope auf dem Mauna Kea, Hawaii, und das europäische Very Large Telescope (VLT) auf dem Cerro Paranal in der chilenischen Atacama-Wüste verwenden **Laserstrahlen,** um die Signale von verschiedenen **Teleskopen** zu synchronisieren. Das VLT hat eine lichtsammelnde Fläche von 200 Quadratmetern und eine Auflösung von 0,001 Bogensekunden. Das VLT könnte eine 50-Eurocent-Münze noch in einer Entfernung von 500 000 Kilometern auflösen.

RADIOASTRONOMIE

Die Radioastronomie nutzt Radiowellen, um Phänomene am Himmel zu untersuchen. Ihr Anfang geht zurück in die 1930er Jahre, als Karl Jansky (1905–1950), ein Wissenschaftler bei der amerikanischen Telefonfirma Bell Labs, nach Quellen atmosphärischer Störungen suchte, die Ferngespräche beeinträchtigten. Eines der ersten von ihm entdeckten Störsignale kam aus dem **Sternbild** Schütze. Jansky hatte das Radiosignal des **Milchstraßenzentrums** gefunden. Er veröffentlichte seine Entdeckung 1932, rief damit aber nur wenig Interesse hervor. Glücklicherweise griff der Funkingenieur Grote Reber Janskys Arbeit auf und fing an, den Himmel nach Radiosignalen abzusuchen. Bis in die 1940er Jahre hatte er einen großen Teil des Radiohimmels kartiert. Leider stieß die Radioastronomie noch immer auf wenig Interesse . Das änderte sich erst nach dem Zweiten Weltkrieg, als Fortschritte in der Elektronik und Halbleiterphysik zu Verbesserungen an den Geräten führten.

1964 entdeckten Arno Penzias und Robert Wilson das Radiosignal, das von der Entstehung des **Universums** übrig geblieben ist. Wie Jansky arbeiteten beide bei Bell Labs und fahndeten nach atmosphärischen Quellen, die die Telekommunikation störten. Als sie gerade mit einer Sechs-Meter-Hornantenne den galaktischen

Nur bestimmte Wellenlängen des elektromagnetischen Spektrums wie beispielsweise das sichtbare Licht gelangen auf die Erdoberfläche. Unsere Atmosphäre hält die meisten anderen Strahlungsarten davon ab, so weit nach unten zu gelangen. Um Sterne, Galaxien und andere Objekte im All über das gesamte elektromagnetische Spektrum hinweg beobachten zu können, müssen Wissenschaftler daher Flugzeuge, Ballone, Raketen und Satelliten nach oben schicken. Nur so können sie den Puls des Universums fühlen.

Halo (vom griechischen *hálos* für Lichthof) des **Milchstraßensystems** untersuchten, empfingen sie ein permanentes Signal bei einer Wellenlänge von 7,35 Zentimetern. Egal, wohin sie das **Teleskop** richteten, das Signal blieb da. Sein Ursprung musste also jenseits der **Galaxis** liegen. Für die Entdeckung dieser **kosmischen Mikrowellenhintergrundstrahlung** erhielten Penzias und Wilson 1978 den Nobelpreis für Physik.

Inzwischen ist jegliche Art von astronomischen Objekten im Radiowellenbereich untersucht worden. Die **Sonne, Planeten, Galaxien, Nebel** und **Quasare** sind nur ein paar der Objektklassen, die Radioastronomen sich genauer angeschaut haben. Radioteleskope sind besonders nützlich, um große Wolken aus kaltem Wasserstoff zu beobachten. Das sind Gebiete, in denen Sterne entstehen. Mit gewöhnlichen optischen Fernrohren kann man diese Gebiete nicht sehen, weil sie kein Licht abstrahlen und zu wenig Licht reflektieren, um erkennbar zu sein. Radiosignale bieten uns auch einen Blick auf ferne Objekte. Das All enthält viel Staub, der das sichtbare Licht streut. Radiowellen durchlaufen diese Staubregionen dagegen ungehindert, so dass Radioastronomen hinter die Staubwolken „blicken".

Der Radiobereich des **Spektrums** umfasst Wellenlängen von ungefähr einem Millimeter bis zu Tausenden von Kilometern; Radiowellen mit mehr als 30 Meter Wellenlänge können die **Erdatmosphäre** nicht durchdringen. Weil die Auflösung eines Teleskops von seiner lichtsammelnden Fläche abhängt, müssen Radioteleskope sehr groß sein. Die Wellenlänge einer typischen Radiowelle ist 100 000-mal länger als die des sichtbaren Lichts, weshalb Radioteleskope 100 000-mal größer als ihre optischen Gegenstücke sein müssen, um dieselbe Auflösung zu erzielen. Um dies zu umgehen, nutzen die Astronomen die **Interferometrie**. Sie erhöhen so die Empfindlichkeit ihrer Teleskope.

Arecibo-Observatorium

Das Arecibo-Observatorium in den Guarionex Mountains im Nordwesten von Puerto Rico betreibt das größte Radioteleskop der Welt, das aus einem Parabolspiegel besteht. 1974 hat man die **Antenne** benutzt, um ein Signal zu senden. Eine kodierte Botschaft über die **Erde** wurde in Richtung des Kugelsternhaufens M13 geschickt, der ungefähr 25 000 Lichtjahre entfernt ist.

Very Large Array (VLA)

Das 1980 fertig gestellte Very Large Array befindet sich in den Ebenen San Augustins, westlich von Socorro in New Mexico. Das VLA besteht aus 27 Radioantennen, die in Form eines Ypsilons angeordnet sind. Jedes

Die Antenne des 305-Meter-Arecibo-Radioteleskops liegt im Nordwesten von Puerto Rico in einem 51 Meter tiefen natürlichen Trichter und bedeckt eine Fläche von acht Hektar. Die reflektierende Oberfläche besteht aus fast 40 000 Aluminiumgitterpaneelen, die jeweils ein mal zwei Meter groß sind.

DIE WICHTIGSTEN RADIOTELESKOPE

Name	Wellenlänge	Größe	Standort	Betriebsbeginn
EINZELANTENNEN				
Arecibo	Zentimeter und Meter	305 m (stationär)	Puerto Rico	1963
Green Bank	Zentimeter und Meter	110 x 100 m	USA	2000
Effelsberg	Millimeter und Zentimeter	100 m	Deutschland	1972
Jodrell Bank	Zentimeter und Meter	76 m	Großbritannien	1957
Parkes	Zentimeter und Meter	64 m	Australien	1961
Nobeyama	Millimeter	45 m	Japan	1978
IRAM	Millimeter	30 m	Spanien	1985
James Clerk Maxwell	Submillimeter und Millimeter	15 m	USA	1987
Swedish-ESO	Submillimeter	15 m	Chile	1987
Kitt Peak 12-Meter-Teleskop	Millimeter	12 m	USA	1984
ANORDNUNG DER ANTENNEN (ARRAY)				
Very Long Baseline Array		8000 km / 10 Antennen	USA	1993
Australia Telescope		320 km / 8 Antennen	Australien	1988
MERLIN		230 km / 7 Antennen	Großbritannien	1980
Very Large Array		36 km / 27 Antennen	USA	1980
BIMA		2 km / 10 Antennen	USA	1996
IRAM Interferometer		15 m / 6 Antennen	Frankreich	1996
Submillimeter Array		6 m / 8 Antennen	Hawaii	2003

Gerät steht auf Eisenbahnschienen, damit die Astronomen die Abstände zwischen den Instrumenten verändern können. Bei ihrem maximalen Abstand erreichen die **Teleskope** ihre höchste Auflösung. Dann arbeiten sie wie ein Gerät mit rund 36 Kilometer Durchmesser. Jede Radioantenne misst 25 Meter im Durchmesser. Durch die geplante Erweiterung des VLA um zusätzliche Antennen, wird sich seine Basislinie auf 300 Kilometer vergrößern.

Very Long Baseline Array (VLBA)
Dieses **Radioteleskop** verfügt über zehn identische Radioantennen mit jeweils 25 Meter Durchmesser. Sie sind bis zu 8000 Kilometer voneinander entfernt und stehen in Saint Croix (Virgin Island), Hancock (New Hampshire), Liberty (Iowa), McDonald-Observatorium bei Fort Davis (Texas), Los Alamos (New Mexico), Pie Town (New Mexico), **Kitt Peak** (Arizona), Owens Valley (Kalifornien), Brewster (Washington) und **Mauna-Kea-Observatorium** (Hawaii).

Wenn das VLBA eine Beobachtung macht, nehmen Techniker an jeder Antenne die Daten auf und schicken sie in die Betriebszentrale nach Socorro in New Mexico. Dort werden die Signale überlagert, wodurch das VLBA eine Auflösung von weniger als einer Tausendstel Bogensekunde erreicht – das ist so, als ob man eine Zeitung in New York von Los Angeles aus lesen würde.

Very Long Baseline Interferometry (VLBI)
Das VLBI ist eine Erweiterung des VLBA-Konzepts. Es besteht aus **Radioteleskopen** überall auf der Welt, die zueinander einen Abstand von Tausenden von Kilometern haben. Durch die Basislinien von mehr als 10 000 Kilometern entspricht das VLBI faktisch einem Radioteleskop mit dem Erddurchmesser. Das VLBI ermöglicht es Astronomen, ferne, schwache Radioquellen wie **Quasare** im Detail zu untersuchen. Dabei kann man auch die Kontinentaldrift der Erde überwachen. Indem sie einen sehr weit entfernten Quasar

beobachteten, konnten Astronomen die Positionen der VLBI-Teleskope ermitteln. Es ließen sich leichte Verschiebungen der irdischen Kontinentalplatten sowie die Wanderung von Nord- und Südpol nachweisen.

INFRAROTASTRONOMIE

Die Infrarotastronomie ist die Untersuchung des Alls bei infraroten Wellenlängen. Die Sonnenwärme und die Glut eines Feuers gehören zum **Infrarotspektrum.** Die längeren Wellenlängen der Infrarotstrahlung durchdringen Staubwolken einfacher als sichtbares Licht. Diese Eigenschaft ermöglicht es Astronomen, das Zentrum unseres **Milchstraßensystems** und dichte Staubwolken zu untersuchen, in denen Sterne sowie andere **Galaxien** entstehen. Sternentstehungsgebiete strahlen beträchtliche Mengen an Infrarotstrahlung ab. Objekte wie Galaxien mit hohen Sternentstehungsraten (Starburst-Galaxien) lassen sich noch in sehr großen Entfernungen beobachten. Wenn wir verstehen, wie sich **Sterne** in diesen Galaxien herausbilden, liefert uns das Hinweise auf die Entstehung der Objekte in unserer **kosmischen Umgebung.** Galaxien mit einem aktiven Kern geben ebenfalls große Mengen an Infrarotstrahlung ab. Durch die Untersuchung im Infrarotbereich können Astronomen tief in den Zentralbereich einer Galaxie vordringen, wo vermutlich ein **schwarzes Loch** für die Energieerzeugung zuständig ist.

Spitzer-Space-Teleskop

Das am 25. August 2003 gestartete Spitzer-Space-Teleskop ist das letzte in einer Gruppe von vier großen Teleskopen, die die **Nasa** gestartet hat, um das Universum in vier verschiedenen Wellenlängenbereichen zu untersuchen. Die anderen drei Missionen sind das **Hubble-Space-Teleskop,** das **Compton-Gamma-Ray-Observatorium** und das **Chandra-X-ray-Observatorium.**

Spitzer verfügt über ein Fernrohr mit 85 Zentimeter Durchmesser sowie drei auf tiefe Temperaturen gekühlte Kameras und Spektrografen. Die von Spitzer gemessene Energie ist schwache Wärmeenergie bei Wellenlängen zwischen 3 und 180 Mikrometern. Damit die Wärme der **Erde** die Instrumente nicht zerstört, musste Spitzer auf eine besondere Umlaufbahn gebracht werden. Auf ihr folgt es der Erde auf ihrer Bahn um die **Sonne.** Mit Hilfe des Teleskops wollen die Astronomen ihr Wissen über das frühe **Universum** erweitern. Wann entstanden Objekte erstmals, und aus was bestehen sie? Weil das All expandiert, wird das Licht der fernsten Objekte zum roten Ende des **Spektrums** verschoben. Astronomen wollen mit Spitzer die fernsten **Galaxien** durch den Staub des frühen Universums hindurch beobachten.

Spitzer zeigt aber auch uns näher stehende Objekte wie **Planeten, Nebel** und **Sterne.** Ein Sterntyp, den Spitzer untersuchen wird, sind die **braunen Zwerge.** Diese kühlen, „misslungenen" Sterne könnten der Schlüssel zur Lösung des Problems der fehlenden Materie sein – Materie, die im All häufig vorkommen soll, aber bislang nicht beobachtet werden konnte. Die Sternwarte auf der Umlaufbahn wird auch riesige **Molekülwolken** beobachten, die zwischen den Sternen liegen. Diese stellaren Kinderstuben verhüllen die Entstehung neuer Sterne hinter einer dichten Wand aus Gas und Staub.

ULTRAVIOLETTASTRONOMIE

Die Ultraviolettastronomie sagt uns etwas über die Physik und Chemie der heißen Gase in Sternen und **Nebeln** sowie im **interstellaren Medium.** Die meisten Atome und Ionen des interstellaren Mediums haben ihre stärksten Absorptionslinien bei ultravioletten Wellenlängen. Durch die Untersuchung dieser Spektren bekommen wir also eine bessere Vorstellung von der Chemie und den Prozessen der Materie zwischen den Sternen.

Die Ultraviolettastronomie hilft Forschern auch, Bestandteile von Objekten des **Sonnensystems** zu erkennen. So beobachtete der **Satellit** „International Ultraviolet Explorer" („IUE"), wie **Kometen** Gas freisetzten. Der „Far Ultraviolet Spectroscopic Explorer" („FUSE") entdeckte molekularen Wasserstoff in der **Marsatmosphäre.** Der Satellit „FUSE" startete 1999 in einer Mission, um die ersten paar Minuten nach dem **Urknall** (Big Bang) besser verstehen zu können.

Die Sternentwicklung spielt in der Ultraviolettastronomie eine große Rolle. Der 1992 gestartete „Extreme Ultraviolet Explorer" („EUVE") untersuchte heiße **weiße Zwerge,** kataklysmische **Veränderliche** und die heißen, äußeren Atmosphärenschichten kühler, roter Zwergsterne. „EUVE" katalogisierte mehr als 400 weiße Zwerge, unter ihnen mehrere Doppelsterne, bei denen Materie des Sekundärsterns auf den weißen Zwerg stürzt. Anhand der ultravioletten Emissionslinien ermittelten Astronomen, wie das Material strömt und wie es die **Sternentwicklung** beeinflusst.

RÖNTGENASTRONOMIE

In der Röntgenastronomie werden hochenergetische Phänomene im Universum beobachtet. **Supernovae,** schwarze Löcher und Doppelsterne beispielsweise lösen extrem energiereiche Prozesse aus, etwa Kernreaktionen. Sie erzeugen extreme physikalische Bedingungen wie äußerst hohe Temperaturen oder sehr starke Magnetfelder, die eine Energieabstrahlung im Röntgenbereich zur Folge haben. Ein solcher hochenergetischer Vorgang ist der Tod eines Sterns. Der hit-

Ein Ring um eine rosige Wolke verdichteten Gases markiert die äußere Grenze der Schockwelle, die in ungefähr 190 000 Lichtjahren Entfernung entstanden ist. Die Schockwelle entstand durch das bei einer Supernova-Explosion ausgeworfene Material. Dieses Bild des Röntgenteleskops „Chandra" entstand rund 200 000 Jahre nach dem Ereignis.

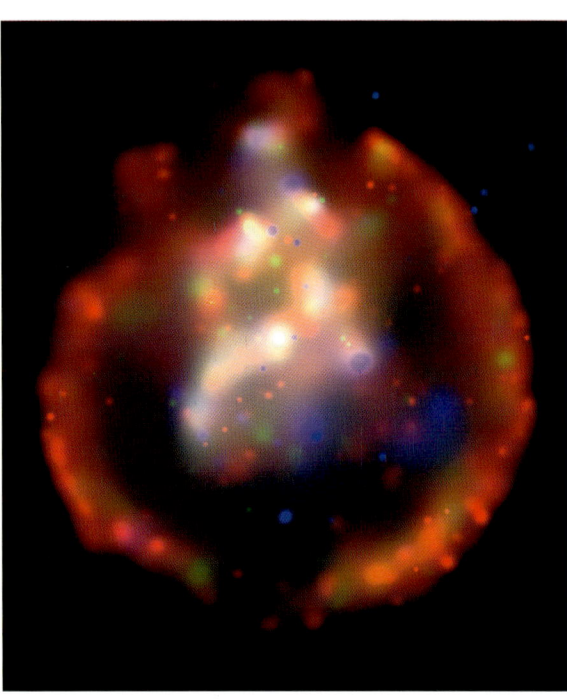

zige Überrest einer Supernova-Explosion ist ideal für Röntgenbeobachtungen geeignet. Schockwellen der Explosion durchpflügen das umgebende **interstellare Medium** mit einer Geschwindigkeit von mehreren 100 Kilometern pro Sekunde. Sie komprimieren das Gas in der Umgebung, erhitzen es und setzen gewaltige Mengen an Röntgenstrahlen frei. Diese werden von Astronomen untersucht, um die Expansionsrate der Schockwelle sowie die Zusammensetzung des Gases in der Umgebung zu bestimmen.

Ein weiterer heftiger Prozess kann im Zentrum unserer eigenen **Galaxie** auftreten. Dort werden große Mengen an Röntgenstrahlen aus einer schnell rotierenden Quelle emittiert, die rund zwei Grad Ausdehnung hat. Astronomen glauben, dass es sich dabei um ein superschweres schwarzes Loch handelt, das hinter dem Staub im Zentrum unserer **Galaxis** lauert. Wenn die Materie der enormen Anziehungskraft des schwarzen Lochs erliegt, wirbelt sie in es hinein – etwa wie ein Wasserstrudel in den Abfluss – und sendet dabei Röntgenstrahlen aus. Die Röntgenastronomie begann 1948 mit dem Start von kleinen Raketen und Ballonen, an

denen Röntgendetektoren hingen. Bis 1970 hatte man fast 30 Röntgenquellen identifiziert. Im Dezember jenes Jahres startete die **Nasa** den **Satelliten** „Uhuru" (Suaheli für „Freiheit") ins All. „Uhuru" entdeckte mehr als 300 Quellen kosmischer Röntgenstrahlung. Fortschritte bei den Geräten erhöhten diese Zahl in den späten 1970er Jahren weiter. Heute sind mehr als 60 000 Röntgenquellen bekannt. Röntgenstrahlen wurden bei einer großen Vielzahl von Objekten nachgewiesen, was unser Wissen über diesen Bereich des **elektromagnetischen Spektrums** außerordentlich erweitert hat.

Chandra-X-ray-Observatorium

Das Chandra-X-ray-Observatorium, das weltweit leistungsfähigste Röntgenteleskop, wurde am 23. Juli 1999 vom **Spaceshuttle** „Columbia" aus gestartet. Seine hoch aufgelösten Bilder (bis zu 0,5 Bogensekunden) entsprechen dem Lesen eines Stoppschilds aus 30 Kilometer Entfernung. „Chandra" hat zum besseren Verständnis der turbulentesten Regionen des Alls deutlich beigetragen.

GAMMASTRAHLENASTRONOMIE

Gammastrahlen haben kurze Wellenlängen und extrem hohe Energien. Ihre Herkunft ist weitgehend ungeklärt. Die Energie ist so hoch (10 000-mal höher als die Photonen des sichtbaren Lichts), dass nicht sehr viele Gammastrahlen erzeugt werden. Gammastrahlen sind ziemlich schwer einzufangen. Sie gehen durch die meisten Materialien ohne Wechselwirkung hindurch, nicht aber durch Silizium-, Germanium-, Quecksilberiodid- und Cadmiumtellurid-Halbleiter. Diese in Wechselwirkung stehenden Gammastrahlen und die daraus resultierenden Lichtblitze dienen dazu, das Ereignis an sich, die Ankunftszeit, die Bahn und die Energie der Gammastrahlen aufzuzeichnen.

Gammastrahlen scheinen von denselben heftigen Vorgängen erzeugt zu werden wie Röntgenstrahlen. Dazu gehören Objekte wie **Supernovae, schwarze Löcher, Neutronensterne, solare Flares** und ausbrechende (eruptive) **Galaxien.** Andere Gammastrahlenquellen sind unbekannt. Meist sind es kontinuierlich strahlende Quellen, die vermutlich zum **Milchstraßensystem** gehören. Einige dieser Quellen könnten sich als Neutronensterne oder **Supernovaüberreste** erweisen. Gammastrahlen werden von der **Erdatmosphäre** vollständig absorbiert. Bis zum Start von „Explorer 11" im Jahr 1961 hat man keine Gammastrahlen empfangen. „Explorer 11" registrierte nur 22 kosmische Gammastrahlenereignisse. Der Satellit „Orbiting Solar Observatory III" wies rund sechs Jahre später 621 Gammastrahlenereignisse nach. Die für die Überwachung des Verbots von Nuklearwaffentests entwickelten **Detektoren des Satelliten** entdeckten die ersten **Gammastrahlenausbrüche** (Gamma-Ray Bursts). Mehrere weitere Satelliten wurden während der 1970er Jahre gestartet, aber die Gammaastronomie erreichte ihren Höhepunkt erst mit dem Start des **Compton-Gamma-Ray-Observatoriums** im Jahr 1991.

Compton-Gamma-Ray-Observatorium

Das 17 Tonnen wiegende Compton-Gamma-Ray Observatorium wurde am 5. April 1991 vom **Spaceshuttle „Atlantis"** aus gestartet. Seine Mission war die Untersuchung von solaren Flares, **Pulsaren, Novae, Gammastrahlenausbrüchen** und **Supernovae-Explosionen, schwarzen Löchern** und **Quasaren.**

Für dieses breite Spektrum an Beobachtungen war der Satellit mit hochkomplizierten Instrumenten ausgestattet. Das Burst and Transient Source Experiment (BATSE, Experiment für Quellen mit Ausbrüchen und vorübergehender Aktivität) maß die Helligkeit von Gammastrahlenausbrüchen und solaren Flares. Das Oriented Scintillation Spectrometer (OSSE, richtungsempfindliches Szintillationsspektrometer) entdeckte die Gammastrahlensignatur von sich gegenseitig vernichtenden positiv und negativ geladenen Teilchen –

Positronen und Elektronen – des **interstellaren Mediums.** Das Imaging Compton Telescope (COMPTEL, Bild gebendes Compton-Teleskop) kartierte den gesamten Himmel bei mittleren Gammastrahlenenergien. Und das Energetic Gamma Ray Experiment Telescope (EGRET, Teleskopexperiment für energiereiche Gammastrahlen) entdeckte die Blazare, eine Unterklasse der Quasare.

KOSMISCHE STRAHLUNG

Als kosmische Strahlung bezeichnet man subatomare Teilchen, die sich mit unglaublicher Geschwindigkeit bewegen. Sobald sie auf die **Erdatmosphäre** treffen, zerschlagen sie Gasatome und erzeugen Schauer kosmischer Sekundärstrahlung, die sich über die Erde ergießen. Da die subatomaren Teilchen geladen sind, werden sie von den Magnetfeldern in unserer **Galaxis** abgelenkt, und es ist nicht möglich, ihren genauen Herkunftsort zu ermitteln. Sie scheinen ihren Ursprung in einigen derselben Objekte zu haben wie Gammastrahlen, beispielsweise in Galaxienzentren. Die elliptische Galaxie **M87** im Virgo-Haufen erzeugt kosmische Strahlen höchster Energie. Das **Hubble-Space-Teleskop** wies im Kern von M87 eine schnell rotierende Scheibe aus heißem Gas nach – ein Zeichen für ein superschweres **schwarzes Loch.**

Forschung über der schneebedeckten Oberfläche der Antarktis: Das an einem Ballon hängende BOOMERANG-Teleskop kartiert in einem kleinen Himmelsbereich die leichten Schwankungen der kosmischen Hintergrundstrahlung. 1998 machte BOOMERANG detaillierte Aufnahmen von der Struktur des frühen Universums vor 14 Milliarden Jahren.

Sterne

STERNENTWICKLUNG

Wasserstoff und Helium sind die grundlegenden Bausteine der Materie und die häufigsten Elemente im Universum. Sterne sind Gaskugeln, die ebenfalls aus Wasserstoff und Helium bestehen. Die Fusion dieser Elemente im Zentrum der Sterne heizt die Sterne auf.

Das Sternbild Orion beherbergt ein Sternentstehungsgebiet, in dem sich während der vergangenen zehn Millionen Jahre Zehntausende neuer Sterne gebildet haben. Es ist eines der aktivsten Sternenentstehungsgebiete unserer Galaxis.

Dabei entsteht Strahlung. Die Entwicklung, die ein Stern im Lauf seines Lebens durchmacht, hängt von seiner Größe und damit von seiner Gravitationskraft ab. Wenn Materie ins Zentrum eines sich bildenden Sterns stürzt, steigen Temperatur und Druck. Ist die Temperatur hoch genug, um Kernreaktionen auszulösen, wird ein Stern geboren. Neu geborene Sterne existieren so lange, wie sie sich der unerbittlichen Schwerkraft erwehren können, die sie kollabieren lassen will.

Sterne wie unsere **Sonne** erzeugen ihre Energie durch eine Proton-Proton-Kettenreaktion (PP-Zyklus). Dabei wird Wasserstoff in Helium umgewandelt, ein

Vorgang, der Kernfusion heißt. Da ein Heliumkern ungefähr 0,7 Prozent weniger Masse hat als vier Wasserstoffkerne, aus denen er entstanden ist, verwandelt diese Reaktion den Masseunterschied direkt in Energie. Die Sonne erzeugt pro Sekunde aus rund 700 Millionen Tonnen Wasserstoff 695 Millionen Tonnen Helium. Die restlichen fünf Millionen Tonnen Materie werden direkt in Energie umgewandelt. Diese Energie wird vom Zentrum des Sterns nach außen hin abgestrahlt, wodurch ein Gegengewicht zur Anziehungskraft des Sterns entsteht. Das verhindert den Gravitationskollaps. Solange ein Stern leuchtet, hält ihn sein Strahlungsdruck am Leben. Die Balance zwischen Schwerkraft und Strahlungsdruck nennt man hydrostatisches Gleichgewicht.

Sterne mit mehr als 1,5 Sonnenmassen (also 1,5-mal die Masse der Sonne) erzeugen den größten Teil ihrer Energie durch eine andere Reaktion, die als Kohlenstoff-Stickstoff-Zyklus oder Bethe-Weizsäcker-Zyklus bekannt ist. Wie beim PP-Zyklus entsteht beim Kohlenstoff-Stickstoff-Zyklus letztlich aus vier Wasserstoffkernen ein Heliumkern, aber im Bethe-Weizsäcker-Zyklus dient Kohlenstoff als Katalysator. Sauerstoff und Stickstoff sind ebenfalls an der Reaktion beteiligt. Der Kohlenstoff-Stickstoff-Zyklus hängt stark von der Temperatur ab. Er ist der dominierende Mechanismus der Energieerzeugung bei Temperaturen von mehr als 18 Millionen Kelvin.

Wenn ein Stern allen Wasserstoff in seinem Zentrum in Helium umgewandelt hat, erlischt das Feuer. Ohne Kernreaktionen gibt es keinen nach außen gerichteten Strahlungsdruck, und der Stern beginnt unter der Anziehungskraft zu kollabieren. Gravitationsenergie wird in Bewegungsenergie umgewandelt, der Kern wird kleiner und heißer. Frischer Wasserstoff außerhalb des Sternzentrums zündet. Dies führt zu einem Prozess, der Wasserstoffschalenbrennen heißt. Aber der Stern kontrahiert noch weiter. Dieser Vorgang erwärmt die den Sternkern umgebende Schale mit dem Wasserstoffbrennen weiter, wodurch noch mehr Energie freigesetzt wird. In dieser Phase des Sternlebens wird ein Übermaß an Energie produziert, bis der Strahlungsdruck die Anziehungskraft übersteigt. Der Stern expandiert und wird zum roten Riesen. Massereichere Sterne expandieren noch weiter und werden zu roten Überriesen. Der aufgeblähte Überriese verbringt die nächsten paar Millionen Jahre mit dem Wasserstoffschalenbrennen, während sein Kern allmählich kollabiert und langsam wärmer wird. Wenn die Temperatur im Zentrum des Sterns 100 Millionen Kelvin erreicht, setzt das Heliumbrennen als explosiver Prozess ein („Helium-Flash"). In dieser Art von Kernreaktion verschmelzen drei Heliumkerne (Alpha-Teilchen) zu einem Kohlenstoffkern.

Schließlich ist auch das Helium aufgebraucht, der Kern schaltet sich wieder ab. Eine Schale, in der Heliumbrennen stattfindet, umgibt den Kohlenstoffkern. In dieser Phase wird der Stern etwas instabil. Er pulsiert und stößt Materie ab, die einen **Planetarischen Nebel** um den heißen Kern bildet. Für Sterne mit der Masse unserer Sonne, bedeutet dies das Ende. Der Sternüberrest zieht sich langsam weiter zusammen und wird ein **weißer Zwerg** aus Kohlenstoff. In den kommenden Milliarden von Jahren kühlt

er weiter aus und wird zu einem schwarzen Zwerg.

Hat ein Stern mit mindestens 20 Sonnenmassen sein gesamtes Helium im Kern in Kohlenstoff verwandelt, fängt er an, sich weiter zusammenzuziehen. Erreicht die Temperatur im Kern 600 Millionen Kelvin, setzt schlagartig das Kohlenstoffbrennen ein, das den Stern auseinander reißen kann. Diese verhängnisvolle Explosion schleudert die äußeren Schichten des Sterns ins All, während der Kern zu einem **Neutronenstern** kontrahiert. Ist der Ausgangsstern noch massereicher, kollabiert der Kern zu einem **schwarzen Loch.**

INTERSTELLARES MEDIUM

Das interstellare Medium ist die Materie zwischen den Sternen einer Galaxie. Es macht rund zehn Prozent der

HELLE STERNE *(Klassifikation der Sterne siehe Seite 59)*

Stern	Sternbild	Rektaszension (RA) Stunden	Minuten	Deklination (Dekl.) Grad	Bogen- minuten	Scheinbare Helligkeit	Absolute Helligkeit	Spektral- typ	Entfernung (in Lichtj.)
Achernar	Eridanus	01	38	-57	14	0,45	-2,77	B3V	144
Aldebaran	Taurus	04	36	16	31	0,87	-0,6	K5III	65
Adhara	Canis Major	6	59	-28	58	1,50	-4,10	B2II	431
Alpha Crucis	Crux	12	27	-63	06	0,76	-4,19	B1V	321
Altair	Aquila	19	51	08	52	0,76	2,20	A7V	17
Antares	Scorpius	16	29	-26	26	1,06	-5,29	M1,5Iab	604
Arcturus	Bootes	14	16	19	11	-0,05	0,31	K2III	37
Betelgeuse	Orion	05	55	07	24	0,45	-5,14	M1Ia-M2Iab	427
Canopus	Carina	06	24	-52	41	-0,62	-5,53	F0Ib	314
Castor	Gemini	07	35	31	53	1,58	1,9	A1V & A2V	52
Deneb	Cygnus	20	41	45	17	1,25	-8,73	A2Ia	3,230
Fomalhaut	Piscis Austrinus	22	58	-29	37	1,16	1,73	A3V	25
Kapella	Auriga	05	17	46	0	0,08	-0,48	G6III & G2III	42
Pollux	Gemini	07	45	28	02	1,16	1,09	K0III	34
Procyon	Canis Minor	07	39	05	14	0,40	2,68	F5IV-V	11
Regulus	Leo	10	08	11	58	1,36	-0,52	B7V	77.5
Rigel	Orion	05	15	-08	12	0,18	-6,69	B8Ia	773
Rigil Kentaurus	Centaurus	14	40	-60	50	-0,28	4,07	G2V & K1V	4
Sirius	Canis Major	06	45	-16	43	-1,44	1,45	A1V	9
Spica	Virgo	13	25	-11	10	0,98	-3,50	B1V	262
Vega	Lyra	18	37	38	47	0,03	0,58	A0V	25

DER LEBENSZYKLUS EINES STERNS

James Trefil

DAS MILCHSTRASSENSYSTEM ENTHÄLT EINIGE HUNDERT MILLIARDEN STERNE, von denen nur ein paar tausend mit bloßem Auge zu sehen sind. Wie unsere Sonne entstehen diese Sterne aus kollabierenden interstellaren Gas- und Staubwolken. Sie schaffen es, der Anziehungskraft entgegenzuwirken und ihren Kollaps aufzuschieben, indem sie in ihrem Kern Wasserstoff zu Helium verschmelzen. Jeder Stern beginnt sein Leben als leuchtende Kugel aus ursprünglichem Wasserstoff. Den verbraucht er, um Energie zu erzeugen. Trotzdem sind nicht alle Sterne gleich. Es hängt von der Dichte, Temperatur und Struktur der Materie in einer Wolke ab, aus der der Stern hervorgeht, ob er kleiner oder größer als die Sonne wird. Stellt man sich die Sonne als Basketball vor, dann kennen wir Sterne, die so klein wie Erbsen sind oder so groß wie ein 50-stöckiges Gebäude. Manche Sterne leuchten hell, manche schwach, einige mit einem bläulichen Schimmer, andere dagegen weiß.

Sterne stehen unterschiedlich weit von der Erde entfernt und unterscheiden sich in zwei grundsätzlichen Arten. Sie haben unterschiedliche Massen (das heißt, verschiedene Mengen an Materie in sich) und befinden sich in verschiedenen Phasen ihrer Entwicklung.

Hauptreihensterne

Man könnte erwarten, dass ein Stern mit zunehmender Masse länger lebt – schließlich enthält ein großer Stern mehr Wasserstoff und damit mehr Brennstoff. Aber es ist komplizierter. Ein großer Stern hat zwar mehr Wasserstoff, übt aber auch eine stärkere Anziehungskraft auf seine Bestandteile aus. Daher muss er seinen Brennstoff schneller verheizen, um nicht in sich zusammenzustürzen. Dadurch haben wir die scheinbar paradoxe Situation, dass das Leben eines Sterns umso kürzer ist, je mehr Brennstoff er besitzt. Unsere Sonne ist ein Stern mittlerer Größe, der genug Wasserstoff mitbekommen hat, um rund elf Milliarden Jahre lang zu leuchten. Ein Stern, der 40-mal mehr Masse als die Sonne hat, lebt vielleicht nur einige Millionen Jahre. Ein Stern mit der halben Sonnenmasse kann dagegen 200 Milliarden Jahre lang existieren, weil er mit seinem Vorrat an Wasserstoff sparsam umgeht. Die Parole für schwere Sterne scheint zu sein: Lebe schnell, stirb jung – und hinterlasse eine eindrucksvolle Leiche.

Vor viereinhalb Milliarden Jahren verdichtete sich die Sonne aus einer interstellaren Staub- und Gaswolke und begann erstmals zu leuchten. Aber die Staubwolke hatte einen Großteil des sichtbaren Lichts absorbiert. Als die Fusionsreaktionen in ihrem Kern stärker wurden und die Staubwolke abgebaut war, leuchtete die Sonne heller und heller. Schnell wurde sie fast so hell, wie wir sie heute sehen.

Sterne wie die Sonne, die noch immer Wasserstoff in ihrem Kern verbrennen, nennt man Hauptreihensterne. Eine der interessantesten Fragen lautet: Was passiert, wenn ihnen der Brennstoff ausgeht? Unsere Sonne zum Beispiel wird ihren Brennstoff im Kern in ungefähr sechs Milliarden Jahren aufgezehrt haben. Dann nimmt ihr Energiefluss ab und kann nicht länger der Anziehungskraft entgegenwirken, die seit elf Milliarden Jahren in den Startlöchern sitzt. Die Materie wird nach innen gezogen, und die Sonne beginnt sich zusammenzuziehen.

Durch diese Kontraktion steigt im Gegenzug die Innentemperatur, so dass nun der Wasserstoff in den Schichten außerhalb des Kerns verbrannt wird. Noch wichtiger ist das Helium direkt im Zentrum der Sonne – die übrig gebliebene „Asche" der Wasserstofffusion: Sie beginnt selbst zu fusionieren und bildet Kohlenstoff. Die Asche des einen nuklearen Feuers wird also zum Brennstoff des nächsten.

In dieser Phase werden sich die äußeren Schichten der Sonne wieder ausdehnen, und ein Teil der Masse wird als starker Sonnenwind ins All abgestoßen. Zum

Zeitpunkt ihrer maximalen Größe wird die Oberfläche der Sonne über die heutige Umlaufbahn der Venus hinausreichen. Die Sonnenoberfläche wird jedoch kühler sein, weil dieselbe Energiemenge sich über eine viel größere Fläche verteilt. Sterne, die ihre Energie durch diese Art von großer, kühler Oberfläche abgeben, heißen rote Riesen. Wenn unsere Sonne diese Phase erreicht hat, kann ihr beträchtlicher Masseverlust die Gravitationskraft so weit gesenkt haben, dass die Planeten sie mit einem größeren Abstand umlaufen. So dürfte nur Merkur von der Sonne verschluckt werden, während Erde und Venus auf Bahnen überleben, die größer als die heutigen sind. Dies ist aber nur ein schwacher Trost für das Leben, weil die Weltmeere schon lange, bevor die Sonne ihre maximale Ausdehnung erreicht hat, verdampft sind.

Riesensterne

Massereichen Sternen mit zehn oder mehr Sonnenmassen steht ein ganz anderes Ende bevor als das relativ ruhige von roten Riesen und weißen Zwergen. Wie die Sonne verbrennen auch diese massereichen Sterne zu Beginn ihrer Entwicklung Wasserstoff. Aber sie verbrauchen ihn sehr viel schneller, und dann ist der Kollaps unvermeidlich. Heliumasche wird wie bei unserer Sonne zu Kohlenstoff verbrannt. Aber in viel massereicheren Sternen treibt die größere Anziehungskraft des Kollapses die Temperatur so weit nach oben, dass selbst Kohlenstoff verbrannt wird. Bei dieser Fusion, mit der der Stern versucht, die Folgen seiner eigenen Anziehungskraft abzuwehren, entstehen Elemente wie Sauerstoff, Neon, Magnesium und Silizium. Schließlich erzeugen diese Kernreaktionen Eisen, das über den am stärksten gebundenen Kern aller Elemente verfügt. Man muss Energie zuführen, um Eisen in kleinere Kerne zu zerlegen oder um Eisen in Fusionsreaktionen zu schwereren Kernen zu verschmelzen. Mit anderen Worten: Eisen ist ein lausiger Brennstoff für Sterne – man kann dabei keine Energie produzieren.

Hat ein Stern diese Entwicklungsstufe erreicht, sammelt sich die nicht weiter verbrennbare Eisenasche in seinem Kern. Wie bei einem weißen Zwerg werden die Elektronen so dicht zusammengepackt, dass sie zunächst einen weiteren Kollaps des Sterns verhindern. Durch den unerbittlichen Druck der Gravitation wird mehr und mehr Materie des Sterns zu Eisen verbrannt, das sich so lange weiter ansammelt, bis der Druck im Kern hoch genug ist, um die Elektronen mit den Protonen des Eisenkerns zu verschmelzen. Es entstehen Neutronen – Teilchen, so schwer wie Protonen, aber ohne elektrische Ladung. Wenn dieser Prozess

begonnen hat, wächst er lawinenartig an. Bald ist die gesamte Masse des Eisenkerns in Neutronen umgewandelt.

Aber sobald die Elektronen weg sind, gibt es nichts mehr, was der Wirkung der Gravitation Einhalt gebieten könnte: Der Neutronenkern kollabiert. Innerhalb von wenigen Minuten implodiert das komplette Innere des Sterns, das einst größer als unsere heutige

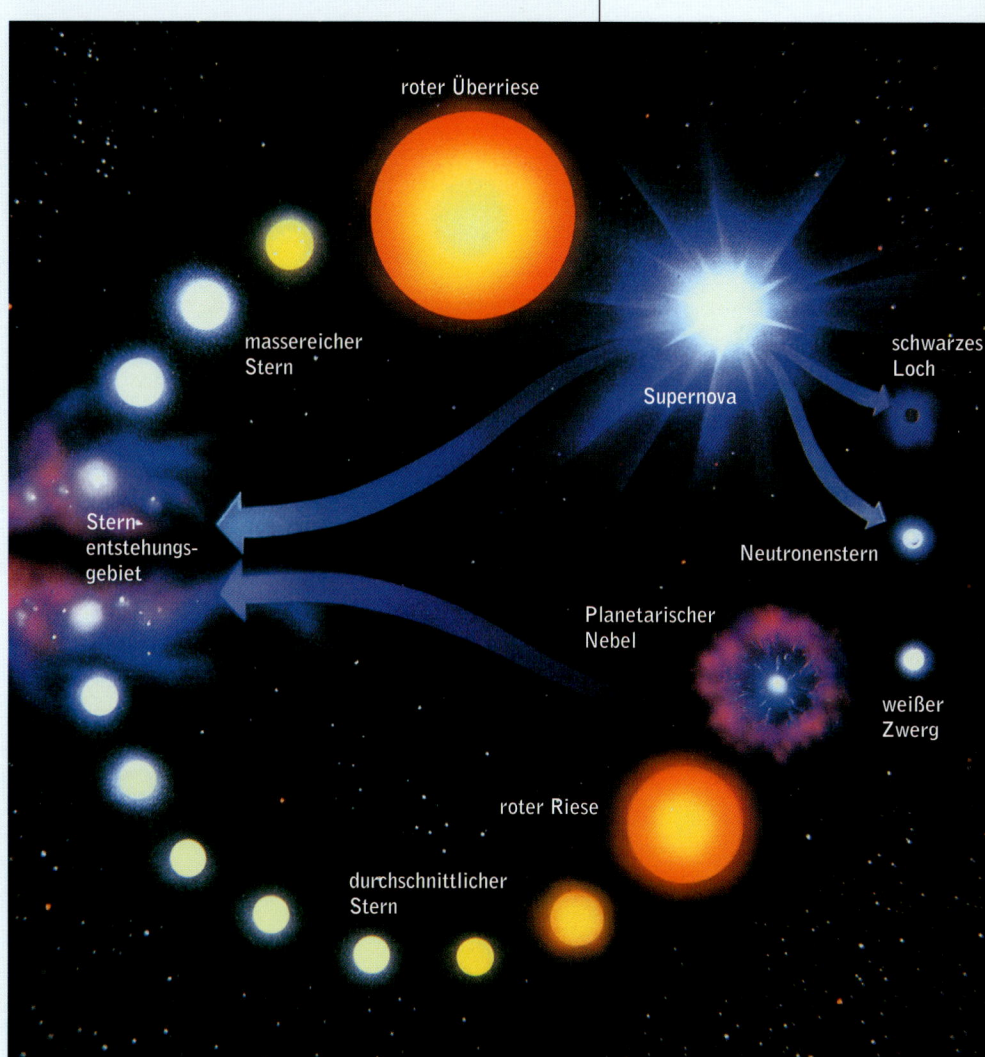

roter Überriese

massereicher Stern

Supernova

schwarzes Loch

Neutronenstern

Sternentstehungsgebiet

Planetarischer Nebel

weißer Zwerg

roter Riese

durchschnittlicher Stern

Sonne war, und erzeugt ein unglaublich dichtes Objekt von rund 16 Kilometer Durchmesser. Gigantische Schockwellen erschüttern die äußere Hülle des Sterns und zerreißen sie. Für ein paar Tage können die Kernreaktionen in dem sterbenden Stern mehr Licht erzeugen als eine ganze Galaxie! Dieses Ereignis, der Tod eines riesigen Sterns, nennt man Supernova.

In den meisten Galaxien ereignet sich alle 30 Jahre eine Supernova. ■

Ein Stern durchschnittlicher Größe expandiert zu einem roten Riesen und schrumpft dann zu einem weißen Zwerg. Ein massereicher Stern (mit mehr als drei Sonnenmassen) wächst zu einem roten Überriesen an, bevor er kollabiert und implodiert.

Eine dunkle Molekül-wolke namens Barnard 68 hat die Sterne aus-radiert. Da sie fast alles sichtbare Sternlicht in einem Teil des Sternbilds Schlangenträger absor-biert, hinterlässt sie den Eindruck schauriger Leere. Molekülwolken, auch Absorptionsnebel genannt, sind dichte Ansammlungen von Staub und molekularem Gas, die das Licht der dahinter stehenden Sterne verschlucken.

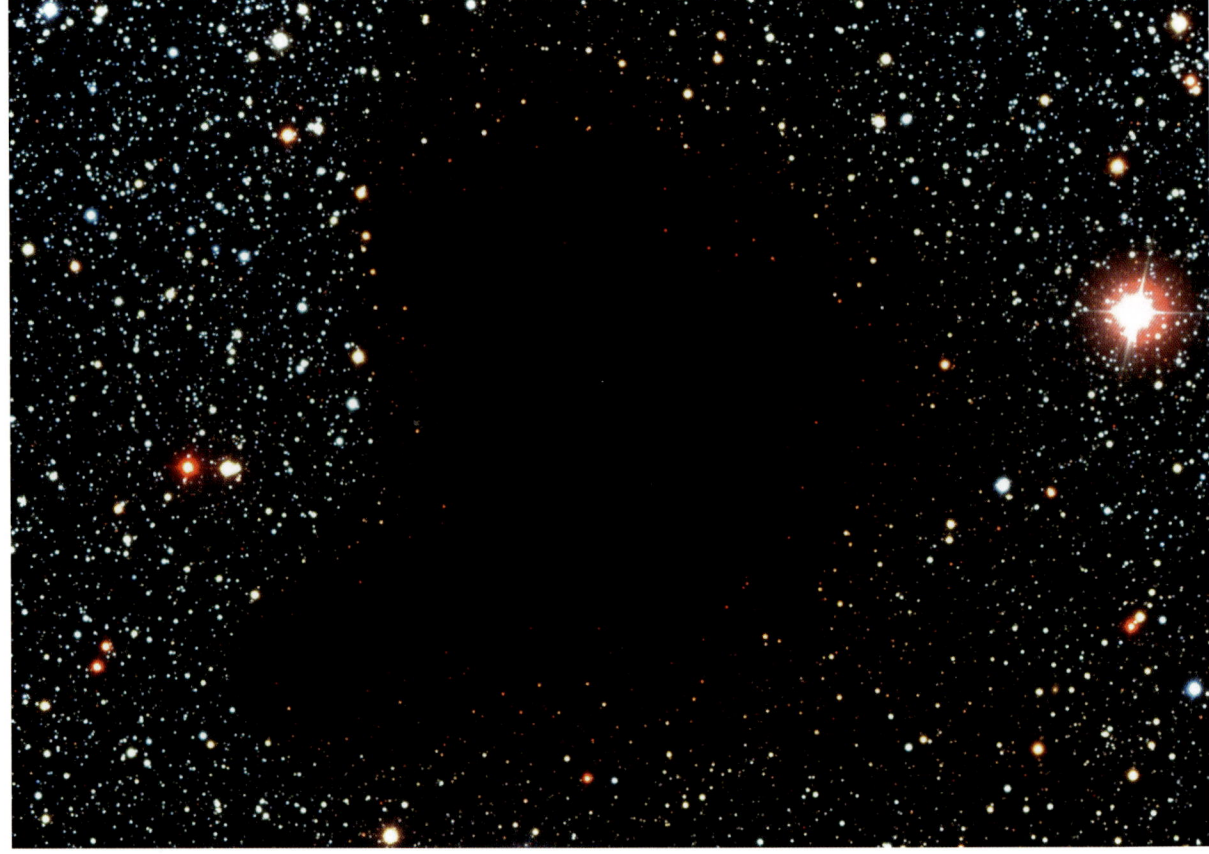

Masse unseres **Milchstraßensystems** aus und ist vor allem in den Spiralarmen und der Scheibe der **Galaxis** angesiedelt. Verschiedene Formen von Wasserstoff und etwas Helium bilden diese Materie, zu der sowohl einzelne heiße Wolken aus ionisiertem Wasserstoff (HII-Regionen) als auch kühlere Wolken neutralen Wasserstoffs (HI-Regionen) gehören. Zum interstellaren Medium zählen auch Teilchen der **kosmischen Strahlung** und kosmischer Staub, der die Schwächung (interstellare Extinktion) und Rötung (interstellare Rötung) des Lichts ferner Sterne verursacht.

MOLEKÜLWOLKE

Molekülwolken sind kalte, dichte Bereiche der interstellaren Materie. Ihre Dichte ist eine Million Mal höher als die der **interstellaren Materie.** Sie bestehen hauptsächlich aus Wasserstoffmolekülen (H2) und Staub (ungefähr ein Prozent der Wolkenmasse). Molekülwolken haben Massen zwischen weniger als einer Sonnenmasse und mehreren hundert **Sonnenmassen.** Die größten Molekülwolken werden als *Giant Molecular Clouds* (GMC, Riesenmolekülwolken) bezeichnet und haben Massen bis zu zehn Millionen Son-

nenmassen. Riesenmolekülwolken liegen innerhalb der Ebene einer **Galaxie** und sind Kinderstuben der Sterne. Innerhalb der Scheibe unserer Galaxis gibt es 400 bis 500 Riesenmolekülwolken. Die aktivste Riesenmolekülwolke befindet sich in den Spiralarmen einer Galaxie. Dagegen sind kühlere Wolken zufällig innerhalb der Scheibe verteilt.

Orion-Molekülwolke

Die Orion-Molekülwolke (OMC) ist ein gewaltiger Komplex aus Riesenmolekülwolken im **Sternbild Orion** (dem Himmelsjäger). Jede hat 100 000 **Sonnenmassen** und eine Ausdehnung von 100 **Lichtjahren.** In ihren dichten Zentren entstehen junge Sterne wie am Fließband. Ein solches Zentrum, OMC-1, ist mit dem Orion-Nebel (M42 oder NGC 1976) assoziiert.

Der Orion-Nebel leuchtet hell am Winterhimmel, knapp unterhalb der drei Gürtelsterne des Orion, und markiert das Schwertgehänge des Himmelsjägers. Da er nur 1 500 Lichtjahre entfernt ist, gehört diese schillernde Weite aus ionisiertem Wasserstoff (HII) zu den hellsten **Emissionsnebeln** des Himmels. Er beherbergt rund 700 junge Sterne in verschiedenen Entstehungsphasen. Aus einigen dieser stellaren „Kleinkinder" schießen Strahlen (Jets) aus heißem Gas mit hoher Geschwindigkeit heraus, die mit einer Überschallgeschwindigkeit von 160 900 Kilometern pro Stunde durch den Nebel rasen.

Maser

Der Begriff „Maser" ist die Abkürzung für „Microwave Amplification by Stimulated Emission of Radiation" (Mikrowellenverstärkung durch angeregte Strahlungsemission). Maser sind Objekte, deren Moleküle die umgebende Strahlung verstärken. Werden Moleküle eines Himmelsobjekts durch Strahlung angeregt, senden diese ebenfalls Photonen derselben Energie aus. Dies verstärkt die Strahlungsmenge, die von dieser Quelle zu uns gelangt. Maser wurden in alten veränderlichen Sternen und in den Sternentstehungsgebieten der **Molekülwolken** gefunden. Die erste Quelle ist 1965 im Orion-Nebel entdeckt worden.

PROTOSTERN

Der Protostern ist das früheste Stadium der **Sternentwicklung.** Schockwellen von **Supernova**-Explosionen oder der Zündung des nuklearen Feuers in neu entstandenen Sternen lösen die Bildung weiterer Sterne aus. Läuft eine Schockwelle durch eine **Riesenmolekülwolke,** verdichtet sie die dortigen Moleküle und den Staub. Wenn diese verdichteten Kerne zu kontrahieren beginnen, zieht die Anziehungskraft die Atome weiter ins Zentrum. Die Atome bewegen sich quasi im freien Fall, werden dabei schneller und stoßen zufällig miteinander zusammen. Dadurch werden sie heißer. Zieht sich die Wolke noch weiter zusammen, bildet sich ein heißer Kern hoher Dichte, der von einem kühleren Kokon geringer Dichte umgeben ist. Je dichter der Kern wird, desto schneller rotiert er. Das formt den Kokon schließlich zu einer flachen protoplanetaren Scheibe um. Aus ihr wandert Materie in die Mitte, wo sich ein Protostern bildet. Die von ihm abgestrahlte Energie wird noch nicht durch Kernfusion produziert. Sobald er im optischen Bereich sichtbar ist, nennt man ihn Vorhauptreihenstern.

BRAUNER ZWERG

Braune Zwerge sind „misslungene" Sterne. Sie ähneln **Jupiter,** weil sie mit einer zu geringen Masse entstanden sind, so dass keine nukleare Kettenreaktion in ihrem Zentrum ablaufen kann. Die von braunen Zwergen abgegebene Energie ist Folge einer gravitationsbedingten Schrumpfung. Braune Zwerge haben nicht

mehr als 75 Jupitermassen, und ihre Spektren zeigen eine große Menge an Methan. Der erste bestätigte braune Zwerg, Gliese 229B, wurde 1995 entdeckt.

KLASSIFIKATION DER STERNE

Einige der hellsten Sterne sind von der Nordhalbkugel aus an Winterabenden zu sehen. Zwei der hellsten im **Sternbild** Orion liegen an den entgegengesetzten Enden des sichtbaren Spektrums: Rigel ist ein heißer, blauer Stern, Betelgeuse ein kühler, roter Stern. Kapella im Sternbild Fuhrmann ist gelbweiß. Obwohl diese Sterne eine bestimmte Farbe zeigen, leuchten sie nicht nur bei einer Wellenlänge. Vielmehr strahlen Sterne ihr Licht über den gesamten Bereich des sichtbaren Spektrums ab. Sie erscheinen nur wegen ihrer unterschiedlichen Oberflächentemperaturen eher rot oder blau. Man klassifiziert Sterne nach Farbe, Temperatur und Durchmesser. Farbe und Temperatur hängen unmittelbar zusammen, außerdem kommt der Farbe eine Schlüsselrolle bei der spektralen Signatur des Sterns zu. Die Atome und Moleküle eines Sterns bestimmen die Absorptionslinien in seinem Spektrum und damit seinen Spektraltyp. Heiße, blaue Sterne haben schwache Wasserstofflinien, aber sehr starke Linien ionisierten Heliums. Dagegen zeigen kühlere, rote Sterne starke

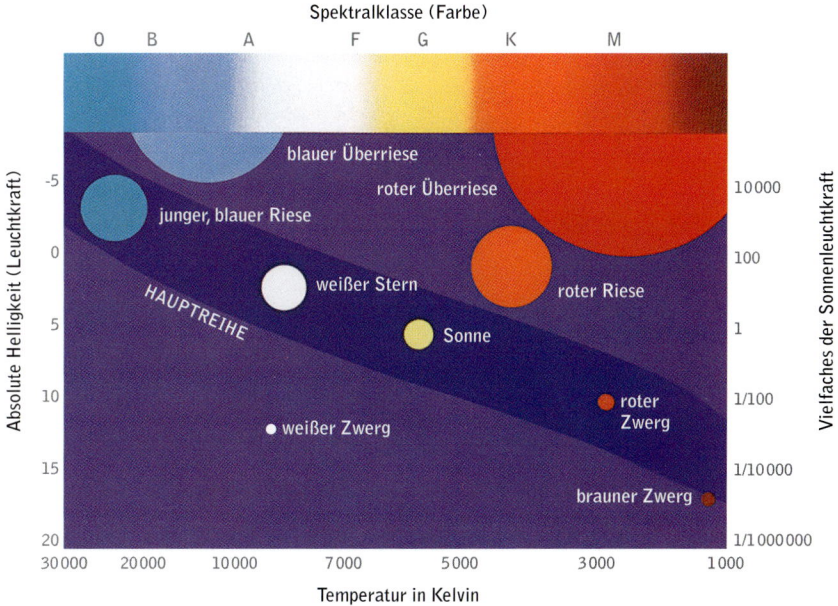

Absorptionsbanden (viele Absorptionslinien) von Titanoxid. Die meisten Sterne lassen sich einem der sieben Spektraltypen zuordnen, die in der Reihenfolge abnehmender Temperatur O, B, A, F, G, K und M heißen. Jede Spektralklasse wird nochmals in Unterklassen von

Das Hertzsprung-Russell-Diagramm zeigt den Zusammenhang zwischen der Temperatur und der Leuchtkraft eines Sterns.

0 (am heißesten) bis 9 (am kühlsten) eingeteilt. Sterne eines bestimmten Spektraltyps werden außerdem Leuchtkraftklassen zugeordnet, die direkt mit ihrer Größe zusammenhängen: Ia (helle Überriesen), Ib (Überriesen), II (helle Riesen), III (Riesen), IV (Unterriesen), V (Hauptreihen- oder Zwergsterne).

Hertzsprung-Russell-Diagramm

Das Hertzsprung-Russell-Diagramm ist nach seinen Erfindern Ejnar Hertzprung und Norris Russell benannt und zeigt den Zusammenhang zwischen dem Spektraltyp (der Oberflächentemperatur) eines Sterns und seiner absoluten Helligkeit (Leuchtkraft). Die Leuchtkraft wird auf der senkrechten Achse aufgetragen, die Temperatur auf der horizontalen. Die Position eines Sterns im Diagramm sagt viel über ihn aus.

Sterne im oberen linken Bereich des Diagramms sind junge, heiße, blaue Riesen. Bei den Sternen oben rechts handelt es sich um kühlere, rote Riesen und Überriesen, die bald das Lebensende erreichen. Sterne unten links sind **weiße Zwerge:** heiße, kleine Objekte, die sehr lichtschwach sind und am Ende ihres Lebens stehen. Der mittlere Bereich des Diagramms, der von oben links nach unten rechts verläuft, markiert die Hauptreihe. Rund 90 Prozent aller Sterne liegen dort.

Wie lange ein Stern auf der Hauptreihe bleibt, hängt von seiner Masse ab. Massearme Sterne verbrauchen ihren Brennstoff langsam und leuchten für Milliarden von Jahren. Massereiche Sterne mit 25 Sonnenmassen leben ein knappes, kurzes Leben, weil sie ihren Brennstoff schnell verbrauchen. Sie sterben nach 700 Millionen Jahren.

VERÄNDERLICHER STERN

So heißen Sterne, deren Helligkeit sich im Lauf der Zeit verändert. Es gibt zwei Hauptgruppen: intrinsische Veränderliche, die sich aus sich heraus verändern, und extrinsische Veränderliche, die sich aufgrund äußerer Ursachen verändern. Das kann zum Beispiel eine vorbeiziehende Staubwolke oder die Bedeckung durch einen Begleitstern sein.

Pulsierende Sterne sind intrinsische Veränderliche. Hat ein Stern die Hauptreihe erreicht, ändert sich seine Leuchtkraft sehr wenig und sehr langsam. Pulsationsveränderliche dagegen wechseln ihre Helligkeit recht schnell. Bei den meisten handelt es sich um Sterne, die die Hauptreihe verlassen haben, und die im **Hertzsprung-Russell-Diagramm** nun über ihr liegen. In der Phase des Heliumbrennens sind sie meist am Ende ihres Lebens. Zu den pulsierenden Veränderlichen gehören **Cepheiden** und **RR-Lyrae-Sterne.** Kataklysmische Veränderliche erfahren plötzliche Ausbrüche, bei denen sich ihre Helligkeit abrupt ändert. Zu diesen Sternen gehören **Novae** und **Supernovae.** Kataklysmische Veränderliche sind häufig enge Doppelsterne, in denen ein Stern Materie an einen dichten, weißen Zwerg verliert. Eruptive Veränderliche ändern ihre Helligkeit schlagartig aufgrund von Ausbrüchen an der Oberfläche (auch Flares genannt).

Bedeckungsveränderlicher

Da Sterne sich in großen Wolken bilden, entstehen sie mit hoher Wahrscheinlichkeit in Gruppen. Die meisten Sterne gehören zu einem Doppel- oder Mehrfachsystem, in dem sie sich gegenseitig umkreisen. Die Bahnen von Bedeckungsveränderlichen sind so geneigt, dass die Sterne von der Erde aus gesehen abwechselnd voreinander vorbeiziehen. Da der Abstand zwischen den Komponenten dieser Systeme zu klein ist, können wir sie nicht als einzelne Sterne unterscheiden. Wenn ein Stern vor oder hinter dem anderen vorbeizieht, sehen wir nur, dass das System heller oder schwächer wird. Wandert ein Stern vor dem anderen vorbei, erscheint

Doppelsterne umkreisen einander, und manche blockieren dabei abwechselnd das Licht des anderen. Ein Doppelstern namens Algol (oben) „blinzelt" alle 69 Stunden, wenn sein schwächerer Stern den helleren Bruder verdeckt. Andere Sterne wie Mira (unten) expandieren und ziehen sich wieder zusammen. Wenn Mira schrumpft, leuchtet sie am hellsten.

Algol (Bedeckungsveränderlicher)

Bedeckung durch den schwachen Stern

Bedeckung durch den hellen Stern

Mira (Pulsationsveränderlicher)

minimale Helligkeit — heller — maximale Helligkeit — schwächer — minimale Helligkeit — heller das System lichtschwächer. Stehen beide Komponenten nebeneinander, ist das System heller.

Algol (Beta Persei)

Algol ist einer der bekanntesten **Bedeckungsveränderlichen** und bereits mit bloßem Auge zu erkennen. Als Erster beobachtete ihn 1669 der italienische Mathematiker Geminiano Montanari. 1783 konnte der britische Astronom John Goodricke Algols periodische Helligkeitsschwankungen erklären. Goodricke stellte fest, dass Algol alle 68,82 Stunden heller, schwächer und wieder heller wurde. Er bot zwei Erklärungen an: Entweder handelte es sich um einen Stern mit dunklen Flecken, die infolge der Rotation in der Blickrichtung auftauchten und wieder verschwanden. Oder der Stern hatte einen dunkleren Begleiter, der ihn umkreiste. Heute wissen wir, dass Algols „dunkler Begleiter" ein lichtschwächerer Stern ist. Algol leuchtet normalerweise mit 2,1 magnitudo, fällt aber während der Bedeckungen um 68 Prozent ab: auf 3,4 magnitudo.

Cepheiden-Veränderlicher

Der britische Astronom John Goodricke entdeckte 1784 die Cepheiden – ausgedehnte, gelbe Sterne des Spektraltyps F oder G. Ihre Helligkeit kann sich um 0,1 bis zwei Größenklassen ändern, während ihre Perioden von hell zu lichtschwach zu hell zwischen zwei und 60 Tagen dauern können. Mehr als 700 Cepheiden sind inzwischen in unserer **Galaxis** bekannt.

Man unterscheidet zwei Arten: Klassische Cepheiden (Cepheiden des Typs I) sind heiße, junge **Riesensterne** in den Spiralarmen des Milchstraßensystems. Ihre Perioden liegen zwischen fünf und zehn Tagen, ihre Helligkeit schwankt durchschnittlich um 0,5 magnitudo. Der Stern Delta Cephei gehört zum Typ I. Dieser gelbe Überriese pulsiert zwischen 3,5 und 4,4 Größenklassen mit einer Periode von 5,4 Tagen. Cepheiden des Typs II sind ebenfalls Riesensterne. Sie sind jedoch viel älter als die des Typs I. Sie stehen in der Nähe des Zentrums und im Halo einer Galaxie sowie in Kugelsternhaufen. Ihre Helligkeit schwankt wie bei klassischen Cepheiden. Die Perioden dauern einen Tag bis 35 Tage. Der Stern W Virginis im Sternbild Jungfrau ist der Prototyp der Cepheiden des Typs II.

Die relativ seltenen Cepheiden-Veränderlichen sind sehr wichtig für die Astronomie. Da ihre Pulsationsperiode direkt mit ihrer mittleren Leuchtkraft zusammenhängt, kann man aus der Periode eines Cepheiden seine absolute Helligkeit bestimmen. Astronomen verwenden daher Cepheiden in fernen Galaxien, um die Distanz der Galaxie zu bestimmen.

RR-Lyrae-Stern

RR-Lyrae-Sterne bilden eine große Gruppe von Pulsationsveränderlichen, die den **Cepheiden** ähnlich ist, aber schwächere Sterne umfasst. Wie die Cepheiden ändern die RR-Lyrae-Sterne ihre Leuchtkraft in einem regelmäßigen Rhythmus. Sie haben typische Perioden von weniger als einem Tag. Ihre Helligkeiten schwanken um 0,2 bis 2 magnitudo. RR-Lyrae-Sterne sind alte Riesen der Spektralklassen A und F. Man findet sie hauptsächlich in Kugelhaufen, aber auch in den Zentralbereichen und Halos von **Galaxien.**

T-Tauri-Stern

T-Tauri-Sterne sind sehr junge, unregelmäßige **Veränderliche.** Für gewöhnlich kommen sie gruppenweise in dichten Sternentstehungswolken vor. Diese Sterngruppen („T-Assoziationen") liefern wichtige Hinweise auf die Frühphasen der **Sonne.** T-Tauri-Sterne liegen im selben Spektralbereich wie die Sonne (G) und haben eine ähnliche oder etwas kleinere Masse als sie. Ihr Durchmesser ist ein Mehrfaches des Sonnendurchmessers. Untersucht man die einzelnen Mitglieder einer T-Assoziation, erhält man einen ersten Eindruck von den verschiedenen Entwicklungsphasen der Sonne.

Henrietta Swan Leavitt (1868–1921)

Henrietta Leavitt wurde als Tochter eines Ministers in Lancaster, Massachusetts, geboren. Sie revolutionierte das Verständnis von der Helligkeit und Veränderlichkeit der Sterne. 1895, nach ihrem Abschluss am Radcliffe College (damals Society for the Collegiate Instruction of Women – Gesellschaft für die akademische Ausbildung von Frauen) begann Leavitt, ehrenamtlich am Harvard-College-Observatorium zu arbeiten. 1902 bot ihr der Direktor der Sternwarte, Edward Charles Pickering (1816–1919), eine feste Stelle an. 1907 begann Leavitt als Leiterin von Harvards Abteilung für fotografische Photometrie die **veränderlichen Sterne** zu katalogisieren. Dafür bekam sie 30 Cent pro Stunde. 1912 bestimmte Leavitt die Zahl der **Cepheiden-Veränderlichen** in der Kleinen **Magellanschen Wolke** anhand von Fotoplatten, die in Peru belichtet worden waren. Sie bemerkte, dass die Periode der Cepheiden mit der durchschnittlichen Helligkeit zusammenhing: je länger die Periode, desto heller der Stern. Da alle Sterne ungefähr gleich weit von der **Erde** entfernt waren, musste ihre Leuchtkraft direkt mit der Periodenlänge zusammenhängen. Daraus lässt sich also die **absolute Helligkeit** eines Sterns bestimmen, während sich seine **scheinbare Helligkeit** aus dem Anblick am Himmel ergibt.

Leavitt war eine von mehreren Frauen, die an der Sternwarte Berechnungen durchführten und Daten reduzierten – Arbeit, die heute von Computern übernommen wird. Leavitt arbeitete bis an ihr Lebensende an der Sternwarte.

ENTARTETE MATERIE

Entartete Materie ist so dicht zusammengepresst, dass die Kerne ihrer Elektronen beraubt wurden. Die freien Elektronen und Kerne liegen als dicht gepackte Masse vor. Komprimiert man diese Materie weiter, muss man gegen die Elektronen ankämpfen, die nicht noch dichter zusammengepresst werden können. Es entsteht ein entartetes Gas, das so fest wie gehärteter Stahl ist, aber sehr viel dichter. Anders als der gewöhnliche Gasdruck hängt der Druck der entarteten Materie von der Dichte und nicht von der Temperatur ab. Entartete Materie ist in **weißen Zwergen** und **Neutronensternen** der wichtigste Gegenspieler der Schwerkraft.

WEISSER ZWERG

Weiße Zwerge sind äußerst dichte, kompakte und lichtschwache Sterne am Ende ihres Lebens (mit Ausnahme der massereichsten Sterne). Wenn der nukleare Brennstoff eines Sterns erschöpft ist, kollabiert das Sterninnere, während die äußeren Schichten abgestoßen werden und einen **Planetarischen Nebel** bilden.

Wenn der Rest des Sterns weniger als 1,44 Sonnenmassen hat, entsteht ein weißer Zwerg. In einem weißen Zwerg finden keine Kernfusionen mehr statt, deshalb gibt er nur noch seine Restwärme ab. Wie ein ausglühender Ofen wird sein Licht langsam schwächer. Der Kern ist entartet und wird von einer dünnen Gasatmosphäre umgeben, durch die die restliche Wärme langsam ins All abgegeben wird. Schließlich wird aus dem weißen ein schwarzer Zwerg. Auch die Sonne wird eines Tages als weißer und später schwarzer Zwerg enden.

NEUTRONENSTERN

Vom Nord- und Südpol eines Pulsars – eines schnell rotierenden Neutronensterns – schießen zwei schmale Energiebündel heraus. Sieht man sie von der Erde aus, erscheinen die Strahlen wie das regelmäßige Signal eines Leuchtturms.

Neutronensterne sind die kleinsten und dichtesten Sterne, die man kennt. Ihre Massen liegen zwischen 1,4 und drei Sonnenmassen. Damit sind sie klein genug, um nicht zu einem schwarzen Loch zu kollabieren. Sterne mit rund zehn Sonnenmassen enden als Neutronensterne. Dann erzeugt sein Gravitationskollaps einen so großen Druck, dass die Elektronen und Protonen zu Neutronen zusammengequetscht werden.

Neutronensterne sind so dicht, dass ein würfelzucker-großer Klumpen ihrer Materie 100 Millionen Tonnen wiegt! Typische Neutronensterne haben eine sehr dünne Atmosphäre und eine Oberfläche aus Elementen wie Eisen. Aber das Eisen unterscheidet sich von dem auf der **Erde.** Seine atomaren Bestandteile liegen so dicht beisammen, dass es 10 000-mal fester ist als irdisches Eisen. Neutronensterne können die Überreste von Supernova-Explosionen sein.

Pulsar

Pulsare sind schnell rotierende **Neutronensterne.** Sie rotieren so schnell, dass ihr starkes Magnetfeld ein elektrisches Feld um sie herum erzeugt und Strahlungsbündel aus ihrem nördlichen und südlichen Magnetpol herausschießen. Steht die **Erde** zufällig in der Sichtlinie, beobachten wir einen Puls, wenn der Strahl über uns hinwegschwenkt. Pulsare haben Perioden, die von einigen Millisekunden bis zu fünf Sekunden reichen. Ein typischer Pulsar dreht sich einmal pro Sekunde um seine Achse, während der durchschnittliche Puls nur ein paar Zehntel Millisekunden kurz ist. In unserer **Galaxis** dürfte es fast 100 000 Pulsare geben.

Junge Pulsare rotieren sehr schnell, fast 100-mal pro Sekunde. Wenn sie älter werden, schwächt sich das Magnetfeld eines Pulsars ab, seine Rotation verlang-

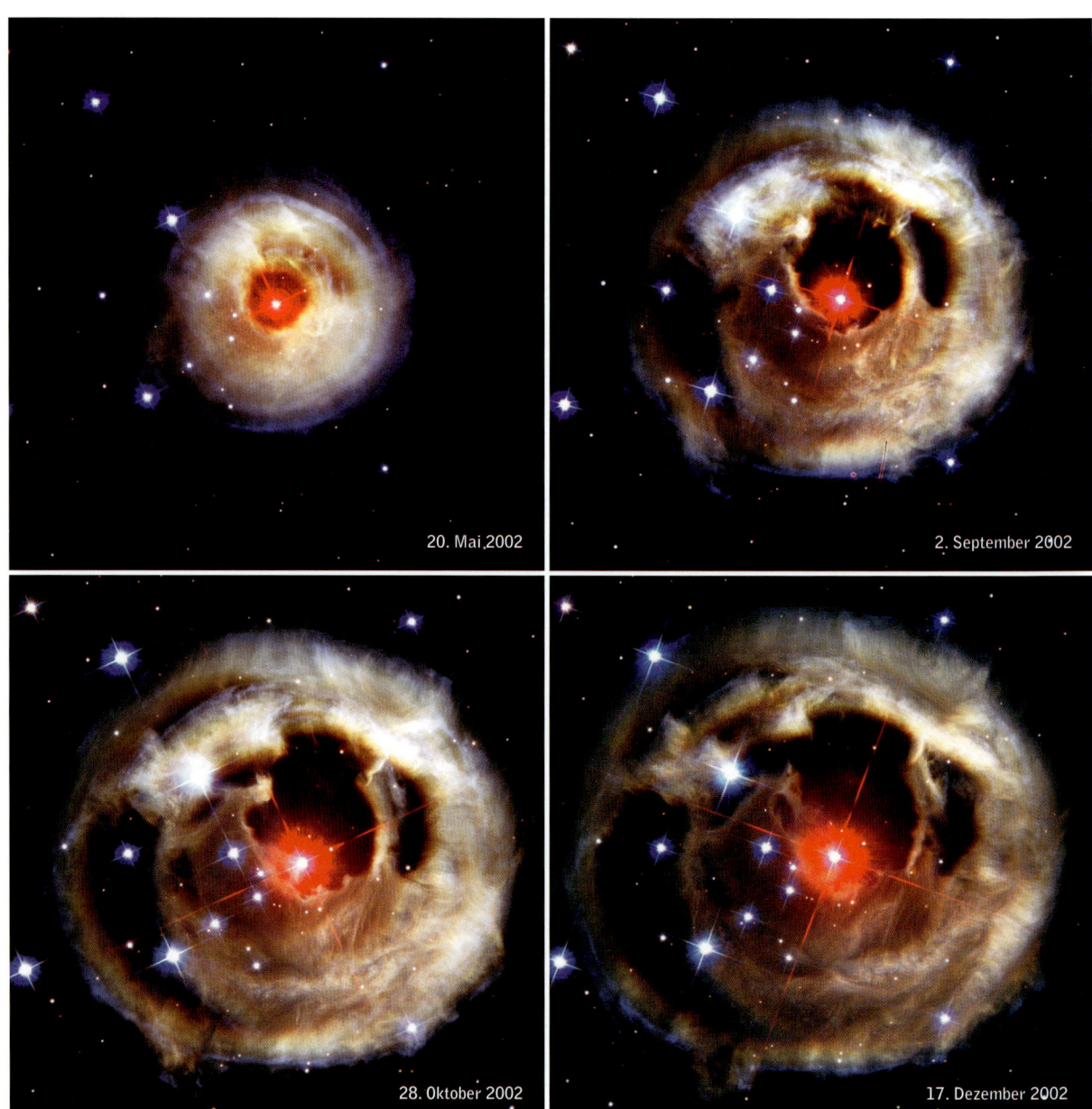

20. Mai 2002

2. September 2002

28. Oktober 2002

17. Dezember 2002

Einst war V838 Monocerotis ein winziges Funkeln am Himmel, bis er Anfang 2002 plötzlich heller wurde. Im Verlauf jenes Jahres machte das Hubble-Space-Teleskop mehrere Aufnahmen des staubhaltigen Nebels, der V838 Mon umgibt und der von den „Lichtechos" des dramatischen Sternausbruchs erhellt wird.

samt sich. Schließlich ist er so langsam, dass er keine weiteren Strahlungsbündel erzeugen kann. Millisekundenpulsare drehen sich noch schneller um ihre eigene Achse. PSR 1937+21 im **Sternbild** Füchschen hat eine Periode von 1,56 Millisekunden. Das heißt, er rotiert 642-mal pro Sekunde oder mit ungefähr 40 000 Kilometern pro Sekunde (einem Zehntel der Lichtgeschwindigkeit) an seiner Oberfläche. Solche Geschwindigkeiten zerreißen PSR 1937+21 fast. Millisekundenpulsare haben sehr stabile Rotationszeiten, dadurch sind sie noch genauer als eine Atomuhr. Rund 50 dieser schnell rotierenden Neutronenkugeln hat man gefunden. Die meisten stehen in **Kugelsternhaufen,** sind also alt.

▪ Gammastrahlenausbruch *(Gamma-Ray Burst)*

Gammastrahlenausbrüche sind grelle Gammastrahlenblitze, die ohne Vorwarnung auftreten und innerhalb von Sekunden oder Minuten wieder verschwinden. Meist ereignen sie sich in fernen Galaxien. Ende der 1960er Jahre wurden sie von **Satelliten** der US-Luftwaffe entdeckt, die das Kernwaffentestverbot von 1963 überwachen sollten. Bei der Explosion von Nuklearwaffen entstehen Gammastrahlen. Erstaunlicherweise entdeckte man ungefähr einen Ausbruch pro Tag, der allerdings aus dem All und nicht von der **Erde** stammte. Ereignete er sich in einem nahe gelegenen Sternsystem, ging über der Erde bisweilen eine Gammastrahlenmenge nieder, die einer nuklearen Detonation mit 10 000 Megatonnen entsprach.

Bis 1973 waren die Gammastrahlenausbrüche Verschlusssache, dann machte die US-Luftwaffe die Daten öffentlich zugänglich. 1991 startete die **Nasa** das **Compton-Gamma-Ray-Observatorium,** das täglich mehrere Ausbrüche aufzeichnete. Die Ursache für diese Ausbrüche bleibt ein Rätsel, möglicherweise gibt es einen Zusammenhang mit **Neutronensternen.**

▪ Magnetar

Junge **Neutronensterne** mit Magnetfeldern, die um das Hundert- bis Tausendfache größer sind als die eines durchschnittlichen Neutronensterns, heißen Magnetare. Diese Objekte zeigen wiederholte Ausbrüche niedrigenergetischer (weicher) Gammastrahlen. Solche Ausbrüche ereignen sich, wenn Veränderungen im Magnetfeld eines Magnetars die Eisenkruste eines Neutronensterns aufbrechen lassen.

NOVA

Der Begriff „Nova" (Plural „Novae") entstand aus dem Ausdruck *stella nova,* lateinisch für „neuer Stern". Eine Nova ist ein kataklysmischer **Veränderlicher,** dessen Helligkeit unerwartet und schnell steigt. Innerhalb von ein paar Stunden oder Tagen wird der Stern 50 000 bis eine Million Mal heller. Anschließend wird er innerhalb von mehreren hundert Tagen langsam wieder dunkler. Eine typische Nova setzt die gleiche Energiemenge frei, die die **Sonne** innerhalb von 100 000 Jahren produziert.

Die meisten Novae treten in Doppelsternen auf, in denen ein Stern zum **weißen Zwerg** geworden ist. Der Begleiter des weißen Zwergs hat sich meist zu einem roten Riesen entwickelt. Wenn er sich ausdehnt, erreicht er die äußere Grenze seines Gravitationsfelds, die auch als Roche-Grenze bezeichnet wird. Materie innerhalb dieser Grenze kann sich der Gravitationskraft des Sterns nicht entziehen, aber bei einem Doppelstern berühren sich die Roche-Grenzen beider Sterne. Wasserstoff aus den äußeren Atmosphärenschichten des roten Riesen strömt zum weißen Zwerg und bildet eine neue Hülle um den entarteten Stern. Temperatur und Druck steigen durch die zusätzlich einfallende Materie. Erreicht die Temperatur in der untersten Schicht einige Millionen Kelvin, zündet die Wasserstofffusion. Sie löst eine schwere Explosion aus, die die Materie mit einer Geschwindigkeit von Hunderten Kilometern pro Sekunde ins All schleudert.

Eine wiederkehrende Nova ist ein kataklysmischer Veränderlicher, der eine ganze Reihe gewaltiger Ausbrüche erlebt. In so einem Fall verliert der rote Riese seine Materie 1 000-mal schneller an den weißen Zwerg als bei einer typischen Nova. Der Wasserstoff sammelt sich schneller an der Oberfläche des weißen Zwergs, wodurch sich alle paar Jahrzehnte ein neuer Ausbruch ereignen kann.

SUPERNOVA

Eine Supernova ist ein sterbender Stern, der noch heller als eine **Nova** wird. Die maximale Leuchtkraft einer Supernova kann 100 000-mal größer als die einer Nova sein. Es gibt zwei Haupttypen von Supernovae. Typ I zeigt eine spitze Lichtkurve. Das Maximum mit rund vier Milliarden **Sonnenleuchtkräften** wird schnell erreicht, dann sinkt die Helligkeit wieder – erst schnell, dann langsam. Typische Supernovae des Typs II erreichen ihre maximale Leuchtkraft von rund 0,6 Milliarden Sonnenleuchtkräften ebenfalls schnell, aber ihre Lichtkurve ist beim Abstieg nicht so glatt wie die des Typs I. Typ-II-Supernovae bleiben länger hell als Typ-I-Supernovae, weshalb ihre Lichtkurve breiter aussieht. Von Typ-II-Supernovae glaubt man, dass sie bei

Das Erscheinungsbild des Tarantel-Nebels hat sich deutlich verändert, seit die Supernova SN1987A aufgetaucht ist. Im unteren Bild, aufgenommen im Februar 1987, sieht man die Supernova hell leuchtend rechts neben der roten Wolke der Tarantel. Das obere Bild wurde 1984 aufgenommen.

Sternen auftreten, die den Großteil ihres Lebens als massereiche (mehr als zehn Sonnenmassen) O- und B-Sterne verbringen. Nähern sich diese Sterne ihrem Lebensende, werden sie zu roten Überriesen mit einem Eisenkern, der mehr als 1,4 Sonnenmassen besitzt (die Grenze für einen **weißen Zwerg).** Eisen kann im Sterninnern nicht mehr zu schwereren Elementen verschmolzen werden, so dass der Stern seinen hydrostatischen Balanceakt nicht fortsetzen kann. Sobald die Gravitation die Oberhand gewinnt, kollabiert das Innere des Sterns. Materie der äußeren Schichten stürzt auf den dichten Kern und wird von dort zurückgewor-

fen. Das löst eine Schockwelle aus, die die äußere Hülle des Sterns in einer gewaltigen Supernova-Explosion abstößt. Der Stern wird schnell heller. Der sterbende Stern hinterlässt einen Supernovaüberrest aus abgestoßenem Gas und in einigen Fällen einen **Neutronenstern,** einen **Pulsar** oder sogar ein **schwarzes Loch.**

■ SN1987A

In der Nacht des 24. Februar 1987 erreichte das Licht eines sterbenden blauen Überriesensterns namens Sanduleak die Erde. Hoch in den chilenischen Bergen bereitete Ian Shelton eine Fotoplatte am Las-Campanas-Observatorium vor. Shelton war Nachtassistent an dieser Südsternwarte der University of Toronto und wollte eine der Begleitgalaxien des **Milchstraßensystems,** die Große **Magellansche Wolke,** aufnehmen. Stattdessen lichtete er die erste mit bloßem Auge erkennbare **Supernova** seit **Keplers** Stern im Jahr 1604 ab.

Sanduleak war ein blauer Überriese, kein roter; das machte SN1987A zu einem ungewöhnlichen Vertreter des Typs II. Sanduleak steht rund 160 000 **Lichtjahre** von der **Erde** entfernt. Die Strahlung der heftigen Detonation benötigte also 160 000 Jahre, um unseren **Planeten** zu erreichen.

■ Krebs-Nebel (M1, NGC 1952)

Stellen Sie sich vor, Sie wären ein chinesischer Astronom im Jahr 1054. Sie hätten die ganze Nacht über den Himmel beobachtet, und die **Sonne** würde gleich aufgehen. Vor dem ersten Licht der Dämmerung würden Sie einen letzten Blick auf die im Osten auftauchenden Sterne werfen und sähen dort ein helles, aber unbekanntes Objekt. Dieser „Gaststern" war die **Supernova** eines rund 6500 Lichtjahre entfernten Sterns. Sie wurde schnell hell genug, um am Taghimmel sichtbar zu sein (rund -6 magnitudo). Nach einem Monat schwächte sich die Supernova langsam ab. Sie blieb aber noch zwei Jahre sichtbar, ehe sie ganz verschwand. Richten wir unsere modernen **Teleskope** heute auf diesen Platz am Himmel, stoßen wir auf den Krebs-Nebel. Diese komplizierte Anordnung aus Filamenten leuchtet so hell wie 100 000 Sonnen. Inzwischen hat sie eine Ausdehnung von 13 Lichtjahren und expandiert weiter mit 1000 Kilometern pro Sekunde.

SCHWARZES LOCH

Wenn der Überrest eines sterbenden Sterns mehr als drei Sonnenmassen (die Grenze für **Neutronensterne)** hat, gewinnt die Schwerkraft die Oberhand, der vollständige Kollaps des Sterns ist unaufhaltbar. Die Gravitation ist mächtiger als jede nach außen gerichtete Kraft, inklusive der abstoßenden Kraft zwischen den Elementarteilchen. Kollabiert das Objekt immer weiter, steigt seine Dichte und Anziehungskraft ins Unendliche, während der Durchmesser des Sterns auf null schrumpft. Man kann es sich kaum vorstellen: Der Stern wird zu einem Objekt, dessen Bestandteile so dicht beisammen liegen, dass sie kein Raumvolumen ausfüllen – und trotzdem existiert das Objekt noch. Ein solcher Punkt im All heißt Singularität.

Lange Zeit haben Physiker die Existenz eines Objekts bezweifelt, dessen Dichte unendlich und dessen Volumen null ist. Im Frühjahr 2004 veröffentlichte eine Gruppe von Physikern ein Modell über schwarze Löcher, das sie als große Kugeln ineinander verhedderter kosmischer Strings darstellt. Die String-Theorie beschreibt alle Energie und Materie als elastische Fäden aus Energie. Demnach wären schwarze Löcher nicht länger Objekte ohne Volumen oder Singularitäten, sondern extrem verdichtete Strings. Sie verhalten sich wie andere stark verdichtete Materiekugeln, zum Beispiel Neutronensterne.

Je mehr Masse ein schwarzes Loch hat, desto stärker ist seine Anziehungskraft. 1916 veröffentlichte **Albert Einstein** (1879–1955) seine Allgemeine Relativitätstheorie, in der er postulierte, dass die Masse die **Raumzeit** krümmt. Zuvor, 1905, hatte er in der Speziellen Relativitätstheorie die Einheit von Raum und Zeit verkündet. Der deutsche Astrophysiker Karl Schwarzschild (1873–1916) zeigte anhand der Allgemeinen Relativitätstheorie, dass die Raumzeit in sich selbst zurückgekrümmt wird, wenn die Materie nur dicht genug ist. Im Grunde beschrieb er die Bedingungen, die um ein schwarzes Loch herrschen. Jenseits eines bestimmten Punkts kann nichts mehr der Anziehungskraft entkommen. Die Grenze zwischen dem schwarzen Loch und dem Rest des Alls nennt man heute Ereignishorizont. Die Größe des Ereignishorizonts ist der Schwarzschild-Radius.

Wie ein kosmischer Abfluss saugt das schwarze Loch Materie an. Eine gewaltige, turbulente Akkretionsscheibe entsteht außerhalb des Ereignishorizonts. Kommt die Materie näher, wird sie erhitzt und ionisiert. Die immer stärker werdende Gravitation beschleunigt das ionisierte Gas, so dass es Röntgenstrahlung emittiert. Einer der besten Kandidaten für ein schwarzes Loch ist die Röntgenquelle Cygnus X-1 im **Sternbild** Schwan (Cygnus). Dieses massereiche, sehr energiereiche Objekt hat als Begleiter einen heißen, blauen Überriesen (Spektraltyp O), der einen Teil seiner Masse an das mutmaßliche schwarze Loch zu verlieren scheint. Überschreitet ein sterbender Stern die Grenze zum Neutronenstern wird er am Ende seines Lebens zwangsläufig zum schwarzen Loch. Im Prinzip kann jedes Objekt zu einem schwarzen Loch werden, wenn die Kraft groß genug ist, die es komprimiert. Eine solche Kraft kann beispielsweise in Supernova-Explosionen auftreten, die dann die Materie unter den Schwarzschild-Radius zusammendrückt. Würde die Sonne zu einem schwarzen Loch verdichtet werden, betrüge ihr Schwarzschild-Radius drei Kilometer.

■ Wurmloch

Als Wurmloch bezeichnet man eine kurzzeitige, theoretisch mögliche Verbindung zwischen zwei **schwarzen Löchern.** Wurmlöcher können zwei Punkte in unserem oder vielleicht in einem anderen Universum miteinander verbinden. Materie, die in das eine schwarze Loch fiele, würde durch ein „weißes Loch" (die Umkehrung eines schwarzen Lochs) am anderen Ende wieder auftauchen. Die Überlegung ist jedoch spekulativ.

STEPHEN W. HAWKING (GEB. 1942)

Der britische Physiker und Kosmologe Stephen Hawking hat viele revolutionäre Theorien entwickelt, die **schwarze Löcher** und den Ursprung des Universums

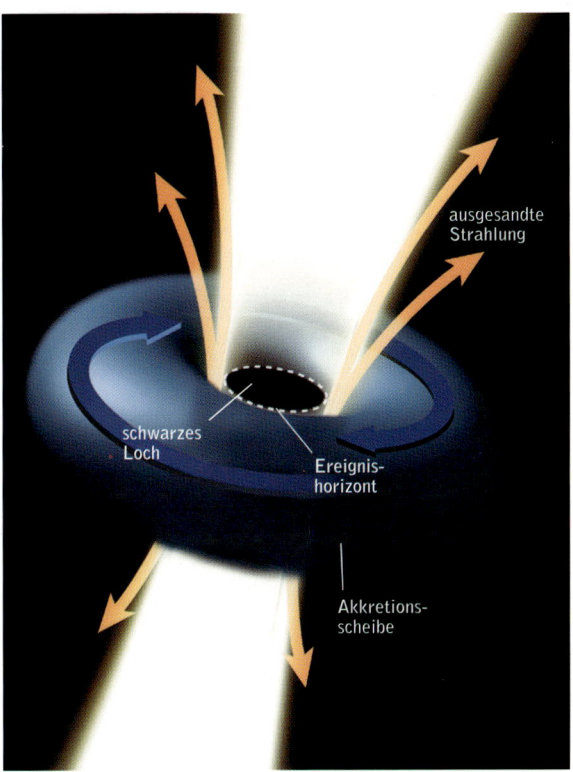

ausgesandte Strahlung

schwarzes Loch

Ereignishorizont

Akkretionsscheibe

Ein schwarzes Loch, das von einem sterbenden Stern hinterlassen wurde, strahlt kein Licht aus. Warum können wir es dann trotzdem sehen? Die extrem starke Anziehungskraft des Lochs saugt Gas und Staub an, die in einer Akkretionsscheibe um das schwarze Loch herumwirbeln. Die Materie in der Scheibe erhitzt sich und sendet Röntgenstrahlung aus.

AUF DER SUCHE NACH ANDEREN WELTEN: EXTRASOLARE PLANETEN

William Harwood

ALS KINDER VERBRACHTEN MEIN BRUDER BOB UND ICH GELEGENTLICH EINEN Sommerabend unterm Sternhimmel. Wir grübelten darüber, wie viele der Sterne, die wir sahen, eigene Planetensysteme oder gar fremde Zivilisationen beherbergten. Niemand stellte je in Frage, dass in einer Galaxie mit 200 Milliarden Sonnen unser Planetensystem womöglich nicht das einzige sein könnte. Mit dieser Annahme standen wir natürlich nicht allein

da. Peter Van de Kamp, Astronom am Swarthmore College, veröffentlichte 1968 die Ergebnisse einer akribischen Neuanalyse von Daten. Seiner Meinung nach deuteten sie auf die Existenz eines jupiterähnlichen Planeten hin, der einen Stern umkreiste, der nur sechs Lichtjahre von der Erde entfernt stand. Van de Kamp hatte Jahrzehnte damit zugebracht, die Position des Zielsterns vor dem Hintergrund des interstellaren Raums zu vermessen. Dabei hatte er eine winzige Bewegung festgestellt, die er auf die Gravitationswirkung eines unsichtbaren Begleiters zurückführte.

Andere Astronomen bezweifelten seine Ergebnisse und wiesen 1973 nach, dass derartige Planeten nicht existierten. Damit war die astronomische Gemeinde zufrieden, die Sache ruhte bis 1991. Damals beobachtete Alex Wolszczan mit dem großen Radioteleskop in Arecibo auf Puerto Rico unerwartete Schwankungen in den Signalen eines Pulsars. Er folgerte, dass sie durch die Anziehungskräfte dreier Planeten verursacht wurden, die den Pulsar umkreisen. Diese Entdeckung sorgte weltweit für Schlagzeilen. Aber da Pulsare – kollabierte Sterne – fremdartige Objekte sind, war nicht sofort klar, was Wolszczans Entdeckung für die Wahrscheinlichkeit von Planeten um sonnenähnliche Sterne bedeutete.

1995 fanden die Astronomen Michel Mayor und Didier Queloz mit Hilfe von spektroskopischen Verfahren einen jupiterähnlichen Planeten, der in einem Abstand von ein paar Millionen Kilometern den Stern 51 Pegasi umkreiste – viel näher, als die aktuellen Theorien der Planetenentwicklung vorhersagten. Kurz darauf entdeckte das Team von Geoffrey Marcy und R. Paul Butler massereiche Planeten um zwei weitere Sterne. Eine große Überraschung war, dass einer

der beiden Planeten auf einer stark elliptischen Bahn umlief, was sich von den eher kreisförmigen Planetenbahnen unseres eigenen Sonnensystems unterscheidet.

Seitdem ist die Entdeckung extrasolarer Planeten etwas Alltägliches in der modernen Astronomie. Eine Datenbank der Sternwarte Paris zählte bis März 2004 120 bestätigte extrasolare Planeten, die Hauptreihensterne umkreisen, sowie zwei Planetensysteme um Pulsare und weitere 20 „unbestätigte, kontroverse oder zurückgezogene Planeten".

Suchverfahren

Unter den fernen Planetensystemen, die inzwischen bestätigt sind, müssen die Astronomen noch eines finden, das unserem sehr ähnlich ist, in dem also jupiterähnliche Planeten in fast kreisförmigen Bahnen mit relativ großem Abstand um ihren Zentralstern kreisen. Astronomen staunten darüber, viele riesige jupiterähnliche Planeten zu finden, die ihrem Stern relativ nahe stehen. Das liegt wahrscheinlich eher an der Beobachtungstechnik als an einem allgemein gültigen Gesetz der Planetenbildung. Mit heutigen Verfahren ist ein Planet umso leichter zu erkennen, je näher er seinem Stern steht. Die vielen „heißen Jupiter" – große Planeten, die so nahe bei ihrer Sonne stehen, dass sie auf mehrere tausend Grad aufgeheizt werden –, die entdeckt wurden, halten Astronomen daher für einen Artefakt. Mit zunehmend besseren Geräten sollten mehr sonnenähnliche Planetensysteme gefunden werden. Aber niemand weiß wirklich, was in den kommenden zehn Jahren entdeckt wird.

Vor mehr als 300 Jahren legte Isaac Newton die Grundlagen für den indirekten Nachweis extrasolarer

Eine Gruppe von Wissenschaftlern entdeckte Ende der 1990er Jahre mit dem Keck-1-Teleskop des Mauna-Kea-Observatoriums auf Hawaii zwei Planeten, die innerhalb des Planetensystems um Gliese 876 kreisen. Dieser rote Riesenstern liegt 15 Lichtjahre von der Erde entfernt. Für das Bild links hat sich ein Künstler den Anblick vom hypothetischen Mond eines der beiden Planeten aus vorgestellt.

Planeten. Zuvor hatte der deutsche Astronom und Mathematiker Johannes Kepler die drei Gesetze der Planetenbewegung formuliert. Die Geschwindigkeit eines Planeten, des Monds oder irgendeines anderen Körpers auf einer Umlaufbahn hängt nur vom Radius der Bahn und der Masse seines Zentralkörpers ab. Je näher ein Körper seiner „Sonne" steht, desto schneller bewegt er sich. Das sieht man an unserem eigenen Planetensystem: Merkur benötigt 88 Tage, um die Sonne in einer mittleren Entfernung von 58 Millionen Kilometern zu umlaufen, während Pluto in einer Entfernung von 5,87 Milliarden Kilometern die Sonne einmal in 248 Jahren umrundet. Interessanterweise beeinflusst die Masse eines Körpers selbst seine Umlaufzeit nicht.

Die Gravitation ändert sich auch mit der Entfernung. Isaac Newton stellte fest, dass die Anziehungskraft zwischen zwei Körpern umgekehrt proportional zum Quadrat ihres Abstands ist. Daher wirkt auf einen Planeten, der in vier Einheiten Entfernung um seine Sonne kreist, auch nur ein Sechzehntel der Anziehungskraft wie auf einen Planeten, der eine Einheit entfernt ist. Betrachten wir einmal Sonne und Jupiter und ignorieren den Rest unseres Planetensystems. Die Gravitation der Sonne hält Jupiter auf einer Umlaufbahn mit 11,9 Jahren Dauer, genau wie von Newton vorhergesagt wurde. Aber Jupiters Gravitation zieht auch an der Sonne. In Wirklichkeit umkreisen Sonne und Jupiter ein gemeinsames Massezentrum, und die Größe ihres gegenseitigen Ziehens ist direkt proportional zu den beteiligten Massen. Da die Sonne 1000-mal massereicher ist als Jupiter, liegt das gemeinsame Massezentrum 1000-mal näher bei der Sonne – 49 890 Kilometer oberhalb der äußeren Sonnenatmosphäre. Schaut man direkt von oben auf die Ebene des Planetensystems, bewegt sich die Sonne genauso um diesen Punkt wie Jupiter auf seiner Umlaufbahn. Das Bild wird natürlich komplizierter, wenn man die Wirkungen der restlichen Planeten hinzufügt, aber das grundlegende Ergebnis bleibt das gleiche. Die Sonne pendelt leicht, während die Planeten sie umkreisen. Wir können diese Bewegung nachweisen, weil wir so nahe sind. Aus einer Entfernung von 33 Lichtjahren wäre die Bewegung der Sonne infolge von Jupiters Gravitation jedoch nur so groß wie ein aus 1 600 Kilometer Entfernung betrachtetes Zwei-Cent-Stück. Wie soll man eine so subtile Bewegung aus so großer Entfernung messen?

Eine Möglichkeit ist, wie Van de Kamp die tatsächliche Bewegung des Sterns im All zu messen oder die Lichtintensität einer großen Sternansammlung. Zieht ein extrasolarer Planet von der Erde aus betrachtet vor seinem Stern vorbei, wird der Stern dunkler und dann wieder heller. Daraus ermitteln Astronomen die Natur des verdunkelnden Objekts.

Die Methode, die sich bei der Suche nach extrasolaren Planeten bisher am besten bewährt hat, ist der Einsatz von hochempfindlichen Spektroskopen. Sie messen die Radialgeschwindigkeit des Sterns um das Massezentrum des Systems Stern/Planet. So wie die Tonhöhe eines Martinshorns sich verändert, wenn es an einem vorbeifährt, ändert sich auch die Wellenlänge des Sternlichts, sobald er sich dem Beobachter nähert. Bei einer ausreichenden Datenmenge lassen sich durch die Radialgeschwindigkeit die Mindestmasse des Planeten, sein Abstand vom Zentralstern und seine Umlaufzeit berechnen.

Heiße Jupiter

Die aktuelle Technik begünstigt die Entdeckung massereicher Planeten, die ihren Stern auf einer relativ engen Bahn umrunden. Aber bereits die Erkenntnis, dass heiße Jupiter existieren, war eine Offenbarung für Wissenschaftler, die sich mit der Entwicklung von Planetensystemen befassen. Sie halten es seit den 1980er Jahren für möglich, dass ein Planet im Lauf der Zeit seine Bahn ändert; Daten der „Galileo"-Sonde zeigen, dass der Jupiter seine Gestalt eventuell sehr viel weiter draußen angenommen hat als dort, wo er heute steht. Diese Position hat er erst später erreicht. Was aber bei vielen der bislang entdeckten heißen Jupiter überrascht, ist der geringe Abstand zu ihrem Zentralstern. Das liegt wahrscheinlich an gravitativen Wechselwirkungen zwischen dem entstehenden jupiterähnlichen Planeten und dem solaren Urnebel, der ihn hervorgebracht hat. Solche Wechselwirkungen können einen Planeten in eine weitläufigere Umlaufbahn stoßen oder sogar aus dem Planetensystem herausschleudern. Es kommt allerdings häufiger vor, dass der Planet an Drehimpuls verliert, was ihn auf eine Bahn näher um seinen Zentralstern zwingt.

Das alles wirft die Frage auf, warum Jupiter und Saturn in den äußeren Bereichen unseres Sonnensystems stehen und nicht näher bei der Sonne. Im Hinblick auf die irdische Geschichte ist das keine rein akademische Frage. Wenn heiße Jupiter eher die Regel als die Ausnahme wären, könnte Leben im Universum tatsächlich selten sein. Nur die Zeit wird uns lehren, ob Planetensysteme wie das unsere weit verbreitet oder selten sind. Nach früheren Erfahrungen zu urteilen, ist es jedoch sicher, dass das Universum überraschender sein wird, als wir es uns derzeit vorstellen. ■

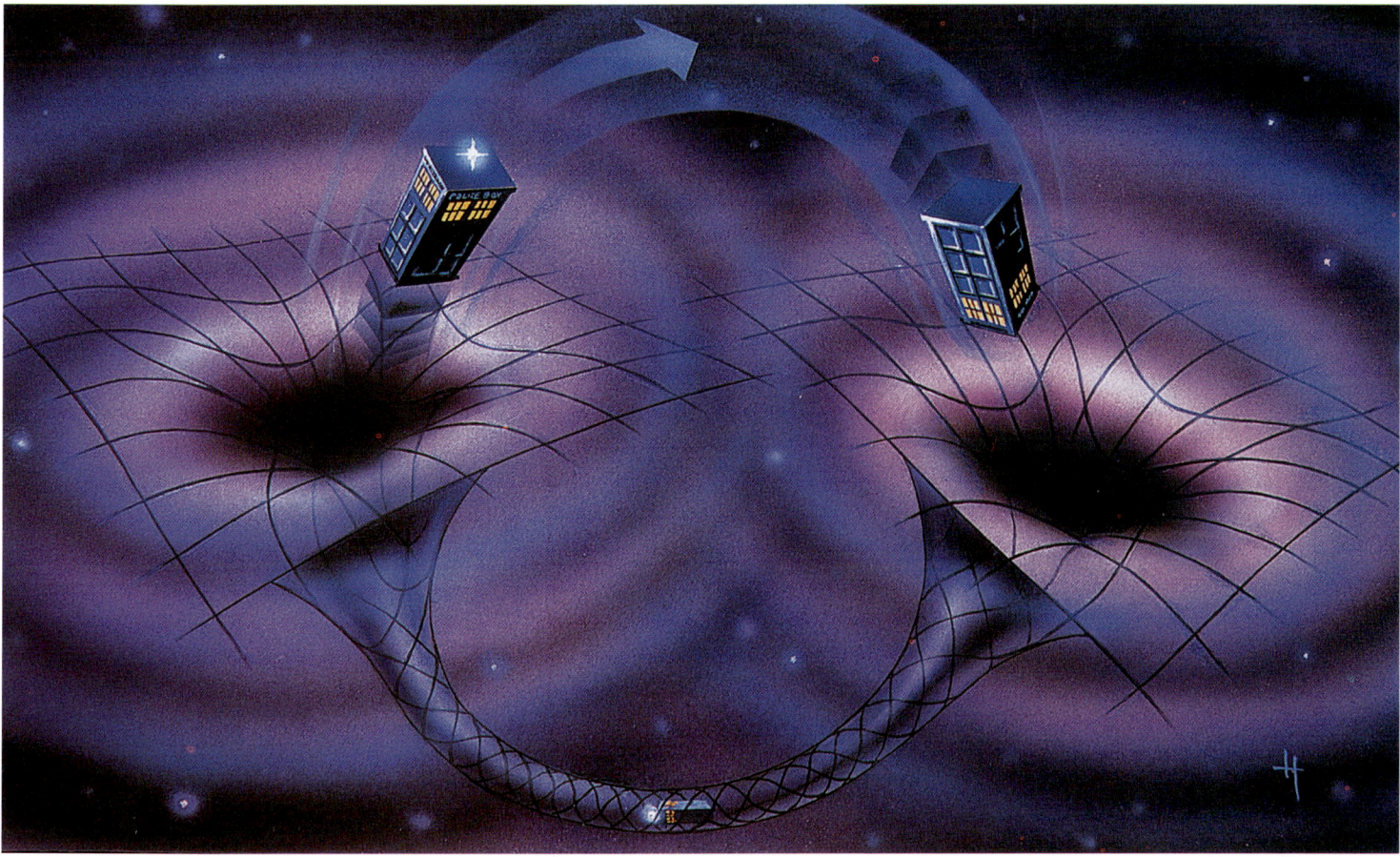

betreffen. In seiner Promotion Ende der 1960er Jahre zeigte er, dass, wenn **Einsteins** Allgemeine Relativitätstheorie wahr ist, eine Singularität (ein Objekt von unendlicher Dichte ohne Ausdehnung) den Bedingungen am Anfang des Universums im **Urknall** gleichkommt. Er beschrieb weiter, dass der Urknall viele winzige schwarze Löcher erzeugt haben könnte, die nicht größer als ein Proton wären und jeweils eine Masse von einer Milliarde Tonnen hätten. In seinem Buch „Eine kurze Geschichte der Zeit" (1988) überlegte Hawking, dass ein schwarzes Loch schrumpfen und schließlich verdampfen könnte. Schwarze Löcher könnten eine Art von Wärmestrahlung abgeben, die als Hawking-Strahlung bekannt ist. Hawking zeigte anhand von Einsteins Gleichung $E = mc^2$, dass der Energieverlust (E) durch diese Hawking-Strahlung die Masse (m) des schwarzen Lochs verringern würde. Letztlich würde das schwarze Loch im Nichts verdampfen.

1963 wurde bei Hawking die unheilbare Muskelschwundkrankheit ALS (amyotrophe Lateralsklerose) diagnostiziert. 1979 wurde er zum Lukasischen Professor für Mathematik an der Universität Cambridge berufen, einen Lehrstuhl, den einst Isaac Newton innehatte.

EXTRASOLARER PLANET

Planeten außerhalb unseres **Sonnensystems** werden extrasolare Planeten genannt. **Teleskope auf der Erde** sind nicht leistungsfähig genug, um sie direkt beobachten zu können. Daher finden Astronomen Planeten um andere Sterne aufgrund der Doppler-Verschiebung. Die Gravitation eines umlaufenden Planeten zerrt ständig leicht am Stern. Dies verursacht periodische Verschiebungen im **Sternspektrum.** Rund fünf Prozent der Hauptreihensterne scheinen Planeten zu haben. Die Mehrzahl der bislang gefundenen extrasolaren Planeten liegt zwischen knapp unter zwei **Jupitermassen** und der **Saturnmasse**. Die meisten stehen relativ nahe bei ihren Zentralsternen, umkreisen sie also schnell. Es gibt viele andere Planetensysteme in unserer **Galaxis,** und die meisten scheinen **Gasriesen** wie Jupiter zu haben.

Die größeren Gasplaneten könnten jeden terrestrischen Planeten wie unsere Erde verschlucken oder ihn aus dem System herausschleudern. Bislang scheint unser Sonnensystem mit seiner fast gleichmäßigen Aufteilung in terrestrische und jupiterähnliche Planeten einzigartig im **All** sein.

Theoretisch könnten sich Reisende in Raum und Zeit schneller als Licht bewegen, wenn sie Wurmlöcher nutzen. Das sind imaginäre Tunnel, die schwarze Löcher miteinander verbinden, von denen sich eins eventuell sogar in einer anderen Zeit befindet. Aber selbst wenn Wurmlöcher existierten, könnten sie nur für den Bruchteil einer Sekunde funktionieren – und das macht eine Reise unmöglich.

Nebel

NEBEL

Diese Gebiete aus interstellarem Gas und Staub ähneln den zarten Fasern von Zirruswolken. Ein Nebel kann eine riesige, wallende **Molekülwolke** werden, in der Sterne entstehen, oder er ist das Überbleibsel eines gewaltsamen Sternentods. Nebel liefern die Bausteine für Sterne, **Galaxien** und **Planeten.**

Riesige interstellare Staubwolken wie der Adler-Nebel liefern die Bausteine für Sterne und Planeten. Die dunklere Staubhülle umgibt eine hell erleuchtete „Werkstatt", in der helle, blaue und junge Sterne Gestalt annehmen.

EMISSIONSNEBEL

Emissionsnebel sind heiße, eigenständige Wolken, die hauptsächlich aus ionisiertem Wasserstoff (HII-Regionen) bestehen, der durch die ultraviolette Strahlung junger Sterne entstanden ist. Dieser Vorgang heißt Photoionisation. Emissionsnebel leuchten selbst. Das Licht entsteht durch angeregte Atome und Ionen auf ähnliche Weise wie im Innern einer Lichtreklame, wo elektrischer Strom die Gasatome anregt. Der Prozess der Photoionisation erfordert einiges an Energie, weshalb nur die heißesten Sterne so viele ultraviolette Photonen erzeugen können, dass der Nebel leuchtet.

Emissionsnebel treten für gewöhnlich um heiße, junge, blaue Sterne auf, deren Temperaturen über 25 000 Kelvin liegen (Spektraltyp B und O).

■ Adler-Nebel (M16, NGC 6611)

Der Adler-Nebel im Sternbild Schlange ist ein **Emissionsnebel** in rund 8500 Lichtjahren Entfernung. Das **Hubble-Space-Teleskop** nahm dieses Sternentstehungsgebiet 1995 auf. Die Bilder zeigen eine gewaltige Wolke aus molekularem Wasserstoff mit dunklen Säulen aus kaltem Gas und Staub, die aus dem Rand der Wolke herausragen. Bei diesen Säulen handelt es sich um Sternentstehungsgebiete, in denen dichtes interstellares Gas unter seinem eigenen Gewicht zu jungen **Protosternen** kollabiert. Fingerförmige Vorsprünge enthalten verdampfende, gashaltige Globulen (Evaporating Gaseous Globules, EGGs) aus dichtem Gas. Die EGGs werden freigelegt, wenn heiße Sterne das Gas an der Oberfläche der Säulen erwärmen. Diesen Prozess des „Wegköchelns" nennt man Photoevaporation.

■ Planetarischer Nebel

Beginnt ein durchschnittlicher Stern wie die Sonne zu sterben, kann er seine Atmosphäre abstoßen und dadurch eine expandierende, meist symmetrische Gaswolke erzeugen, die man Planetarischer Nebel nennt. Dieses Ereignis findet während der instabilen Phase des Sterns als roter Riese statt, in der die Schwankungen der Energieproduktion den Stern dazu veranlassen, seine äußere Atmosphäre abzustoßen. Die Materie expandiert mit einer Geschwindigkeit von bis zu 60 Kilometern pro Sekunde.

Planetarische Nebel sind **Emissionsnebel,** die durch die ultraviolette Strahlung des Zentralsterns leuchten. Ihre Form ist sehr variabel: von Ringen und Schlingen, bis hin zu gleichmäßig hellen oder unregelmäßigen Scheiben sowie Kombinationen aus allem. Planetarische Nebel haben nichts mit **Planeten** zu tun. **William Herschel** prägte den Namen, weil die Objekte, die für sein **Teleskop** hell genug waren, scheinbar dem blaugrünen Scheibchen des **Uranus** glichen, den Herschel 1781 entdeckte.

■ Ring-Nebel (M57, NGC 6720)

Der Ring-Nebel (**scheinbare Helligkeit** 9 magnitudo) ist ein einfaches Objekt für Amateurfernrohre; er ähnelt einem Rauchkringel. Der Planetarische Nebel ist ungefähr 2 000 **Lichtjahre** entfernt. Der lichtschwache Zentralstern (scheinbare Helligkeit 15,3 magnitudo) des Nebels hatte einst eine größere Masse als die **Sonne.** Er hat den Großteil seiner Atmosphäre abgestoßen und ist schließlich zu einem **weißen Zwerg** kontrahiert. Das Innere des Nebels scheint aufgrund des durch den Zentralstern ionisierten Sauerstoffs blaugrün. Die äußeren rötlichen Bereiche sind das Ergebnis energieärmerer Übergänge von Wasserstoff- und Stickstoffatomen.

Supernovaüberrest

Die feinen Gasfasern, die nach der Supernova-Explosion eines Sterns übrig bleiben, bilden den Supernovaüberrest. Er sieht aus wie eine dünne, runde Schale um den **Neutronenstern,** den **Pulsar** oder das **schwarze Loch.** Direkt nach der Explosion dehnt sich die Materie mit bis zu 20 000 Kilometern pro Sekunde aus und verlangsamt sich dann bis auf einige hundert Kilometer pro Sekunde.

Elemente, die schwerer als Bor sind, erfordern wegen ihres Atomgewichts viel Energie bei ihrer Bildung. Da sie in Supernovaexplosionen entstehen, vermischen sie sich mit dem **interstellaren Medium.** Später werden sie zu einem Bestandteil neuer Sterne oder felsiger, terrestrischer **Planeten** wie der **Erde.**

Veil-Nebel (NGC 6995 & 6960)

Der Veil-Nebel ist der hellste Teil des Cirrus-Nebels, eines großen schalenförmigen **Supernovaüberrests** im **Sternbild** Schwan, rund 1 400 Lichtjahre entfernt.

Der Cirrus-Nebel markiert den Rand einer expandierenden Druckwelle von rund 80 Lichtjahren Durchmesser. Er ist die Folge einer Supernovaexplosion, die sich vor ungefähr 5 000 Jahren ereignet hat. Dieser schwache, zarte Ring leuchtenden Gases ist ohne Filter schwierig zu beobachten. Lang belichtete Aufnahmen zeigen eine schleierähnliche Struktur, die reich an ineinander verflochtenen Filamenten und Knoten ist.

REFLEXIONSNEBEL

Reflexionsnebel geben Licht ab, weil sie das Sternlicht nahe stehender Sterne streuen. Staubpartikel in der Gaswolke sind dafür verantwortlich und lassen den Nebel schwach leuchten. Die meisten Reflexionsnebel erscheinen bläulich, weil kurzwelliges, blaues Licht effektiver gestreut wird als langwelliges, rotes. Da das Leuchten ziemlich schwach ist, werden die meisten Reflexionsnebel erst auf lang belichteten Fotografien sichtbar.

Plejaden (M45)

Dieser offene Haufen junger Sterne leuchtet für Beobachter auf der Nordhalbkugel hoch am Winterhimmel

EINIGE GUT BEKANNTE NEBEL

Name	Lage	Entfernung von der Erde (in LJ)*	Ausdehnung (in LJ)*	Nebeltyp
Merope-Nebel	Plejaden	410	13	Reflexion
Cat's Eye	Draco	3000	0,3	planetarisch
Kohlensack	Crux	600	60	dunkel
Krebs	Taurus	6500	11 x 7,5	Supernovaüberrest
Cirrus (inkl. Veil)	Cygnus	1400	80	Supernovaüberrest
Hantel (M27)	Vulpecula	1000	1	planetarisch
Adler (M16)	Serpens	8500	15	Emission
Pferdekopf	Orion	1500	2,1	dunkel
Lagunen	Sagittarius	5000	100	Emission
Omega	Sagittarius	5000	40	Emission
Orion	Orion	1500	20	Emission
Ring (M57)	Lyra	2000	1	planetarisch
Tarantel	Große Magellansche Wolke	160000	800–6000	Emission

*Alle Zahlenangaben sind gerundet.

als diffuser Fleck. Er markiert die Schulter des **Sternbilds** Stier (Taurus) und ist mit dem bloßen Auge einfach zu erkennen. Der Haufen ist rund 400 **Lichtjahre** entfernt und ungefähr 76 Millionen Jahre alt. Die hellsten Plejaden-Mitglieder sind heiße, junge, blaue Sterne des Spektraltyps B, die schwächeren gehören den Spektralklassen A und F an.

Aufnahmen zeigen Details in dem blauen, büschelförmigen **Reflexionsnebel,** der die hellsten Sterne umgibt. Der Stern Merope beleuchtet einen der ausgedehntesten Reflexionsnebel. Im Jahr 2000 nahm das **Hubble-Space-Teleskop** Teile der Wolke um Merope auf. Dieser komplizierte Fleck mit wellenförmigen Gas- und Staubstrukturen heißt IC 349 oder Merope-Nebel. Er ist durch Meropes Strahlungsdruck entstanden. IC 349 steht nur 0,06 Lichtjahre von Merope entfernt und nähert sich dem Stern langsam mit ungefähr elf Kilometern pro Sekunde.

Die Plejaden sind auch als Siebengestirn bekannt. Der Name geht auf die sieben Töchter des Atlas aus der griechischen Mythologie zurück.

ABSORPTIONS- ODER DUNKELNEBEL

Dunkelnebel sind dichte Wolken aus Gas und Staub, die entlang der **Milchstraße** als dunkle Bereiche zu sehen sind. In ihnen gibt es keine heißen, jungen Sterne, die das Gas ionisieren könnten, und auch keine nahe gelegenen Sterne, deren Licht die Nebel reflektieren könnten. Stattdessen sind die Konturen der Dunkelnebel nur vor dem Hintergrund der Milchstraße oder heller **Nebel** zu erkennen.

Die kleinsten Dunkelnebel heißen Bok-Globulen nach dem niederländisch-amerikanischen Astronomen Bartholomeus (Bart) Jan Bok, der diese Objekte in den 1930er Jahren als Erster erforschte. Gewöhnlich haben sie weniger als ein **Lichtjahr** Durchmesser und unter einer Sonnenmasse.

▪ Pferdekopf-Nebel (Barnard 33)

Der Pferdekopf-Nebel ist ein Teil von Orions **Riesenmolekülwolke** und sieht wie die himmlische Version einer Springerfigur aus. Wir können den Pferdekopf sehen, weil er in der Nähe des **Emissionsnebels** IC 434 bei dem Stern Alnitak (Zeta Orionis) steht. Alnitak ist einer der drei Sterne, die den Gürtel des Orion bilden.

Der Pferdekopf-Nebel ist rund 1500 **Lichtjahre** entfernt und misst von der Nasenspitze bis zum Ende der Mähne etwas mehr als zwei Lichtjahre.

Der leuchtende Stern ist als 52 Cygni bekannt. Er scheint auf der Gaswolke zu ruhen, die vor allem in den USA als „Hexenbesen-Nebel" bekannt ist. Vor mehr als 15 000 Jahren explodierte hier eine Supernova und hinterließ einen makrameeartigen Nebel, der von Knoten und Filamenten durchzogen ist. Der Hexenbesen-Nebel verliert sich am westlichen Ende des größeren Veil-Nebels im All.

Milchstraßensystem

MILCHSTRASSENSYSTEM

In einer klaren Sommernacht kann man ein schwaches Lichtband erkennen, das sich quer über den Himmel spannt: die Milchstraße. Sie ist Teil unserer heimischen **Spiralgalaxie,** die auch als Milchstraßensystem oder

Das leuchtende Band der Milchstraße. Die gelben Wolken unten links reflektieren Restlicht der Sonne, die in der Wolkenhöhe noch nicht versunken ist.

Galaxis bezeichnet wird. Das Milchstraßensystem hat die Form einer Scheibe und ist ein Riese unter den Galaxien. Sie erstreckt sich über mehr als 100 000 **Lichtjahre** und hat eine Masse von etwa 400 Milliarden Sonnenmassen. Allerdings ist die „Scheibe" unserer Galaxis mit einer Dicke von durchschnittlich 3 000 Lichtjahren relativ dünn. Am dicksten ist die Scheibe in

der Nähe des Zentrums (rund 13 000 Lichtjahre); am dünnsten am äußeren Rand (einige hundert Lichtjahre). Der Teil des Milchstraßensystems, in dem wir uns befinden, wird auf eine Dicke von 1 000 Lichtjahren geschätzt. Unsere Galaxis hat anmutige Spiralarme, die sich von einem kleinen Balken im Zentrum des Milchstraßensystems nach außen winden. In den Armen befinden sich relativ junge Sterne und **Riesenmolekülwolken,** die diese neuen Sonnen am laufenden Band produzieren.

Unsere Sonne ist nur einer von circa 200 Milliarden Sternen in unserer Galaxis. Die Sonne ist rund 26 000 Lichtjahre vom Zentrum entfernt und steht 14 Lichtjahre über der Hauptebene der Scheibe. Wir befinden uns in einem kleineren Spiralarm, der Orion-Arm heißt. Er liegt zwischen zwei größeren Armen: dem Perseus-Arm (außen) und dem Sagittarius-Arm (innen). Da sich unsere Galaxis langsam um die eigene Achse dreht, reisen die Sonne und das **Planetensystem** mit einer Geschwindigkeit von 250 Kilometern pro Sekunde mit. Die Sonne braucht 200 Millionen Jahre, um das galaktische Zentrum einmal zu umlaufen. Zuletzt nahm unser Sonnensystem die heutige Position in der Galaxis ein, als sich die **Erde** im Trias befand, dem Zeitalter der Reptilien und des Auseinanderbrechens der Kontinente.

Im optischen Bereich sehen wir die Scheibe von der Seite als das schmale Lichtband am Himmel. Aber wenn wir genauer hinschauen, entdecken wir Hinweise auf die Spiralstruktur des Milchstraßensystems. Von der Untersuchung anderer Spiralgalaxien wissen wir,

MILCHSTRASSENSYSTEM	
Galaxientyp	Spirale
Gesamtmasse (inklusive dunkler Materie in Milliarden Sonnenmassen)	~400
Scheibendurchmesser	~100 000 LJ
Scheibendicke (im Zentralbereich)	13 000 LJ
Scheibendicke (am äußeren Rand)	~1 000 LJ
Zahl der Sterne	~200 Milliarden
Alter der ältesten Sternhaufen	~14 Milliarden J.
Entfernung der Sonne vom Zentrum	~26 000 LJ

Sonnenmasse: $1,99 \times 10^{30}$ kg

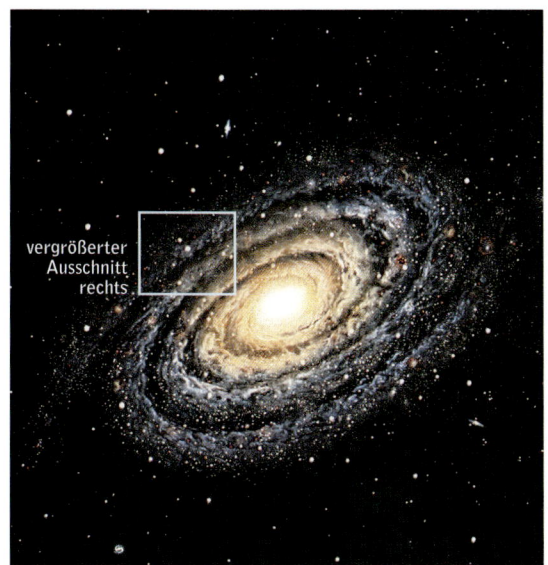 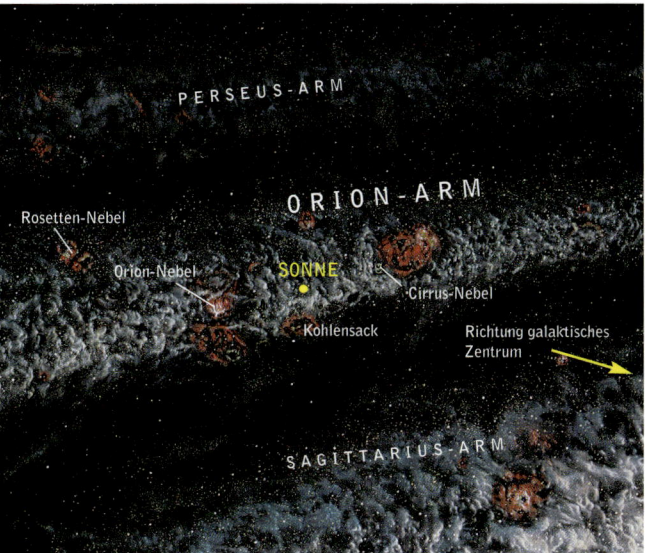

Der weiße Rahmen auf der ersten Karte zeigt unsere Position im Milchstraßensystem, ein Bereich, der als Orion-Arm bezeichnet wird. Auf der zweiten Karte sieht man ihn detaillierter. Der Spiralarm des Orion wird von zwei größeren Spiralarmen flankiert. Unsere Sonne liegt in seiner Mitte. Sie ist einer von mindestens 200 Milliarden Sternen in unserer Galaxis.

dass sich Sterne entlang den inneren Teilen der Spiralarme bilden. Daher lassen sich helle, junge O- und B-Sterne als Indikator für den Verlauf der Spiralarme nutzen. Die kühlen Wasserstoffwolken, in denen sich Sterne bilden, liefern einen weiteren Hinweis.

Rund fünf Grad west-nordwestlich des Sterns Gamma Sagittarii (im **Sternbild** Schütze) liegt der geheimnisvollste Teil unserer Galaxis: ihr Kern. Die Sterne scheinen dort sehr dicht beisammen zu stehen und sehr schnell um ein großes Massezentrum zu rotieren. Möglicherweise handelt es sich um ein **schwarzes Loch** mit ungefähr drei Millionen Sonnenmassen.

Das leuchtende Band der Milchstraße hat die Menschen zu vielen Mythen inspiriert. Für die Seminolen, ein Volk amerikanischer Ureinwohner, ist es der Pfad, der die guten Seelen in den Himmel führt. In einer altnordischen Legende ist es die Straße nach Walhalla. Chinesische und arabische Mythen beschreiben die Milchstraße als Fluss. Der Begriff „Milchstraße" stammt von den antiken Griechen, die das weiße Licht als verspritzte Milch („gala") deuteten. Daher kommt auch das Wort „Galaxie".

INTERSTELLARE EXTINKTION

Licht, das unsere **Galaxis** durchläuft, wird vom Staub zwischen den Sternen absorbiert oder an ihm gestreut. Dadurch erscheint es schwächer. Dieses Phänomen der interstellaren Extinktion tritt am deutlichsten in der Nähe des galaktischen Zentrums auf. Das Licht der in dieser Richtung stehenden Sterne verliert in je 3200 **Lichtjahren** rund eine Größenklasse seiner Helligkeit. Das Sternlicht erscheint bei der Beobachtung durch

eine Staubwolke gerötet, weil die Streuung abhängig von der Wellenlänge ist: Kurze (blaue) Wellenlängen werden stärker gestreut als längere (rote).

OFFENER STERNHAUFEN

Offene Haufen sind lockere Sternansammlungen in der Scheibe einer **Galaxie.** Sie können zehn bis mehrere tausend Mitglieder haben. Ein typischer offener Haufen hat einen Radius von ungefähr zehn **Lichtjahren.** Die Mitglieder eines offenen Haufens haben einen gemeinsamen Ursprung. Da Sterne aus massereichen großen Gaswolken entstehen, bilden sie unregelmäßig geformte Haufen. Die Mitgliedssterne eines Haufens sind meist jung oder mittleren Alters. Die ältesten offenen Haufen sind nur einige Milliarden Jahre alt. Das **Milchstraßensystem** beherbergt in seinen Spiralarmen rund 1200 bekannte offene Haufen. Das ist allerdings nur ein kleiner Bruchteil ihrer Gesamtzahl. Einige Schätzungen kommen auf eine Zahl von 100000. Einer der am besten bekannten offenen Haufen ist die als **Plejaden** bekannte Sterngruppe.

Praesepe (Bienenstock, Krippe, M44, NGC 2632)

Mit seinen mehr als 200 Sternen erinnert dieser große **offene Haufen** im Sternbild Krebs an einen Bienenstock. Die Praesepe ist bereits mit bloßem Auge erkennbar. Der griechische Astronom Hipparch katalogisierte sie im 2. Jahrhundert v. Chr. als „kleine Wolke". Der Römer Plinius beschrieb im 1. Jahrhundert v. Chr., dass sie als Indikator zur Wettervorhersage diente. Hohe Schlechtwetterwolken verdeckten ihr schwaches Licht, während die benachbarten helleren Sterne sichtbar blieben. Die Praesepe ist rund 500 **Lichtjahre** entfernt und etwa 400 Millionen Jahre alt.

KUGELSTERNHAUFEN

Im **Fernrohr** sieht ein Kugelsternhaufen wie eine Kugel dicht beieinander stehender Sterne aus. Jeder kann Zehntausende bis zu einer Million Sterne in einem Bereich enthalten, der nur zehn bis 300 **Lichtjahre** groß ist. Ein solches Gebiet ist 1000-mal dichter als unsere Umgebung im **Milchstraßensystem.** Im Zentrum eines Kugelhaufens können 100 Sterne in einem Kubiklichtjahr zusammengedrängt sein.

Sterne in älteren Kugelhaufen enthalten fast keine schweren Elemente. Solche schweren Elemente entstehen, wenn Sterne sterben. Daher sind Kugelhaufen sehr alt. Sie müssen sich gebildet haben, bevor es eine nennenswerte Sternentstehung oder viele **Supernovae** gab. Denn Supernovae haben die schweren Elemente erzeugt, die seitdem in Sternentstehungsgebieten angereichert sind. Der älteste Kugelhaufen entstand vielleicht vor 13 oder 14 Milliarden Jahren.

Kugelhaufen hielt man einst für Überreste der frühesten Sterngenerationen einer Galaxie. In den vergangenen Jahren hat das **Hubble-Space-Teleskop** jedoch Bilder von Sternentstehungsgebieten in Kugelhaufen geliefert. Kugelhaufen bilden sich in **Riesenmolekülwolken,** die kalten Wasserstoff und Staub enthalten. Wenn zwei Galaxien zusammenstoßen, wird das Gas außerhalb der Wolke ionisiert und verdichtet

das kalte Gas in der Wolke. Schließlich beginnen kleine Bereiche hoher Dichte innerhalb der Wolke unter ihrer eigenen Anziehungskraft zu kollabieren und Sterne zu bilden. Wie Insektenschwärme schweben Kugelhaufen um das Zentrum einer Galaxie. Das Milchstraßensystem hat rund 150 Kugelhaufen in seinem Halo. Die Mehrheit von ihnen ist in den Sternbildern Schütze, Skorpion und Schlangenträger zu sehen.

■ Omega Centauri (NGC 5139)

Omega Centauri ist der König unter den **Kugelhaufen** unserer Galaxis. Diese majestätische Kugel enthält mehr als zehn Millionen Sterne in einem Durchmesser von 150 **Lichtjahren.** Mit seinen fünf Millionen Sonnenmassen ist er zehnmal massereicher als andere große Kugelhaufen und hat fast die Masse einer kleinen Galaxie. Omega Centauri liegt rund 15 000 Lichtjahre entfernt und ist bei 3,7 magnitudo bereits mit dem bloßen Auge im **Sternbild** Zentaur zu erkennen.

Edmond Halley katalogisierte Omega Centauri im Jahr 1677 während seiner Reise nach Sankt Helena als Erster. Er beschrieb ihn als einen «strahlenden Punkt oder Fleck im Centaurus».

MAGELLANSCHE WOLKE

Die Große und die Kleine Magellansche Wolke (*Large Magellanic Cloud,* LMC und *Small Magellanic Cloud,* SMC) sind Begleitgalaxien unseres **Milchstraßensystems.** Es handelt sich um **irreguläre Galaxien,** die

Dieser Anblick unserer Milchstraße durch den Nasa-Satelliten „COBE" zeigt ihre Diskusform. Die Verdickung in der Mitte besteht aus älteren Sternen, die man nicht sehen kann, weil Gas und Staub das sichtbare Licht des Zentrums verschlucken. Mit infrarotem Licht kann „COBE" aber diese Barriere überwinden und sieht bis ins Zentrum hinein.

unsere Galaxis umkreisen. Die LMC ist 160 000 Lichtjahre entfernt und liegt in den **Sternbildern** Schwertfisch und Tafelberg. Sie hat einen Durchmesser von rund 20 000 **Lichtjahren** und enthält 47 Milliarden Sterne. Zu ihr gehört auch der diffuse Tarantel-Nebel, der so hell ist, dass er zunächst als Stern, 30 Doradus, katalogisiert wurde. Heute wissen wir, dass dieser Nebel eines der aktivsten Sternentstehungsgebiete in unserem Teil des **Universums** ist.

Sanduleak, ein blauer Überriese in der LMC, verging in einer spektakulären **Supernovaexplosion,** deren Licht die Erde im Februar 1987 erreicht hat. Sanduleak war die erste Supernova, die man mit bloßem Auge beobachten konnte, seit der, die **Johannes Kepler** im Jahr 1604 gesehen hatte.

Die SMC ist rund 200 000 Lichtjahre von der **Erde** entfernt und liegt im Sternbild Tukan. Sie hat einen Durchmesser von ungefähr 9 000 Lichtjahren und eine scheibenartige Struktur, die durch die Anziehungskräfte der Galaxis und der LMC verformt wurde. Die SMC liegt nördlich des **Kugelhaufens** 47 Tucanae.

INTERGALAKTISCHES MEDIUM

Die Materie zwischen den **Galaxien,** das intergalaktische Medium, enthält anders als die Materie zwischen den Sternen, kaum Staub, sondern nur Gas. Zwischen Galaxien, die zu einem mitgliederstarken Haufen gehören, fand man ionisierten Wasserstoff und Helium. Außerdem geringe Ansammlungen schwererer Elemente wie Sauerstoff, die während **Supernova**explosionen entstanden sind. Dieselben Elemente lassen sich auch zwischen Galaxienhaufen nachweisen, aber in viel geringerer Konzentration.

▮ Dunkle Materie

Dunkle Materie ist unsichtbare Materie, die sich nur durch ihre Anziehungskraft verrät. Die Rotation der **Galaxien** deutet darauf hin, dass es mehr Materie geben muss, als man sehen kann. Astronomen können aus der Rotationsgeschwindigkeit einer Galaxie deren Masse bestimmen. Sie können auch die Rotationsgeschwindigkeit ermitteln, die eine Galaxie haben müsste, wenn man nur ihre sichtbare Masse einbezieht.

Astronomen haben Galaxien entdeckt, die doppelt so schnell rotieren, wie sie aufgrund der sichtbaren Materie sollten. Diese reicht jedoch nicht aus, um die schnell drehenden Galaxien zusammenzuhalten. Es muss noch eine andere Masse geben, die zur Gravitation der Galaxien beiträgt, sonst würden sie auseinander fliegen. Diese unsichtbare oder dunkle Materie

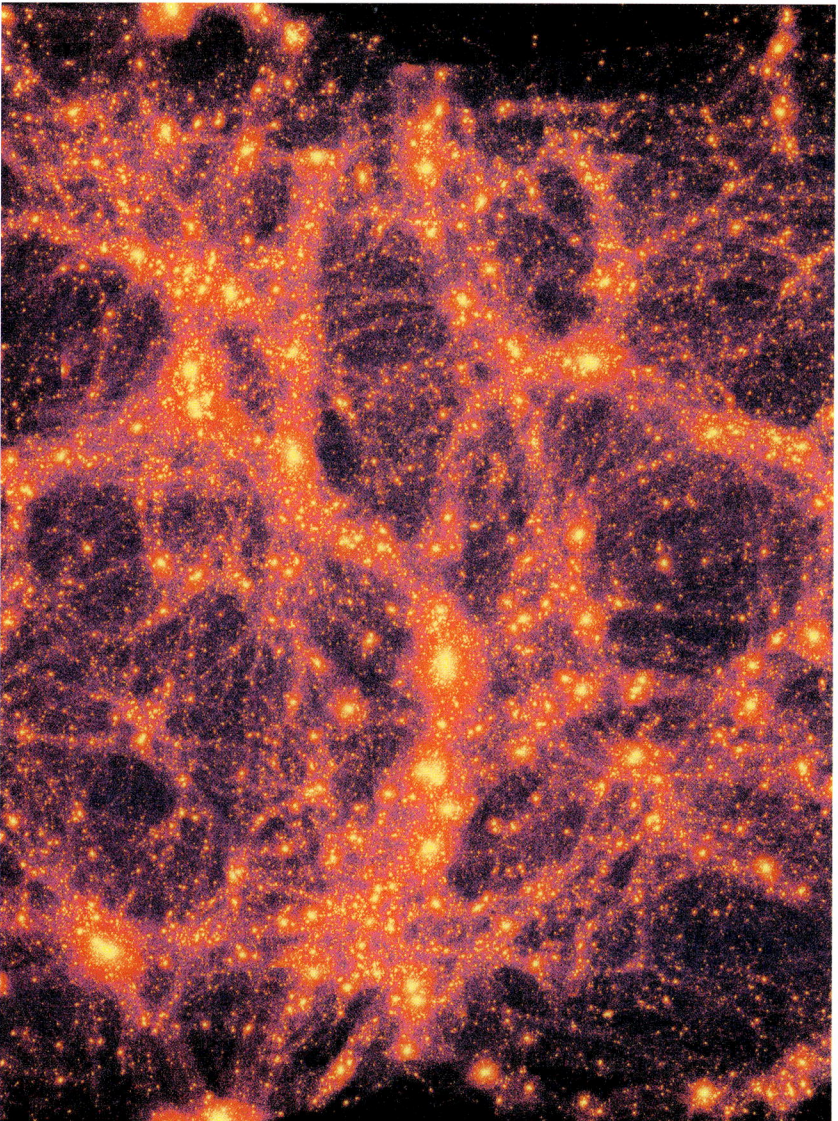

macht womöglich mindestens 75 Prozent der Masse des Universums aus. Eine Galaxie könnte zehn- bis 100-mal mehr dunkle als sichtbare Materie haben. Bei einem Teil dieser fehlenden Masse könnte es sich um **braune Zwerge** und **Planeten** oder vielleicht um Baryonen (subatomare Teilchen wie Protonen und Neutronen) handeln. Aber baryonische Materie kann nicht für die gesamte fehlende Masse verantwortlich sein, sonst gäbe es mehr Helium im **All.**

Eine Alternative sind sich langsam bewegende exotische Elementarteilchen namens *Cold Dark Matter* (CDM, kalte dunkle Materie) oder *Weakly Interacting Massive Particles* (WIMPs, schwach wechselwirkende massereiche Elementarteilchen). Das sind hypothetische schwere Teilchen, die selten mit der anderen Materie in Wechselwirkung stehen.

Kalte, dunkle Materie können wir nicht sehen, weil sie nur wenig oder gar kein Licht emittiert. Sie sorgt dafür, dass Galaxien stabil bleiben. Diese hypothetische Masse trägt zur Gravitation im Universum bei und hindert es daran, auseinander zu fliegen. Dunkle Materie macht möglicherweise fast 75 Prozent des Universums aus. Die helleren Farben in dieser Simulation stellen dichtere Materie dar, wie Sterne, Galaxien und Galaxienhaufen.

Galaxien

GALAXIE

Eine Galaxie ist eine enorme Ansammlung aus Sternen, Gas, Staub und **dunkler Materie,** die durch die eigene Anziehungskraft zusammengehalten wird. Galaxien unterscheiden sich in Größe, Leuchtkraft und Masse. Die größten Galaxien sind eine Million Mal heller als die schwächsten bekannten Zwerggalaxien. Galaxien gibt es in drei Hauptformen: elliptische, spiralförmige und irreguläre. Jeder Typ liefert Hinweise darauf, wie Galaxien entstehen und sich entwickeln.

1924 begann Edwin Hubble damit, fotografische Platten von hellen „Spiralnebeln" aufzunehmen. Die **Fernrohre** dieser Zeit waren nicht in der Lage, einzelne Sterne in Galaxien aufzulösen, und Fotoplatten waren nicht empfindlich genug, um Einzelsterne zu zeigen. Die **Spiralgalaxien** erschienen diffus oder wolkig und wurden Spiralnebel genannt. Hubble machte seine Beobachtungen mit dem erst kürzlich fertig gestellten 2,5-Meter-Hooker-Teleskop auf dem Mount Wilson in Kalifornien. Er wies nicht nur Einzelsterne nach, sondern auch **Cepheiden-Veränderliche.** Ihre Helligkeit schätzte Hubble auf grob 18 magnitudo. Mit der Perioden-Leuchtkraft-Beziehung, die **Henrietta Leavitt** zwölf Jahre zuvor entwickelt hatte, ermittelte Hubble,

dass die „Spiralnebel" viel zu weit entfernt standen, als dass sie in unserem **Milchstraßensystem** liegen konnten. Stattdessen handelte es sich um ferne Galaxien außerhalb unserer eigenen Spirale. Hubble setzte die Untersuchung der diffusen Flecken am Himmel fort und entdeckte zwei weitere Galaxientypen: elliptische und irreguläre. Er klassifizierte Galaxien aufgrund ihrer Form und Struktur in elliptische, spiral- und balkenförmige Spiralen. Hubble ordnete sie in einem Diagramm an, das die Form einer Stimmgabel hatte. Auf dem Gabelgriff liegen die **elliptischen Galaxien,** auf der oberen Zinke liegen die **Spiralgalaxien,** auf der unteren die Balkenspiralen. **Irreguläre Galaxien** tauchen in Hubbles ursprünglichem Diagramm nicht auf. Innerhalb jeder Kategorie unterteilt man Galaxien noch weiter aufgrund ihrer Struktur sowie Staub-, Gas- und Sternentstehungshäufigkeit.

ELLIPTISCHE GALAXIE

Elliptische Galaxien sehen rund oder elliptisch aus. In der Klassifikation von Edwin Hubble tragen sie den Buchstaben E und eine Zahl von 0 bis 7, die den Grad der Abplattung beziffert: E0 ist kugelförmig, E4 ist

AUSGEWÄHLTE GALAXIEN

Galaxie	Sternbild	Entfernung in Lichtjahren (LJ)*	Typ	Scheinbare Helligkeit	Entdeckungsjahr
Milchstraßensystem	-	-	Spirale	-	prähistorisch
Große Magellansche Wolke	Dorado/Mensa	160 000	irregulär	+0,1	prähistorisch
Kleine Magellansche Wolke	Tucana	200 000	irregulär	+2,3	prähistorisch
Andromeda (M31, NGC 224)	Andromeda	2 500 000	Spirale	+3,4	905
And VIII	Andromeda	2 700 000	sphärisch	+9,1	2003
M110	Andromeda	2 900 000	sphärisch	+8,0	1773
Triangulum (M33)	Triangulum	3 000 000	Spirale	+5,7	1654
NGC 3109	Hydra	4 500 000	irregulär	+10,4	1835
Whirlpool (M51, NGC 5194)	Canes Venatici	25 000 000	Spirale	+8,4	1773
NGC 1365	Fornax	60 000 000	Spirale	+9,0	ca. 1835
Antennen (NGC 4038 & 4039)	Corvus	60 000 000	wechselwirkend	+10,5	ca. 1790
Sombrero	Virgo	65 000 000	Spirale	+8,0	1781

*Alle Entfernungen sind gerundet.

leicht elliptisch, E7 ist am stärksten elliptisch. Elliptische Galaxien haben fast keine erkennbare Struktur in ihrem Innern. Sie haben keine **Nebel** und keine heißen, hellen Sterne. Da sie fast kein Gas und keinen Staub enthalten, fehlen ihnen die grundlegenden Bausteine der Sternentstehung. Elliptische Galaxien besitzen daher vor allem ältere, rote Riesensterne, die den Galaxien einen rötlichen Farbton geben.

Die **Sonne** und ihre Nachbarn laufen alle um das Zentrum des **Milchstraßensystems.** Anders als in unserer Galaxis oder bei anderen **Spiralgalaxien** haben Ellipsen dagegen keine bestimmte Rotationsachse. Die Sterne in elliptischen Galaxien laufen alle auf individuellen Bahnen um das Massezentrum ihrer Galaxie.

M87 (NGC 4486, Virgo A)

Rund 55 Millionen **Lichtjahre** entfernt liegt die riesige **elliptische Galaxie** M87 im Zentrum des Virgo-Galaxienhaufens. Sie ist symmetrisch und zeigt keine eindeutige Struktur, weshalb sie als Typ E1 klassifiziert wurde. Der französische Astronom Charles Joseph Messier (1730–1817) katalogisierte M87 am 18. März 1781 als Erster. „M" steht für Messier, und es war das 87. Nebelobjekt, über das er schrieb. Messier nannte M87 einen „Nebel ohne Sterne". Im **Teleskop** erschien die massereiche **Galaxie** als helle, diffuse Kugel ohne äußere Merkmale. (Messier katalogisierte sieben weitere „helle Nebel" während dieser Beobachtung, alle waren Mitgliedsgalaxien des Coma-Virgo-Haufens.)

M87 erscheint sphärisch und sehr dicht. Ihr Durchmesser beträgt rund 120 000 Lichtjahre, ihre Masse wird auf fast drei Billionen Sonnenmassen geschätzt. Die Galaxie ist sehr aktiv und hell (**absolute Helligkeit** -22 magnitudo). Auf lang belichteten Aufnahmen offenbart M87 ihre große Ausdehnung. Die Außenbezirke erstrecken sich über mehr als eine halbe Million Lichtjahre und sind stark abgeplattet. (Grund dafür ist die gravitative Wechselwirkung von M87 mit anderen Haufengalaxien. Die Materie stammt höchstwahrscheinlich von kleineren Galaxien, die die massereiche M87 verschluckt hat.)

M87 ist für zwei Besonderheiten berühmt. Erstens die Zahl der **Kugelhaufen,** die die Galaxie umkreisen. Es sind Tausende, vielleicht sogar 15 000. (Unser **Milchstraßensystem** hat rund 200 Kugelhaufen in seinem galaktischen Halo.) Zweitens der 4000 Lichtjahre lange Jet, der energiereiche Teilchen aus dem Galaxienzentrum herausschleudert. Beobachtungen mit dem **Hubble-Space-Teleskop** im Zentrum von M87 zeigten, dass eine kleine Gasscheibe einen sternähnlichen Kern umgibt. Die Materie in der Scheibe ist nur

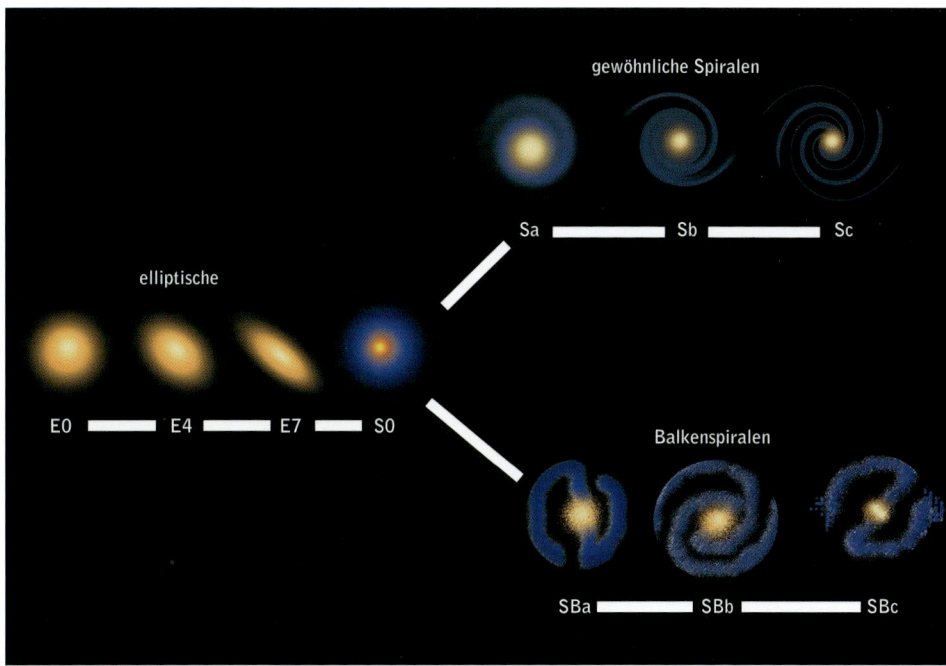

60 Lichtjahre vom Zentrum entfernt und umkreist ihn mit 450 Kilometern pro Sekunde. Das Zentrum von M87 beherbergt möglicherweise ein superschweres **schwarzes Loch,** das ungefähr zwei bis drei Milliarden Sonnenmassen hat. Wird Materie vom schwarzen Loch angezogen, bildet sie eine schnell rotierende Scheibe. Die sich schnell bewegenden, geladenen Teilchen in der Scheibe erzeugen ein starkes Magnetfeld, das senkrecht zur Rotationsachse der Scheibe steht. Der Jet bildet sich, wenn Teilchen hoher Energie in diesem Magnetfeld eingefangen werden, um dann fast mit Lichtgeschwindigkeit von der Scheibe weggeschleudert zu werden. Der Jet von M87 ist zehn Millionen Mal heller als die Sonne.

Die schnellen, energiereichen Teilchen machen M87 zu einer starken Radioquelle, die Virgo A heißt. Radiobeobachtungen des Jets zeigen Klumpen und Filamente (fadenförmige Gebilde), die sich im Lauf der Zeit verändern.

SPIRALGALAXIE

Spiralgalaxien sind stellare Windräder, die zu den erstaunlichsten Objekten des Universums gehören. Es gibt zwei Arten von Spiralgalaxien: normale Spiralen (S) und Balkenspiralen (SB). Beide Typen unterteilt man weiter aufgrund der Helligkeit ihres zentralen Bauchs (*bulge*) und der Öffnung ihrer Spiralarme. Am einen Ende stehen Sa-Galaxien mit hellen zentralen *bulges* und einer relativ engen Spiralstruktur. Am

Edwin Hubbles „Stimmgabel-Diagramm" veranschaulicht, wie Galaxien – Ansammlungen aus Sternen, Staub und Gas – aufgrund ihrer Form klassifiziert werden: als Spiralen, elliptische und Balkenspiralen. Den Griff der Gabel bilden verschiedene Klassen elliptischer Galaxien, die obere Zinke die Klassen der Spiralen und die untere Zinke die Klassen der Balkenspiralen.

anderen Ende stehen Sc-Spiralen, die einen kleinen zentralen Bauch und klar erkennbare Spiralarme haben. S0-Spiralen liegen am Übergang von Hubbles Stimmgabel, wo sich die elliptischen Galaxien in Spiralen und Balkenspiralen aufteilen. Sie sind rund, haben einen zentralen *bulge,* aber keine Spiralarme.

Balkenspiralen unterteilt man wie normale Spiralen. Der Unterschied besteht darin, dass Balkenspiralen einen länglichen Zentralbereich haben, der wie ein Balken aus Sternen aussieht. SBa-Spiralen besitzen einen klar erkennbaren Balken und Spiralarme, die sich vom Balkenende nach außen winden. Bei SBc-Spiralen ist der Balken nur angedeutet, ihre Spiralarme sind weit geöffnet. Rund 20 Prozent aller Spiralgalaxien sind Balkenspiralen. Unser **Milchstraßensystem** gehört zum Typ SBc.

Whirlpool-Galaxie (M51, NGC 5194)

Die Whirlpool-Galaxie ist eine der wunderbarsten **Spiralgalaxien** am Himmel. Sie ist 8,4 magnitudo hell, vom Typ Sc und liegt 25 Millionen Lichtjahre entfernt im **Sternbild** Jagdhunde.

Der französische Astronom Charles Messier entdeckte M51 am 13. Oktober 1773 während der Beobachtung eines Kometen. Im Jahr 1845 fertigte der Astronom William Parsons (der dritte Earl of Rosse) eine detaillierte Zeichnung von M51, die danach als Whirlpool-Galaxie bezeichnet wurde. Lord Rosse beobachtete die Galaxie mit einem 1,8-Meter-**Reflektor,** den er im irischen Birr Castle gebaut hatte und der im Volksmund „Leviathan" genannt wurde.

Die Whirlpool-Galaxie steht wahrscheinlich in Wechselwirkung mit der kleinen, **irregulären Galaxie** NGC 5195 (M51B). NGC 5195 hat die massereiche M51 vor mehreren Millionen Jahren durchquert. Die Begegnung verzerrte die ursprüngliche Scheibenform der kleineren NGC 5195, während sie die Spiralstruktur von M51 verstärkte. Heute ist NGC 5195 mit M51 über einen langen Arm verbunden („Gezeitenbrücke").

IRREGULÄRE GALAXIE

Wie **Spiralgalaxien** besitzen irreguläre Galaxien eine Vielfalt an Sterntypen und große Wolken aus Gas und Staub. Aber anders als Spiralen oder **elliptische Galaxien** haben irreguläre Galaxien weder eine eindeutige Form oder Symmetrie noch ein Zentrum. Sie enthalten eine beträchtliche Menge ionisierten Wasserstoffs (HII-Regionen). Bei den Sternen handelt es sich oft um heiße, große O- und B-Sterne.

M82

Mit 8,4 magnitudo ist M82 bereits durch ein **Amateurfernrohr** zu erkennen. Dieser Prototyp einer **irregulären Galaxie** liegt zwölf Millionen Lichtjahre entfernt im **Sternbild** Großer Bär.

Vor rund 600 Millionen Jahren hatte M82 eine Begegnung mit ihrem Begleiter, der **Spiralgalaxie** M81. Die heftige Wechselwirkung zwischen beiden dauerte ungefähr eine halbe Million Jahre und erzeugte entlang der Mitte von M82 mehr als 100 helle, junge, kompakte Sternhaufen. Sie sind rund geformt und enthalten jeweils bis zu einer Million Sterne. Daraus folgern Astronomen, dass es sich um sehr junge Kugelhaufen handeln dürfte. Vor der Begegnung war M82 wahrscheinlich eine ruhige **Scheibengalaxie.** Heute verwandelt der heftige Ausfluss von Gas sie in eine starke Radioquelle.

WECHSELWIRKENDE GALAXIEN

Wechselwirkende Galaxien sind in einer gravitativen Umarmung miteinander verschlungen. Eine solche Wechselwirkung endet häufig damit, dass zwei Galaxien miteinander verschmelzen oder neue Sterne entstehen. Außerdem verformt die Gravitation die beteiligten Galaxien, beispielsweise wird die Scheibe einer Spirale verzerrt oder ihre Arme werden auseinander gezogen. Manchmal erzeugt die gravitative Wechselwirkung lange Gezeitenschwänze aus Sternen und Gas, die von einer Galaxie zur anderen strömen und somit eine Brücke zwischen beiden bilden. Ein Beispiel dafür sind **M51** und NGC 5195.

In manchen Fällen verschlucken größere Galaxien tatsächlich die kleineren. Die größten **elliptischen Galaxien** haben zehn Millionen Mal mehr Masse als elliptische Zwerggalaxien. Stehen sie dicht zusammen, hat die riesige elliptische Galaxie genügend Anziehungskraft, um die Zwerggalaxie auseinander zu reißen. Schließlich zieht der galaktische Riese die Überreste in sein eigenes System hinein.

Antennen-Galaxien (NGC 4038 & 4039)

Dieses verschmelzende Paar **wechselwirkender Galaxien** führt seinen gravitativen Tanz in rund 60 Millionen **Lichtjahren** Entfernung im **Sternbild** Rabe auf. Beide **Galaxien** haben einen hellen Zentralbereich und lange, gewundene Schwänze aus Sternen und Gas, die beim Zusammenstoß der beiden Galaxien herausgeschleudert worden sind. In **erdgebundenen Fernrohren** erscheinen die Zentralbereiche der Galaxien sehr hell und ohne viele Details. Detaillierte Beobachtungen

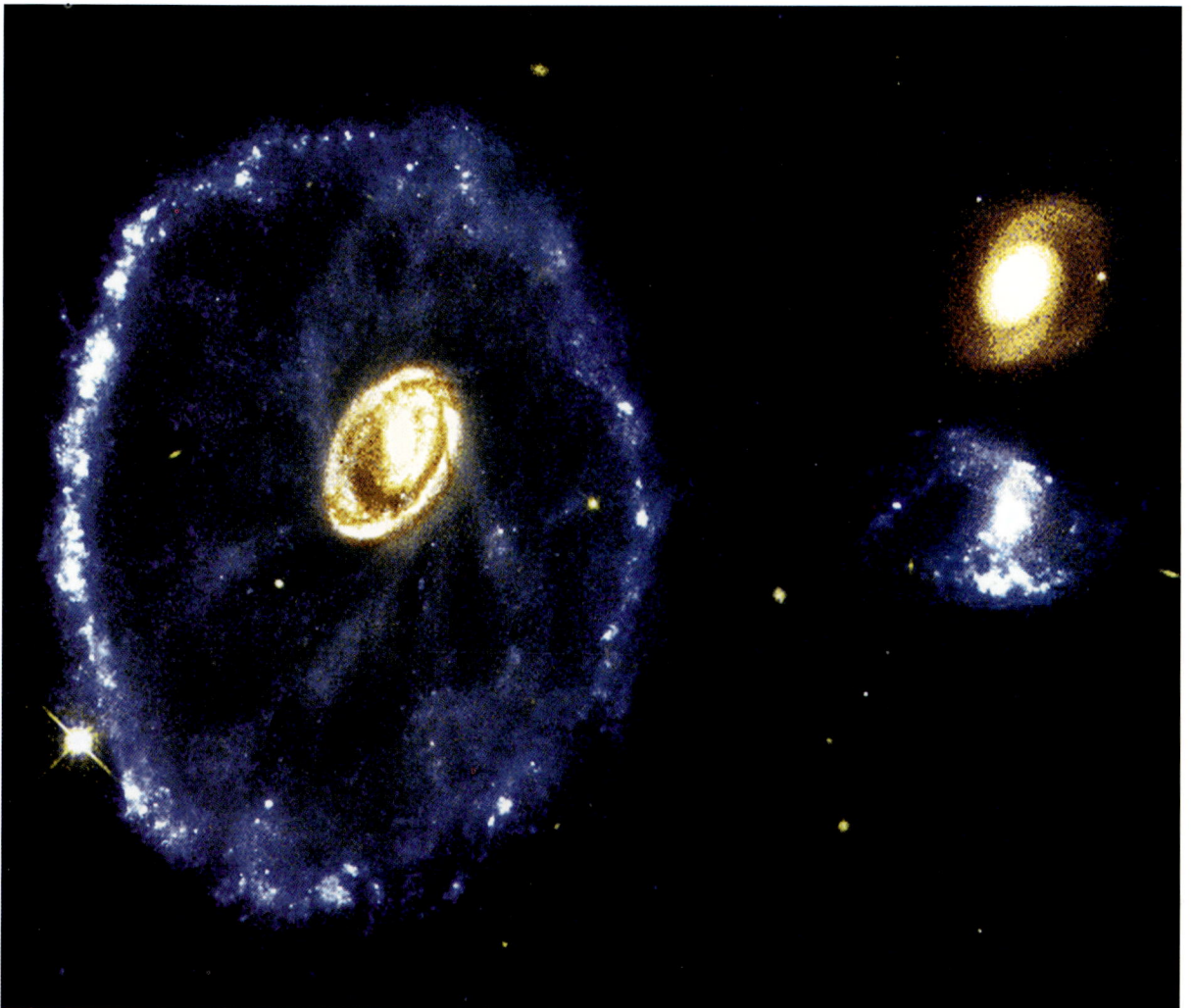

Die Wagenrad-Galaxie ist die Überlebende eines Frontalzusammenstoßes einer Galaxie mit einer Nachbargalaxie. Die Zeichen ihrer Kollision zeigen sich in den kosmischen Trümmern ihres äußeren Rings. Der Zusammenstoß hat eine ringförmige Welle aus Energie erzeugt, die Gas und Staub vor sich her schob.

mit dem **Hubble-Space-Teleskop** zeigen aber, dass der Zusammenstoß dichte Staubwolken und eine heftige Sternbildung ausgelöst hat. Mindestens 1000 helle, blaue, junge Sternhaufen wurden entdeckt.

Wagenrad-Galaxie

Einst eine gewöhnliche **Spiralgalaxie** wie unsere **Galaxis,** stieß die Wagenrad-Galaxie frontal mit einer der kleineren Galaxien in ihrer Umgebung zusammen. Wenn man einen Stein ins Wasser wirft, entstehen konzentrische Wellen, die nach außen laufen. Ein ähnlicher Vorgang wurde ausgelöst, als die kleinere Galaxie die Mitte der großen Wagenrad-Spiralgalaxie durchquerte. Der Zusammenstoß löste eine starke Schockwelle aus, die durch das ganze System raste. Sie breitete sich mit 322000 Kilometern pro Stunde aus und schob Gas und Staub zusammen. Um die Überreste des Zentrums der Spiralgalaxie bildete sich ein Sternentstehungsring, der mehrere Milliarden neue Sterne ent-

hält und einen Durchmesser von 170000 **Lichtjahren** hat. Das Milchstraßensystem würde dort hineinpassen. Die Wagenrad-Galaxie liegt rund 500 Millionen Lichtjahre entfernt im **Sternbild** Bildhauer.

RADIOGALAXIE

Radiogalaxien emittieren im Radiobereich eine Million Mal mehr Energie als das **Milchstraßensystem.** Sie bilden die größte Gruppe der aktiven Galaxien und sind üblicherweise **elliptisch.** Sehr helle Radiogalaxien zeigen gelegentlich die hochenergetischen Eigenschaften von Quasaren. Einige Astronomen vermuten deshalb, dass beide in dieselbe Objektklasse gehören.

Ausgedehnte Radiogalaxien emittieren noch Strahlung aus Bereichen, in denen optisch nichts mehr zu sehen ist. Die Emissionen erfolgen in Form von zwei gewaltigen Radiokeulen, die bis zu 200000 **Lichtjahre** lang sein können. Kompakte Radiogalaxien können im

Die Whirlpool-Galaxie im Sternbild Jagdhunde gehört zu den häufig fotografierten Objekten im All. Durch die rund 25 Millionen Lichtjahre entfernte Spiralgalaxie wirbeln leuchtkräftige junge Sterne und leuchtender Wasserstoff. Diese himmlische Schönheit wurde 1773 von dem französischen Astronomen Charles Joseph Messier entdeckt.

Radiobereich so hell strahlen wie unsere Galaxis im sichtbaren Licht. Die erste entdeckte Radioquelle war Cygnus A. Sie emittiert eine Million Mal mehr Radioenergie als das Milchstraßensystem, steht jedoch ungefähr eine Milliarde Lichtjahre von der **Erde** entfernt.

Centaurus A (NGC 5128)

Centaurus A ist eine der ungewöhnlichsten und dynamischsten **Galaxien.** Wahrscheinlich entstand sie durch „Kannibalismus", dadurch, dass eine Galaxie eine andere geschluckt hat. Auf Weitwinkelaufnahmen im sichtbaren Licht sieht Centaurus A wie eine große, kugelsymmetrische **elliptische Galaxie** aus, durch deren Mitte ein Staubband verläuft. Möglicherweise handelt es sich dabei um den Überrest einer **Spiralgalaxie.** Tief versteckt im Zentrum der Galaxie sitzt ein massereiches **schwarzes Loch.** Es hat eine Milliarde Sonnenmassen und nimmt den Raum von der Größe unseres **Sonnensystems** ein. Das schwarze Loch könnte auf diese Größe gewachsen sein, als es während der Kollision Materie verschlungen hat oder weil zwei massereiche schwarze Löcher (eines von jeder Galaxie) miteinander verschmolzen sind. Mit elf Millionen Lichtjahren Entfernung ist Centaurus A die **Radioquelle,** die der **Erde** am nächsten steht.

Seyfert-Galaxie

Eine Seyfert-Galaxie besitzt einen sternförmigen Kern, der Energie ausstrahlt. Die Energie wird durch Vorgänge erzeugt, die für gewöhnlich nicht mit Sternen und ihrer Entwicklung in Verbindung gebracht werden. Die meiste Energie stammt aus hoch ionisierenden Prozessen und ist durch breite Emissionslinien (helle Streifen im **Spektrum**) charakterisiert. Das bedeutet, dass diese **Galaxien** gewaltige Energiemengen freisetzen. Solche Galaxien gehören zum Typ Seyfert 1, der sich ähnlich wie ein **Quasar** verhält. Der Typ Seyfert 2 weist schmalere Emissionslinien auf und leuchtet hell im Infraroten. Die meisten Seyfert-Galaxien sind Spiralen. Der Name geht auf den Astronomen Carl K. Seyfert zurück, der sie 1943 als Erster beschrieb.

Hunderte von Seyfert-Galaxien sind inzwischen identifiziert worden. Sie machen rund zwei Prozent aller **Spiralgalaxien** aus. Rund ein Viertel der Seyfert-Galaxien hat eine seltsame Gestalt. Dies legt den Schluss nahe, dass Seyfert-Galaxien in Folge einer Galaxienkollision oder einer gravitativen Wechselwirkung mit ihren Begleitern entstehen.

Innerhalb von Tagen bis Monaten können Seyfert-Galaxien ihre Helligkeit um 50 Prozent ändern. Astro-

nomen glauben, dass in den Zentren dieser Galaxien superschwere **schwarze Löcher** sitzen. Ein plötzlicher Anstieg des Materieeinfalls in das schwarze Loch würde die Helligkeit einer Galaxie schnell steigen lassen. Eine der schönsten Seyfert-Galaxien ist die direkt von oben zu sehende NGC 7742, die auch *Fried-Egg*-Galaxie (Spiegelei) heißt. Ihr gelbes Zentrum hat einen Durchmesser von ungefähr 3 000 Lichtjahren. Sie steht im Sternbild Pegasus, 72 Millionen Lichtjahre entfernt.

Quasar

Quasare sind die leuchtkräftigsten der aktiven Galaxien. Sie wurden Anfang der 1960er Jahre entdeckt und auf den Namen „Quasar" getauft, weil sie sternähnlich, quasi-stellar, aussahen. Fotografien dieser fernen Objekte zeigen nur einen hellen, sternförmigen Punkt. Quasare gehören zu den fernsten Objekten im **All,** sie strahlen eine enorme Energiemenge ab: Typisch ist die 10 000fache Energie einer durchschnittlichen **Spiralgalaxie.** Um eine solche Energiemenge zu erzeugen, muss sich in einem Quasar ein **schwarzes Loch** mit zehn Millionen bis zu einer Milliarde Sonnenmassen befinden. Es muss daher einen Durchmesser von weniger als einem **Lichtjahr** haben.

Einige Quasare sind Überreste aus der Anfangszeit des Universums, als sich die Galaxien bildeten und noch nahe zusammenstanden. Sofern die Zentren einiger dieser Galaxien superschwere schwarze Löcher enthielten, hatten Kollisionen Quasar-ähnliche Ausbrüche zur Folge.

Aber warum sehen wir Quasare nicht in unserer Nähe, wenn sie als Überbleibsel des jungen Universums so häufig waren? Wir sehen sie schon, wenn wir annehmen, dass Quasare die Zentralbereiche von Galaxien sind, in denen große Materiemengen in ein superschweres schwarzes Loch stürzen. Kommt keine Materie mehr nach, erlischt der Quasar, und wir sehen eine gewöhnliche **Galaxie.**

Gravitationslinse

Eine Gravitationslinse krümmt das Licht durch die Anziehungskraft eines Körpers (eines **Planeten,** einer **Galaxie** oder eines **schwarzen Lochs**). Dabei wird das Bild der Lichtquelle in mehrere Bilder gespalten, die den Körper im Vordergrund eventuell als Ring umgeben. **Einsteins** Allgemeine Relativitätstheorie sagte dieses Phänomen voraus. Die Gravitationslinse verstärkt das Licht der Quelle: Das Bild wird größer und heller.

Die erste Gravitationslinse wurde 1979 entdeckt, als vier **Quasare** in Form eines Kreuzes auf einer

Fotoplatte zu erkennen waren. Das Bild des „Einstein-Kreuzes" zeigt in Wirklichkeit einen sehr fernen Quasar, dessen Licht durch eine relativ nahe gelegene Galaxie verzerrt wird.

GALAXIENHAUFEN

Galaxien neigen zur Gruppenbildung. Die Mehrheit von ihnen kommt in Gruppen von zwei bis drei oder bis zu einigen tausend Mitgliedern vor. Unsere eigene **Galaxis** gehört zu einer ungleichen Gemeinschaft, die **Lokale Gruppe** heißt.

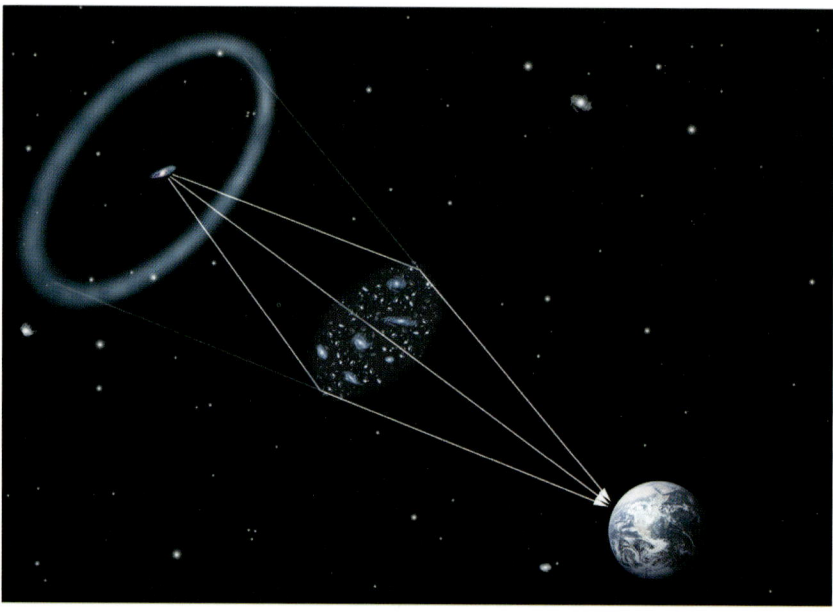

Liegt eine Galaxie hinter einer anderen oder hinter einem Galaxienhaufen, dann werden ihre Lichtstrahlen durch die Gravitation des dazwischen liegenden Objekts verbogen. Von der Erde aus gesehen wird die ferne blaue Galaxie in mehrere einzelne Bilder zerlegt. Wenn die Erde, die dazwischen liegende Galaxie und die Hintergrundgalaxie auf einer Linie liegen, wird ihr Bild zu einem Ring verzerrt.

Normalerweise liegen die Objekte im All relativ weit auseinander. Der Abstand zwischen **Planeten** beträgt das 100 000fache ihrer Durchmesser, der zwischen Sternen sogar das Millionenfache. In einem Galaxienhaufen sinkt der Abstand dagegen auf das Hundertfache des Durchmessers einer typischen Galaxie. Wenn so massereiche Objekte dicht beisammenstehen, dringen sie manchmal in das Gravitationsfeld eines anderen ein. Solche **wechselwirkenden Galaxien** können zusammenstoßen, verschmelzen oder sich gegenseitig verformen.

Die größten Galaxienhaufen sind fast kugelförmig und enthalten Tausende von Mitgliedern, die meist massereiche elliptische und S0-Galaxien sind. Der Virgo-Haufen steht der Lokalen Gruppe am nächsten, die Entfernung beträgt rund 55 Millionen **Lichtjahre.** Er beherbergt ungefähr 2 500 Mitglieder, von denen etwa 75 Prozent Spiralen sind. Den Rest machen elliptische und ein paar irreguläre Galaxien aus. Die größte

Galaxie der Gruppe ist M87, eine riesige **elliptische Galaxie** und starke Radioquelle.

Einige große Haufen bergen eine ungewöhnlich große Zahl von Galaxien in ihrem Zentrum. Diese so genannten mitgliederreichen Haufen enthalten rund 1 000 Galaxien. Die sichtbare Masse (Sterne, Staub und Gas) eines solchen Haufens macht nur etwa zehn Prozent seiner Gesamtmasse aus. Die gravitativen Wechselwirkungen zwischen jeder Galaxie und ihren Haufennachbarn zeigen, dass der Haufen mehr Masse enthalten muss, als wir sehen können. Bei mindestens 90 Prozent der Gesamtmasse eines mitgliederreichen Haufens muss es sich um dunkle Materie handeln.

Mitgliederreiche Haufen sind hoch entwickelte Gruppen, zwischen denen starke Wechselwirkungen herrschen. Die intergalaktische Materie zwischen den einzelnen Mitgliedern enthält große Mengen ionisierten Wasserstoffs und Heliums sowie ionisierte schwerere Elemente, die in **Supernovaexplosionen** gebildet wurden. Die Galaxien in diesen Haufen sind so häufig miteinander in Wechselwirkung getreten, dass sie ihr Gas verloren haben, das sich dann zwischen ihnen gesammelt hat. Dieses angereicherte galaktische Medium unterscheidet sich deutlich von der Materie zwischen den Galaxien in unregelmäßigen Haufen. Dort – und nicht zwischen ihnen – stößt man in den Galaxien auf den Großteil des ionisierten Gases.

Eine mitgliederreiche Gruppe ist der Coma-Haufen. Er umfasst mehr als 3 000 elliptische und S0-Galaxien und steht ungefähr 300 Millionen Lichtjahre entfernt im Sternbild Haar der Berenike. Der Haufen hat einen Durchmesser von 20 Millionen Lichtjahren und besitzt zwei ebenbürtige Galaxienansammlungen, in deren Zentren jeweils eine große Galaxie steht – eine elliptische und eine linsenförmige. Der Coma-Haufen ist Teil des Perseus-Pisces-Galaxiensuperhaufens.

Der Perseus-Haufen ist ein anderer mitgliederreicher Haufen. Er liegt in 250 Millionen Lichtjahren Entfernung im Sternbild Perseus und ist der hellste Haufen im Röntgenbereich.

LOKALE GRUPPE

Das **Milchstraßensystem** ist Teil einer kleinen Galaxiengruppe, die Lokale Gruppe heißt. In unserer Nachbarschaft gibt es drei Spiralen und mehr als 30 kleine Galaxien, die sich über einen rund drei Millionen Lichtjahre großen Bereich verteilen. Die drei größten Galaxien sind die **Andromeda-Galaxie,** das Milchstraßensystem und die Triangulum-Spirale. Zu den kleineren Mitgliedern der Gruppe um unsere Galaxis gehört nicht nur die Große und die Kleine Magellansche Wolke, sondern auch die viel näher stehende, elliptische Sagittarius-Zwerggalaxie. In jüngsten Untersuchungen wird darüber spekuliert, ob die Magellanschen Wolken einst ein Teil der Andromeda-Galaxie waren. Andromeda scheint relativ nahe bei unserer Galaxis entstanden zu sein, entfernte sich aber nach der Kollision mit einer Zwerggalaxie. Zurück blieben die **Magellanschen Wolken** und ein paar andere Zwerggalaxien, die nun der Anziehungskraft des Milchstraßensystems unterliegen. In einer fernen Zukunft könnte unser Milchstraßensystem mit der Andromeda-Galaxie verschmelzen und eine riesige **elliptische Galaxie** bilden.

Die Lokale Gruppe ist Teil eines Galaxiensuperhaufens, in dessen Zentrum in ungefähr 60 Millionen Lichtjahren Entfernung der Virgo-Haufen steht. Der Durchmesser unseres lokalen Superhaufens beträgt ungefähr 160 bis 250 Millionen Lichtjahre und scheint die Form einer Scheibe zu haben. Das würde bedeuten, dass er rotiert.

Andromeda-Galaxie (M31, NGC 224)

Mit 2,5 Millionen Lichtjahren Entfernung ist die Andromeda-Galaxie die dem **Milchstraßensystem** am nächsten stehende große Galaxie. Von einem dunklen Ort aus kann man sie am Nordhimmel mit bloßem Auge erkennen. Im **Fernglas** sieht sie wie ein längliches, Baumwollknäuel aus. Nur lang belichtete Aufnahmen mit größeren **Teleskopen** zeigen ihre Spiralstruktur.

Die Andromeda-Galaxie ist eine Sb-Spirale, deren Masse etwas größer als die des Milchstraßensystems ist. Sie hat ein großes, helles Zentrum, das aussieht, als würde es aus zwei Teilen bestehen, die fünf Lichtjahre auseinander liegen. Diese Strukturen könnten die Folge einer Kollision mit einer Zwerggalaxie vor fünf bis zehn Milliarden Jahren gewesen sein.

Wie das Milchstraßensystem besitzt die Andromeda-Galaxie einen Halo aus **Kugelsternhaufen.** Aber dieser Halo ist dreimal so groß wie der von unserer Galaxis. Die Sterne in den dortigen Kugelhaufen haben mehr schwere Elemente als die Sterne in den Kugelhaufen des Milchstraßensystems. Das deutet darauf hin, dass sie etwas jünger als unsere sind. Im Gravitationsfeld der Andromeda-Galaxie schweben mindestens vier kleine, elliptische Begleitgalaxien.

GROSSRÄUMIGE STRUKTUREN

Galaxien, Galaxienhaufen und Superhaufen (große Haufen aus Galaxienhaufen) bilden komplizierte, schwammähnliche Strukturen um riesige Blasen leeren Raums. Dies bezeichnet man als die großräumigen Strukturen des Universums.

Einst glaubten Astronomen, dass Galaxien, Galaxienhaufen und Superhaufen zufällig im **All** verteilt seien, aber in den 1980er Jahren fingen Margaret Geller und John Huchra an, die dreidimensionale Verteilung der Galaxien zu untersuchen. Dabei entdeckten sie, dass Galaxien entlang großräumigen Strukturen angeordnet sind wie lange, schmale Filamente, die dünne Wände um gewaltige Leerräume bilden.

Der Großteil der Materie des Universums steckt in Filamenten oder klumpigen Bereichen. Aber diese machen nur ein bis zwei Prozent des gesamten Alls aus. Der Großteil des Weltraums ist leer. Einer dieser klumpigen Bereiche ist ungefähr 300 Millionen **Lichtjahre** entfernt. In ihm befinden sich Tausende Galaxien. Er erstreckt sich über einen Bereich von 250 mal 700 Millionen Lichtjahren, ist aber nur etwa 30 Millionen Lichtjahre dick. Diese „Große Wand" ist die größte bekannte Struktur des Universums.

Astronomen haben auch festgestellt, dass sich unsere **Lokale Gruppe** einer gigantischen Masse aus Galaxien und dunkler Materie in 150 Millionen Lichtjahren Entfernung nähert – dem „Großen Attraktor".

DIE 15 NÄCHSTEN GALAXIEN DER LOKALEN GRUPPE			
Galaxie	Entfernung (in Lichtjahren)*	Durchmesser (in Lichtjahren)*	Scheinbare Helligkeit
Milchstraßensystem	0	100 000	-
Sagittarius	78 000	15 000	+7,7
Große Magellansche Wolke	160 000	20 000	+0,1
Kleine Magellansche Wolke	200 000	9 000	+2,3
Ursa Minor	225 000	1 000	+10,9
Draco	248 000	500	+9,9
Sculptor	250 000	1 000	+10,0
Carina	280 000	500	+20,9
Sextans	290 000	1 000	+10,3
Fornax	430 000	3 000	+8,1
Leo II	750 000	500	+11,5
Leo I	820 000	1 000	+10,4
Phoenix	1 270 000	1 000	+13,1
NGC 6822	1 750 000	8 000	+9,3
And II	1 910 000	2 000	+13,5
*Alle Entfernungen sind gerundet.			

KOSMISCHE TRUGBILDER

J. Anthony Tyson

DAS UNIVERSUM IST IN ALL SEINEN KOMPONENTEN MITEINANDER VERBUN-
den. In den ersten Augenblicken des Universums sind bei Temperaturen und Energien, die viel höher sind als alles, was man sich auf
der Erde vorstellen kann, winzige Teilchen dunkler Materie entstanden. Heute ist dieses Vermächtnis in der geballten Gravitationswirkung der großräumigen Strukturen des Universums nachweisbar. Die Elementar-

teilchenphysik und die Astronomie haben unser Weltbild geändert. Erst verdrängte Kopernikus die Erde aus
ihrer zentralen Position, später raubte uns das Duo
Harlow Shapley und Edwin Hubble die Illusion,
unsere Galaxis hätte einen speziellen Platz im All.
Selbst die Vorstellung, Galaxien und Sterne würden
den Großteil unseres Universums ausmachen, musste
man aufgeben. Das Universum wird vor allem von
Teilchen aus dunkler Materie beherrscht, und nun
denken wir über die noch seltsamere Vorstellung nach,
dass eine gleichmäßig verteilte, allgegenwärtige dunkle Energie das All dominiert.

Wie können kosmische Trugbilder „Bilder" der
dunklen Materie liefern? Stellen Sie sich einen Raum
vor, der an Decke, Wänden und Boden tapeziert ist.
Die Tapete hat ein Muster aus eng beieinander liegenden Punkten. Stellen Sie sich eine Lupe vor, die zwischen Ihnen und der einen Wand hängt und deren
Linse so sauber ist, dass Sie die Lupe gar nicht sehen.
Wenn Sie aber in Richtung der Lupe schauen, sehen
Sie hinter ihr ein verzerrtes Punktmuster. Das Licht
wird ja durch die Linse gekrümmt. Sobald Sie sich das
verzerrte Muster genauer anschauen, können Sie sich
Form und Größe der Lupe gut vorstellen, obwohl die
Linse unsichtbar ist. Genauso ermitteln Astronomen
anhand des Lichts, das von einem Klumpen dunkler
Materie gekrümmt wird, die Form des Klumpens.

Um die „kosmische Tapete" zu finden, muss man
nur weit genug ins Universum hinausschauen. Dann
sehen wir Tausende weit entfernte Galaxien hinter
einer Gravitationslinse im Vordergrund. Wenn man
ein größeres Fernrohr baut und schnellere, empfind-
lichere Detektoren entwickelt, sieht man noch weiter
hinaus ins All. Vor 50 Jahren erfassten lichtempfindli-

che Schichten meist nur eines von 100 Lichtquanten,
die auf sie trafen. Mitte der 1970er Jahre hatten Ingenieure, unter anderem bei Eastman Kodak, in Zusammenarbeit mit Astronomen die Empfindlichkeit einer
Fotoplatte auf Rekordniveau getrieben: Mindestens
eines von 20 Photonen, die auf die Platte trafen, wurde
aufgezeichnet. Obwohl das nur einer Effizienz von
fünf Prozent entsprach, war diese Entwicklung ein
großer Fortschritt. Tatsächlich half sie Richard Kron
und mir dabei, Ende der 1970er Jahre die ersten Hinweise auf die kosmische Tapete zu finden.

Die Entdeckung der Radiogalaxien

Wie so häufig in der Grundlagenforschung geschah
diese Entdeckung eher nebenbei. Damals arbeitete ich
als Physiker bei den Bell Labs und war naturgemäß an
der Weiterentwicklung der Technik interessiert. Ich
wusste, dass so genannte Radiogalaxien auf beiden
Seiten der Muttergalaxie Mikrowellenkeulen hatten.
Eine Besonderheit der Radioenergie bestand darin,
dass sie nicht durch Wärmequellen erzeugt wurde,
sondern von Elektronen, die auf hohe Geschwindigkeiten beschleunigt wurden. Radiogalaxien waren
außerdem dafür bekannt, Synchrotronstrahlung im
Radiobereich zu emittieren, wenn energiereiche Elektronen in Magnetfelder stürzten. Aber was sorgte für
die anfängliche Beschleunigung der Elektronen?

Um dies herauszufinden, beantragten Phil Crane,
Bill Saslaw und ich Teleskopzeit am Kitt-Peak-Natio-
nal-Observatorium in Arizona. Wir sicherten uns
mehrere Beobachtungsnächte am Vier-Meter-Mayall-
Reflektor, dem größten Fernrohr der Sternwarte. Zu
Beginn des Projekts montierten wir einen sehr empfindlichen Photomultiplier im Brennpunkt des Tele-

skops – ein Gerät, das Licht von schwachen Quellen verstärkt. So ausgerüstet, suchten wir die Bereiche mit den Radiokeulen ab. Gelegentlich sahen wir die Andeutung des schwachen Leuchtens von Radiokeulen, aber es gab zu viele andere Effekte, die wir nicht kontrollieren konnten. Also versuchten wir es wieder mit der Fotografie, aber diesmal etwas anders. Ich machte jeweils mehrere Aufnahmen verschiedener Radiogalaxien mit speziellen 20 mal 25 Zentimeter großen Kodak-Platten. Die Platten waren so empfindlich, dass sie am Ende jeder Nacht mit einem maßgeschneiderten Verfahren entwickelt werden mussten. Natürlich passte auf jede Platte eine viel größere Himmelsfläche, als wir brauchten – und das erwies sich als wichtig.

Als Nächstes digitalisierten wir die Bilder, indem wir jede Platte mit einem Lichtstrahl scannten. Wir benutzten eine spezielle Software, um schwache Lichtquellen hervorzuheben und mehr Details zu sehen. Wegen chemischer Verunreinigungen in der Emulsion entstanden „verrauschte" Bilder, die mit „falschen" Galaxien überzogen waren. Astronomen glaubten damals, dass dieser Effekt die Empfindlichkeitsgrenze für den Nachweis lichtschwacher Galaxien bestimmte. Aber wir wollten noch weitergehen. Wäre dies möglich? Und wenn ja, wie? Arizonas Variante eines Monsuns gab uns die Gelegenheit, das herauszufinden.

Ferne Galaxien

Unser Projekt war zur Hälfte vorbei, und wir hatten nur einen Hauch von Licht dieser schwer fassbaren Radiokeulen nachgewiesen. Für weitere Beobachtungen flog ich zurück nach Tucson. Aber es begann heftig zu regnen, so dass ich das Teleskop nicht benutzen konnte. Eine Woche verbrachte ich mit unserer Plattensammlung im Untergeschoss des Hauptgebäudes in Tucson und war frustriert, dass es nicht weiterging. Also nahm ich mir noch mal die „falschen" Galaxien auf mehreren Platten vor, die denselben Himmelsbereich erfassten. Bei den meisten handelte es sich eindeutig um chemische Verunreinigungen, manchmal begleitet von Staubkörnern und Fusseln, die nur auf einer Platte zu sehen waren. Aber einige der schwächeren Punkte tauchten auf mehreren Platten desselben Himmelsausschnitts auf. Diese kaum wahrnehmbaren Punkte auf den digital vergrößerten Negativen standen jedes Mal an den exakt gleichen Himmelskoordinaten. Ich digitalisierte die Bilder, die ein gemeinsames Himmelsareal abdeckten und addierte sie dann. So erhielt ich ein noch empfindlicheres Bild.

Anscheinend schaute ich hinaus in große Entfernungen durch einen großen Wald aus Galaxien. Es gab genug Galaxien an jedem kleinen Flecken Himmel – rund 6000 auf einer vollmondgroßen Fläche. So schien es selbst in einem winzigen Bereich um eine Vordergrundgalaxie möglich, dass noch eine weiter entfernte Galaxie hinter ihr lag.

Ich war so in Gedanken, dass ich auf dem Rückweg zum Campus fast von einem Auto überfahren worden wäre. Was passiert, fragte ich mich, wenn jede Vordergrundgalaxie eine große Masse hätte? Das Licht der Hintergrundgalaxien, die in der Projektion innerhalb von ein paar Bogensekunden stünden, würde durch diese Masse gekrümmt. Dadurch würde jede Hintergrundgalaxie an eine andere Stelle des Himmels

verschoben werden, ihr Bild also systematisch verzerrt. Dies könnte zu einer neuen Methode führen, um die Masse einer Galaxie statistisch zu wiegen!

Es sollte zwei Jahrzehnte dauern und bedurfte der Entwicklung neuer bildgebender Technologien, um die kosmischen Trugbilder vollständig auszuschöpfen. In den 1970er Jahren entdeckte Richard Kron während der Untersuchung schwacher Galaxien, dass sie an der Empfindlichkeitsgrenze fotografischer Platten systematisch blauer waren als hellere Galaxien. Und diese zahlreichen blauen Galaxien sollten schließlich nützliche Werkzeuge zur Massenbestimmung werden. ■

Die blauen, ringförmigen Objekte, die um den Galaxienhaufen CL0024+1654 kreisen, sind in Wirklichkeit mehrere verzerrte Bilder einer einzelnen blauen Galaxie, die hinter dem Haufen liegt. Die Anziehungskraft des Haufens erzeugt eine Gravitationslinse.

Universum

KOSMOLOGISCHE ENTFERNUNGSSKALA

Um Distanzen im All zu messen, nutzen Astronomen bestimmte Indikatoren, deren Reichweiten sich überlappen. Diese Indikatoren beruhen auf verschiedenen Verfahren und bilden die kosmologische Entfernungsskala. Entfernungen von Objekten innerhalb unseres Sonnensystems bestimmt man mittels Radar und Laser. **Trigonometrische Parallaxen** eignen sich für Distanzen bis ungefähr 1 600 **Lichtjahre** (500 **Parsec**). Noch größere Entfernungen berechnet man indirekt durch den Unterschied zwischen der wahren Helligkeit eines Sterns und seiner scheinbaren Helligkeit. Noch größer sind Abstände zwischen **Galaxien.** Man ermittelt sie anhand der Ausdehnung von Regionen ionisierten Sauerstoffs (HII) sowie anhand der Helligkeit von **Kugelhaufen** und **Supernovae** des Typs I.

In welche Richtung bewegt sich eine Galaxie? Um dies herauszufinden, messen Forscher die veränderte Wellenlänge der Strahlung. In der Mitte der Illustration bewegt sich die Galaxie von der Erde weg (Rotverschiebung); unten nähert sich die Galaxie ihr (Blauverschiebung).

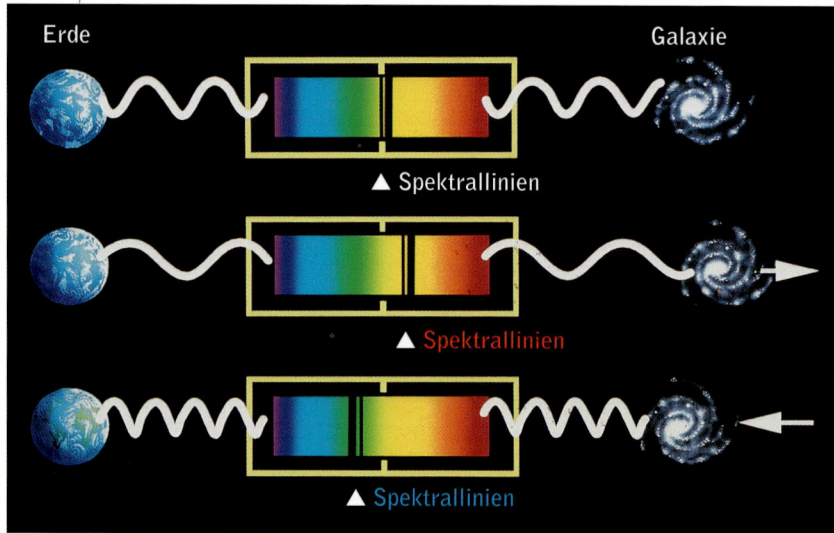

Erde   Galaxie

▲ Spektrallinien

▲ Spektrallinien

▲ Spektrallinien

Rotverschiebung

Rotverschiebung bedeutet, dass sich die elektromagnetische Strahlung hin zu längeren Wellenlängen des **Spektrums** verschiebt. Sie wird durch die Expansion des **Alls** verursacht. Wenn man an einem Bahnübergang sitzt und ein Zug vorbeifährt, hört man das Pfeifen des sich nähernden Zugs in höherer Tonlage als das des sich entfernenden Zugs. Dabei sendet die Pfeife immer den gleichen Ton aus, dessen Schallwellen sich kugelförmig ausbreiten. Die Veränderung der Tonlage entsteht durch die Bewegung des Zugs, denn das Zentrum jeder neuen Schallwelle bewegt sich mit ihm. Das drängt die Schallwellen in Bewegungsrichtung des Zugs zusammen (höhere Frequenzen), während sie hinter ihm auseinander gezogen werden (niedrigere Frequenzen). Das ist der so genannte Doppler-Effekt, benannt nach dem österreichischen Physiker Christian Doppler (1803–1853), der den Effekt 1842 beschrieben hat. Sechs Jahre danach vermutete der französische Physiker Hippolyte Fizeau (1819–1896), dass sich Lichtwellen genauso verhalten. Dies sollte sich als richtig herausstellen.

Objekte in unserer **Galaxis** können sich von uns weg oder auf uns zu bewegen. Entfernen sie sich, verschieben sich ihre Spektrallinien zu längeren Wellenlängen hin, also zum roten Ende des Spektrums (Rotverschiebung). Nähern sie sich dagegen an, verschieben sich ihre Spektren zu kürzeren Wellenlängen hin, in den blauen Bereich (Blauverschiebung).

Kosmische Rotverschiebungen hängen mit der Expansion des Universums zusammen. Wenn die Raumzeitstruktur sich ausdehnt, nimmt sie alle Materie mit sich. Alles scheint sich von allem anderen zu entfernen, und je weiter eine entfernte Galaxie weg ist, desto größer ist ihre Rotverschiebung und desto schneller scheint sie sich auch von uns wegzubewegen.

Lichtjahr

Ein Lichtjahr ist die Entfernung, die das Licht in einem Jahr zurücklegt. Das Licht bewegt sich dabei mit 300 000 Kilometern pro Sekunde, was eine Strecke von rund neun Billionen Kilometern pro Jahr ergibt.

Parallaxe

Die Parallaxe ist die scheinbare Verschiebung des Orts eines Objekts, nachdem sich die Position des Beobachters verändert hat. Halten Sie Ihren Zeigefinger senkrecht vor die Nase und schließen abwechselnd Ihr linkes und rechtes Auge. Die Position Ihres Fingers scheint sich gegenüber weiter entfernten Objekten zu verschieben: Das ist seine Parallaxe. Genauso scheinen sich relativ nahe Sterne durch den jährlichen Umlauf der **Erde** um die **Sonne** zu verschieben. Die Parallaxen von Sternen dienen zur Bestimmung ihrer Entfernung.

Parsec

Diese Entfernungseinheit wird normalerweise für Objekte weit jenseits des **Sonnensystems** verwendet. Ein

Parsec ist die Distanz, in der ein Objekt eine **Parallaxe** von einer Bogensekunde haben würde und entspricht ungefähr 31 Billionen Kilometern ($30,86 \times 10^{12}$ km) oder 3,26 Lichtjahren.

Cepheiden-Veränderliche

Der Zeitraum, in der ein **Cepheiden-Veränderlicher** heller, dunkler und wieder heller wird, hängt direkt mit seiner mittleren Helligkeit zusammen: je länger die Periode, desto heller der Stern. Da die Periode des Sterns leicht zu beobachten ist, lässt sich daraus seine **absolute Helligkeit** ermitteln. Vergleicht man diese mit der Helligkeit, die der Stern am Himmel hat, kann man die Entfernung berechnen.

Hubble-Gesetz

Das Hubble-Gesetz besagt, dass die Geschwindigkeit, mit der sich eine **Galaxie** entfernt, gleich ihrer Distanz mal der Expansionsrate des Universums ist. Benannt ist das Gesetz nach dem Astronomen **Edwin Hubble,** der es 1929 als Erster vorgeschlagen hat. Die Expansionsrate nennt man Hubble-Konstante. Die Suche nach dem genauen Wert der Hubble-Konstante war eine der Hauptaufgaben des Hubble-Space-Teleskops.

Supernovae des Typs Ia

Eine Supernova des Typs Ia ereignet sich, wenn ein **weißer Zwerg** genug Materie von seinem Begleitstern gesammelt hat, um einen nicht mehr aufhaltbaren Kollaps zu erleiden, der in einer **Supernova** endet. Da all diese weißen Zwerge bei der gleichen Massegrenze kollabieren sollten, müssen ihre Explosionen jeweils dieselbe Helligkeit haben. Supernovae des Typs Ia kann man daher dazu verwenden, um die Entfernung ihrer Muttergalaxie zu ermitteln. Je heller die Supernova ist, desto näher steht die **Galaxie.**

DIE EXPANSION DES UNIVERSUMS

Die Vorstellung, dass sich das All ausdehnt, geht auf Beobachtungen von **Edwin Hubble** in den 1920er Jahren zurück. Hubble war der Erste, der einzelne Sterne in **Galaxien** aufgelöst hat. Damit bewies er, dass die Galaxien außerhalb unseres **Milchstraßensystems** stehen mussten. Um mehr über ihre Zusammensetzung zu erfahren, nahm Hubble Spektren auf. Als er das Licht einer Galaxie in seine einzelnen Wellenlängen spaltete, stellte er fest, dass alle zum roten Ende des **Spektrums** verschoben waren. Das bedeutete, dass die Galaxien sich ständig von uns entfernten. Hubble entdeckte auch, dass die **Rotverschiebung** umso größer

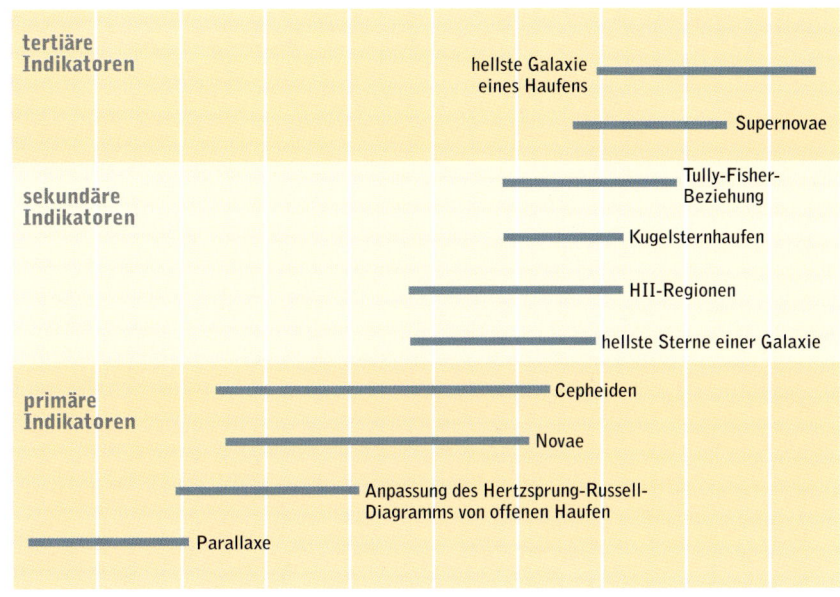

Entfernung in Parsec, Kiloparsec und Megaparsec

war, je weiter eine Galaxie weg lag. Alles entfernt sich von allem anderen. Hubble erkannte diesen Zusammenhang 1929, nachdem er die Spektren von mehr als 20 Galaxien ausgewertet hatte.

KOSMOLOGISCHE ANNAHMEN

Die Kosmologie ist die Wissenschaft von der Natur und Entwicklung des Universums. Wenn man überlegt, wie das Weltall entstanden sein könnte, muss man sich mit Annahmen behelfen, um die vorhandenen Wissenslücken zu füllen. Als Erstes nimmt man an, dass Materie im gesamten All gleichmäßig verteilt ist. Diese „Homogenität" genannte Vorstellung, scheint auf den ersten Blick nicht wahr zu sein. Ein kurzer Blick durch ein Fernglas oder **Teleskop** zeigt Materieklumpen in der Form von Sternen, **Planeten** und **Galaxien.** Aber diese Verteilung ist räumlich begrenzt und spielt sich auf kleinen Skalen ab. Auch wenn ein Planetensystem oder eine Galaxie sehr groß erscheinen, umfassen sie nur einen kleinen Ausschnitt der größeren Strukturen des Universums. Tatsächlich erscheinen diese Galaxien auf einer großräumigen **Skala** gleichmäßig im Raum verteilt zu sein. Dies bedeutet, dass wir einzelne Galaxien ignorieren können und uns die Materie als gleichmäßig im All verteilt vorstellen können.

Die zweite Annahme heißt Isotropie und besagt, dass das Universum in allen Richtungen gleich aussieht. Im kleinen Maßstab stimmt das wiederum nicht, da wir einzelne Galaxien und **Galaxienhaufen** sehen

Überlappende Indikatoren (eine kosmologische Entfernungsskala) dienen den Astronomen dazu, die Distanz zu einer Galaxie zu ermitteln. Die Entfernung naher Galaxien berechnet man beispielsweise anhand der Zeit, in der ein Cepheiden-Veränderlicher heller, dunkler und wieder heller wird. Für weiter entfernte Galaxien können Wissenschaftler die Helligkeit von Supernovae des Typs I abschätzen.

können. Aber auf großräumigen Skalen sehen wir in allen Richtungen dieselbe Zahl an Galaxien.

Als Nächstes müssen wir annehmen, dass die physikalischen Gesetze, die wir von der **Erde** kennen, überall im Weltall dieselben sind. Diese Annahme heißt Universalität. Je weiter draußen ein Objekt im All steht, desto weiter schaut man in die Zeit zurück. Das Licht eines fernen Objekts braucht Zeit, um die Erde zu erreichen, weshalb wir das Objekt nicht in Echtzeit sehen. Das Sonnenlicht benötigt etwas mehr als acht Minuten bis zur Erde. Die meisten Galaxien stehen Millionen **Lichtjahre** entfernt, weshalb ihr Licht uns erst in Millionen von Jahren erreicht. Wenn sich die physikalischen Gesetze im Lauf der Zeit veränderten, könnte man bei der Beobachtung dieser fernen Objekte sonderbare Effekte feststellen. Die Universalität ermöglicht es uns, mit Hilfe der uns bekannten physikalischen Gesetze das zu erklären, was wir sehen.

ENTFERNUNGSINDIKATOREN

Objekt	Methode der Entfernungsbestimmung	Grundlage für die Kalibrierung
nahe Sterne	trigonometrische Parallaxe	Radarmessungen der Astronomischen Einheit (AE)
offene Sternhaufen	Anpassung an die Hauptreihe	trigonometrische Parallaxe, Bewegungshaufen
A- bis M-Sterne	spektroskopische Parallaxe	trigonometrische Parallaxe, Farben-Helligkeits-Diagramm galaktischer Sternhaufen
O- und B-Sterne	spektroskopische Parallaxe	Farben-Helligkeits-Diagramm galaktischer Sternhaufen, statistische Parallaxen
Überriesen	spektroskopische Parallaxe	Farben-Helligkeits-Diagramm galaktischer Sternhaufen
RR-Lyrae-Sterne	Periode aus der Lichtkurve	statistische Parallaxen, Kugelsternhaufen
klassische Cepheiden	Perioden-Leuchtkraft-Beziehung	statistische Parallaxen, Farben-Helligkeits-Diagramm galaktischer Sternhaufen
W-Virginis-Sterne (Typ-II-Cepheiden)	Perioden-Leuchtkraft-Beziehung	statistische Parallaxen, Farben-Helligkeits-Diagramm galaktischer Sternhaufen
Kugelsternhaufen	Gesamthelligkeit	RR-Lyrae-Sterne, Farben-Helligkeits-Diagramm
Novae	Maximalhelligkeit	Expansionsrate der Hülle
Regionen ionisierten Wasserstoffs	Winkelausdehnung	nahe Galaxien
Supernovae	Maximalhelligkeit	nahe Galaxien
hellste Galaxien in einem Galaxienhaufen	Gesamthelligkeit	nahe Galaxien
Galaxien	Hubble-Konstante und Rotverschiebung	Rotverschiebungen der benachbarten Galaxienhaufen

Schließlich ergibt sich aus der Annahme der Homogenität und Isotropie das kosmologische Prinzip. Diese grundlegende Regel besagt, dass Beobachter in anderen Galaxien genau dieselben Dinge sehen wie wir. Veränderungen im Lauf der Zeit durch die Entwicklung einer Galaxie oder eines Sterns sind im kosmologischen Prinzip nicht berücksichtigt. Da das Universum expandiert, würden Beobachter in anderen Galaxien zu einer anderen Zeit diese Objekte in einer anderen Entwicklungsstufe sehen. Beobachter, die zu verschiedenen Zeiten leben, müssten diese Differenzen korrigieren.

RAUMZEIT

Wir leben in drei Raumdimensionen: oben-unten, links-rechts, vorne-hinten. 1915 schlug **Einstein** vor, die Zeit als vierte Dimension aufzufassen: Während man sich durch die drei Raumdimensionen bewegt, bewegt man sich auch durch die Zeit. Aus dieser Vorstellung leitet sich das vierdimensionale Kontinuum ab, das Raumzeit heißt.

Einstein zeigte, dass die Masse die Struktur der Raumzeit krümmt. Es ist einfacher, sich dieses Prinzip in zwei Raumdimensionen vorzustellen. Stellen Sie sich die Raumzeit als ein riesiges Gummituch vor, das über einen Rahmen gespannt ist. Legen Sie dann eine Bowlingkugel auf das Tuch. Unter diesem Gewicht „krümmt" sich das Tuch, indem es sich nach unten ausdehnt. In dieser Weise krümmt sich auch die Raumzeit in der Umgebung eines massereichen Objekts, etwa eines Sterns, **schwarzen Lochs** oder einer **Galaxie.** Je größer die Masse, desto stärker verzerrt sich die Raumzeit.

URKNALLTHEORIE

Die Urknalltheorie wird häufig als das endgültige Modell für die Entstehung des Universums dargestellt. In Wahrheit ist der Urknall eine Annahme, die auf wissenschaftlichen Beobachtungen des Alls beruht. Es handelt sich um eine unzureichende Theorie, deren vollständige Erklärung noch aussteht. In Wirklichkeit geht der Begriff Urknall auf eine sarkastische Bemerkung des britischen Astronomen und Mathematikers Fred Hoyle in den 1950er Jahren zurück. Auf diese Weise drückte er seine Zweifel an der Theorie aus.

Den Ursprung des Urknalls stellt man sich als Singularität vor. Singularitäten sind theoretische Punkte im All, in denen Dichte, Gravitationskraft und Krümmung der **Raumzeit** unendlich sind. Die Gravitations-

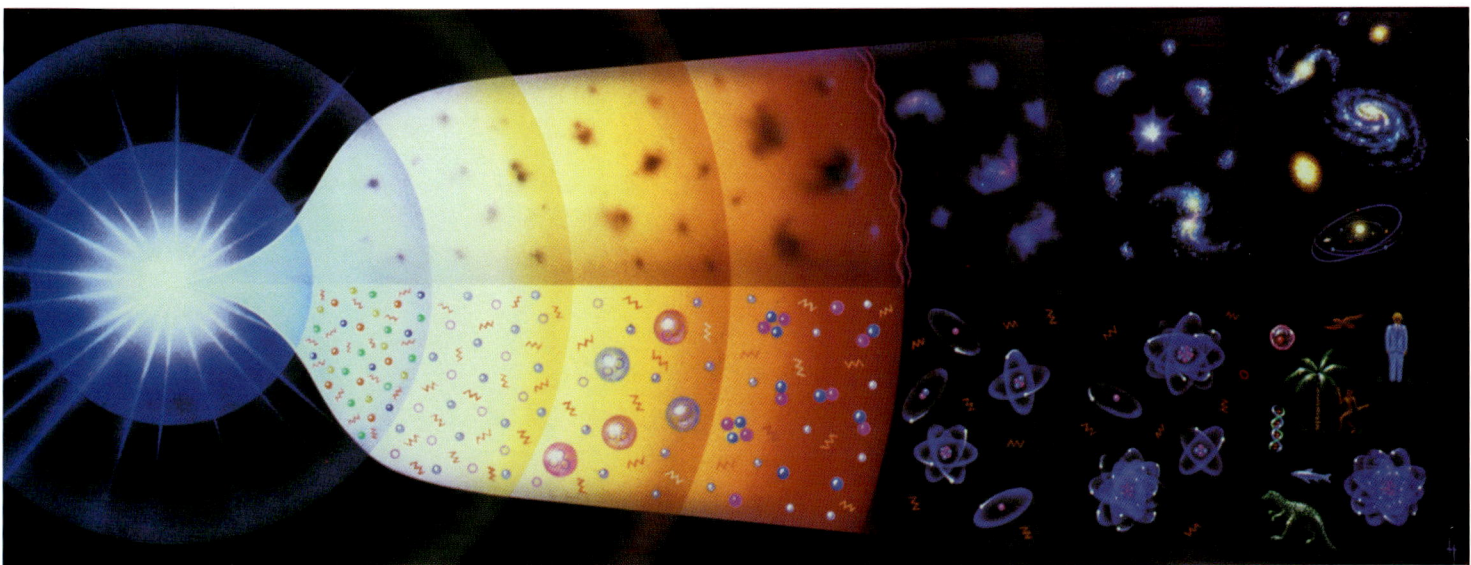

kraft in einer Singularität ist so groß, dass die Struktur der Raumzeit in sich selbst gekrümmt ist, weshalb Singularitäten keine Ausdehnung haben. Es handelt sich um ein komplexes, theoretisches Gebilde, dessen Verhalten am besten mathematisch beschrieben wird.

Auch wenn Singularitäten theoretischer Natur sind, deuten Beobachtungen auf ihre Existenz. So gilt Singularität beispielsweise als treibende Kraft im Zentrum eines **schwarzen Lochs.**

Da wir die Physik im Innern einer Singularität nicht verstehen, rekonstruieren Kosmologen die Geschichte des Universums nicht vom Zeitpunkt null aus, sondern grübeln über sein Aussehen einige Zehnmillionstel Sekunden später. Zu diesem Zeitpunkt war das All von hochenergetischen Photonen bevölkert. Die Temperatur betrug mehr als eine Billion Kelvin, und die Dichte war mit der eines Atomkerns vergleichbar. Die Photonen waren Gammastrahlen mit sehr kurzen Wellenlängen und sehr hohen Energien.

Durch die Expansion des Alls wurden die Wellenlängen der Gammastrahlen länger, wodurch sich ihre Energie verringerte und das Universum abkühlte. Dieses Gebräu aus heißem Gas und Strahlung kühlte noch weiter ab, so dass sich weitere Elementarteilchen und schließlich Atomkerne bilden konnten. Protonen, Neutronen und Elektronen, die für die Struktur der Materie im All verantwortlich sind, entstanden in den ersten vier Sekunden nach dem Urknall. Nach ungefähr 30 Minuten kamen die Reaktionen der Elementarteilchen zum Erliegen. Rund ein Viertel der Masse des Universums war Helium, die restlichen 75 Prozent Wasserstoff. Dasselbe Verhältnis von Wasserstoff zu Helium haben heutzutage alte Sterne.

Während der ersten Million Jahre wurde das All von der Strahlung beherrscht. Ungefähr nach 300 000 Jahren hatte es sich weit genug abgekühlt, dass sich Kerne und Elektronen zu neutralen Atomen zusammenschließen konnten. Danach wurde das Universum durchsichtig, und die Strahlung konnte sich im gesamten Kosmos ausbreiten. Die Photonen aus dieser Zeit werden heute noch als kosmische Hintergrundstrahlung nachgewiesen.

Der Begriff Urknall und die Vorstellung, dass er aus einer Singularität hervorgegangen ist, führen dazu, dass man sich eine Explosion vorstellt, die im „Zentrum" des Alls oder „in seiner Nähe" stattgefunden hat und sich von dort dann in den Raum ausdehnt. Das ist falsch. Die Theorie betrifft das gesamte Universum. Es handelte sich um eine schnelle Expansion oder Inflation von Raum und Zeit, die bis heute andauert, da das All sich noch immer ausdehnt.

Man kann die Expansion auch mit dem Backen eines Rosinenbrots erklären, wobei der Teig die Raumzeit darstellt. Wenn der Teig aufgeht, scheinen sich alle Rosinen (**Galaxien**) in allen Richtungen voneinander zu entfernen.

Kosmische Hintergrundstrahlung

Die **Urknalltheorie** sagte das Zurückbleiben einer Hintergrundstrahlung des jungen Universums voraus, die noch heute nachweisbar sein sollte. 1965 suchten zwei Ingenieure der Bell Labs nach störenden Quellen bei der Satellitenkommunikation. Sie entdeckten ein konstantes Signal, das von jedem Punkt des Himmels bei der vorhergesagten Wellenlänge dieser Hintergrundstrahlung ausging. 1989 startete die **Nasa** den „COBE"-

Was geschah nach dem Urknall? Die Darstellung zeigt, was womöglich passiert ist. Zunächst konnten Elementarteilchen und Strahlung (ganz links) die hohen Temperaturen standhalten. Rund 300 000 Jahre später bildeten sich Atome (Mitte). Rund 500 Millionen Jahre nach dem Urknall zündeten in Sternen Kernfusionen und erzeugten schwere Elemente (ganz rechts), die Grundbausteine des Lebens.

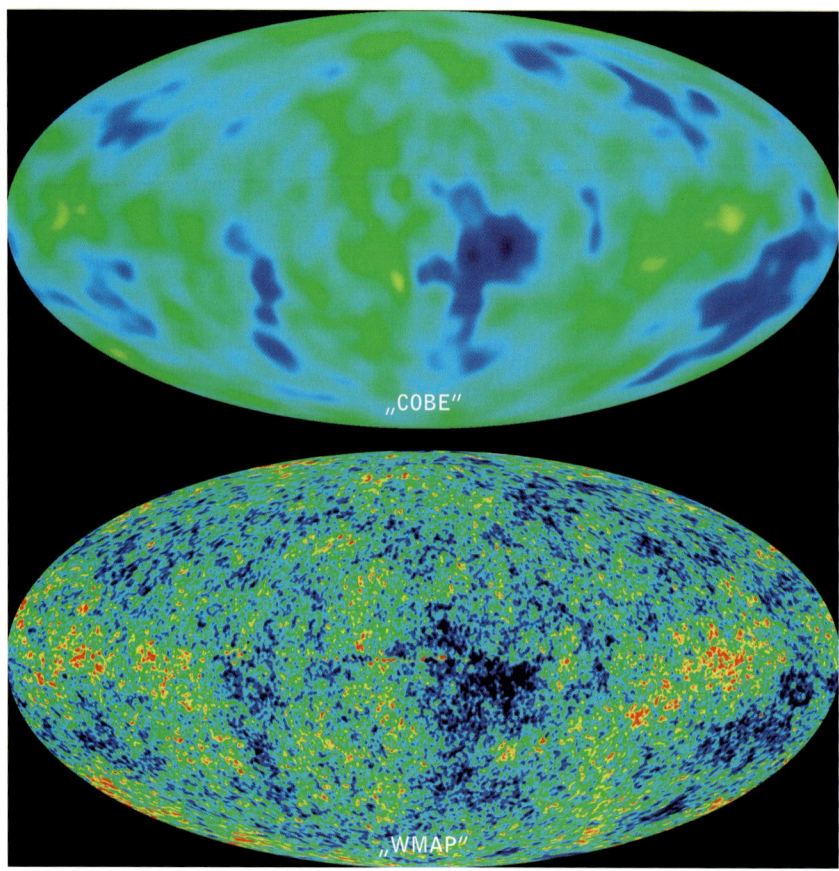

„COBE"

„WMAP"

Diese beiden Aufnahmen aus der Kinderzeit des Universums zeigen zugleich den technischen Fortschritt. Das Bild des „COBE"-Satelliten von 1992 stellt winzige Temperaturschwankungen farblich dar. Das 2003 von der „Wilkison Mikrowave Anisotrophy"-Sonde („WMAP") gelieferte Bild ist erheblich schärfer und detaillierter.

Satelliten (**„Cosmic Background Explorer"**, Erforscher des kosmischen Hintergrunds), um diese Strahlung am gesamten Himmel zu kartieren. Bis 1992 hatte „COBE" winzige Schwankungen in der Hintergrundstrahlung gefunden. Die Fluktuationen waren nicht größer als ein 30-Millionstel Grad oberhalb oder unterhalb der Durchschnittstemperatur. Diese Strukturen existierten zu der Zeit, als sich die ersten Galaxien bildeten.

Antimaterie

In der frühesten Phase des Universums hatten Gammaphotonen genügend Energie, um beim Zerfall ihre Energie in Teilchenpaare aus Materie und Antimaterie umzuwandeln. Antimaterieteilchen sind die Gegenstücke zu gewöhnlichen Teilchen. Gewöhnliche Elektronen sind negativ geladen. Antielektronen, die Positronen heißen, sind positiv geladene Elektronen mit entgegengesetztem Spin. Treffen sich ein gewöhnliches Teilchen und ein Antiteilchen, vernichten sie einander und verwandeln ihre Massen in Gammastrahlen.

Kosmische Strings

Kosmische Strings sind theoretisch vorhergesagte, fadenförmige Störungen der **Raumzeit.** Sie sind unendlich dünn, aber sehr massereich. Kosmische Strings können die Gestalt einer unendlichen Linie oder einer geschlossenen Schlinge annehmen. Diese Bereiche hoher Masse könnten die Entstehung von **Galaxien** begünstigt haben. Durch ihre große Masse und der daraus resultierenden großen Gravitationskraft könnten sie Materie aufgesammelt haben, aus der sich junge Galaxien bildeten.

DIE GEOMETRIE DER RAUMZEIT

Aus Einsteins Allgemeiner Relativitätstheorie folgt, dass die Masse die Raumzeit krümmen kann. Wir nehmen diese Krümmung als Gravitation wahr. Einsteins Theorie sagt voraus, dass das gesamte Universum gekrümmt ist und dass sich die geometrische Form der Raumzeit direkt auf das Schicksal des Alls auswirkt.

Es gibt drei mögliche geometrische Formen des Universums. Die erste hat eine positive Krümmung und heißt geschlossenes Universum. Diese Struktur würde kugelförmig aussehen und ein endliches Volumen ohne Grenzen haben. Man könnte sich entlang einer geraden Linie bewegen und würde schließlich wieder den Anfangspunkt erreichen, weil das geschlossene Universum endlich ist. Wenn das All geschlossen ist und es genug Masse enthält, kommt die Expansion schließlich zum Erliegen. Dann würde wegen der Gravitation eine Kontraktion einsetzen, die letztlich zu einer Singularität zusammenschrumpft. Diesen Vorgang nennt man *Big Crunch* („Großes Knirschen"; das Gegenstück zum **Urknall).** Manche Forscher spekulieren, dass sich Expansion und Kontraktion abwechseln (*Big Bounce* oder „Urschwung" genannt).

Die zweite mögliche geometrische Form des Universums hat eine negative Krümmung. Dies entspricht einem offenen Universum mit einer Sattelform. Es wäre unendlich und die Gravitation zu schwach, um die Expansion aufzuhalten.

Die letzte geometrische Form ist ein flaches Universum, das die Krümmung null hat. Auch in diesem Fall wäre das All unendlich. Die Expansion würde für immer weitergehen, aber sie wäre etwas langsamer als bei einem offenen Universum.

GRAVITATIONSWELLEN

In seiner Allgemeinen Relativitätstheorie sagte **Einstein** voraus, dass die Gravitation extrem schwache, wellenähnliche Störungen der **Raumzeit** mit Lichtgeschwindigkeit abgibt, die Gravitationswellen heißen. Sie wellen die Raumzeitstruktur und entstehen, wenn eine Masse beschleunigt wird oder wenn sie hin und her schwingt. Gravitationswellen gehören zu den schwächsten Einflüssen der Natur und wurden bislang nicht direkt beobachtet. Ohnehin könnten wohl nur jene, die von sehr massereichen Objekten erzeugt werden, entdeckt werden. Zu den wahrscheinlichsten Quellen von Gravitationswellen gehören nahe Doppelsterne, in denen es massereiche **Neutronensterne** oder **schwarze Löcher** gibt.

GROSSE VEREINHEITLICHTE THEORIE

Zu den vier Grundkräften der Natur gehören die Kraft, die Atomkerne zusammenhält (starke Kernkraft), die Kraft, die Atome zusammenhält (elektromagnetische Kraft), die Kraft, die den radioaktiven Zerfall steuert (schwache Kernkraft), und die Gravitation. Die Große Vereinheitlichte Theorie versucht die ersten drei der vier Kräfte zusammenzuführen.

1873 veröffentlichte James Clerk Maxwell in seiner „Abhandlung über Elektrizität und Magnetismus", dass beiden Phänomen dieselbe Kraft zu Grunde liege. 1967 prognostizierte die Theorie von Weinberg, Salam und Glashow, dass sich die schwache Kernkraft und die elektromagnetische Kraft bei hohen Energien zu einer elektroschwachen Kraft vereinen. 1983 wurde sie durch die Beobachtung von massereichen Elementarteilchen namens W- und Z-Bosonen bestätigt. Heute grübeln die Theoretiker darüber, ob die elektroschwache Kraft und die starke Kernkraft bei noch höheren Energien in der frühen Phase des Universums in einer Kraft vereint gewesen sein könnten.

DAS ALTER DES UNIVERSUMS

Das Alter des Universums lässt sich anhand der chemischen Elemente, dem Alter der ältesten Sternhaufen, dem Alter der ältesten **weißen Zwerge** und der Expansionsrate des Alls abschätzen.

Um die Untergrenze für das Alter des Universums zu ermitteln, untersucht man die ältesten Kugelsternhaufen. Daraus folgt ein Alter zwischen 13 und 14 Milliarden Jahren für den ältesten **Kugelhaufen.** Da es aber schwierig ist, die genaue Entfernung von Kugelsternhaufen zu bestimmen, lassen sich ihre Leuchtkraft und ihr genaues Alter nur schwer ermitteln.

Schätzungen für die obere Altersgrenze beruhen auf der Expansionsrate des Universums, der Hubble-Konstante. Die Rechnung ist einfach: Wir kennen die **Rotverschiebung** einer **Galaxie** und können daraus ihre Geschwindigkeit bestimmen. Dann müssen wir nur noch ihre Entfernung durch die Geschwindigkeit dividieren, um herauszufinden, wie lange das Universum schon expandiert. Aus dieser Methode ergibt sich ein Alter von rund 15 Milliarden Jahren.

Im März 2004 veröffentlichte das Hubble Space Telescope Science Institute Bilder der fernsten bekannten Galaxien. Die „Hubble Ultra Deep Field" (etwa „Hubbles besonders tief reichendes Feld") genannte Aufnahme zeigt Galaxien rund 400 Millionen Jahre nach dem **Urknall.** Solche Bilder könnten dazu beitragen, das Alter des Alls noch genauer zu bestimmen.

DAS BESCHLEUNIGTE UNIVERSUM

In den ersten Momenten nach der Geburt unseres Universums dehnte sich die **Raumzeitstruktur** exponenziell aus. Innerhalb des Bruchteils einer Sekunde wuchs

Lange vor der Erde und der Sonne dürften sich die ersten Sterne im All in ein himmlisches Feuerwerk verwandelt haben – hier eine künstlerische Darstellung. Beobachtungen mit dem Hubble-Space-Teleskop deuten darauf hin, dass die meisten Sterne des Universums in einem gewaltigen Feuersturm entstanden sind, der sich nur ein paar hundert Millionen Jahre nach dem Urknall ereignet hat.

das All um den Faktor 10^{50} (eine Eins mit 50 Nullen).

Später fing die Gravitationskraft an, die Expansion abzubremsen. Wegen all der sichtbaren und **dunklen Materie** im Universum könnte man annehmen, dass die Gravitation noch immer auf der Bremse steht.

Mitte der 1990er Jahre machten sich zwei getrennte Forschergruppen (das Supernova-Kosmologie-Projekt und Supernova-mit-hohem-Z-Suchteam) daran, diese Verlangsamung infolge der Gravitation zu bestimmen. Beide Gruppen nutzten sehr weit entfernte **Supernovae des Typs Ia,** um die Expansionsrate zu messen. Was sie

DIE HANDSCHRIFT DES URKNALLS

Robert W. Wilson

IN DER WISSENSCHAFT WIE IM LEBEN SIND DIE MENSCHEN, DIE ÜBER EINE ENTdeckung stolpern, nicht immer die Menschen, die nach ihr gesucht haben. Das erklärt vielleicht auch, warum ausgerechnet zwei Forscher, die für eine Telefonfirma arbeiteten, die ersten eindeutigen Hinweise auf den Urknall gefunden haben. Arno Penzias und ich hatten uns zusammengeschlossen, um die Sechs-Meter-Hornantenne der Bell Labs gemeinsam für astronomische Beobachtungen

zu nutzen. Dank seiner Ausrüstung mit elektronischen Verstärkern, vor allem dem Rubinmaser, war der Reflektor möglicherweise das empfindlichste Gerät der Welt. Sein gut abgeschirmtes Design machte ihn auch zu einer der Antennen mit dem besten Signal-zu-Rausch-Verhältnis. Sie konnte feine Unterschiede in der Strahlung von Radioquellen ausmachen.

Arno war bereits seit längerem dabei, diese Ausrüstung für astronomische Messungen vorzubereiten, als ich bei Bell Labs anfing. Er wusste, dass der erste Schritt in der Eichung der Temperaturskala des Empfängers bestand. Diese Aufgabe übertrieb er fast schon! Er baute eine so genannte Kaltlast, eine sehr kalte, rauscharme Eichquelle. Dabei handelte es sich um eine zylindrische Anordnung aus Wellenleitern, Gasleitblechen, Vorkühlern auf Stickstoffbasis sowie Behälter und Absorber mit gasförmigem und flüssigem Helium. All das wurde in ein „Dewar" gepackt, was einer hocheffizienten Thermosflasche entspricht. Wir schütteten rund 25 Liter flüssiges Helium hinein und berechneten die Strahlungstemperatur an der Oberkante auf circa fünf Kelvin (-268 Grad Celsius.)

Während Arno sich um die Vorbereitungen für die Kaltlast kümmerte, baute ich unser Radiometer auf, ein sehr empfindliches elektronisches Thermometer. Radioteleskope messen die Temperatur einer Radioquelle. Der Himmel hat eine Temperatur, wie auch der Mond und alle anderen Dinge, die Wärme in sich tragen, eine Temperatur haben, selbst wenn wir diese Wärme als „kalt" beschreiben würden. Das Radiospektrum ist einfach die Fortsetzung des sichtbaren Spektrums, das wir kennen. Wissenschaftler unterteilen das elektromagnetische Spektrum in hochenergetische Gamma- und Röntgenstrahlen am einen Ende, in den schmalen Keil des sichtbaren Lichts in der Mitte und in den Mikro- und Radiowellenbereich, der bis zum energiearmen Ende des Spektrums reicht. Jeder physikalische Körper im All, der irgendeine Temperatur hat, strahlt über dieses gesamte Spektrum etwas Energie ab. Die kühlsten Objekte sind im niederenergetischen Bereich „am hellsten", also im Mikro- und Radiowellenbereich. Radioastronomen und Telekommunikationsingenieure bezeichnen diese Wärmequellen als Rauschen, weil sie nicht kohärent sind und Schwankungen auslösen (wie etwa „Schnee" im Fernseher), selbst wenn ihr Durchschnittswert herausgerechnet wird. Unsere Aufgabe bestand darin, alle Rauschquellen zu erfassen, damit wir ihren Mittelwert von unseren Messungen des Antennenhorns abziehen konnten. Dies würde die Temperatur des Alls jenseits der Erdatmosphäre liefern.

Es gab zahlreiche Hinweise, dass viele Quellen der Radiostrahlung bislang nicht berücksichtigt worden waren. Nach dem Bau des Sechs-Meter-Horns und seines Einsatzes für den Echo-Satelliten hatte Ed Ohm, der als sehr sorgfältiger Experimentator galt, alle Komponenten des Systems zusammengerechnet und diese Zahl mit dem gemessenen Gesamtbetrag verglichen. Er hatte eine Gesamttemperatur von 18,9 Kelvin vorhergesagt, maß aber immer wieder 22,2 Kelvin: 3,3 Kelvin mehr als erwartet. Da dies innerhalb der Fehlerschranken seiner Ausrüstung lag, hielt er die Abweichung für unwesentlich.

Wir montierten die heliumgekühlte Referenzquelle am Sechs-Meter-Reflektor und brachten alles zum Laufen. Ich erinnere mich dunkel daran, dass

Arno und mir klar war, dass wir entweder glücklich mit dem Ergebnis sein würden oder enttäuscht. Die Messungen der Temperatur der Referenzquelle mit der Antenne würden entweder innerhalb eines für uns akzeptablen Rahmens liegen – auf der Grundlage unserer Berechnungen des „Rauschens", das sie ebenfalls registrierte – oder nicht.

Unsere ersten Beobachtungen waren enttäuschend. Wir hatten gehofft, dass sich die Unterschiede durch die bekannten Einschränkungen unserer Ausstattung erklären ließen. Unsere Beobachtungsmethode, die auf einem von Robert Dicke entwickelten Verfahren beruhte, bestand darin, die Temperatur der Antenne mit der der Kaltlast zu vergleichen. Richtete man die Antenne senkrecht nach oben, betrug die Strahlungstemperatur ungefähr 7,5 Kelvin. Stattdessen hatten wir mit 2,3 Kelvin vom Himmel gerechnet und vielleicht mit 1 Kelvin durch die Absorption in den Antennenwänden. Nun beobachteten wir etwas, das deutlich höher als dieser Wert lag. Der abgelesene Messwert für die Antenne war heißer als das Helium der Kaltlast, dabei sollte er eigentlich kälter sein. Das Problem lag entweder in der Antenne oder außerhalb von ihr.

Wir mussten erst diesem Rätsel auf den Grund gehen, bevor wir ein Experiment durchführen konnten, das mir seit meiner Studienzeit am California Institute of Technology vorschwebte: herauszufinden, ob die Galaxis von einem strahlenden Halo umgeben ist. Arnos umgehende Reaktion war: «Ich habe eine ziemlich gute Kaltlast gebaut, zumal Mängel den entgegengesetzten Effekt zur Folge gehabt hätten.» Also suchten wir nach anderen Fehlerquellen.

Vielleicht lag es an der Erdatmosphäre.

Vielleicht lag es an der Stadt New York.

Vielleicht lag es an der Milchstraße.

Vielleicht lag es an den Tauben.

Vielleicht lag es an den Van-Allen-Strahlengürteln.

Wir kämpften rund ein Jahr mit dem Problem, in dem wir unser System kennen lernten und eine genaue Messung der kosmischen Radioquelle von Cassiopeiae A durchführten. Wenn wir das System nicht bei unserer ersten Frequenz von vier Gigahertz verstehen konnten, bei der der galaktische Halo sehr schwach sein sollte, gab es keine Hoffnung, ihn bei 1,4 Gigahertz zu messen, wo wir ihn nachweisen wollten.

Wir zerbrachen uns den Kopf darüber, was wir tun sollten, bis eines Tages Arno während eines Telefonats mit Bernie Burke beiläufig unsere Ergebnisse erwähnte. Burke erzählte Arno, dass eine Arbeitsgruppe in Princeton an etwas forsche, das unsere Beobach-

tung erklären könne. Robert Dicke, der Leiter der Physikergruppe, hatte eine faszinierende Vorhersage gemacht. Er hatte früher ein Empfangsgerät für die Mikrowellenstrahlung entwickelt und befasste sich nun mit Kosmologie. Dicke schlug vor, dass wenn wir in einem oszillierenden Universum lebten – eines, das sich ausdehnt und sich zu einem weiteren superheißen Urknall zusammenzieht –, es sich bei jedem Urknall von allen schweren Elementen befreie und diesen Zyklus bis in alle Ewigkeit fortführe. Folglich würde das All während jedes Durchlaufs schließlich einen Zustand des thermischen Gleichgewichts erreichen. Die Ausdehnungsrate des Universums und sein anschließendes Abkühlen würden dazu führen, dass das thermische Spektrum rotverschoben wird: von den höchsten Gammastrahlenenergien bis zum anderen Ende des Spektrums, in den Mikro- und Radiowel-

Arno Penzias (links) und Robert W. Wilson vor der hornförmigen Antenne der Bell Labs in Holmdel, New Jersey. Mit ihr entdeckten sie 1964 per Zufall die Überreste der kosmischen Mikrowellenhintergrundstrahlung. Damit bestätigten sie die Theorie vom Urknall.

lenbereich. Obwohl diese „Rötung" das Spektrum dehnen würde, sollte es noch immer wie ein Wärmespektrum aussehen.

Dicke erkannte, dass diese Strahlung im Mikrowellenbereich nachweisbar sein könnte. Durch seine Erfahrung mit Radiometern wusste er, dass die übrig gebliebene Wärmestrahlung des Urknalls etwas war, das möglicherweise einen ungeheuren Beitrag zur Astronomie leisten würde. Dieses Wissen lieferte Dickes Doktoranden einen überzeugenden Grund, ein empfindliches Radiometer zu bauen. Daran arbeiteten sie noch 1964, als wir mit unserer eigenen Radioausrüstung kämpften. Es hat weitere Vorhersagen der thermischen Handschrift des Urknalls gegeben und sogar einige unklare astronomische Messungen, aber sie waren uns und Dickes Gruppe unbekannt.

Arno rief Dicke an. Dies führte zu gegenseitigen Besuchen und schließlich zur Erkenntnis: Wir hatten die verräterische Strahlung des Urknalls entdeckt. ■

fanden, war verblüffend. Die Supernovae scheinen weiter entfernt zu sein, als sie sein sollten. Das All wird also nicht langsamer, sondern schneller.

Dunkle Materie und dunkle Energie

Jüngste Beobachtungen mit dem **Hubble-Space-Teleskop** haben ergeben, dass der Großteil des Universums aus dunkler Energie besteht: rund 70 Prozent. Die sichtbare Materie und die **dunkle Materie** machen weniger als 30 Prozent aus.

Die Natur der dunklen Energie entscheidet über das Schicksal des Universums. Wenn die dunkle Energie stabil ist, wird das All sich immer weiter ausdehnen und seine Ausdehnung beschleunigen. Ist die dunkle Energie instabil, könnte das All schließlich auseinander fallen. In dem *Big Rip* („großes Zerreißen") genannten

Gibt es Leben auf anderen Planeten? Um der Antwort auf diese Frage näher zu kommen, analysierte Stanley Miller die Vorgänge, die auf der Erde zum Leben geführt haben könnten. In einem geschlossenen Behälter mischten Miller und ein Kollege Materialien, die in der frühen Atmosphäre der Erde vorhanden waren. In der resultierenden „Suppe" entstanden die Bausteine der DNS.

Weltuntergangsszenarium kommt es zu einer so hohen Beschleunigung, dass die **Raumzeitstruktur** und selbst Atome auseinander gerissen werden. Wenn umgekehrt die dunkle Energie veränderlich ist, kann sie nach und nach zu einer Abbremsung führen und sich schließlich in eine anziehende Kraft verwandeln. Sie würde das Universum dann zu einer Implosion zusammenziehen, dem *Big Crunch* („großes Knirschen").

LEBEN IM UNIVERSUM

Die Suche nach möglichem Leben im All nennt man Exobiologie, Astrobiologie oder Bioastronomie. Forscher, die sich mit dieser Frage beschäftigen, untersuchen die Bedingungen auf erdähnlichen Planeten wie **Mars** oder auf dem **Jupitermond** Europa.

1953 versuchten Stanley Miller und Harold Urey, die Bedingungen experimentell zu reproduzieren, unter denen das Leben entstanden sein könnte. In einem geschlossenen Glasbehälter ließen sie die Gase der ursprünglichen Erdatmosphäre (Wasserstoff, Ammoniak und Methan) durch Wasser zirkulieren, das die Meere darstellte. Blitze wurden mit Hilfe von elektrischen Entladungen simuliert.

Nach einer Woche analysierten Miller und Urey den Inhalt der Glaskolben. Sie fanden eine Ursuppe mit Fettsäuren, Harnstoff und vier Aminosäuren – den Bausteinen der Erbsubstanz DNS. Aminosäuren können sich miteinander zu einfachen Proteinen verbinden. Das Experiment wurde auch mit heißem Siliziumdioxid und ultravioletter Strahlung durchgeführt. Das Siliziumdioxid simulierte heiße Lava, die ins Meer läuft, das UV-Licht die **Sonnenstrahlung** auf einer **Erde,** deren Schutz durch die Atmosphäre damals sehr gering war. Diese Experimente lieferten die gleichen Ergebnisse wie das erste Experiment.

In den 1960er Jahren versuchte der Astronom Frank Drake, Signale von Außerirdischen mit der 26-Meter-Antenne in Green Bank aufzufangen. Das nach dem „Zauberer von Oz" benannte „Projekt Ozma" war nicht erfolgreich und wurde nach ein paar Monaten wieder eingestellt.

In jüngerer Zeit untersuchte das Microwave Observing Program (Mikrowellenbeobachtungsprogramm) der Nasa rund 1000 nahe gelegene Sterne mit speziell konstruierten Empfangsgeräten. Sie werden in Verbindung mit Radioteleskopen in Arecibo, Parkes und Green Bank eingesetzt. Die hochempfindliche Ausrüstung teilt die Frequenzen auf zwei Milliarden Kanäle auf, von denen jeder ein Hertz breit ist. Eine Software sucht dann jeden Kanal nach Mustern ab, bei denen es sich möglicherweise um Signale intelligenten Lebens handeln könnte.

SETI-Institut

Das Institut für die Suche nach außerirdischer Intelligenz (Search für Extraterrestrial Intelligence, SETI) wurde 1984 gegründet. Es ist eine private, nicht kommerzielle wissenschaftliche Forschungs- und Ausbildungseinrichtung, die sich mit der Verbreitung des Lebens im Universum beschäftigt.

Die Projekte des Instituts umfassen Astronomie und Planetenwissenschaften ebenso wie die chemische und biologische Evolution, den Ursprung des Lebens, die kulturelle Entwicklung und natürlich die Suche nach außerirdischen Intelligenzen.

Fernrohre

FERNROHR

Obwohl die Ägypter bereits um 3000 v. Chr. Glas hergestellt haben und die Griechen um 300 v. Chr. die Grundlagen der Brechung und Reflexion kannten, wurde das Fernrohr erst viel später erfunden. Der holländische Brillenglasmacher Hans Lippershey (1570–1619) beantragte 1608 ein Patent für sein Fernglas. Es ließ ferne Objekte näher erscheinen und war der erste gut dokumentierte **Refraktor.**

Die ersten Teleskope waren nicht besonders effektiv und verzerrten die Objekte, die man betrachten wollte. Einer der Fehler hängt mit der Farbe eines Objekts zusammen und heißt chromatische Aberration. Langwelliges, rotes Licht wird nicht so stark gebrochen wie kurzwelliges, blaues. Wenn Licht aus verschiedenen Wellenlängen (weißes Licht) auf eine **Linse** fällt, gelangt jede einzelne Wellenlänge in verschiedenen Abständen hinter der Linse in einen Brennpunkt. Dadurch erscheint das Objekt unscharf und hat einen Farbsaum.

Der römische Mathematiker Niccolò Zucchi (1586–1670) schlug einen Spiegel anstelle einer Linse vor, um Licht zu fokussieren. 1616 entwickelte er das erste **Spiegelteleskop (Reflektor)**, dessen Leistung allerdings nicht überzeugte. Auch **Johannes Kepler,** Robert Hooke und René Descartes versuchten, funktionierende Instrumente zu bauen. Aber erst **Sir Isaac Newton** gelang es, ein Spiegelteleskop zu entwickeln, das einsetzbar war (1668).

Der dritte Fernrohrtyp ist ein katadioptrisches System. Es vereint die Eigenschaften von Refraktoren und Reflektoren. Katadioptrische Fernrohre besitzen eine große Linse beziehungsweise Korrektorplatte am vorderen Ende des Instruments. Das Licht läuft durch diese Korrektorplatte hindurch und fällt auf einen Hauptspiegel am Ende des Rohrs. Der Hauptspiegel wirft das Licht zurück an das vordere Ende des Teleskops, wo es auf einen gewölbten Sekundärspiegel fokussiert wird. Dieser wirft das Licht wieder zurück ans Ende des Fernrohrs und durch ein Loch im Hauptspiegel aus dem Rohr heraus ins Okular.

Das Lichtsammelvermögen eines Teleskops hängt von seiner Öffnung ab (dem Durchmesser der Frontlinse oder des Hauptspiegels). Je größer die Öffnung, desto lichtschwächere Objekte werden sichtbar. Die Brennweite ist die Distanz von der Linse oder dem Spiegel bis zu der Stelle, an der die aufeinander zulaufenden Lichtstrahlen sich in einem Punkt vereinen. Große katadioptrische Fernrohre sind transportabler und leichter zu bedienen als große Spiegel- oder Linsenteleskope, da katadioptrische Geräte zwar die lange Brennweite eines großen Spiegels besitzen, aber eben ein kompaktes Rohr. Das macht diese Instrumente zu einer guten Wahl für Hobbyastronomen; der gängigste Typ ist das Schmidt-Cassegrain-Fernrohr.

REFRAKTOR

Ein Refraktor besteht aus einer Reihe von **Linsen,** die das Licht brechen und im Brennpunkt vereinen, wo das Bild entsteht. Die meisten Menschen, die sich ein Fernrohr vorstellen, denken an das lange, dünne Rohr eines Refraktors – den Typ, den **Galileo Galilei** 1609 erstmals verwendet hat. Es ließ Gegenstände rund 30-mal näher erscheinen als mit dem bloßen Auge.

Der einfachste Refraktor besteht aus zwei Linsen: dem Objektiv und dem Okular. Aber die meisten Refraktoren haben mehrere Linsen. Das Objektiv sitzt an einem Ende des Rohrs und bestimmt das Lichtsammelvermögen des Geräts. Je größer das Objektiv, desto mehr Licht kann es sammeln. Das Okular sitzt am anderen Ende des Rohrs und zeigt ein vergrößertes Bild des Objekts im Brennpunkt. Das Objektiv besteht meist aus mehreren Linsen und hat eine lange Brennweite. Durch mehrere Linsen lassen sich verschiedene Wellenlängen des Lichts in einem Brennpunkt vereinen, was die chromatische Aberration verringert.

Der größte Refraktor der Welt, ein 102-Zentimeter-Fernrohr, steht im Yerkes-Observatorium in Williams Bay, Wisconsin. Er wurde 1897 installiert. 1948 entdeckte Gerard Peter Kuiper (1905–1973) dort den **Uranusmond Miranda** und 1949 den **Neptunmond** Nereide.

◾ Linsen

Es gibt zwei Grundformen von Linsen: lichtsammelnde und lichtstreuende. Sammellinsen nennt man auch konvexe Linsen. Sie sind in der Mitte dicker als am Rand und brechen Licht so, dass es sich in einem Brennpunkt vereint. Eine Lupe ist ein Beispiel für eine lichtsammelnde Linse.

Zerstreuungslinsen (auch konkav genannt) sind am Rand dicker als in der Mitte. Fällt Licht auf eine konkave Linse, wird es gestreut, die Lichtstrahlen laufen auseinander. Es sieht aus, als ob das Licht von einem

DER HALE-PRIMÄRFOKUSSPEKTROGRAF

David DeVorkin

ER WAR 40 JAHRE LANG EINES DER LEISTUNGSFÄHIGSTEN WERKZEUGE DER beobachtenden Kosmologie: der Primärfokusspektrograf des Fünf-Meter-Hale-Teleskops auf der Mount-Palomar-Sternwarte in Südkalifornien. Als dieser Spektrograf 1951 am Hale-Teleskop in Betrieb genommen wurde, bildeten beide ein unschlagbares Paar für die Untersuchung kosmologisch interessanter Fragen, weil sie die Spektren der am schwächsten leuchtenden

bekannten Galaxien aufnehmen konnten. Die auf diese Weise erstellten Spektrogramme machten es Astronomen möglich, die Expansionsrate des Universums mit einer bislang nicht erreichten Präzision zu messen.

Der Spektrograf musste in völliger Dunkelheit und Kälte bedient werden. Er war schwer genug, um nur langsam auf Temperaturschwankungen, etwa durch die Körperwärme Anwesender, zu reagieren. Das Licht des Palomar-Spiegels trat von unten in den Spektrografen ein und traf zunächst auf einen kleinen, polierten Spalt am Boden des schwarzen Metallgehäuses. Etwas Licht wurde von den Klemmbacken des Spalts zur Seite in ein Okular geworfen, mit dessen Hilfe der Astronom das Instrument richtig ausrichten konnte. Das durch den Spalt gehende Licht wurde von einem konkaven Spiegel reflektiert, der die Licht-

strahlen bündelte und auf ein Beugungsgitter warf. Dieses funktioniert wie ein Prisma. Es spaltet das Licht in sein Spektrum auf. Dieses wurde dann mit einer sehr lichtstarken „Schmidt-Kamera" fotografiert, die mit winzigen Fotoplatten aus Glas bestückt war.

Es dauerte viele Stunden, manchmal Nächte, um genug Licht für die Aufnahme eines Spektrums von den extrem schwach leuchtenden Galaxien zu sammeln. Das von der gesamten Fläche des Fünf-Meter-Spiegels gesammelte Licht mußte auf einer winzigen Fotoplatte in der Kamera fokussiert werden, die weniger als 2,5 Zentimeter groß war. Daraus resultierte ein Spektrum, das sogar noch kleiner war und nur ein Drittel dieser Größe hatte. In der Kamera sorgten Linsen aus Diamanten und Saphiren dafür, dass das Spektrum über die gesamte Fläche scharf blieb.

Der Spektrograf ermöglichte die Entschlüsselung eines neuen Typs extragalaktischer Objekte. In den 1950er Jahren wurden die Radioteleskope immer empfindlicher und konnten einzelne Radioquellen unterscheiden. Dutzende, später hunderte von Radioquellen ließen sich aber mit optischen Mitteln nicht identifizieren. Dafür trat das Hale-Teleskop auf den Plan. Astronomen wie Maarten Schmidt und Jesse Greenstein stellten fest, dass die optisch sichtbaren Fleckchen, die anscheinend mit den Radiosignalen zusammenhingen, viel größere Radialgeschwindigkeiten beziehungsweise Rotverschiebungen hatten als eine gewöhnliche Galaxie. Die beiden entdeckten, was heute „quasistellare Radioquelle", kurz „Quasar", genannt wird. Inzwischen sind diese Quasare als extrem energiereiche (leuchtkräftige) Galaxientypen bekannt, die unsere Grundlagen für die Bestimmung der Hubble-Konstante enorm erweitert haben. ∎

Dieser Primärfokusspektrograf in Verbindung mit dem Hale-Teleskop lieferte die Hinweise, die Jesse Greenstein und Maarten Schmidt in den 1960er Jahren dabei halfen, die wahre Natur der Quasare zu ermitteln. Quasare sind extrem weit entfernte, sternähnliche Objekte, die riesige Energiemengen abgeben.

Punkt vor der Linse käme. Um die Bildfehler von optischen Instrumenten, etwa Teleskopen, zu verringern, verwenden die Entwickler mehrere Linsen mit unterschiedlichen Brechungseigenschaften. Einfache Refraktoren bestehen aus vier bis fünf einzelnen Linsen.

REFLEKTOR

Reflektoren sammeln und fokussieren das Licht mit Hilfe von Spiegeln anstelle von **Linsen.** 1668 präsentierte **Sir Isaac Newton** der Royal Society in London das erste funktionierende Spiegelteleskop. Bei Reflektoren vermeidet man die chromatische Aberration, weil das Licht nur reflektiert wird und nicht durch eine Linse hindurchgeht. Die ersten Spiegel bestanden aus poliertem Metall, später, Ende des 19. Jahrhunderts, aus einem Kupfer-Zinn-Gemisch. Der französische Physiker Jean Bernard Léon Foucault (1819–1868) baute den ersten Glasspiegel, der mit einer dünnen Silberschicht überzogen war. Heutige astronomische Spiegel bestehen aus Glas und einer dünnen Aluminiumschicht.

Der bei weitem gängigste Reflektortyp ist das Newton-Teleskop. Es enthält einen Parabolspiegel, der das einfallende Licht reflektiert und im Primärfokus bündelt. Ein kleinerer, elliptischer Planspiegel lenkt das Licht kurz vor dem Brennpunkt rechtwinklig durch ein Loch aus dem Fernrohr heraus. Dort ist das **Okular** befestigt, mit dem man das Bild vergrößert.

Im Lauf der Jahre wurde das Newton-Design erweitert. Das 1672 entwickelte Cassegrain-Teleskop besitzt einen großen Hauptspiegel mit einem Loch in der Mitte. Das einfallende Licht wird zur Frontseite des Fernrohrs zurückgeworfen und gebündelt. Dort trifft es auf einen konvexen Sekundärspiegel, der das Licht durch das Loch im Hauptspiegel hinter das Teleskop wirft, wo es auf das Okular trifft. 1930 führte Bernhard Woldemar Schmidt (1879–1935) einen Reflektortyp ein, der eine dünne Linse am Vorderende des Rohres besaß. Diese Korrektionsplatte beseitigt Abbildungsfehler der Spiegel.

OKULAR

Das Okular ist die Linse oder die Linsenkombination an dem Ende des **Teleskops,** das dem Beobachter zugewandt ist. Es vergrößert das vom Objektiv erzeugte Bild und verlagert es an die Stelle, an der es der Beobachter betrachtet. Es gibt viele verschiedene Okulartypen, die sich in der Anordnung ihrer Linsen unterscheiden.

Eine wichtige Eigenschaft eines Okulars ist seine Austrittspupille. Sie ist der Durchmesser des Lichtbündels, das das Okular verlässt und in das Auge des Beobachters fällt. Die Austrittspupille sollte kleiner sein als die Pupille des an die Dunkelheit adaptierten Beobachters. Ansonsten kann das Auge nicht das ganze Licht aufnehmen, das das Okular überträgt. Eine vollständig an die Dunkelheit adaptierte menschliche Pupille hat sieben Millimeter Durchmesser. Ihr Durchmesser sinkt mit zunehmendem Alter.

Die Austrittspupille berechnet sich, indem man die Brennweite des Okulars durch das Öffnungsverhältnis des Teleskops teilt. Das Öffnungsverhältnis ist die Brennweite des Fernrohrs geteilt durch seinen Objektivdurchmesser.

FERNROHRMONTIERUNG

Es gibt verschiedene Arten von Halterungen für Teleskope, die man Montierungen nennt. Sie müssen stabil sein, damit das Fernrohr nicht wackelt, und sie müssen die Erddrehung ausgleichen. Die meisten Aufnahmen mit einem Fernrohr erfordern eine sehr lange Belichtungszeit, weshalb jede Vibration oder Störung zu verwackelten Bildern führen würde.

Es gibt zwei Grundformen von Montierungen. Parallaktische Montierungen richten sich parallel zur Rotationsachse der Erde aus. Eine motorische Nachführung gleicht die Erdumdrehung aus und sorgt dafür, dass ein Teleskop lange auf ein Objekt ausgerichtet bleibt. Bei einer azimutalen Montierung liegt eine Achse senkrecht zum Horizont und die andere parallel zu ihm. Sie ist relativ billig und einfach zu bauen. Um aber die Erdrotation auszugleichen, müssen schnelle Computer ständig die beiden Achsen ansteuern, und ein Motor auf der optischen Achse muss die Gesichtsfeldrotation des Fernrohrs kompensieren.

ADAPTIVE OPTIK

Das Funkeln der Sterne ist die Folge von Turbulenzen in unserer **Atmosphäre.** Sie werfen das Licht der Sterne hin und her, weshalb es so aussieht, als ob sie flackerten. Große **Teleskope** vergrößern diese Bildverschlechterungen, so dass ein Stern wie ein verschwommener Fleck aussieht. Solche Störungen werden durch adaptive Optik ausgeglichen. Atmosphärische Turbulenzen erfasst man, indem man einen hellen Stern beobachtet oder indem man mit einem starken **Laser** einen künstlichen Stern erzeugt. Ein Sensor bestimmt dann, wie die Atmosphäre das eintreffende Licht verzerrt hat. Diese Information wird umgehend zur Auflagefläche des Spiegels geschickt, die kleine Korrekturen an der

Ein Techniker inspiziert einen riesigen Spiegel, der für einen Reflektor in Arizona gefertigt worden ist. Reflektoren sammeln und fokussieren Licht mit Hilfe von Spiegeln anstelle von Linsen. Dies beseitigt die so genannte chromatische Aberration, die das Bild unscharf macht und dem Objekt eine falsche Farbe verleiht.

Spiegelform vornimmt, um diesen Verzerrungen entgegenzuwirken. In jeder Sekunde erfolgen Hunderte von Korrekturen.

Der Begriff „adaptive Optik" darf nicht mit dem Begriff „aktive Optik" verwechselt werden. Die aktive Optik ist eine Technik, mit der sich die Form des Hauptspiegels kontrollieren lässt. Um das Gewicht eines Fernrohrs zu verringern, werden große Spiegel sehr dünn gemacht. Neigt sich ein solches Teleskop, um auf ein Objekt ausgerichtet zu werden, verformt die Schwerkraft die Spiegelgestalt. Bei einer aktiven Optik wird die Verbiegung des Spiegels mit einer computergestützten Spiegelunterlage ausgeglichen. Diese

Aktuatoren erlauben sehr genaue Korrekturen, da die Spiegelform ständig überwacht wird.

CCD *(Charge-coupled Device,* LADUNGSGEKOPPELTER STRAHLUNGSEMPFÄNGER)

CCDs sind in der Astronomie seit vielen Jahren verbreitete, kleine, elektronische bildgebende Geräte. Die lichtempfindliche Matrix der Siliziumchips kann noch sehr schwache Objekte erfassen. In den meisten der modernen Digitalkameras stecken kleinere, weniger empfindliche Versionen der größeren CCD-Chips.

Erdgebundene Sternwarten

ERDGEBUNDENE STERNWARTEN

Erdgebundene Sternwarten stehen meist auf sorgfältig ausgewählten Berggipfeln. Licht, das von fernen astronomischen Objekten zu uns gelangt, wird durch unsere Atmosphäre beeinträchtigt. Steht ein Observatorium in großer Höhe, umgeht man einen Teil der atmosphärischen Störungen. Die Luft dort ist dünner, durchsichtiger und auch ruhiger. Die Berggipfel zeichnen sich auch durch einen gleichmäßigen Luftstrom um den Berg aus. Dadurch ergeben sich relativ stabile Bedingungen für die Beobachtung. Observatorien auf der Erde arbeiten im sichtbaren Bereich und bei Radiowellenlängen. In sehr großen Höhen können Sternwarten auch einen Teil des infraroten **Spektrums** (kurze infrarote Wellenlängen) erfassen, aber die Atmosphäre blockiert den Großteil der Infrarot-, Röntgen-, Gamma- und Ultraviolettstrahlung.

MAUNA-KEA-OBSERVATORIUM

Das am höchsten gelegene Observatorium der Welt steht auf dem 4 205 Meter hohen Berg Mauna Kea, auf Big Island von Hawaii. Der Standort liegt oberhalb von 40 Prozent der **Erdatmosphäre** und lässt 97 Prozent des atmosphärischen Wasserdampfs unter sich. Dank dieser Bedingungen herrschen dort außergewöhnliche Durchsicht, Trockenheit und ruhige Luft. Extreme Trockenheit ist ideal für die **Infrarot**- und Submillimeterastronomie. Auf dem Gipfel stehen neun **Teleskope** für optische und Infrarotbeobachtungen sowie drei für die Submillimeterastronomie. Außerdem gibt es dort eine Radioantenne, die zum **Very Long Baseline Array** gehört.

W.-M.-Keck-Observatorium

Hoch oben auf dem Mauna Kea stehen die Zwillings-Keck-Teleskope, mit den beiden weltweit größten Spiegeln von Einzelfernrohren. Die Zehn-Meter-Spiegel bestehen aus 36 hexagonalen Segmenten, von denen jedes 1,8 Meter breit und 75 Millimeter dick ist. Unter jedem Segment liegen computergesteuerte Stempel, die für die präzise Oberflächenform des Spiegels sorgen. Korrekturen mit einer Genauigkeit von vier Nanometern (1 000-mal dünner als ein menschliches Haar) werden zweimal pro Sekunde vorgenommen. Diese Korrekturen gleichen die Verformung durch das Eigengewicht des Spiegels aus.

DIE OBSERVATORIEN VON LA SILLA UND PARANAL

Die Europäer betreiben in der nordchilenischen Atacama-Wüste eine der besten Sternwarten der Welt. Gegründet wurde sie auf dem Berg La Silla, wo heute

WICHTIGSTE STERNWARTEN DER VORTELESKOPISCHEN ÄRA

Name und Ort	Zeitraum d. Verwendung	Bedeutung für die Geschichte der astronomischen Beobachtung
Stonehenge, Salisbury Plain, England	~3000 bis 1500 v. Chr.	Die Briten des Neolithikums dürften diese Megalithanlage genutzt haben, um die Sonnen- und Mondbahn zu verfolgen. Daraus konnten sie den Sommer- und Winteranfang bestimmen.
El Caracol, Chichén Itzá, und Yucatán-Halbinsel, Mexiko	800 bis 1100	Mayas und Tolteken verfolgten die Venusaufgangszeiten von diesem Turm aus und justierten danach ihren Kalender.
Sternwarte Gaocheng, Nordchina	erbaut 1279	Der chinesische Astronom Guo Shoujing berechnete von hier aus – auf Geheiß des Mongolenfürsten Kublai Khan – die Jahreslänge mit einer Genauigkeit von 26 Sekunden.
Sternwarte Samarkand, Usbekistan	erbaut 1428	Ulugh Beg, der islamische Herrscher des Timuridenreichs, katalogisierte 1 018 Sterne und ihre Positionen.
Sternwarte Taqi al Din, Istanbul, Türkei	1577 bis 1580	Astronomen des Osmanischen Reichs dokumentierten Sterndurchgänge und die Struktur der Sternbilder.
Bighorn Medicine Wheel, Wyoming, USA	1600 bis 1800	Indianerstämme der Great Plains bestimmten das Datum des Sommeranfangs anhand der Auf- und Untergänge der Sonne und nach dem Auftauchen von Sternen wie Aldebaran, Rigel und Sirus am Horizont.
Sternwarte Jantar Mantar, Indien	erbaut 1724–35	Der Maharadscha Sawai Jai Singh II. errichtete fünf Sternwarten in Indien, um die Bewegungen der Sterne zu vermessen. Er baute auf Ulugh Begs Arbeiten auf.

Eines der beiden Keck-Teleskope schaut durch den offenen Kuppelspalt an den Nachthimmel. Die beiden Keck-Teleskope sind die größten Einzelfernrohre der Welt und stehen auf dem 4 205 Meter hohen Vulkan Mauna Kea auf Big Island, Hawaii. Die Spiegel der Kecks haben jeweils einen Durchmesser von zehn Metern. Sie sind aus hexagonalen Segmenten zusammengesetzt. Eine Computersteuerung sorgt dafür, dass sie ihre Oberflächengenauigkeit behalten.

noch drei große **Fernrohre** mit modernster Technik benutzt werden. Da der Platz für neue Fernrohre auf dem Berg zu knapp wurde, hat man die Spitze des Nachbarbergs Paranal planiert und dort vier Großteleskope mit je 8,2 Meter Durchmesser gebaut (das so genannte „Very Large Telescope" oder VLT). Auch im Einzelbetrieb gehören sie zu den modernsten **Teleskopen,** die es gibt. Durch die Möglichkeit, sie außerdem untereinander und/oder mit kleineren Hilfsteleskopen zusammenzuschalten, erweitert sich das Potenzial der Geräte erheblich. Bei speziellen Beobachtungen erzielen sie bessere Ergebnisse als das Weltraumfernrohr **Hubble.**

CALAR-ALTO-OBSERVATORIUM

Auf dem Berg Calar Alto nahe des südspanischen Almeria liegt die deutsch-spanische Sternwarte in mehr als 2 100 Meter Höhe. Es gibt vier Hauptgeräte: drei Spiegelteleskope mit 1,5 und 2,2 sowie 3,5 Meter Öffnung und ein Schmidtteleskop, das ursprünglich in der Sternwarte Bergedorf, nahe Hamburg, beheimatet war. Wegen des meist klareren Himmels in Südspanien verlegte man nicht nur dieses Teleskop dorthin, sondern errichtete hier auch eine moderne Sternwarte für deutsche und spanische Astronomen.

DIE OBSERVATORIEN AUF DEN KANARISCHEN INSELN

Eine der besten Sternwarten der Nordhalbkugel befindet sich auf den Kanaren. Dort betreiben über ein Dutzend europäischer Staaten eine Vielzahl von Fernrohren, die sich über Teneriffa und La Palma verteilen. So nutzt Schweden für die Sonnenbeobachtung ein Ein-Meter-Fernrohr auf dem Roque del los Muchachos (La Palma), das exzellente Ergebnisse liefert. Die Engländer betreiben drei größere Fernrohre, etwa das Wilhelm-Herschel-Teleskop mit einer 4,2-Meter-Öffnung. Die Spanier beginnen 2005 mit dem Betrieb des Gran Telescopio Canarias (Durchmesser: 10,4 Meter).

MOUNT-WILSON-OBSERVATORIUM

Oberhalb von Pasadena in den kalifornischen San Gabriel Mountains liegt das Mount-Wilson-Observatorium, eine der historisch bedeutsamsten Sternwarten der Welt. Von hier aus wurde die Position der **Sonne** innerhalb unserer **Galaxis** bestimmt und entdeckt, dass das All expandiert. Das Observatorium, 1904 von George E. Hale gegründet, liegt auf 1 740 Meter Höhe. 1917 wurde das 2,5-Meter-Hooker-Teleskop errichtet, das die astronomische Forschung beherrschte, bis rund 32 Jahre später das Hale-Teleskop des Palomar-Observatoriums in Betrieb ging. 1919 beobachtete **Edwin Hubble** mit dem Hooker-Teleskop **Cepheiden-Veränderliche** in anderen Galaxien. Aus diesen Beobachtungen leitete er ab, dass das Universum sich ausdehnen müsse.

PALOMAR-OBSERVATORIUM

Das 1934 gegründete Palomar-Observatorium beherbergt das weltberühmte Fünf-Meter-Hale-Teleskop. Es ist nach dem Astronomen George E. Hale benannt, der 1928 die Rockefeller Foundation davon überzeugte, das Gerät zu finanzieren. Der 20 Tonnen schwere Rohling des Hale-Teleskops- Spiegels wurde 1934 gegossen und benötigte acht Monate zum Abkühlen. Dann wurde er per Eisenbahn nach Pasadena in Kalifornien transportiert und dort geschliffen. Der Bau des Fernrohrgebäudes – eine 1 000 Tonnen schwere, drehbare Kuppel – begann Mitte der 1930er Jahre und war 1941 fast fertig, als die USA in den Zweiten Weltkrieg eintraten. Die Fertigstellung des 14,5 Tonnen wiegenden Spiegels währte bis 1947. Dann trat er seine zwei Tage dauernde Reise hoch auf die in 1 706 Meter Höhe gelegene Sternwarte in den San Jacinto Mountains nordöstlich von San Diego an. Obwohl es noch nicht voll einsatzfähig war, wurde das Fernrohr am 3. Juni 1948 seiner Bestimmung übergeben. **Edwin Hubble** machte die erste Aufnahme mit dem Teleskop im Januar 1949.

Auf dem Palomar steht auch das 1,2-Meter-Oschin-Schmidt-Teleskop. Zwischen 1948 und 1957 benutzte man es für die systematische Fotografie des nördlichen Sternhimmels vom Pol bis zu -30 Grad Deklination. Dieser Palomar Observatory Sky Survey (POSS) wurde durch die National Geographic Society finanziert und umfasst 2 000 Fotoplatten aus Glas, die den Sternhimmel abbildeten. Er war der erste detaillierte fotografische Sternatlas des Nordhimmels. 1970 vervollständigten das Schmidt-Teleskop des European Southern Observatory in Chile und das britische Schmidt-Teleskop in Australien den Atlas für die Südhalbkugel. Inzwischen wird das Palomar-Observatorium durch die Lichtverschmutzung in Südkalifornien immer stärker beeinträchtigt.

APACHE-POINT-OBSERVATORIUM

Das Apache-Point-Observatorium liegt in New Mexico über der US-Luftwaffenbasis White Sands in den Sacramento Mountains und beherbergt ein 3,5-Meter- und ein 2,5-Meter-**Teleskop.** Dort wird ein Viertel des Himmels mit hochauflösender Fotografie überwacht *(Sloan Digital Sky Survey)*. Sie findet bei fünf verschiedenen Wellenlängen statt und liefert Bilder, anhand derer man Form, Helligkeit und Farbe von mehreren hundert Millionen Objekten bestimmen kann.

TELESKOPE AUF DEM MAUNA KEA

Name	Größe	Wellenlänge	Betreiber	Jahr
University of Hawaii 0,6 m-Telescope	0,6 m	optisch und Infrarot	University of Hawaii	1968
University of Hawaii 2,2 m-Telescope	2,2 m	optisch und Infrarot	University of Hawaii	1970
Nasa Infrared Telescope Facility	3,0 m	Infrarot	Nasa	1979
Canada-France-Hawaii-Teleskop	3,6 m	optisch und Infrarot	Kanada/Frankreich/University of Hawaii	1979
United-Kingdom-Infrared-Teleskop	3,8 m	Infrarot	Großbritannien	1979
Caltech-Submillimeter-Observatorium	10,4 m	Submillimeter	Caltech/National Science Foundation	1987
James-Clerk-Maxwell-Teleskop	15 m	Submillimeter	Großbritannien/Kanada/Niederlande	1987
W.-M.-Keck-Observatorium (Keck I)	10 m	optisch und Infrarot	Caltech/University of California	1993
Very Long Baseline Array	25 m	Radio	NRAO/AUI/NSF	1993
W.-M.-Keck-Observatorium (Keck II)	10 m	optisch und Infrarot	Caltech/University of California	1996
Subaru Telescope	8,3 m	optisch und Infrarot	Japan	1999
Gemini Northern Telescope	8,1 m	optisch und Infrarot	USA/Großbritannien/Kanada/Argentinien/Australien/Brasilien/Chile	1999
Submillimeter Array	8 x 6 m	Submillimeter	Smithsonian Astrophysical Observatory/Taiwan	2003

Sternwarten im All

STERNWARTEN IM ALL

Weit außerhalb unserer filternden Atmosphäre können Teleskope im Weltraum bei allen Wellenlängen des **elektromagnetischen Spektrums** beobachten. Auch wenn ein kleiner Teil des Infrarotspektrums durch die Atmosphäre hindurchsickert, wird doch der Großteil der Strahlung von Wasserdampf, Kohlendioxid und Sauerstoff absorbiert. So auch die Ferninfrarotstrahlung, Wellenlängen größer als 40 Nanometer. Die Strahlung bei diesen Wellenlängen liefert uns Hinweise zu **Planeten, Kometen,** jungen Sternen und anderen relativ kühlen Objekten.

Ultraviolettstrahlung mit Wellenlängen kürzer als 290 Nanometer wird vollständig von der Ozonschicht der Erde absorbiert. Teleskope im All wie der 1978 gestartete International Ultraviolet Explorer oder der 1992 gestartete Extreme Ultraviolet Explorer haben heiße, angeregte Bereiche aus Gas und massereichen Sternen beobachtet. Röntgen- und Gammastrahlen haben Wellenlängen, die kürzer als die des ultravioletten Lichts sind. Auch bei diesen Wellenlängen beobachten Teleskope aus dem All heraus.

HUBBLE-SPACE-TELESKOP

Von den frühen 1920er Jahren an haben Astronomen von einem **Fernrohr** im Weltraum geträumt, das den Kosmos ungehindert durch die **Erdatmosphäre** beob-

achten könnte. Dieser Traum wurde am 25. April 1990 wahr, als der **Spaceshuttle „Discovery"** das Hubble-Space-Teleskop (HST) auf eine Umlaufbahn brachte. Seither hat das HST außergewöhnliche Bilder geliefert und unser Verständnis vom All verändert.

Das in den 1970er und 80er Jahren entwickelte HST verfügt über 76 Handgriffe und Greifvorrichtungen, um es mit dem Roboterarm des Spaceshuttle anzufassen. Das HST ist das erste Teleskop auf einer Umlaufbahn, das man so entwickelt hat, dass es sich im Rahmen von regulären Raummissionen warten lässt. Es hat ungefähr die Größe eines Busses und wiegt rund 11 100 Kilo. Der Primärspiegel hat einen Durchmesser von 2,4 Metern und ist sehr genau geschliffen. Auf seiner Umlaufbahn in 612 Kilometer Höhe über der **Erde** erreicht das HST eine Geschwindigkeit von ungefähr 28 000 Kilometern pro Stunde. Den nordamerikanischen Kontinent überquert es innerhalb von zehn Minuten und umkreist die Erde einmal in 97 Minuten.

Das HST – benannt nach dem Astronomen **Edwin Hubble** – ist mit zahlreichen Instrumenten ausgestattet: drei Kameras, zwei Spektrografen sowie Nachführsensoren für die Ausrichtung des Teleskops und die genaue Positionsbestimmung eines Objekts. Da das HST von außerhalb der Erdatmosphäre beobachtet, liefert es hochaufgelöste Bilder, die denen von **erdgebundenen Fernrohren** ungefähr um den Faktor zehn überlegen sind.

Das Space Telescope Science Institute (STScI) vom Homewood-Campus der Johns Hopkins University in Baltimore, Maryland, ist für den wissenschaftlichen Betrieb des HST verantwortlich. Seine Daten funkt es über einen Relais-Satelliten auf der Erdumlaufbahn zur **Bodenstation** in White Sands, New Mexico. Von dort aus gelangen sie zum Goddard Space Flight Center der **Nasa** in Greenbelt, Maryland, das die Daten schließlich an das STScI nach Baltimore schickt.

Am 16. Januar 2004 verkündete Nasa-Administrator Sean O'Keefe seine Entscheidung, alle künftigen Hubble-Reparaturmissionen durch die Spaceshuttles zu streichen. Als Hauptgrund galten Sicherheitsrichtlinien nach der „Columbia"-Tragödie. Eine für 2006 geplante Mission hätte die Wide-Field Planetary Camera 2 (WFPC2 – Weitwinkel-Planeten-Kamera 2) gegen ein neueres Modell ersetzt. Die Nachführsensoren von Hubble wären ersetzt sowie der Cosmic Origins Spectrograph (Spektrograf für kosmische Ursprünge)

DATEN DER HUBBLE- UND JAMES-WEBB-TELESKOPE

	Hubble-Space-Teleskop	James-Webb-Space-Teleskop
Start	25. April 1990	voraussichtlich August 2011
Hauptspiegel	2,4 m Durchmesser	6,5 m Durchmesser
Empfindlich für	Ultraviolett bis Infrarot	Infrarot
Material des Hauptspiegels	Glas mit extrem geringer Ausdehnung	Beryllium
Auflösung	0,1 Bogensekunden	~0,1 Bogensekunden
Wellenlängenbereich	115–2500 nm	0,6-28 Mikron
Masse	11100 kg	6200 kg
Bahnhöhe	600 km	L2-Orbit (1,5 Millionen km entfernt von der Erde)
Umlaufzeit	97 Minuten um die Erde	365 Tage um die Sonne
geplante Betriebsdauer	15 Jahre	5–10 Jahre

eingebaut worden. Dieser sollte die chemische Zusammensetzung interstellaren Gases untersuchen. Außerdem hätten die Astronauten Hubble auf eine höhere Umlaufbahn gehoben, damit es sich der Erde nicht zu stark nähert. Durch den Wegfall bemannter Wartungseinsätze durch die Spaceshuttles werden Alter, Gravitation und Abnutzung ihren Tribut von Hubble und seinen Komponenten fordern. Letztlich wird sich die **Umlaufbahn** des Teleskops so weit verringern, dass es auf die Erde stürzt.

JAMES-WEBB-SPACE-TELESKOP

Das James-Webb-Space-Teleskop (JWST) ist der Nachfolger des **Hubble-Space-Teleskops** und derzeit für einen Start im August 2011 vorgesehen. Es wird mit Instrumenten für die Infrarotastronomie ausgerüstet sein und durch Gas und Staub hindurchschauen, um die Entstehung und Wechselwirkung von Sternen und Planetensystemen zu entschlüsseln. Das JWST wird auch die Galaxienentstehung und -entwicklung untersuchen, um die tatsächliche Natur und Häufigkeit der **dunklen Materie** zu ermitteln. Solche Beobachtungen helfen, mehr über die Form und Zusammensetzung des Universums zu lernen.

Das Teleskop, das nach dem zweiten Administrator der Nasa benannt ist, wird mit einem leichten, ausschwenkbaren Spiegel mit rund 6,5 Meter Durchmesser ausgestattet sein. Das JWST wird 400-mal schwächere Objekte sehen können als die erdgebundenen Infrarot-Teleskope auf dem Mauna Kea.

XMM-NEWTON

Ende 1999 startete die **Europäische Raumfahrtagentur** einen ihrer wichtigsten Satelliten: „XMM-Newton". Er dient (wie der US-Satellit „Chandra") der Röntgenbeobachtung und ist mit zehn Meter Länge und vier Tonnen Gewicht der größte europäische Forschungssatellit. Sein Gerüst besteht überwiegend aus Kohlenstoffverbundfasern, da diese leicht sind und ein geringes thermisches Ausdehnungsvermögen haben. Für größte Beobachtungsgenauigkeit wird die Temperatur der Spiegel konstant bei 20 Grad Celsius (mit einer Toleranz von weniger als zwei Grad) gehalten. Optimale Bedingungen hat „XMM-Newton" auf einer hochelliptischen Bahn, von dort beobachtet er ohne störende Einflüsse die Atmosphäre. Ein kleines optisches Teleskop erleichtert die Zuordnung der Röntgenquellen zu bekannten Objekten. „XMM-Newton" kann Fotos der Röntgenquellen aufnehmen, ihre

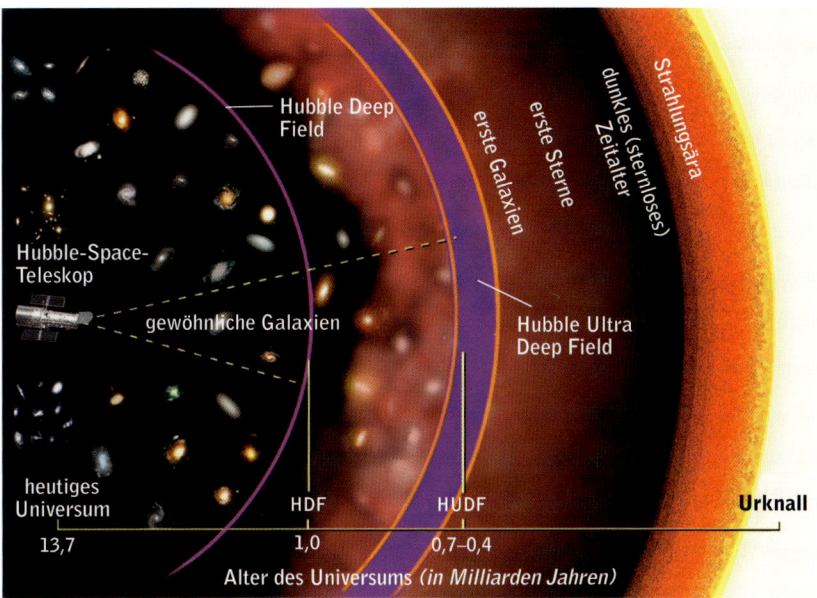

Helligkeit vermessen und sie dank Spektralzerlegung genau untersuchen.

DEEP SPACE NETWORK

Das Deep Space Network (DSN, Netzwerk für die Tiefen des Alls) ist ein System aus drei empfindlichen Kommunikationsanlagen, die hauptsächlich zur Steuerung von **Raumsonden** dienen. Alle drei werden von der **Nasa** betrieben und liegen jeweils rund 120 Grad auf der Erdkugel voneinander entfernt. Dies ermöglicht dem Netzwerk ständigen Kontakt zu den Raumsonden, während sich die **Erde** um ihre Achse dreht.

1958 erkannte die Nasa den Bedarf für das DSN, um die Kommunikation mit allen Raumsondenmissionen in den Tiefen des Alls abwickeln zu können. Durch den zentralen Ansatz beseitigte die Nasa den Zwang, für jede einzelne Mission ein separates Kommunikationskonzept zu entwickeln.

Das Deep Space Network ist das größte und empfindlichste wissenschaftliche Telekommunikationssystem der Welt. Eine der drei Einrichtungen liegt in der kalifornischen Mojave-Wüste, außerhalb von Goldstone. Die beiden anderen befinden sich im Tidbinbilla Nature Reserve, südwestlich von Canberra in Australien, und in Robledo de Chavella, westlich von Madrid. Jede Anlage verfügt über eine 70, 26- und 11-Meter-**Antenne.** Das Betreiberteam des Netzwerks am Jet Propulsion Laboratory im kalifornischen Pasadena steuert die drei Zentren. Wenn sie nicht mit Raumsonden kommunizieren, erforschen die Radioantennen den Himmel im Radiobereich.

Dieses Instrument hat frühere Vorstellungen revolutioniert: Das sich noch immer im Betrieb befindliche Hubble-Space-Teleskop (links in der Mitte der Grafik) schaute 13 Milliarden Jahre zurück durch Raum und Zeit bis zu dem Punkt, an dem sich die ersten Galaxien gebildet haben.

DIE GESCHICHTE DES HUBBLE-TELESKOPS

Robert W. Smith

DAS HUBBLE-SPACE-TELESKOP (HST) ERBLICKTE 1946 DAS LICHT DER WELT — als Funkeln in den Augen von Lyman Spitzer, Jr., der damals Professor für Astronomie in Yale war. Bald darauf wechselte er an die Princeton University, wo Spitzer bereits als Doktorand gearbeitet hatte. Er gehörte zur Generation jener US-Forscher, die die Grundlagen der Wissenschaftspolitik während des Zweiten Weltkriegs erlernt hatten. Seine zuvorkommende, bescheidene Art täuschte über die feste Entschlossenheit hinweg, mit der er wissenschaftliche Projekte vorantrieb. Für Projekte, von denen er überzeugt war, wie die Realisierung des HST, kämpfte Spitzer gemeinsam mit anderen Astronomen jahrzehntelang. Manchmal stand das Projekt kurz vor dem Scheitern. Es überlebte, aber auf dem Genehmigungsweg durch das Weiße Haus und den Kongress wurde die ursprünglich geplante Größe zurückgestutzt. Vom drei Meter großen Hauptspiegel blieben noch 2,44 Meter übrig; das geplante Large-Space-Teleskop (LST), wurde zum Space-Teleskop. Dabei hatte mancher Astronom im Stillen den Namen LST als Würdigung für die treibende Kraft des Projekts verstanden: Lyman-Spitzer-Teleskop.

Was das HST so attraktiv für Astronomen wie Spitzer machte, war die Tatsache, dass ein viel größerer Wellenlängenbereich zugänglich wurde als für erdgebundene Fernrohre. So war das 2,5-Meter-Hooker-Teleskop auf dem Mount Wilson für den optischen Bereich gebaut worden. Das HST schloss auch den Ultraviolett- und Infrarotbereich mit ein.

Als Astronomiehistoriker verfolgte ich die Entwicklung des Teleskops in den 1980er Jahren mit großem Interesse. 1985 sah ich das Gerät in einem riesigen Reinraum bei der Firma Lockheed Missiles and Space im kalifornischen Sunnyvale. Aufrecht stehend dank einer speziellen Halterung war es in eine silberfarbene, mehrschichtige Isolation gehüllt. Die war nötig, um den ständigen Wechsel zwischen Hitze und Kälte beim Übergang vom Tag- zum Nachtabschnitt seiner Umlaufbahn abzupuffern. Es wirkte viel größer und imposanter als seine zwölf mal viereinhalb Meter messende Konstruktion erwarten ließ. Das HST war für mich ein Signal, wie weit der Fernrohrbau im Lauf des 20. Jahrhunderts fortgeschritten war. Das Hooker-Teleskop wurde 1917 erstmals gen Himmel gerichtet. Der Hauptspiegel des HST ist etwas kleiner als der 2,5-Meter-Spiegel des Hookers und recht klein, verglichen mit den größten aktuellen Fernrohren auf der Erde. Aber in den 70 Jahren seit der Fertigstellung des Hooker-Teleskops haben eine Reihe technologischer Fortschritte und die Bereitschaft von Nasa und European Space Agency (ESA), Milliarden Dollar in das Projekt zu investieren, zu einem viel leistungsfähigeren Instrument geführt. Das HST arbeitet vollautomatisch und wird vom Boden aus gesteuert. Astronauten besuchten es bis 2003 regelmäßig in der Umlaufbahn, um es zu reparieren oder mit besseren Geräten auszustatten. Danach wurde die bemannte Unterstützung gestoppt.

Als ich das Teleskop zum ersten Mal sah, ahnte ich nicht, dass der Hauptspiegel des HST einen Fehler hatte. Er war am Rand einen Tick zu flach – um einen Betrag, der weniger als den Bruchteil eines menschlichen Haars ausmachte. Trotzdem war dies in der Welt der präzisen Optik ein großer Fehler. In den ersten drei Jahren nach seinem Start 1990 war das HST kein so leistungsfähiges Fernrohr, wie es sich seine Verfechter erhofft hatten. Aber eine Reparatur durch Shuttle-Astronauten 1993 brachte dem Teleskop seine volle Leistungsfähigkeit zurück. Diese Mission war ein großartiger Erfolg.

Die Hubble-Konstante

Als die Nasa 1977 einen Aufruf veröffentlichte, dass sich die Astronomen in die Entwicklung des HST einbringen sollten, wurde die Bestimmung der Hubble-Konstante als wichtigstes Thema genannt. Angestrebt wurde ein auf zehn Prozent genauer Wert für die Hubble-Konstante. Wendy L. Freedman von den Carnegie-Observatorien und ihr Projektteam ermittelten diesen Wert sorgfältig. Die Expansion des Alls (auch „Hubble-Fluss" genannt) erhöht sich für jedes Megaparsec relative Entfernung um 70 Kilometer pro Sekunde. Ein Megaparsec entspricht rund 30,900 mal 10^{15} Kilometer, eine ziemlich unübersichtliche Zahl. Das bedeutet, dass das Universum rund 13 Milliarden Jahre alt ist. Doch obwohl die aktuellen Schätzungen der Hubble-Konstante sich nun um weniger unterscheiden als vor rund zehn Jahren, konnten sich die Astronomen noch nicht auf einen Wert einigen. Vielleicht wird das erst nach künftigen Weltraummissionen möglich sein.

Das Hubble Deep Field

Ende 1995 verbrachte das HST zehn Tage damit, auf denselben Fleck am Himmel zu schauen. Er war etwa ein Zehntel so groß wie der Vollmonddurchmesser und lag nahe der Deichsel des Großen Wagens. Das Fernrohr sollte eine „weitreichende Stichprobe des Universums" nehmen, wozu es eine Aufnahme machte, die möglichst schwach leuchtende Objekte zeigen sollte. Das Ergebnis war ein Bild dieses *Deep Fields* (etwa „tief reichender Ausschnitt"), auf dem mehr als 1 500 Galaxien an der äußersten Grenze des beobachtbaren Alls zu sehen waren. In Edwin Hubbles berühmtestem Buch „The Realm of the Nebulae" („Das Reich der Nebel", 1936 veröffentlicht), schrieb der Autor über großartige Fernrohre und ihre Bedeutung für unseren Erkenntnisgewinn über das Universum. Für das HST ist das Hubble Deep Field vielleicht das spektakulärste Beispiel; bislang ist es wohl auch das wissenschaftlich wichtigste Bild des HST.* Was ein US-Senator als Technologieschwindel bezeichnete, nachdem der Fehler des Spiegels bekannt wurde, hat sich inzwischen als das berühmteste und auch produktivste Fernrohr erwiesen, das jemals gebaut worden ist.

Für einen Astronomiehistoriker wie mich war der Start des HST ein Schlüsselerlebnis. (Zum ersten Mal erlebte ich, wie Geschichte vor meinen Augen gemacht wurde.) Mit Sicherheit war das HST-Projekt für alle Beteiligten zu umfangreich, um es in all seinen Dimensionen überschauen zu können. Aber bald erhielt ich Zugang zu Unmengen von öffentlichen und privaten Unterlagen, die die komplizierten Zusammenhänge zwischen den Beteiligten sowie den Druck,

2004 lieferte das HST ein noch tiefer ins All reichendes Bild: das Hubble Ultra Deep Field mit schätzungsweise 10 000 Galaxien.

unter dem sie standen, klar machten. Viele der historisch wichtigen Hauptfiguren mussten sich stark strukturierten, formalen Fragerunden unterziehen, die auf Band aufgezeichnet wurden. Sie wussten, dass meine Kollegen und ich die Bandinhalte abschreiben und archivieren würden. Diese Dokumente unterstreichen, dass Geschichte ein dynamischer Prozess ist: Unser Verständnis von ihr kann sich mit der Zeit, der Entfernung und der Perspektive ändern – genauso wie das Universum selbst. ∎

Das Hubble-Space-Teleskop wurde im Dezember 1999 vorübergehend am Spaceshuttle „Discovery" befestigt, um Reparaturen durchzuführen und es mit neuen Gyroskopen (Kreiselkompasse zur Steuerung) auszurüsten.

2 | Unser Sonnensystem

Der Saturn ist von der Sonne aus gesehen der sechste Planet. Er besitzt mindestens 49 Monde verschiedener Größe. Im November 1980 machte die Raumsonde „Voyager 1" eine Reihe von Aufnahmen, während sie durch das Saturnsystem flog. In dieser Fotomontage erscheint Saturns größter Mond Titan (oben rechts) kleiner als Dione (im Vordergrund). Dies liegt an der Bahnposition und Entfernung eines Mondes zum Zeitpunkt der Fotos.

FÜR ASTRONOMISCHE VERHÄLTNISSE IST UNSER SONNENSYSTEM SO überschaubar wie ein Stadtteil in einer Großstadt. Aber je mehr wir über unsere Nachbarn erfahren, desto seltsamer scheinen sie uns. Jedes Jahr gibt es überraschende Erkenntnisse über die neun (oder acht?) Planeten und ihre Monde sowie Asteroiden, Kometen und die Sonne. Selbst ihre gängigen Definitionen sind womöglich fehlerhaft: Pluto ist kleiner als mehrere Monde des Sonnensystems und ähnelt eher dem Neptunmond Triton als anderen Körpern; Plutos Mond Charon dagegen ist so groß, dass er als Doppelplanet durchgehen könnte; Kometen gehen in Asteroiden über, Asteroiden werden von Planeten eingefangen und zu winzigen Monden; große Monde besitzen ähnlich wie Planeten eine Atmosphäre, Vulkane und Ozeane. Und unsere Nachbarschaft wächst ständig. Wir haben so viele Monde um Jupiter gefunden, dass Lexika mit der aktuellen Zahl nicht Schritt halten können. Milliarden von Kilometern weit entfernt stößt man auf die Eiswelt des Kuiper-Gürtels, die ferne Nachbarschaft unseres Planetensystems. Verbesserte erdgebundene Fernrohre, neue Augen im All wie das Hubble-Space-Teleskop und Raumsonden zur Erforschung von Planeten liefern eine Fülle neuer Daten. Vielleicht müssen Astronomen die alten Konzepte überdenken. Seit Beginn des Raumfahrtzeitalters – 1957 mit dem Start von „Sputnik 1" – wurde nur der Mond von Menschen betreten. Aber jeder Planet (außer dem fernen Pluto) wurde von Raumsonden erforscht, außerdem viele Planetenmonde, Asteroiden, Kometen und die Sonne. Zu den aufregendsten Missionen gehörte die Suche nach außerirdischem Leben. Marsraumsonden haben bestätigt, dass der Planet früher mindestens eine Voraussetzung dafür hatte: flüssiges Wasser. Raumsondendaten vom Jupitermond Europa deuten darauf hin, dass es unter der gefrorenen Oberfläche einen flüssigen Ozean gibt. Könnten dort also organische Moleküle oder sogar größere Lebensformen existieren?

Unsere Nachbarschaft zu sondieren, gilt auch als Gebot der eigenen Sicherheit. Große alte Krater auf der Erde zeigen, dass diese – wie alle Planeten – durch Einschläge von Asteroiden und Kometen gefährdet ist. Inzwischen arbeiten Staaten aus aller Welt bei der Suche nach erdnahen Objekten (Near-Earth Objects) zusammen. Einige dieser Objekte, die sehr nahe an der Erde vorüberziehen, stammen vom äußersten Rand unseres Sonnensystems: aus dem Kuiper-Gürtel und der Oortschen Wolke. Diese gewaltigen, dunklen Reiche aus Fels- und Eisbruchstücken sind die Heimat von Kometen und planetenähnlichen Körpern. ◖

Mehrere Planeten leuchten in der Dämmerung über Stonehenge in Großbritannien, das womöglich ein astronomisches Observatorium gewesen ist. Jupiter steht am höchsten über den Megalithen (links oben), während Saturn (links), Mars (oben) und Venus (rechts) ein fast perfektes gleichseitiges Dreieck direkt über dem waagerechten Stein in der Nähe der Bildmitte bilden.

Grundlagen des Sonnensystems

SONNENSYSTEM

Unser Sonnensystem besteht aus der **Sonne** und allen Objekten, die sie umkreisen: die neun großen Planeten (der Status von **Pluto** als Planet ist umstritten), mindestens 166 Monde, Millionen von **Asteroiden,** unzählige Meteoroiden und Billionen von **Kometen.** Viele der Kometen haben ihren Ursprung in einem weit entfernten Bereich, der **Oortsche Wolke** heißt. Der Radius des Sonnensystems (die Strecke vom Sonnenmittelpunkt bis zum äußeren Rand der Oortschen Wolke) beträgt rund 100 000 **Astronomische Einheiten** (AE), also 100 000-mal die Entfernung Sonne-**Erde.**

Die Sonne dominiert das gesamte Planetensystem, da sie 99,8 Prozent seiner Masse enthält. Die vier sonnennächsten Planeten – **Merkur, Venus,** Erde und **Mars** – bezeichnet man als innere oder terrestrische Planeten. Sie sind klein, dicht und aus Fels. Jenseits der Marsbahn liegt der **Asteroidengürtel,** an den sich die vier großen äußeren Gasplaneten anschließen: **Jupiter, Saturn, Uranus** und **Neptun.** Sie bestehen vor allem aus Gasen wie Helium und Wasserstoff. Pluto, der fernste Planet, ist klein und von Eis überzogen. Bei ihm könnte es sich um einen der Brocken oder Eisbälle handeln, die die Sonne umkreisen und den **Kuiper-Gürtel** bilden.

Alle Planeten außer Pluto umlaufen die Sonne auf **elliptischen Bahnen,** die fast in derselben Ebene liegen. Plutos Bahn ist merklich geneigt und gegenüber der der anderen Planeten gestreckt. Dadurch verläuft seine Bahn phasenweise innerhalb der Neptunbahn.

Fünf Planeten sind (neben der Erde) mit bloßem Auge zu sehen: Merkur, Venus, Mars, Jupiter und Saturn. Sie sind seit langem als sternähnliche Wanderer bekannt, die sich vor dem Hintergrund der scheinbar unveränderlichen Sterne bewegen. 1781 entdeckte der Astronom **William Herschel** den Planeten Uranus mit seinem selbst gebauten **Fernrohr.** Die Abweichung der berechneten Uranusbahn von der tatsächlichen veranlasste Astronomen dazu, nach noch ferneren Planeten zu suchen, deren Gravitation an Uranus ziehen könnte. Im 19. Jahrhundert berechneten der britische

Die Sonne und einige ihrer Nachbarn sind in dieser logarithmischen Darstellung aufgereiht. Der dünne rosafarbene Bereich, der unser Zentralgestirn mit seinen Planeten von der weiter außen liegenden, weitgehend unbekannten Region trennt, heißt Heliopause. Die Oortsche Wolke ist eine kugelförmige Hülle aus Kometen und markiert den äußeren Rand des solaren Gravitationsfelds.

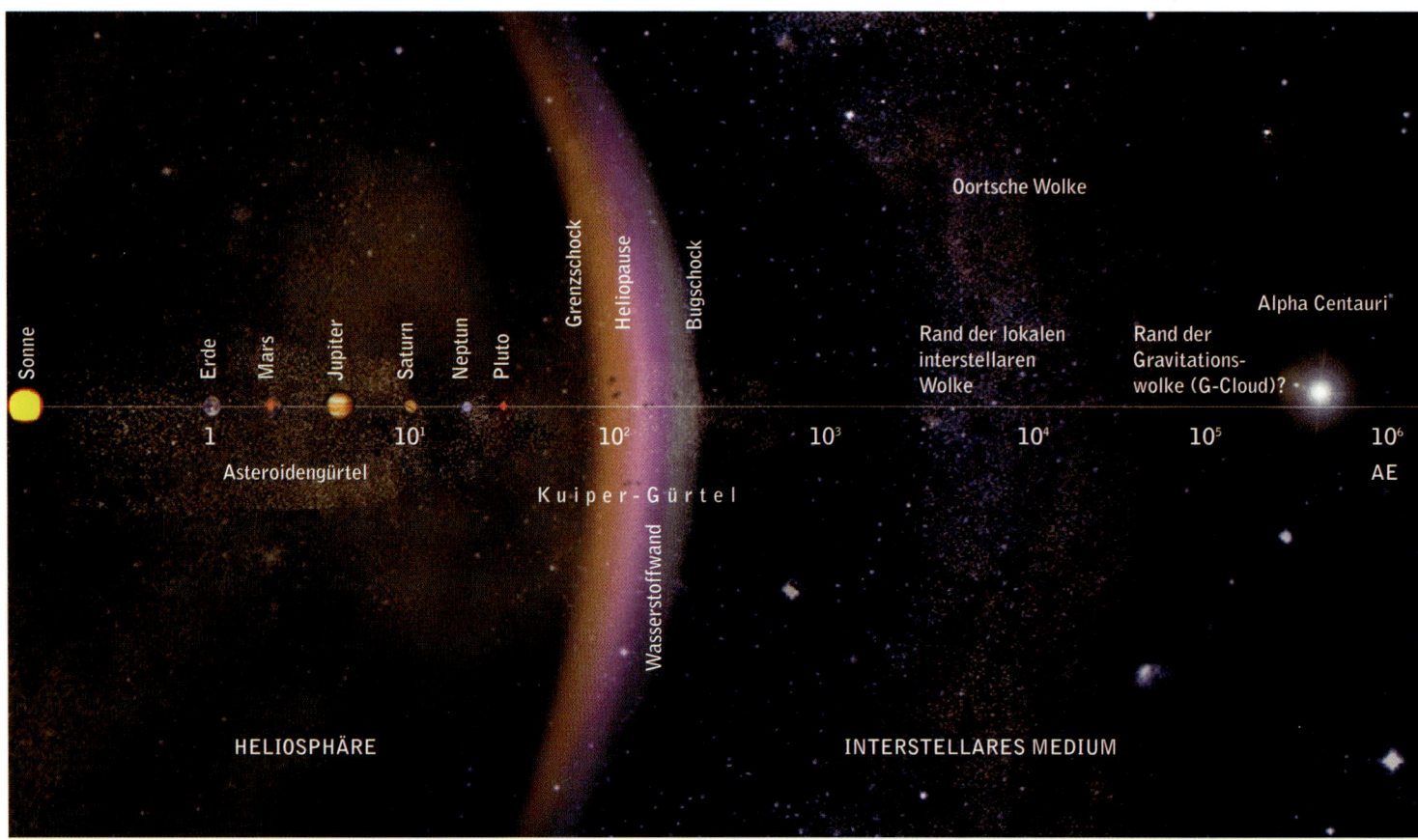

Mathematiker John Couch Adams und der französische Himmelsmechaniker Urbain Jean Joseph Leverrier, wo ein solcher Planet stehen müsste. Das wurde 1846 durch die teleskopische Entdeckung des Neptuns an der Berliner Sternwarte bestätigt.

Da sich die Abweichungen scheinbar nicht allein durch die Neptungravitation erklären ließen, suchten einige Beobachter nach noch ferneren Planeten. 1930 entdeckte Clyde Tombaugh mit einem fotografischen Fernrohr den Pluto: Der winzige Lichtpunkt hatte seine Position auf zwei Fotoplatten, die in einem Abstand von sechs Tagen aufgenommen worden waren, um 3,5 Millimeter verändert. Plutos Masse reichte nicht aus, um die Abweichungen in der Uranusbahn zu erklären. Seine Entdeckung war ein Glücksfall.

1801 fand der sizilische Astronom Giuseppe Piazzi als Erster einen großen Asteroiden, den er Ceres nannte. Bis Ende des Jahrhunderts wurden mehrere hundert Asteroiden entdeckt. Heute kennt man Abertausende – und es werden ständig mehr. Die meisten umkreisen die Sonne in einem breiten Gürtel zwischen der Mars- und Jupiterbahn; ein paar hundert hat man auch auf Bahnen um den Jupiter gefunden. 1951 sagte Gerard Kuiper einen weiteren Gürtel aus Körpern voraus, die außerhalb der Neptunbahn um die Sonne kreisen sollten. In den 1990er Jahren erwies sich das als richtig: Mit modernen Fernrohren wurden Hunderte von kleinen, lichtschwachen Objekten entdeckt, die am Rand des Sonnensystems kreisen und nun Kuiper-Gürtel heißen. Und noch eine Vorhersage von 1951 scheint sich zu bewahrheiten: Jan Hendrik Oort erklärte damals, dass eine Schale aus felsenhaltigen Eisbällen die Sonne in einer Entfernungen von bis zu 100 000 AE umkreisen würde. Sie bildet den Nährboden für langperiodische Kometen. Zwar wurde die Wolke noch mit keinem Teleskop nachgewiesen, aber die Bahnen von Kometen wie Hale-Bopp stützen die Behauptung.

Die Entstehung des Sonnensystems

Das **Sonnensystem** entstand aus einer riesigen, kalten Wolke interstellaren Gases und Staubs – dem solaren Urnebel –, die langsam rotierte. Vor fast fünf Milliarden Jahren spielte sich etwa Folgendes ab: Durch die Gravitation stürzte der Großteil der Masse des solaren Urnebels in Richtung Zentrum und bildete eine dichte Masse, die man als Protosonne bezeichnet. Währenddessen entwickelte sich aus dem Rest des rotierenden Urnebels eine flache Scheibe. Als sich die Protosonne weiter verdichtete, verdampfte durch ihre Strahlung das Eis im Inneren des jungen Systems. Gase wie Wasserstoff und Helium drängten in den Außenbereich.

Winzige Felsstückchen und Staub blieben im Urnebel aneinander hängen – zunächst chemisch bedingt, später, als sie größer wurden, durch ihre Gravitation. Über Jahrtausende wuchsen diese Brocken zu **Planetesimalen** heran, die die Größe von Bergen hatten, und schließlich zu Protoplaneten. Im Zentrum des jungen Systems verschmolzen sie zu den terrestrischen Planeten. Im kühleren Außenbereich bildeten sie die felsigen Kerne der Gasplaneten. Derweil war die Protosonne sehr massereich geworden. Druck und Temperatur in ihrem Innern wurden so hoch, dass die Kernfusion zündete. Der neugeborene Stern begann, enorme Mengen Strahlung abzugeben. Sie fegte durch das junge System und verhinderte die Entstehung neuer Planetesimale. Insgesamt benötigte die Planetenbildung mindestens 100 Millionen Jahre.

Fast eine weitere Jahrmilliarde blieb das Sonnensystem ein rauer Ort. Die verbliebenen Gesteinsreste kollidierten relativ häufig. Die Folgen sehen wir heute an den vernarbten Oberflächen unseres **Mondes** und anderer Planeten mit fester Oberfläche.

Planetenbahn

Die Umlaufbahn eines Objekts im **Sonnensystem** kann mit sechs Bahnelementen beschrieben werden: **große Halbachse** (Entfernung von der **Sonne), Exzentrizität** (Form der Ellipse), Inklination (Bahnneigung des Objekts gegenüber der Ebene des Sonnensystems), Abstand des Perihels – Punkt einer Planeten- oder Kometenbahn, der der Sonne am nächsten liegt – vom **aufsteigenden Knoten** und Knotenlänge (zwei Bahnelemente, die die Orientierung der Umlaufbahn im Raum beschreiben) sowie die Perihelzeit (Zeitpunkt für den Durchgang des Planeten durch seinen sonnennächsten Punkt). Mit diesen Größen berechnet ein Astronom die Bahn eines Planeten, Mondes, Kometen oder einer Raumsonde auf ihrem Weg zum Mars.

Wenn Astronomen früherer Zeiten die am Himmel vorbeiziehenden Gestirne beobachteten, folgerten sie: Die Erde steht in der Mitte des Alls und wird von Himmelsobjekten auf perfekten Kreisbahnen umkreist. Das erklärte allerdings nicht die Bewegungen der fünf bekannten Planeten. Diese Wandelsterne hielten vor dem Fixsternhintergrund gelegentlich inne und liefen eine Weile rückwärts (retrograde Bewegung). Mars beispielsweise beschreibt Schleifen am Himmel. Der ägyptische Astronom **Ptolemäus** erdachte ein Schema, in dem die Planeten auf ihrer Bahn um die

Der Astronom Johannes Kepler überprüft Zeichnungen vor einem Porträt seines Mentors Tycho Brahe. Kepler folgte Brahe als Kaiserlicher Mathematiker des Heiligen Römischen Kaisers. Im Bestreben, dem Universum einen mathematischen Sinn zu geben, formulierte Kepler die Gesetze der Planetenbewegung und maß die Entfernung der Planeten von der Sonne.

Erde zusätzliche Kreise beschrieben, Epizykel genannt.

1543 vereinfachte sich die Himmelsmechanik wieder, als **Nikolaus Kopernikus** sein Werk „De revolutionibus orbium coelestium" („Über den Umlauf der himmlischen Körper") veröffentlichte. Mit der Sonne im Zentrum ließen sich die Planetenbahnen besser erklären. Etwa die des Mars: Außerhalb der Erdbahn gelegen, braucht der Rote Planet länger für einen Sonnenumlauf als die Erde. Wenn sie ihn dann überholt, scheint er sich vor dem Hintergrund der Sterne rückwärts zu bewegen. Kopernikus' Arbeit diente später **Johannes Kepler** als Grundlage

Johannes Kepler (1571–1630)

Der deutsche Mathematiker und Astronom Johannes Kepler wurde in Weil der Stadt (30 Kilometer von Stuttgart entfernt) geboren. Seine Familie lebte in bescheidenen Verhältnissen. 1587 bekam er ein Stipendium am Lutherseminar der Universität Tübingen. Dort führte ihn ein Mathematikprofessor in das heliozentrische Weltbild des **Kopernikus** ein. Kepler fing an, sich mit Planetenbahnen zu beschäftigen, weil er glaubte, sie gehorchten dem göttlichen Plan des Universums und seien geometrisch zu erklären.

Keplers erstes Buch über die Planeten, „Mysterium cosmographicum" („Das Weltgeheimnis", 1596), erregte die Aufmerksamkeit des großen Beobachters **Tycho Brahe.** Er lud Kepler ein, sein Assistent in Prag zu werden, wo Brahe als Kaiserlicher Hofmathematiker arbeitete. Als Brahe 1601 starb, wurde Kepler sein Nachfolger. 1609 erschien „Astronomia nova" („Die neue Astronomie"), in der Kepler die ersten beiden Gesetze der Planetenbewegung formulierte. Er hatte erkannt, dass die Planetenbahnen sich nicht durch perfekte Kreise beschreiben ließen, sondern durch Ellipsen – gestreckte Figuren mit zwei Brennpunkten. Seine ersten beiden Gesetze der Planetenbewegung beschrieben diese Bahnen:

1. Die Bahn eines Planeten um die Sonne ist eine Ellipse mit der Sonne in einem Brennpunkt. Es gibt kein Objekt im zweiten Brennpunkt. Der längste Durchmesser der Ellipse, der durch beide Brennpunkte verläuft, heißt Hauptachse. Die Hälfte dieser Strecke nennt man große Halbachse, sie entspricht der durchschnittlichen Entfernung des Planeten von der Sonne.

2. Der Radiusvektor – die Strecke zwischen Planet und Sonne – überstreicht in gleichen Zeitintervallen gleiche Flächen. Das bedeutet, die Geschwindigkeit eines Planeten (seine **Bahngeschwindigkeit**) wächst, wenn er sich dem sonnennächsten Punkt (Perihel) nähert, und sinkt, wenn er sich dem sonnenfernsten Punkt (Aphel) nähert.

1611 wurde Kepler Bezirksmathematiker von Linz und blieb überaus produktiv: Seine „Harmonice mundi" („Weltharmonik", 1619) stellte die Entfernungen der Planeten von der Sonne dar und beschrieb das dritte Gesetz der Planetenbewegung:

3. Das Quadrat der siderischen Umlaufzeit eines Planeten um die Sonne ist direkt proportional zur dritten Potenz seiner großen Bahnhalbachse. Je weiter ein Planet von der Sonne entfernt ist, desto länger dauert sein Jahr (siderische Umlaufzeit), also sein Umlauf um die Sonne.

Keplers drei Gesetze der Planetenbewegung wurden später im 17. Jahrhundert mathematisch untermauert, als **Isaac Newton** seine Bewegungsgesetze formulierte. Newtons brillante Erklärungen von Gravitation, Kraft und Bewegung bestätigten Keplers Gesetze so genau, dass Astronomen sie im 19. Jahrhundert nutzen konnten, um einen achten Planeten, den **Neptun,** vorherzusagen. Dies geschah auf Grund winziger Störungen in der Umlaufbahn des **Uranus.**

Kepler veröffentlichte auch Arbeiten, die **Galileis** Beobachtungen bestätigten, außerdem sehr genaue astronomische Tabellen sowie Abhandlungen über **Fernrohre** und den christlichen Kalender. Nach seinem Tod erschien sogar eine Science-Fiction-Geschichte, in der Kepler seine Hauptfigur zum **Mond** reisen lässt. Wegen seines Gesamtwerks, aber vor allem wegen seiner Darstellung der Planetenbewegung, gilt Johannes Kepler als einer der bedeutendsten Astronomen der Geschichte.

ASTRONOMISCHE EINHEIT

Eine Astronomische Einheit, abgekürzt AE, ist die mittlere Entfernung zwischen **Erde** und **Sonne:** rund 149 600 000 Kilometer (1,496 x 10^8 km). Distanzen im **Sonnensystem** misst man meistens in AE.

PLANET

Der Begriff leitet sich von dem griechischen Verb für „wandeln" ab und bezog sich ursprünglich auf die wandelnden Lichtpunkte am Himmel: **Merkur, Venus, Mars, Jupiter** und **Saturn.** Von der Mitte des 20. Jahrhunderts an galt, dass es sich bei einem Planeten um einen der neun Körper handelte, die um die **Sonne** kreisen und größer als **Asteroiden** waren.

Mehrere Entdeckungen in den 1990er Jahren veranlassten die Astronomen, über diese Definition nachzudenken, beispielsweise die erste Beobachtung eines **Kuiper-Gürtel**-Objekts 1992. Solche Brocken umkreisen die Sonne im gleichen Bereich wie **Pluto,** was seine

ENTFERNUNGEN IM SONNENSYSTEM

Lichtzeit	Ungefähre Entfernung	Beispiel
3 Sekunden	900 000 km	Rundflug Erde-Mond
8,3 Minuten	149 600 000 km	von der Sonne zur Erde (1 AE)
1 Stunde	1 000 000 000 km	1,4fache Entfernung Sonne-Jupiter
1 Jahr	63 000 AE	Lichtjahr
4 Jahre	253 000 AE	nächster Stern

Planetennatur in Frage stellt. 1995 bestätigten Astronomen auch die Existenz von **braunen Zwergen.** Die kühlen Gaskugeln sind massereicher als **Riesenplaneten** wie der Jupiter, aber ansonsten diesen sehr ähnlich: Sie haben nicht genug Masse, um eine sich selbst tragende Kernfusion zu zünden, und sie umkreisen häufig andere Sterne. Zur Aufregung und Verwirrung in den 1990er Jahren trug auch die Entdeckung von Planetensystemen um andere Sterne bei. Die meisten der gefundenen **extrasolaren Planeten** sind sehr massereich und stehen der unteren Grenze zum braunen Zwerg sehr nahe. Astronomen haben sogar einige „Exoplaneten" gefunden, die keinen Stern umkreisen, sondern frei durchs Weltall wandern. Sie sind größer als Jupiter, aber kleiner als braune Zwerge.

Daher stößt jede Definition eines Planeten anhand seiner Masse, Zusammensetzung oder Position in einem System auf Schwierigkeiten. Derzeit würden die meisten Astronomen folgender Aussage zustimmen: Ein Planet ist ein kugelförmiges Objekt, das einen Stern umkreist; es ist größer als ein Asteroid, aber kleiner als ein brauner Zwerg. Diese Definition wird im Lauf des 21. Jahrhunderts vermutlich noch verfeinert werden.

GASRIESE

Ein Gasriese ist ein großer Planet, der hauptsächlich aus Gas besteht, das einen kleinen Felsenkern umhüllt. **Jupiter, Saturn, Uranus** und **Neptun** sind Gasriesen. Das Gleiche gilt für die meisten der außerhalb des **Sonnensystems** entdeckten Planeten. Derzeit können nur die massereichsten Planeten entdeckt werden.

Jupiter, der größte Gasriese, hat ungefähr die 318fache Masse der **Erde,** Saturn die 95fache, Neptun die 17fache und Uranus die 14fache. Diese Planeten sind jedoch nicht so dicht wie ihre terrestrischen Schwestern. Der Saturn beispielsweise hat eine geringere Dichte als Wasser. Theoretisch können Gasplaneten Massen bis zur 13fachen Jupitermasse erreichen. Oberhalb dieser Grenze wären sie massereich genug, um im Innern einzelne Kernfusionen zu zünden und würden daher als braune Zwerge klassifiziert werden.

PLANETESIMAL

Planetesimale sind asteroidenähnliche Objekte, die sich in den Anfangsjahren des **Sonnensystems** aus Staub, Eis und Gas des solaren Urnebels gebildet haben. Stoßen Planetesimale zusammen, entsteht schließlich ein vollwertiger **Planet** – so heißt es in den meisten Theorien zur Planetenentstehung.

BARYZENTRUM

Das Baryzentrum ist das Massezentrum (Schwerezentrum) in einem System sich gegenseitig umkreisender Körper – jener Punkt, um den alle Objekte laufen. Obwohl die **Sonne** den Großteil der Masse des **Sonnensystems** enthält, liegt das Schwerezentrum knapp außerhalb der Sonnenoberfläche und nicht im Sonnenzentrum. Die Sonne taumelt also ein bisschen, weil sie ebenfalls das Baryzentrum umkreist.

Das Baryzentrum des **Erde-Mond**-Systems liegt innerhalb der Erde, weil die Erdmasse viel größer ist als die des Mondes. Im Fall eines Doppelsterns mit gleich massereichen Komponenten liegt das Schwerezentrum in der Mitte der beiden Sterne.

INTERPLANETARES MEDIUM

Das interplanetare Medium ist eine Mischung aus Staub, ionisiertem Gas (meist Wasserstoff), geladenen Teilchen des **Sonnenwinds, elektromagnetischer Strahlung, kosmischer Strahlung** und Magnetfeldern, die den Raum zwischen den **Planeten** des **Sonnensystems** durchziehen.

Die Dichte des Mediums beträgt in Erdnähe etwa fünf Teilchen pro Kubikzentimeter und sinkt kontinuierlich mit wachsender Entfernung zur **Sonne.** Das interplanetare Medium wird vom Magnetfeld der Sonne beherrscht, das wiederum mit dem Sonnenwind und den Magnetfeldern der Planeten auf komplexe Weise in Wechselwirkung steht.

PLANET X

Zu Beginn des 20. Jahrhunderts, als Pluto noch nicht entdeckt war, theoretisierten die Astronomen William Pickering (1909) und Percival Lowell (1915) über einen weiteren Planeten außerhalb der Neptunbahn. Sie beriefen sich auf Störungen der Uranus- und Neptunbahnen, die vermutlich durch ein noch ferneres Objekt verursacht wurden. Lowell nannte es „Planet X".

Nachdem Clyde Tombaugh 1930 Pluto entdeckt hatte, vermuteten einige Astronomen anhand der Bewegung vom Uranus, dass sich jenseits seiner Bahn noch ein weiterer Planet befinden müsse (außer Neptun und Pluto).

Als aber „Voyager 2" im Jahr 1989 genau auf der berechneten Bahn zwischen Uranus und Neptun am Neptun vorbeiflog, war klar, dass es keinen Planet X geben konnte. Ansonsten wäre die Sonde durch die Gravitation des mysteriösen Planeten von ihrer Bahn abgelenkt worden.

MOND

Monde sind natürliche Begleiter, die um einen größeren Körper – einen Planeten oder einen großen Asteroiden – kreisen. Bis zur Erfindung des Teleskops war nur der Erdmond bekannt. 1610 entdeckte **Galilei** mit seinem neuen Fernrohr die vier größten Jupitertrabanten, die heute Galileische Monde heißen. Im Lauf der Jahrhunderte entdeckten Astronomen Monde um jeden Planeten mit Ausnahme von Merkur und Venus. Die Größe dieser Trabanten reicht von Jupiters riesigem **Ganymed** bis zu **Phobos** und **Deimos,** den kleinen Begleitern des Mars. Die Raumsonden „Voyager 1" und „Voyager 2" entdeckten in den 1970er und 80er Jahren winzige Monde an den äußeren Planeten. Mindestens 166 Monde des Sonnensystems sind bekannt.

Offenbar gelangen Planeten auf verschiedene Weise zu ihren Monden. Trabanten wie die Galileischen Monde umkreisen einen Planeten in geringem Abstand und in der gleichen Richtung, in die der Planet rotiert. Sie sind vermutlich aus derselben rotierenden Materiewolke wie der Planet entstanden. Andere Trabanten wie der **Neptunmond Triton** bewegen sich entgegengesetzt zur Planetenrotation. Sie entstanden wohl unabhängig vom Planeten und wurden später durch seine Gravitation eingefangen. Der **Erdmond** könnte eine weitere Entstehungsart repräsentieren. Seine Geologie und Umlaufbahn sprechen dafür, dass er durch einen gewaltigen Zusammenstoß zwischen der jungen Erde und einem riesigen, planetengroßen Objekt entstanden ist. Die Kollision schleuderte so viel Material in den Weltraum, dass sich daraus der Mond bilden konnte.

Leben auf den Monden?

Ein paar der natürlichen Satelliten sind besonders interessant: **Triton (Neptun),** Io **(Jupiter)** und **Titan (Saturn)** besitzen eine Atmosphäre. Triton hat mit Eis überzogene Polkappen und Geysire, Io gewaltige Vulkanausbrüche. Nachdem die Raumsonde „Cassini" ein Landegerät auf dem Saturnmond Titan abgesetzt hat, hoffen die Forscher mehr darüber zu erfahren, ob der „Ozean" unter der Oberfläche Kohlenwasserstoffe enthält, die mit denen der jungen **Erde** vergleichbar sind.

SYZYGIUM

Das Syzygium ist die Anordnung von drei Körpern des **Sonnensystems** auf einer geraden Linie. Wenn der Mond „neu" oder „voll" ist, steht er im Syzygium zu **Erde** und **Sonne.** Diese Konstellationen nennt man auch Opposition oder Konjunktion, wenn Erde, Sonne und ein weiterer **Planet** beteiligt sind.

DIE GROSSEN MONDE DES SONNENSYSTEMS

Planet	Zahl der Entdeckungen bis 2004	Trabanten	Entdeckungs-jahr	Mittlere Entfernung vom Planetenmittel-punkt (in km)	Masse (x 10^{20} kg)	Durchmesser (in km)
Erde	1	Mond	-	384400	734,9	3476
Mars	2	Phobos	1877	9380	0,001	27 x 22 x 18
		Deimos	1877	23460	0,002	15 x 12 x 10
Jupiter	63	Metis	1979	128000	0,001	40
		Adrastea	1979	129000	0,0002	20 x 16 x 14
		Amalthea	1892	181300	0,072	250 x 146 x 128
		Thebe	1979	221900	0,008	116 x 98 x 84
		Io	1610	421600	894	3630
		Europa	1610	670900	492	3138
		Ganymed	1610	1070000	1480	5262
		Callisto	1610	1883000	1080	4800
		Himalia	1904	11480000	0,100	170
		54 weitere				
Saturn	31	Mimas	1789	185520	0,375	418 x 392 x 383
		Enceladus	1789	238020	0,65	513 x 495 x 489
		Tethys	1684	294660	6,27	1060
		Dione	1684	377400	11	1120
		Rhea	1672	527040	23,1	1528
		Titan	1655	1221830	1345	5150
		Hyperion	1848	1481000	0,20	328 x 260 x 214
		Iapetus	1671	3561300	15,9	1436
		Phoebe	1898	12952000	0,072	220
		22 weitere				
Uranus	26*	Portia	1986	66090	0,800	136
		Puck	1985	86010	0,800	162
		Miranda	1948	129390	0,66	481 x 468 x 466
		Ariel	1851	191020	13,5	1158
		Umbriel	1851	266300	11,7	1169
		Titania	1787	435910	35,2	1580
		Oberon	1787	583520	30,1	1520
		Sycorax	1997	12179000	0,008	190
		18 weitere				
Neptun	13	Naiad	1989	48230	0,002	58
		Thalassa	1989	50080	0,0004	80
		Despina	1989	52530	0,02	148
		Galatea	1989	61950	0,04	158
		Larissa	1989	73550	0,05	208 x 178
		Proteus	1989	117650	0,5	436 x 416 x 402
		Triton	1846	354760	214	2706
		Nereide	1949	5513400	0,3	340
		5 weitere				
Pluto	1	Charon	1978	19600	16,2	1186

*Die meisten Quellen nennen 27 Uranusmonde, aber gemäß der Nasa ist „der Status des provisorischen Trabanten S/1986 U10 im Dezember 2001 widerrufen worden".

Anatomie eines Planeten

ACHSE

Eine Achse ist eine imaginäre Linie durch einen Körper, um die er sich drehen kann. Die Neigung einer Planetenachse relativ zur Senkrechten der Bahnebene um die Sonne entscheidet darüber, ob es auf dem Planeten Jahreszeiten gibt. Der **Merkur** ist der einzige Planet des **Sonnensystems** ohne eine nennenswerte Neigung der Rotationsachse. Der **Uranus** ist dagegen um 98 Grad gekippt. Er liegt also auf der Seite.

PLANETENRING

Planetenringe bestehen aus Gesteins- und Eisteilchen, deren Größe von feinem Staub bis zu großen Felsblöcken reicht. Eventuell handelt es sich um die Überreste eines **Mondes** oder eines anderen großen Körpers, der vom Mutterplaneten eingefangen und zerrieben worden ist. Alle vier Gasplaneten – **Jupiter, Saturn, Uranus** und **Neptun** – besitzen Ringe. Sie befinden sich innerhalb einer gewissen Entfernung vom Planeten, die als Roche-Grenze bekannt ist. Innerhalb dieser Grenze werden große Satelliten durch die Schwerkraft des Planeten zerrissen.

PLANETENGEOLOGIE

Planetengeologen untersuchen die Oberflächen und inneren Vorgänge bei **Planeten, Monden, Asteroiden** und weiteren Körpern des **Sonnensystems.** Sie versuchen zu verstehen, wie das Sonnensystem entstanden ist, warum sich die Planeten so unterschiedlich entwickelt haben, ob Leben auf anderen Körpern entstanden sein könnte und was uns die Geologie anderer Planeten über die Erde sagt.

Teleskope auf der Erde und im All liefern spektroskopische Daten. Raumsonden schicken Bilder und Daten aus der Planetenumlaufbahn und von Erkundungsfahrzeugen auf der Oberfläche. Diese Daten lie-

Bei den Saturnringen könnte es sich um die Überreste eines pulverisierten Mondes handeln. „Voyager 2" schoss dieses extrem verstärkte Farbbild aus einer Entfernung von 8,9 Millionen Kilometern. Die verschiedenen Farben deuten auf eine unterschiedliche chemische Zusammensetzung der Ringe hin.

fern den Geologen eine Fülle an Informationen: Größe, Gestalt, Masse, Dichte, Bewegung, das Vorhandensein eines Magnetfelds, Oberflächenstrukturen (wie **Vulkane, Krater** und Canyons), die Zusammensetzung von Mineralien auf der Oberfläche und das mögliche Alter der Oberfläche, die mögliche Existenz von Wasser, die Zusammensetzung der Atmosphäre.

Tektonik

Tektoniker untersuchen Veränderungen in der Kruste eines **Planeten** oder **Mondes.** Durch die innere Hitze eines Planeten können sich auf seiner Oberfläche Berge oder Verwerfungen bilden. Diese Form von tektonischer Aktivität ist auf allen terrestrischen Planeten beobachtbar. Aber nur die **Erde** scheint eine Kruste zu besitzen, die in bewegliche Platten zerbrochen ist. Die Gründe dafür sind noch unklar.

PLANETENOBERFLÄCHE

Der Fernerkundung von Oberflächen verdanken wir einen Großteil unseres Wissens über ferne Welten. Geologen achten dabei auf Einschlagkrater, Erosion durch Witterungseinflüsse oder Vulkanismus auf Grund von innerer Wärme und Tektonik – Verschiebungen auf der Oberfläche, die Gebirge und Falten erzeugen. Vergleichbare Vorgänge auf **Erde** und **Mond** versuchen die Forscher dann auf ferne Welten zu übertragen. Beispielsweise folgt aus der Tatsache, dass es auf der **Venus** relativ wenige Einschlagkrater gibt, dass Lava die Planetenoberfläche überzogen hat. Dies kann erst nach der Frühphase des **Sonnensystems** geschehen sein, in der ja Einschläge noch häufig stattfanden. Die großen **Vulkane** des **Mars** zeigen wiederum, dass sich die Planetenkruste kaum bewegt. Sie behalten ihren Standort über den Hot Spots viel länger bei als Vulkane auf der Erde. (Hot Spots sind Magmaströme, die ihren Ursprung am äußeren Planetenkern haben; sie entstehen unabhängig von der Plattentektonik.) Andererseits scheinen einige Oberflächenstrukturen die Folge von Vorgängen zu sein, die auf der Erde noch nie beobachtet wurden: zum Beispiel Schwefelvulkane auf **Io** oder Stickstoffgeysire auf **Triton.**

Krater

Ein Krater ist eine runde Vertiefung in der Oberfläche eines **Planeten, Mondes** oder **Asteroiden.** Einige Krater sind die Folge vulkanischer Aktivität, aber bei den meisten handelt es sich um Einschlagsorte, die von einem Zusammenstoß mit einem anderen Körper (Meteoroiden oder Asteroiden) zeugen. Einschlagkrater findet man

Struktur	Beschreibung
Catena	Kraterkette
Chasma	tiefes Tal oder Canyon
Labes	Erdrutsch
Lacus	kleine Ebene
Macula	dunkler Fleck
Mare	große, dunkle oder tief liegende Fläche
Mensa	kleine Erhebung mit flachem Gipfel
Mons	Berg oder Vulkan
Patera	flacher Krater mit komplexem Rand
Planitia	weite, tief liegende Ebene
Planum	großes Plateau
Regio	große, ausgeprägte Fläche
Terra	große Hochland- oder Bergregion
Vallis	gewundenes Tal, Rinne
Vastitas	ausgedehnte Tiefebene

BEZEICHNUNGEN FÜR HÄUFIG AUFTRETENDE PLANETENSTRUKTUREN

auf allen terrestrischen Planeten und auf den meisten Monden. Ihre Größe reicht von weniger als einem Millimeter bis zu mehr als 2 000 Kilometern. Krater sind die Folge von gewaltigen Ereignissen, deren Energie die von mehreren tausend Wasserstoffbomben erreichen kann. Trifft ein Felsbrocken auf einen anderen Körper mit fester Oberfläche, etwa einen Mond, dann wandelt sich die Bewegungsenergie des Felsbrockens in Hitze um. Schockwellen entstehen. Während das auftreffende Objekt meist verdampft, wird die getroffene Oberfläche pulverisiert und von der Einschlagstelle weggeschleudert. So entsteht der kreisförmige Kraterrand. Ein typischer Einschlagkrater mittlerer Größe besitzt einen Zentralberg. Hier ist der Kraterboden nach dem Einschlag wieder zurückgeschwungen. Große Krater können mehrere Gebirgsringe aufweisen, die durch ein wiederholtes Zurückschwingen des Bodens entstanden sind.

Aus Zahl und Zustand der Einschlagkrater auf der Oberfläche eines Mondes oder Planeten können Forscher das Alter der Oberfläche bestimmen und erkennen, ob Vulkanismus und Witterungserosion aufgetreten sind.

Becken

Becken sind große Einschlagkrater, die zu den größten Oberflächenstrukturen im Sonnensystem gehören.

Der gähnende Schlund der Caldera des Marsvulkans Olympus Mons – die Aufnahme stammt von der Sonde „Viking I". Da der Mars eine geringere Schwerkraft als andere Planeten hat und keine Plattentektonik, erheben sich seine Vulkane in große Höhen. Der Olympus Mons erreicht mehr als 26 Kilometer. Das macht ihn zum größten bekannten Vulkan des Sonnensystems.

Venus und der Erde ist, sind seine Vulkane über ihren Hot Spots sehr hoch. Der Olympus Mons beispielsweise ist höher als 26 Kilometer – dreimal so hoch wie der Mauna Loa auf Hawaii. Auch der Erdmond durchlebte in seiner Vergangenheit eine Phase aktiven Vulkanismus. Folge waren aber keine Vulkankegel, sondern ausgedehnte Lavaströme, die sich über die Einschlagkrater ergossen.

Caldera

Eine Caldera ist eine große Senke auf dem Gipfel oder der Flanke eines **Vulkans,** die durch Einsturz oder einen Ausbruch entstanden ist. Die Caldera des Marsvulkans Olympus Mons misst 90 mal 60 Kilometer.

Beispiele sind das Südpol-Aitken-Becken auf der erdabgewandten Seite des Mondes (Durchmesser mehr als 2092 Kilometer) und das Caloris-Becken auf dem **Merkur** mit rund 1350 Kilometern.

Ejekta (Auswürfe)

Ejekta sind pulverisierte und geschmolzene Trümmer, die von einem **Vulkan** oder Einschlagkrater weggeschleudert werden. Das ausgeworfene Material umgibt den **Krater** (Auswurfdecke).

Vulkane

Neben der **Erde** besitzen mehrere **Planeten** und **Monde** im Sonnensystem Vulkane. Durch sie erfahren die Forscher etwas über die Geologie des Mutterkörpers. **Venus** und **Mars** sind mit Vulkanen überzogen, die durch das tief im Planeteninnern liegende Magma entstanden sind. Auf der Venus haben die Lavaströme aus Tausenden von Vulkanen für eine relativ glatte Oberfläche gesorgt. Auch der Mars besitzt Vulkane. Da er keine mit der Erde vergleichbare Plattentektonik zeigt und seine Anziehungskraft geringer als bei der

PLANETENATMOSPHÄRE

Die Atmosphäre ist die Gasschicht, die einen astronomischen Körper umgibt. Dabei kann es sich um einen Stern, **Planeten** oder **Mond** handeln. Von den Planeten und Monden des **Sonnensystems** haben **Venus, Erde, Mars, Jupiter, Saturn, Uranus, Neptun** und der **Saturnmond Titan** eine ausgeprägte Atmosphäre; **Pluto** hat eine sehr dünne und **Merkur** fast keine.

Masse und Temperatur entscheiden darüber, ob ein Körper eine Atmosphäre halten kann. Die Teilchen von heißen Gasen bewegen sich schneller und widersetzen sich mit größerer Wahrscheinlichkeit der Gravitation. Sie entkommen ins All. Der kleine, heiße Merkur kann daher keine Atmosphäre halten, im Gegensatz zum kälteren, fast massegleichen Titan.

Die Atmosphäre der Erde besteht hauptsächlich aus Stickstoff und Sauerstoff, die der **Gasriesen** aus Wasserstoff und Helium. Auf Jupiter und Saturn findet man auch Methan und Ammoniak. Stickstoff und Methan sind die häufigsten Gase in Titans dunstiger, orangefarbener Atmosphäre, aus der es vielleicht Ethan und Propan regnet.

MAGNETOSPHÄRE

Die Magnetosphäre ist der Bereich um einen **Planeten,** der von seinem Magnetfeld beherrscht wird. Sie verläuft bogenförmig von Magnetpol zu Magnetpol und bildet einen Schutzschild gegen den **Sonnenwind.** Die der Sonne zugewandte Seite wird durch den Sonnenwind zusammengedrückt, die sonnenabgewandte Seite reicht weit ins All hinaus und hat die Form eines lang gezogenen Magnetschweifs. Sechs Planeten im **Sonnensystem** haben eine nennenswerte Magnetosphäre: **Merkur, Erde, Jupiter, Saturn, Uranus** und **Neptun.**

Sonne

SONNE

Die Sonne ist ein Stern und der Mittelpunkt unseres **Planetensystems.** Als gelber Zwergstern des G2-Typs gehört sie zu einer häufig vorkommenden Klasse, trotzdem ist sie heller und massereicher als 90 Prozent der Sterne in unserer **Galaxis.** Wie andere Sterne auch ist die Sonne eine riesige Gaskugel, die hauptsächlich aus Wasserstoff und Helium besteht. Ihre Energie erzeugt sie im Innern durch Kernfusion. Mit ihrem Durchmesser von 1 392 000 Kilometern würden mehr als eine Million Erdkugeln in die hohle Sonne hineinpassen. Die Sonnenmasse von 1,99 x 10^{30} Kilogramm ist 333 000-mal so groß wie die Erdmasse und macht mehr als 99 Prozent der Gesamtmasse des Sonnensystems aus. Die Temperatur an der sichtbaren Oberfläche der Sonne, der so genannten **Photosphäre,** beträgt rund 5 800 Kelvin, im Sonnenzentrum erreicht die Temperatur 16 Millionen Kelvin. In der **Korona** steigt die Temperatur auf ein bis zwei Millionen Kelvin. So wie die **Planeten** dreht sich auch die Sonne um ihre eigene **Achse.** Da sie kein fester Körper ist, rotiert die Oberfläche am Äquator einmal in 25,4 Tagen und in der Nähe der Pole einmal in ungefähr 34 Tagen.

Die Sonne ist vermutlich vor 4,6 Milliarden Jahren aus den sich verdichtenden Gasen des solaren **Urnebels** entstanden. Sie enthält hauptsächlich Wasserstoff und Helium sowie Spuren schwerer Elemente wie Calcium, Natrium und Eisen. Sie begann als Protosonne, ein relativ kühler, lockerer Gasball, der heißer wurde und mehr Gas anzog. Als Temperatur und Druck im Innern der Protosonne hoch genug waren, zündete die Kernfusion und setzte riesige Energiemengen frei. Die Sonne hat ihre „Lebensmitte" noch nicht erreicht. Ihr stehen weitere sieben Milliarden Jahre bevor, bis der Wasserstoff im Zentrum für die Kernfusion aufgebraucht sein wird. Dann wird es sich zusammenziehen, während ihre äußeren Schichten abkühlen und expandieren. Die Sonne entwickelt sich erst zum roten Riesen; dann werden die äußeren Schichten vom Kern wegtreiben und einen **weißen Zwerg** zurücklassen.

Das Sonnenzentrum ist unvorstellbar heiß, und es herrscht dort ein hoher Druck. Bei 16 Millionen Kelvin und einem Druck, der 250 Millionen Mal so hoch wie an der Erdoberfläche ist, verschmelzen Wasserstoffkerne zu Heliumkernen. Die kleine Menge verlorener Masse bei dieser Fusion verwandelt sich in eine riesige Menge von Energie in Form von Photonen, die abgestrahlt wer-

den. Bei den Reaktionen entsteht auch eine gewaltige Zahl an winzigen, neutralen Teilchen namens Neutrinos. Insgesamt wandelt die Sonne in jeder Sekunde 600 Millionen Tonnen Wasserstoff in Helium um und erzeugt unglaubliche 400 Billionen Billionen Watt an Energie.

Durch die Rotation des elektrisch geladenen Gases in der Sonne bildet sich ein starkes, komplexes Magnetfeld. Teile des Felds steigen durch die Photosphäre auf in die Korona und bilden verschlungene Bögen, die ständig reißen und sich wieder neu verbinden. Dieses Magnetfeld ist wohl für viele der spektakulärsten Phänomene auf der Sonne verantwortlich. Dort, wo es durch die Photosphäre stößt, tauchen dunkle, als **Sonnenflecken** bezeichnete Bereiche und helle Regionen auf; gewaltige Gasfontänen – Protuberanzen und Filamente – schießen heraus, von denen manche größer als die Erde sind; und manchmal ereignen sich gewaltige Explosionen, die **Sonnen-Flares.** Der Einflussbereich des Magnetfelds, die **Heliosphäre,** reicht bis an die Grenzen des Sonnensystems.

PHOTOSPHÄRE

Die Photosphäre ist die sichtbare Schicht der Sonnenkugel. Obwohl unser Zentralgestirn kein fester Körper ist, wirkt die Photosphäre für das menschliche Auge wie die Sonnenoberfläche, weil sie im sichtbaren Licht leuchtet. Sie ist rund 500 Kilometer dick und verglichen mit dem Rest der Sonne relativ kühl.

AKTIVES GEBIET

Ein aktives Gebiet auf der **Sonne** ist ein Bereich in den äußeren Sonnenschichten. Aktive Regionen treten dort

SONNE	
Durchschnittliche Oberflächentemperatur	5505 °C
Durchschnittliche Temperatur im Zentrum	16 000 000 °C
Rotation	25,4 Tage (am Äquator)
Äquatordurchmesser	1 392 000 km
Masse (Erde = 1)	333 000
Dichte	1408 kg/m³
Oberflächenschwerkraft (Erde = 1)	28,0

auf, wo starke Magnetfelder durch die **Photosphäre** stoßen. Sie geben eine intensive Strahlung über einen großen Spektralbereich ab. Es kann sich um **Sonnenflecken** in der Photosphäre handeln oder um heiße Flecken in der **Chromosphäre,** die man Plages nennt (helle, wolkenähnliche Strukturen in der Nähe von Sonnenflecken). **Sonnen-Flares,** Protuberanzen und koronale Masseauswürfe sind weitere Beispiele für aktive Regionen auf der Sonne.

SONNENFLECKEN

Sonnenflecken sind seit Jahrtausenden bekannt. Heute wissen wir, dass es sich bei ihnen um Bereiche in der **Sonnenphotosphäre** handelt, in denen ein besonders starker Teil des Magnetfelds das Aufsteigen von Gas an die Oberfläche hemmt. Das Zentrum eines Sonnenflecks liegt etwas tiefer als das ihn umgebende Gas. Seine Temperatur beträgt ungefähr 4 200 Kelvin – im Gegensatz zu den üblichen 5 800 Kelvin der Photosphäre. Einzelne Sonnenflecken haben den doppelten Erddurchmesser und treten häufig in Gruppen auf. Ihre Gesamtzahl schwankt in einem elf Jahre dauernden Zyklus. Zu Beginn des Sonnenzyklus tauchen die meisten Sonnenflecken bei 30 Grad nördlicher und südlicher Sonnenbreite auf, später näher am Äquator.

CHROMOSPHÄRE

Die Chromosphäre liegt direkt oberhalb der **Photosphäre.** Die dünne Gasschicht ist rund 2 000 Kilometer dick und während einer totalen **Sonnenfinsternis** um die vom **Mond** verfinsterte Sonnenscheibe zu sehen. Die Chromosphäre ist heißer als die Photosphäre (bis zu 10 000 Kelvin). Ihr Kennzeichen sind Spiculen, dünne Gasstrahlen, die in die darüber liegende Korona hochschießen und innerhalb von wenigen Minuten wieder vergehen.

KORONA

Die Korona ist die weitläufige, heiße obere Schicht der Sonnenatmosphäre. Während einer **Sonnenfinsternis** kann man sie sehen: Ausströmendes Gas umgibt die verdeckte Sonnenscheibe wie ein Schleier. Die Korona dehnt sich von der **Chromosphäre** Millionen von Kilometern in den Weltraum aus. Sie ist sehr dünn – rund zehn Billiarden Mal dünner als Luft – und mit Temperaturen zwischen ein und zwei Millionen Kelvin sehr heiß. Ursache dieser extremen Hitze könnte das Magnetfeld der Sonne sein. Die Korona verändert sich

Ein Querschnitt durch unsere Sonne verdeutlicht, wie sie durch Kernfusion in ihrem dampfkochtopfähnlichen Zentrum Energie erzeugt. Diese Energie wandert nach außen durch die Strahlungs- und Konvektionszone zur brodelnden Photosphäre, der sichtbaren Obergrenze der Sonne. Von dort verlässt das Licht die Sonne und passiert auf dem Weg ins All die zweistufige Atmosphäre, die Chromosphäre und Korona.

Korona

Sonnenwind

Konvektionszone

Strahlungszone

Photosphäre

Sonnenzentrum

Bogenprotuberanz

Protuberanzen

Sonnenwind

Koronales Loch

Pol

Koronales Loch

Pol

Protuberanzen

Korona

Chromosphäre mit Spiculen

Granulation

Bogenprotuberanz

Sonnenfleck

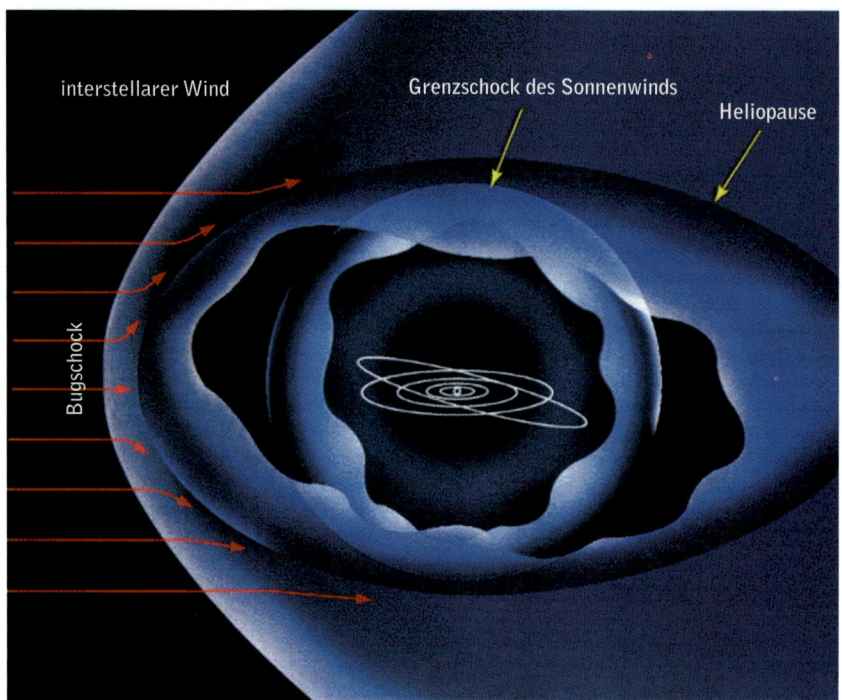

interstellarer Wind

Grenzschock des Sonnenwinds

Heliopause

Bugschock

Die Heliosphäre ist eine riesige „Blase" im All, die durch den Sonnenwind und das Magnetfeld der Sonne erzeugt wird. Sie erstreckt sich von der Sonne bis in Entfernungen von ungefähr 100 Astronomischen Einheiten. Ihr äußerster Rand heißt Heliopause. An ihm trifft der Sonnenwind auf das interstellare Medium. Da die Teilchen des interstellaren Mediums mit Überschallgeschwindigkeit auf die Heliosphäre treffen, entsteht eine Schockfront, die die Heliosphäre verformt.

ständig. Helle Bögen aus heißem Plasma, die man koronale Schleifen nennt, reichen von der Sonne manchmal Tausende von Kilometern ins All hinaus.

Bei koronalen Masseauswürfen explodieren Milliarden Kilogramm Plasma und streben mit hoher Geschwindigkeit auseinander. Koronale Löcher treten auf, wenn Magnetfeldlinien plötzlich reißen; diese dunklen Bereiche geringer Dichte ermöglichen dem **Sonnenwind,** ins All zu entweichen.

SONNEN-FLARE

Plötzliche Ausbrüche auf der Sonnenoberfläche wie die Sonnen-Flares treten meist während des Maximums des Sonnenfleckenzyklus auf. Sie schleudern Milliarden Tonnen geladener Teilchen mit mehr als 1000 Kilometern pro Sekunde ins All. In den wenigen Minuten, die ein Flare meist nur dauert, kann die Temperatur mehrere Millionen Kelvin erreichen. Treffen die geladenen Teilchen auf das Erdmagnetfeld, lösen sie **Polarlichter** und **geomagnetische Stürme** aus, die Kommunikationssatelliten stören und **Astronauten** im Weltraum gefährden können.

SONNENWIND

Beim Sonnenwind handelt es sich um das Ausströmen von atomaren Teilchen aus der **Korona** der **Sonne.** Er besteht hauptsächlich aus Protonen und Elektronen

sowie winzigen Mengen an Silizium-, Schwefel-, Calcium-, Chrom-, Nickel-, Neon- und Argonionen. Diese Teilchen strömen mit einer Rate von einer Million Tonnen pro Sekunde von der Sonne weg. Der Sonnenwind bewegt sich mit bis zu 900 Kilometern pro Sekunde, wobei die höchsten Geschwindigkeiten dort auftreten, wo er die koronalen Löcher durchquert.

Wenn der Sonnenwind auf planetare Magnetfelder trifft, kann er **Polarlichter** auslösen und das Magnetfeld zum **Planeten** hin verformen. Der Sonnenwind sorgt auch dafür, dass Kometenschweife von der Sonne weggerichtet sind.

HELIOSPHÄRE

Die Heliosphäre ist der Bereich, in dem das Magnetfeld der **Sonne** Einfluss nimmt und der **Sonnenwind** das **interstellare Medium** zurückdrängen kann. Die Heliosphäre reicht 50 bis 100 Astronomische Einheiten von der Sonne ins All hinaus. An ihrer Grenze, der Heliopause, ist der Druck des Sonnenwinds so groß wie der des interstellaren Mediums.

SOLARKONSTANTE

Die Solarkonstante beziffert die Menge der Sonnenenergie, die auf die oberen Schichten der **Erdatmosphäre** auftrifft. Die Menge variiert mit der Entfernung der **Erde** von der **Sonne** und der Stärke der Sonnenaktivität. Im Schnitt beträgt die Solarkonstante in einer Distanz von einer **Astronomischen Einheit** 1,35 Kilowatt pro Quadratmeter. Die Solarkonstanten der anderen Planeten lassen sich auf dieselbe Art messen.

MONDFINSTERNIS

Eine Mondfinsternis entsteht, wenn der **Mond** durch den Erdschatten wandert. Dann stehen Mond und **Sonne** auf entgegengesetzten Seiten der **Erde** (in der Ebene der **Ekliptik).** Eine Mondfinsternis tritt immer um die Zeit des Vollmonds auf. Wandert der Mond vollständig durch den dunklen Teil des Erdschattens (Kernschatten), spricht man von einer totalen Mondfinsternis. Die gibt es etwa ein- bis zweimal pro Jahr. Bei einer partiellen Mondfinsternis verfinstert der Erdschatten nur einen Teil des Mondes.

SONNENFINSTERNIS

Eine Sonnenfinsternis tritt ein, wenn die **Erde** durch den Mondschatten wandert. Dies geschieht nur während des Neumonds, wenn unser Trabant zugleich nahe bei der Ekliptikebene steht. Zwar ist der Mond viel kleiner als die **Sonne,** aber er steht auch näher an der Erde. Deshalb scheinen sie am Himmel ungefähr gleich groß, so dass der Mond die Sonne während einer totalen Sonnenfinsternis vollständig verdeckt. Es gibt drei Arten von Sonnenfinsternissen.

Ein Beobachter im Bereich des Mondschattens, wo die Sonne vollständig verfinstert wird (auf der Zentrallinie), wird Zeuge einer totalen Sonnenfinsternis. Beobachter in den äußeren Schattenbereichen sehen dagegen eine partielle Finsternis, bei der die Sonne nur zum Teil vom Mond verdeckt wird. Und wenn der Mond auf seiner **elliptischen Bahn** die größte Entfernung von der Erde hat, verdeckt seine Scheibe die Sonne nicht vollständig: Ein Ring hellen Lichts bleibt am Sonnenrand übrig. Man spricht dann von einer ringförmigen Sonnenfinsternis.

Obwohl eine totale Sonnenfinsternis nur wenige Minuten dauert, ist sie spektakulär. Bedeckt der Mond die Sonnenscheibe, wird die strahlenförmige **Korona** vor dem verdunkelten Taghimmel sichtbar. Für eine Beobachtung außerhalb der Totalität muss man zum Schutz der Augen geeignete Filter verwenden.

SONNENSONDEN

In den 1960er Jahren erforschten die US-Sonden „Pioneer 5 bis 9" als Erste die **Sonne,** indem sie Daten über ihr Magnetfeld, Plasma und ihre Oberfläche sammelten. Die deutsch-amerikanischen Raumsonden „Helios 1 und 2" folgten in den 1970er Jahren. In den 1990er Jahren starteten mehrere vielversprechende Missionen.

„Ulysses"
Die „Ulysses"-Sonde, ein Gemeinschaftsprojekt von **Nasa** und **ESA,** startete 1990. Im Schwerefeld des Jupiters holte sie sich weiteren Schwung, um auf eine Bahn zu gelangen, von der aus sie die Sonnenpole während des Zyklusmaximums und -minimums beobachten konnte.

„Yohkoh"
„Yohkoh" (Sonnenstrahl) ist eine japanische **Sonde,** die 1991 mit Instrumenten aus den USA und Großbritannien gestartet ist. Sie untersuchte Röntgen- und Gammastrahlen, die die **Sonne** bei Flares und anderen Energieausbrüchen emittiert hat.

„SOHO"
Das „Solar and Heliospheric Observatory" („SOHO"; Sonnen- und Heliosphärenobservatorium) startete

TOTALE MONDFINSTERNISSE 2006–2015	
Datum	**Sichtbar von**
3. März 2007	Nord- und Südamerika, Europa, Afrika, Asien
28. Aug. 2007	Nord- und Südamerika, Ostasien, Australien, Pazifik
21. Feb. 2008	Nord- und Südamerika, Europa, Afrika, Zentralpazifik
21. Dez. 2010	Nord- und Südamerika, Europa, Ostasien, Australien, Pazifik
15. Juni 2011	Südamerika, Europa, Afrika, Asien, Australien
10. Dez. 2011	Nordamerika, Europa, Ostafrika, Asien, Australien, Pazifik
15. Apr. 2014	Nord- und Südamerika, Australien, Pazifik
8. Okt. 2014	Nord- und Südamerika, Asien, Australien, Pazifik
4. Apr. 2015	Nord- und Südamerika, Asien, Australien, Pazifik
28. Sep. 2015	Nord- und Südamerika, Europa, Afrika, Westasien, Ostpazifik

TOTALE SONNENFINSTERNISSE 2006–2015	
Datum	**Sichtbar von**
29. März 2006	Europa, Afrika, Westasien
1. Aug. 2008	Nordöstliches Nordamerika, Europa, Asien
22. Juli 2009	Ostasien, Pazifik
11. Juli 2010	Südliches Südamerika
13. Nov. 2012	Nördliches Australien, Südlicher Pazifik
20 März 2015	Nordatlantik, Faröer-Inseln, Spitzbergen

1995 und ist ebenfalls ein Gemeinschaftsprojekt von **ESA** und **Nasa.** Es war die erste Raumsonde in einer Umlaufbahn um den **Lagrange-Punkt L1** zwischen **Sonne** und **Erde.** Von dort aus sammeln die zwölf Instrumente Daten über die Sonnenstruktur und -atmosphäre sowie den **Sonnenwind.**

„TRACE"
Der „Transition Region and Coronal Explorer" („TRACE"; Erforscher für den Übergangsbereich und die Korona) der **Nasa** startete 1998. Er sammelt Daten über das Sonnenmagnetfeld, damit Wissenschaftler untersuchen können, wie es die Aktivität der Sonnenatmosphäre beeinflusst. Die „TRACE"-Daten ergänzen die durch „SOHO" gewonnenen Informationen.

„Genesis"
Die 2001 von der **Nasa** gestartete „Genesis" kehrte 2004 auf die **Erde** zurück. Obwohl die Kapsel ungebremst in die amerikanische Utah-Wüste stürzte, konnte ein Teil ihrer Fracht geborgen werden, vor allem die wissenschaftlich interessanten Sonnenwindpartikel.

DIE ENTHÜLLTE SONNE

William Harwood

IM OKTOBER 2003 EREIGNETE SICH IN DER ÄUSSEREN SONNENATMOSPHÄRE EINE der heftigsten Explosionen, die je aufgezeichnet worden ist. Anschließend raste eine riesige Wolke geladener Teilchen in Richtung Erde. Zwei Tage später erreichte die Detonation die schützende Magnetosphäre unseres Planeten und löste dort ein spektakuläres Polarlichtspiel aus, als Elektronen- und Protonenschauer sich auf Spiralbahnen entlang der Magnetfeldlinien bewegten und über den irdischen Polen in die Atmosphäre krachten. Niemand weiß genau, was den magnetischen Kurzschluss verursacht hat, in dessen Folge die Millionen Grad heiße Sonnenkorona plötzlich so katastrophale Flares und koronale Masseauswürfe erzeugen konnte. Koronale Masseauswürfe sind gewaltige Explosionen, die regelmäßig Milliarden Tonnen ionisierten Gases ins All schleudern. Eine neue Satellitengeneration sammelt gerade die nötigen Daten, um solche zu Rätsel lösen und um ein Frühwarnsystem möglich zu machen.

«Eine Reihe von Unwettern vorherzusagen, ist das eine», sagt George Withbroe von der Nasa. «Aber es ist etwas anderes, wenn man voraussagt, dass es unter diesen Unwettern auch Tornados gibt. Wir wollen die Zuverlässigkeit der Vorhersagen verbessern.» Ein einziger Sonnen-Flare kann mehr Energie freisetzen als eine Milliarde thermonukleare Bomben. Er beschleunigt die geladenen Teilchen fast auf Lichtgeschwindigkeit und erhöht die Temperatur eines erdgroßen Bereichs auf der Sonnenoberfläche um mehrere zehn Millionen Grad. Flares folgen dem elf Jahre dauernden Sonnenfleckenzyklus und können gemeinsam mit koronalen Masseauswürfen auftreten, müssen es aber nicht. Neben der Unterbrechung des Stromnetzes können Flares und koronale Masseauswürfe auch die Telekommunikation und Satelliten stören. Für Astronauten im All bedeuten sie ein Strahlungsrisiko.

Selbst kleine Schwankungen im gesamten Energieausstoß der Sonne können sich langfristig auf die Erde auswirken. Mitte des 17. Jahrhunderts beispielsweise kamen Flares und koronale Masseauswürfe für mehr als 50 Jahre faktisch zum Erliegen. Der gesamte Energieausstoß der Sonne fiel dadurch nur um ein Viertel Prozent, aber das reichte, um eine kleine Eiszeit auszulösen, die sich in harten Wintern und einer kurzzeitigen Ausdehnung der Gletscher in den Schweizer Alpen bemerkbar machte. Wenn wir das Verhalten der Sonne verstehen, hilft uns das bei der Vorhersage möglicher Folgen für unser Klima, die weit über den Beginn einer weiteren Eiszeit hinausgehen könnten. «Wenn es eine langfristige Veränderung der Sonne gibt, die entweder die globale Erwärmung verstärkt oder reduziert, sollten wir das wissen», sagt Withbroe, «auch wenn ein Großteil der Erwärmung offenbar auf menschliche Aktivitäten zurückgeht. Einige Experten behaupten, dass eventuell bis zu 30 Prozent der globalen Erwärmung im vergangenen Jahrhundert durch das Hellerwerden der Sonne verursacht wurde.»

Die Erforschung der Sonne mit „SOHO"

Hier kommt „SOHO" ins Spiel, das „Solar and Heliospheric Observatory". Dieser Satellit der ESA wurde von der Nasa im Dezember 1995 gestartet und hat unser Wissen über die innere Struktur der Sonne sowie ihre Wechselwirkung mit der brodelnden Atmosphäre revolutioniert. „SOHO" umkreist auf seiner Umlaufbahn einen Punkt, der rund 1,5 Millionen Kilometer von der Erde entfernt ist. In diesem „Gravitationswirbel" kann „SOHO" mit minimalem Aufwand verharren. Nach acht Betriebsjahren hat der Satellit noch immer genügend Treibstoff für weitere sieben Jahre.

„SOHO" wurde für die Beobachtung der gesamten Sonne entwickelt – vom unsichtbaren Sonnenzentrum, wo die Kernfusion herrscht, bis zu den konvektiven äußeren Schichten, wo Flares und koronale Masseauswürfe entstehen und der Sonnenwind ins All geblasen wird. Um das Innenleben der Sonne zu erforschen, zeichnet der Satellit sehr tiefe Schallwellen auf. Sie entstehen durch Oberflächenkonvektion und laufen durch das gesamte Sonneninnere, bevor sie wieder die Oberfläche erreichen. Dadurch vibriert die Sonne wie ein Gong.

Wie die Erde ist auch die Sonne schichtförmig aufgebaut. Der Bereich der thermonuklearen Reaktionen reicht vom Mittelpunkt bis zu ungefähr einem Viertel des Sonnenradius. Die so genannte Strahlungszone, in der die Energie durch Strahlung in Richtung der Oberfläche transportiert wird, reicht bis zu 71 Prozent des Sonnenradius. Von dort bis zur Oberfläche wird die Energie durch Konvektion – Turbulenzen – transportiert. Daten von „SOHO" deuten darauf hin, dass die Strahlungszone starr rotiert, als ob sie ein Festkörper wäre. Dagegen rotiert die Konvektionszone differenziell: Bereiche in Äquatornähe laufen ungefähr alle 25 Tage einmal vollständig um, während Bereiche in höheren Breiten langsamer rotieren.

«Direkt an den Übergangsstellen treten sehr große Scherkräfte auf», sagt Withbroe. «Das ist ein idealer Ort für Magnetfelder in Bewegung, um sich aufzuwickeln. Letztlich liefert uns die Untersuchung des Innenlebens ständig Hinweise darauf, wie der gesamte Dynamo funktioniert.» Die durch diesen Dynamo erzeugte magnetische Energie gilt als die Ursache für die Erwärmung der Korona auf ihre extremen Temperaturen: In einer 100 Kilometer dicken Übergangszone zwischen der unteren Sonnenatmosphäre und der Korona springt die Temperatur von 10 000 auf eine Million Kelvin.

Der im April 1998 gestartete Nasa-Satellit „Transition Region and Coronal Explorer" („TRACE") erforscht die äußere Sonnenatmosphäre mit einem hochauflösenden Kamerasystem. Im ersten Betriebsjahr machte „TRACE" mehr als 1,5 Millionen Aufnahmen der Sonne und lieferte so neue Informationen über das Rätsel der koronalen Heizung. Auf diesen Erfolgen aufbauend, wollen die USA, Frankreich, Deutschland und Großbritannien 2006 „STEREO" starten, das „Solar Terrestrial Relations Observatory". Es wird aus zwei identischen Raumsonden bestehen, um koronale Masseauswürfe dreidimensional untersuchen zu können.

Weitere Sonnenobservatorien

Die nächste wichtige Sonnensonde der Nasa wird das „Solar Dynamics Observatory" („SDO") sein, das von einer Umlaufbahn um die Erde aus hauptsächlich Helioseismologie mit hoher Auflösung betrieben wird. Die Wissenschaftler, so Withbroe, werden in der Lage sein, «unter einen Sonnenfleck zu schauen und

seine Wurzeln sehen. Man wird den Ursprung einer aktiven Region sehen und sie verfolgen können, während sie über die Oberfläche der Sonne wandert. Und wir werden auch in der Lage sein, Schallwellen auf der Rückseite der Sonne zu beobachten.» Die Nasa will „SDO" im April 2008 starten.

„SDO" wird das Flaggschiff im Nasa-Programm „Leben mit einem Stern" sein, das Withbroe sich ausgedacht hat. Als Ergänzung hofft die Nasa, rechtzeitig

vor dem nächsten Sonnenmaximum im Jahr 2011 eine kleine Flotte anspruchsloser Raumsonden namens „Solar Sentinel" starten zu können. Sie sollen die Rückseite der Sonne erforschen, um die Entwicklung von koronalen Masseauswürfen und Sonnen-Flares zu beschreiben und um die allgemeine Vorhersage von Sonnenstürmen zu verbessern. Withbroe: «Es gibt zwei Orte im Sonnensystem, an denen wir noch nicht waren – die Sonne und Pluto. Und die Sonne ist wirklich einzigartig. Sie ist der einzige Stern, den wir auf absehbare Zeit werden besuchen können – es sei denn, wir erfinden eine neue Physik.» ∎

Oszillierende koronale Schleifen sind ein seltenes Phänomen. Sie treten auf, wenn der Ausbruch eines Filaments Chaos in der Korona auslöst. Solche Katastrophen beeinflussen die Erde kurzfristig und könnten auch zu langfristigen Phänomenen wie der globalen Klimaerwärmung beitragen. Diese Aufnahme stammt von der „TRACE"-Sonde.

Die Raumsonde „Mariner 10" ist die einzige, die am Merkur vorbeigeflogen ist. Sie hat dieses Bild des mysteriösen Planeten gemacht. Mit dem bloßem Auge ist der Merkur nur in der Dämmerung zu sehen. Die Aufnahmen von „Mariner" zeigen eine trockene Landschaft, die von Kratern überzogen ist und die der Oberfläche des Erdmondes ähnelt. Der Merkur ist der sonnennächste Planet und bislang weitgehend unkartiert und unerforscht.

Merkur

MERKUR

Der **Planet** Merkur steht der **Sonne** am nächsten. Er ist den Astronomen seit historischen Zeiten bekannt, obwohl er mit bloßem Auge nur in der Dämmerung zu sehen ist. Ansonsten wird er von der Sonne überstrahlt.

Der Großteil unseres heutigen Wissens geht auf Radarbeobachtungen von der **Erde** und auf Daten von „Mariner 10" (1974 und 1975) zurück, die bislang die einzige Raumsonde ist, die am Merkur vorbeigeflogen ist. Nicht einmal die Hälfte seiner Oberfläche ist kartiert worden, so dass vieles am Merkur rätselhaft bleibt.

Der Merkur besitzt eine der erstaunlichsten Umlaufbahnen und Rotationen des **Sonnensystems.** Er umkreist die Sonne auf einer elliptischen Bahn in einer durchschnittlichen Entfernung von nur 57 910 000 Kilometern (0,387 Astronomische Einheiten). In seinem Perihel steht der Merkur 23,8 Millionen Kilometer näher bei der Sonne als in seinem Aphel. Er läuft auf dieser Bahn mit rasanten 48 Kilometern pro Sekunde und vollendet sein Jahr innerhalb von 88 Erdentagen. Bis in die 1960er Jahre glaubten Astronomen, dass der Merkur der Sonne immer dieselbe Seite zeigt (so wie der **Mond** der Erde). Dadurch wäre ein Merkurtag so lang wie ein Merkurjahr. 1965 ergaben Radarbeobachtungen jedoch, dass die Rotationszeit des Merkurs (die Zeit, die es dauert, damit er sich einmal um seine Achse dreht) 58,6 Tage beträgt. Die Anziehungskraft der nahen Sonne hat zu einer Länge des Merkurtags von exakt zwei Drittel seiner Jahreslänge geführt.

Daraus ergeben sich einige sonderbare Effekte. Stünde jemand auf der Planetenoberfläche, dann sähe er die Sonne alle 176 Tage aufgehen; im Perihel sähe ein Beobachter, wie die Sonne am Himmel scheinbar anhält und eine Weile rückwärts läuft, bevor sie sich wieder vorwärts bewegt, wenn die Rotation des Planeten zur Bahngeschwindigkeit aufgeschlossen hat.

1915 veröffentlichte Albert **Einstein** eine „Erklärung der Periheldrehung des Merkurs mit den Mitteln der Allgemeinen Relativitätstheorie". Darin schrieb er, dass die Bahn des Merkurs durch die riesige Masse der nahe stehenden Sonne beeinflusst werde. Die Sonne verzerre die **Raumzeit**struktur in ihrer Umgebung zu einer Art Gravitationswall. Einsteins Formeln erklärten exakt die Periheldrehung des Merkurs und waren eine Bestätigung der Allgemeinen Relativitätstheorie.

Merkurs Durchmesser von 4879 Kilometern macht ihn nach **Pluto** zum zweitkleinsten Planeten des Sonnensystems. Doch für seine Größe ist der Merkur überraschend dicht. Astronomen folgern daraus, dass er einen großen eisenhaltigen Kern haben muss, der womöglich 75 Prozent des Planetendurchmessers ausfüllt. Wie der Merkur dazu kam, ist unklar. Er könnte wegen seiner Sonnennähe aus Materie entstanden sein, die sich von der anderer terrestrischer Planeten unterscheidet. Es könnte aber auch sein, dass die junge Sonne viele der leichteren Elemente des Merkurs verdampft hat oder diese leichteren Substanzen bei einer Kollision während der Entstehung des Merkurs verloren gingen.

Ein weiteres Rätsel betrifft das Magnetfeld des Merkurs. Gemäß der akzeptierten Lehre sollte der Planet keins haben, doch „Mariner 10" fand einen schwachen Magnetismus. Das bedeutet, dass der Merkur wie die Erde einen schnell rotierenden, geschmolzenen Kern besitzt – aber er rotiert sehr langsam, und der Kern eines so kleinen Planeten sollte schon vor langer Zeit erstarrt sein. Eine Theorie besagt, dass der feste Kern von einer Schale aus Eisen und Schwefel umgeben sein könnte und der Schwefel das Eisen im flüssigen Zustand hält.

Da der Merkur die Sonne fast umarmt, steigt die Temperatur auf seiner Tagseite auf 430 Grad Celsius

MERKUR	
Mittlere Sonnenentfernung	57 910 000 km
Umlaufzeit	88 Tage
Mittlere Bahngeschwindigkeit	47,9 km/s
Durchschnittstemperatur	167 °C
Rotationszeit	58,6 Tage
Äquatordurchmesser	4879 km
Masse (Erde = 1)	0,055
Dichte	5427 kg/m^3
Oberflächenschwerkraft (Erde = 1)	0,38
Bekannte Trabanten	keine

und fällt unter -183 Grad Celsius auf der Nachtseite. Aufnahmen von „Mariner 10" zeigen wie beim Erdmond eine von Kratern überzogene Oberfläche. Ein riesiger Krater, das Caloris-Becken, hat einen Durchmesser von 1350 Kilometern. Der dafür verantwortliche Einschlag war so gewaltig, dass die Schockwellen noch auf der anderen Seite des Planeten zu spüren waren und dort eine Hügellandschaft erzeugt haben.

Wie der Mond hat der Merkur auch glatte Ebenen, die vielleicht durch abkühlende Lava in der Frühgeschichte des Planeten entstanden sind. Lange, gewundene Klippen und Steilhänge schlängeln sich über den kleinen Merkur. Sie könnten entstanden sein, als der junge Planet abkühlte und schrumpfte.

Der Merkur ist zu heiß, um eine nennenswerte Atmosphäre zu halten. Die hoch erhitzten Gase würden einfach in den Weltraum verdampfen. Allerdings wurden kleinste Spuren Wasserstoffs, Heliums, Natriums und Kaliums nachgewiesen. Diese Elemente könnten durch den **Sonnenwind** dorthin gelangt sein oder aus dem Innern des Planeten ausgasen. Radarbeobachtungen lieferten zudem Echos an den Merkurpolen, die ausgerechnet auf Wassereis hindeuten. Möglicherweise sind die ständig im Schatten liegenden Krater an den Polen kalt genug, um Eis zu beherbergen. Es könnte aus vergangenen Zeitaltern übrig geblieben sein oder von **Kometen** stammen, die auf den Merkur gestürzt sind. Es könnte aber auch sein, dass die Radarechos nicht durch Wassereis, sondern eine andere reflektierende Substanz, zum Beispiel Schwefel, entstehen.

MERKURMISSIONEN

Die **Nasa**-Raumsonde „Mariner 10" wurde 1973 gestartet und durch die Gravitation der **Venus** dreimal um die **Sonne** herumgeschleudert. Jedes Mal flog die Sonde dabei am Merkur vorbei (1974 und 1975) und fotografierte insgesamt etwa die Hälfte der Planetenoberfläche, maß seine Masse und das Magnetfeld.

Im August 2004 startete die Nasa eine weitere Sonde namens „Messenger", die durch Beschleunigung in den Gravitationsfeldern von Erde, Venus und Merkur sowohl die Venus als auch den Merkur erforschen soll. 2008 wird die Sonde zweimal am Merkur vorbeifliegen, 2009 einmal und 2011 in eine Umlaufbahn einschwenken. Wenn alles glatt geht, wird „Messenger" fast die gesamte unbekannte Oberfläche fotografieren und helfen, weitere Rätsel zu lösen. 2011 wollen die **European Space Agency (ESA)** und Japan gemeinsam zwei Orbiter (Sonden, die den Planeten umkreisen) für weitere Untersuchungen zum Merkur schicken.

Venus

VENUS

Ihr brilliantes Leuchten morgens und abends ist kaum zu übersehen. Nach dem **Mond** ist die Venus das hellste Objekt am Nachthimmel. Dies liegt zum Teil daran, dass sie der **Erde** nahe steht. Die Venus ist von der **Sonne** aus der zweite **Planet** und hat eine durchschnittliche

Hinsichtlich Größe und Masse ist die Venus eine Schwester der Erde. Ihr Radius von 6052 Kilometern liegt nur knapp unter dem der Erde, ihre Masse entspricht 82 Prozent der Erdmasse. Mit einer Umlaufzeit von 224,7 Tagen ähnelt selbst ihre Jahreslänge unserem Planeten, aber die Venus dreht sich retrograd um ihre Achse – von Ost nach West. Dies unterscheidet sie von den anderen inneren Planeten. Die Venus dreht sich sehr langsam: in ungefähr 243 Erdentagen einmal. Dadurch ist der Venustag länger als das Venusjahr.

Bis in die 1950er Jahre glaubten viele Menschen, dass unter den Wolken der Venus eine dampfende, angenehme, tropische Welt zum Vorschein käme. Aber Untersuchungen des Planeten mit Mikrowellen 1958 zeigten, dass die Venus viel zu heiß für einen tropischen Planeten ist. Diese Messungen wurden später durch eine Reihe von Sonden bestätigt, zu denen die „Venera"-, „Mariner"- und „Magellan"-Missionen gehörten. Sie zeichneten ein Bild, das gar nicht schön war: die unwirtliche Venus als Trockenhölle, mit vernichtendem Atmosphärendruck und Säurewolken.

Die Venus ist trockener, als es ihre Nachbarschaft zur Sonne erwarten lässt. Die mittlere Oberflächentemperatur beträgt 464 Grad Celsius; die Venus ist der heißeste Planet des **Sonnensystems.** Diese Hitze verstärkt sich durch den Treibhauseffekt. Das durch die Wolken der Venus fallende Sonnenlicht wird von der Planetenoberfläche absorbiert und als Infrarotstrahlung wieder abgegeben, die von der kohlendioxidreichen Atmosphäre der Venus aber zurück-

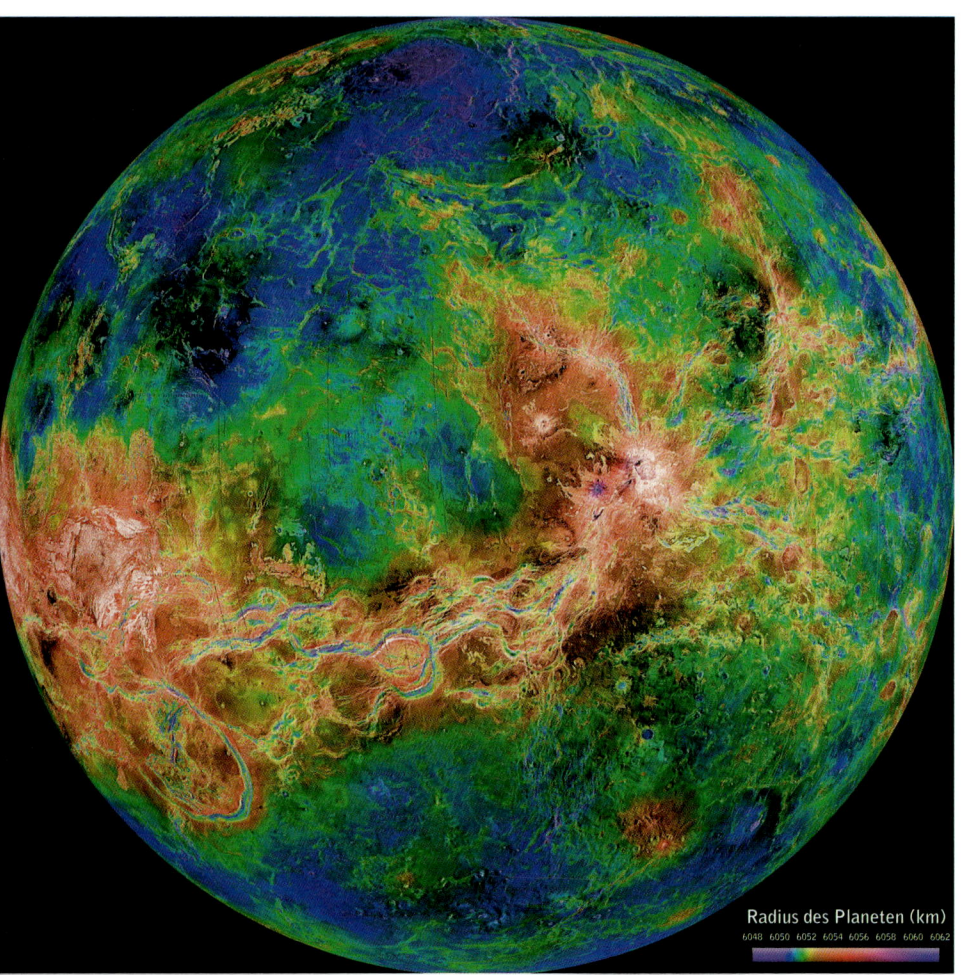

Radius des Planeten (km)

6048 6050 6052 6054 6056 6058 6060 6062

Diese Falschfarbendarstellung von Radarbildern der „Magellan-Sonde" zeigt die topografischen Unterschiede auf der Venus. Die Differenz zwischen dem tiefsten und höchsten Punkt auf dem Planeten beträgt nur etwa 20 Kilometer.

Entfernung von 108,2 Millionen Kilometern (0,723 **Astronomische Einheiten**). Aber die Helligkeit der Venus liegt auch an ihrem reflektierenden Wolkenteppich, der auf eine extrem dichte Atmosphäre hindeutet. Da ihre Bahn in geringerem Abstand um die Sonne verläuft als die Erdbahn, zeigt die Venus Phasen wie der **Erdmond**. Das kommentierte **Galilei** 1610 wie folgt: «*Cynthiae figuras aemulatur mater amorum.*» («Die Mutter der Liebe [Venus] ahmt die Gestalten der Mondgöttin nach»).

VENUS	
Mittlere Sonnenentfernung	108 200 000 km
Umlaufzeit	224,7 Tage
Mittlere Bahngeschwindigkeit	35 km/s
Durchschnittstemperatur	464 °C
Rotationszeit	243 Tage
Äquatordurchmesser	12 104 km
Masse (Erde = 1)	0,815
Dichte	5243 kg/m3
Oberflächenschwerkraft (Erde = 1)	0,91
Bekannte Trabanten	keine

WICHTIGE RAUMSONDENMISSIONEN ZUR VENUS				
Raumsonde	**Art**	**Nationalität**	**Startdatum**	**Ankunftsdatum**
„Mariner 2"	Vorüberflug	USA	August 1962	Dezember 1962
„Venera 4"	Landung	UdSSR	Juni 1967	Oktober 1967
„Mariner 5"	Vorüberflug	USA	Juni 1967	Oktober 1967
„Venera 7"	Landung	UdSSR	August 1970	Dezember 1970
„Venera 9"	Orbiter/Landung	UdSSR	Juni 1975	Oktober 1975
„Pioneer Venus 1 & 2"	Orbiter/Atmosphärensonde	USA	Mai 1978, August 1978	Dezember 1978
„Magellan"	Orbiter	USA	Mai 1989	August 1990

gehalten wird. Der Treibhauseffekt erwärmt den Planeten um 200 Grad.

Dagegen ist der Treibhauseffekt der Erde wegen der anderen Atmosphäre weniger extrem. Die Venusatmosphäre besteht zu 96 Prozent aus Kohlendioxid. Im Gegensatz zur Erde gibt es auf der Venus weder Pflanzen noch flüssiges Wasser, um dieses Gas zu absorbieren. Die mächtige, dichte Venusatmosphäre drückt mit ungefähr 91 Atmosphären – dem 91fachen Luftdruck der Erde – auf die Planetenoberfläche. Ständig hängt eine 19 Kilometer dicke Schicht aus gelblichen Wolken 50 Kilometer über der Venusoberfläche. Die Wolken bestehen aus konzentrierter Schwefelsäure, so dass es kontinuierlich sauren Regen nieselt. Der verdampft, ehe er die trockene Venusoberfläche erreicht.

Während sich die „Luft" an der Oberfläche kaum bewegt, peitschen in 60 Kilometer Höhe Winde mit rund 100 Metern pro Sekunde um den Planeten. Deshalb wird die obere Venusatmosphäre alle vier Erdentage komplett umgewälzt. Die Atmosphäre verteilt die Wärme effizient über den ganzen Planeten, so dass auf der Tag- und Nachtseite sowie auf der Nord- und Südhalbkugel über das ganze Jahr fast die gleich hohe Temperatur herrscht.

1990 kartierte der „Magellan"-Orbiter die Venusoberfläche und lieferte ein außergewöhnlich detailliertes Bild des Geländes. Es bestätigte die Ergebnisse früherer Sonden: eine relativ glatte Oberfläche mit zwei Hochländern – Ishtar Terra im Norden und Aphrodite Terra entlang des Äquators. Ishtar Terra wird an drei Seiten von Gebirgen begrenzt, unter anderem von den bis zu elf Kilometer hohen Maxwell Montes (das ist höher als der Mount Everest).

Aus der glatten Venusoberfläche folgern Wissenschaftler, dass sie von Lava überzogen wurde, die dann abkühlte. Tausende von **Vulkanen** liegen in den Ebenen des Planeten, aber es ist unklar, ob sie noch aktiv sind.

Der große Schwefelanteil in den Venuswolken gelangte in der Vergangenheit womöglich durch Vulkane dorthin.

Wegen der erdähnlichen Größe und Gestalt sowie den Anzeichen für Vulkanismus vermuten Forscher, dass die Venus wie die Erde einen flüssigen äußeren Eisenkern besitzen könnte. Aber bislang wurde kein Magnetfeld um den Planeten gefunden. Das könnte daran liegen, dass die Venus zu langsam rotiert, um ein solches Feld zu erzeugen, oder daran, dass sich der Venuskern deutlich von dem der Erde unterscheidet.

VENUSMISSIONEN

Nachdem die sowjetischen Raumsonden „Venera 1, 2 und 3" vor dem Erreichen der Venus den Kontakt zur Erde verloren hatten, gelang der US-Sonde „Mariner 2" 1962 ein erfolgreicher Vorbeiflug am **Planeten.** Sie maß hohe Temperaturen. Dieser Mission folgten „Venera 4, 5 und 6", denen ein Eintritt in die Atmosphäre gelang. Sie sendeten einige Daten zur Erde, bevor der Kontakt abbrach. Vermutlich wurden die Sonden unter den extremen Bedingungen auf der Venus zerquetscht oder schmolzen durch die Hitze. „Venera 7" war die erste Sonde, die erfolgreich auf der Venus landen konnte. Ihr folgten kontinuierlich weitere „Venera"-Sonden (bis Nummer 16) sowie die sowjetischen Raumfahrzeuge „Vega 1 und 2". Diese Missionen ergänzten unser Wissen über die dichte Atmosphäre der Venus und über ihre vulkanische Oberfläche.

„Pioneer Venus 1 und 2" sowie „Magellan" waren die wichtigsten US-Sonden. Der Orbiter „Pioneer Venus 1" kartierte den Großteil der Planetenoberfläche mit Radar und sammelte weitere Daten über die Atmosphäre, die „Pioneer Venus 2" durch vier Atmosphärensonden ergänzte. 1990 kartierte „Magellan" fast 98 Prozent der Oberfläche mit Radar und erreichte dabei eine Auflösung von mehr als 300 Metern.

Erde

ERDE

Der dritte **Planet** von der **Sonne** aus hat mehrere Eigenschaften, die ihn von den anderen acht unterscheiden. Am auffälligsten ist das flüssige Wasser auf einem Großteil der Erdoberfläche. Auch die Stickstoff-Sauerstoff-Atmosphäre des Planeten ist einzigartig, ebenso wie die sich ständig bewegenden Platten der Kruste. Das Wichtigste aber ist: Die Erde ist der einzige uns bekannte Planet, auf dem es Leben gibt.

Mit einem Radius von 6378 Kilometern und 597,4 x 10²² Kilogramm Masse ist die Erde der größte und massereichste der Gesteinsplaneten. Sie umläuft die Sonne in einer Entfernung von durchschnittlich 149597900 Kilometern und benötigt dafür 365,256 Tage. Die Erdachse ist um 23 Grad gegen die **Ekliptik**ebene geneigt, was zu ausgeprägten Jahreszeiten auf der nördlichen und südlichen Halbkugel führt. Untersuchungen von Masse, seismischer Struktur und Magnetfeld deuten darauf hin, dass die Erde einen festen inneren Eisenkern besitzt, der fast 5 000 Kelvin heiß ist – fast so heiß wie die Sonnenoberfläche. Dieser Kern rotiert noch schneller als die Erdoberfläche. Ihn umgibt ein flüssiger äußerer Eisenkern und dann ein Mantel, der weniger dicht als der Kern ist. Der Mantel ist heiß genug, um dehn- und verformbar zu sein, aber er ist nicht flüssig. Die dünne, zerbrechliche Kruste schwimmt auf dem Mantel. Sie bildet die Oberfläche mit den Meeren und bietet Raum für das Leben. Die Erde scheint der geo-

logisch aktivste Planet unseres **Sonnensystems** zu sein. Im Gegensatz zu anderen Planeten ist die Erdkruste in Platten zerbrochen, die ständig in Bewegung sind. Wo Platten zusammenstoßen, wölbt sich die Kruste zu Gebirgen auf, und Erdbeben treten auf. Wo die Platten auseinander driften, steigt geschmolzenes Gestein (Magma) aus dem Erdinneren auf und bildet neue unterseeische Gebirgszüge, die mittelozeanischen Rücken. Magma schießt auch durch Hot Spots nach oben und erzeugt aktive **Vulkane.** Wo die Erdkruste sich über den Meeresspiegel erhebt, bilden sich die als Inseln und Kontinente bekannten Landmassen.

Das markanteste Merkmal der Erde sind ihre Ozeane. Wasser bedeckt mehr als zwei Drittel der Planetenoberfläche in Form von Meeren, Seen, Flüssen sowie polaren und alpinen Eiskappen. Wasser ist als Dampf auch in der Erdatmosphäre vorhanden. Im Gegensatz zu anderen Planeten ist die Erde gerade warm genug, damit Wasser in allen drei Formen existieren kann: flüssig, fest (Eis) und gasförmig (Wasserdampf).

Woher kommt das Wasser? Womöglich ist der Großteil davon bereits bei der Entstehung der Erde vor 4,6 Milliarden Jahren mit eingeschlossen worden und dann durch Risse und Vulkane in die Atmosphäre gelangt. Ein Teil könnte auch durch **Kometen** auf die Erde gekommen sein, bei denen es sich im Wesentlichen um schmutzige Schneebälle aus dem All handelt. Nachdem sich die **Erdatmosphäre** gebildet hatte, war das Wasser in ihr gefangen und konnte endlos im Kreislauf zirkulieren.

Das meiste Leben gibt es in den irdischen Meeren. Sie dienen als planetarer Temperaturregler, indem sie Wärme im Sommer speichern und im Winter wieder abgeben. So schwankt die Temperatur nur moderat. Die Meere nehmen auch Kohlendioxid aus der Atmosphäre auf, beispielsweise durch das Plankton.

Den Ozeanen verdanken wir auch die Atmosphäre, so wie wir sie heute kennen. Als sich der Planet bildete, hatte er wie der **Merkur** eine dünne Atmosphäre aus Wasserstoff und Helium. Im Lauf der Zeit setzten Vulkane Gase aus dem Erdinneren frei, und es entstand eine dicke Hülle aus Wasserdampf und Kohlendioxid. Als flüssiges Wasser zunehmend die Oberfläche bedeckte, absorbierten die Urozeane den Großteil des Kohlendioxids. Ein Teil des Gases wurde in die Schalen von Meeresorganismen eingelagert. Algen im Ozean und Pflanzen an Land nahmen ebenfalls

ERDE	
Mittlere Sonnenentfernung	149600000 km
Umlaufzeit	365,256 Tage
Mittlere Bahngeschwindigkeit	29,8 km/s
Durchschnittstemperatur	15 °C
Rotationszeit	23,9 Stunden
Äquatordurchmesser	12756 km
Masse	5974000000000000000000000 kg
Dichte	5515 kg/m³
Oberflächenschwerkraft	9,81 m/s²
Bekannte Trabanten	1
Größter Trabant	Erdmond

Aus dem Weltraum betrachtet, unterscheidet sich die Erde auffallend von den anderen acht Planeten: mehr als zwei Drittel ihrer Oberfläche sind von Wasser bedeckt. Vielleicht ist sie aus diesem Grund der einzige bekannte Planet des Sonnensystems, auf dem es Leben gibt.

Kohlendioxid auf und gaben Sauerstoff ab. Schließlich wurden Stickstoff – einst nur ein Spurenelement – und Sauerstoff zu den dominierenden Bestandteilen der Atmosphäre, in der es auch noch kleinere Mengen an Argon, Neon, Helium, Wasserstoff und Xenon gibt.

Sowohl natürliche als auch durch Menschen verursachte Vorgänge beeinflussen die Atmosphäre. In den vergangenen Jahrhunderten wurden durch die Rodung von Wäldern und die Verbrennung fossiler Treibstoffe wesentliche Mengen an Kohlendioxid in der Luft angereichert. Die meisten Wissenschaftler sind sich daher einig, dass dieses Gas zu einer kontinuierlichen Erwärmung beiträgt. Außerdem gelangten in der zwei-

ten Hälfte des 20. Jahrhunderts Fluorchlorkohlenwasserstoffe (FCKWs) in die Atmosphäre – Chemikalien, die vor allem in Kühlschränken und Spraydosen eingesetzt wurden. Sie fressen Löcher in die Ozonschicht (O_3), die das Leben auf der Erde vor der Ultraviolettstrahlung der Sonne schützt. FCKWs und Klimaerwärmung bedrohen die Atmosphäre.

Wie einige andere Planeten besitzt auch die Erde ein Magnetfeld. Die Polarität dieses Magnetfelds kehrt sich in unregelmäßigen Abständen um. Die Zeiträume liegen zwischen Zehntausenden und Hunderttausenden von Jahren. Das gesamte Magnetfeld erzeugt eine **Magnetosphäre,** einen Art magnetische Hülle.

Die rund 600 Kilometer hohe Gasatmosphäre der Erde besteht aus mehreren Schichten. Sie ermöglicht Leben, führt das Wasser im Kreislauf und schützt den Planeten vor schädlicher Strahlung. Wolken und Wetter entstehen in der untersten Schicht, der Troposphäre, die auch den dichtesten Teil der Atmosphäre bildet.

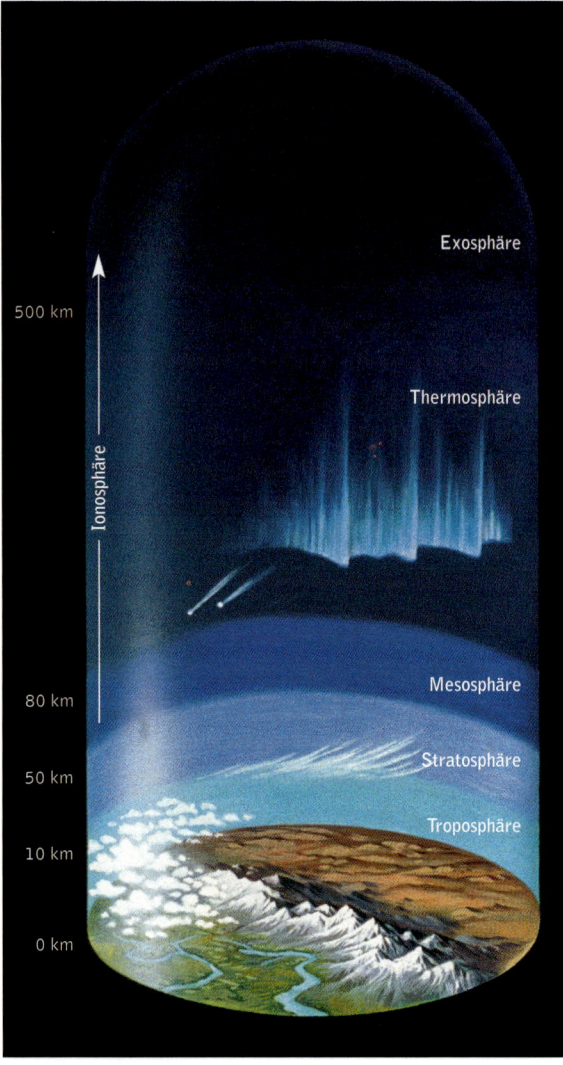

BIOSPHÄRE

Die Biosphäre umfasst alle Bereiche der **Erde,** die Lebewesen enthalten: eine rund 20 Kilometer dicke Schicht, die von der größten Tiefe der Ozeane bis in die unteren Schichten der Atmosphäre reicht. Das Leben begann vor mehr als drei Milliarden Jahren im Meer.

ERDATMOSPHÄRE

Die irdische Atmosphäre ist die Gasschicht, die infolge der Gravitation dicht um den Planeten liegt. Sie besteht hauptsächlich aus Stickstoff (78,08 Prozent), Sauerstoff (20,94 Prozent), Argon (0,93 Prozent) und Spurengasen wie Kohlendioxid, Helium, Wasserstoff und Xenon. Die Atmosphäre als Ganzes ist rund 600 Kilometer dick, aber ihre oberen Schichten sind sehr dünn und gehen kontinuierlich in den Weltraum über. Sie wird in fünf Schichten unterteilt, die durch ihre Dichte,

Zusammensetzung und Temperatur charakterisiert sind: **Troposphäre, Stratosphäre Mesosphäre, Thermosphäre** und **Exosphäre.**

Troposphäre

Die Troposphäre ist die unterste Schicht der irdischen Atmosphäre und reicht bis in ungefähr zehn Kilometer Höhe über der Erdoberfläche. Sie ist der dichteste Bereich der Atmosphäre und neben der **Thermosphäre** der wärmste: Die Durchschnittstemperatur an der Erdoberfläche beträgt 15 Grad Celsius. Fast der gesamte Wasserdampf befindet sich in der Troposphäre. Dort spielt sich das Wettergeschehen ab und bilden sich die meisten Wolken.

Stratosphäre

Die Stratosphäre ist die Atmosphärenschicht direkt über der **Troposphäre.** Sie beginnt in zehn Kilometer Höhe und reicht bis in 50 Kilometer. Starke, kontinuierliche Winde wehen dort in der dünnen, trockenen Luft, der bevorzugten Höhe für Fernflüge. In dieser Region liegt auch die Ozonschicht, die den Großteil der ultravioletten Sonnenstrahlung absorbiert und dadurch verhindert, dass sie den Boden erreichen kann.

Mesosphäre

Die Atmosphärenschicht über der **Stratosphäre** heißt Mesosphäre. In diesem Bereich, der von 50 bis 85 Kilometer über der Erdoberfläche reicht, fällt die Temperatur drastisch bis auf -93 Grad Celsius.

Thermosphäre

Thermosphäre heißt die Atmosphärenschicht, die bei 85 Kilometer über der Erdoberfläche beginnt und sich bis zu 600 Kilometer erhebt. Röntgenstrahlen und andere kurzwellige Strahlung von der **Sonne** erregen die spärlichen Moleküle der Thermosphäre, so dass die Temperatur steil auf 1727 Grad Celsius ansteigt.

Exosphäre

Die Exosphäre markiert die äußere Grenze der **Erdatmosphäre.** Sie fängt oberhalb der **Thermosphäre** in einer Höhe von rund 600 Kilometer an und geht nahtlos in den Weltraum über. In diesen Höhen besteht die Atmosphäre hauptsächlich aus Wasserstoff- und Heliumgas.

Ionosphäre

Die Ionosphäre ist der Teil der **Erdatmosphäre,** in dem die Sonnenstrahlung Moleküle ionisiert. Dadurch reflektieren sie hochfrequente Radiowellen auf die

Erde zurück. Die Ionosphäre beginnt in den oberen Schichten der **Mesosphäre** und reicht über die **Thermosphäre** bis zur **Exosphäre.** Die Ionosphäre hat sich als sehr nützlich erwiesen, um Funkwellen über große Distanzen zu übertragen.

MAGNETOSPHÄRE

Der rotierende Eisenkern der Erde erzeugt elektrische Ströme, die unseren Planeten in einen riesigen Magneten verwandeln. Die Magnetfeldlinien verlaufen in Bögen vom südlichen Magnetpol zum nördlichen Magnetpol der Erde und bilden ein gewaltiges Schutzschild um den Planeten: die Magnetosphäre. Sie bewahrt die Erde vor den Teilchen des **Sonnenwinds.** Da diese elektrisch geladen sind, werden sie von den Magnetfeldlinien in zwei Ringen eingefangen, die man **Van-Allen-Strahlungsgürtel** nennt.

Die Magnetosphäre ist nicht wirklich kugelförmig. Auf der Tagseite der Erde, wo sie vom Sonnenwind bombardiert wird, wird sie zu einem flachen Bogen zusammengepresst, der rund zehn Erdradien ins All hinausreicht. Auf der Nachtseite reißt sie der Sonnenwind Hunderte von Erdradien weit mit; es entsteht der Magnetschweif. Die Grenze zwischen der Magnetosphäre und dem Sonnenwind heißt Magnetopause.

VAN-ALLEN-GÜRTEL

Die Van-Allen-Strahlungsgürtel wurden 1958 durch den ersten künstlichen **Satelliten** der USA, „Explorer 1", entdeckt und nach dem Physiker James Van Allen benannt. Es handelt sich um zwei torusförmige Magnetfeldringe um die **Erde,** die geladene Teilchen des **Sonnenwinds** einfangen.

Der innere Gürtel liegt rund einen Erdradius über dem Äquator und enthält hauptsächlich energiereiche Protonen und Elektronen. Der äußere Gürtel, der ungefähr drei Erdradien über dem Äquator verläuft, fängt vor allem Elektronen geringer Energie ein.

POLARLICHT

Bei Polarlichtern handelt es sich um ein farbenprächtiges, veränderliches Leuchten hoch in der Atmosphäre. Sie heißen auf der Nordhalbkugel auch Nordlicht, auf der Südhalbkugel Südlicht.

Polarlichter entstehen durch Schauer geladener Teilchen, die aus den **Van-Allen-Gürteln** in die **Ionosphäre** eindringen. Dort bringen sie die Gase der Atmosphäre beim Zusammenstoß zum Fluoreszieren.

Die Farbe des Leuchtens hängt von dem Gas ab, welches das Licht emittiert. Die spektakulärsten Polarlichter treten während **geomagnetischer** Stürme auf, die durch koronale Masseauswürfe ausgelöst werden.

GEOMAGNETISCHER STURM

Ein geomagnetischer Sturm ist eine bedeutende (oft weltweite) Störung des irdischen Magnetfelds, ausgelöst durch intensive Sonnenaktivität wie **Sonnen-Flares** oder koronale Masseauswürfe. Zwei bis drei Tage nach dem Ereignis auf der Sonne erreicht ein heftiger **Sonnenwind** die **Magnetosphäre** und drückt sie

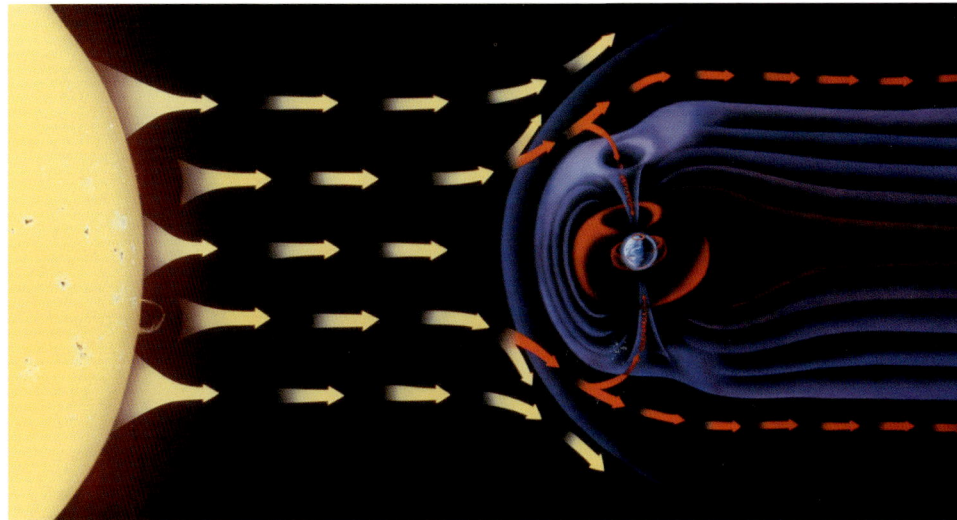

zusammen. Während eines geomagnetischen Sturms können Substürme auftreten, die bis zu einer halben Stunde dauern. Dabei regnet es geladene Teilchen in die obere Atmosphäre, wodurch brillante **Polarlichter** entstehen.

Wenn der Sonnenwind (gelbe Pfeile) auf das kräftige irdische Magnetfeld trifft (Magnetosphäre genannt, hier in Blau dargestellt), verfangen sich ein paar Teilchen in den Van-Allen-Gürteln (in Rot). Der Sonnenwind ist ein Strom aus magnetischen Teilchen, den die Sonne abgibt.

IRDISCHER EINSCHLAGKRATER

Wenn die Erdoberfläche nicht ständig durch Plattentektonik, Wind, Wasser und lebende Organismen neu geformt werden würde, wären **Krater** eine häufige Landschaftsform. Genau wie die anderen terrestrischen Planeten ist die Erde während ihrer gesamten Geschichte von Meteoriten, **Asteroiden** und **Kometen** bombardiert worden, besonders in der Frühzeit des **Sonnensystems.** Die meisten dieser Krater sind inzwischen wieder verschwunden – bis auf rund 150. Diese Krater zeigen, wie verheerend ein solcher Einschlag sein kann. Der vielleicht berühmteste dieser Einschläge ist das Chicxulub-Becken (ausgesprochen: Tschieksho-luub), das unter einer Sedimentschicht auf der mexikanischen Halbinsel Yucatán begraben liegt. Es hat einen Durchmesser von 170 Kilometern und zeigt Hinweise auf den Einschlag eines Asteroiden am Ende der Kreidezeit vor 65 Millionen Jahren, der zu dem damaligen Massensterben beigetragen haben könnte.

GEZEITEN

Sowohl die **Sonne** als auch der **Mond** üben eine Anziehungskraft auf die **Erde** aus. Der Einfluss des Mondes ist dabei stärker, weil er der Erde viel näher steht. Diese Anziehungskraft ist nicht überall auf der Erde gleich groß, sondern in den Teilen stärker, die unserem Trabanten während der Erdrotation näher stehen. Diese ungleiche Beanspruchung erzeugt Gezeitenkräfte, die die Gestalt der Erde verformen, am stärksten die Oberfläche der Ozeane. Während die Erde rotiert, bilden die Meere auf der dem Mond zugewandten und auf der dem Mond abgewandten Seite jeweils einen Buckel. Wenn Sonne, Erde und Mond während Neu- oder Vollmond auf einer Linie liegen (in den **Syzygien**), sind die Gezeiten am stärksten: Man spricht von Springtiden. Bilden Sonne und Mond während des ersten und des letzten Viertels des Mondes mit der Erde ein rechtwinkliges Dreieck (eine Quadratur), sind die Gezeiten am schwächsten: Man spricht von Nipptiden.

SOLSTITIUM

Solstitien beziehen sich sowohl auf eine Zeit als auch auf einen Ort am Himmel. Das Sommersolstitium (Sommeranfang) der Nordhalbkugel, meist am 21. Juni, ist der Tag, an dem es am längsten hell ist, und der Punkt, wo die **Sonne** für diese Hälfte der Erde ihre größte Höhe am Himmel erreicht. Das Wintersolstitium (Winteranfang) der Nordhalbkugel, meist am 21. Dezember, ist der kürzeste Tag und der Punkt, am dem die Sonne ihre geringste Höhe des Jahres erreicht. Die jeweiligen Daten des Sommer- und Wintersolstitiums sind auf der Südhalbkugel genau entgegengesetzt.

ÄQUINOKTIUM

Ein Äquinoktium ist einer der beiden Punkte der **Himmelskugel,** an dem die Sonne auf ihrer scheinbaren Bahn (**Ekliptik**) den Himmelsäquator überquert. Ekliptik und Himmelsäquator sind gegeneinander geneigt, weil die irdische Rotationsachse um rund 23 Grad gegen die Senkrechte zur Bahnebene geneigt ist – Erdäquator und Ekliptik stehen in einem Winkel von 23 Grad zueinander. Wenn die Sonne scheinbar den Himmelsäquator von Süd nach Nord überquert (ungefähr am 21. März), ist Frühlingsanfang (Frühlingsäquinoktium). Am Herbstanfang (Herbstäquinoktium) scheint die Erde den Himmelsäquator von Nord nach Süd zu überqueren (ungefähr am 22. September). Zu diesen Zeitpunkten sind Tag und Nacht gleich lang.

EKLIPTIK

Von der Erde aus gesehen ist die Ekliptik die Bahn, an der sich die Sonne scheinbar am Himmel entlang bewegt. Sie ist um 23,27 Grad gegen den Erdäquator geneigt Die Sonne scheint den Himmelsäquator daher zweimal im Jahr zu überqueren.

DIE GRÖSSTEN IRDISCHEN EINSCHLAGKRATER

Name	Durchmesser (in km)	Alter in Jahren	Ort
Sudbury	200	1 850 000 000	Ontario, Kanada
Bedout	200	251 000 000	Australien
Chicxulub	170	65 000 000	Yucatán, Mexiko
Acraman	160	570 000 000	Australien
Vredefort	140	1 970 000 000	Südafrika
Manicouagan	100	212 000 000	Quebec, Kanada
Popigai	100	35 000 000	Russland
Puchezh-Katunki	80	220 000 000	Russland
Kara	65	73 000 000	Russland
Beaverhead	60	600 000 000	Montana, USA

Das Polar- oder Nordlicht verzaubert den Himmel über Alaska mit einem Leuchten und erzeugt eine impressionistisch wirkende Landschaft. Solche Lichtmuster entstehen, wenn energiereiche geladene Teilchen aus den Van-Allen-Gürteln in die Hochatmosphäre der Erde eindringen und mit den dortigen Gasmolekülen zusammenstoßen. Die Farben hängen von der Art der beteiligten Gase ab.

Erdmond

Der Mond ist der einzige natürliche Satellit der Erde. Er umläuft unseren Planeten in gebundener Rotation, das heißt, er dreht sich synchron zur Erde. Die vertraute, erdzugewandte Seite (oben) zeigt eine felsige Oberfläche aus hellen Kratern und dunklen, von Lava überfluteten „Meeren". Die erdabgewandte Seite (unten) ist von Kratern durchlöchert und besitzt eine dickere Kruste.

MOND

Der Mond ist der einzige natürliche Begleiter unseres Planeten. Mit einem Durchmesser von 3476 Kilometern erreicht er ein Viertel des Erddurchmessers und ist der fünftgrößte Trabant des **Sonnensystems.** 1969 wurde der Mond zum ersten und bislang einzigen extraterrestrischen Körper, der von Menschen besucht worden ist. Die **„Apollo"**-Astronauten brachten 382 Kilogramm Mondgestein zur Erde zurück, anhand dessen Forscher Erkenntnisse über Alter, Zusammensetzung und Ursprung des Mondes gewannen.

Unser Trabant umläuft die **Erde** in einer durchschnittlichen Entfernung von 384 400 Kilometern und in gebundener Rotation. Das heißt, er vollendet eine Umdrehung um die eigene Achse in der gleichen Zeit, in der er einmal um die Erde läuft. Deshalb sehen wir ihn immer von derselben Seite. Umlaufzeit und Tageslänge des Mondes sind also gleich lang: 27 Tage, sieben Stunden und 43 Minuten (**siderischer Monat**). Die Anziehungskraft des Mondes löst die Gezeiten der irdischen Meere aus. Gleichzeitig üben die hohen Tiden auf der Erde eine Anziehungskraft auf unseren Trabanten aus. Dadurch wird ihm zusätzlich Energie zugeführt, und er entfernt sich mit einer Geschwindigkeit von 3,8 Zentimetern pro Jahr von der Erde. Die Mondmasse von $7,35 \times 10^{22}$ Kilogramm macht nur ein Achtzigstel der Erdmasse aus, seine Dichte ist mit 3 340 Kilogramm pro Kubikmeter geringer als die der Erde (5 515 Kilogramm pro Kubikmeter). Wissenschaftler vermuten, dass der Mond einen kleinen eisenhaltigen Kern besitzt, der rund 20 Prozent des gesamten Radius einnimmt.

Die Welt auf unserem Trabanten ist trocken, felsig, und ohne Luft. Seine Krater und Maria („Meere") sind deutlich von der Erde aus zu sehen. Millionen von Einschlagkratern kennzeichnen die Mondoberfläche. Sie reichen in ihrer Größe von dem riesigen Südpol-Aitken-Becken mit mehr als 2 092 Kilometer Durchmesser bis zu Mikrokratern von weniger als einem Millimeter Weite. Die lunaren Gebirge sind um die größten Einschlagbecken maximal 7 920 Meter hoch. Anders als irdische Gebirge sind sie keine Folge tektonischer Bewegungen, sondern Überreste der Kraterränder. In den dunkelgrauen, glatt aussehenden Flächen, die frühere Beobachter für Meere hielten, gab es nie Wasser. Bei diesen Maria handelt es sich vielmehr um Ein-

MOND	
Mittlere Entfernung zur Erde	384 400 km
Mittlere Bahngeschwindigkeit um die Erde	1,02 km/s
Durchschnittstemperatur	-20 °C
Äquatordurchmesser	3476 km
Masse (Erde = 1)	0,01
Dichte	3340 kg/m³
Oberflächenschwerkraft (Erde = 1)	0,17

schlagbecken, die in der fernen Vergangenheit mit Lava aus dem Mondinnern aufgefüllt wurden und dann abgekühlt sind. Fast alle lunaren Maria liegen auf der erdzugewandten Seite; die abgewandte Seite ist von mehr Kratern und Bergen überzogen.

Auf dem Mond hat es wohl nie flüssiges Wasser gegeben. Umso mehr waren Astronomen überrascht, als die Sonde „Clementine" 1994 Wassereis an den Mondpolen nachwies. Es liegt in schattigen Kratern, wo niemals Sonnenstrahlen hingelangen, und könnte mit Kometen auf den Mond gelangt sein. Die Nachtseite unseres Trabanten ist mit -169 Grad Celsius sehr kalt, aber auf der Tagseite wird es bis zu 117 Grad Celsius heiß.

Ein feinkörniges Material namens Regolith, das aus pulverisiertem Gestein besteht, bedeckt die Mondoberfläche – an manchen Stellen bis zu 20 Meter hoch. Es besteht aus Basalten (erstarrter Lava), Anorthositen (Steine, die Feldspat enthalten) und Brekzien (in der Hitze eines Meteoriteneinschlags zusammengebackene Steine aus verschiedenen Materialien). Die Basalte sind ungefähr drei Milliarden Jahre alt. Sie stammen aus einer Zeit, in der Teile der Oberfläche des Mondes geschmolzen waren. Die Felsen der Hochländer sind vier bis viereinhalb Milliarden Jahre alt und bilden die ursprüngliche Kruste unseres Begleiters.

Obwohl das Gestein des Mondes ungefähr so alt wie das der Erde ist, unterscheidet es sich davon. Mondgestein enthält weniger schwere Elemente wie etwa Eisen und keine flüchtigen, leicht verdampfenden Substanzen wie Wasser. Damit gleicht das Mondgestein nur dem Gestein der Erdoberfläche, aber nicht dem aus tieferen Schichten. Diese Erkenntnis und die geringe allgemeine Dichte stützen die Theorie, dass der Mond bei einem gewaltigen Zusammenstoß entstanden ist.

Demnach traf ein marsgroßes Objekt vor rund 4,5 Milliarden Jahren die noch junge Erde und schleuderte große Brocken ihrer äußeren Schichten und von sich selbst auf eine Umlaufbahn um die Erde. Diese Materie vereinigte sich schließlich zum Mond. Während seiner frühen Jahre war er vermutlich heiß und besaß eine geschmolzene Oberfläche. Nachdem er sich etwas abgekühlt hatte, wurde er durch Bruchstücke aus dem All bombardiert – die Krater sehen wir noch heute. Geschmolzenes Gestein quoll aus dem Innern an die Oberfläche und überflutete die Einschlagbecken, die Maria, vor etwa drei bis vier Milliarden Jahren. Schließlich kam das Bombardement durch Meteore zum Erliegen, die Oberfläche erstarrte. In der ersten Zeit stand der Mond viel näher an der Erde. Vielleicht war er nur 213 000 Kilometer entfernt.

MONDPHASEN

Die scheinbar veränderliche Gestalt des „wankelmütigen Mondes" ist eine Folge des Lichts. Die Hälfte unseres Trabanten, die zur Sonne zeigt, wird beleuchtet; die andere Hälfte bleibt dunkel. Während der Mond innerhalb von 29,5 Tagen einmal um die **Erde** läuft (**synodischer Monat**), verändert sich der von der Erde aus sichtbare Teil der sonnenbeschienenen Halbkugel ständig: Der regelmäßige Zyklus der Mondphasen entsteht.

Steht der Mond zwischen Sonne und Erde, bleibt die zu uns zeigende Seite dunkel (oder wird nur leicht durch reflektiertes Sonnenlicht von der Erde erhellt, das so genannte aschgraue Licht). Diese Phase bezeichnet man als Neumond. Im Lauf der nächsten sieben Tage gerät die beleuchtete Seite vom Ostrand des Mondes her zunehmend ins Blickfeld: Der Mond nimmt zu. Beim ersten Viertel sehen irdische Beobachter eine halb beleuchtete Mondscheibe. Die Mondphase nimmt noch weiter zu, bis unser Trabant von der Erde aus gesehen der Sonne gegenübersteht. Dann zeigt er als Vollmond seine voll beleuchtete Seite. Im Lauf der nächsten Woche schrumpft der sichtbare beleuchtete Teil wieder, bis der abnehmende Mond das letzte Viertel erreicht: eine beleuchtete und eine dunkle Hälfte. Schließlich wird die Mondsichel immer schmaler, bis sie ganz in der Dunkelheit des nächsten Neumonds verschwindet.

Während ihrer Umrundung des Mondes 1969 sahen die „Apollo 11"-Astronauten erstmals die andere Seite des Mondes. Von der Erde aus ist sie unmöglich zu sehen, weil der Mond synchron zur Erde rotiert. Deshalb zeigt er sich uns immer von derselben, relativ glatten Seite. Die erdabgewandte Seite ist rauer und von vielen Kratern übersät.

WIE DER MOND ENTSTAND

J. Kelly Beatty

WER HAT NICHT SCHON MIT EHRFURCHT DEN MAJESTÄTISCHEN Aufgang des Vollmonds am Horizont verfolgt? Aber wie ist er entstanden? Die Frage nach dem Ursprung des Mondes war einer der wichtigsten Gründe dafür, dass die „Apollo"-Astronauten durch die öde Mondlandschaft stapften und Steine auflasen. Die vorher üblichen Theorien über die Entstehung des Mondes variierten im Grunde drei Thesen.

Für die Entstehung des Mondes gibt es ganz unterschiedliche Theorien, deren Diskussion bis heute andauert. Die aktuelle These besagt, dass der Mond aus Material entstanden ist, das bei einem gewaltigen Zusammenstoß aus der Erde herausgeschleudert wurde.

1. Unser Trabant entstand in der Nähe der Erde und wurde von ihr eingefangen, als er ihr zu nahe kam. 2. Erde und Mond entstanden zusammen als eine Art Doppelplanet. 3. Die junge Erde rotierte so schnell, dass sich eine große Masse aus ihr löste und anschließend auf einer Umlaufbahn um die Erde lief.

Keine dieser Vorstellungen hielt einer wissenschaftlichen Überprüfung stand. Beispielsweise hat das Erde-Mond-System einen zu großen Drehimpuls, als dass zwei Körper nebeneinander entstanden sein

könnten. Umgekehrt hätte die Erde sehr schnell rotieren müssen – eine Umdrehung in nur 2,6 Stunden – damit sich der Mond hätte abspalten können. Das daraus resultierende Paar hätte wiederum einen viermal zu großen Drehimpuls besessen. Gesteinsproben vom Mond beweisen, dass ihm im Vergleich zur Erde Eisen fehlt und sein Gestein kein Wasser enthält. Dafür findet man darin die drei Sauerstoff-Isotope im nahezu identischen Verhältnis wie auf der Erde.

Mitte der 1970er Jahre schlugen zwei Arbeitsgruppen unabhängig voneinander vor, dass der Mond bei einer gewaltigen Kollision von der Erde weggesprengt worden sein könnte (4.). Das hätte nach Computersimulationen folgendermaßen ausgesehen: Der einschlagende Körper muss mindestens so massereich gewesen sein wie der heutige Mars. Außerdem muss er sich bereits vor der Kollision in einen eisenhaltigen Kern und einen weniger dichten Mantel differenziert haben. Ein Zusammenstoß schleudert eine gewaltige Fontäne aus weiß glühendem Dampf ins All, während der Kern des einschlagenden Körpers zurückbleibt und mit dem Erdkern verschmilzt. Der Dampf bildet schnell eine torusförmige Scheibe, und während er abkühlt, kondensiert das Gas zu einem chaotischen Schwarm aus winzigen Teilchen. Der Großteil der Scheibe stürzt nach und nach wieder auf die Erde zurück, aber die Materie auf höheren Umlaufbahnen sammelt sich in immer größeren Klumpen. Gravitative Störungen zwischen dem werdenden Mond und der in der Scheibe verbliebenen Materie erzeugen eine gegenseitige Abstoßung, die den noch immer geschmolzenen Mond weiter weg von der Erde in eine Umlaufbahn drängt, die zehn Grad gegen den Erdäquator geneigt ist. ∎

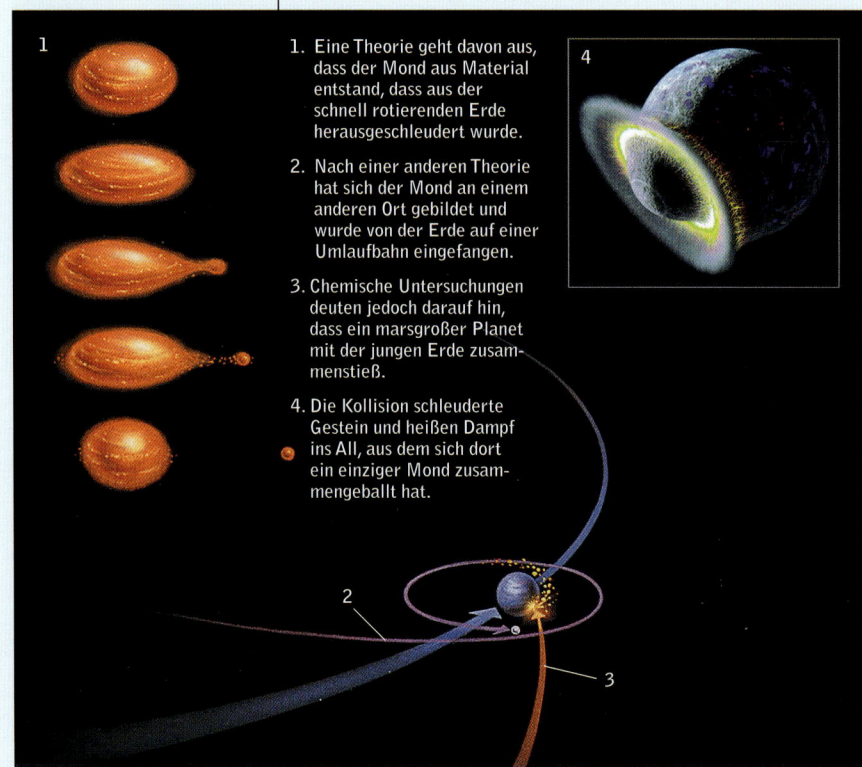

1. Eine Theorie geht davon aus, dass der Mond aus Material entstand, dass aus der schnell rotierenden Erde herausgeschleudert wurde.

2. Nach einer anderen Theorie hat sich der Mond an einem anderen Ort gebildet und wurde von der Erde auf einer Umlaufbahn eingefangen.

3. Chemische Untersuchungen deuten jedoch darauf hin, dass ein marsgroßer Planet mit der jungen Erde zusammenstieß.

4. Die Kollision schleuderte Gestein und heißen Dampf ins All, aus dem sich dort ein einziger Mond zusammengeballt hat.

SYNODISCHER MONAT

Der synodische Monat ist die Zeitspanne, die der **Mond** bezogen auf die **Sonne** für einen vollständigen Bahnumlauf um die **Erde** benötigt. Es ist die Zeit zwischen zwei Neumonden: 29,5 Tage. Da die Erde um die Sonne läuft, muss der Mond mehr als 360 Grad auf seiner Umlaufbahn zurücklegen, bevor er alle Phasen durchlaufen hat. Daher ist der **synodische Monat** länger als der siderische Monat.

SIDERISCHER MONAT

Der siderische Monat ist die Zeitspanne, die der **Mond** für einen vollständigen Umlauf um die **Erde** benötigt, bezogen auf die Hintergrundsterne (ohne seine Position relativ zur **Sonne** zu berücksichtigen). Die siderische Umlaufzeit des Mondes beträgt etwa 27,3 Tage. Sie ist kürzer als der **synodische Monat.**

MASCON

Eine Mascon (Kurzform für *mass concentration*, Massenkonzentration) ist ein Gebiet auf der Mondoberfläche mit einer stärkeren Anziehungskraft als seine Umgebung. Mascons hängen mit den basaltgefüllten Becken der lunaren Maria zusammen und könnten Gestein mit höherer Dichte aus dem Mondmantel enthalten.

MONDMISSIONEN (UNBEMANNT)

Der **Mond** war der erste Körper im All, den unbemannte **Raumsonden** besucht haben. (Bislang ist er auch der einzige, der jemals von Menschen betreten worden ist.) Nur zwei Jahre nach **„Sputnik"** schickte die Sowjetunion 1959 die Sonde „Luna 3" auf einer Bahn um den Mond herum, um seine erdabgewandte Seite zu fotografieren. Zwischen 1966 und 1976 besuchten 14 „Luna"-Missionen erfolgreich den Mond. Einige schwenkten in eine Umlaufbahn um unseren Trabanten ein, andere schickten Landefahrzeuge auf die Oberfläche, die Gesteinsproben und Regolith zur **Erde** brachten. Zwei Mondmissionen hatten Roboterfahrzeuge („Lunochod") dabei, die die Mondoberfläche fotografierten. Das „Luna-Programm" trug wesentlich zum Verständnis des Mondes bei – beispielsweise zu seinem Schwerefeld oder zu seiner Temperatur. Die USA schickten in den 1960er Jahren ebenfalls Sonden zum Mond: „Ranger", „Surveyor" und „Lunar Orbiter". „Ranger 7 bis 9" lieferten detaillierte Aufnahmen der Mondlandschaft. Die „Surveyor"-Sonden bereiteten die **„Apollo"**-Missionen vor, indem sie prüften, ob weiche Landungen auf der Mondoberfläche möglich waren. Die fünf „Lunar Orbiter" fotografierten geeignete Landeplätze.

Nach dem außergewöhnlichen Erfolg des „Apollo"-Programms verlagerten sich die Ziele der Raumsonden bis in die 1990er Jahre hin zu anderen Körpern des Sonnensystems. Eine erfolgreiche US-Mission zu unserem Trabanten in jüngerer Vergangenheit war „Clementine". Sie umkreiste 1994 die Mondpole und entdeckte Hinweise auf Wassereis in den dortigen Kratern. Auch der „Lunar Prospector" umkreiste die Pole, konnte dieses Wassereis allerdings nicht bestätigen. Die Sonde wurde 1999 absichtlich über der Mondoberfläche zum Absturz gebracht. „Smart 1" wurde im Herbst 2003 von der **European Space Agency (ESA)** gestartet und nähert sich mit seinem Ionenantrieb langsam dem Mond.

WICHTIGE UNBEMANNTE MONDMISSIONEN

Raumsonde	Typ	Nationalität	Startjahr
„Luna 3"	Vorbeiflug	UdSSR	1959
„Ranger 7"	gezielter Absturz	USA	1964
„Ranger 8–9"	gezielter Absturz	USA	1965
„Luna 10–13"	Orbiter	UdSSR	1966
„Lunar Orbiter 1–2"	Orbiter	USA	1966
„Surveyor 1"	Landung	USA	1966
„Lunar Orbiter 3–5"	Orbiter	USA	1967
„Surveyor 3, 5, 6"	Landung	USA	1967
„Surveyor 7"	Landung	USA	1968
„Luna 14"	Orbiter	UdSSR	1968
„Luna 16"	Landung	UdSSR	1970
„Luna 17"	Landung, setzte den Rover „Lunochod 1" ab	UdSSR	1970
„Luna 19"	Orbiter	UdSSR	1971
„Luna 20"	Landung	UdSSR	1972
„Luna 21"	Landung, setzte den Rover „Lunochod 2" ab	UdSSR	1973
„Luna 22"	Orbiter	UdSSR	1974
„Luna 24"	Landung	UdSSR	1976
„Clementine"	polarer Orbiter	USA	1994
„Lunar Prospector"	polarer Orbiter mit gezieltem Absturz	USA	1998

Mars

MARS

Von allen extraterrestrischen **Planeten** übt der Mars die größte Faszination auf den Menschen aus. Seit den ersten teleskopischen Beobachtungen von 1610 an rechnen sich Wissenschaftler beim vierten Planeten die größten Chancen aus, dort intelligentes Leben zu finden. Die Griechen nannten den Planeten nach ihrem Kriegsgott Ares, weil sie seine rote Farbe mit Blutvergießen assoziierten. Die Römer benannten ihn später

Zu den großen geologischen Formationen auf dem Mars gehören das 5 000 Kilometer lange Talsystem Valles Marineris und vier Vulkane in der Tharsis-Region (links von der Mitte). Die permanenten Eiskappen an den Polen verändern sich im Lauf der Jahreszeiten.

in Mars um. 1659 nahm der holländische Physiker Christian Huygens den Mars mit einem selbst gebauten **Fernrohr** ins Visier. Er zeichnete die hellen und dunklen Strukturen und bemerkte, dass sie ungefähr alle 24 Stunden auftauchten und wieder verschwanden. Daraus folgerte er richtig, dass Mars eine der Erde vergleichbare Rotationszeit besitzt.

1877 zeichnete der italienische Astronom Giovanni Schiaparelli ein Netz gerader, dunkler Linien, das er auf der Marsoberfläche sah. Er nannte diese Linien

„canali" (Rinnen), die bald fälschlicherweise als „Kanäle" übersetzt wurden. Da Kanäle mit Wasser assoziiert wurden, heizte das Spekulationen über Leben auf dem Mars an. Zu den Verfechtern dieser Position gehörte auch der Amerikaner Percival Lowell, der in Arizona eine Sternwarte errichtete, um den Mars zu beobachten und ebenfalls Kanäle zu erkennen glaubte. Andere Astronomen dagegen sahen diese Kanäle nicht und bezweifelten die Möglichkeit von Leben auf dem Mars. Als in den 1970er Jahren die erste Raumsonde den Planeten besuchte, wurde klar, dass es dort keine mit Wasser gefüllten Kanäle gab.

Der Mars ist deutlich kleiner als die Erde. Sein Radius von 3 397 Kilometern ist nur ungefähr halb so groß wie der Erdradius, und die Marsmasse erreicht nur ein Zehntel der irdischen Planetenmasse. Die stark elliptische Umlaufbahn des Mars führt zu einer durchschnittlichen Sonnenentfernung von 227 920 000 Kilometern, etwa der anderthalbfache Erdabstand. Manchmal, wenn die Erde zwischen Sonne und Mars steht, kommt uns der Rote Planet besonders nahe. Im Sommer 2003 nutzten die Forscher eine solche Gelegenheit, um mehrere Sonden zum Mars zu schicken.

Wie bereits Christian Huygens bemerkte, rotiert der Mars um seine Achse mit einer ähnlichen Geschwindigkeit wie die Erde. Ein Tag auf dem Mars dauert 24,62 Stunden. Aber da seine Umlaufbahn weiter von der Sonne entfernt ist, dauert das Marsjahr 687 Erdtage. Die Achsneigung des Roten Planeten

MARS	
Mittlere Sonnenentfernung	227 920 000 km
Umlaufzeit	687 Tage
Mittlere Bahngeschwindigkeit	24,1 km/s
Durchschnittstemperatur	-65 °C
Rotationszeit	24,6 Stunden
Äquatordurchmesser	6 794 km
Masse (Erde = 1)	0,107
Dichte	3 933 kg/m3
Oberflächenschwerkraft (Erde = 1)	0,38
Bekannte Trabanten	2
Größter Trabant	Phobos

ähnelt mit durchschnittlich 25 Grad der der Erde, woraus sich ausgeprägte Jahreszeiten ergeben. Wegen der deutlich elliptischen Marsumlaufbahn wird der südliche Marssommer viel heißer als der nördliche.

Der Mars besitzt kein Magnetfeld, nur örtliche Bereiche mit Magnetismus. Dabei handelt es sich vielleicht um Überreste aus früheren Zeiten, als der Planet noch einen heißeren, aktiveren Kern besaß. Der Eisenkern macht ungefähr 25 Prozent der Planetenmasse aus und ist inzwischen zu weit abgekühlt, um noch ein vollständiges Magnetfeld zu erzeugen.

Die Marsatmosphäre unterscheidet sich erheblich von der irdischen: 95,3 Prozent Kohlendioxid, 2,7 Prozent Stickstoff und 1,6 Prozent Argon. Selbst wenn sie so dicht wäre, dass Menschen in ihr atmen könnten, wäre sie giftig. Aber die Atmosphäre ist 200-mal dünner als die Luft auf der Erde. Der Luftdruck am Boden erreicht nur 0,01 Prozent des irdischen Wertes. In der Marsatmosphäre gibt es Wasserdampf, so dass über dem Planeten Wolken entstehen und oft roter Staub von der Oberfläche in der Luft hängt. Es ist kalt auf dem Mars. Die Temperatur liegt im Mittel bei -65 Grad und steigt nur an den wärmsten Sommertagen über den Gefrierpunkt. Die Temperaturunterschiede erzeugen starke Winde. Manchmal hüllt ein sommerlicher Staubsturm den ganzen Planeten ein.

Da die Atmosphäre so dünn ist, trifft die UV-Strahlung der Sonne mit voller Kraft auf die Oberfläche. Faktisch sterilisiert sie den Boden.

Der Mars lässt sich in zwei ungleiche Hälften unterteilen. Die südliche Halbkugel ist kalt, rau und hoch gelegen. Hier gibt es viele Krater. Die Nordhalbkugel zeigt eine eher glatte, jüngere Landschaft, die mit **Vulkanen** überzogen ist. In der Nähe des Äquators gibt es eine große Wölbung: die Tharsis-Region. Hier findet man gewaltige Vulkane, darunter den größten des Sonnensystems: den Olympus Mons. Dieser sanft abfallende Vulkan ist mehr als 26 Kilometer hoch, an seinem

Kugelförmige Körner auf dem Mars – mikroskopisch kleine „Blaubeeren" – sind charakteristisch für ein Gebiet, das den Spitznamen „Beerenschale" trägt. Die dreifache Blaubeere (links von der Mitte) zeigt, dass es sich bei diesen Gebilden nicht um Material handelt, das aus Vulkanen herausgeschleudert wurde. Sie muss vielmehr in feuchten Sedimenten entstanden sein, was die Hypothese stützt, dass es auf dem Planeten einst Wasser gab.

Fuß 600 Kilometer breit. Er nahm seine heutige Form vielleicht durch den wiederholten Ausstoß von Lava im Lauf der Äonen an. Weil es auf dem Mars keine **Plattentektonik** gibt, bleiben die Vulkane des Planeten an einem Ort und wachsen auf unbestimmte Zeit über einem Hot Spot, der sie nährt.

Valles Marineris ist ein riesiges System aus miteinander zusammenhängenden Schluchten, das sich entlang des Äquators über mehr als 4000 Kilometer erstreckt. An manchen Stellen ist es tiefer, als der Mount Everest hoch ist. Es entstand wohl bereits vor Jahrmilliarden, als die Planetenoberfläche geologisch aktiver war und aufbrach. Beide Pole werden von Eiskappen aus Wassereis und Kohlendioxid bedeckt. Sie wachsen und schrumpfen deutlich mit dem Gang der Jahreszeiten und geben im Sommer Kohlendioxidgas an die Atmosphäre ab, das sie im Winter zurückgewinnen, wenn es aus der Luft ausfriert.

Durch mehrere **Marsmissionen** wissen wir, dass der Planet trocken und steinig ist. Feiner Sand bedeckt seine Oberfläche; er besteht vor allem aus Eisenoxid, Silizium und Schwefel. An manchen Stellen wirft ihn der Wind zu Dünen auf, die an die Sahara erinnern.

Auch wenn die Marsatmosphäre heute zu dünn und kalt ist, um flüssiges Wasser zu bergen, scheint inzwischen klar zu sein, dass der Planet in der Vergangenheit flüssiges Wasser besaß. Über die Marsober-

fläche winden sich Rinnen – sie haben nichts mit den legendären Marskanälen von Lovell zu tun –, die trockenen Flussbetten mit Nebenflüssen und Flussdeltas gleichen. Einige Täler zeigen Anzeichen großer Flutwellen, und eine Untersuchung des Gesteins durch den Rover „Opportunity" zeigt, dass es einst von Wasser bedeckt waren. Wie viel es war, woher es stammte und wohin es verschwand, ist unklar. Ein Teil ist sicherlich im Eis der Polkappen und im Bodenfrost auf der Marsoberfläche gebunden.

PHOBOS

Der Phobos wurde 1877 von Asaph Hall entdeckt. Er ist der größere der beiden kleinen, lichtschwachen Marsmonde. Sein Name (griechisch für „Furcht") stammt von einem der beiden Gefolgsleute des griechischen Kriegsgottes Ares. Der Phobos hat viele Krater und sieht einem Asteroiden ähnlich. Es könnte sich tatsächlich um einen im Gravitationsfeld des **Planeten** eingefangen Asteroiden handeln.

Der Phobos umrundet den Marsäquator sehr nahe über der Planetenoberfläche, in nur 2,77 Marsradien Entfernung. Durch seine schnelle Umlaufzeit von sieben Stunden und 39 Minuten und seine retrograde Bahnbewegung (von West nach Ost) würde der kleine Mond für einen Beobachter auf dem Mars dreimal am

Dieses Bild zeigt das Landefahrzeug, das den Rover „Opportunity" zum Mars gebracht hat. Deutlich sieht man die zusammengefallenen Airbags, die ihn während der Landung geschützt haben. Der Rover, der dieses Bild 2004 zur Erde sandte, erkundete die Meridiani Planum. Ein zweiter Rover namens „Spirit" ist auf der anderen Seite des Mars gelandet. Beide sammelten wertvolle Informationen über die Geologie des Roten Planeten.

Tag im Westen auf- und im Osten untergehen. Wie der Mond die **Erde,** umläuft auch der Phobos seinen Planeten in gebundener Rotation und zeigt ihm deshalb immer dieselbe Seite. Astronomisch gesehen steht der Phobos in den letzten Jahren seines Lebens. Seine Umlaufbahn rückt immer näher an die Marsoberfläche heran. Innerhalb der nächsten 50 Millionen Jahre wird er entweder von der Anziehungskraft des Mars zerrissen oder auf den Planeten stürzen.

DEIMOS

Der kleinere der beiden winzigen, unregelmäßigen Marsmonde heißt Deimos (griechisch für „Schrecken"). Mit einer Größe von etwa 15 mal zwölf mal zehn Kilometern könnte er wie sein Partner ein eingefangener **Asteroid** oder ein Planetenbruchstück aus der Frühzeit sein. Deimos zeigt wie Phobos eine gebundene **Rotation.** Im Unterschied zum Phobos hat er eine relativ langsame Umlaufzeit von 30 Stunden und 17 Minuten um den Marsäquator. Er geht im Osten auf und steht relativ weit entfernt vom Roten Planeten.

LEBEN AUF DEM MARS

Zurzeit erscheint die Marsoberfläche trocken und leblos. Sie ist kalt, besitzt fast keine Atmosphäre und wird von tödlicher Ultraviolettstrahlung bombardiert. Detaillierte Studien zeigen keine Spuren pflanzlichen oder tierischen Lebens. Aufnahmen von Orbitern wie dem „Mars Global Surveyor" deuten aber auf alte Flussbetten, Abflüsse und Überflutungsgebiete hin. Steine, die der Rover „Opportunity" Anfang 2004 untersucht hat, scheinen irgendwann in ihrer Geschichte einmal von Wasser bedeckt gewesen zu sein. Gefrorenes Wasser an den Polen und im Regolith des Marsbodens könnte in einer wärmeren, feuchteren Vergangenheit flüssig gewesen sein. Anscheinend war die Welt auf dem Mars einst feucht.

Einige Forscher glauben, dass der Meteorit, der 1984 in der Antarktis gefunden worden ist, ein Indiz für früheres Leben auf dem Mars sei. Untersuchungen dieses Meteoriten und einiger weiterer, die man an verschiedenen Orten auf der **Erde** entdeckt hat, zeigen, dass diese Brocken vom Mars stammen. Sie sind wohl vor Jahrmillionen bei einem gewaltigen Einschlag vom **Planeten** weggeschleudert worden. Der Meteorit aus der Antarktis namens ALH 84001 schien organische Bestandteile und winzige Fossilien zu enthalten, die wie Bakterien aussahen. Doch diese Behauptungen sind umstritten, die Mehrzahl der Wissenschaftler mag ihnen nicht folgen. Jüngste Forschungen haben gezeigt, dass einige der Strukturen nicht biologischen Ursprungs sein dürften.

Der Sturm des Jahrhunderts

J. Kelly Beatty

IM MAI 1971 KAMEN SICH ERDE UND MARS AUF IHREN UMLAUFBAHNEN SEHR NAHE. Die USA und die Sowjetunion waren daher bereit, ihren Einsatz für die Erforschung des Roten Planeten nochmals zu erhöhen. Sowjetische Raketenwissenschaftler schickten zwei schwere Sonden, „Mars 2" und „Mars 3", ins All, die beide in eine Umlaufbahn um den Planeten einschwenken und jeweils ein mit einer Kamera bestücktes Landegerät auf die Oberfläche abwerfen sollten.

Die USA konterten mit zwei kleinen „Mariner"-Sonden, die den Mars für eine ausgedehnte Beobachtung der Oberfläche und der jahreszeitlichen Schwankungen seines Klimas umkreisen sollten. „Mariner 8" ging beim Start verloren, daher musste „Mariner 9" alle Missionsziele ausführen. Als das Raumfahrzeug vier Monate später auf seiner Reise zum Mars war, wären diese Pläne beinahe vereitelt worden. Es herrschte Sommer auf der Südhalbkugel des Planeten, die Wärme der Sonne hatte starke Winde und einen immer stärker werdenden Staubsturm ausgelöst. Die Astronomen beobachteten, wie die Marsatmosphäre innerhalb von Wochen immer mehr von ockerfarbenem Staub durchzogen wurde. Niemals zuvor hatten sie den Planeten durch einen so intensiven, lang anhaltenden Staubsturm verhüllt gesehen. Der Zeitpunkt war denkbar ungünstig.

„Mariner 9" erreichte den Roten Planeten als erste Sonde. Sie zündete am 19. November ihre Bremsraketen, um auf eine Umlaufbahn einzuschwenken. „Mars 2" kam ungefähr zwei Wochen später an und teilte sich in das Landegerät (das wegen einer Fehlfunktion abstürzte) sowie den erfolgreichen Orbiter. Das Landegerät von „Mars 3" erreichte die Oberfläche zwar unversehrt, aber die Verbindung brach Sekunden nach der Landung ab.

Die Nasa-Ingenieure konnten den Sturm einfach aussitzen, dessen Staubvorhang in Spitzenzeiten mehr als 60 Kilometer hoch war. Der Großteil der wissenschaftlichen Arbeit von „Mariner 9" wurde verschoben, bis die Atmosphäre wieder aufgeklart war. Doch auf den frühesten Aufnahmen der Sonde waren bereits vier dunkle Flecken zu erkennen, die sich von der Staubhülle abhoben. Zunächst konnten es die Wissenschaftler nicht glauben, aber dann erkannten sie, dass es sich dabei um riesige Berge handeln musste – Vulkane mit einem Krater auf dem Gipfel.

Als der Staub sich gelegt hatte, führte „Mariner 9" die Oberflächenkartierung durch. Die Kamera lieferte Bilder der Marsoberfläche und erzeugte das erste vollständige Fotomosaik des Planeten. Bis zum Oktober 1972 hatte „Mariner 9" mehr als 7300 Bilder zur Erde gefunkt. Sie zeigten uns den Mars, wie ihn sich niemand vorgestellt hatte: als einen Planeten mit hohen Bergen, gewaltigen Schluchtensystemen, kompliziert geschichteten Polregionen und einem Netz aus ausgetrockneten Flussbetten. ∎

Wegen seiner Atmosphäre wehen auf dem Mars im Sommer oft starke Winde, die gelegentlich große Staubstürme auslösen. 1971 sendete „Mariner 9" dieses Bild: Es zeigt die Staubwolken eines Sturms, der in der Nähe des Pols auftrat.

Bislang gibt es keinen direkten Hinweis auf Marsleben, aber die einstige Existenz von flüssigem Wasser auf der Oberfläche lässt Leben weiterhin möglich erscheinen. Einige Wissenschaftler trösten sich mit Mikroben, die unter extremen Umweltbedingungen existieren können, zum Beispiel im Meer in heißen Ausbruchkanälen oder im antarktischen Eis. Diese „Extremophilen" könnten als Modell für Lebensformen auf dem Mars dienen.

MARSMISSIONEN

Verlockt von der Vorstellung, auf dem Roten **Planeten** könnte es einst flüssiges Wasser gegeben haben, starteten die USA, die Sowjetunion/Russland und andere Länder von 1960 an mehr als 30 Missionen zum Mars oder versuchten es zumindest. Die meisten Missionen litten unter Schwierigkeiten, die von Startfehlern bis hin zum Zusammenbruch der Kommunikation reichten. Die erfolgreichen Sonden funkten immerhin eine Fülle von Daten und Bildern zur **Erde** zurück. „Mariner 4" (Start 1964) war die erste Mission, die Bilder sendete. Dabei handelte es sich um einen einfachen Vorbeiflug. 1971 gelang es dem „Mariner 9"-Orbiter, Bilder zurückzuschicken, die mehr als 90 Prozent der Planetenoberfläche abdeckten, ferner Bilder vom **Phobos** und **Deimos** sowie Messdaten von Temperatur und Druck in der Atmosphäre. Bei den 1975 gestarteten Sonden „Viking 1" und „Viking 2" handelte es sich jeweils um Orbiter und Landefahrzeug. Sie kartierten noch größere Flächen des Planeten und suchten an der Oberfläche nach Spuren von Leben – ohne Erfolg.

Nach dem Fehlschlag mehrerer teurer Missionen sowohl der USA als auch der Sowjetunion schwenkte der „Mars Global Surveyor" 1997 in eine polare Umlaufbahn um den Roten Planeten ein. Er lieferte Weitwinkelaufnahmen der Oberfläche, tastete sie mit einem Laser ab und gewann Daten über die Wärmeabstrahlung des Planeten. Die 2001 gestartete „Mars Odyssee" erreichte den Planeten noch im selben Jahr. Sie sammelte Informationen über das wechselnde Marsklima und das Wassereis in der Nähe der Pole.

Noch anspruchsvollere Missionen untersuchen die Marsoberfläche mit Roboterfahrzeugen. Die Sonde „Mars Pathfinder" landete 1997 auf dem Planeten. Sie schickte ein sechsrädriges Vehikel namens „Sojurner" auf Erkundungstour, das die Oberfläche fotografierte. „Mars Express", der Orbiter der **European Space Agency (ESA),** erreichte den Planeten 2003. Zwar verlor das Landegerät „Beagle 2" den Kontakt zum Mutterschiff, aber der „Mars Express"-Orbiter erkundet die Oberfläche weiterhin mit Kameras und **Spektrometern.**

Bessere Nachrichten gab es für Marsbeobachter Anfang 2004, als die beiden US-Rover „Spirit" und „Opportunity" auf beiden Seiten des Planeten landeten: „Spirit" im Krater Gusev und „Opportunity" in der Meridani Planum. Während sie über die Marsoberfläche rumpelten und Steine untersuchten, schickten die Rover wertvolle geologische Daten zur Erde. Zu den aufregendsten Entdeckungen gehören Steine, die „Opportunity" untersucht hat. An ihnen gibt es deutliche Hinweise, dass sie einst unter Wasser lagen. Das bestätigt die Vorstellung, dass Teile des Mars früher von Seen oder gar Meeren bedeckt wurden.

ERFOLGREICHE MARSMISSIONEN

Raumsonde	Typ	Organisation	Startdatum	Datum der Ankunft
„Mariner 4"	Vorbeiflug	NASA	November 1964	Juli 1965
„Mariner 6"	Vorbeiflug	NASA	Februar 1969	Juli 1969
„Mariner 7"	Vorbeiflug	NASA	März 1969	August 1969
„Mariner 9"	Orbiter	NASA	Mai 1971	November 1971
„Viking 1"	Orbiter/Landung	NASA	August 1975	Juni 1976
„Viking 2"	Orbiter/Landung	NASA	September 1975	August 1976
„Mars Pathfinder"	Landung/Rover	NASA	Dezember 1996	Juli 1997
„Mars Global Surveyor"	Orbiter	NASA	November 1996	September 1997
„Mars Odyssey"	Orbiter	NASA	April 2001	Oktober 2001
„Mars Express"	Orbiter	ESA	Juni 2003	Dezember 2003
„Spirit, Opportunity"	Rover	NASA	Juni 2003, Juli 2003	beide Januar 2004

Die äußeren Planeten

MISSIONEN ZU DEN ÄUSSEREN PLANETEN

Wegen der großen Entfernungen sind Missionen zum **Jupiter, Saturn** und noch weiter weg schwierig und teuer. In den 1970er Jahren organisierte die **Nasa** eine Mission, um eine seltene Anordnung von Jupiter, Saturn, **Uranus** und **Neptun** zu nutzen. Zwei Raumsonden („Voyager 1" und „Voyager 2") bedienten sich dabei der Schwerefelder der vier Planeten, um an den Gasriesen vorbeizufliegen.

Die 1977 gestartete „Große Tour" sammelte wertvolle Informationen über die Riesenplaneten, **Monde,** Ringe, Atmosphäre, Magnetfelder und mehr. Von 1979 an übertrug „Voyager 1" 19000 Bilder von Jupiter und seinen größeren Trabanten sowie 17000 Aufnahmen von Saturn und seinen großen Monden. „Voyager 2" funkte ebenfalls Bilder von Jupiter, Saturn und deren Trabanten zur Erde. Sie entdeckte weitere Ringe um Saturn und die vulkanische Aktivität des Jupitermondes **Io.** Dann reiste „Voyager 2" weiter zum Uranus und Neptun, die sie 1986 beziehungsweise 1989 erreichte. Von ihnen schickte sie Daten über Monde, Ringe, Magnetfelder und Atmosphären. Bis heute ist „Voyager 2"

die einzige Sonde, die diese Planeten besucht hat. Beide Raumfahrzeuge bewegen sich nun aus dem **Sonnensystem** heraus. Sie haben genügend Strom, um weiterhin Daten zu senden. 2010 werden sie allmählich die Heliopause erreichen und erstmals Informationen von dieser äußeren Grenze unseres Sonnensystems liefern.

Der fernste Planet, **Pluto,** und sein Mond **Charon** sind das Ziel des Programms „Neue Horizonte". 2006 soll eine US-Raumsonde starten, die ungefähr die Größe eines kleinen Rettungsboots hat. Bei einem Vorbeiflug an Jupiter 2007 wird sie sich genügend Schwung für die lange Reise zum Pluto holen. 2015 soll die Sonde Pluto erreichen, ihn und Charon fotografieren, kartieren und weitere Daten über den Planeten sammeln. Anschließend wird die Sonde wahrscheinlich den **Kuiper-Gürtel** ansteuern.

Die Nasa hat auch eine Mission zu Jupiters Eismonden **Callisto, Ganymed** und **Europa** vorgeschlagen. Ein Orbiter mit Nuklearantrieb, der um 2015 starten würde, könnte um jeden Mond in eine Umlaufbahn einschwenken und nach Indizien für die Entstehung dieser Monde suchen. Möglicherweise bergen sie in Ozeanen unter ihren Oberflächen Leben.

Begegnungen mit äußeren Planeten

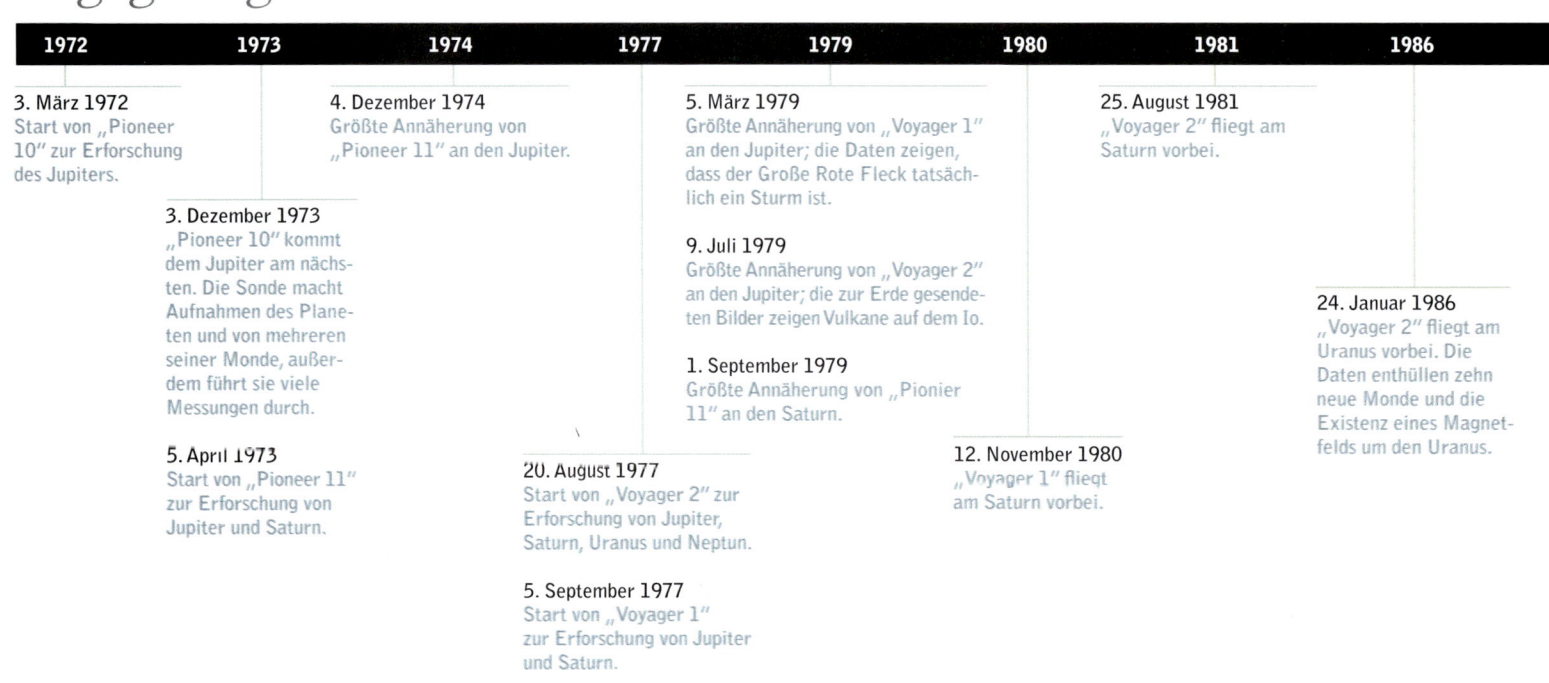

1972	1973	1974	1977	1979	1980	1981	1986

3. März 1972
Start von „Pioneer 10" zur Erforschung des Jupiters.

3. Dezember 1973
„Pioneer 10" kommt dem Jupiter am nächsten. Die Sonde macht Aufnahmen des Planeten und von mehreren seiner Monde, außerdem führt sie viele Messungen durch.

5. April 1973
Start von „Pioneer 11" zur Erforschung von Jupiter und Saturn.

4. Dezember 1974
Größte Annäherung von „Pioneer 11" an den Jupiter.

20. August 1977
Start von „Voyager 2" zur Erforschung von Jupiter, Saturn, Uranus und Neptun.

5. September 1977
Start von „Voyager 1" zur Erforschung von Jupiter und Saturn.

5. März 1979
Größte Annäherung von „Voyager 1" an den Jupiter; die Daten zeigen, dass der Große Rote Fleck tatsächlich ein Sturm ist.

9. Juli 1979
Größte Annäherung von „Voyager 2" an den Jupiter; die zur Erde gesendeten Bilder zeigen Vulkane auf dem Io.

1. September 1979
Größte Annäherung von „Pionier 11" an den Saturn.

12. November 1980
„Voyager 1" fliegt am Saturn vorbei.

25. August 1981
„Voyager 2" fliegt am Saturn vorbei.

24. Januar 1986
„Voyager 2" fliegt am Uranus vorbei. Die Daten enthüllen zehn neue Monde und die Existenz eines Magnetfelds um den Uranus.

Eine Sonde aus dem Programm „Neue Horizonte" nähert sich dem Pluto und seinem Mond Charon. Diese künstlerische Darstellung zeigt die für 2015 geplante Begegnung, bei der die Raumsonde den Planeten kartieren und seine Atmosphäre untersuchen würde. Die große Antennenschüssel dient dem Raumfahrzeug zur Kommunikation mit der Erde.

1989	1990	1992	1994	1995	1997	1998	2003	2004

24. August 1989
„Voyager 2" fliegt am Neptun vorbei. Die Sonde entdeckt sechs neue Monde. Die Daten enthüllen ein vollständiges Ringsystem um den Neptun. Die Sonde fliegt weiter in Richtung interstellarer Raum.

18. Oktober 1989
Orbiter und Atmosphärensonde von „Galileo" werden vom Spaceshuttle „Atlantis" aus gestartet, um den Jupiter zu untersuchen.

6. Oktober 1990
„Ulysses" (eine Sonde der ESA) wird gestartet, um die Sonne zu erforschen.

8. Februar 1992
„Ulysses" bedient sich des Jupiterschwerefelds, um auf eine polare Umlaufbahn um die Sonne zu gelangen. Die Daten enthüllen viel über die Magnetosphäre des Jupiters.

16.–22. Juli 1994
„Galileo" beobachtet direkt den Sturz des Kometen Shoemaker-Levy 9 auf dem Jupiter.

November 1995
Letzter Kontakt zu „Pioneer 11".

7. Dezember 1995
Die Atmosphärensonde von „Galileo", die am 13. Juli 1995 vom Orbiter getrennt worden ist, taucht in die Jupiteratmosphäre ein. Nach 58 Minuten sinkt sie 200 Kilometer in die Tiefe, dann wird sie vom Druck zerstört.

15. Oktober 1997
Start des Orbiters „Cassini" und der Atmosphärensonde „Huygens", um den Saturn und seinen Mond Titan zu erforschen.

17. Februar 1998
„Voyager 1" wird zum fernsten Objekt im Weltraum, das von Menschenhand geschaffen worden ist. Die Sonde setzt ihren Flug in den interstellaren Raum fort.

23. Januar 2003
Zum letzten Mal wird ein Signal von „Pioneer 10" aufgefangen.

21. September 2003
Der „Galileo"-Orbiter wird absichtlich auf dem Jupiter zum Absturz gebracht, um eine mögliche Kollision mit Europa zu verhindern.

4. Februar 2004
„Ulysses" nähert sich dem Jupiter zum zweiten Mal.

30. Juni 2004
„Cassini" erreicht den Saturn.

Jupiter

Der größte Planet, Jupiter, ähnelt auf diesem Fotomosaik einer gestreiften Murmel. Die Bilder dazu stammen von der Sonde „Cassini" (2000). Um den Jupiter peitschen kräftige Winde, wodurch sich die charakteristischen dunklen und hellen Bänder bilden.

JUPITER

Der Jupiter ist der größte **Planet** des **Sonnensystems.** Er hat mehr als die doppelte Masse aller anderen Planeten und Trabanten zusammen, weshalb seine Benennung nach dem obersten römischen Gott sehr treffend ist. Der Jupiter ist ein **Gasriese;** er besteht wie die **Sonne** hauptsächlich aus Wasserstoff und Helium. Allerdings steht der Großteil des Gases unter Druck und ist daher verflüssigt. Die heftigen Winde, die über die Oberfläche des Jupiters peitschen, erzeugen die hellen und dunklen Bänder, die für seine markante

Erscheinung im **Fernrohr** charakteristisch sind. In seiner Wolkendecke wirbeln ebenfalls gewaltige Stürme.

Da der Jupiter sich aus demselben Material gebildet hat, aus dem der ursprüngliche solare **Urnebel** bestand, wird er gelegentlich als misslungener Stern bezeichnet – einer, der nicht genügend Masse hat, um die Fusion in seinem Zentrum zu zünden. Dem Planeten fehlt sehr viel Gewicht, um selbst zu einem kleinen Stern zu werden. Er müsste mehr als 80-mal so massereich sein, um Energie wie die Sonne erzeugen zu können. Trotzdem ist der Planet riesig. Sein Radius am Äquator beträgt 71 492 Kilometer (der elffache Erdradius). Es würden mehr als 1321 Erden in die Jupiterkugel passen. Seine Masse von 18,986 x 10^{23} Kilogramm ist fast 318-mal größer als die der **Erde,** aber viel geringer, als wenn der Jupiter fest wäre.

Der fünfte Planet läuft in einer Entfernung von 778 570 000 Kilometern um die Sonne – mehr als dreimal so weit entfernt wie der **Mars.** Der Umlauf des Jupiters dauert 11,87 Erdjahre, sein Tag nur 9,9 Stunden. Er rotiert am Äquator schneller als in der Nähe seiner Pole. Deshalb ist er am Äquator deutlich nach außen gewölbt.

Der Jupiter besitzt eine dünne, gasförmige obere Atmosphäre – die farbige Hülle, die im Fernrohr zu sehen ist. Sie umgibt einen flüssigen Planeten und besteht aus drei Schichten: außen aus Ammoniakeiswolken, in der Mitte aus Ammoniumhydrosulfid, innen aus Wassereis. Starke, ständig wehende Strahlströme blasen die hellen Zonen und dunklen Bänder mit über 640 Metern pro Sekunde in entgegengesetzte Richtungen. Unklar ist, was die rötliche Farbe der Bänder bewirkt.

Intensive Stürme – Zyklone, Antizyklone und Gewitter – zerreißen die hohen Wolken des Jupiters. Sie bewegen sich kontinuierlich um den Planeten und verschmelzen manchmal zu größeren Stürmen.

Raumsonden haben gewaltige Blitze beobachtet, die möglicherweise in den tieferen Wassereiswolken entstehen. Wärme aus dem Planeteninnern treibt diese Stürme an und erhält sie am Leben.

Im Jupiterzentrum sitzt ein relativ kleiner, eisenhaltiger Kern. Durch die außergewöhnlich große Masse des Planeten herrscht im Kern ein Druck, der 70 Millionen Mal höher ist als der irdische Luftdruck auf Meereshöhe. Die Temperatur von 20 000 Kelvin ist mehr als dreimal so hoch wie die Sonnenoberfläche. Den Kern umgibt eine 50 000 Kilometer dicke Schicht aus flüssigem Helium und dichtem Wasserstoff. Ein

Druck, der drei Millionen Mal so groß ist wie der Luftdruck an der Erdoberfläche, sorgt dafür, dass sich der Wasserstoff wie flüssiges Metall verhält. Konvektionsströme durch die Wärme innerhalb dieses metallischen Ozeans erzeugen wahrscheinlich das mächtige **Magnetfeld** des Jupiters. Es erstreckt sich Hunderte Millionen Kilometer ins Sonnensystem, der Magnetschweif reicht sogar über die Saturnbahn hinaus.

Erst als „Voyager 1" im Jahr 1979 den Jupiter erreichte, erfuhren die Wissenschaftler, dass der Planet wie die anderen Gasplaneten einen Ring besitzt. Der dreiteilige Ring ist dünn und zart. Er besteht vermutlich aus Überresten eines kleinen **Mondes.**

GROSSER ROTER FLECK

Der Große Rote Fleck wurde 1664 von dem Engländer Robert Hooke entdeckt. Dabei handelt es sich um ein rötliches Oval auf dem Jupiter, das rund 26 000 Kilometer lang und 14 000 Kilometer breit ist. Es würden leicht zwei Erdkugeln nebeneinander hineinpassen.

Astronomen halten den Großen Roten Fleck für einen gewaltigen Sturm, der sich in der oberen Atmosphäre zwischen zwei Strahlströmen des Jupiters verkeilt hat. Seine Größe hat sich im Lauf der Jahre verändert; die Wärme aus dem Planeteninnern liefert ihm kontinuierlich Energie.

JUPITERMONDE

Der Jupiter hat mehr natürliche Satelliten als jeder andere Planet des **Sonnensystems. Galilei** entdeckte 1610 die vier größten: **Ganymed, Io, Europa** und **Callisto.** Im 19. und 20. Jahrhundert fanden Astronomen weitere. Die „Voyager"- und „Galileo"-Sonden trugen ebenfalls zu der Sammlung bei. Mit Hilfe empfindlicher **Teleskope** wurden im frühen 21. Jahrhundert neue Jupitermonde entdeckt; bis Anfang 2004 waren 63 Trabanten bekannt. Der Ganymed, größter Mond des Sonnensystems, könnte ebenso wie Europa und Callisto Ozeane aus Wasser unter einer gefrorenen Oberfläche besitzen.

Io

Obwohl er eine ähnliche Größe wie der **Erdmond** hat, ähnelt der Jupitersatellit Io unserem grauen, kraterübersäten Trabanten nur wenig. Der Io ist der innerste der vier Galileischen Monde, eine farbenprächtige Kugel aktiven Vulkanismus'. Vorbeifliegende **Raumsonden** und das **Hubbble-Space-Teleskop** haben mindestens 100 aktive **Vulkane** auf dem Io nachgewiesen. Einer von ihnen, Loki, ist der mächtigste Vulkan des

Sonnensystems: Er gibt ständig mehr Hitze ab, als alle irdischen Vulkane zusammen. Die Io-Vulkane erzeugen enorme Lavamengen, die die Oberfläche des Mondes überziehen. Schwefelverbindungen aus den Vulkanen tönen seine Oberfläche rot und gelb.

Der Io hat so viel innere Wärme, weil er in das Gerangel zwischen der Anziehungskraft des Jupiters und der der anderen Trabanten verstrickt ist. Gezeitenkräfte dehnen und drücken den Mond Io. Das liefert die Energie, die seinen ständigen Vulkanismus antreibt.

Europa

Der Europa ist der zweitinnerste Galileische **Mond** des **Jupiters** und einer der interessantesten Körper des **Sonnensystems** bei der Suche nach außerirdischem Leben. Er ist etwas kleiner als der Erdmond und weist eine glatte, hell glänzende Oberfläche auf, die aus Wassereis bestehen könnte.

Auch der Europa kommt dem Jupiter nahe genug, um durch die Gezeitenkräfte des **Planeten** unter Spannung zu stehen. Diese könnten genügend Energie liefern, um Wasser unter der Oberfläche flüssig zu halten. Wenn dieses potenzielle Meer warm genug wäre, könnte es Leben in ihm geben. Der Europa besitzt außerdem eine sehr dünne Sauerstoffatmosphäre.

Ganymed

Der Ganymed ist mit einem Radius von 2 631 Kilometern der größte Trabant des **Sonnensystems;** er ist sogar größer als der **Merkur.** Seine relativ geringe Dichte deutet darauf hin, dass seine oberen Schichten womöglich eine große Menge an Eis enthalten. Seine

JUPITER	
Mittlere Sonnenentfernung	778 570 000 km
Umlaufzeit	11,9 Jahre
Mittlere Bahngeschwindigkeit	13,1 km/s
Durchschnittstemperatur	-110 °C
Rotationszeit	9,9 Stunden
Äquatordurchmesser	142 984 km
Masse (Erde = 1)	317,8
Dichte	1 326 kg/m^3
Oberflächenschwerkraft (Erde = 1)	2,36
Bekannte Trabanten	63
Größte Trabanten	Io, Europa, Ganymed, Callisto

Bergrücken und Krater deuten auf eine Vergangenheit mit tektonischen Bewegungen hin. Eine der interessantesten Eigenschaften des Ganymed ist das Magnetfeld, das „Galileo" nachgewiesen hat. Kein anderer Mond besitzt eine globale **Magnetosphäre.** Vermutlich ist dieser Magnetismus aus einer früheren Phase übrig geblieben, in der der Mond durch Gezeitenkräfte verformt wurde. Das erzeugte die für das Magnetfeld notwendigen elektrischen Ströme. Wie **Europa** scheint auch der Ganymed eine sehr dünne Sauerstoffatmosphäre zu besitzen.

Callisto

Der Callisto, der äußerste der vier galileischen Monde, ist der drittgrößte Trabant des **Sonnensystems** (nach Ganymed und dem **Saturnmond Titan**). Im Gegensatz zu seinen aktiveren Brüdern unter den Galileischen Monden ist der Callisto dunkel und tektonisch tot. Er besitzt eine alte, mit vielen Kratern übersäte Oberfläche und ein schwaches Magnetfeld. Dies könnte darauf hindeuten, dass elektrisch leitfähiges Wasser unter seiner Oberfläche auf das Magnetfeld des Jupiters reagiert.

JUPITERMISSIONEN

Zwischen 1972 und 1974 übertrugen zwei relativ einfache Sonden („Pioneer 10" und „Pioneer 11") Daten über die Jupiteratmosphäre sowie Bilder von einigen der größeren **Monde** zur Erde. Sie entdeckten auch drei neue Trabanten, bevor sie weiter zum Rand des **Sonnensystems** reisten. Ihre letzte Übertragung erfolgte aus zwölf Milliarden Kilometer Entfernung von der Sonne. Die „Pioneer"-Missionen wurden wegen ihrer besonderen Fracht berühmt: Metallplatten, auf denen das Sonnensystem, ein Mann und eine Frau sowie weitere stilisierte Zeichnungen eingraviert sind – als Grußbotschaften an eine intelligente, extraterrestrische Lebensform, für den Fall, dass sie zufällig auf die Sonden treffen sollte.

1989 entließ das **Spaceshuttle** „Atlantis" den „Galileo"-Orbiter zu seiner langen Reise ins All. Auf der Bahn um die **Venus** und zweimal um die **Erde** nahm „Galileo" Geschwindigkeit auf und erreichte den Jupiter 1995. Dort setzte er eine Sonde aus, die in die Jupiteratmosphäre eindrang. 58 Minuten lang funkte sie Daten über das stürmische Geschehen und die Zusammensetzung der Jupiteratmosphäre zur Erde. Die Hauptsonde von „Galileo" umkreiste den Planeten weiter und untersuchte sein Magnetfeld, den **Großen Roten Fleck** sowie die vier Galileischen Monde. 2003 wurde die Sonde absichtlich zum Absturz gebracht und verglühte in der Jupiteratmosphäre.

Auf diesem Bild, das von „Voyager 1" stammt, sieht man links oben einen Vulkanausbruch auf dem Jupitermond Io. Die etwa 160 Kilometer hohe Fahne aus ausgeworfenem Material hebt sich gelbgrün gegen den dunklen Weltraum ab. Raumsonden und das Hubble-Space-Teleskop haben mindestens 100 aktive Vulkane auf dem Io nachgewiesen.

Saturn

Auf diesem Bild der Sonde „Cassini" scheint der Saturn an seinen Ringen aufgehängt zu sein, die Galilei als „Tassenhenkel" bezeichnet hatte. Sie bestehen aus Eispartikeln verschiedenster Größe. Die Ringe – sieben Hauptringe und Hunderte bis Tausende von schmalen Ringen – umkreisen den Saturn mit unterschiedlichen Geschwindigkeiten. Sie bestehen vermutlich aus Überresten zerrissener Monde, Kometen oder Asteroiden.

SATURN

Mit Ringen geschmückt, bietet der Saturn einen der schönsten Anblicke des **Sonnensystems.** Der sechste **Planet** ist seit alters her bekannt. Er ist häufig als brillante Erscheinung am Nachthimmel zu sehen, obwohl er 1 433 500 000 Kilometer von der Sonne entfernt steht.

Der Saturn ist der zweitgrößte Planet des Sonnensystems. Er ist wie der Jupiter ein **Gasriese,** der fast vollständig aus Wasserstoff (96 Prozent) und Helium (3 Prozent) besteht. Obwohl er so groß ist – sein Radius beträgt 60 268 Kilometer – und sein Volumen Platz für 765 Erdkugeln böte, ist seine Dichte geringer als die von Wasser. In einem ausreichend großen Schwimmbecken würde er oben treiben.

Der Saturn vollendet einen Umlauf um die Sonne alle 29,47 Erdjahre, hat aber mit nur 10,65 Stunden einen kurzen Tag. Die schnelle Rotation verwandelt ihn in eine abgeplattete Kugel mit einer Wölbung am Äquator.

Wie der Jupiter ist der Saturn im Wesentlichen eine dichte Flüssigkeit, umgeben von einer dünnen Gasatmosphäre. Seiner kalten, nebligen oberen Atmosphäre fehlen die klaren farbenprächtigen Bänder des Jupiters, obwohl auch auf dem Saturn starke Winde wehen. Meist bewegen sie sich in östliche Richtung, mit mehr als 500 Metern pro Sekunde – fünfmal so schnell wie die heftigsten Winde auf der Erde. Gewaltige Stürme können so hoch steigen, dass man sie als weiße Wolken aus Ammoniakeis sehen kann.

Rund 400 Kilometer unterhalb der Wolkendecke herrscht auf dem Saturn ein so hoher Druck, dass sich das Wasserstoffgas in flüssigen Wasserstoff verwandelt. Diese Flüssigkeit ist ungefähr 30 000 Kilometer tief. Sie umgibt einen noch dichteren Ozean aus elektrisch leitfähigem, flüssigem Wasserstoff, der 14 000 Kilometer tief ist. Der starke Druck sorgt dafür, dass der Saturnkern aus Eis und Gestein geschmolzen bleibt.

Mit Hilfe der „Voyager"-**Raumsonde** stellten Astronomen fest, dass der Saturn rund zweimal so viel Wärme abgibt, wie er von der Sonne empfängt. Allerdings ist er nicht groß genug, als dass so viel Wärme noch von seiner Entstehung stammen könnte. Vermutlich ist die Wärme ein Nebenprodukt des Heliumregens, der kondensiert und aus den äußeren Bereichen des Saturns in den metallischen Ozean fällt.

Galilei war wohl der erste Mensch, der die Saturnringe beobachtete. Als er 1610 durch sein Teleskop blickte, erinnerten sie ihn an Tassenhenkel, die von beiden Seiten des Planeten abstanden. 1659 beschrieb der holländische Astronom Christian Huygens korrekt „einen dünnen, flachen Ring". Der Italiener Giovanni Cassini entdeckte 1675 eine dunkle Lücke zwischen den beiden Hauptringen.

Das brillante Leuchten der Ringe im Sonnenlicht kommt durch die Eispartikel zu Stande, aus denen die Ringe überwiegend bestehen. Die Größe der Teilchen reicht von feinem Kies bis zu kleinen Felsblöcken. Heute wissen wir, dass es nicht zwei, sondern sieben Hauptringe gibt, die jeweils aus Hunderten oder gar Tausenden schmaler Ringe bestehen.

Jeder Ring umkreist den Saturn mit einer anderen Geschwindigkeit. Die Hauptringe werden mit Buchstaben bezeichnet. In der Reihenfolge vom benachbarten bis zum fernsten Ring um den Saturn sind es D, C, B, A, F, G und E. Zwischen dem A- und B-Ring liegt die 5 000 Kilometer große Cassini-Lücke. Eine zweite, kleinere Lücke heißt Encke-Teilung. Diese 270 Kilometer

SATURN	
Mittlere Sonnenentfernung	1 433 500 000 km
Umlaufzeit	29,5 Jahre
Mittlere Bahngeschwindigkeit	9,7 km/s
Durchschnittstemperatur	-140 °C
Rotationszeit	10,7 Stunden
Äquatordurchmesser	120 536 km
Masse (Erde = 1)	95,2
Dichte	687 kg/m^3
Oberflächenschwerkraft (Erde = 1)	0,92
Bekannte Trabanten	31
Größte Trabanten	Titan, Rhea, Iapetus, Dione, Tethys

breite Lücke kann im äußeren Bereich des A-Rings gesehen werden. Vom innersten zum äußersten Rand hat das Ringsystem eine Ausdehnung von 282 000 Kilometern. Dabei ist es nur zwischen zehn Meter und weniger als einem Kilometer dick.

Fünf Saturnringe liegen innerhalb der Roche-Grenze. Innerhalb dieser Entfernung von einem Planeten würde jeder Trabant durch die Gezeitenkräfte auseinander gerissen werden. Deshalb, und weil die Ringe jünger als ihr Mutterplanet sind, gehen Wissenschaftler davon aus, dass sie Überreste eines zerriebenen **Mondes, Kometen** oder **Asteroiden** sind.

Die **„Cassini"-Mission,** die den Saturn im Juni 2004 erreicht hatte, stützte diese Theorie, als sie beim Einschwenken in eine Umlaufbahn an dem Mond Phoebe vorbei- und durch die Lücke zwischen dem F- und G-Ring flog. Dabei schickte „Cassini" detaillierte Bilder des kleinen Trabanten und der Ringe zur Erde. Die Cassini-Lücke enthielt Material, das wie die dunkle Substanz auf der Oberfläche von Phoebe aussah. Auch das stützt die Theorie, dass die Ringe aus Bruchstücken von Monden entstanden sind. Auf dem Phoebe selbst gab es Eis und viele Krater, so dass es sich bei ihm vermutlich um ein eingefanges Objekt aus dem Kuiper-Gürtel handelt. Während ihrer vier Jahre dauernden Mission wird die „Cassini"-Sonde zweifellos noch viele wertvolle Daten über den Saturn und seine Monde liefern.

Ein genauer Blick zeigt, dass die scheinbar glatten Saturnringe aus Schutt bestehen – aus gefrorenen, hagelähnlichen Teilchen, Staub und Felsenkies. Alles umkreist den Planeten mit hoher Geschwindigkeit. In einem der Ringe ist der Schutt so dicht, dass kein Licht mehr durch ihn hindurchfällt.

ZIEL SATURN

William Harwood

STELLEN SIE SICH EINE WELT VOR, DIE KLEINER IST ALS DER MARS, ABER GRÖSSER als der Merkur. Eine Welt, in der die Luft an der Oberfläche viermal dichter ist als die Luft in Ihrem Zimmer und wo der Druck an der Oberfläche der gleiche ist wie auf dem Grund eines Schwimmbeckens.» Es war September 1997, sechs Wochen vor dem Start der anspruchsvollsten interplanetaren Raumsonde, die je gebaut wurde, als Jonathan Lunine, ein Planetenwissenschaftler der University of Arizona, Journalisten in seinen Bann schlug. «Auf dieser Welt», fuhr er fort, «ist die ferne Sonne nie zu sehen. Mittags ist die Landschaft nicht heller als eine Mondnacht auf der Erde. Wegen der großen Entfernung der Sonne ist es so kalt, dass Wasser aus der Atmosphäre ausfriert. Dem Stickstoff geht es fast genauso. Das einfachste organische Molekül – Methan – nimmt die Rolle des Wassers bei der Bildung von Wolken ein. Vielleicht regnet es sogar Methan, vielleicht gibt es Seen und Meere aus Kohlenwasserstoffen.»

Hunderte von Kilometern über der Oberfläche einer fernen Welt wird Methan durch die kosmische Strahlung und das schwache Licht der fernen Sonne gespalten. Es entstehen komplexere organische Stoffe, die herabregnen. Vulkanismus und Meteoriteneinschläge formen die Oberfläche und liefern die Energie, um noch mehr organische Moleküle zu erzeugen.

Die hier beschriebene fremde Welt ist kein Planet, sondern ein Mond: Titan – der größte Saturntrabant und Ziel einer kleinen Sonde, die auf dem atomar betriebenen „Cassini"-Orbiter der Nasa zum Ringplaneten gereist ist. Auch wenn heute höchstwahrscheinlich kein Leben auf dem Titan existiert, sind die Bedingungen dort vergleichbar mit denen der jungen Erde. Deshalb ist der Titan ein wichtiges Ziel für die Nasa und die European Space Agency (ESA).

«Wegen der chemischen Zyklen, die organische Moleküle dort durchlaufen, könnte der Titan als Labor dienen, um einige der Schritte nochmals durchzuspielen, die auf der Erde zu Leben geführt haben», sagte Lunine. «Der Titan ist die beste Nachbildung der irdischen Umgebung, die wir haben, bevor das Leben begann.»

„Cassini" und die „Huygens"-Sonde der ESA starteten mit einer Rakete des Typs Titan 4B im Oktober 1997. Bis zum Ende der Mission 2008 wird „Cassini" 3,4 Milliarden Dollar kosten, was sie zu einer der kostspieligsten interplanetaren Raumsonden macht, die je gebaut wurden. Nur das Marsprojekt „Viking" in den 1970er Jahren war noch teurer. Die offiziellen Kosten von „Viking" – 2,73 Milliarden Dollar – beziehen sich auf den Wert des Dollars im Jahr 1973, was heute fast vier Milliarden Dollar entspräche.

In einer Zeit, in der als Devise für Raumsonden „schneller, besser, billiger" gilt, ist „Cassini" eine Ausnahme. Es wird erwartet, dass sie einen riesigen Gegenwert für all die Dollars liefert. „Cassinis" Ziel liegt im günstigsten Fall mehr als eine Milliarde Kilometer von der Erde entfernt, 21-mal weiter weg als der Mars bei seiner größten Annäherung.

Mindestens vier Jahre lang soll „Cassini" den Saturn umkreisen, um seine Atmosphäre, Magnetosphäre und seine Ringe zu untersuchen sowie auch die Eismonde. Das heißt, „Cassini" hat für die Erkundung erheblich mehr Zeit als Raumsonden wie die „Voyager"-Zwillinge, die nur kurz vorbeifliegen.

Astronomen sehen in der Mission eine seltene Gelegenheit, um wesentliche Einblicke in die wichtigsten wissenschaftlichen Fragen über die Bildung des Sonnensystems und die Bedingungen vor der Entstehung des irdischen Lebens zu bekommen.

Die „Huygens"-Sonde

Am 30. Juni 2004 schwenkte „Cassini" in eine Umlaufbahn um den Saturn ein. Am 14. Januar 2005 näherte sich „Huygens" der Oberfläche des Titan, wobei sich die Sonde aus Stabilitätsgründen siebenmal pro Minute drehte. Sie traf die obere Atmosphäre des Mondes in einer Höhe von rund 1200 Kilometern mit einer

In dieser künstlerischen Darstellung sinkt die „Huygens"-Sonde auf den Saturnmond Titan herunter, während die „Cassini"-Raumsonde oben rechts vorbeizieht. Der Ringplanet selbst ist in der Ferne am Titanhimmel zu sehen. „Huygens" landete im Januar 2005 und machte rund 1000 Bilder während seines zweieinhalb Stunden dauernden Abstiegs.

Geschwindigkeit von 22 088 Kilometern pro Stunde. In nur drei Minuten bremste die Sonde auf weniger als 1450 Kilometern pro Stunde ab. Dabei erwärmte sie sich am Hitzeschild auf bis zu 11 980 Grad Celsius und war einer Bremskraft vom 16fachen der Erdanziehungskraft ausgesetzt.

Ein kleiner Fallschirm öffnete sich in einer Höhe von etwa 160 Kilometern, um den acht Meter großen Hauptschirm von „Huygens" zu entfalten. In den folgenden 15 Minuten sank die Sonde langsam nach unten, während die Instrumente erste Messungen an der Titanatmosphäre durchführten. Dann wurde in einer Höhe von rund 112 Kilometern der Hauptschirm abgetrennt. Stattdessen öffnete sich ein Stabilisierungsschirm mit einem Durchmesser von drei Metern. Zweieinhalb Stunden nach Beginn des Abstiegs setzte „Huygens" auf der Oberfläche mit einer Geschwindigkeit von rund 24 Kilometern pro Stunde auf. Die während des Abstiegs und der Landung gesammelten Daten sendete die „Huygens"-Sonde zu „Cassini" hoch, die sie an die Erde weiterleitete.

„Huygens" machte ungefähr 1000 Bilder von der Oberfläche. Außerdem nahm sie Spektren auf und maß die Intensität des Sonnenlichts. Andere Instrumente maßen Windgeschwindigkeiten oder analysierten die Gase in der Atmosphäre. Eine Wetterstation an Bord erfasste nicht nur Temperatur, Druck und elektrische Aktivität, sondern suchte auch nach Blitzen. Schließlich versuchten neun Sensoren, die physikalische Natur der Oberfläche zu ermitteln, auf der die Sonde gelandet war. Diese Sensoren lieferten den Wissenschaftlern außerdem einen Referenzpunkt, damit sie die Radarbilder von „Cassini" leichter interpretieren können.

Die Fortsetzung der „Cassini"-Mission

Wenn die „Huygens"-Mission vollendet ist, wird sich das Forscherteam auf die Untersuchung des Saturns und seiner Monde konzentrieren. „Cassini" wird immer wieder das Gravitationsfeld vom Titan benutzen, um die eigene Bahn zu ändern. So sollen 70 verschiedene Umlaufbahnen möglich werden, um an einem halben Dutzend Monden vorbeizufliegen.

Zu „Cassinis" 18 Instrumenten und 27 Sensoren gehören Kameras für Nah- und Weitwinkelaufnahmen des Saturns, seiner größeren Monde und des spektakulären Ringsystems. Ein abbildendes Spektrometer für den sichtbaren und den infraroten Bereich wird die Verteilung bestimmter Mineralien und Chemikalien kartieren: in der Atmosphäre des Saturns, bei den Planetenringen und auf den Oberflächen des Titan und anderen Trabanten. Es wird nach Blitzen und aktiven Vulkanen auf dem Titan suchen. Ein Infrarotkompositspektrometer wird Wärmestrahlung von allen Zielen (Ringe, Oberflächen und Atmosphären) messen. Mit Hilfe dieser Daten sollen Temperaturverteilung und Zusammensetzung der Atmosphären bestimmt werden. Ein dritter abbildender Spektrograf misst im Ultraviolett-Bereich, um die Anteile von Wasserstoff und Deuterium zu ermitteln. Geräte für die Mikrowellenfernerkundung umfassen ein leistungsstarkes Radarsystem, das durch die Wolkendecke des Titan hindurchschauen kann und Strukturen bis hinunter zu 350 Meter Größe abbildet. Sechs weitere Instrumente werden das Magnetfeld des Saturns untersuchen, um festzustellen, wie es mit dem Sonnenwind wechselwirkt. Außerdem ermitteln sie, wie das energiereiche Plasma im Magnetfeld mit ihm in Wechselwirkung steht und welche Teilchen im Magnetfeld gefangen sind.

Wunderbarer Saturn

Zwar besitzen alle vier Gasplaneten – Jupiter, Saturn, Uranus und Neptun – komplexe Ringsysteme, aber das des Saturns ist bei weitem das spektakulärste. Es ist auch das einzige, das von der Erde aus sichtbar ist. Die wahre Natur der Ringe wurde erst 1980 und 1981 durch den Vorbeiflug der beiden „Voyager"-Sonden der Nasa entdeckt. Zum Entzücken der Astronomen zeigten die Bilder der „Voyager"-Kameras mehr als 1000 einzelne Ringbereiche, die in einem komplizierten Tanz um den Planeten wirbelten, gesteuert von der Gravitation des Saturns und einer Hand voll kleiner Monde.

Die Ringe bestehen aus eisigen Teilchen, deren Größe sehr variabel ist. Diese reicht von der Winzigkeit eines Staubkorns bis zu etwa fünf Meter großen Brocken. Die Ringe dehnen sich von ihrer innersten Grenze bis in den Außenbereich über mehr als 97 000 Kilometer hinweg aus. In Relation zu ihrer großen radialen Ausdehnung sind die Ringe jedoch dünn wie Seidenpapier – meist nur rund 100 Meter dick.

Der Planet selbst ist der zweitgrößte nach Jupiter. Er würde 765 Erdkugeln fassen. Seine Dichte ist dagegen geringer als die von Wasser, seine Gesamtmasse nicht größer als 95 Erdmassen. Lang andauernde Wirbelstürme und ein äquatorialer Strahlstrom von 1770 Kilometern pro Stunde wälzen die untere Atmosphäre um. Der Saturn gibt 87 Prozent mehr Energie ab, als er von der Sonne aufnimmt. Dies könnte vielleicht an der Reibung des flüssigen Heliums liegen, das durch Wasserstoffschichten tief in seinem Innern herunterregnet. Alles in allem ist er ein schöner, wenn auch ungastlicher Ort für einen Besuch. ■

SATURNMONDE

Der Saturn hat eine große, merkwürdige Mondfamilie. Bis zum April 2004 waren 31 Satelliten entdeckt, die vom riesigen Titan bis zum winzigen Suttung reichen. Der Titan ist wegen seiner dichten Atmosphäre besonders interessant für Astronomen. Die mittelgroßen **Monde** – Mimas, Enceladus, Tethys, Dione, Rhea und Iapetus – sind bereits seit Ende des 18. Jahrhunderts bekannt. Alle scheinen mit Eis überzogen zu sein. Enceladus reflektiert so viel Licht, dass Wissenschaftler glauben, er sei mit frischem Wassereis bedeckt, das vielleicht von Eisvulkanen ausgeworfen wurde. Der Iapetus ist auf der einen Hälfte viel heller als auf der anderen. Möglicherweise sammelt er auf seiner Umlaufbahn mit der einen Seite dunkles Material auf.

Mehrere Monde zeugen von einem heftigen Bombardement in der Vergangenheit. Der Mimas besitzt einen **Krater,** der ein Drittel des Monddurchmessers hat. Der dafür verantwortliche Einschlag dürfte den Trabanten fast zerschmettert haben.

Der pummelige kleine Hyperion torkelt. Auf seiner **Umlaufbahn** wird er langsamer und wieder schneller. Er ist der einzige bekannte Körper im **Sonnensystem** mit einer chaotischen Rotation. Vermutlich liegt das an den Gezeitenkräften, die der Titan auf den Hyperion ausübt.

Titan

Der Titan ist der größte Saturnmond und der zweitgrößte Trabant des **Sonnensystems.** Christian Huygens entdeckte ihn 1655. Titan hat einen Radius von 2575 Kilometern, womit er größer als **Merkur** und **Pluto** ist. Er ist der einzige Trabant des Sonnensystems mit einer dichten Atmosphäre – was Forscher sehr neugierig macht.

Die Titanaufnahmen der „Voyager"-Sonden waren nicht besonders aufschlussreich, weil der Mond dicht in orangefarbenen Dunst gehüllt ist. Deshalb sind keine Oberflächendetails erkennbar. Die dunstige, kalte Atmo-

sphäre des Titan besteht hauptsächlich aus Stickstoff sowie kleineren Mengen an Methan und komplexeren Verbindungen wie Ethan oder Azetylen. Diese Kohlenwasserstoffe könnten sich miteinander verbunden haben und zum Smog des Titan beitragen. Eventuell fallen sie aus der Atmosphäre aus und bilden auf der Mondoberfläche Seen oder Meere aus Ethan oder Methan.

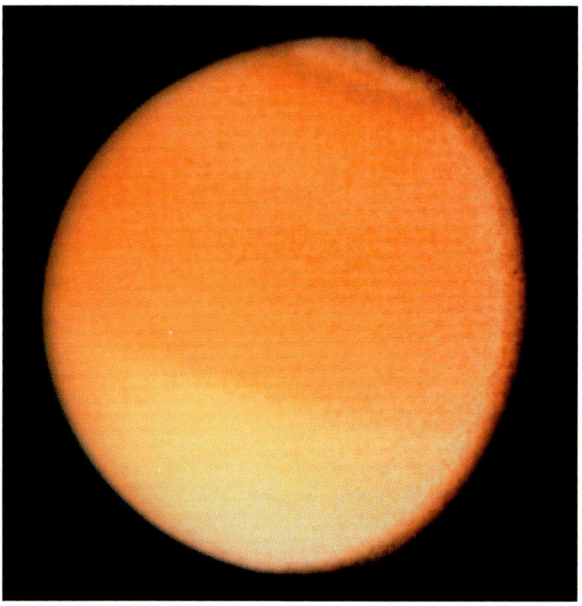

Wie eine riesige Orange sieht der Titan, Saturns größter Mond, auf dieser Aufnahme aus. „Voyager 2" schickte sie 1981. Die Südhälfte unter dem Äquator ist heller gefärbt als die Nordhalbkugel und der dunkle Kragen, der den Nordpol umgibt. Die verschiedenen Schattierungen spiegeln die Zirkulation der Wolken in der Titanatmosphäre wider.

Zwar ist der Titan zu kalt, um erdähnliches Leben zu ermöglichen, aber seine Chemie ähnelt der chemischen Zusammensetzung der jungen **Erde.**

Schäfermonde

Pan, Atlas, Pandora und Prometheus sind als Schäfermonde bekannt, weil ihr Gravitationsfeld dazu beiträgt, dass die umlaufenden Teilchen in den Saturnringen getrennt und auf einen bestimmten Raum begrenzt bleiben. Pandora und Prometheus halten beide Seiten des F-Rings zusammen; Atlas hütet den äußeren Rand des A-Rings, Pan hält die Encke-Lücke im A-Ring frei.

„CASSINI"-MISSION

Die Raumsonde „Cassini" ist ein Gemeinschaftsprojekt der **Nasa,** der **European Space Agency (ESA)** und der italienischen Weltraumagentur. Sie startete im Oktober 1997. Am 30. Juni 2004 erreichte „Cassini" eine Umlaufbahn um den **Saturn.** Dazu tauchte die Sonde durch eine Lücke zwischen dem F- und G-Ring und machte ihre engste Annäherung an den **Planeten:** 19 980 Kilometer oberhalb der Wolkendecke. Die Sonde wird den Riesenplaneten vier Jahre lang umkreisen.

TITAN	
Mittlere Entfernung zu Saturn	1 221 830 km
Umlaufzeit	15,94 Tage
Durchschnittstemperatur	-178 °C
Rotation	15,94 Tage
Äquatordurchmesser	5 150 km
Masse (Erde = 1)	0,02
Dichte	1 881 kg/m^3
Oberflächenschwerkraft (Erde = 1)	0,137

Diese Falschfarben-
aufnahme des Uranus
stammt vom Hubble-
Space-Teleskop. Blau
und Grün markieren
klare Bereiche, in die
Sonnenlicht gelangen
kann. Dagegen deuten
Gelb und Grauviolett
auf Dunst- oder Wolken-
schichten hin, an denen
das Licht reflektiert
wird. Orange und Rot
stehen für eine sehr
hohe Wolkendecke.

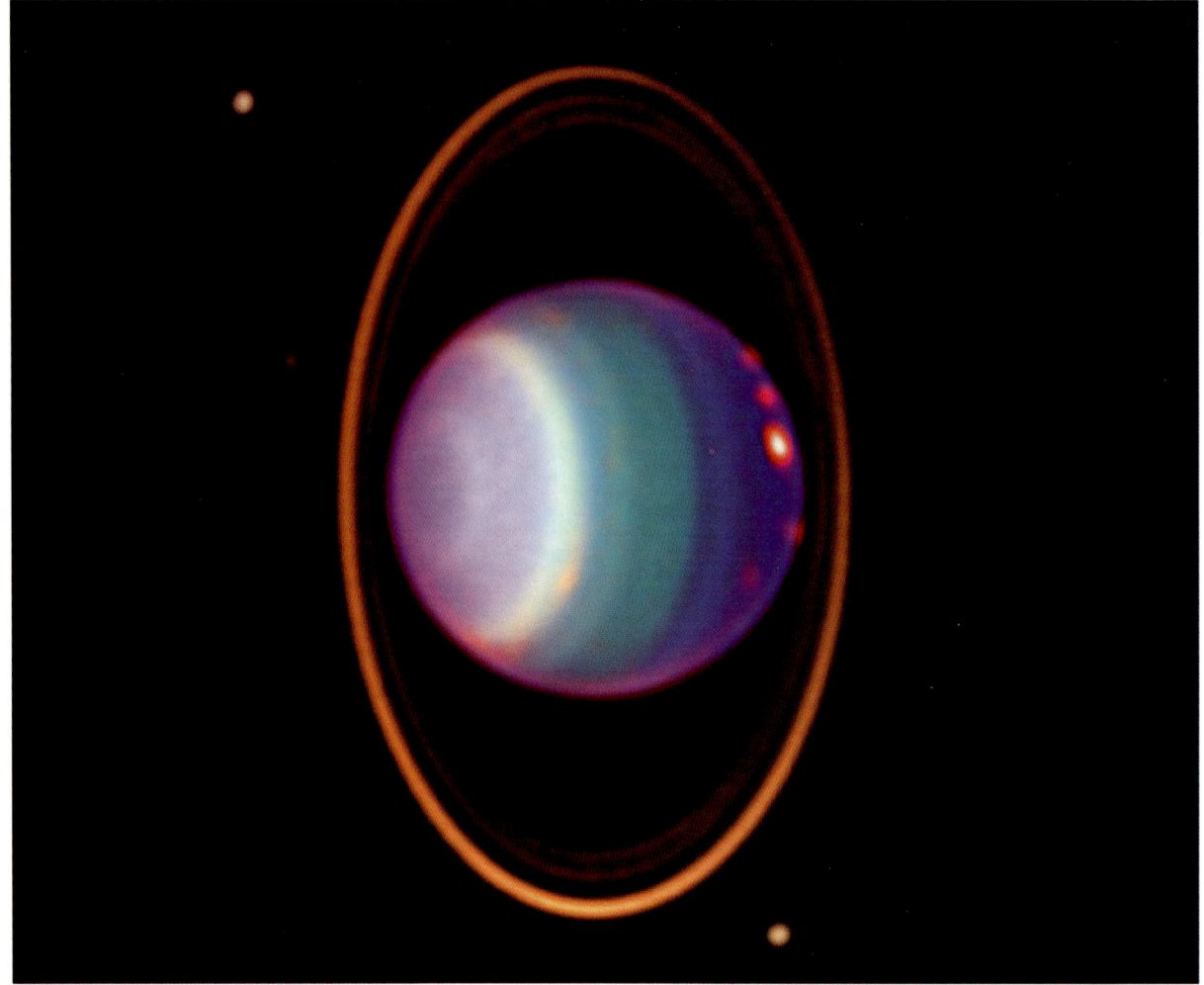

Uranus

URANUS

Der Uranus ist so weit entfernt und lichtschwach, dass er bis 1781 unbekannt war. Dann entdeckte ihn **William Herschel** mit dem **Fernrohr.** Mit einer 14fachen Erdmasse und einem Äquatorradius von 25 559 Kilometern liegt der Uranus größenmäßig in der Mitte zwischen den Riesenplaneten **Jupiter** und **Saturn** und den kleineren terrestrischen Planeten. Er ist rund zweimal so weit von der Sonne entfernt wie der Saturn und steht in den fernen, eisigen Bereichen unseres Sonnensystems. Für einen Umlauf braucht der Planet rund 84 Erdjahre.

Durch seine ziemlich schnelle Rotation dauert ein Uranus-Tag nur 17,2 Stunden. Im Gegensatz zu den anderen Planeten, außer **Pluto,** liegt der Uranus bei seiner Rotation auf der Seite. Somit liegt seine **Achse** (97,8 Grad gegen die Senkrechte der Bahn-ebene geneigt) fast in seiner Bahnebene um die Sonne.

Der Grund dafür ist unbekannt. Astronomen vermuten, dass der Planet durch einen gewaltigen Zusammenstoß in der Vergangenheit auf die Seite gekippt ist. Deshalb dauern die Jahreszeiten auf dem Uranus sehr lange. Im Sommer bekommen die Pole jahrzehntelang Sonnenlicht. Im Winter dagegen liegen sie jahrzehntelang im Dunkeln. Trotzdem unterscheidet sich die Temperatur zwischen Sommer- und Winterseite des Planeten nicht sehr: vermutlich, weil er so weit von der Sonnenwärme entfernt ist oder sich die Wärme innerhalb seiner Atmosphäre gleichmäßig verteilt. An seiner Wolkenobergrenze misst der Uranus -215 Grad Celsius.

Im Fernrohr sieht der Planet wie eine glatte, blaugrüne Kugel aus. Seine Farbe entsteht durch Methaneiswolken in der oberen Atmosphäre, die hauptsächlich aus Wasserstoff und Helium besteht. Im Unterschied zu den anderen Riesenplaneten besitzt der Uranus keine starke innere Wärmequelle, die seine Atmosphäre umwälzen könnte. Daher zeigt der Planet auch nicht die dramatischen Stürme, die man an anderer Stelle im **Sonnensystem** beobachtet. Der Uranus hat jedoch Strahlströme, Winde in großer Höhe, die in dieselbe Richtung wehen, in die der Planet rotiert.

Unter der gasförmigen Atmosphäre befindet sich eine etwa 8000 Kilometer dicke Schale aus flüssigem Wasserstoff, die einen Ozean aus verdichtetem Wasser, Methan und Ammoniak umgibt. Er ist 10 000 Kilometer tief und bleibt flüssig, weil die Temperaturen durch den großen Druck hoch genug sind. Der Uranuskern besteht aus geschmolzenem Gestein.

Elf dünne **Ringe** umkreisen den Uranus. Sie bestehen aus fußball- bis felsbrockengroßen Teilen, die vermutlich mit Kohlestaub überzogen sind. Daher reflektieren sie weniger Licht als die Saturnringe. Die Ringe umkreisen den Uranusäquator, stehen also senkrecht zur Ebene des Sonnensystems. Sie umrahmen den Planeten wie Kreise die Mitte einer Zielscheibe.

URANUSMONDE

Bis zum Jahr 2004 sind 26 **Monde** entdeckt worden, die den Uranus umkreisen. Die fünf größten Trabanten – **Miranda,** Ariel, Umbriel, Titania und Oberon – waren bereits vor dem Raumfahrtzeitalter bekannt. Der größte von ihnen, Titania, erreicht rund die Hälfte des Durchmessers unseres **Erdmonds.** Die größeren Trabanten sind mit Eis bedeckt und dunkel. Sie zeigen

URANUS

Mittlere Sonnenentfernung	2 872 500 000 km
Umlaufzeit	83,8 Jahre
Mittlere Bahngeschwindigkeit	6,8 km/s
Durchschnittstemperatur	-215 °C
Rotationszeit	17,2 Stunden
Äquatordurchmesser	51 118 km
Masse (Erde = 1)	14,5
Dichte	1270 kg/m^3
Oberflächenschwerkraft (Erde = 1)	0,89
Bekannte Trabanten	26
Größte Trabanten	Oberon, Titania, Umbriel, Ariel

URANUSMONDE

Name	Entfernung von Uranus (in km)	Durchmesser (in km)
Cordelia	49 770	40
Ophelia	53 790	42
Bianca	59 170	54
Cressida	61 780	80
Desdemona	62 680	64
Juliet	64 350	94
Portia	66 090	136
Rosalind	69 940	72
S/2003 U2	74 800	24
Belinda	75 260	80
Puck	86 010	162
S/2003 U1	97 700	32
Miranda	129 390	472
Ariel	191 020	1158
Umbriel	266 300	1169
Titania	435 910	1580
Oberon	583 520	1520
S/2001 U3	4 280 000	12
Caliban	7 230 000	96
Stephano	8 002 000	20
Trinculo	8 571 000	10
Sycorax	12 179 000	190
S/2003 U3	14 345 000	12
Prospero	16 418 000	30
Setebos	17 459 000	30
S/2001 U2	21 000 000	12

Anzeichen von beträchtlichen Schmelz- und Bruchvorgängen in ihrer Vergangenheit (besonders Miranda).

Miranda

Der Miranda ist der innerste und kleinste der fünf großen Uranusmonde. Er ist ein Traum (oder Albtraum) für Geologen. Der Flickenteppich auf seiner Oberfläche umfasst **Krater,** Gebirge, Täler, Klippen, Brüche, Falten, Rücken und Rinnen. Einige Bereiche scheinen deutlich jünger als andere zu sein.

Neptun

NEPTUN

In Größe und Zusammensetzung gleicht der Neptun dem Uranus. Er ist ein kalter Gasriese mit ungefähr 17 Erdmassen und einem Äquatorradius von 24 764 Kilometern. Mit 30 Astronomischen Einheiten Distanz zur Sonne ist er allerdings viel weiter von ihr entfernt als der **Uranus.** Gelegentlich wird der achte **Planet** zum neunten. Dann nämlich, wenn Pluto auf seiner exzentrischen Bahn näher bei der Sonne steht als Neptun, zum letzten Mal zwischen 1979 und 1999. Neptun vollendet einen Umlauf um die Sonne in 163,8 Jahren. Seit seiner Entdeckung 1846 durch den deutschen Astro-

nomen Johann Gottfried Galle ist noch kein ganzes Neptunjahr vergangen. Sein Tag dauert 16,1 Stunden.

In vielerlei Hinsicht gleicht die Atmosphäre des Neptuns der des Uranus. Aber im Unterschied zum Uranus ist es auf dem Neptun stürmisch. Als „Voyager 2" den Planeten besuchte, schickte die Sonde Bilder eines riesigen dunklen Sturms zur **Erde,** der Jupiters **Großem Roten Fleck** stark ähnelte. 1994 verschwand dieser Große Dunkle Fleck, der ungefähr so groß wie die Erde war. Aber es entstehen und vergehen weitere Stürme, wie an hellen und dunklen Wolken zu erkennen ist. Winde mit bis zu 2 200 Kilometern pro Stunde fegen

Der Neptun liegt 30-mal weiter von der Sonne entfernt als die Erde und empfängt nur einen winzigen Teil des Lichts, das unseren Planeten erhellt. Der Neptun ist ein kalter Gasriese mit der 17fachen Masse der Erde und erscheint dunkelblau unter einem Schleier aus Methanwolken. Der Große Dunkle Fleck und die hellen Streifen (links) zeigen, dass es auf dem Planeten Stürme gibt.

NEPTUN	
Mittlere Sonnenentfernung	4 495 100 000 km
Umlaufzeit	163,8 Jahre
Mittlere Bahngeschwindigkeit	5,4 km/s
Durchschnittstemperatur	-214 °C
Rotationszeit	16,1 Stunden
Äquatordurchmesser	49 528 km
Masse (Erde = 1)	17,1
Dichte	1 638 kg/m^3
Oberflächenschwerkraft (Erde = 1)	1,12
Bekannte Trabanten	13
Größter Trabant	Triton

um den Planeten: nach Westen bei niedrigen Breiten und nach Osten bei mittleren Breiten. Der Neptun steht so weit von der Sonne entfernt, dass er nicht genügend Sonnenwärme bekommt, um diese Winde zu erzeugen. Daher muss er eine interne Wärmequelle haben; welche, ist unklar. Die Durchschnittstemperatur beträgt -214 Grad Celsius. Das ist etwas wärmer als auf dem Uranus, obwohl dieser näher bei der Sonne steht.

Das starke Magnetfeld des Neptuns ist um 47 Grad gegen seine Rotationsachse geneigt. Möglicherweise wird es durch elektrische Ströme in seinem verwirbelten inneren Ozean erzeugt. Der Planet besitzt 13 **Monde,** die alle, außer **Triton,** sehr klein sind. Sechs schmale, lichtschwache Ringe umgeben den Neptun. Der äußerste von ihnen, Adams, hat drei dunklere, klumpige Abschnitte. Astronomen mutmaßen, dass diese Klumpen durch den gravitativen Einfluss des Schäfermondes Galatea zusammengehalten werden.

NEPTUNMONDE

Nur zwei der 13 Neptunmonde wurden vor dem Raumfahrtzeitalter entdeckt. Der britische Amateurastronom William Lassell fand **Triton,** den größten Mond, nur 17 Tage nach der Neptunentdeckung mit seinem **Fernrohr.** Der amerikanische Astronom Gerard Kuiper entdeckte 1949 den drittgrößten Mond, Nereide. Er hat die exzentrischste Umlaufbahn aller Trabanten des **Sonnensystems.** Seine Entfernung vom Neptun schwankt dadurch zwischen 1 353 600 und 9 623 700 Kilometern. Der dunkle, pummelige Proteus ist der zweitgrößte Mond. Er konnte erst mit Raumsonden entdeckt werden, weil er den Neptun auf

einer sehr engen Bahn umrundet. Er und weitere kleine Trabanten wurden entweder von „Voyager 2" oder modernen Fernrohren auf der Erde entdeckt.

Triton

Neptuns einziger großer Trabant Triton hat ungefähr drei Viertel des Durchmessers von unserem **Erdmond.** Er hat eine ungewöhnliche **retrograde Umlaufbahn** und ist der einzige große Mond, der seinen Mutterplaneten entgegen dessen Rotation umkreist. Das könnte darauf hindeuten, dass er nicht zusammen mit dem Neptun entstanden ist, sondern später von ihm eingefangen wurde. Der Triton ist der kälteste Mond des **Sonnensystems.** Seine eisbedeckte Oberfläche reflektiert so viel von dem schwachen Sonnenlicht, dass dort eine Temperatur von -240 Grad Celsius herrscht. Trotz der extremen Kälte lässt der Mond einige Aktivität erkennen. So hat man in der Nähe seiner Südpolkappe Schwaden dunklen Materials gesehen, das aus Ausbrüchen stammt. Vielleicht handelte es sich dabei um gefrorenen Stickstoff mit Methan und Staub, die von Eisvulkanen ausgeworfen wurden.

Wegen seiner retrograden Bewegung ist der Triton dem Untergang geweiht. Seine Umlaufbahn wird langsam enger, und in rund 250 Millionen Jahren wird er dem Neptun so nahe kommen, dass er von der Anziehungskraft des Planeten auseinander gerissen wird. Ein weiterer **Ring** könnte die Folge sein.

NEPTUNMONDE		
Name	Entfernung vom Neptun (in km)	Durchmesser (in km)
Naiad	48 230	58
Thalassa	50 080	8
Despina	52 530	148
Galatea	61 950	158
Larissa	73 550	208 x 178
Proteus	117 650	436 x 416 x 402
Triton	354 760	2706
Nereid	5 513 400	340
S/2002 N1	15 686 000	48
S/2002 N2	22 452 000	48
S/2002 N3	22 580 000	48
S/2002 N4	46 570 000	60
S/2003 N1	46 738 000	28

Pluto

PLUTO

Wäre Pluto ein Mensch, hätte er eine Identitätskrise. Obwohl er gemeinhin als neunter und letzter **Planet** des **Sonnensystems** gilt, wollen ihm einige Astronomen den Planetenstatus aberkennen. Stattdessen, sagen sie, sollte man Pluto als ein weiteres Mitglied des **Kuiper-Gürtels** betrachten – jenem fernen Bereich aus kleinen Welten, die um die Sonne kreisen. Andere Astronomen meinen, dass Pluto und sein Mond **Charon** so ähnliche Größen und Umlaufbahnen haben, dass sie einen Doppelplaneten bilden.

Die Entdeckung des Pluto war ein klassischer Glücksfall. Nachdem Astronomen den **Neptun** auf Grund von Abweichungen in der Uranusbahn gefunden hatten, glaubten einige, dass es nun gelte, einen weiteren Planeten zu finden, der die Uranusbewegung zusätzlich beeinträchtige. Nach monatelanger Analyse von Fotografien des Nachthimmels, die jeweils mehrere Tage auseinander lagen, entdeckte der amerikanische Astronom Clyde William Tombaugh 1930 einen Punkt, der sich gegenüber dem Hintergrund der Sterne bewegt hatte. Es war Pluto. Wie sich herausstellte, war die kleine Welt zu massearm, als dass sie die Uranusbahn nennenswert beeinflussen konnte.

Pluto ist der kleinste der neun Planeten und hat einen Radius von 1195 Kilometern – rund ein Fünftel des irdischen Werts. In vielerlei Hinsicht ist er ein Zwilling des Neptunmondes **Triton:** klein, vereist und kalt.

Mit seiner durchschnittlichen Sonnendistanz von 39 Astronomischen Einheiten steht Pluto so weit entfernt, dass für einen Beobachter auf der Oberfläche des Planeten die Sonne wie ein sehr heller Stern aussehen

Plutos Mond Charon scheint direkt über dem Planeten zu schweben, dabei steht er eigentlich mehr als 19000 Kilometer entfernt. Manche Astronomen glauben, dass die beiden als Doppelplanet betrachtet werden sollten, weil sie fast gleich groß sind. Pluto wurde erstmals 1930, Charon 1978 beobachtet.

würde. Selbst das **Hubble-Space-Teleskop** konnte auf der Plutooberfläche kaum Details ausmachen. Die Umlaufbahn des Planeten ist stark elliptisch. Für einen Umlauf um die Sonne benötigt Pluto 248 Jahre. 20 Jahre davon verläuft seine Bahn innerhalb der Neptunbahn, wodurch er vorübergehend zum achten Planeten wird. Zum letzten Mal geschah dies zwischen 1979 und 1999. Pluto wird nun bis zum 5. April 2231 der sonnenfernste Planet bleiben.

Seine Umlaufbahn ist stärker gegen die **Ekliptik** geneigt als die Bahnen der anderen Planeten. Sie bildet einen Winkel von 17 Grad mit der Ebene des Sonnensystems. Auch die Rotationsachse steht schräg zur Senkrechten der Ekliptik mit einer Neigung von 122 Grad, weshalb Pluto wie Uranus bei seiner Rotation fast auf der Seite liegt.

Pluto rotiert langsam, sein Tag dauert 6,4 Erdtage. Als Einziger der Planeten weist er eine doppelt gebundene Rotation mit seinem Mond Charon auf. Sie umrunden sich gegenseitig und drehen sich währenddessen beide genau einmal um die eigene Achse. Daher wenden sie einander immer die gleiche Seite zu.

Der neunte Planet ist noch nie von einer **Raumsonde** besucht worden. Unser Wissen über ihn stammt allein aus Beobachtungen mit Teleskopen. Er besteht vielleicht aus einem Mantel aus Wassereis, der einen Gesteinskern umgibt. Es ist nicht überraschend, dass die Temperatur auf Pluto mit -225 Grad Celsius im Mittel sehr kalt ist.

Seine Atmosphäre besteht hauptsächlich aus Stickstoff, Methan und Kohlenmonoxid. Steht Pluto nahe bei der Sonne, ist seine Atmosphäre gasförmig; entfernt er sich von der Sonne auf seiner langen **exzentri-**

CHARON	
Mittlere Entfernung zu Pluto	19600 km
Umlaufzeit	6,4 Tage
Durchschnittstemperatur	-228 °C
Rotation (retrograd)	6,4 Tage
Äquatordurchmesser	1186 km
Masse (Erde = 1)	0,0003
Dichte	1850 kg/m³
Oberflächenschwerkraft (Erde = 1)	0,021

schen Umlaufbahn, frieren die Gase aus und fallen in einem sehr langen, extrem kalten Winter wie Schnee auf die Oberfläche.

Das Hubble-Space-Teleskop hat helle und dunkle Flecken überall auf der Plutooberfläche nachgewiesen, bei denen es sich vielleicht um Abschnitte aus Eis und Fels sowie um Polkappen aus Eis handelt. Wir werden viel mehr erfahren, wenn die **Nasa** ihre „Neue Horizonte"-Sonde im Jahr 2006 erfolgreich startet. Sie soll nach dem derzeitigen Plan im Gravitationsfeld des **Jupiters** beschleunigt werden, um dann Pluto und Charon zehn Jahre nach dem Start zu erreichen.

CHARON

Astronomen des US Naval Observatory entdeckten 1978 den Plutomond Charon. Bei der Untersuchung von Plutoaufnahmen bemerkten sie eine sonderbare Wölbung auf einer Seite des **Planeten.** Diese Beule erwies sich als ein großer, naher Satellit. Mit einem Durchmesser von 1186 Kilometern ist der Charon halb so groß wie Pluto. Damit ist er hinsichtlich der Ausdehnung seinem Mutterplaneten ähnlicher als jeder andere Mond des **Sonnensystems.**

Der mit Wassereis bedeckte Trabant weist eine gebundene Rotation mit seinem Planeten auf, die bemerkenswert ist, da auch Pluto mit seinem Mond gebunden rotiert. Für einen Umlauf um seinen Mutterplaneten benötigt der Charon 6,4 Erdtage. Genauso lang braucht Pluto für eine Drehung um die eigene Achse.

Der Charon steht auch überraschend nahe bei Pluto. Er ist nur 19600 Kilometer von ihm entfernt. Beim Charon könnte es sich um ein eingefangenes Objekt aus dem **Kuiper-Gürtel** handeln, oder er ist wie der **Erdmond** aus Bruchstücken entstanden, die bei einem Zusammenstoß zwischen Pluto und einem anderen großen Körper losgeschlagen worden sind.

PLUTO	
Mittlere Sonnenentfernung	5870000000 km
Umlaufzeit	248 Jahre
Mittlere Bahngeschwindigkeit	4,7 km/s
Durchschnittstemperatur	-225 °C
Rotationszeit (retrograd)	6,4 Tage
Äquatordurchmesser	2390 km
Masse (Erde = 1)	0,002
Dichte	1750 kg/m³
Oberflächenschwerkraft (Erde = 1)	0,06
Bekannte Trabanten	1
Größter Trabant	Charon

Der Asteroid Ida ist ein Miniplanet aus Gestein und Metall und lässt seinen Satelliten Dactyl (rechts) klein erscheinen. Wie alle Planetoiden rotiert Ida um die eigene Achse, während sie die Sonne umkreist. Die Krater auf der Oberfläche des Asteroiden geben ihm ein pockennarbiges Aussehen.

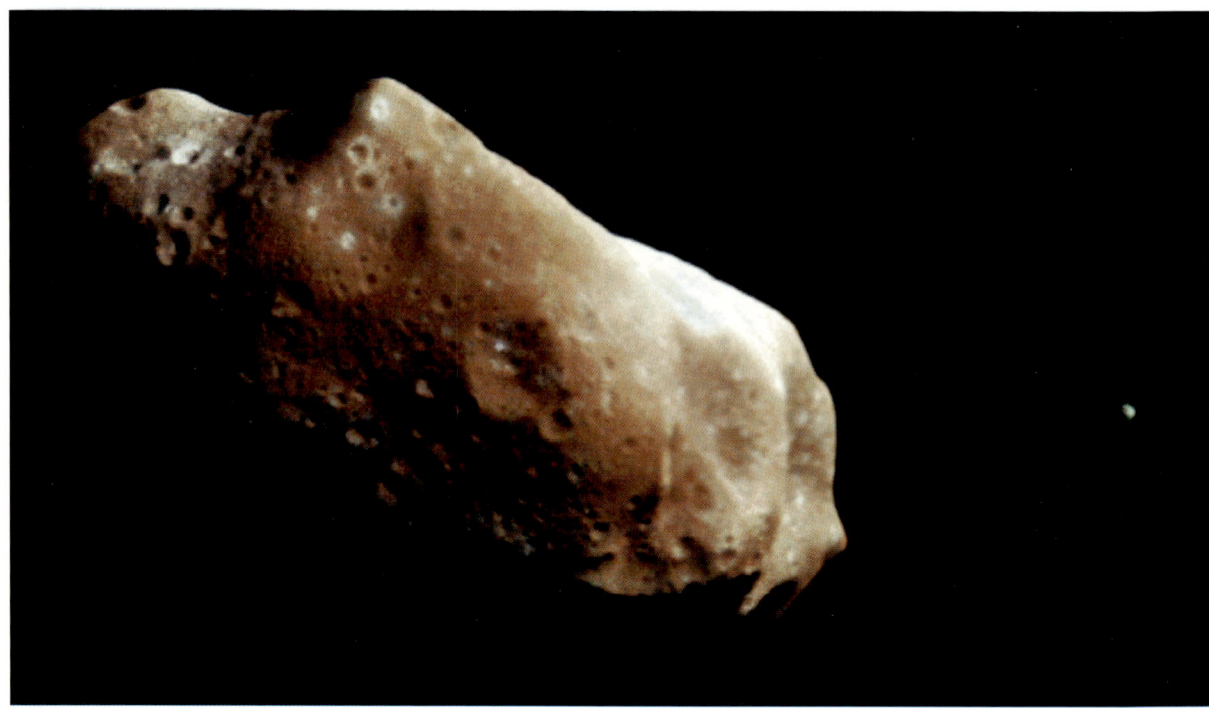

Asteroiden

ASTEROIDENGÜRTEL

Die meisten **Asteroiden** befinden sich in einem ausgedehnten Gürtel zwischen den Umlaufbahnen von **Mars** und **Jupiter,** dem Asteroidengürtel. Er liegt 2,0 bis 3,3 Astronomische Einheiten entfernt von der Sonne und enthält Millionen von Asteroiden. Dabei stehen diese so weit im Raum auseinander, dass eine **Raumsonde** beim Flug durch die Region nur selten einem Asteroiden begegnen würde. Innerhalb des Gürtels bilden viele Asteroiden Gruppen, die auf ähnlichen Bahnen um die Sonne laufen. Die auffälligen Lücken zwischen ihnen („Kirkwood-Lücken") werden durch die Anziehungskraft des Jupiters verursacht.

ASTEROIDEN

Asteroiden (auch Planetoiden oder Kleinplaneten genannt) sind Brocken aus Stein und Metall, die aus der Frühzeit des **Sonnensystems** übrig geblieben sind. Ihre Größen reichen von 100 Meter bis fast 1000 Kilometer. Millionen von Asteroiden umkreisen die **Sonne,** der Großteil in einem Gürtel zwischen den Umlaufbahnen von **Mars** und **Jupiter.**

Einige umkreisen die Sonne auch in geringerem Abstand und kommen gelegentlich an der **Erde** vorbei. Andere stehen dagegen dem Jupiter näher.

Der italienische Astronom Giuseppe Piazzi entdeckte 1801 den größten bekannten Kleinplaneten: Ceres. Obwohl er kugelförmig ist und die Sonne umkreist, ist sein Durchmesser mit 940 Kilometern zu klein, als dass er als Planet durchgehen könnte. Nur zwei weitere Asteroiden, Pallas und Vesta, haben Durchmesser von mehr als 300 Kilometern. Trotzdem ist es einigen wie Ida gelungen, ihre eigenen kleinen **Monde** einzufangen. Die meisten Asteroiden sind Felsstücke von weniger als einem Kilometer Ausdehnung.

Die Mehrzahl der Planetoiden lässt sich einer von drei Kategorien zuordnen: dunkle, kohlenstoffhaltige C-Typen, graue, steinige S-Typen und metallische M-Typen. Astronomen unterscheiden sie durch die Analyse des Lichts, das die Asteroiden reflektieren. Asteroiden, die der Sonne näher stehen, gehören eher zum S-Typ, die am weitesten entfernten dagegen wahrscheinlich zum C-Typ. Die drei Hauptklassen werden weiter unterteilt. Obwohl Kleinplaneten über einen großen Raum verteilt sind, stoßen sie gelegentlich zusammen und schleudern dabei kleinere Teile ins All. Dadurch entstehen vermutlich Meteoroiden, von denen einige als Sternschnuppen in die **Erdatmosphäre** eindringen.

Trojaner

Die Trojaner-Kleinplaneten sind zwei Asteroidengruppen, die sich entlang der Jupiterbahn bewegen: Eine läuft vor dem Riesenplaneten her, die andere folgt ihm um die Sonne. Die Trojaner konzentrieren sich an zwei **Lagrange-Punkten.** An diesen Orten sind die Anziehungskräfte von Jupiter und Sonne gleich groß. Der erste Trojaner wurde 1906 entdeckt und heißt 588 Achilles. Auch die anderen tragen Namen von Helden des Trojanischen Kriegs.

Erdnahe Objekte

Erdnahe Objekte *(Near-Earth Objects,* NEOs) sind **Asteroiden** oder erloschene **Kometen,** deren Umlaufbahnen in Erdnähe verlaufen. Von drei Kleinplanetengruppen weiß man, dass sie die Sonne in Nachbarschaft der Erde umlaufen: die Aten-, Apollo- und Amor-Planetoiden. Man nimmt an, dass es sich um entlaufene Mitglieder des **Asteroidenhauptgürtels** handelt, die durch die Anziehungskräfte der **Planeten** aus ihren ursprünglichen Bahnen geschubst wurden.

Kleinplaneten, die der Erde gefährlich werden könnten, heißen potenziell gefährliche Asteroiden *(Potentially Hazardous Asteroids,* PHAs). Vielleicht erzeugte eines dieser Objekte vor 65 Millionen Jahren den riesigen Chicxulub-Krater auf der mexikanischen Halbinsel Yucatán. Der damals in die Atmosphäre aufgewirbelte Staub könnte das Klima drastisch verändert und dadurch das Aussterben der Dinosaurier ausgelöst haben. Ein anderer, kleinerer Asteroid explodierte 1908 in der **Erdatmosphäre** und verursachte die heftigen Verwüstungen im sibirischen Tunguska-Gebiet.

Die Erdatmosphäre schützt uns vor Objekten, die weniger als 50 Meter Durchmesser haben. Objekte bis zu einem Kilometer Ausdehnung würden einen großen, aber lokalen Schaden anrichten. Astronomen rechnen damit, dass ein solches Objekt die Erde alle paar Jahrhunderte trifft. Jedes Objekt mit mehr als zwei Kilometer Durchmesser könnte die ganze Welt in einen „nuklearen Winter" stürzen, weil die Atmosphäre von Staub erfüllt wäre. Ein solcher Einschlag ereignet sich ein- bis zweimal innerhalb von einer Million Jahre.

Aus Sorge über mögliche Einschläge in der Zukunft haben staatliche und private Organisationen mit der Erfassung und Bewertung von NEOs begonnen, beispielweise in den USA, Frankreich, Japan und China. Per Himmelsüberwachung will die **Nasa** („Spaceguard Survey", Start 1998) bis 2008 rund 90 Prozent der NEOs identifizieren, die größer als einen Kilometer sind. Bislang haben Astronomen mehr als 500 PHAs entdeckt, von denen sich aber keiner auf direktem Kollisionskurs mit der Erde befindet.

NEAR-SHOEMAKER-RAUMSONDE

Die „NEAR"-Shoemaker-Raumsonde (NEAR steht für *Near-Earth Asteroid Rendevous,* Besuch bei einem erdnahen Asteroiden) der **Nasa** startete 1996 und landete als Erste auf einem Kleinplaneten. Die Sonde erreichte 433 Eros am 14. Februar 2000 und sammelte aus einer Umlaufbahn Daten über Masse, Zusammensetzung und Anziehungskraft des 33 Kilometer langen Asteroiden, bevor sie ihren Auftrag mit einer weichen Landung auf Eros beendete.

BEKANNTE ASTEROIDEN				
Nummer und Name	Entdeckungsjahr	Kategorie	Durchmesser (in km)*	Bemerkung
1 Ceres	1801	C-Typ	960 x 940	der erste und bislang größte entdeckte Asteroid
2 Pallas	1802	B-Typ	570 x 525 x 482	zweitgrößter Asteroid
4 Vesta	1807	unbekannt	530	drittgrößter Asteroid, hellstes Objekt des Asteroidengürtels
243 Ida	1884	S-Typ	58 x 23	erster Asteroid, bei dem ein Mond gefunden wurde (Dactyl, 1993 entdeckt)
433 Eros	1898	S-Typ	33 x 13 x 13	der erste entdeckte Asteroid, der der Erde nahe kommt
951 Gaspra	1916	S-Typ	19 x 12 x 11	der erste Asteroid, der von einer Raumsonde fotografiert wurde („Galileo" 1991)
1036 Ganymed	1924	S-Typ	32	größter Asteroid, der der Erde nahe kommt

Alle Entfernungen sind gerundet.

Kometen

KOMETEN

Kometen sind kleine, eisige Körper, die bei der Bildung des **Sonnensystems** übrig geblieben sind. Man nimmt an, dass es sehr viele von ihnen in großer Entfernung zur **Sonne** gibt. Nur wenn diese Objekte durch die Gravitation eines vorbeiziehenden Sterns gestört werden, verlassen sie ihre ferne Heimat und stürzen in Richtung Sonne ins Innere des Sonnensystems.

Im Schnitt haben Kometen einen Durchmesser von wenigen Kilometern. Sie bestehen aus kleinen Mengen Stein und Staub, die in gefrorenes Wasser, Kohlendioxid, Methan, Kohlenmonoxid und Ammoniak eingebettet sind. Kometen werden daher auch treffend als schmutzige Schneebälle bezeichnet. Des weiteren findet man in ihnen kleine Mengen komplexerer organischer Moleküle wie Formaldehyd oder Blausäure.

Die Bestandteile der Kometen entsprechen vermutlich der Zusammensetzung des Nebels, aus dem sich das Sonnensystem gebildet hat.

In ihrer fernen Heimat sind Kometen nicht beobachtbar. Wenn ihre Bahnen gestört werden und sie dem Zug der Sonnengravitation nachgeben, verändern sie sich so dramatisch, dass sie sichtbar werden. Die Sonnenstrahlung beginnt, den Eiskörper des Kometen zu verdampfen. Es entsteht eine leuchtende Gaswolke (Koma), die eine Ausdehnung von bis zu einer Million Kilometer erreichen kann. Noch größer als die Koma ist eine dünne Wasserstoffwolke, die sich Millionen von Kilometern weit um den Kometen erstreckt, aber nur im ultravioletten Licht nachweisbar ist. Der **Sonnenwind** erzeugt mindestens zwei Schweife: den Ionenschweif, der aus elektrisch geladenen Atomen besteht, und den Staubschweif, der breiter und gerader ist. Beide reichen Millionen von Kilometern hinaus ins All und zeigen immer weg von der Sonne. Tief vergraben in der Koma steckt der Kometenkern, ein dunkler, kalter Fels.

Die meisten beobachteten Kometen sind langperiodische Besucher. Sie tauchen in der Nachbarschaft der **Erde** nicht häufiger auf als einmal in 200 Jahren. Viele Kometenbahnen hatten vermutlich in der kugelförmigen Oortschen Wolke ihren Anfang und können daher die Ebene des Sonnensystems unter jedem beliebigen

Harvard-Professor Fred Whipple veranschaulicht seinen Studenten mit einem Kometenmodell, wie diese Himmelskörper entstanden sind. Die Kugeln aus Eis und Gestein sind ein paar Kilometer groß und bei der Bildung des Sonnensystems übrig geblieben. Sie bewegen sich meist in großer Entfernung der Sonne und stürzen nur ins innere Sonnensystem, wenn ihre Bahnen gestört werden.

Winkel schneiden. Kurzperiodische Kometen, von denen die meisten vermutlich aus dem Kuiper-Gürtel stammen, sind auf engen Bahnen gefangen, weshalb sie öfter in Sonnennähe gelangen. Typischerweise bewegen sie sich in der Ekliptikebene. Der **Halleysche Komet** ist ein solcher kurzperiodischer Komet, der alle 74 bis 79 Jahre auftaucht. Komet Hyakutake, der 1996 besonders hell war, ist langperiodisch. Doch Kometen existieren nicht ewig. Jedes Mal, wenn sie sich der Sonne nähern, verdampft ein Teil ihres Eises, wodurch sie Masse verlieren. Beobachtungen des Halleyschen Kometen mit der Sonde „Giotto" zeigten, dass er durchschnittlich 20 Tonnen Wasser pro Sekunde verliert, wenn er sich der Sonne nähert. Trotzdem wird Halley der Erde mehr als 1000 Besuche abstatten, bevor er nicht mehr zu sehen ist.

Komet Shoemaker-Levy 9

Zwischen dem 16. und 22. Juli 1994 bot Komet Shoemaker-Levy 9 ein aufregendes Schauspiel. Nachdem er 1992 dem **Jupiter** zu nah gekommen war, zerbrach der Komet in 22 Teile, die von Carolyn und Eugene Shoemaker sowie David Levy 1993 entdeckt wurden. Im Juli 1994 stürzten die Trümmer auf den Jupiter und erzeugten dabei Feuerbälle mit einer Temperatur von 7500 Kelvin (heißer als die **Sonnenphotosphäre**) sowie Staubwolken, die größer als Asien waren.

Komet Halley

Der berühmte Halleysche Komet wird seit mindestens 240 v. Chr. beobachtet. An seine Erscheinung im Jahr 1066 während der Schlacht von Hastings erinnert der Teppich von Bayeux. Der Komet ist nach Edmund Halley benannt, der als Erster bemerkte, dass es sich bei bestimmten Beobachtungen heller Kometen in der Vergangenheit um ein und dasselbe Objekt mit einer Umlaufzeit zwischen 74 und 79 Jahren handelte. Der Halleysche Komet zog zuletzt 1986 an der **Erde** vorbei. Dabei untersuchten ihn sechs Raumsonden: „Sakigake" und „Suisei" (Japan), „Vega 1" und „Vega 2" (UdSSR), „ICE" (USA) und die europäische „Giotto". Der Halleysche Komet wird 2061 wieder in die Nähe der Erde zurückkehren.

OORTSCHE WOLKE

Die Oortsche Wolke ist eine kugelförmige Hülle aus mehreren 100 Milliarden Kometenkernen, die das **Sonnensystem** wahrscheinlich in Entfernungen von 30 000 bis 100 000 Astronomischen Einheiten umkreisen – das ist die halbe Strecke bis zum nächsten Stern.

AUSGEWÄHLTE HELLE PERIODISCHE KOMETEN

Komet	Umlaufzeit (in Jahren)	Nächstes Perihel
21P/Giacobini-Zinner	6,5	2005
9P/Tempel 1	5,5	2005
75P/Kahoutek	6,2	2005
2P/Encke	3,3	2007
6P/d'Arrest	6,5	2008
46P/Wirtanen	5,5	2008
8P/Tuttle	13,5	2008
7P/Pons-Winnecke	6,4	2008
10P/Tempel 2	5,5	2009
81P/Wild 2	6,4	2010
1P/Halley	76	2061
109P/Swift-Tuttle	130	2127
C/1995 01 Hale-Bopp	2400	4397

Die Existenz der Oortschen Wolke wurde zuerst von Ernst Öpik im Jahr 1932 postuliert. In den 1950er Jahren entwickelte dann Jan Oort Öpiks Theorie weiter. Die Astronomen glauben, dass die eisigen Objekte der Oortschen Wolke sich ursprünglich im solaren **Urnebel** zwischen den Bahnen von **Jupiter** und **Neptun** gebildet haben. Wechselwirkungen mit den Riesenplaneten haben sie danach an den Rand des Sonnensystems geschleudert. Die Oortsche Wolke ist der Ursprung der meisten langperiodischen Kometen. Bis ins 21. Jahrhundert blieb die weit entfernte Oortsche Wolke unbeobachtet, aber 2003 entdeckten Forscher am Palomar-Observatorium in Kalifornien einen rötlichen Planetoiden, der drei Viertel des Plutodurchmessers hat. Bei ihm könnte es sich um ein Mitglied vom innersten Rand der Oortschen Wolke handeln. Der ferne Körper wurde auf den Namen Sedna getauft.

KUIPER-GÜRTEL

Der Kuiper-Gürtel liegt zwischen 30 und 1000 Astronomischen Einheiten von der **Sonne** entfernt. Er reicht von der Neptunbahn bis weit über die Plutobahn hinaus und enthält Milliarden eisiger Objekte, die in der Frühzeit des **Sonnensystems** entstanden sind. Anders als vergleichbare Objekte der **Oortschen Wolke** sind die Eisbälle des Kuiper-Gürtels gerade weit genug weg von den Bahnen der Riesenplaneten, um an ihrem Entstehungsort bleiben zu können.

Astronomen halten den Kuiper-Gürtel für die Quelle der meisten kurzperiodischen **Kometen.** Er enthält Tausende Körper mit Durchmessern größer als 100 Kilometer. Der Planet Pluto, sein Mond **Charon** und der Neptunmond **Triton** könnten Objekte des Kuiper-Gürtels sein. In den vergangenen Jahren hat man mit empfindlichen erdgebundenen **Teleskopen** mehrere ziemlich große Kuiper-Gürtel-Objekte gefunden; darunter Quaoar mit einem Durchmesser von 1 300 Kilometern und einen noch größeren Planetoiden mit der provisorischen Bezeichnung 2004 DW, der womöglich einen Durchmesser von 1450 Kilometern hat.

„GIOTTO"-SONDE

Die „Giotto"-Sonde, von der **European Space Agency (ESA)** gebaut, startete 1985. Im März 1986 begegnete „Giotto" dem **Halleyschen Kometen** und untersuchte ihn aus einer Entfernung von 605 Kilometern. Obwohl ein großes Bruchstück die Sonde 14 Sekunden vor der größten Annäherung aus dem Gleichgewicht brachte, gelang es ihr, einige bemerkenswerte Bilder von Halleys Kern zur Erde zu senden. Außerdem bestimmte sie die Zusammensetzung von Staub und Gas, die der **Komet** verlor: 45 Prozent Wasser, 28 Prozent Felsenstaub und 27 Prozent organische Bestandteile. „Giotto" flog 1992 noch am Kometen Grigg-Skjellerup vorbei und schickte auch über ihn Informationen zur Erde.

„STARDUST"-SONDE

Im Januar 2004 flog die „Stardust"-Sonde der **Nasa** durch die Wolke aus Gas und Staub, die den **Kometen** Wild 2 umgibt, und sammelte Teilchenproben ein, um sie zurück zur **Erde** zu bringen. Wenn ihre Wiedereintrittskapsel im Januar 2006 an einem Fallschirm auf den irdischen Boden sinkt, wird „Stardust" die erste Robotermission sein, die physische Proben von jenseits des Mondes auf die Erde zurückbringt. Der Sonde gelangen auch hoch aufgelöste Bilder des unregelmäßigen Kerns von Wild 2.

„DEEP SPACE 1"

„Deep Space 1", eine innovative automatische **Sonde** der Nasa, flog im Juli 1999 nahe am **Kometen** Braille vorbei. Im September 2001 begegnete sie dem Kometen Borrelly, von dessen kartoffelförmigem Kern ihr Nahaufnahmen gelangen. „Deep Space 1" erprobte zwölf neue Technologien, unter anderem die (erfolgreiche) Verwendung von ionisiertem Xenongas als **Treibstoff.**

Alle 2 400 Jahre gelangt der Komet Hale-Bopp auf seiner Bahn ins innere Sonnensystem – wie zuletzt 1997. Zu seinen Bestandteilen gehören Wasser, Ammoniak, Formaldehyd und Blausäure. Aus Blausäure können durch chemische Reaktionen Aminosäuren entstehen – die Bausteine der Proteine.

DER GROSSE ABSTURZ 1994

J. Kelly Beatty

EINES DER BEDEUTENDSTEN EREIGNISSE DER ASTRONOMIEGESCHICHTE BEGANN mit verdorbenem Filmmaterial, einer bewölkten Nacht und vier frustrierten Beobachtern. Auf dem Palomar Mountain in Südkalifornien steht ein kleines Fernrohr, das fast ausschließlich für die Suche nach Kometen und Asteroiden verwendet wird. Am 22. März 1993 verbrachte das Beobachtungsteam, bestehend aus Eugene und Carolyn Shoemaker, ihrem Mitarbeiter

David Levy und dem französischen Gastastronomen Philippe Bendjoya, die erste Nacht am Teleskop. Sie mussten feststellen, dass ihr Film durch eine unbeabsichtigte Belichtung einen Schleier bekommen hatte. In der darauf folgenden Nacht begannen sie ihre zweite Beobachtung mit viel Optimismus und einem guten Film.

Der Optimismus schwand jedoch nach dem Öffnen der Teleskopkuppel: dünne Wolken am Himmel. Die sie die Aufnahmen beeinträchtigen würden, beschloss das Team, nicht den guten, sondern den leicht verschleierten Film zu benutzen und jede Himmelsregion zweimal zu belichten. Als die Bewölkung zunahm, musste es die Beobachtung abbrechen. Zwei Tage später untersuchte Carolyn die Negative. Auf

einer Seite, nicht weit vom Jupiter entfernt, war ein diffuser Streifen zu sehen, mit einer Reihe von Schweifen und Linien an jedem Ende. «Ich weiß nicht, was das ist», sagte Carolyn und richtete sich kerzengerade auf. «Es sieht wie … ein zerquetschter Komet aus.»

Leistungsfähigere Fernrohre zeigten später, dass der diffuse Streifen tatsächlich aus einer Reihe kleiner Kometen bestand. Aus weiteren Beobachtungen in den Wochen danach schlossen Astronomen, dass am 8. Juli 1992 ein riesiger Schneeball dem Jupiter bis auf 22 530 Kilometer nahe gekommen war und durch die Anziehungskraft des Planeten auseinander gerissen wurde.

Noch erstaunlicher war die Erkenntnis, dass die zerbrochenen Überreste des Kometen Shoemaker-

Levy 9 im Juli 1994 auf den Jupiter stürzen würden.

Wie das Schicksal so spielt, lag die Einschlagzone auf Jupiters erdabgewandter Seite. Mittels Computersimulationen versuchte man vorauszuberechnen, was während der mit hoher Geschwindigkeit erfolgenden Einschläge in die Jupiteratmosphäre passieren würde und was man noch sehen könnte, wenn das betreffende Gebiet durch die Rotation des Jupiters in unser Blickfeld gelangen würde. Einige Astronomen vermuteten, dass die Bruchstücke mindestens eineinhalb Kilometer groß waren und mit dem Energieäquivalent von 100 Milliarden Tonnen TNT einschlagen würden.

Andere hielten dagegen, dass der Jupiter die Eisscherben schlucken würde, ohne Spuren zu hinterlassen. Wer wusste das schon? Nie zuvor war man Zeuge eines solchen Ereignisses geworden, und nie zuvor richteten sich so viele irdische Teleskope – von Riesengeräten auf hohen Berggipfeln bis zum bescheidenen Amateurfernrohr – auf denselben Punkt am Himmel. Selbst das Hubble-Space-Teleskop und die zum Jupiter fliegende „Galileo"-Sonde wurden zum Kometen abkommandiert. Dank ihrer Position im Sonnensystem konnte „Galileo" die Einschläge direkt beobachten.

Feuer am Himmel

Astronomen kommen bei Himmelsereignissen, die auf großes öffentliches Interesse stoßen, nicht immer gut weg, weshalb sie sich mit Prognosen vor dem Einschlag zurückhielten. Das himmlische Feuerwerk erwies sich als spektakulär. Ab 16. Juli 1994 bombardierte ein Dutzend Kometenfragmente den Jupiter mit einer Ge-

schwindigkeit von 64 Kilometern pro Sekunde über einen Zeitraum von sechs Tagen. Mehrere dieser Fragmente erzeugten rund 3 220 Kilometer hohe Feuerbälle. Da sie über den Rand des Planeten hinausragten, konnte das Hubble-Space-Teleskop sie sichten.

Die Beobachter saßen mit offenem Mund da, als durch die Jupiterrotation gewaltige Feuerbälle in ihr Blickfeld gerieten und sich in die Infrarotdetektoren ihrer Fernrohre einbrannten. Die hoch erhitzten Gase in den Einschlagsgebieten erreichten Temperaturen von 1 110 Grad Celsius und mehr. Als die Feuersbrünste nachließen, blieben meist riesige dunkle Flecken in der Jupiteratmosphäre zurück. Manche von ihnen waren größer als die ganze Erde.

Die schwarzen Narben verwischten zunehmend und verschwanden nach mehreren Monaten. Forscher untersuchten die Folgen der Einschläge noch jahrelang. Spektroskopiker zerlegten das Licht der hoch erhitzten Explosionsfahnen, um etwas über die Zusammensetzung der Planetenatmosphäre zu erfahren. Aber es erwies sich als schwierig zu unterscheiden, welche Bestandteile von den Kometenbruchstücken und welche vom Jupiter stammten.

Die ursprüngliche Größe von Shoemaker-Levy 9 zu ermitteln, war trotz großen Aufwands nicht möglich. Die Verwüstung auf dem Jupiter könnte tatsächlich das Werk eines nur eineinhalb Kilometer großen Schneeballs gewesen sein. Statistisch betrachtet, trifft ein Objekt dieser Größe die Erde im Schnitt alle 100 000 Jahre. Nach den Folgen auf dem Jupiter kein Ereignis, auf das wir uns freuen würden. ■

Diese künstlerische Darstellung zeigt vier verschiedene Perspektiven vom Zusammenstoß des Q-Bruchstücks des Kometen Shoemaker-Levy 9 mit dem Jupiter. Als Vorlage für den Jupiter dienten Aufnahmen, die „Voyager 2" im Jahr 1979 gemacht hat.

Meteore

METEORE

Meteore, Meteoroiden und Meteoriten sind Begriffe, die verschiedene Phasen im Leben von interplanetaren Bruchstücken bezeichnen. Meteoroide sind kleine Brocken aus Gestein und Metall im Weltraum, deren Größen von weniger als einem Millimeter bis zu meh-

Diese Leuchtspuren am Nachthimmel in der Nähe von New Haven, Connecticut, haben Meteore im Jahr 2001 hinterlassen. Es handelt sich um interplanetare Trümmer, die in die Erdatmosphäre eindringen und dort verglühen. Der Meteorstrom der Leoniden ereignet sich jedes Jahr im November, wenn die Erde die staubige Umlaufbahn des Kometen Tempel-Tuttle kreuzt.

reren zehn Metern reichen. Am häufigsten handelt es sich dabei um Bruchstücke von **Asteroiden,** manchmal von **Kometen** und in ganz seltenen Fällen um Bruchstücke, die bei einem Zusammenstoß aus dem **Mond** oder **Mars** herausgeschlagen wurden.

Bei ihrer Bewegung durchs All sammelt die **Erde** Millionen von kleinen Meteoroiden auf, die sich jedes Jahr auf rund 200 Millionen Kilogramm summieren. Fast alle von ihnen verdampfen in der Erdatmosphäre und erreichen nicht die Oberfläche. Wenn sie durch unsere Lufthülle stürzen, erhitzen sie sich und hinterlassen eine Spur leuchtender Gase. Die Leuchtspur bezeichnet man als Meteor oder Sternschnuppe. Zu bestimmten Zeiten eines Jahres kreuzt die Erde durch Staubwolken, die Kometen hinterlassen haben. Verglühen Teilchen dieser als Meteorstrom bezeichneten

Wolke in der Atmosphäre, entsteht ein wahrer Sternschnuppenregen, ein **Meteorschauer.**

Die massereicheren Meteoroiden überstehen ihre Reise zur Erdoberfläche und heißen dann Meteoriten, wenn sie den Boden erreichen. Ihre größten Vertreter können **Einschlagkrater** erzeugen, wie den Barringer-Krater in Arizona, der von einem rund 50 Meter großen Meteoriten stammt. Meteoriten werden in drei Hauptgruppen unterteilt: Stein-, Eisen- und Steineisenmeteoriten.

Am häufigsten sind Steinmeteoriten, die noch weiter in Chondrite und Achondrite unterteilt werden. Eine Chondritegruppe, die kohligen Chondrite, enthält komplexe Kohlenstoffverbindungen und könnte der früheren Zusammensetzung des **Sonnensystems** entsprechen. Achondrite scheinen aus Gestein zu bestehen, das einst schmolz und dann kristallisierte.

Eisenmeteoriten machen ungefähr sechs Prozent aller Meteoriten aus, die die Erdoberfläche erreichen. Sie bestehen vor allem aus Eisen und Nickel und sind schwerer als Steinmeteoriten. Man fand bis zu 60 000 Kilogramm schwere Eisenmeteorite.

Steineisenmeteoriten bestehen zu gleichen Teilen aus Gestein und Eisen. Sie sind seltener als die beiden anderen Typen und machen nur rund zwei Prozent aller bekannten Meteoriten aus.

Mindestens 30 Steinmeteoriten, die auf der Erde gefunden wurden, stammen vom Mars. Manche unter ihnen sind als SNC-Meteoriten bekannt (ihr Name stammt von ihren Untergruppen ab: Shergottite, Nakhlite und Chassignite). Diese interessanten Basaltsteine enthalten eingeschlossene Gase der Marsatmosphäre. Der vielleicht umstrittenste Marsmeteorit ist jedoch ALH 84001, der 1984 in der Antarktis gefunden wurde. Dieses vier Milliarden Jahre alte Stück des Mars enthält winzige fossilienähnliche Strukturen, die einige Wissenschaftler als Beweis für primitives, bakterielles Leben ansehen. Andere Wissenschaftler widersprechen dem. Die Angelegenheit wird womöglich erst beigelegt werden, wenn wir mehr Informationen über die Marsoberfläche haben.

METEORSTRÖME

In einer dunklen, klaren Nacht kann man zwei bis drei **Meteore** pro Stunde sehen. In manchen Zeiten des Jahres bewegt sich die **Erde** jedoch durch eine besonders dichte Meteoroidenwolke, bei der es sich meist um die Überreste eines Kometen handelt. Dann hinterlassen die staubähnlichen Teilchen dieser Meteorströme sichtbare Leuchtspuren in der **Erdatmosphäre** in Form eines Meteorschauers mit Häufigkeiten zwischen 15 und 100 Ereignissen pro Stunde.

Jeder Meteorstrom scheint seinen Ursprung an einem bestimmten Punkt des Nachthimmels zu haben. Dieser Radiant wird typischerweise seinem Hintergrundsternbild zugeordnet. Meteorströme heißen daher nach dem lateinischen Namen des Sternbilds, aus dem sie scheinbar kommen: die **Perseiden** aus dem Perseus, die Leoniden aus dem Löwen.

Auf die Erde treffen jedes Jahr ungefähr 30 dieser regelmäßigen Meteorströme. Einige treten tagsüber in Erscheinung und sind für das bloße Auge unsichtbar. Von den übrigen sind einige berühmt für ihre jährlichen Lichterregen – darunter die Perseiden, **Quadrantiden, Geminiden** und **Leoniden.**

Perseiden

Die Perseiden sind einer der reichhaltigsten und zuverlässigsten jährlichen **Meteorströme.** Sie sind vom 23. Juli bis 20. August sichtbar und haben ihre maximale Aktivität am 12. August mit rund 80 Meteoren pro Stunde. Bei den Perseiden handelt es sich um den Schutt des Kometen 109P/Swift-Tuttle. In Aufzeichnungen wird die Aktivität des Stroms bis zurück ins Jahr 36 dokumentiert. In den 1860er Jahren ordnete Giovanni Schiaparelli als Erster die Perseiden dem Kometen Swift-Tuttle zu.

Quadrantiden

Der Quadrantiden-**Meteorstrom** ist vom 1. bis 6. Januar sichtbar. Er erreicht sein Maximum vom 3. bis 4. Januar mit einer Rate von 110 Ereignissen pro Stunde. Die Quadrantiden hängen mit dem Kometen 96P/Macholz 1 zusammen.

Geminiden

Der **Meteorstrom** der Geminiden ist zwischen dem 7. und 16. Dezember zu sehen und erreicht sein Maximum am 13. Dezember mit 60 bis 100 Meteoren pro Stunde. Ihr Radiant liegt im **Sternbild** Zwillinge in der Nähe der Sterne Castor und Pollux.

Leoniden

Der **Meteorstrom** der Leoniden kam erst in den frühen Morgenstunden des 13. Novembers 1833 voll zur Geltung, als 150 000 „flammende Sterne" auf die Osthälfte der USA herunterregneten. Denison Olmsted, Professor für Mathematik und Naturphilosophie an der Yale University, studierte daraufhin alle Berichte über das Ereignis, die er finden konnte, und schloss, dass **Meteoren** Teilchen sind, die mit hoher Geschwindigkeit auf die **Erdatmosphäre** treffen. Olmsted ermittelte die Position ihres Radianten im **Sternbild** Löwe.

Ernst Wilhelm Liebrecht Tempel entdeckte am 19. Dezember 1865 den Mutterkometen 55P/Tempel-Tuttle im Sternbild Großer Bär. Am 6. Januar stieß Horace Parnell Tuttle unabhängig davon auf den Kometen. Es war der 55. periodische (55P) Komet, dessen Bahn man bestimmt hat.

BEKANNTE JÄHRLICHE METEORSTRÖME

Meteorstrom	Zeitraum der Aktivität	Sternbild	Mutterkomet
Quadrantiden	1.–6. Januar	Bootes	96P/Macholz 1 (vermutlich)
Lyriden	19.–25. April	Leier	C/1861 G1 Thatcher
Eta-Aquariden	24. April–20. Mai	Wassermann	1P/Halley
Delta-Aquariden	15. Juli–20. August	Wassermann	96P/Macholz 1 (vermutlich)
Alpha-Capricorniden	15. Juli–25. August	Steinbock	45P/Honda-Mrkós-Pajdusaková
Perseiden	23. Juli–20. August	Perseus	109P/Swift-Tuttle
Orioniden	16.–27. Oktober	Orion	1P/Halley
Tauriden	20. Oktober–30. November	Stier	2P/Encke
Leoniden	15.–20. November	Löwe	55P/Tempel-Tuttle
Geminiden	7.–16. Dezember	Zwillinge	Asteroid 3200 Phaethon
Ursiden	19.–24. Dezember	Kleiner Bär	8P/Tuttle

3 | Hinaus ins All

Der Spaceshuttle „Atlantis" schießt von
einer Startrampe des Kennedy Space
Center in Florida in den Himmel. Um die
Anziehungskraft zu überwinden und
eine Umlaufbahn zu erreichen, muss ein
Raumfahrzeug eine atemraubende
Geschwindigkeit erreichen. Gewaltige
Mengen an Raketentreibstoff sind
notwendig, um es ins All zu befördern.

R AUMFLÜGE SYMBOLISIEREN DEN FORTSCHRITT IM 20. JAHRHUNDERT, ABER die Wurzeln reichen weit zurück. Im 13. Jahrhundert verstanden chinesische Handwerker das Prinzip von Aktion und Reaktion bereits gut genug, um mit einer gewissen Genauigkeit kleine Raketen starten zu können. Die großen Denker der Renaissance schrieben dieses Verständnis in den grundlegenden Gesetzen der Physik fest. Galileo Galilei, Isaac Newton und einige andere formulierten die Regeln von Gravitation und Bewegung so genau, dass erkennbar wurde, wie dieselben Kräfte, die die Bewegung eines fallenden Objekts bestimmen, auch ein Raumfahrzeug antreiben können. Fantasievolle Autoren wie Jules Verne hielten die Visionen in Romanen fest. Inspiriert von Verne schrieb der russische Mathematiker Konstantin Ziolkowski, dass es das Schicksal der Menschen sei, «einen Fuß auf den Boden eines Asteroiden zu setzen, mit der Hand einen Stein vom Mond aufzuheben, den Mars zu beobachten ...» Innerhalb einer Generation nahm Ziolkowskis Entwurf eines interplanetaren Fahrzeugs Gestalt an – in den Händen von Robert Goddard, Hermann Oberth und Wernher von Braun.

Der schnelle Fortschritt der Raumfahrt in den 1960er Jahren ging gleichermaßen auf den Kalten Krieg und die Vision von der Marserforschung zurück. Tausende von Satelliten umkreisen inzwischen die Erde, die alle von Raketen in ein dichtes Netz von Umlaufbahnen geschossen worden sind. An ihnen vorbei, weiter ins All hinaus, flogen Missionen zu Sonne, Mars, Saturn und noch ferneren Zielen.

Von den ersten Tagen an wurden Raketen mit chemischen Treibstoffen betrieben. Im 21. Jahrhundert werden sie nach und nach durch effizientere Ionen- und nukleare Triebwerke, Sonnensegel und Laserantriebe ersetzt. Sie ermöglichen einen schnelleren Zugang bis in die äußeren Bereiche des Sonnensystems oder darüber hinaus. Der Energiebedarf für eine Reise zum nächsten Stern ist extrem. Doch selbst die erstaunlichsten Verfahren von Raumfahrtantrieben bauen auf Newtons Grundprinzipien auf.

Die komplexen, computergesteuerten, genialen Maschinen, die heute in den Weltraum fliegen, würden einen Mathematiker des 18. Jahrhunderts verblüffen. Aber die Kräfte, die sie antreiben, und die gekrümmten Bahnen, die sie beschreiben, wären ihm völlig vertraut.

Die physikalischen Bewegungsgesetze sind überraschend einfach. Ihnen unterliegen Torschüsse beim Fußball ebenso wie ballistische Raketen, Satelliten, Planeten, Monde und interplanetare Raumfahrzeuge. Davon handelt dieses Kapitel.

Das erste kommerzielle Raumfahrzeug absolvierte seinen Testflug am 21. Juni 2004 – mit Erfolg. Der Träger „White Knight" hatte das „Space Ship One" auf eine Höhe von 15,24 Kilometern gehoben. Dessen Pilot zündete dann eine Rakete, die das „Space Ship One" in eine Höhe von 100,12 Kilometern katapultierte – gerade mal 120 Meter über die international anerkannte Grenze des Weltraums.

Raketen und Raumfahrzeuge

KONSTANTIN ZIOLKOWSKI

Der in dem russischen Bauerndorf Ishewskoje geborene Konstantin Ziolkowski (1857–1935) war der Vater der modernen Raumfahrttheorie und -aerodynamik. Nach seinem Studium der Naturwissenschaften und Mathematik in Moskau verbrachte er den Großteil seines Lebens als Lehrer in der Stadt Borowsk. Dort baute er einen Windkanal und untersuchte die Folgen von Windströmungen an Luftschiffmodellen und anderen Flugkörpern. Er entwickelte Theorien über Raketenantriebe und veröffentlichte 1903 in einem russischen Wissenschaftsmagazin den Artikel „Erforschung des Weltraums mit Reaktionsapparaten". Dabei beschrieb er Grundlagen der Raketenwissenschaft wie Luftwiderstand, Wärmeübertragung und Treibstoffversorgung. In den folgenden Jahrzehnten veröffentlichte er weitere bahnbrechende theoretische Arbeiten über Triebwerkleistung, Schwerelosigkeit, Treibstoffe sowie die Verwendung von Hilfsraketen und **Weltraumanzügen.** Erst in den 1920er Jahren bekam er für seine Arbeiten öffentliche Anerkennung. Seine Theorien hatten großen Einfluss auf die nächste Generation der Raketenwissenschaftler in Europa und der UdSSR.

RAKETEN

Eine Rakete ist ein Rückstoßtriebwerk. Der Begriff „Rakete" gilt aber auch für ein Fahrzeug, das von einem Raketenmotor angetrieben wird. Raketen arbeiten gemäß **Newtons** drittem Bewegungsgesetz. Es besagt, dass es zu jeder Kraft (actio) eine gleich große Gegenkraft (reactio) gibt. Bei einer Rakete ist die Aktion das schnelle Ausströmen von Gas durch die Raketendüse, die Reaktion die Vorwärtsbewegung der Rakete.

Die Chinesen, die das Schießpulver im 1. Jahrtausend erfunden haben, schossen um 1232 militärische Raketen auf ihre Feinde. Diese Raketen bestanden aus Bambusröhren, in denen unter anderem Salpeter steckte. Die Technik verbreitete sich im Mittelalter bis nach Europa, weshalb Raketen bis zum 20. Jahrhundert hauptsächlich als Waffen benutzt wurden.

Der erste moderne Wissenschaftler, der die Verwendung von Raketen für die Weltraumforschung beschrieb, war **Konstantin Ziolkowski.** Auf seine Arbeiten folgten die des amerikanischen Physikers **Robert H. Goddard.** Er baute eine Reihe von Raketen, die sowohl flüssige als auch feste **Treibstoffe** nutzten und 1937 eine Höhe von ungefähr 2740 Metern erreichten. Zu dieser Zeit hatten auch deutsche Wissenschaftler mit der Raketenentwicklung begonnen. Angeregt durch die Arbeiten von Hermann Oberth, der 1923 sein Buch „Die Rakete zu den Planetenräumen" veröffentlicht hatte, und dann durch Oberths Zögling **Wernher von Braun,** konstruierten die deutschen Forscher schließlich eine vernichtende Kriegswaffe: die 14 Meter hohe Rakete **„V-2".** 1944 wurde sie auf England abgefeuert,

Höhepunkte moderner Raketentechnik

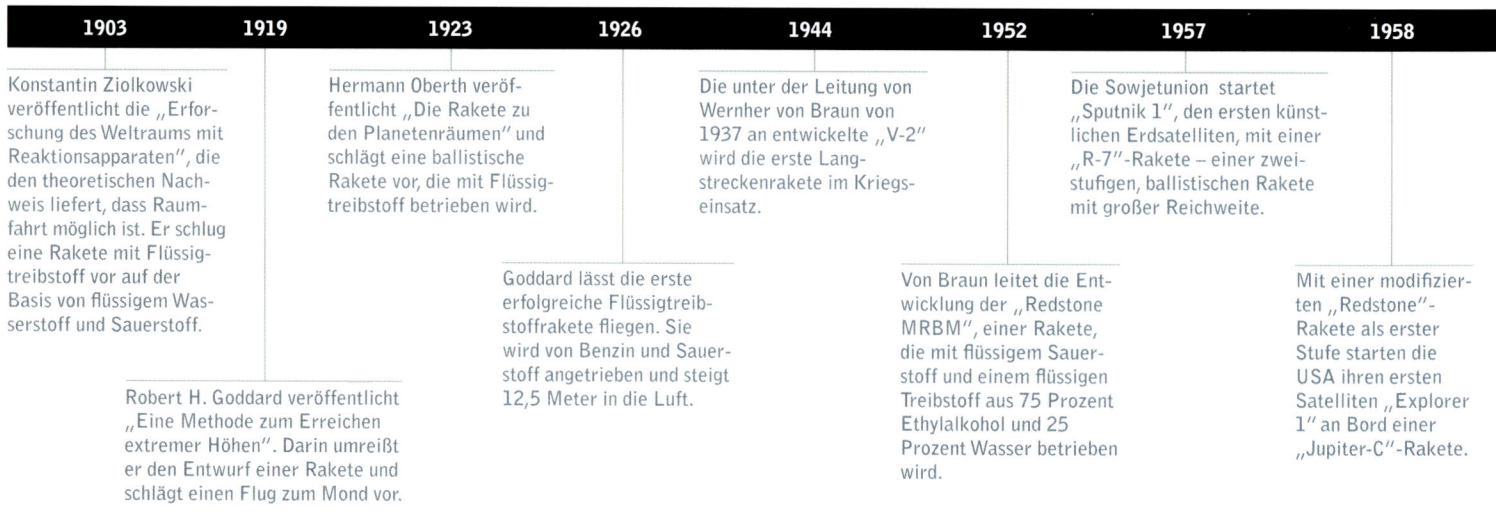

| 1903 | 1919 | 1923 | 1926 | 1944 | 1952 | 1957 | 1958 |

Konstantin Ziolkowski veröffentlicht die „Erforschung des Weltraums mit Reaktionsapparaten", die den theoretischen Nachweis liefert, dass Raumfahrt möglich ist. Er schlug eine Rakete mit Flüssigtreibstoff vor auf der Basis von flüssigem Wasserstoff und Sauerstoff.

Robert H. Goddard veröffentlicht „Eine Methode zum Erreichen extremer Höhen". Darin umreißt er den Entwurf einer Rakete und schlägt einen Flug zum Mond vor.

Hermann Oberth veröffentlicht „Die Rakete zu den Planetenräumen" und schlägt eine ballistische Rakete vor, die mit Flüssigtreibstoff betrieben wird.

Goddard lässt die erste erfolgreiche Flüssigtreibstoffrakete fliegen. Sie wird von Benzin und Sauerstoff angetrieben und steigt 12,5 Meter in die Luft.

Die unter der Leitung von Wernher von Braun von 1937 an entwickelte „V-2" wird die erste Langstreckenrakete im Kriegseinsatz.

Von Braun leitet die Entwicklung der „Redstone MRBM", einer Rakete, die mit flüssigem Sauerstoff und einem flüssigen Treibstoff aus 75 Prozent Ethylalkohol und 25 Prozent Wasser betrieben wird.

Die Sowjetunion startet „Sputnik 1", den ersten künstlichen Erdsatelliten, mit einer „R-7"-Rakete – einer zweistufigen, ballistischen Rakete mit großer Reichweite.

Mit einer modifizierten „Redstone"-Rakete als erster Stufe starten die USA ihren ersten Satelliten „Explorer 1" an Bord einer „Jupiter-C"-Rakete.

wo sie Tausende Menschen tötete oder verwundete.

Nach 1945 trieb der Kalte Krieg die Entwicklung größerer und zielgenauerer ballistischer **Interkontinentalraketen** in den USA und der UdSSR voran. Eine solche sowjetische Rakete, die „R-7", wurde modifiziert, um 1957 **„Sputnik 1"** ins All zu befördern.

Die USA reagierten mit der Errichtung der National Aeronautics and Space Administration (**Nasa**). Dort begann die Konstruktion immer größerer und besserer **Startfahrzeuge.** Zu den Ergebnissen gehörte die **„Saturn V"-Rakete,** mit deren Hilfe die **„Apollo"**-Astronauten auf dem **Mond** landeten, und die Kombination aus Feststoff- und Flüssigraketen, die die **Spaceshuttles** in eine Umlaufbahn beförderten.

Auch wenn eine moderne Rakete ein komplexes Gerät ist, hat sie doch die gleiche grundlegende Struktur wie das 1926 von Robert H. Goddard selbst gebaute Triebwerk. Die Verbrennung von Treibstoff in einer Brennkammer erzeugt ein heißes, schnell expandierendes Gas. Dieses Gas drückt auf alle Wände der Verbrennungskammer, kann aber nur durch eine Düse entweichen. Wenn das Gas durch die Düse strömt, stößt der Druck in der Brennkammer die Rakete vorwärts. Diese Reaktion bezeichnet man als den Schub einer Rakete. Er wird in Pounds (in den USA) oder in Newton (Internationales Einheitensystem, SI) gemessen.

Raketen gibt es als Flüssig- oder Festbrennstofftypen. In beiden Fällen muss der Treibstoff eine Kombination aus Brennstoff und einem Oxidationsmittel sein, damit im Weltraum eine Verbrennung ablaufen kann. Beim Spaceshuttle enthalten die Feststoffhilfsraketen, mit denen die Raumfähre vom Boden abhebt, ein Gemisch aus Aluminiumpulver als Brennstoff und

Ammoniumperchlorat als Oxidationsmittel. Der externe Tank, der nach dem Abtrennen der Hilfsraketen für den Antrieb sorgt, enthält Flüssigtreibstoff: flüssigen Wasserstoff gemischt mit flüssigem Sauerstoff (als Oxidationsmittel). Feststoffraketen sind relativ einfach und sicher, aber ihr Schub kann nicht geregelt werden. Sie lassen sich nicht abschalten und neu starten. Raketen mit Flüssigtreibstoff sind explosionsgefährdet, aber sie lassen sich während des Flugs abschalten, neu starten und drosseln. Man kann mit ihnen also manövrieren.

Der Schub einer Rakete hängt von der Masse ihres Treibstoffs und der Geschwindigkeit ab, mit der die Gase das Triebwerk verlassen. Raketen, die **Nutzlasten** tragen, müssen genug Schub erzeugen, um sowohl die Masse der Nutzlast als auch die Masse des Treibstoffs und der Rakete selbst zu starten.

Heutige Raketen werden für den Start von Raumsonden und **Satelliten** genutzt, die der Atmosphärenforschung, dem Flug ins All oder Militäroperationen dienen. Ihre Größen reichen von einer kleinen Panzerfaust, die man von der Schulter abfeuert, bis zu schweren Triebwerken, die Spaceshuttles in den Weltraum tragen. Die Raketen, die Objekte in eine Umlaufbahn befördern, sind typischerweise mehrstufige Raketenkombinationen (Trägerraketen), die jeweils die Brennstufe abwerfen, deren Treibstoff aufgebraucht ist.

Fast alle heutigen Raketen verwenden chemische Treibstoffe, aber es gibt auch alternative Antriebssysteme. Darunter sind hoch effiziente Ionentriebwerke, die elektrisch geladene Atome abfeuern, um Schub zu erzeugen. **„Deep Space 1"** verwendete einen Ionenantrieb. Die **Sonde** untersuchte 2001 den Kometen 19P/Borrelly bei einem Vorbeiflug. Wissenschaftler

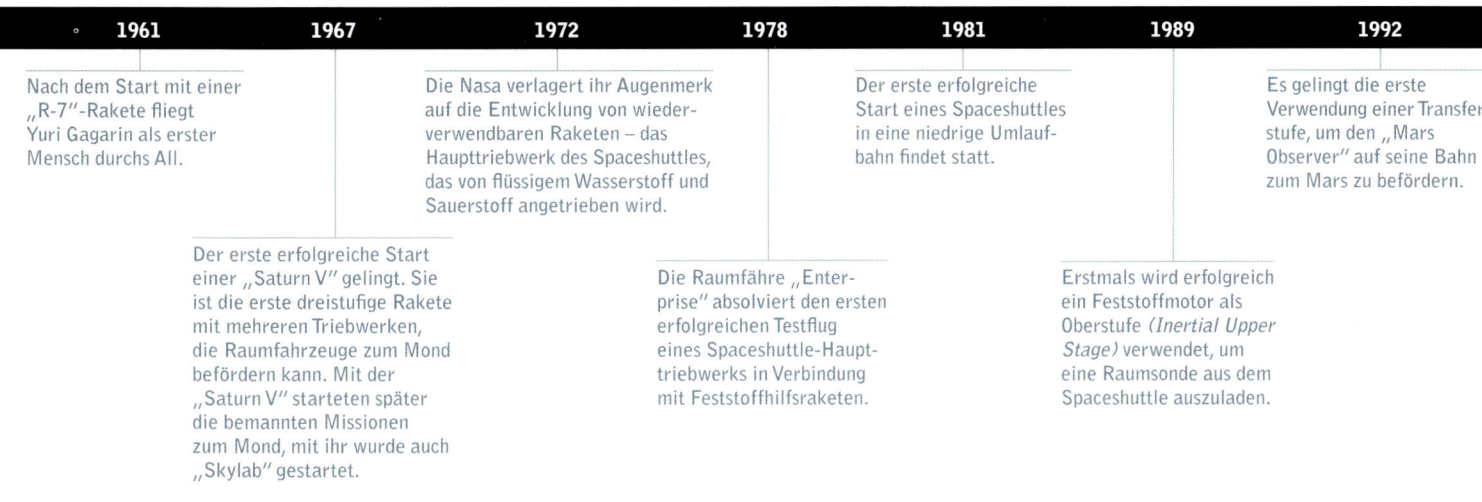

1961	1967	1972	1978	1981	1989	1992

Nach dem Start mit einer „R-7"-Rakete fliegt Yuri Gagarin als erster Mensch durchs All.

Die Nasa verlagert ihr Augenmerk auf die Entwicklung von wiederverwendbaren Raketen – das Haupttriebwerk des Spaceshuttles, das von flüssigem Wasserstoff und Sauerstoff angetrieben wird.

Der erste erfolgreiche Start eines Spaceshuttles in eine niedrige Umlaufbahn findet statt.

Es gelingt die erste Verwendung einer Transferstufe, um den „Mars Observer" auf seine Bahn zum Mars zu befördern.

Der erste erfolgreiche Start einer „Saturn V" gelingt. Sie ist die erste dreistufige Rakete mit mehreren Triebwerken, die Raumfahrzeuge zum Mond befördern kann. Mit der „Saturn V" starteten später die bemannten Missionen zum Mond, mit ihr wurde auch „Skylab" gestartet.

Die Raumfähre „Enterprise" absolviert den ersten erfolgreichen Testflug eines Spaceshuttle-Haupttriebwerks in Verbindung mit Feststoffhilfsraketen.

Erstmals wird erfolgreich ein Feststoffmotor als Oberstufe (Inertial Upper Stage) verwendet, um eine Raumsonde aus dem Spaceshuttle auszuladen.

erforschen auch nukleare Triebwerke, die durch eine Fusionsreaktion besonders leistungsstark wären.

„V-2"-Rakete

Die „V-2"-Rakete war eine **ballistische Rakete,** die Deutschland gegen Ende des Zweiten Weltkriegs eingesetzt hat. Ursprünglich entwickelten der deutsche Wissenschaftler **Wernher von Braun** und seine Arbeitsgruppe ein Triebwerk für **Weltraumfahrzeuge** namens „A-4". Während des Kriegs wurde die Entwicklung der Rakete dem Militär unterstellt. Tausende mit Sprengköpfen ausgestattete „V-2s" wurden gegen Belgien und England abgeschossen. Obwohl sie sehr ungenau waren, überbrückten die Raketen Hunderte von Kilometern und richteten schweren Schaden an.

Nach dem Krieg nahmen die USA und UdSSR Teile der „V-2" sowie Pläne aus Deutschland mit nach Hause und nutzten sie, um ihre eigenen, zunehmend mächtigeren Raketentriebwerke zu entwickeln. 1949 legte eine dieser modifizierten „V-2"-Raketen eine Rekordstrecke von 393 Kilometern zurück: von White Sands in New Mexico/USA bis in die obere Atmosphäre.

TREIBSTOFFE

Treibstoffe sind Chemikalien, mit deren Hilfe man den Schub einer **Rakete** erzeugt. Sie werden in zwei Kategorien unterteilt: feste und flüssige. Beide Arten arbeiten nach demselben Prinzip. Man kombiniert einen Brennstoff mit einem Oxidationsmittel und verbrennt sie, um heiße Gase zu erzeugen.

Feste Treibstoffe verwendeten die Chinesen bereits vor Jahrhunderten für ihre Feuerwerke. Ein typischer Raketenantrieb sind schießpulverähnliche Mischungen aus Nitraten und Kohlenstoff. In den **Spaceshuttles** dient Ammoniumperchlorat als Oxidationsmittel und Aluminiumpulver als Brennstoff. Steckt man diese körnigen Brennstoffe in ein Metallgehäuse, brennen sie von innen nach außen ab. Sie sind relativ einfach und sicher, aber lassen sich weder drosseln noch abschalten.

Flüssigtreibstoffe sind flüchtiger und gefährlicher als feste, aber leichter zu regeln. Zu ihnen gehören Mineralölbrennstoffe wie Kerosin, tief gekühlte Gase wie flüssiger Wasserstoff oder flüssiger Sauerstoff und sehr giftige Treibstoffe wie Hydrazin oder Salpetersäure.

ROBERT H. GODDARD

Der amerikanische Physiker und Erfinder Robert Hutchings Goddard (1882–1945) war ein Pionier der Raketenantriebe. Geboren in Worcester, Massachusetts,

Nach dem Zweiten Weltkrieg besichtigen die Bürger Londons eine „V-2"-Rakete, die am Trafalgar Square ausgestellt ist. Die ursprünglich von Wernher von Braun als Weltraumrakete entwickelte „V-2" wurde während des Zweiten Weltkriegs zur Waffe: beladen mit Sprengköpfen, abgeschossen gegen England und Belgien.

erwarb er 1908 seinen akademischen Grad am Worcester Polytechnic Institute. Nach seinem Abschluss erkrankte er an Tuberkulose, trotzdem arbeitete er während seiner Genesung maßgebliche Konzepte zu Raketenantrieben aus. Bis 1914 erwarb er zwei US-Patente für eine Flüssigbrennstoffrakete und für eine zweistufige Feststoffrakete. 1919 veröffentlichte God-

Der Physiker und Raumfahrtpionier Robert Goddard 1926 neben einer Rakete, bevor sie zu ihrem erfolgreichen, 12,5 Meter hohen Flug abhebt. Goddards Arbeit, einst als Science-Fiction verspottet, schaffte dennoch die Grundlage für die heutige Raumfahrt mit Raketen.

dard eine visionäre Arbeit in den „Smithsonian Miscellaneous Collections": „Eine Methode zum Erreichen extremer Höhen". Darin diskutierte er die Möglichkeit, eine Rakete bis zum **Mond** zu schicken. Obwohl er für diese Zukunftsvision von der Presse verspottet wurde, erhielt Goddard von der Smithsonian-Institution ein bescheidenes Budget, um seine Forschungen fortsetzen zu können. 1926 startete er seine erste kleine Rakete auf einer Wiese in Auburn, Massachusetts. Sie wurde durch Benzin und flüssigen Sauerstoff angetrieben und stieg 12,5 Meter in die Luft. Dieser Erfolg zog mehr Aufmerksamkeit auf sich und führte zu einer besseren

Finanzierung, so dass Goddard in den folgenden Jahren leistungsfähigere Raketen bauen konnte. Seine Forschungen betrieb er überwiegend auf einer Viehfarm in New Mexico. Dort entwarf er das erste Steuerungssystem mit einem Gyroskop sowie Treibstoffpumpen. Seine Raketen erreichten Höhen von bis zu 2 740 Metern und waren schneller als der Schall. Bis zu seinem Tod 1945 hatte Goddard bewiesen, dass der Raumflug per Rakete machbar war. Während seines Lebens nur wenig geehrt, wurde ihm posthum sowohl die Goldmedaille des Kongresses als auch die Langley-Goldmedaille verliehen.

WERNHER VON BRAUN

Der deutsche Ingenieur und Raketenwissenschaftler Wernher von Braun (1912–1977) wurde zum Vater des US-amerikanischen Weltraumprogramms. Geboren in Wirsitz, Posen (heute Polen), studierte er an der Technischen Hochschule Berlin Maschinen- und Flugzeugbau, wo er auch promovierte. Noch als Student trat er dem „Verein für Raumschifffahrt" bei, dem der visionäre Raketenwissenschaftler Hermann Oberth vorstand. 1932 war von Braun als aufstrebendes Talent bekannt und wurde von der deutschen Armee eingestellt, um Raketen zu entwickeln. In dem Ort Peenemünde an der Ostsee baute von Brauns Arbeitsgruppe eine Reihe erfolgreicher Flüssigtreibstoffraketen. Sie bildeten die Grundlage für die leistungsfähige **„V-2"-Rakete,** die gegen Ende des Zweiten Weltkriegs gegen England und Belgien eingesetzt wurde.

Von Braun und weitere deutsche Raketenwissenschaftler ergaben sich 1945 den US-Truppen und wurden in die Vereinigten Staaten gebracht. Dort, im Redstone Arsenal in Huntsville, Alabama, konstruierte von Brauns Team die „Redstone"-, „Jupiter-C"-, „Juno"- und „Pershing"-Raketen. 1955 nahm von Braun die amerikanische Staatsbürgerschaft an. 1957, nachdem die Sowjetunion **„Sputnik 1"** gestartet hatte, konnte er sich wieder dem Raumflug widmen. Von Braun wechselte zur neu geschaffenen National Aeronautics and Space Administration (**Nasa**), für die er die schweren Trägerraketen „I", „IB" und „V" der „Saturn"-Reihe entwickelte. 1975, nachdem er im Ruhestand war, gründete er das private National Space Institute, um die öffentliche Akzeptanz für die Raumfahrt zu fördern.

TRÄGERRAKETEN

Eine Trägerrakete ist ein System aus **Raketen,** das ein **Raumfahrzeug** ins All befördert. Die meisten Trägerraken werden nur einmal verwendet, weshalb sie auch Einwegraketen heißen. Das Spaceshuttle-System, zu dem auch die Raumfähre gehört, ist eine wieder verwendbare Trägerrakete: Die meisten Komponenten werden geborgen und wieder eingesetzt.

Eine Trägerrakete besteht aus zwei oder mehr Stufen, die abgetrennt werden, sobald ihr **Brennstoff** verbraucht ist. Die Treibstoffe können fest oder flüssig sein. Die europäische „Ariane 5" beispielsweise besteht aus einer Hauptstufe mit Flüssigbrennstoff und zwei oder mehr Hilfsraketen, die außen befestigt werden und festen oder flüssigen Treibstoff verbrennen. Wenn die Stufen einer Trägerrakete abgetrennt sind, bleibt nur die **Nutzlast** übrig – ein **Satellit,** eine interplanetare Sonde oder ein bemanntes Raumfahrzeug.

Die ersten Trägerraketen waren modifizierte **Interkontinentalraketen.** So wie die 29 Meter lange „R-7", die 1957 **„Sputnik 1"** ins Weltall schoss. In den 1960er Jahren, als sich der Wettlauf ins All zwischen den USA und der UdSSR verschärfte, entwickelten beide Staaten Hochleistungsraketen für bemannte Raumfahrzeuge.

„Saturn V"

Die dreistufige „Saturn V", die die **„Apollo"**-Missionen beförderte, war in den 1970er Jahren das Arbeitspferd der **Nasa** für schwere Lasten. Mit 111 Meter Länge und einem Gewicht von mehr als 2 722 000 Kilo erzeugte „Saturn V" beim Start 33 375 000 Newton **Schub.** Nachdem sie **„Apollo 8"** um den **Mond** geführt hatte, beförderte sie auch alle folgenden Mondlandungsmissionen sowie die erste US-amerikanische Raumstation **„Skylab 1".** Im Lauf von elf Jahren versagte nicht eine einzige „Saturn V"-Rakete.

„Proton"

Die leistungsfähige, zuverlässige „Proton"-**Rakete** ist seit den 1960er Jahren das Arbeitspferd des sowjetischen/russischen Raumfahrtprogramms. Entwickelt als **Interkontinentalrakete** trug sie ursprünglich die Bezeichnung „UR-500". Die „Proton" brachte in den 1970er und 80er Jahren Sonden zum **Mond, Mars** und zur **Venus** sowie Satelliten in die **geostationäre Umlaufbahn.** Eine dreistufige Version der „Proton" beförderte alle sowjetischen **Raumstationen** ins All. Seit 2000 dient die 40 Meter hohe Rakete vor allem als kommerzielle **Trägerrakete,** um Satelliten in eine Umlaufbahn zu bringen.

Moderne Trägerraketen

Im 21. Jahrhundert bringen verschiedene Trägerraketen zwischen 50 und 100 Nutzlasten pro Jahr ins All. Welches Modell sich eignet, wählen die Betreiber der **Raketen** nach dem Gewicht der **Nutzlast,** Zweck und der angestrebten Umlaufbahn aus.

Leichte Nutzlasten, die für niedrige Umlaufbahnen bestimmt sind, brauchen viel kleinere Raketen als schwere Nutzlasten, die in die **geostationäre Umlaufbahn** befördert werden müssen. Die Einwegträgerraketen „Titan", „Delta", „Ariane" und **„Proton"** sowie die **Spaceshuttles** sind heutzutage für die schweren Nutzlasten zuständig. Die „Pegasus"-Trägerrakete für kleinere Nutzlasten ist das erste Trägersystem, das von einem Flugzeug im Flug gestartet wird.

WICHTIGE TRÄGERRAKETEN

Name	Land	Länge	Nutzlast
„Ariane 5"	Europäisches Konsortium	52 m	sechs Tonnen in GU
„Atlas/Centaur"	USA	33 bis 43 m	4 000 kg in GU
„Delta"	USA	39 m	3 810 kg in GU
„Pegasus"	USA	15,2 bis 17 m	410 bis 500 kg in NU
„Proton"	UdSSR/Russland	40 bis 60 m	20 860 kg in NU
„R-7 Wostok"	UdSSR/Russland	38,4 m	4 730 kg in NU
„Saturn V"	USA	111 m	285 000 kg in GU
„Sojus"	UdSSR/Russland	49 m	5 500 kg in NU
„Spaceshuttle"	USA	70 m (externer Tank)	30 000 kg in NU
„Taurus"	USA	27,5 m	1 000 kg in NU
„Titan"	USA	65 m	6 000 kg in GU

GU: geostationäre Umlaufbahn; NU: niedrige Umlaufbahn

RAUMFAHRZEUG

Ein Raumfahrzeug, manchmal als „Raumschiff" bezeichnet, ist ein Vehikel, mit dem man über die tieferen Atmosphärenschichten hinausgelangt. Raumfahrzeuge können bemannt oder unbemannt sein. Zu ihnen gehören **Satelliten,** Raumsonden, **Raumstationen** und die Raumfähren der **Spaceshuttles.** Der 1957 gestartete „Sputnik 1" war das erste Raumfahrzeug. Inzwischen gibt es Tausende in Umlaufbahnen um die Erde – Satelliten sowie Raumsonden, die auf dem Weg zu einem anderen **Planeten** sind. Die meisten Raumfahrzeuge werden von Trägerraketen ins All transportiert, die abgetrennt werden, wenn ihr Treibstoffvorrat erschöpft ist. Die Mehrheit der Raumfahrzeuge besitzt eine eigene Energieversorgung an Bord und manchmal Zusatzraketen zum Manövrieren.

SATELLIT

Ein Satellit ist ein Objekt, das ein anderes Objekt umkreist. **Planeten, Asteroiden** und **Kometen** umkreisen die Sonne, Monde die Planeten, weshalb sie Beispiele für natürliche Satelliten sind. Seit Beginn des Raumfahrtzeitalters wird der Begriff „Satellit" zunehmend mit künstlichen Satelliten in Verbindung gebracht: mit automatischen **Raumfahrzeugen** auf einer Umlaufbahn. Der 1957 gestartete **„Sputnik 1"** war der erste künstliche Satellit. In den vergangenen Jahren hat sich die Zahl der Satelliten auf Umlaufbahnen vervielfacht. Mehr als 2 700 Satelliten umkreisen die **Erde,** ein paar auch die Sonne.

Moderne Satelliten sind teure, für einen bestimmten Zweck gebaute Maschinen, die einer Vielfalt von militärischen und zivilen Zielen dienen. Meist erfüllen sie eine von fünf grundlegenden Funktionen: Kommunikationssatelliten übertragen Fernseh-, Telefon-, Fax- und Internet-Signale; Wettersatelliten sammeln Wetterdaten; Global-Positioning-Satelliten schicken Funksignale zu Empfängern auf der Erde, damit Flugzeuge, Schiffe und Autos navigiert werden können; **Fernerkundungssatelliten** untersuchen die Kontinente und Meere, beispielsweise Pflanzenwuchs oder chemische Zusammensetzung; Forschungssatelliten wie das **Hubble-Space-Teleskop** sammeln wissenschaftliche Daten.

Satelliten werden an Bord von mehrstufigen **Trägerraketen** oder der Spaceshuttle-Raumfähre ins All befördert. Sie bestehen meist aus einem Bus und der **Nutzlast.** Als Bus bezeichnet man den zentralen Kör-

In einer Wolke aus Flammen, Rauch und verdampfendem, flüssigem Sauerstoff stößt sich die „Saturn V"-Rakete mit dem „Apollo 11"-Raumfahrzeug von der Startrampe ab. Die dreistufige, 36 Stockwerke hohe „Saturn V" beförderte 1969 die schwere „Apollo 11"-Mission ins All, die Astronauten zum Mond brachte.

per aus Metall oder Verbundwerkstoff mit Kommunikationssystem, Antrieb, Energieversorgung und Computer. Die Nutzlast ist die spezialisierte Ausrüstung, etwa Kameras oder Antennen, damit der Satellit seine Aufgabe erfüllen kann. **Sonnenzellen, Brennstoffzellen** und Batterien liefern den Strom an Bord, ein Lageregelungssystem sorgt für seine dauerhafte Orientierung im Raum. Obwohl diese Geräte meist sperrig sind und Tausende Kilo wiegen können, entwickeln Ingenieure auch Nanosatelliten, die weniger als zehn Kilo wiegen, und sogar Pikosatelliten mit weniger als einem Kilo.

Die Funktion des Satelliten bestimmt seine Umlaufbahn. Raumfahrzeuge, die Nahaufnahmen der Erdoberfläche machen müssen, beispielsweise Fernerkundungs- oder Wettersatelliten, fliegen oft in niedrigen **Umlaufbahnen** bis 1000 Kilometer Höhe.

Je höher die Umlaufbahn, desto langsamer bewegt sich der Satellit. In einer niedrigen Umlaufbahn in 320 Kilometer Höhe legt ein Satellit 27 782 Kilometer pro Stunde zurück und umrundet die Erde in 90,9 Minuten. Ein Satellit in einer 800 Kilometer hohen Umlaufbahn bewegt sich mit 26 837 Kilometern pro Stunde und umkreist die Erde in 100,9 Minuten.

Polare Umlaufbahnen, also von Nord nach Süd, sind ein Beispiel für niedrige Umlaufbahnen. **Geostationäre Umlaufbahnen** verlaufen mit ungefähr 35 900 Kilometer Abstand in viel größerer Höhe. Auf ihnen reist ein Satellit – darunter viele Kommunikationssatelliten – mit 11 300 Kilometern pro Stunde. Er vollendet einen Umlauf in 24 Stunden. Deshalb steht er immer über demselben Punkt der Erdoberfläche.

Zahlreiche Staaten betreiben derzeit Satelliten auf Umlaufbahnen: die USA, Russland, Kanada, Japan, China und viele westeuropäische Länder. Dabei dominieren Militär- und Kommunikationssatelliten dermaßen, dass manche Umlaufbahn, die einst einem einsamen Außenposten im All glich, inzwischen so dicht bevölkert ist wie ein Strand im Sommer.

„Sputnik 1"
Der sowjetische **Satellit** „Sputnik 1" startete am 4. Oktober 1957 ins All. Das war der Startschuss für das Raumfahrtzeitalter. Eine sowjetische Arbeitsgruppe unter der Leitung von Sergej Korolew baute den 84 Kilo schweren Satelliten, der die Größe eines Wasserballs hatte und an Bord einer „R-7"-**Trägerrakete** in eine Umlaufbahn geschossen wurde. Das einfache Fahrzeug

Europas Arbeitspferd

Leonard David

EUROPAS LEISTUNGSFÄHIGE „ARIANE 5"-RAKETE WIRD VON DER KOMMERZIEL-len Betreiberfirma Arianespace gebaut und vermarktet, die ihren Hauptsitz südöstlich von Paris hat. Diese Rakete ist in der Lage, schwere Nutzlasten ins All zu befördern, etwa Satelliten für die Telekommunikation, Forschung oder das Militär. Die „Ariane 5" ging aus einer Familie von „Ariane"-Raketen hervor, die im Dezember 1979 mit dem Jungfernflug der in Europa entwickelten Trägerrakete „Ariane 1" begründet wurde. In den folgenden Jahrzehnten haben Raketen des Typs „Ariane" Satelliten ins All befördert, die vielen verschiedenen Nationen gehörten. Das macht die Betreiberfirma zum Weltmarktführer im lukrativen Geschäft mit der Vermietung von Trägerraketen. Arianespace beherrscht mehr als 50 Prozent des internationalen Markts für Satellitenstarts in geostationäre Umlaufbahnen.

Mehr als 155 „Ariane"-Flüge sind seit 1979 in den Himmel über dem Weltraumbahnhof in Französisch-Guyana gedonnert. Die äquatornahe Lage des Landes reduziert den Treibstoffbedarf einer Rakete, weil sie durch die Erdrotation kostenlos Schub bekommt. Dadurch kann eine „Ariane 5" schwerere Satelliten ins All heben, als sie es von einem weiter vom Äquator entfernten Startplatz aus könnte.

Das Geschäft mit Transportraketen ist umkämpft, da auch die beiden US-amerikanischen Luft- und Raumfahrtunternehmen Lockheed Martin und Boeing den Satellitenbetreibern ihre Startdienste anbieten.

Hinter Arianespace stehen 41 Hersteller und Produzenten der Luft- und Raumfahrtbranche aus zwölf europäischen Ländern, elf Banken sowie die **European Space Agency** (ESA). Durch diese Verknüpfung von technischen, finanziellen und politischen Ressourcen will Arianespace ihren Wettbewerbsvorteil im weltweiten Geschäft mit Raketenstarts halten. Der moderne Startkomplex ELA-3 im Weltraumhafen von Französisch-Guyana bewältigt bis zu zehn „Ariane 5"-Missionen pro Jahr.

Mehrere Schlüsselelemente machen das Weltraumtransportsystem „Ariane 5" aus: eine auf tiefe Temperaturen gekühlte Hauptstufe, zwei Feststoffhilfsraketen, die man an der Hauptstufe befestigen kann, und eine Oberstufe, um die Fracht in die richtige Umlaufbahn zu befördern. Das „Vulcain"-Triebwerk der Hauptstufe von „Ariane 5" ist eine der wichtigsten technologischen Entwicklungen des gesamten Transportsystems.

Damit eine „Ariane 5" in den Himmel donnern kann, startet dieses Triebwerk sieben Sekunden, bevor die Rakete abhebt. Dann zünden die beiden an den Seiten befestigten Hilfsraketen, die zu Beginn des Flugs mehr als 90 Prozent des Gesamtschubs liefern. Hoch über der Erde befördert die Oberstufe der „Ariane 5" die Nutzlast in ihre endgültige Umlaufbahn oder eine Sonde in die genaue Richtung im All.

Ein zuverlässiges System

Der Weg zum Erfolg der „Ariane 5" war nicht einfach. Bei ihrem ersten Flug im Juni 1996 kam die Rakete nur 40 Sekunden nach dem Abheben vom Kurs ab und brach auseinander. Ein herber Schlag für die Europäer, zumal mit der Rakete auch eine Gruppe von Forschungssatelliten verloren ging, die die solar-terrestrischen Beziehungen untersuchen sollten.

Die späteren Flüge der „Ariane 5" überzeugten die Betreiber jedoch davon, dass die Rakete ein zuverlässiges und flugtaugliches System ist. Obwohl „Ariane 5" einige Störungen hatte, beförderte sie mehrere Telekommunikationssatelliten in eine Umlaufbahn. Außerdem startete sie im Dezember 1999 den Röntgensatelliten „XMM-Newton" der ESA, im Februar 2002 den Erdüberwachungssatelliten „Envisat" und im März 2004 die Kometensonde „Rosetta" der ESA. Die Mission der Raumsonde dauert ein Jahrzehnt und führt sie zu dem Kometen 67P/Churyumov-Gerasimenko, um dort eine kleine Sonde abzusetzen. Der

Kometenjäger der ESA ist auf sicherem Kurs. Ende April 2004 begann „Rosetta" im Vorbeifliegen sogar ihre ersten wissenschaftlichen Aktivitäten, als sie Bilder vom neu entdeckten Kometen Linear machte.

Ein einzigartiger Vorteil der „Ariane 5" ist ihre Einstufung als „für Menschen geeignet". Ursprünglich wurde sie von der ESA entwickelt, um auf ihrer Spitze eine bemannte Miniraumfähre namens „Hermes" ins All zu bringen; das Projekt wurde allerdings gestoppt.

Die „Ariane"-Familie

Heute bildet „Ariane 5" eine Familie aus Trägerraketen für schwere Nutzlasten. Bei ihren Abkömmlingen handelt es sich um immer leistungsfähigere Versionen der ersten „Ariane 5", die 1996 flog. Neue Oberstufen (Modifikationen von an den Seiten zu befestigenden Raketenmotoren) und weitere Innovationen haben die Trägerrakete aufgewertet, um so die sich ändernden Bedürfnisse der Kunden zu befriedigen.

Beispielsweise bietet Arianespace die „Ariane 5 ESC-A" und „Ariane 5 ESC-B" an. Außerdem den „Ariane 5 Versatile Launcher" mit einer verbesserten Version der derzeitigen Oberstufe, wodurch die Rakete bis zu 8 000 Kilo auf eine geostationäre Umlaufbahn heben kann. Die „Ariane 5 ESC-B" soll nach ihrer Inbetriebnahme 2006 das leistungsfähigste Modell der „Ariane"-Familie werden. Ein auf tiefe Temperaturen gekühltes Triebwerk für die Oberstufe, das derzeit entwickelt wird und den Namen „Vinci" trägt, wird in der Lage sein, Nutzlasten von bis zu 12 000 Kilo Gewicht in eine geostationäre Umlaufbahn zu bringen.

Wie jede wettbewerbsfähige Modellreihe eines Transportunternehmens kann die „Ariane 5" verschiedene Nutzlasten aufnehmen. Im Angebot sind diverse Nutzlastadapter, Verkleidungen und Vorrichtungen, um Satelliten im All auszusetzen.

Im 21. Jahrhundert wird ein neuer Nutzen der „Ariane 5" in den Starts des Automated Transfer Vehicle (ATV) der ESA liegen. Dieses unbemannte Versorgungsschiff koppelt an die „Internationale Raumstation" an („International Space Station", „ISS") und bringt Wasser, Luft, Stickstoff, Sauerstoff und Treibstoff für die Lageregelungstriebwerke zu diesem Außenposten in der Umlaufbahn. Außerdem wird das ATV Abfall aus der Station mitnehmen und die Station auf eine höhere Umlaufbahn heben, damit das Labor möglichst lange in der Erdumlaufbahn bleiben kann.

Das erste ATV heißt „Jules Verne", nach dem berühmten, französischen Science-Fiction-Autor. Abhängig von der Betriebsdauer der „ISS" werden mindestens acht ATVs von der ESA gebaut und von der ehrwürdigen „Ariane 5"-Rakete ins All gehoben.

Die „Ariane 5" ist das Ergebnis eines europäischen Industriekonsortiums, das energisch auf die Wünsche der Satellitenbetreiber reagiert. Schließlich will Arianespace im Geschäft mit den kommerziellen Raketenstarts Weltmarktführer bleiben. ■

Eine „Ariane 5"-Rakete hebt vom Weltraumbahnhof in Französisch-Guyana ab, unterstützt von zwei Feststoffhilfsraketen. Weitere 30 Raketenstarts mit der „Ariane 5" sind gebucht.

umkreiste die **Erde** auf einer niedrigen **Umlaufbahn** bis Anfang 1958. In den ersten 21 Tagen seiner Existenz übertrug „Sputnik" Daten über Temperatur und Dichte der Atmosphäre an Bord. Das stachelte die USA an, ihr eigenes Raumfahrtprogramm zu beschleunigen. „Sputnik 1" folgten weitere „Sputnik"-Missionen, einige beförderten sogar Tiere, um die Machbarkeit von bemannten Raumflügen zu prüfen.

BREMSRAKETE

Eine Bremsrakete ist ein Raketentriebwerk, mit dem man die Bewegung eines Flugzeugs oder **Raumfahrzeugs** verlangsamen, anhalten oder umkehren kann. Steuerbare Raumfahrzeuge verfügen meist über mehrere Bremsraketen, um für den **Wiedereintritt** in die Erdatmosphäre abbremsen zu können.

NUTZLAST

Die Nutzlast ist die Fracht, die ein **Raumfahrzeug** oder eine **Rakete** befördert. Typische Nutzlasten sind **Satelliten,** die von **Trägerraketen** ins All gebracht werden, und die eigentlichen Instrumente eines Satelliten.

HITZESCHILD

Ein Hitzeschild ist eine Vorrichtung oder eine Schicht an einem **Raumfahrzeug** oder einer **Rakete** zum Schutz vor großer Hitze von rund 1 000 Grad Celsius. Sie tritt beim schnellen Durchqueren der Atmosphäre auf. Hitzeschilde kommen vor allem ins Spiel, wenn ein Raumfahrzeug wieder in die Erdatmosphäre eintritt.

Die meisten gehören zu einer von zwei Kategorien: Ablationshitzeschilde sind sozusagen Verbrauchsmaterial, das Hitze absorbiert oder umwandelt, indem seine äußeren Schichten verdampfen. Häufig handelt es sich dabei um Nutzlastverkleidungen. Wieder verwendbare Hitzeschilde wie bei den Raumfähren der **Spaceshuttles** bestehen aus Keramikkacheln, die Hitze absorbieren können und auf ein isolierendes Material aufgebracht werden. Die Sicherheit von wieder verwendbaren Hitzeschilden wurde in Frage gestellt, als der **Spaceshuttle** „Columbia" beim Wiedereintritt in die Erdatmosphäre zerborsten ist, weil beim Start einige Kacheln zerstört worden waren.

BRENNSTOFFZELLE

Brennstoffzellen erzeugen Elektrizität, indem sie Wasserstoff und Sauerstoff in Wasser verwandeln. Obwohl sie Batterien ähneln, speichern Brennstoffzellen keine Energie, sondern erzeugen diese, solange ihnen die Ausgangsstoffe für die Reaktion zur Verfügung stehen.

Die **„Apollo"-** und **„Gemini"**-Raumfahrzeuge versorgten ihre elektrischen Systeme über Brennstoffzellen mit Strom und erzeugten nebenbei Wasser. Diese alkalischen Brennstoffzellen enthielten gekühlten, unter Druck stehenden Sauerstoff, der zunächst erhitzt wurde, bis er gasförmig war, bevor er in die Zelle gelangte. Der **Spaceshuttle** nutzt ebenfalls Brennstoffzellen; die **Nasa** erwägt derzeit einen Wechsel von alkalischen zu neueren Zellen mit Protonenaustauschmembranen. Die sind leichter und weniger teuer.

SOLARZELLE

Solarzellen wandeln Sonnenlicht in Elektrizität um. Sie werden häufig bei **Satelliten, Raumstationen** und anderen **Raumfahrzeugen** eingesetzt. Die Zellen bestehen aus Halbleitern, meist Siliziumkristallen. Jede Zelle erzeugt eine bescheidene Strommenge, weshalb ein Raumfahrzeug meist große Flächen aus Solarzellen besitzt, die auf flügelähnlichen Paneelen angebracht sind. Die **„Internationale Raumstation"** hat acht Sonnenpaddel mit insgesamt mehr als 2 900 Quadratmeter Fläche.

ALTERNATIVE ANTRIEBSKONZEPTE

Traditionelle chemische **Raketen** haben jahrzehntelang gut funktioniert. Sie brachten **Satelliten** auf Umlaufbahnen, Menschen auf den Mond und Raumsonden bis ins äußere **Sonnensystem.** Trotzdem sind sie zu ineffizient, schwer und langsam, um Menschen zu anderen **Planeten** oder Sternen zu transportieren. Eine Reise zum **Mars** würde mit chemischen Raketen siebeneinhalb Monate dauern. Solange wären Astronauten gefährlicher Strahlung und der körperlichen Schwächung durch die **Schwerelosigkeit** ausgesetzt. Forscher arbeiten deshalb an möglichen Alternativen.

Ionentriebwerk

Ionentriebwerke erzeugen ihren Schub durch die Ionisation von Xenongas (das Gas erhält eine elektrische Ladung). Beschleunigt man das ionisierte Gas auf 30 Kilometer pro Sekunde, treibt es ein **Raumfahrzeug** zehnmal so stark an wie ein chemischer Treibstoff. Der Nachteil ist, dass solche Triebwerke ihre Geschwindigkeit nur sehr langsam aufbauen.

Kernkraft

Fusionsgetriebene **Raumfahrzeuge** würden vielleicht

Die Sonde „Deep Space 1" auf dem Weg zu ihrem Rendezvous mit dem Kometen 19P/Borrelly im Jahr 2001. Die Sonde wird durch ein Ionentriebwerk angetrieben, das seinen Schub durch die elektrische Aufladung eines Xenongases erzeugte. Weiter fortgeschrittene Ionentriebwerke könnten nützlich sein, um mit Raumsonden Asteroiden und das äußere Sonnensystem zu erreichen.

drei Monate bis zum **Mars** benötigen. Bei dieser Technik, die aber noch nicht realisierbar ist, würden Wasserstoffatome in einem Reaktor ein größeres Helium-4-Atom und Energie erzeugen. Das extrem heiße Plasma, das bei einer Temperatur von Millionen Grad entstehen würde, könnte durch Magnetfelder aus der Rakete ausgestoßen werden.

Sonnensegel

Raumfahrzeuge, die von Sonnensegeln angetrieben werden, kämen völlig ohne **Raketen** aus. Sie würden mit traditionellen Mitteln ins All gebracht werden, um dort ein dünnes, leichtes, reflektierendes Segel aus Mylarfolie zu entfalten – vielleicht einen halben Kilometer groß. Der schwache, aber unerschöpfliche Druck der elektromagnetischen Strahlung der Sonne würde auf das spiegelähnliche Sonnensegel eine Kraft ausüben, die das Raumfahrzeug vorwärtstreiben und beschleunigen würde, bis es mit 90 Kilometern pro Sekunde flöge – zehnmal schneller als der **Spaceshuttle.** Sonnensegelfahrzeuge werden derzeit im US-amerikanischen Jet Propulsion Laboratory entwickelt. Mögliche

Missionen wären Sonden zum **Merkur,** den äußeren **Planeten** oder zu anderen Sternen.

Laserantrieb

Um mit der hochkonzentrierten Energie eines Laserstrahls **Raumfahrzeuge** anzutreiben, sind zwei Varianten denkbar. Die erste ähnelt einem Nuklearantrieb: Ein **Laser** an Bord erhitzt den als **Treibstoff** dienenden Wasserstoff auf Tausende von Grad Kelvin, bevor das Gas mit hoher Geschwindigkeit ausströmt. Die hohen Temperaturen wären eine Herausforderung; doch der Laser muss sich nicht an Bord befinden. **Nasa**-Ingenieure haben bereits ein winziges, experimentelles Fahrzeug gestartet, in dem sie einen Laserstrahl auf den Treibstoff fokussierten und diesen extrem hoch erhitzten.

Für die andere Variante könnten Laser in der Umlaufbahn ihren Strahl, der aus der Energie des Sonnenlichts gespeist würde, auf ein reflektierendes Segel lenken und das zugehörige Raumfahrzeug durchs All schicken. Mit Geschwindigkeiten von maximal einem Zehntel der Lichtgeschwindigkeit würde sich ein solches Raumfahrzeug für interstellare Reisen eignen.

Start

Start

Der Start eines **Raumfahrzeugs** von der Erde aus ist ein komplexer und riskanter Vorgang, aber das Ziel ist einfach: die Anziehungskraft überwinden und das Raumfahrzeug auf die gewünschte Bahn im All schießen. Fast alle Raumfahrzeuge werden von **Trägerraketen** in den Weltraum befördert. Um in eine Umlaufbahn zu gelangen, müssen die Raumfahrzeuge die Kreisbahngeschwindigkeit erreichen. Sie ermöglicht es ihnen, im All zu bleiben. Um der Anziehungskraft der **Erde** endgültig zu entkommen, müssen die Raumfahrzeuge die **Fluchtgeschwindigkeit** erreichen. Ein Raumfahrzeug über dem Äquator ist durch die Rotation des Planeten bereits in Bewegung und reist mit mehr als 1 650 Kilometern pro Stunde um die Erde. Bei vielen Starts wird diese Bewegung ausgenutzt, um das Raumfahrzeug ins All zu befördern. Eine interplanetare Raumsonde kann vom Umlauf der Erde um die **Sonne** profitieren. Trotzdem erfordert es gewaltige Treibstoffmengen, um ein

schweres Raumfahrzeug hochzuschießen. Beim **Spaceshuttle** beispielsweise wiegen die Treibstoffe 20-mal so viel wie die Raumfähre selbst. Die meisten Starts müssen innerhalb eines bestimmten Zeitraums, dem **Startfenster**, erfolgen. Es berücksichtigt Sicherheitsaspekte, die Position der Erde im All sowie weitere Faktoren. Wenn Raumfahrzeug und Trägersystem getestet worden sind, werden sie zur **Startrampe** gebracht. Dort überprüfen Ingenieure sie erneut. Hat jede Komponente das Okay erhalten, erteilt das Startteam die Erlaubnis für **Countdown** und **Start**.

Coriolis-Effekt

Der Coriolis-Effekt (benannt nach dem französischen Physiker Gaspard-Gustave de Coriolis) ist die scheinbare Ablenkung der Bahn eines Objekts, das sich über eine rotierende Oberfläche bewegt. Die bekannteste Form des Coriolis-Effekts ist die Drehung der Luft, die

Auf Eisenbahnschienen rollt eine „Sojus TMA-2" zu ihrer Startrampe in Baikonur in Kasachstan. Russland und die Vereinigten Staaten sind die ältesten Teilnehmer des Wettlaufs ins All. Baikonur liegt weit entfernt von den großen Ballungsräumen Russlands. Es ist das russische Gegenstück zu Cape Canaveral.

sich über die Erdoberfläche bewegt: nach rechts auf der Nordhalbkugel und nach links auf der Südhalbkugel. Der Coriolis-Effekt wirkt sich auf den Start von **Raumfahrzeugen** aus, weil sie von der Oberfläche der rotierenden Erde abheben. Ein direkt nach Osten startendes Raumfahrzeug – also in die Rotationsrichtung der Erde – würde sich auf einer geraden Linie in Bezug zur Erdoberfläche bewegen. Aber wenn es Richtung Norden startet, scheint das Raumfahrzeug nach Osten abzudrehen, weil der Planet sich unter ihm weiterdreht.

STARTFENSTER

Das Startfenster ist der Zeitraum, in dem ein **Raumfahrzeug** starten muss, um die Sicherheit zu gewährleisten und seine Missionsziele zu erreichen. Beispielsweise muss ein **Spaceshuttle** so starten, dass er im Notfall bei Tag landen kann. Um die Reisedauer einer interplanetaren Raumsonde zu verringern, starten solche Missionen typischerweise, wenn die **Erde** mit dem avisierten **Planeten** oder einem anderen Ziel auf einer Linie liegt.

STARTPLÄTZE

Zahlreiche Staaten und Organisationen betreiben mindestens 22 Startplätze in der Welt. Weitere militärische Startplätze existieren an geheimen Orten. Wenn solche Stützpunkte nicht speziell für Starts mit hohen Bahnneigungen gedacht sind, liegen sie idealerweise in Äquatornähe. Die USA und Russland betreiben die weltweit größten Raumfahrtprogramme. Die USA starten hauptsächlich von Cape Canaveral und der Vandenberg Air Force Base (Luftwaffenstützpunkt Vandenberg), Russland vom Kosmodrom in Baikonur. Die **European Space Agency,** Frankreich, Japan und China unterhalten ebenfalls Raumfahrtflughäfen.

STARTTURM

Der Startturm ist ein hohes, bewegliches Gerüst mit Plattformen in verschiedenen Höhen, von denen aus das **Raumfahrzeug** vor dem **Start** gewartet wird.

COUNTDOWN

Ein Countdown markiert jeden Schritt, der zum **Start** einer **Rakete** führt. Gezählt wird rückwärts (T minus) die Zahl der Minuten oder Sekunden bis zum Start.

BEWÄHRTE STARTPLÄTZE	
Land	**Startplatz**
Australien	Woomera, Australien
Brasilien	Alcântara, Brasilien
China	Jiuquan, China
China	Taiyuan/Wuzhai, China
China	Xichang, China
ESA	Kourou, Französisch-Guyana
Frankreich	Hamaguir, Algerien
Indien	Sriharikota, Indien
Israel	Palmachim Air Base, Israel
Italien	San-Marco-Plattform, Kenia
Japan	Kagoshima Space Center, Japan
Japan	Tanegashima Space Center, Japan
Russland	Kosmodrom Baikonur, Kasachstan
Russland	Kapustin Jar, Russland
Russland	Kosmodrom Plesetsk, Russland
Russland	Svobodny, Russland
USA	Edwards Air Force Base, Kalifornien
USA	Kennedy Space Center, Florida
USA	Kodiak Launch Complex, Kodiak Island
USA	Reagan Test Site, Marshallinseln
USA	Vandenberg Air Force Base, Kalifornien
USA	Wallops Flight Facility, Wallops Island, Virginia

ABHEBEN *(Lift-off)*

Das Abheben ist die Bewegung eines raketengetriebenen Fahrzeugs, wenn es die Startrampe verlässt und senkrecht nach oben steigt. Der Begriff wird nur für Fahrzeuge verwendet, die sich senkrecht bewegen.

FLUCHTGESCHWINDIGKEIT

Die Fluchtgeschwindigkeit ist die Geschwindigkeit, die ein Objekt benötigt, um das Gravitationsfeld eines anderen Objekts zu verlassen. Damit ein Objekt der Erdanziehung entkommen kann, muss es sich mit 11,2 Kilometern pro Sekunde bewegen. Das entspricht einer Fluchtgeschwindigkeit von umgerechnet 40 200 Kilometern pro Stunde.

DER WELTRAUMAUFZUG

Christopher Wanjek

DER AUFZUG FÄHRT NACH OBEN… WEITER NACH OBEN… NOCH WEITER. Wissenschaftler und Ingenieure denken über einen preiswerten und zuverlässigen Zugang zum Weltraum nach: einen 100 000 Kilometer weit reichenden Aufzug, viel höher als die 355 Kilometer hohe „Internationale Raumstation". Das ist keine Science-Fiction. So wie man sich den Weltraumaufzug vorstellt, wäre er ein auf der Erde verankertes Seil, das bis zu einer Plattform auf einer Umlaufbahn reichen würde, die in einem Viertel der Mondentfernung läge. Die Gravitation und die Zentrifugalkraft der Erde wirken in entgegengesetzte Richtungen, wodurch das Seil straff bleibt. Ein Frachtbehälter mit einem Satelliten könnte nach oben fahren, sogar Astronauten könnten die Distanz zu einem Bruchteil der Kosten eines Raketenstarts überwinden. Der Aufstieg würde rund eine Woche dauern. Die geschätzten Kosten von zehn Milliarden Dollar würden sich bald amortisieren, die Kosten für die Beförderung eines Satelliten ins All würden sich von 20 000 Dollar auf rund 200 Dollar pro Kilo reduzieren.

1895 malte sich der russische Raumfahrtpionier Konstantin Ziolkowski eine „Himmelsburg" auf der Spitze eines schlanken Turms aus, die durch Zentrifugalkräfte wie ein Stein am Ende eines Seils frei hin- und herschwingen konnte. Der Science-Fiction-Autor Arthur C. Clarke beschrieb einen Weltraumaufzug in seinem 1979 erschienenen Roman „Fahrstuhl zu den Sternen". Damals war jedoch kein Material bekannt, das den auftretenden Kräften standhalten konnte. Der Baustoff müsste eine Reißfestigkeit von mehr als 100 Gigapascal aufweisen. Stahl hat eine Reißfestigkeit von rund einem Gigapascal, Quarz- und Diamantfasern erreichen bis zu 20 Gigapascal.

Die Entdeckung von Kohlenstoffnanoröhrchen 1991 beförderte den Weltraumaufzug jedoch aus der Science-Fiction in den Bereich des Machbaren. Nanoröhrchen sind zylinderförmige Moleküle aus Kohlenstoff und reißfester als Diamant. Theoretisch erreichen sie mehr als 100 Gigapascal. Bislang aber haben die längsten Fasern eine Reißfestigkeit von 63 Gigapascal. Natürlich bedarf es noch viel mehr preiswert produzierter Nanoröhrchen, um das zu schaffen, was Ingenieuren vorschwebt: meterweite, papierdünne Bänder, die aus Hunderten von Fasern bestehen, von denen jedes Band 100 000 Kilometer lang ist. Ein Teil des Bands würde eine Aluminiumbeschichtung benötigen, damit es nicht oxidiert. Die Grundplatte des Aufzugs wäre eine bewegliche Plattform im äquatornahen Bereich des Pazifik, weit weg vom Luftverkehr und in einer Region mit wenig Blitzen.

Der Bau würde mit dem Start einer Rakete in eine geostationäre Umlaufbahn in rund 35 900 Kilometer Höhe beginnen. Dort benötigt ein Satellit genau einen Tag, um die Erde zu umkreisen; er schwebt also immer über derselben Stelle. Der Satellit würde ein Seil auf die Erde herunterlassen und nach und nach auf 100 000 Kilometer Höhe klettern, wenn das abgewickelte Seil immer länger wird. Wenn das erste Seil auf der Erde befestigt wäre, würden die Ingenieure Roboter an ihm hochklettern lassen, die zusätzliche Seile an das vorhandene Seil annähten. Dadurch ergäbe sich ein Band. Dieser Vorgang würde rund zwei Jahre dauern. Der erste Satellit, der dann in 100 000 Kilometer Höhe stünde, würde als Gegengewicht dienen, um das Band straff zu halten. Der Aufzug würde von der Erde aus mit Lasern angetrieben werden. Fracht ließe sich nach einigen hundert Kilometern an jedem Punkt aussetzen. Fracht, die bei 100 000 Kilometern ausgesetzt würde, würde mit elf Kilometer pro Sekunde herumwirbeln und hätte eine genügend große Tangentialgeschwindigkeit, um der Erdanziehung zu entfliehen und zum Saturn zu fliegen. Den Aufzug könnten mehrere Nutzlasten gleichzeitig nach oben befördern.

Mit einem gezielten Einsatz der Ressourcen könnte der Aufzug bis 2020 realisiert werden. ■

Fortschritte in mehreren Technologiebereichen könnten tatsächlich zur Entwicklung eines Weltraumaufzugs von 100 000 Kilometer Länge führen. Neue Erkenntnisse in der Nano- und Seiltechnologie sowie über elektromagnetische Antriebe machen es möglich. Der Künstler Pat Rowling entwarf diese Perspektive, in der man entlang einem ungeheuer langen Seil auf die Erde schaut.

Im „gläsernen" Cockpit des Spaceshuttles „Atlantis" sieht man Flachbildschirme, die der Crew Zugang zu entscheidenden Informationen gewähren. Die 1984 gebaute „Atlantis" wurde 1998 mit aktueller Computertechnik modernisiert.

Navigation im Weltraum

BODENSTATION

Bodenstationen sind mit elektronisch gesteuerten **Antennen** ausgestattet, die Signale zum **Raumfahrzeug** übertragen und von ihm empfangen. Sie verfolgen seine Position, gewinnen Daten und übertragen Befehle.

ONBOARD-COMPUTING

Moderne **Raumfahrzeuge** verfügen meist über mehrere kleine Computersysteme, die verschiedene Funktionen des Gefährts steuern, etwa Telekommunikation, Datenbank und Navigation. Diese Systeme sind mit einem Hauptrechner verbunden, der alle anderen Aktivitäten überwacht. **Astronauten** in Raumfahrzeugen benutzen für ihre eigene Arbeit Notebooks.

NAVIGATION NACH DEN STERNEN

So wie Segelschiffe einst anhand von Sternen navigiert wurden, korrigieren **Raumfahrzeuge** ihren Kurs, indem sie Sichtungen von Sternen mit bekannten Koordinaten anderer Himmelsobjekte (**Mond, Erde**) vergleichen. Dieser Vorgang läuft an Bord automatisch ab: Instrumente orten die Sterne und übertragen die Daten zu einem Navigationscomputer, der mit detaillierten Sternkatalogen gefüttert ist.

FLUGHÖHE

Die Entfernung des Raumfahrzeugs von der Erdoberfläche oder einem anderen Himmelskörper.

GYROSKOP

Ein Gyroskop ist ein Gerät mit einer schwenkbaren Masse, die auf ihrer Achse in jede Richtung frei drehbar ist. Die Masse ist auf einem stabilen, unverrückbaren Sockel befestigt (die Trägheitsplattform). Ein Raumfahrzeug besitzt vielfach drei Gyroskope, von denen jedes die **Höhen** auf einer anderen Achse misst: Pitch, Yaw und Roll (Rotation um Quer-, Längs- und Normalachse).

LAGE

Bei einem **Raumfahrzeug** bedeutet „Lage" die Position beziehungsweise Orientierung im Raum, die sich aus der Anordnung der drei Achsen des Fahrzeugs zu einem unbeweglichen Referenzpunkt ergibt. Die drei Achsen beim **Spaceshuttle** sind Pitch (Bewegung der Nase gegenüber dem Heck nach oben oder unten), Yaw (die Pendelbewegung der Nase von links nach rechts) und Roll (buchstäblich eine Rollbewegung auf die linke oder rechte Seite). Die Lage wird von Trägheitssystemen der **Gyroskope** überwacht.

ANDOCKEN

Beim Andocken werden zwei Körper im All – etwa der **Spaceshuttle** und eine **Raumstation** – miteinander verbunden. Bei dieser heiklen Prozedur muss das erste Raumfahrzeug seine drei Achsen zum anderen Raumfahrzeug ausrichten, bevor es sich ihm mit einer Geschwindigkeit von ein paar Zentimetern pro Sekunde nähert. Dann rastet es an einer Andockvorrichtung ein. 1997 kam ein automatisches „Progress"-Versorgungsschiff beim Andocken vom Kurs ab, so dass es ein kleines Loch in den Rumpf der Raumstation **„Mir"** riss. Bis es repariert war, entwich Luft aus der Station.

WELTRAUMMÜLL

Eine immer größer werdende Wolke aus Schrott umkreist die **Erde** und gefährdet Raumfahrzeuge und **Satelliten.** Zu Beginn des 21. Jahrhunderts verfolgten Organisationen auf der Erde ungefähr 9 000 Teile Weltraumschrott und mindestens 110 000 Gegenstände, die größer als ein Zentimeter sind. Ungefähr die Hälfte der Objekte sind Überreste von **Trägerraketen,** die nach der Abtrennung einer Raketenstufe aufgegeben wurden, oder das Ergebnis von Explosionen. Bei anderen Objekten handelt es sich um inaktive Satelliten oder sonstige Raumfahrzeuge, die bis zum 1958 gestarteten „Vanguard 1" zurückreichen. Zum Weltraumschrott gehört auch der Handschuh, den der **Astronaut** Edward White 1965 verloren hat, und ein Müllsack, der aus der **Raumstation „Mir"** hinausgeworfen wurde.

Da sich alles mit hoher Geschwindigkeit bewegt, können selbst winzige Schrottteile ein Raumfahrzeug beschädigen. Die **Nasa** musste mehr als 80 Fenster der **Spaceshuttles** wegen solcher „Treffer" ersetzen. Einige Wissenschaftler haben ein Lasersystem vorgeschlagen, um den Müll zu verdampfen. Bislang verfolgt man die Bahn der größeren Bruchstücke und hofft, dass man ihnen jeweils ausweichen kann.

HAUPTQUELLEN DES WELTRAUMMÜLLS IM JUNI 2000				
Staat oder Organisation	Satelliten	Raumsonden	Anderer Müll	Insgesamt
UdSSR/Russland	1335	35	2571	3941
USA	741	46	2971	3758
China	27	0	324	351
European Space Agency	24	2	233	259
Japan	66	4	49	119
Iridium	88	0	0	88
Intelsat	56	0	0	56
Globalstar	52	0	0	52
Frankreich	31	0	17	48
Orbcomm	35	0	0	35
Indien	20	0	4	24
Großbritannien	17	0	1	18
EUTELSAT	17	0	0	17
Kanada	16	0	0	16
Deutschland	13	2	1	16
Italien	8	0	3	11
Indonesien	10	0	0	10
Australien	7	0	2	9
Brasilien	9	0	0	9
Inmarsat	9	0	0	9
Luxemburg	9	0	0	9
Nato	8	0	0	8
Schweden	8	0	0	8
ARABSAT	7	0	0	7
Südkorea	7	0	0	7
Mexiko	6	0	0	6
Spanien	6	0	0	6
Argentinien	4	0	0	4
Tschechien	4	0	0	4
Thailand	4	0	0	4
ASIASAT	3	0	0	3
FGER	3	0	0	3
Israel	3	0	0	3
Norwegen	3	0	0	3

Kommunikation mit der Kontrollstation

TELEMETRIE

Die Telemetrie ist die Übertragung von Informationen aus der Entfernung. Als „**Sputnik 1**" 1957 Messwerte über Temperatur und Dichte zur **Erde** funkte, zeigte diese elementare Form der Telemetrie, dass Raumfahrzeuge wertvolle Daten über das All liefern können. Heute ist Telemetrie für alle Satelliten und Raumfahrtmissionen wichtig. Sie wird genutzt, um die Position und den Zustand eines **Raumfahrzeugs** zu verfolgen, Forschungsdaten zu sammeln und den physischen Zustand von **Astronauten** zu überwachen.

Telemetriesysteme bestehen aus drei Teilen: den Messinstrumenten beziehungsweise Sensoren an Bord des Raumfahrzeugs, deren Daten durch einen Messumformer in elektrische Signale umgewandelt werden; einem Sender, der diese Signale meist als Funkwellen überträgt; und einer Empfangsstation, häufig einer Antenne oder einem Netz aus Antennen auf der Erde.

Die Messungen hängen von der Aufgabe des Raumfahrzeugs ab. Sie reichen von der Oberflächentemperatur der Meere bis hin zum Zustand der Rohrleitungen an Bord des **Spaceshuttles**. Die Funksignale gelangen auf zuvor festgelegten Frequenzen zu den Antennen der irdischen Bodenstation, beispielsweise zu denen des **Deep Space Network,** und wieder zurück. Ein Signal, das von der Erde zum Raumfahrzeug geschickt wird, bezeichnet man als **Uplink,** ein Signal vom Raumfahrzeug zur Erde als **Downlink.** Geräte am Boden zeichnen Downlink-Signale auf und wandeln sie in lesbare Daten um. Beispielsweise wird ein Foto des **Jupiters,** das eine Kamera an Bord der **Raumsonde „Galileo"** gemacht hat, in eine digitale Zeichenfolge umgewandelt, komprimiert und mit 120 Bit pro Sekunde übertragen. Einer der drei großen Empfänger des Deep Space Network erfasst den Bitstrom und überträgt ihn an das Jet Propulsion Laboratory (Labor für Strahlantriebe) in Pasadena, Kalifornien. Dort formatieren Computer die Bitfolge in ein Bild um.

BAHNSPUR

Eine Bahnspur ist der scheinbare Verlauf der Bewegung eines **Satelliten** auf der rotierenden Erdoberfläche. Sie lässt sich auf einer Landkarte einzeichnen, um die Satellitenposition in Bezug zum Boden darzustellen. Satelliten, die sich schneller als die Erdrotation bewegen,

Fortschritte der Kommunikation

| 1957 | 1958 | 1959 | 1960 | 1961 | 1963 | 1969 |

4. Oktober 1957
Die Sowjetunion startet den ersten künstlichen Satelliten, „Sputnik 1". Die Kommunikation mit der Bodenstation erfolgt per Kurzwellenfunk.

31. Januar 1958
Die USA starten ihren ersten Satelliten im Rahmen des Wettlaufs im All: „Explorer 1". Die Daten wurden auf einem miniaturisierten Bandrekorder gespeichert. Der Befehl zum Auslesen erfolgte jeweils per Funk, wenn der Satellit die irdischen Bodenstationen überflog.

18. Oktober 1959
Der sowjetische Satellit „Lunik 3" macht Fotos von der erdabgewandten Seite des Monds, die an Bord entwickelt und gescannt werden. Anschließend funkt der Satellit die Aufnahmen als Bildtelegramme zu einer Bodenstation.

12. August 1960
Die Nasa startet „Echo 1", den ersten passiven Kommunikationssatelliten. Er kann Radiowellen von Sendern auf der Erde zu einer empfangenden Bodenstation reflektieren, die Tausende Kilometer entfernt liegt.

4. Oktober 1960
Die US-Armee startet den ersten aktiven Kommunikationssatelliten, „Courier 1B", der Signale von Bodenstationen aufzeichnet und sie auf Kommando wieder zurücksendet.

12. April 1961
Der sowjetische Leutnant Juri Gagarin fliegt als erster Mensch ins All. Der Wiedereintritt in die Erdatmosphäre wird durch ein Computerprogramm gesteuert, das Befehle per Funk an Gagarins Raumkapsel schickt.

24. Dezember 1963
Das Deep Space Network nimmt seinen Betrieb auf. Es bietet die erste integrierte, weltweite Kommunikationsmöglichkeit mit dem Weltraum. Die Antennen und Systeme zur Datenlieferung werden im kalifornischen Goldstone, im australischen Canberra und im südafrikanischen Johannesburg errichtet (von letzterem später nach Madrid verlagert).

20. Juli 1969
Die „Apollo 11"-Mission nutzt bei der ersten Mondlandung intensiv eine Fernsehübertragung zwischen Landeinheit und Mutterschiff zur Inspektion, Vorbereitung und Dokumentation. Hieraus resultiert eines der berühmtesten Bilder der Fernsehgeschichte.

1957 sandte „Sputnik 1", der erste Satellit, Informationen über die Temperatur außerhalb der Erde per Funk. Damit war er ein frühes Beispiel für die Telemetrie, einer Methode, um Messungen aus der Ferne durchzuführen. Inzwischen ist sie viel weiter entwickelt und hilft Forschern dabei, den Kurs von Raumfahrzeugen zu verfolgen, wissenschaftliche Informationen zu sammeln und den physischen Zustand von Astronauten zu überwachen.

1970	1975	1983	1998	2005	2010

Juli 1975
„ATS-6" ist der erste Satellit, der eine direkte Fernsehübertragung ermöglicht. Er spielt eine Hauptrolle im gemeinsamen Kopplungsprogramm zwischen den amerikanischen „Apollo"- und den sowjetischen „Sojus"-Raumfähren. Vom ersten Manöver dieser Art überträgt „ATS-6" Fernsehsignale zum Kontrollzentrum in Houston.

Oktober 1998
Die Nasa realisiert den ersten „Small Deep Space Transponder" (SDST; etwa „Kleiner Transponder für den Weltraum"), der der Kommunikations- und Navigationsdienste direkt mit der Erde ermöglicht. Es ist der erste Transponder mit digitaler Empfangstechnik. Dadurch lassen sich getrennte Funktionen von Telekommunikationssystemen der Raumfahrzeuge in eine Einheit mit geringerer Masse integrieren.

Die geplante Entwicklung eines „Advanced Deep Space Transponder" (ADST; etwa „Fortgeschrittener Transponder für den Weltraum") wird Kommunikations- und Navigationsdienste auf der Grundlage von digitalen Signalprozessoren direkt zur Erde und zwischen Satelliten ermöglichen.

17. November 1970
Den Sowjets gelingt die erste Landung eines ferngesteuerten Mondfahrzeugs, des „Lunochod 1". Es wird per Bild- und Funksignal von einer Bodenstation in der UdSSR aus gelenkt.

4. April 1983
Der erste „Tracking and Data Relay Satellite" (TDRSS; „Satellit für Kursverfolgung und Datenübertragung") – ein Telekommunikationssatellit – wird ins All geschickt. Er bietet für Raumfahrzeuge der Nasa auf einer globalen, integrierten Ebene Dienste zu Kursverfolgung, Daten-, Sprach- und Videoübertragung. Die zugehörige Bodenstation steht in White Sands, New Mexico. Inzwischen besteht das TDRSS-System aus neun Satelliten.

September 2005
ESTRACK, das Netzwerk aus Bodenstationen der European Space Agency wird seine Reichweite durch eine zehnte Bodenstation im spanischen Cebreros vergrößern. Das Netzwerk verbindet Satelliten auf einer Umlaufbahn mit dem ESA-Kontrollzentrum.

beschreiben gerade Bahnspuren, die nach Osten verlaufen. Satelliten, die hinter der Erdrotation zurückbleiben, beschreiben nach Westen verlaufende Bahnspuren. Bahnspuren steigen, wenn sie den Äquator von Süden nach Norden kreuzen, und sinken, wenn sie ihn von Norden nach Süden überqueren.

BAHNVERFOLGUNG

Bei der Kurs- oder Bahnverfolgung ermittelt man die Bahn eines **Satelliten** oder **Raumfahrzeugs,** um ihm zu folgen. Um die Entfernung und Geschwindigkeit eines Raumfahrzeugs von der Erde aus zu messen, schicken Wissenschaftler ein Funksignal von den **Antennen** zum Raumfahrzeug, das dann von dessen Transponder zur Erde zurückgesendet wird. Die Differenz zwischen beiden „Tönen" sagt der Bodenstation, wo sich das Raumfahrzeug befindet und wie schnell es ist. Die **European Space Agency** hat ein Netzwerk aus Stationen, das von Schweden bis Kenia reicht: ESTRACK.

ANTENNEN VON RAUMFAHRZEUGEN

Eine Antenne ist ein Gerät, um Funkwellen zu senden und zu empfangen. Die meisten **Satelliten** und **Raumfahrzeuge** besitzen eine oder mehrere empfindliche Antennenschüsseln (Parabolantennen). Sie fokussieren die Signale, um Funkwellen in einem besonderen, schmalen Frequenzband zu senden oder zu empfangen. Antennen von Raumfahrzeugen sind meist so ausgelegt, dass sie nur bei bestimmten Frequenzen empfangen und senden: im VHF-Band (Very High Frequencies) mit Frequenzen zwischen 30 und 300 Megahertz (MHz), im UHF-Band (Ultra High Frequencies) zwischen 300 und 3 000 MHz und auch in anderen Bereichen wie dem L-, S-, C-, X- oder K-Band.

TRANSPONDER

Ein Transponder ist ein elektronisches Gerät, das Funksignale bei einer bestimmten Frequenz empfängt, diese verstärkt und sie dann bei einer anderen Frequenz sendet. Transponder werden mit **Solarzellen** und Batterien betrieben. Sie sind entscheidend für die **Bahnverfolgung** eines Raumfahrzeugs und die Kommunikation. Große **Kommunikationssatelliten** haben 90 oder mehr Transponder.

DOWNLINK

Funksignale von einem **Satelliten** oder **Raumfahrzeug** zur Bodenstation oder zu Empfängern heißen Downlink. Sie haben andere Frequenzen als eintreffende (**Uplink**-)Signale.

UPLINK

Eintreffende Funksignale, die eine Bodenstation zu einem **Satelliten** oder **Raumfahrzeug** schickt, heißen Uplink. Uplink-Signale werden bei anderen Frequenzen übertragen als **Downlink**-Signale.

Landung

LUFTWIDERSTAND DER ATMOSPHÄRE

In der Raumfahrt spielt der Luftwiderstand eine große Rolle. Er verlangsamt ein **Raumfahrzeug,** wenn es von der **Erde** aus startet oder wieder in die Atmosphäre eintritt. Außerdem lässt er die Satellitenumlaufbahn absinken. Das **Hubble-Space-Teleskop** hat überhaupt keine Triebwerke an Bord und sinkt durch den Luftwiderstand der Atmosphäre langsam zur Erde zurück.

Der Widerstand beim Wiedereintritt in die Atmosphäre kann auch gefährlich werden. Der **Spaceshuttle** beispielsweise tritt mit einer Geschwindigkeit von 28 500 Kilometern pro Stunde in die obere Atmosphäre ein (rund 120 Kilometer über der Erdoberfläche). Tritt ein Raumfahrzeug mit einem zu steilen Winkel in die Erdatmosphäre ein, verbrennt es in der durch Reibung und Druck erzeugten Hitze. Dagegen bietet die Atmosphäre beim richtigen Eintrittswinkel genug Widerstand, um das von einem **Hitzeschild** geschützte Raumfahrzeug abzubremsen, ohne dafür große Mengen an Treibstoff zu benötigen. Das Nichtvorhandensein einer Atmosphäre auf dem Mond macht es schwierig, genug abzubremsen, um dort landen zu können.

DEORBIT

Deorbit bedeutet, die Umlaufbahn zu verlassen, zum Beispiel, wenn **Satelliten** und **Raumfahrzeuge,** die die **Erde** umkreisen, eine stabile Umlaufbahn verlassen, um zur Erde zurückzukehren; oder wenn ausgediente Satelliten in der Atmosphäre auseinander brechen und verglühen. Der Deorbit beginnt für gewöhnlich mit dem „Deorbit Burn": Bei diesem Bremsmanöver werden die Raketen gezündet, um das Raumfahrzeug zu verlangsamen. Dann kann es mit dem Abstieg in die Atmosphäre beginnen.

WIEDEREINTRITT

Der Wiedereintritt eines **Raumfahrzeugs** beginnt mit einem natürlichen Absinken der Umlaufbahn oder einem **Deorbit**-Manöver. Dabei wird das Raumfahrzeug so weit abgebremst, dass es durch die äußeren Atmosphärenschichten fliegen kann, die rund 120 Kilometer über der Erdoberfläche liegen. Raumfahrzeuge reisen mit Geschwindigkeiten bis zu 39 000 Kilometern pro Stunde und müssen die Atmosphäre im richtigen

Winkel treffen: Ist er zu flach, prallen sie von der Atmosphäre ab wie ein Steinchen von der Wasseroberfläche eines Sees. Ist er zu steil, erhitzen sie sich zu schnell und verglühen. Zusätzlich muss die negative Beschleunigung (Abbremsung) bei einem bemannten Raumfahrzeug unter dem Achtfachen der Schwerebeschleunigung liegen, mehr kann ein Mensch nicht ertragen. Die Wärme durch die Reibung und Kompression der Luft vor dem

1961: Nach einer Wasserlandung im Atlantik klettert Alan Shepard, der erste Amerikaner im All, aus seiner „Mercury"-Kapsel. Früher sollten Wasserungen eine weiche Landung garantieren; heute landen Spaceshuttles auf Rollbahnen.

sich schnell bewegenden Raumfahrzeug erzeugt Temperaturen von bis zu 5 500 Grad Celsius.

GLEITWEG

Der Gleitweg eines **Raumfahrzeugs** ist im weitesten Sinn die Flugbahn, mit der es sich seinem Landeplatz nähert. Der Gleitweg wird durch seine Länge und den Abstiegswinkel beschrieben sowie durch Richtungsänderungen. Der **Spaceshuttle** beispielsweise kehrt auf einem flachen, S-förmigen Gleitweg zur **Erde** zurück. Nach mehreren sanften Kurven fliegt es in einer Spirale zum Landeplatz.

ENDGESCHWINDIGKEIT

Ein Objekt im freien Fall durch ein Gas oder eine Flüssigkeit erreicht seine Endgeschwindigkeit, wenn es nicht weiter beschleunigt, sondern mit konstanter Geschwindigkeit zu sinken beginnt. Bei einem Körper, der durch die Atmosphäre fällt, tritt dies ein, wenn die Geschwindigkeit, mit der die Anziehungskraft das Objekt nach unten zieht, entgegengesetzt gleich groß zum Luftwiderstand ist, der es nach oben drückt.

COASTING

Ein **Raumfahrzeug** in der Coasting-Phase wird nicht mehr durch Kraft angetrieben, sondern bewegt sich aufgrund seiner Trägheit in dieselbe Richtung mit konstanter Geschwindigkeit weiter. Interplanetare Raumsonden betreiben Coasting, um Treibstoff zu sparen.

LANDUNG (*Touchdown*)

Die „**Apollo**"-Astronauten landeten früher an Fallschirmen im Meer. Bemannte **Raumfahrzeuge** der Sowjetunion führten dagegen von Anfang an weiche Landungen am Boden durch. Die US-amerikanischen **Spaceshuttles** landen wie Flugzeuge auf Rollbahnen, unterstützt von Bremsfallschirmen, um die Geschwindigkeit zu verringern. Die Landungen der Marsforschungsfahrzeuge „Spirit" und „Opportunity" wurden durch Airbags gedämpft, nachdem sie an Fallschirmen auf die Marsoberfläche niedergesunken waren.

Zu den irdischen Landeplätzen für Raumfahrzeuge gehören das **Kennedy Space Center** auf Cape Canaveral in Florida, die Edwards Air Force Base in Kalifornien, das Kosmodrom Baikonur im dünn besiedelten Kasachstan und das Raumfahrtzentrum Jiuquan in China am Südrand der Wüste Gobi.

Touchdown! Mit einem Bremsfallschirm zur Verringerung der Geschwindigkeit landet die „Endeavour" 2002 auf dem Luftwaffenstützpunkt Edwards in Kalifornien. Nachdem der Spaceshuttle eine Reise von 9,3 Millionen Kilometern und 217 Erdumläufen beendet hatte, veranlasste schlechtes Wetter auf Cape Canaveral die Bodenkontrollstation dazu, die Landung an den kalifornischen Standort zu verlegen.

Bahnelemente

GRUNDLAGEN ÜBER UMLAUFBAHNEN

Verschiedene Begriffe müssen definiert werden, um die Bahn eines **Satelliten** um die **Erde** zu beschreiben.

Ellipse

Eine Ellipse ist eine geschlossene, ovale Figur mit zwei Brennpunkten. Ihre Form wird wie folgt definiert: Von jedem Punkt auf einer Ellipse ist die Summe der Distanzen zu den beiden Brennpunkten gleich groß. Die meisten Satellitenbahnen sind Ellipsen, in deren einem Brennpunkt das Massezentrum der **Erde** oder eines anderen Körpers steht, den der Satellit umkreist.

Perigäum

Auf einer elliptischen Umlaufbahn ist das Perigäum der Punkt, an dem das umlaufende **Raumfahrzeug** der **Erde** am nächsten kommt. Derselbe Ausdruck wird auch für einen Satelliten verwendet, der andere Planeten oder Himmelskörper umkreist – unter anderem für **Monde**, die ihre **Planeten** umkreisen.

Apogäum

Das Apogäum ist der Punkt einer elliptischen Bahn, an dem ein Raumfahrzeug oder anderes Objekt die größte Distanz zu dem Körper erreicht, den es umkreist.

Äquatorebene

Diese gedachte Fläche durch die Erde (oder durch einen anderen Himmelskörper) an ihrem Äquator erstreckt sich nach allen Seiten in den Weltraum hinaus. Ein Satellit auf einer Umlaufbahn „kreuzt" nicht wirklich den Äquator, sondern die Äquatorebene.

Aufsteigender Knoten

Der aufsteigende Knoten ist der Punkt, an dem ein **Satellit** auf seiner Umlaufbahn die **Äquatorebene** von Süden nach Norden überquert.

Absteigender Knoten

Der absteigende Knoten ist der Punkt, an dem ein Satellit auf seiner Umlaufbahn die Äquatorebene von Norden nach Süden überquert.

Knotenlinie

Die **auf-** und **absteigenden Knoten** liegen auf den gegenüberliegenden Seiten eines Himmelskörpers, auf einer gedachten Linie durch seinen Mittelpunkt. Diese Linie heißt „Knotenlinie".

BAHNELEMENTE

Sechs Elemente beschreiben eine Umlaufbahn vollständig. Die größte Störung der Bahnelemente wird dadurch verursacht, dass die **Erde** an den Polen flacher ist als am Äquator. Deshalb rotiert die gesamte Umlaufbahn in Bezug zur Erdoberfläche. Sowohl das **Argument des Perigäums** als auch die **Rektaszension** des **aufsteigenden Knotens** wandern um mehrere Grad pro Tag, wenn die Umlaufbahn nicht besonders angelegt ist („eingefroren"), um dies zu verhindern.

Große Halbachse

Diese Größe beschreibt die Ausdehnung der Bahn. Bei einer Kreisbahn entspricht die große Halbachse dem Radius. Erinnert man sich daran, dass der Mittelpunkt der Umlaufbahn im Zentrum der **Erde** liegt, ergibt sich die große Halbachse als der Erdradius plus die Höhe eines Satelliten über der Erdoberfläche. Bei **elliptischen Bahnen** ist die große Achse die gedachte Linie durch den Erdmittelpunkt (einer der Brennpunkte der Ellipse), die durch **Apogäum** und **Perigäum** auf den gegenüberliegenden Seiten der Erde verläuft. Die große Halbachse ist die Hälfte dieser Strecke und wird in den Gleichungen der Umlaufbewegung mit „a" bezeichnet.

Exzentrizität

Diese Größe beschreibt die Form der Umlaufbahn. Die Exzentrizität ist die Abweichung einer **Ellipse** von der Kreisform. Sie wird berechnet, indem man den Abstand zwischen beiden Brennpunkten mit der großen Achse vergleicht. Die Größe lässt sich auch aus einem Vergleich zwischen dem Radius des **Perigäums** und dem des **Apogäums** ableiten. Eine **Molniya-Umlaufbahn** mit einem Perigäum von etwa 400 Kilometern und einem Apogäum von etwa 40 000 Kilometern gilt als stark **elliptische** (hoch exzentrische) **Umlaufbahn.** Da eine Kreisbahn nur einen Brennpunkt hat, ergibt sich keine Exzentrizität. Die Exzentrizität wird in Bahngleichungen mit „e" bezeichnet.

Inklination

Diese Größe beschreibt die Orientierung der Umlaufbahn in Bezug zur Äquatorebene der **Erde;** die Abweichung der Bahnebene von der Äquatorebene wird in Grad von null bis 180 gezählt und in Bahngleichungen mit „i" bezeichnet. Eine **geostationäre Bahn,** bei der ein **Satellit** direkt über dem Äquator umläuft, hat eine Bahnneigung von null Grad. Eine **polare Umlaufbahn,** die einen Satelliten über den Nord- und Südpol führt, hat eine Bahnneigung von 90 Grad. Eine geneigte Umlaufbahn zwischen null und 90 Grad, auf der ein Satellit in dieselbe Richtung wie die Erdrotation läuft, bezeichnet man als prograd (rechtläufig). Auf einer **retrograden (rückläufigen) Umlaufbahn** umrundet ein Satellit unseren Planeten von Ost nach West entgegengesetzt zur Erdrotation. Die Bahnneigung liegt zwischen 90 und 180 Grad.

Argument des Perigäums

Diese Größe beschreibt, wo das **Perigäum** (der tiefste Punkt) der Umlaufbahn bezogen auf die Erdoberfläche liegt. Es ist der Winkel gemessen vom Erdmittelpunkt zwischen der **Knotenlinie** und einer Linie zum Perigäum der Umlaufbahn. Das Argument wird vom **aufsteigenden Knoten** zum Perigäum gezählt, und zwar in der gleichen Richtung, in die der **Satellit** rotiert. Sein Wert kann zwischen null und 360 Grad liegen und wird in Bahngleichungen mit „ω" bezeichnet (der kleine griechische Buchstabe Omega).

Rektaszension des aufsteigenden Knotens

Diese Größe beschreibt den Ort der **auf- und absteigenden Knoten** in Bezug zur Äquatorebene der **Erde.** Sie verwendet das Frühlingsäquinoktium (den Ort der Sonne am Himmel am ersten Frühlingstag der Nordhalbkugel) als Referenz- beziehungsweise Nullpunkt. Von dort aus läuft die Rektaszensionszählung. Die Rektaszension am Himmel wird als Winkel entlang der Äquatorebene vom Frühlingspunkt nach Osten gezählt, also in Richtung der Erdrotation. Daher wird der Ort des Knotens als „Rektaszension des aufsteigenden Knotens" ausgedrückt. Sie liegt zwischen null und 360 Grad und wird in Gleichungen mit „Ω" bezeichnet (der große griechische Buchstabe Omega).

Wahre (Mittlere) Anomalie

Diese Größe beschreibt, wo ein **Satellit** auf seiner Umlaufbahn relativ zum **Perigäum** steht. Sie wird als Winkel angegeben, der vom Erdmittelpunkt aus zwischen dem Perigäum und dem Ort des Satelliten auf der Umlaufbahn gemessen wird. Man zählt sie vom Perigäum zum Satelliten in dessen Bewegungsrichtung. In Bahngleichungen wird sie mit „ν" bezeichnet (der kleine griechische Buchstabe Nü).

RICHTUNG DER UMLAUFBAHN

Startet man in Richtung der Erdrotation, wirkt sich dies günstig auf die **Raketengleichung** aus. Die Rotationsgeschwindigkeit unseres Planeten am Äquator (0,465 Kilometer pro Sekunde) ist klein, verglichen mit der Geschwindigkeit, um in den Weltraum zu gelangen (11,2 Kilometer pro Sekunde). Aber ein Start in Richtung der Erdrotation bringt trotzdem mehr Geschwindigkeit, weshalb die **Nutzlast** zusätzliches Gewicht haben darf und diese Methode oft gewählt wird.

SATELLITENPOSITION

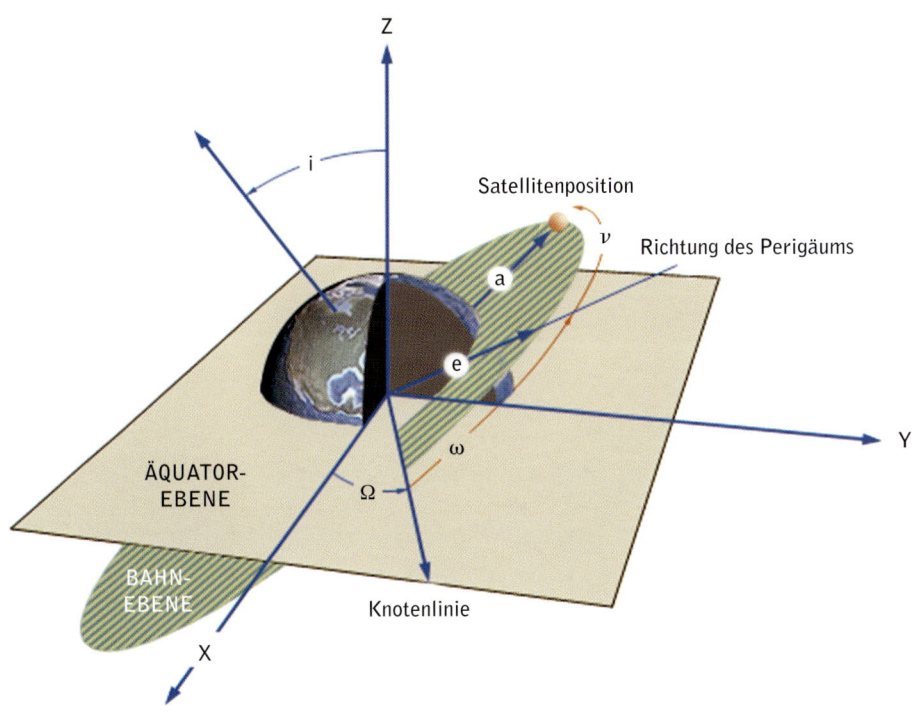

a	große Halbachse	die Größe der Bahn
e	Exzentrizität	die Form der Bahn
i	Inklination	Neigung der Bahn in Bezug zum Erdäquator
ω	Argument des Perigäums	wo das Perigäum, der tiefste Punkt, der Umlaufbahn in Bezug zur Erdoberfläche ist
Ω	Rektaszension des aufsteigenden Knotens	die Lage der aufsteigenden und absteigenden Bahnpunkte in Bezug zur Äquatorebene der Erde
ν	Wahre (Mittlere) Anomalie	wo der Satellit auf seiner Umlaufbahn bezogen auf das Perigäum steht

■ **Prograde Umlaufbahn**

Dieser Begriff wird ebenso wie „direkte Umlaufbahn" für einen **Satelliten** verwendet, der nach Osten startet, um die Erdrotation auszunutzen.

■ **Retrograde Umlaufbahn**

Dies ist die Umlaufbahn eines **Satelliten,** die entgegen der Erdrotation verläuft. Sie wird selten genutzt, etwa wenn ein Satellit immer über dem von der Sonne beschienenen Bereich der Erdoberfläche bleiben soll.

RAKETENGLEICHUNG

Die anerkannte Grenze zum Weltraum ist nur 100 Kilometer von der Erdoberfläche entfernt. Dorthin zu gelangen und dort zu bleiben erfordert jedoch viel Energie. Wie viel, hat der russische Mathematiklehrer **Konstantin Ziolkowski** in den 1890er Jahren in seiner Raketengleichung berechnet. Es bedarf nur dreier Größen, um die Bewegung einer Rakete vorherzusagen: die anfängliche Masse (das Gewicht) von Rakete und Treibstoff, die Masseänderung, während der Treibstoff verbrennt, sowie die Ausströmgeschwindigkeit des brennenden Treibstoffs beim Verlassen des Raketentriebwerks. Ziolkowskis einfache Gleichung liefert noch immer den grundlegenden Richtwert bei allen Satellitenstarts.

■ **Ausströmgeschwindigkeit**

Mit dieser Geschwindigkeit verlässt der brennende Treibstoff die Düsen des Raketentriebwerks. Sie erzeugt den Schub, der eine Rakete samt **Nutzlast** abheben lässt. Raketentreibstoffe des 19. Jahrhunderts (wie Schießpulver) erzeugten eine Ausströmgeschwindigkeit von rund 2 000 Metern pro Sekunde. Moderne flüssige chemische Brennstoffe liefern Ausströmgeschwindigkeiten von bis zu 4 500 Metern pro Sekunde.

■ **Masseverhältnis**

Dies ist das Verhältnis von Raketengewicht plus Treibstoff bei der Zündung zum Gewicht zu einem späteren Zeitpunkt. Um die Erdanziehung zu überwinden und eine Umlaufbahn zu erreichen, ist so viel Energie notwendig, dass der Treibstoff mindestens 80 Prozent der ursprünglichen Masse einer Rakete ausmacht. Einige frühe Satellitenstarts misslangen, weil das Masseverhältnis zu nahe bei eins lag. Die Raketen flogen mit dem Raumfahrzeug von der Startrampe bis in eine gewisse Höhe und hielten sich dort, bis der Treibstoff aufgebraucht war – dann fiel die komplette **mehrstufige Trägerrakete** wieder auf die Erde herunter. Beim

Spaceshuttle, der seine Verbrennung regeln muss, damit die Startgeschwindigkeit für die Mannschaft erträglich bleibt, macht der Treibstoff 94 Prozent des Startgewichts aus.

■ **Geschwindigkeitszuwachs**

Wenn **Masseverhältnis** und **Ausströmgeschwindigkeit** bekannt sind, liefert die **Raketengleichung** die für den **Start** nötigen Geschwindigkeiten, um der Erdanziehungskraft zu entkommen und eine Umlaufbahn zu erreichen. Es gibt ein paar grundlegende Zusammenhänge zwischen der Geschwindigkeit eines **Raumfahrzeugs** und seiner Umlaufbahn:

■ Je höher die Umlaufbahn, desto geringer muss die Geschwindigkeit sein, um die Umlaufbahn zu halten. Die Geschwindigkeit eines Raumfahrzeugs auf einer kreisförmigen Umlaufbahn sinkt mit der Wurzel des Bahnradius.

■ Die Geschwindigkeit eines Raumfahrzeugs auf einer **elliptischen Bahn** ist im **Perigäum** höher als auf einer Kreisbahn.

■ Die Geschwindigkeit eines Raumfahrzeugs auf einer elliptischen Bahn ist im **Apogäum** geringer als auf einer Kreisbahn.

■ Erhöht man die Geschwindigkeit eines Raumfahrzeugs, das sich auf einer Kreisbahn bewegt, gerät es auf eine elliptische Bahn. Das Perigäum liegt dann in der ursprünglichen Höhe, an dem Punkt, an dem die zusätzliche Geschwindigkeit zugeführt wird; das Apogäum hängt von der Geschwindigkeitserhöhung ab.

Um im All auf einer Umlaufbahn in 500 Kilometer Höhe zu bleiben, ist eine Geschwindigkeit von 7,6 Kilometern pro Sekunde (27 360 Kilometern pro Stunde) erforderlich. Die größte Schwierigkeit beim senkrechten Start eines Raumfahrzeugs ist, die Erdanziehung schnell genug zu überwinden. Nur so kann man in Bereiche ohne starken atmosphärischen Luftwiderstand vorstoßen und damit eine Höhe erreichen, in der eine Umlaufbahn zu halten ist. Dies sind mindestens 200 Kilometer Höhe. Um eine Kreisbahn in 500 Kilometer Höhe zu erreichen, bedarf es eines Geschwindigkeitszuwachses von ungefähr 8,7 Kilometern pro Sekunde (oder 31 320 Kilometern pro Stunde).

■ **Mehrstufige Trägerraketen**

Ziolkowskis Raketengleichung sagt uns auch, dass eine einstufige Rakete mit heutigen **Treibstoffen** unmöglich eine Umlaufbahn erreichen kann. In seiner Veröffentlichung „Kosmische Raketenzüge" von 1924 schlug er eine mehrstufige Rakete vor, bei der die Masse einer Stufe über Bord geworfen wird, sobald ihr Treib-

Aus dem Vulkan Pagan, auf den Marianeninseln im Pazifischen Ozean, dringt eine Aschefahne. Das Bild wurde am 4. September 1984 vom Spaceshuttle „Discovery" gemacht, aus einer niedrigen Umlaufbahn in 340 Kilometer Höhe. Ein Stück der Shuttle-Seitenflosse ist am oberen Bildrand zu sehen.

stoff aufgezehrt ist. Dies war der Durchbruch, um die ersten Erdsatelliten zu entwickeln. Das Konzept wird bis heute bei allen Satellitenstarts verwendet.

Single-Stage to Orbit
(SSTO; einstufig in die Umlaufbahn)
Es wird noch immer das Ziel verfolgt, einen **Satelliten** mit einer Einzelrakete zu starten. Aber das erfordert eine effizientere Antriebstechnik (mehr Schub pro Gewicht) und neue Materialien.

ERREICHEN DER UMLAUFBAHN
Ziolkowskis Raketengleichnung zeigt auch, dass die Endgeschwindigkeit eines **Raumfahrzeugs** nur von zwei Dingen abhängt: dem finalen **Masseverhältnis** und der **Ausströmgeschwindigkeit.**

Startbeschränkungen
Für **polare Umlaufbahnen** ist der Breitengrad des Startplatzes nicht eingeschränkt, da der **Satellit** ohnehin alle geographischen Breiten auf seiner Umlaufbahn überqueren wird. Aber für **geostationäre Umlaufbahnen** sollte der **Startplatz** so nahe wie möglich am Äquator liegen, um den Bedarf an Treibstoff und Manövern zu minimieren.

Die Wahl des Startorts kann auch dadurch eingeschränkt sein, dass der Punkt, an dem die Rakete ausgebrannt ist, gleichzeitig der **Einschusspunkt** der Umlaufbahn ist. Geschwindigkeit, Flughöhe und Position dieses Einschusspunkts legen aber die Umlaufbahn fest. Für Missionen, bei denen eine **Parkbahn** genutzt werden soll, ist der Startzeitpunkt oft weniger bedeutend. Das anfängliche Zünden, das das Raumfahrzeug auf einen Transferorbit bringt, kann an jeder

Stelle der Parkbahn erfolgen. Aber bei einigen Satelliten auf Parkbahnen gibt es einen großen Bedarf an Sonnenenergie, um sie testen und auf Kurs bringen zu können. Für den Start von interplanetaren Sonden ist die relative Position der **Planeten** zum Startzeitpunkt entscheidend, ebenso der Zeitpunkt des Zusammentreffens. Hieraus kann sich ein **Startfenster** von nur wenigen Tagen innerhalb mehrerer Jahre ergeben.

Einschusspunkt

Dies ist der Punkt eines **Startflugs**, an dem der Raketenantrieb erlöscht. Das **Raumfahrzeug** kann dann nur noch mit seinem vorhandenen Schwung die Gravitation überwinden und in eine Umlaufbahn „eingeschossen werden". Der Einschusspunkt wird zum **Perigäum** der Satellitenumlaufbahn.

Transfer

Unter einem Transfer versteht man jedes Manöver, um die Umlaufbahn eines **Satelliten** oder **Raumfahrzeugs** zu ändern: zum Beispiel der Transferansatz, um eine **geostationäre Umlaufbahn** um die Erde zu erreichen.

Heute wird für Starts in geostationäre Umlaufbahnen ein anderes Verfahren genutzt. Ein ziviler Kommunikationssatellit kann von einem Ort wie Französisch-Guyana wegen der Äquatornähe direkt in einen geostationären Transferorbit geschossen werden. Anschließend sind jedoch vier verschiedene Apogäumszündungen nötig, um eine Reihe von Transferorbits zu erreichen, die nicht ganz auf eine geostationäre Bahn führen. Auf diesen Bahnen kann man die Systeme des neuen Satelliten in Betrieb nehmen und testen, ohne die anderen Satelliten zu stören, die bereits auf einer geostationären Umlaufbahn im Einsatz sind. Noch schwieriger sind Transfermanöver, um **Treibstoff** an Bord von Raumfahrzeugen zu sparen, die in Umlaufbahnen einschwenken oder sie verlassen, und um Vorbeiflüge an fernen **Planeten** oder **Monden** auf interplanetaren Flugbahnen zu organisieren.

Umlaufbahn

Obwohl die Gravitation ständig versucht, den **Satelliten** auf die **Erde** herabzuziehen, ist es schwierig, einen Satelliten von einer hohen Umlaufbahn zur Erde zurückzubringen. Man benötigt dafür die gleiche Energiemenge wie beim Transport auf die Umlaufbahn, und die Manöver können genauso kompliziert sein.

Stuck in Orbit (Verbleiben auf der Umlaufbahn)

Es ist nicht wirklich möglich, Satelliten aus einer hohen geostationären **Umlaufbahn** auf die Erde zurückzubringen. Das Absinken der Umlaufbahn erfolgt sehr langsam. Um dieses Absinken zu beschleunigen oder um den Satelliten in eine tiefere Umlaufbahn zu befördern, wären nicht realisierbare Mengen an Treibstoff nötig – oder gänzlich andere Energieformen. Solche Satelliten kehren einfach nicht zurück. Man nutzt sie, bis ihre Energie an Bord fast aufgebraucht ist, und hievt sie dann auf eine kreisförmige **Friedhofsbahn** oberhalb der geostationären Umlaufbahn. So bleiben sie für mindestens 100 000 Jahre aus dem Weg.

Deorbiting (Verlassen der Umlaufbahn)

Satelliten auf niedrigen **Umlaufbahnen** kehren in relativ kurzer Zeit von allein zur Erde zurück, da ihre Umlaufbahn auf natürliche Weise absinkt. Für manche **Nutzlasten** von Raumfahrzeugen findet jedoch ein gezieltes *Deorbiting* statt, um den Ort des **Wiedereintritts** und der **Landung** steuern zu können.

Es gibt zwei Möglichkeiten für das Deorbiting eines Satelliten von einer niedrigen Umlaufbahn. Eine erfordert ein Zünden der Bremstriebwerke, bis das **Perigäum** des Satelliten auf weniger als 75 Kilometer über der Erdoberfläche gesunken ist. In dieser Höhe kommt es fast umgehend zu einem Wiedereintritt in die Erdatmosphäre. Die andere Möglichkeit besteht in einer Zündung, um das Perigäum nur so weit abzusenken, dass die Reibung der Atmosphäre ein weiteres allmähliches Absinken der Umlaufbahn bewirkt. Dabei besteht die Schwierigkeit darin, Zeit und Ort des Wiedereintritts vorherzusagen.

Um den Spaceshuttle sicher aus der Umlaufbahn zu befördern und anschließend zu landen, beginnen die **Astronauten** mit dem Vorgang bereits auf der Seite der Erde, die der Landebahn am Kennedy Space Center in Florida gegenüberliegt. Sie zünden die **Raketen** in die Richtung, in die sich der Shuttle gerade bewegt. Auf diese Weise bremsen sie seine Geschwindigkeit um einen bestimmten Wert ab. Das hat zur Folge, dass sie seine fast kreisförmige Bahn nicht beibehalten können. Der Shuttle gelangt auf eine neue **elliptische Umlaufbahn,** deren **Apogäum** an der Stelle liegt, wo die Zündung stattfand. Das Perigäum liegt folglich bei der Landebahn auf der anderen Seite der Erde.

Für die genaue Bahn müssen noch weitere Variablen in Betracht gezogen werden, etwa die Abbremsung durch den Luftwiderstand der Atmosphäre. Sie trägt dazu bei, die Geschwindigkeit des Shuttles von 29 000 Kilometern pro Stunde in der Umlaufbahn auf die Landegeschwindigkeit von 360 Kilometern pro Stunde zu reduzieren.

Flugbahnen

FLUGBAHN

Eine Flugbahn markiert den Weg eines Projektils oder eines anderen sich bewegenden Körpers im Raum. Es gibt geschlossene (gebundene) Flugbahnen, die man als Umlaufbahnen bezeichnet, und offene (ungebundene) Bahnen, die die Form von Hyperbeln haben. Eine ungebundene Flugbahn führt dazu, dass ein Objekt nicht zu seinem Start- oder **Einschusspunkt** zurückkehrt, es sei denn, man führt aufwendige Manöver durch, um die Flugbahn zu ändern.

Ballistische Flugbahn

Der Verlauf einer ballistischen Flugbahn hängt nur von der Anfangsgeschwindigkeit und dem Abschusswinkel ab. Auf dem nach unten weisenden Teilstück der Bahn überwiegt der freie Fall durch die Erdanziehung gegenüber dem anfänglichen Schub.

Betrachten wir die Bahn eines Balls, der in die Luft geworfen wird und aufgrund der Anziehungskraft auf die **Erde** zurückfällt. Die Flugbahn des Balls unterliegt denselben Bewegungsgesetzen und mathematischen Gleichungen wie die Umlaufbahn oder Flugbahn von **Raumfahrzeugen.** Der Erdmittelpunkt ist der Brennpunkt für Umlaufbahnen um unseren Planeten, daher kann man von einem Ball auf der Erdoberfläche sagen, dass er sich auf einer Kreisbahn mit der „Höhe" des Erdradius befindet. Wirft man einen Ball hoch, „schießt" man ihn in eine **elliptische Bahn** ein. Stünde ihm nicht die Erdoberfläche „im Weg", würde er einer elliptischen Umlaufbahn um den Erdmittelpunkt folgen und an den Punkt zurückkehren, von dem aus er geworfen wurde. Das Gleiche gilt für eine **ballistische Rakete.** Aber da die Erdoberfläche nun mal im Weg steht, haben Ball und Rakete einen Einschlagpunkt auf der Erde. Die größte horizontale Reichweite einer ballistischen Rakete erreicht man bei einem Abschusswinkel von 45 Grad. Sowohl bei steileren als auch bei flacheren Winkeln verringert die Gravitationskraft die horizontale Reichweite.

Freier Fall

Ein freier Fall ist eine nach unten gerichtete Flugbahn, auf die nur die Gravitation, aber kein Schub einwirkt.

Suborbitalbahn

Diese Flugbahn ergibt sich, wenn ein **Raumfahrzeug** nicht schnell genug ist, um eine Umlaufbahn zu errei-

chen. Es passiert im Prinzip das Gleiche wie am Beispiel des Balls unter **Ballistische Flugbahnen** beschrieben. Zwar startet die Rakete senkrecht, um Gravitation und **Luftwiderstand** rasch zu überwinden, und die Bahn erreicht solche Höhen, dass sie durch die Erdrotation horizontal verschoben wird. Aber das Raumfahrzeug ist nicht schnell genug, um eine genügend hohe „Umlaufbahn" zu erreichen. Eine Rückkehr zur Erdoberfläche ist daher unvermeidlich.

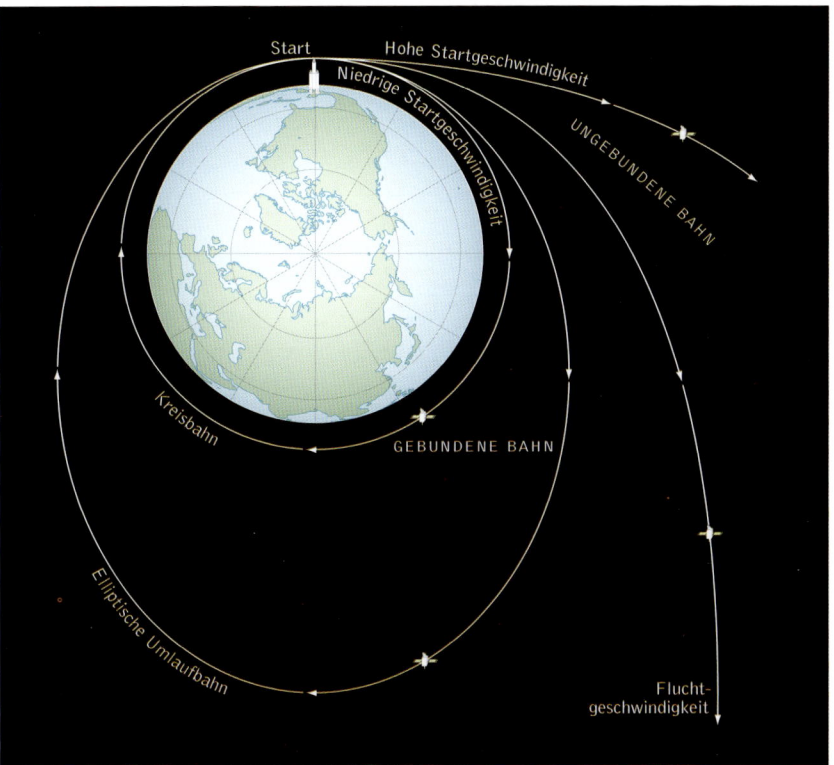

Free-return-Flugbahn

Dies ist eine Umlaufbahn zwischen zwei Himmelskörpern, die ein **Raumfahrzeug** auf natürliche Weise wieder zurück in die Nähe seines Anfangspunkts bringt. Im **„Apollo"**-Programm wurde diese Bahnform als Sicherheitsfaktor bei bemannten Missionen zum Mond eingeführt – was der **„Apollo 13"**-Crew das Leben rettete. Als eine Explosion das Antriebssystem der Kommandokapsel zerstört hatte, führte die *Free-return*-Flugbahn das Raumfahrzeug automatisch nahe genug an die Erde heran, um mit einer Notstromversorgung durch die Mondfähre die Umlaufbahn verlassen und zur Erde zurückkehren zu können.

Flugbahnen hängen von der Anfangsgeschwindigkeit ab. Ballistische Bahnen führen nicht in die Umlaufbahn, weil sie die Erdoberfläche treffen. In einem bestimmten Geschwindigkeitsbereich weist eine Flugbahn zu einer Erdumlaufbahn. Mit noch größeren Geschwindigkeiten führen ungebundene Flugbahnen von der Erde weg.

„VOYAGER": DIE GRAVITATION ALS HELFER

Leonard David

ZWEI IDENTISCHE RAUMSONDEN DER NASA, DIE ENDE DER 1970ER JAHRE VON der Erde losgeschickt wurden, entwickelten sich zum größten Weltraumabenteuer des 20. und 21. Jahrhunderts in unserem Sonnensystem. „Voyager 1" schloss sich nach ihrem Start am 5. September 1977 der Schwestersonde „Voyager 2" an, die bereits am 20. August 1977 gestartet war. Es galt, eine Herausforderung der Weltraumforschung zu bewältigen: Die Reise zu den Gasplaneten des äußeren Sonnensystems.

Dort erforschten „Voyager 1" und „Voyager 2" die Riesenplaneten Jupiter, Saturn, Uranus und Neptun, außerdem 48 ihrer Monde sowie die Ringsysteme und Magnetfelder dieser Planeten. Um diese beispiellose, strapaziöse Reise zu schaffen, folgten die „Voyager"-Sonden Flugbahnen, die die Gravitation ausnutzten. Dank des Gravitationsfelds eines Planeten kann ein Raumfahrzeug auf eine andere Bahn umgelenkt und beschleunigt werden. So geschah es mit „Voyager 1" und „2", als sie im März beziehungsweise Juli 1979 am massereichen Jupiter vorbeiflogen, um ihn mit Kameras und wissenschaftlichen Instrumenten an Bord zu untersuchen. Beide Sonden nutzten dann Jupiters starkes Gravitationsfeld, um ihre Flugbahnen in Richtung Saturn umzulenken.

Im November 1980 wurde „Voyager 1" durch die Gravitation des Saturns in die Tiefen des Alls geschleudert und ist inzwischen das fernste Objekt, das je von Menschen gestartet wurde. „Voyager 2" holte sich während ihres Vorbeiflugs an Saturn im August 1981 Schwung und richtete sich selbst auf ein neues Ziel aus: den weiten Sprung zum Uranus. Als „Voyager 2" im Januar 1986 dort ankam, nutzte die Sonde das Gravitationsfeld des Uranus für eine weitere Umlenkung zum Neptun. Den erreichte sie im August 1989 und reiste dann rasch weiter hinaus ins All.

Während ihrer Zwischenaufenthalte übertrugen die „Voyager"-Sonden eine Menge an Daten zur Erde. Sie ermittelten, dass Jupiters Großer Roter Fleck ein komplexes Sturmsystem war, das sich gegen den Uhrzeigersinn drehte. Io, ein Mond aus Jupiters Gefolge, war mit aktiven Vulkanen überzogen, ein Anblick, den man von keinem anderen Körper im Sonnensystem

kannte. Eine weitere Überraschung hielt ein anderer von Jupiters vielen Monden bereit: Unter der Oberfläche von Europas eisiger Miniwelt könnte sich ein Meer befinden – und wo es Wasser gibt, besteht die Aussicht auf Leben.

Die genaue Untersuchung von Saturn durch die „Voyager"-Sonden förderte langlebige Ovale und weitere Atmosphärenstrukturen auf dem Planeten zutage, die meist kleiner waren als auf Jupiter. Saturns kunstvolles Ringsystem wurde ebenfalls von den Sonden untersucht. Neben anderen Erkenntnissen zeigte sich, dass kleine Monde das Ringmaterial „hüten". Die Ringe selbst bestehen aus winzigen Teilchen bis hin zu hausgroßen „Brocken". Man hält sie für die Überreste größerer Monde, die bei Einschlägen von Kometen oder Meteoroiden abgesplittert sind.

„Voyager 2" wies um Uranus ein Magnetfeld nach, das vor der Ankunft der Sonde unbekannt war. Sie entdeckte auch zehn neue Monde um den Planeten und, dass der bereits bekannte Mond Miranda viele gewaltige Schluchten besaß. Vom kurzen Aufenthalt bei Neptun zeigen „Voyager 2"-Bilder aktive, geysirähnliche Ausbrüche auf Triton, dem größten Mond dieses Planeten. Die Wissenschaftler waren überrascht, mehrere große, dunkle Flecken auf Neptun zu sehen: eine Erinnerung an Jupiters Wirbelstürme.

Die Erkundungen der beiden fernen Raumsonden gehen weiter. Nach Abschluss ihrer Hauptmission wurden sie vom Betreiber, dem Jet Propulsion Laboratory (JPL) im kalifornischen Pasadena, in „Voyager Interstellar Mission" umgetauft. Die Instrumente an Bord beider „Voyagers" suchen nun nach der so genannten Heliopause, der Grenze zwischen dem Einflussbereich der Sonne und dem interstellaren Raum. ∎

Die Gravitationsschleuder:
Das Bild zeigt einen Vor-
beiflug an Jupiter unter
Ausnutzung von dessen
Anziehungskraft. Die
„Voyager 2"-Bahn ist als
Spur bis hinter den Jupi-
ter (relativ zur Sonne) zu
sehen. Dank der Gravita-
tion des Riesenplaneten
erhöht sich die Geschwin-
digkeit von „Voyager 2"
auf der Reise zum Saturn.

KOSMISCHE GESCHWINDIGKEITEN

Es gibt drei kosmische Geschwindigkeiten, die mit vier verschiedenen **Flugbahnen** von **Raumfahrzeugen** zusammenhängen. Die erste kosmische Geschwindigkeit ist die **Kreisbahngeschwindigkeit.** Für die Erde beträgt sie ungefähr 27 800 Kilometer pro Stunde. Unterhalb der Kreisbahngeschwindigkeit sind Flugbahnen ballistisch. Zwischen der Kreisbahn- und der Fluchtgeschwindigkeit liegt das Reich der **elliptischen Erdumlaufbahnen.** Die zweite kosmische Geschwindigkeit ist die **Fluchtgeschwindigkeit.** Sie beträgt, um der Gravitation zu entkommen, rund 40 200 Kilometer pro Stunde. Dies ist nur etwa das Anderthalbfache der Kreisbahngeschwindigkeit. Der Geschwindigkeitsbereich für Erdumlaufbahnen ist also recht schmal. Zwischen der irdischen Fluchtgeschwindigkeit und der der Sonne liegt das Reich der Hyperbelflugbahnen durchs **Sonnensystem.** Die dritte kosmische Geschwindigkeit, die Fluchtgeschwindigkeit, um das Sonnensystem von der Erde aus zu verlassen, liegt bei rund 150 000 Kilometern pro Stunde. Oberhalb davon befindet sich das Reich der interstellaren Flugbahnen.

WECHSEL ZWISCHEN ERDUMLAUFBAHNEN

Es gibt mehrere Möglichkeiten, um zwischen verschiedenen Umlaufbahnen zu wechseln. Folgende grundlegenden Fakten bestimmen diese **Flugbahnen:** Hat ein **Raumfahrzeug** die Erdoberfläche verlassen, addieren sich die Geschwindigkeiten parallel, nicht senkrecht zur Bewegungsrichtung. Wenn man einem Raumfahrzeug in der Umlaufbahn Energie zuführt, erhöht das nicht seine Geschwindigkeit in dieser Bahn, sondern das **Apogäum** der Umlaufbahn.

Hohmann-Transferbahn

Die wirtschaftlichste Methode, um **Satelliten** in eine **geostationäre Umlaufbahn** zu befördern, stammt vom Essener Stadtarchitekten Walter Hohmann. Obwohl er sie bereits 1925 veröffentlichte, wurde diese Methode erstmals 1963 mit dem Start des ersten geostationären Satelliten durch die USA praktiziert.

Ein Satellit startet mit so viel Geschwindigkeitszuwachs, dass er in eine niedrige **Erdumlaufbahn** geschossen werden kann. Sie dient als **Parkbahn.** Ein kontrolliertes Zünden führt zur richtigen Geschwindigkeit des Raumfahrzeugs, um es in einen **geosynchronen Transferorbit** zu überführen, der auch als Hohmann-Transferbahn bezeichnet wird. Diese **hochelliptische Umlaufbahn** hat ihr **Perigäum** (ihren tiefsten Punkt, am nächsten zur Erde liegend) in der **Höhe** der Parkbahn, wo das Manöver begonnen wurde. Die Zündung muss genau die richtige Energiemenge zuführen, um das **Apogäum** des Transferorbits in die Höhe von 35 900 Kilometern zu legen, die für eine **geosynchrone Umlaufbahn** erforderlich ist. Wenn das Raumfahrzeug das Apogäum erreicht hat, beschleunigt es durch eine weitere kontrollierte Zündung gerade stark genug, um seinen Transferorbit zu verlassen und seine Umlaufbahn in der geosynchronen Höhe „zu zirkularisieren". Da geosynchrone Satelliten über demselben Punkt der Erdoberfläche bleiben, ist es wichtig, dass die Perigäumszündung am richtigen Punkt der Parkbahn erfolgt. Dadurch kommt das Apogäum beim angestrebten Längengrad über dem Erdäquator zu liegen. Dieses zweistufige Verfahren, das eigentlich Teil einer elliptischen Umlaufbahn ist, nennt man oft Hohmann-Transferbahn, weil nur die Hälfte der Umlaufbahn genutzt wird, um auf eine neue Höhe zu steigen. Dann wird die Umlaufbahn erneut korrigiert. Durch dieses Manöver kann man eine geostationäre Umlaufbahn innerhalb von Stunden erreichen.

High-energy Transfer Trajectory (Hochenergetische Transferflugbahn)

Ein schnellerer, steilerer Weg auf die gewünschte Bahnhöhe ist die *High-energy Transfer Trajectory.* Sie erfordert eine höhere Geschwindigkeit als die **Hohmann-Transferbahn** und eignet sich nur, wenn der Faktor Zeit eine Rolle spielt. Das gilt zum Beispiel für Antisatellitenwaffen, die rasch ihre Höhe erreichen müssen, um ein Ziel zu treffen und nach einem gelungenen Abschuss keinen Treibstoff mehr brauchen. Bemannte Raumflüge sind nicht möglich, weil die Beschleunigung zur Überwindung der Gravitation viel stärker ist, als ein Mensch ertragen kann.

Andere Transferbahnen

Zwei weitere Ansätze für Transferbahnen erfordern weniger Energie, aber viel mehr Zeit, um die Bahnhöhe zu erreichen: geringer Schub mit chemischen Treibstoffen sowie elektrische Antriebe. Verwendet man den sehr niedrigenergetischen elektrischen Antrieb, um sich nach und nach auf einer Spiralbahn einer mittleren oder hohen Umlaufbahn zu nähern, dauert ein **Hohmann-Transfer** Monate statt einiger Stunden.

INTERPLANETARE FLUGBAHNEN

Es gibt zwei grundlegende Verfahren, um andere Planeten nach einem Start von der Erde zu erreichen.

Direkte Flugbahnen

Um andere **Planeten** zu erreichen, verlässt man heute die **Erde** auf einer direkten Flugbahn mit genügend Schub, um die **Fluchtgeschwindigkeit** zu erreichen. Dies erfordert einen hohen Energieaufwand. In einer Entfernung von etwa 900 000 Kilometern verlässt das Raumfahrzeug den „Einflussbereich" der Erde, der sich dadurch auszeichnet, dass in ihm die Anziehungskraft der Erde größer ist als die der **Sonne**. Das Raumfahrzeug durchläuft eine heliozentrische Transferphase, in der die Flugbahn durch seine Bewegungsenergie und die Sonnengravitation beeinflusst wird.

Planetary Gravity-assist-Trajectory
(Flugbahn unterstützt von der planetaren Gravitation)

Bei Planetenmissionen der vergangenen Jahre hat man die Startenergie drastisch reduziert, indem man die Gravitation der **Planeten** nutzte. Eine oder mehrere nahe Begegnungen (Vorbeiflüge) mit den Gravitationsfeldern der Planeten kann einen Energieschub liefern, der die Geschwindigkeit des **Raumfahrzeugs** erhöht, ohne dafür **Treibstoff** an Bord zu verbrauchen.

LAGRANGE-PUNKTE

Diese einzigartigen Punkte wurden kurz nach 1700 von Joseph Louis de Lagrange beschrieben, einem in Italien geborenen französischen Mathematiker. In ihnen befinden sich die Anziehungskräfte zwischen zwei Himmelskörpern, die in gravitativer Wechselwirkung zueinander stehen, im Gleichgewicht. Im System Erde-Mond haben sie folgende Positionen:

- L1 und L2 sind Punkte mit gleich großer Anziehungskraft von Erde und Mond. Da die Gravitation des Monds geringer ist als die der Erde, befinden sich die Punkte näher am Mond. L1 liegt auf einer Linie zwischen **Erde** und **Mond**; L2 befindet sich auf derselben Linie, aber auf der anderen Seite des Monds.
- L3 liegt auf derselben Linie, aber vom Mond aus gesehen auf der anderen Seite der Erde und etwas außerhalb der Mondumlaufbahn.
- L4 und L5 liegen auf gegenüberliegenden Seiten der Linie Erde-Mond und auf der Mondbahn an Stellen, die gleich weit von Erde und Mond entfernt sind.

Die Verwendung von L1, L2 und L3

Diese drei Punkte eines jeden Systems mit zwei Körpern (Erde-Mond oder Erde-Sonne) sind von Natur aus instabil. Daher würde ein Raumfahrzeug nur sehr wenig Treibstoff benötigen, um seine **Flugbahn** wesentlich zu ändern.

Chaotic Control (Chaotische Steuerung)

Dieses Verfahren für den interplanetaren Raumflug erfordert weniger Treibstoff für lang andauernde Misionen (außerhalb des irdischen Gravitationsfelds). Die Sonde fliegt zuerst zu einem **Lagrange-Punkt** und korrigiert dort durch eine kurze Zündung die Flugbahn.

OGY-Verfahren

Das OGY-Verfahren, benannt nach den US-Mathematikern Ott, Gregobi und Yorke, verfeinert die *Chaotic Control*. Erstmals wandte die **Nasa** das Verfahren bei der „Genesis"-Mission an, um die Proben des **Sonnenwinds** treibstoffsparend zur Erde zurückzubringen. „Genesis" wurde in den L2-Punkt des Systems Erde-Sonne befördert, von wo es auf effiziente Weise zum L1-Punkt bewegt werden konnte. Dann flog die Sonde ein paar „chaotische" Umlaufbahnen um den Mond und wechselte in eine stabile Erdumlaufbahn, aus der die Transportkapsel mit den Proben an einem Fallschirm abgeworfen wurde.

Diese Computeranimation zeigt die Sonde „Cassini", die nach Zünden der Bremstriebwerke langsam genug war, um vom Saturn auf einer Umlaufbahn eingefangen zu werden. „Cassini" erreichte Saturn Ende Juni 2004 nach einer Reise mit vier Vorbeiflügen an Planeten (Venus, Venus, Erde und Jupiter). Sie beschleunigten die Sonde in ihren Gravitationsfeldern und lenkten sie um.

Die Verwendung von L4 und L5

Diese beiden Punkte sind sehr stabil. Ein Objekt in einem dieser Punkte oder auf einer Umlaufbahn um sie kann dort auf unbestimmte Zeit verweilen, ohne Treibstoff für den Erhalt der Bahn zu brauchen. Der L5-Punkt gilt als idealer Ort für eine dauerhafte Raumbasis, um das All zu erforschen und zu besiedeln. Letzterem hat sich die 1975 gegründete L5-Society verschrieben.

Umlaufbahnen

SATELLITENUMLAUFBAHNEN

Satellitenumlaufbahnen sind geschlossene Flugbahnen, weshalb sie in kreisförmig oder elliptisch um einen Himmelskörper verlaufen. Die meisten **Satelliten** befinden sich auf einer Erdumlaufbahn. Die Bahnen beschreibt man anhand von Form, Höhe, Bahnneigung, Umlaufzeit und Einsatzzweck.

Kreisbahn

Eine Kreisbahn ist eine geschlossene Bahn (Umlaufbahn) für ein **Raumfahrzeug** oder einen **Satelliten,** deren Mitte im Erdmittelpunkt liegt. Eine exakte Kreisbahn ist leicht instabil, weil die Erde und damit ihr Gravitationsfeld nicht ganz kugelförmig sind. Eine Kreisbahn einzuhalten würde beträchtliche Mengen an **Treibstoff** für Korrekturzündungen erfordern.

Elliptische Umlaufbahn

Jede nicht kreisförmige, geschlossene Bahn eines **Raumfahrzeugs** hat die Form einer **Ellipse.** Der Erdmittelpunkt bildet einen ihrer beiden Brennpunkte, der zweite befindet sich an einem leeren Ort im All. Der Abstand zwischen beiden Brennpunkten legt die **Exzentrizität** der elliptischen Umlaufbahn fest.

Exzentrische Umlaufbahn

Der Begriff bezeichnet eine **elliptische Umlaufbahn,** deren Form stark länglich ist. Das heißt, die große Achse ist viel größer als die kleine Achse.

Niedrige Erdumlaufbahn

Als niedrige Erdumlaufbahnen gelten für gewöhnlich die, deren Höhen über der Erdoberfläche zwischen 100 und 1 000 Kilometern liegen. Da diese am einfachsten und preiswertesten zu erreichen sind, werden die meisten **Satelliten** auf niedrige Erdumlaufbahnen geschossen. Diese Bahnen liegen knapp innerhalb des **Van-Allen**-Strahlungsgürtels. Sie werden daher nicht durch Elektronen und Protonen der irdischen **Ionosphäre** und des **Sonnenwinds** gestört. Ein weiterer Vorteil dieses Bahntyps ist die hohe Auflösung der Erdoberfläche, die man aus so geringer Entfernung mit Sensoren erzielen kann. Ein Nachteil aller niedrigen Erdumlaufbahnen bis 1 000 Kilometer Höhe ist die Reibung der **Atmosphäre.** Bei geringen Höhen ist der Luftwiderstand am größten, weshalb die dortigen Umlaufbahnen nur kurze Zeit stabil sind.

Polare Umlaufbahn

Polare Umlaufbahnen sind meist auch niedrige Umlaufbahnen, aber mit einer **Bahnneigung** von etwa 90 Grad. Sie stehen senkrecht zur **Äquatorebene** der Erde und parallel zu einer Linie zwischen dem irdischen Nord- und Südpol. **Satelliten** auf Umlaufbahnen mit geringeren Neigungen können nur zu den Polen „schauen", wenn ihre Instrumente an Bord einen weiten Bereich auf beiden Seiten der **Bahnspur** am Boden erfassen können. Polare Bahnen und der **Molniya-**

Nach 15 Jahren Betriebsdauer auf einer niedrigen Erdumlaufbahn verglühte die russische Raumstation „Mir" am 23. März 2001 beim Wiedereintritt über Nadi auf den Fiji-Inseln.

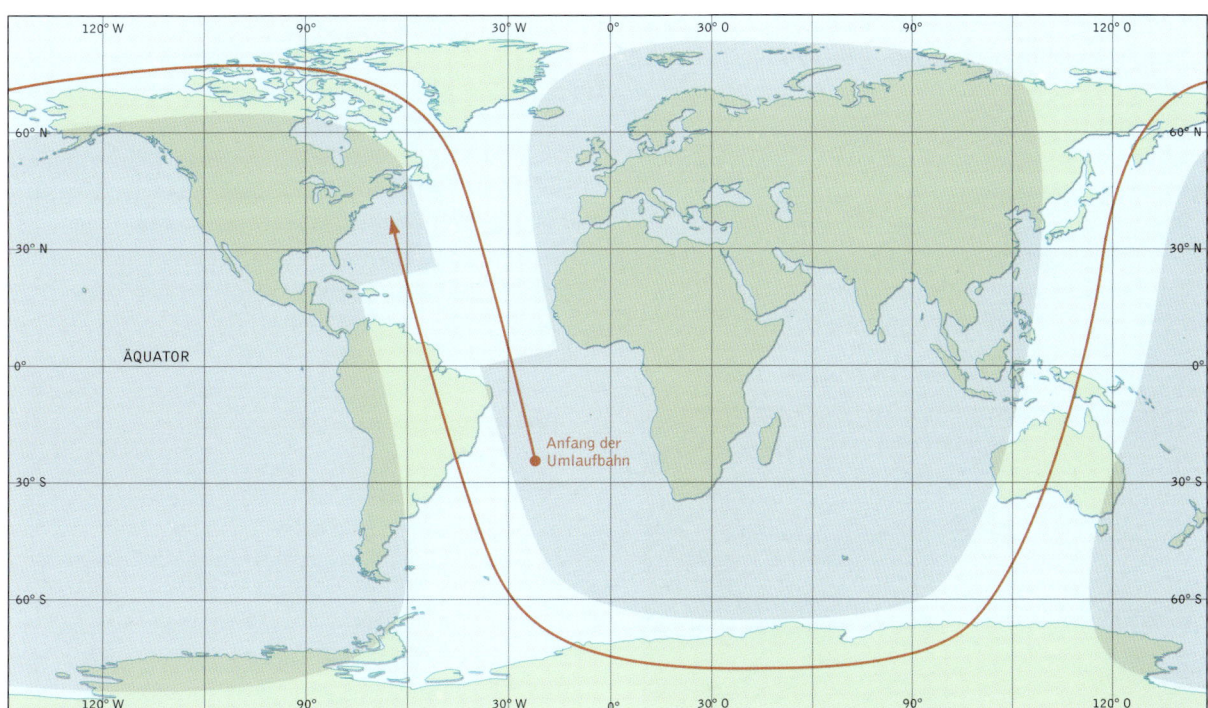

120° W 90° 30° W 0° 30° O 90° 120° O

ÄQUATOR

Anfang der
Umlaufbahn

Ein Satellit auf einer polaren Umlaufbahn sieht aufeinander folgende Abschnitte der Erde, da sie unter ihm rotiert. So lässt sich die gesamte Erdoberfläche abdecken. Wie häufig dies geschieht, hängt von der Satellitenumlaufbahn ab.

Orbit sind die einzigen Bahnformen, auf denen Satelliten direkt auf die Pole herunterschauen können.

Der größte Vorteil einer polaren Umlaufbahn besteht darin, dass ein Satellit über jeden Punkt der Erdoberfläche fliegt. Sie ist daher ideal für Missionen zur Erderkundung. Der Nachteil ist, dass die Erde sich unter der Satellitenbahn ständig weiterdreht, weshalb kein Punkt der Oberfläche kontinuierlich erfasst werden kann. Höhe und Umlaufzeit der Bahn bestimmen die Häufigkeit, mit der jeder Punkt auf der Erdoberfläche überflogen wird.

Repeating Ground Track Orbit

Dies ist eine geneigte Umlaufbahn, deren Umlaufzeit so gewählt wurde, dass eine bestimmte Zahl von Umläufen in einer bestimmten Zahl von Tagen durchlaufen wird. Ein **Satellit** kehrt nach dieser festgelegten Zeit über denselben Punkt der Erdoberfläche zurück; seine weitere **Bahnspur** liegt exakt auf der alten. So eine Umlaufbahn hilft bei der Beobachtung irdischer Phänomene, von denen man eine Zeitreihe braucht, um Veränderungen dokumentieren zu können.

Das Komplizierte an dieser Bahn ist jedoch, dass man die Abplattung der Erde berücksichtigen muss.

Geosynchrone Umlaufbahn

In rund 35 900 Kilometer **Höhe** können **Satelliten** mit geringer **Bahnneigung** die **Erde** von West nach Ost mit der gleichen Geschwindigkeit wie die Erdrotation umrunden. Eine solche Umlaufbahn heißt geosynchron, weil sie mit der Erde „synchronisiert" ist. Satelliten auf geosynchronen Umlaufbahnen können ständig für ungefähr denselben Bereich der Erdoberfläche Kommunikationsdienste anbieten.

Ähnliche Umlaufbahnen um andere Planeten heißen synchrone Umlaufbahnen.

Geostationäre Umlaufbahn

Die geostationäre Umlaufbahn ist eine Variante der **geosynchronen Umlaufbahn,** bei der die **Bahnneigung** null ist. Die Bahn verläuft direkt über dem Erdäquator, die Umlaufzeit ist so lang wie die Erdrotation. Daher vollendet ein **Satellit** auf einer solchen Bahn einen Umlauf um die Erde in einem Tag mit einer Geschwindigkeit von 11 300 Kilometern pro Stunde. Für eine geostationäre Bahn muss ein Satellit in einer Höhe von 35 786 Kilometern über der Erdoberfläche stehen. Die Bahn ist sehr stabil bei einem sehr langsamen Absinken der **Umlaufbahn,** weshalb Satelliten dort fast unbegrenzt bleiben können. Allerdings kostet es Energie, um die Bahnneigung bei null zu halten.

Der Einschuss eines Satelliten in diese Umlaufbahn erfordert jedoch mehr als ein Manöver. Das gelang erstmals 1963 im Rahmen des zivilen Satellitenprogramms der **Nasa.** Die Sowjets starteten ihren ersten geostationären Satelliten 1974, die Europäer 1981. Auf dieser Umlaufbahn scheint ein Satellit immer an derselben Stelle über dem Erdäquator zu stehen. Dabei kann er 42 Prozent der Oberfläche unseres Planeten zwischen 81,2 Grad Nord und Süd sowie eine entsprechende Fläche von 81,2 Grad sowohl nach Ost als auch nach West „sehen". Drei Satelliten in einer geostationären Umlaufbahn decken also die gesamte Erde zwischen dem Äquator und mittleren Breiten ab. Nur die polnahen Regionen oberhalb von 80 Grad geographischer Breite bleiben ihnen verwehrt.

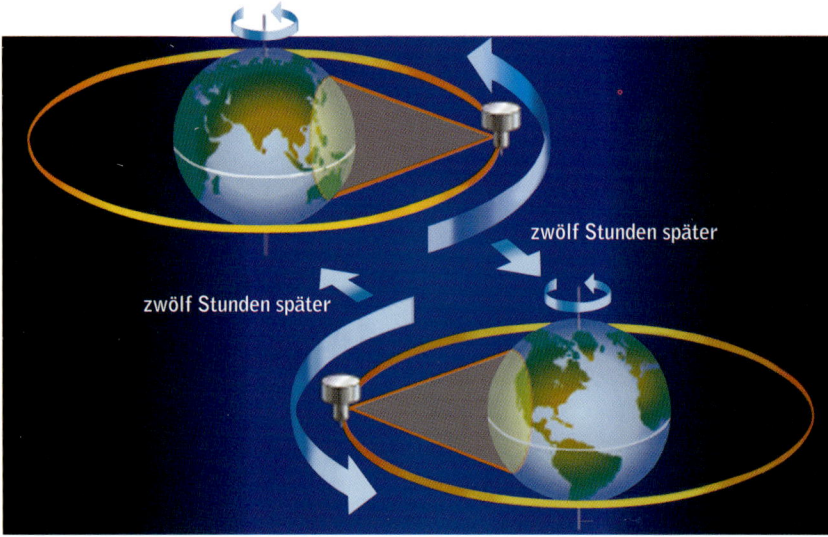

zwölf Stunden später

zwölf Stunden später

Ein Satellit auf einer geostationären Umlaufbahn in 35 786 Kilometer Höhe, direkt über dem Äquator (keine Bahnneigung), dreht sich mit derselben Geschwindigkeit um die Erde, mit der sie rotiert. Daher steht der Satellit immer über derselben Stelle des Planeten.

Die geostationäre Umlaufbahn ist die am häufigsten genutzte einzelne Umlaufbahn für Erdsatelliten. Seit 1963 sind fast 600 Satelliten in sie gestartet. Diese Umlaufbahn eignet sich ideal für Kommunikations- und Wettersatelliten. Da Plätze in dieser Höhe begehrt sind, werden die Längengrade über dem Äquator von der **International Telecommunications Union** der Vereinten Nationen überwacht und zugeteilt.

Halbsynchrone Umlaufbahn
Eine Umlaufbahn in einer **Höhe** von 20 330 Kilometern heißt halbsynchrone Umlaufbahn, weil der Satellit die **Erde** dort alle zwölf Stunden umrundet.

Mittlere Erdumlaufbahn
Dies ist ein Begriff, den nicht alle Raumfahrtforscher verwenden. Mittlere Erdumlaufbahnen liegen im Allgemeinen zwischen etwa 1 000 Kilometer Höhe (an der Innenseite der **Van-Allen-Strahlungsgürtel**) und Höhen knapp unterhalb der **geostationären Bahn.**

Drifting Orbit (Driftende Umlaufbahn)
Das ist eine **mittlere Erdumlaufbahn,** die von einigen

militärischen Kommunikationssatelliten genutzt wird. Sie hat eine **Inklination** von null Grad und eine **Höhe** von 35 780 Kilometern. Das ist etwas weniger als eine **geostationäre Bahn.** Der Satellit umkreist die Erde daher etwas langsamer, als die **Erde** rotiert, weshalb er gegenüber der Erdoberfläche zurückbleibt (driftet). Eine solche Umlaufbahn verringert die Abhängigkeit von der festen Position **geostationärer** Satelliten. Da driftende Satelliten sich ständig bewegen, können sie Lücken in der Abdeckung füllen, wenn ein anderer Satellit ausfällt.

Sonnensynchrone Umlaufbahn
Die Bahnebene einer sonnensynchronen Umlaufbahn behält immer dieselbe Orientierung zur Sonne bei.

Um diese Besonderheit zu erreichen, muss sich der **Satellit** auf einer **niedrigen Erdumlaufbahn** mit einer **Inklination** zum Erdäquator von rund 98 Grad bewegen. Diese Bahn ist etwas stärker geneigt als die klassische **polare Bahn** mit 90 Grad und damit leicht **retrograd.** Das heißt, die Bewegungsrichtung des Satelliten über der Oberfläche ist etwas entgegen der West-Ost-Rotationsrichtung der Erde geneigt.

Molniya-Orbit
Bei dieser **Erdumlaufbahn** handelt es sich um eine sehr lange **Ellipse:** das heißt, um eine **exzentrische Bahn,** deren tiefes **Perigäum** rund 400 Kilometer über dem Südpol liegt und deren sehr hohes **Apogäum** 40 000 Kilometer über dem nördlichen Polgebiet der Erde liegt. Sie ist nach dem sowjetischen Wissenschaftler benannt, der die Umlaufbahn konzipiert und darauf ausgelegt hat, dass ein Satellit lange über der arktischen Polarregion der Erde bleiben kann.

Der Molniya-Orbit nutzt **Keplers** zweites Planetengesetz. Durch die Erdnähe am Südpol muss ein **Satellit** sich auf diesem Bahnabschnitt schneller gegenüber der Erdoberfläche bewegen als während der Überquerung des Nordpolgebiets. Dort hat er einen großen Abstand zur Erdoberfläche. Der Satellit kann also während des Großteils seiner Umlaufzeit in diesem Teil der Bahn bleiben. Die Sowjets entwarfen diese Umlaufbahn ursprünglich, um die Kommunikation mit ihren abgelegenen Militärstützpunkten im Norden zu unterstützen. Auf dem Höhepunkt des Kalten Kriegs benutzten sie solche Bahnen auch für die Überwachung amerikanischer Aktivitäten.

Hohe oder stark elliptische Erdumlaufbahn
Eine geschlossene Bahn um die Erde von Höhen jenseits der **geosynchronen Umlaufbahn** (rund 35 900

Kilometer) bis zu rund 96 500 Kilometern über der Erdoberfläche wird manchmal als hohe Erdumlaufbahn bezeichnet. Viele Raumfahrtwissenschaftler verstehen unter diesem Begriff eine stark elliptische Bahn wie den **Molniya-Orbit.**

Supersynchrone Umlaufbahn

Dieses Synonym für **hohe Erdumlaufbahn** drückt aus, dass ihre **Höhe** über der Erdoberfläche größer als die einer geosynchronen Umlaufbahn ist.

Parkbahn

Dies ist eine provisorische, **niedrige Erdumlaufbahn,** auf die ein **Raumfahrzeug** zunächst eingeschossen wird, bis es durch ein Transfermanöver in eine höhere Umlaufbahn befördert werden kann. Die Parkbahn dient auch dazu, die Systeme an Bord des **Satelliten** auszutesten.

Man verwendet eine Parkbahn mit Höhen zwischen 100 und 1 000 Kilometern außerdem als „Lager" für Ersatzsatelliten. Sie werden in sehr wichtigen Missionen mit mehreren Satelliten eingesetzt, um beim Ausfall eines Satelliten nicht auf den Start eines Ersatzsatelliten warten zu müssen.

Geosynchrone Transferbahn

Diese Umlaufbahn ist ein bevorzugter Zwischenschritt, um einen **Satelliten** in eine **geosynchrone** oder **geostationäre Umlaufbahn** einzuschießen. Es handelt sich um eine elliptische Bahn mit einem **Perigäum** in einer erdnahen **Parkbahn** und einem **Apogäum** in der Höhe, die für geosynchrone Satelliten notwendig ist (etwa 35 900 Kilometer).

Friedhofsbahn

Fallen die Sensoren eines sich in Betrieb befindenden **Satelliten** aus, so dass er seine Mission nicht länger ausführen kann, wird er auf eine Friedhofsbahn befördert. Dort steht er aktiven Satelliten nicht im Weg. Die Bahn wird vor allem für **Raumfahrzeuge** auf **geosynchronen Umlaufbahnen** genutzt, weil ein **Deorbiting** aus dieser **Höhe** zu viel Treibstoff erfordern würde. Bevor seine Energieversorgung zusammenbricht, bekommt der Satellit einen leichten Schub, der ihn auf eine **hohe Erdumlaufbahn** hebt, etliche hundert Kilometer über einer **geostationären Umlaufbahn.** Dort benötigt er keinen weiteren Treibstoff mehr.

Manche Satelliten, die unerwartet ausfallen, können mangels Energie allerdings nicht mehr auf die Friedhofsbahn befördert werden. Man muss sie dann

sorgfältig verfolgen, damit sie die funktionierenden Satelliten nicht stören oder beschädigen.

ABSINKEN DER UMLAUFBAHN

Alle **elliptischen Umlaufbahnen** neigen dazu, sich im Lauf der Zeit einer **Kreisbahn** anzunähern. Da eine Umlaufbahn ein Gleichgewicht zwischen Anziehungskraft und dem Impuls eines umkreisenden Objekts darstellt, muss das Absinken einer Umlaufbahn durch die Veränderung einer dieser Größen geschehen. Die Anziehungskraft ist konstant, aber der Impuls des **Raumfahrzeugs** sinkt kontinuierlich, weil es sich nicht durch ein vollständiges Vakuum bewegt.

In **niedrigen Erdumlaufbahnen** wird der Satellit durch den **Widerstand** (die Reibung) der sehr dünnen Atmosphäre abgebremst. Auf höheren Bahnen verringert der Druck des Sonnenwinds langsam den Impuls des Raumfahrzeugs. Diese Effekte führen zu einem Absinken des **Apogäums,** während das Perigäum unverändert bleibt. Das heißt, die Exzentrizität der Umlaufbahn wird verkleinert, alle elliptischen Bahnen werden letztlich zu einer Kreisbahn in Höhe des Perigäums. Ist die Bahn erst einmal „zirkularisiert", sinkt die Bahnhöhe im Lauf der Zeit weiter ab.

Interessanterweise kann man diese Auswirkungen der Sonnenstrahlung deutlich an der Lebensdauer einer Satellitenumlaufbahn ablesen, denn sie hängt mit dem elfjährigen Zyklus der **Sonnenflecken** zusammen. Satellitenbahnen sind stabiler zwischen den Maxima (Höhepunkten) der Sonnenaktivität. Die Bahn von Satelliten, die während eines Sonnenmaximums gestartet wurden, sinkt dagegen sehr viel schneller ab. Die Lebenserwartung eines Satelliten hängt hauptsächlich von der Höhe über der Oberfläche des Objekts ab, das er umkreist. Bei typischen Erdumlaufbahnen reicht die Spanne von Tagen bis zu einer Million Jahren.

ERWARTETE LEBENSDAUER EINER SATELLITENUMLAUFBAHN		
Höhe	**Bahntyp**	**Dauer***
200 km	niedrige Umlaufbahn	einige Tage
500 km	niedrige Umlaufbahn	einige Wochen
600 km	niedrige Umlaufbahn	einige Jahre
800 km	niedrige Umlaufbahn	einige Jahrhunderte
1 000 km	höchste niedrige Umlaufbahn	etliche Jahrhunderte
30 000 km	fast geostationäre Umlaufbahn	eine Million Jahre

Die Dauer bezieht sich auf eine Kreisbahn in dieser Höhe.

Friendship 7

IN EINER KLAREN NACHT, ZUFÄLLIG ZUR RECHTEN ZEIT AM RECHTEN ORT, kann man am Sternhimmel einen hellen Lichtpunkt sehen, der schnell über den Himmel wandert. Es ist kein Stern, sondern eine Heimstatt: die „Internationale Raumstation", („International Space Station", „ISS"). Mit mehr als 28 160 Kilometern pro Stunde umkreist sie die Erde. Das zeigt, dass wir in einem Zeitalter leben, in dem die Menschen in der Lage sind, ihren Heimatplaneten zu verlassen, um die endlosen Weiten des Alls zu erkunden.

Das Zeitalter der bemannten Raumfahrt begann vor mehr als 40 Jahren, als der sowjetische Pilot Juri Gagarin mit seiner Erdumrundung die Welt aufrüttelte. Der dann folgende Wettlauf der Supermächte ins All gipfelte 1969 in den ersten Schritten der „Apollo 11"-Astronauten Neil Armstrong und Buzz Aldrin auf dem Mond. Raumfahrtpioniere wie Wernher von Braun malten sich aus, dass die „Apollo"-Landungen das Sprungbrett für noch ehrgeizigere Projekte seien: eine Raumstation auf einer Umlaufbahn, eine Mondbasis und die Erforschung des Mars durch den Menschen.

Aber diese Träume erwiesen sich als trügerisch. Seit „Apollo" ist die Ausrichtung der bemannten Raumfahrt nicht nur durch Technologien beeinflusst worden, sondern auch durch irdische Überlegungen wie Etats und eine Verschiebung der Prioritäten. Der Fortschritt war langsam, aber es gab Erfolgsmomente wie den ersten Flug des Spaceshuttles 1981, die Missionen auf der russischen Raumstation „Mir" in den 1980er und 90er Jahren sowie die Reparatur des Hubble-Space-Teleskops 1993 durch Shuttle-Astronauten. Und es gab tragische Momente wie den Verlust des Shuttles „Columbia" und seiner siebenköpfigen Besatzung im Februar 2003. Die „Columbia"-Tragödie zeigt die Schwierigkeiten und den Preis der Weltraumforschung. Gleichzeitig wächst der „Club" der Raumfahrer: Im Oktober 2003 gelang China als dritter Nation eine bemannte Weltraummission. Selbst der Weltraumtourismus, ein weiterer Traum, wird langsam Realität.

Nur ein paar 100 Menschen haben sich über die Atmosphäre hinausgewagt und bezeichnen dies als außergewöhnliches Abenteuer. Aber die bemannte Raumfahrt ist mehr als ein Abenteuer. Sie ist ein Wendepunkt in der menschlichen Entwicklung, der bereits Generationen, bevor die bemannte Raumfahrt realisiert wurde, vorhergesehen worden ist. Der russische Lehrer und Raumfahrtvisionär Konstantin Ziolkowski schrieb vor fast einem Jahrhundert: «Die Erde ist die Wiege der Menschheit, aber wir können nicht für immer in der Wiege bleiben.»

John Glenn klettert in seine „Mercury"-Raumkapsel, die den Namen „Friendship 7" trägt. Es war einer von mehreren Versuchen, der erste Amerikaner zu werden, der die Erde umkreist. Nachdem die Starts wegen mechanischer Probleme oder schlechten Wetters einige Male verschoben werden mussten, gelang es Glenn schließlich am 20. Februar 1962. Seine dreimalige Umrundung der Erde war für die Nasa ein Meilenstein.

Die frühen Jahre

TIERE IM WELTRAUM

Niemand wusste, ob Menschen die Belastungen eines Raumflugs überstehen würden: die Beschleunigungen beim **Start** und **Wiedereintritt** in die Erdatmosphäre sowie die sonderbare Erfahrung der **Schwerelosigkeit** im All. Bevor ein Mensch die Erde zu einer Reise ins All verlassen konnte, mussten Tiere ihm den Weg bereiten.

Am 3. November 1957 hob der Erdsatellit „Sputnik 2" mit einer Hündin namens „Laika" ab. In einer winzigen Kapsel erreichte die erste Weltraumreisende eine rund 1507 Kilometer hohe Umlaufbahn. Sensoren an „Leikas" Körper erfassten Herzfrequenz, Blutdruck und Atmung, die Daten wurden zur Erde übertragen. Die Kapsel enthielt genügend Futter, Wasser und Sauerstoff für zehn Tage. Aber „Sputnik 2" war nicht dafür konzipiert, auf die Erde zurückzukehren.

Im Anschluss an den Flug verkündete die Sowjetunion, dass „Laika" sich gut an den Raumflug gewöhnt und eine Woche überlebt hatte. Erst 1999 enthüllten ehemalige Mitarbeiter des sowjetischen Raumfahrtprogramms, dass das Kontrollsystem für das Kapsel-innere nicht funktioniert hatte; die Kabine überhitzte, und die Hündin starb. 2002 sagte ein anderer früherer sowjetischer Wissenschaftler, dies sei bereits vier bis sieben Stunden nach dem Start passiert.

Dass „Laika" jedoch den Start und die Schwerelosigkeit – für wie kurz auch immer – überlebt hatte, ermutigte Sergei Korolew, den Vordenker des sowjetischen Raumfahrtprogramms, und seinesgleichen. Während der nächsten 28 Monate folgten „Laika" mindestens 13 weitere Hunde in eine Umlaufbahn, die meisten kehrten sicher zur Erde zurück.

US-Wissenschaftler schickten ebenfalls Tiere ins All. Mehrere Raketen, die 1958 zu Suborbitalflügen starteten, hatten Mäuse in ihrer **Nutzlast.** Ein Totenkopfäffchen ging im Dezember 1958 auf Reisen. Im Januar 1961 wurde ein Schimpanse namens „Ham" der erste „Mercury"-Passagier. Im Rahmen dieses Projekts wollte die **Nasa Astronauten** ins All schicken. Der Suborbitalflug war eine ungeplant hohe Belastung für den Affen, weil die Beschleunigungskräfte während des Starts und des Wiedereintritts stärker als erwartet aus-

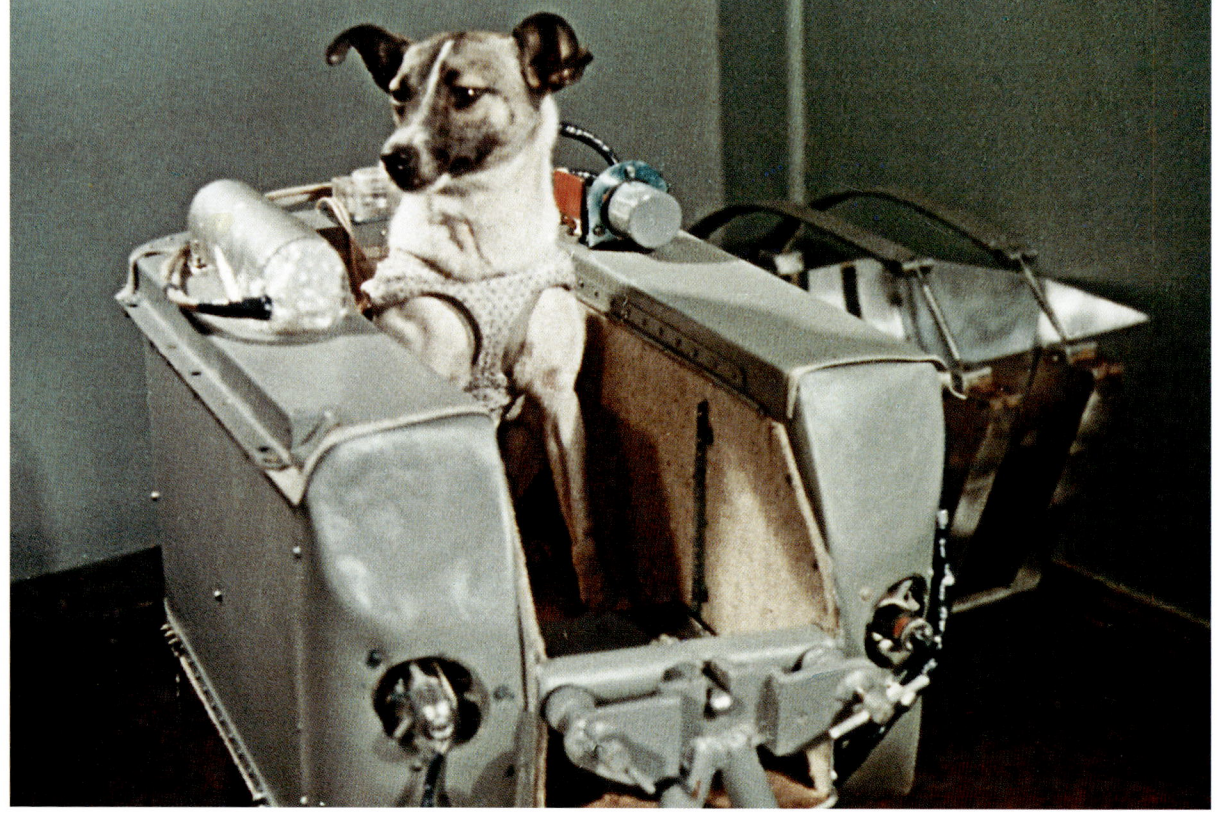

Der erste Weltraumreisende, die Hündin „Laika", wartet auf den Flug. „Laika" war eine streunende Hündin, die in den Straßen Moskaus aufgegriffen und für den Raumflug vorbereitet worden war. Am 3. November 1957 wurde sie an Bord von „Sputnik 2" gestartet. In ihrer kleinen Raumkapsel überlebte sie jedoch nur ein paar Stunden, bevor sie der Überhitzung erlag. „Sputnik 2" verglühte am 4. April 1958 während seines Wiedereintritts in die Atmosphäre.

fielen. Nach der Wasserung war außerdem das Meer ziemlich rau, trotzdem überstand „Ham" die Tortur in körperlich relativ guter Verfassung.

Immerhin stand die bemannte Raumfahrt näher bevor, als die meisten Menschen noch wenige Jahre zuvor geglaubt hatten. Die Nasa hatte sieben Piloten als erste Astronauten der Nation ausgewählt, von denen jeder glaubte, der erste Mensch im All zu werden. Doch ein junger russischer Pilot kam ihnen zuvor.

Juri Gagarin, der erste Mensch im Weltraum

Juri Alexejewitsch Gagarin war Luftwaffenpilot. 1959 als einer von 20 Kosmonauten ausgewählt, flog er am 12. April 1961, mit 27 Jahren, als erster Mensch ins All.

Gagarins **Raumkapsel „Wostok"** war so konzipiert, dass sie sich entweder automatisch oder per Funkbefehl von der **Erde** aus steuern ließ. Sie wurde also nicht von Gagarin selbst gelenkt. Angetrieben von einer 30 Meter langen **Rakete** desselben Typs, der auch die **„Sputniks"** gestartet hatte, hob „Wostok" um 9.07 Uhr Moskauer Zeit ab. In seiner kugelförmigen Kabine spürte Gagarin einen nach oben gerichteten Schub und funkte: «Poyekhali! Es geht los!» Elf Minuten und 16 Sekunden später befand er sich in einer Umlaufbahn, die einen Abstand zwischen 175 und 302 Kilometern von der Erdoberfläche hatte.

Gagarin sah die Erde unter sich vorbeiziehen und berichtete den Missionskontrolleuren per Hochfrequenzfunkgerät und Telegrafentaste über seinen Zustand. Er konnte normal essen und trinken, wenn auch bloß Nahrung aus speziellen Tuben. Einige Ärzte hatten befürchtet, die **Schwerelosigkeit** könnte Gagarin krank machen. Aber er überstand den Flug ohne gesundheitliche Schäden.

Nur ein Fehler störte den ansonsten erfolgreichen Flug. Ein Kabelsatz, der die kugelförmige Abstiegskabine mit der kegelförmigen Rückkehrkapsel – sie enthielt die Instrumente und das Bremstriebwerk – verband, ließ sich nicht wie geplant abtrennen. Die beiden Teile des Raumfahrzeugs blieben mehrere Minuten miteinander verbunden und fielen taumelnd weiter nach unten, bis die Kabel dann doch abrissen.

Während „Wostoks" weiterem Abstieg bewirkte die Reibung in der Atmosphäre ein purpurrotes Leuchten der Kapsel. In der Raumkapsel überstand Gagarin Beschleunigungskräfte bis zum Zehnfachen der Erdanziehung. Auf dem letzten Stück des Abstiegs, 108 Minuten nach dem Start, katapultierte sich Gagarin aus der Raumkapsel und landete sicher mit dem Fallschirm in der Nähe der Wolga.

Gagarin war für einen zweiten Raumflug vorgesehen. Doch er starb vorher: Am 27. März 1968 kam er beim Absturz eines MiG-15-Jets ums Leben.

Valentina Tereschkowa, die erste Frau im Weltraum

Die ehemalige Textilfabrikarbeiterin und Hobbyfallschirmspringerin Valentina Tereschkowa war eine von fünf Frauen, die 1962 für das Weltraumtraining ausgewählt wurden. Tereschkowa, deren Funkrufzeichen „Chaika" (russisch für „Möwe") war, verbrachte vom 16. Juni 1963 an fast drei Tage an Bord von **„Wostok 6"** in einer Umlaufbahn.

Tereschkowas Flug überschnitt sich mit der fünftägigen Mission der „Wostok 5", zu der Valery Bykowski drei Tage vorher gestartet war. Die beiden Raumfahrzeuge näherten sich während Tereschkowas erster Erdumkreisung bis auf etwa fünf Kilometer an. Zwar überstand auch Tereschkowa ihren Flug in guter Verfassung, aber erst 1982 sollte ihr der zweite weibliche Kosmonaut ins All folgen: Swetlana Sawitskaja.

„Wostok" und „Woschod"

Juri Gagarin, der erste Mensch im All, gelangte mit einem **Raumfahrzeug** namens „Wostok" („Osten") dorthin. Es bestand aus zwei eigenständigen Bereichen: dem kugelförmigen Abstiegsmodul von 2,30 Meter Durchmesser, in dem der Kosmonaut flog, und dem kegelförmigen Instrumentenmodul, das das Bremstriebwerk des Raumfahrzeugs enthielt sowie kleine Richtungsraketen und andere Komponenten für den Orbitalflug. Die gesamte Anordnung war 4,80 Meter lang. Sechs bemannte „Wostok"-Missionen fanden zwischen 1961 und 1963 statt, die längste war Valery Bykowskis Fünf-Tage-Flug im Juni 1963.

Obwohl „Wostok" viele Pioniererfolge verbuchen konnte, waren seine Ressourcen begrenzt. Der sowjetische Chefentwickler Sergei Korolew wollte ein Raumfahrzeug der nächsten Generation entwickeln, mit dem Kosmonauten um den **Mond** fliegen konnten.

Aber die sowjetische Führung erwartete weitere Weltraumerfolge, weshalb Korolew die „Wostok" modifizierte. Das Ergebnis war „Woschod" („Sonnenaufgang"). Im Oktober 1964 beförderte „Woschod 1", das erste Raumfahrzeug für mehrere Personen, drei Kosmonauten auf einen eintägigen Orbitalflug. Der Flug war riskant: Damit drei Menschen in eine Kabine passten, die ursprünglich für nur einen entwickelt worden war, trugen die Kosmonauten keine Raumanzüge. Und sie hatten keine Schleudersitze. Aber „Woschod 1" flog ohne Panne.

Im März 1965 beförderte „Woschod 2" zwei Kosmonauten in Raumanzügen auf eine Erdumlaufbahn. Einer von ihnen, Alexej Leonow, stieg durch eine zusammen-

An einem „Wostok"-Raumfahrzeug wird die schützende Verkleidung (links) angebracht. Die silbrige Kugel ist „Wostoks" Abstiegsmodul, in dem der Kosmonaut während des Flugs sitzt. Auf der rechten Seite des Abstiegsmoduls ist ein Teil des kegelförmigen Instrumentenmoduls zu sehen. Der Zylinder rechts ist die letzte Stufe der Rakete, mit der „Wostok" auf eine Erdumlaufbahn gehoben wurde.

klappbare Luftschleuse aus und trieb für zehn Minuten in der Leere des Alls. Dies macht ihn zum ersten Menschen, der einen Weltraumspaziergang unternommen hat. Der Flug von 1965 sollte die letzte „Woschod"-Mission sein. Die Sowjets gaben Pläne für weitere derartige Flüge auf, um sich im Wettlauf mit den Amerikanern auf das Erreichen des Mondes konzentrieren zu können.

NASA

Nach einer Entscheidung des US-Präsidenten **Dwight D. Eisenhower** sollte die bemannte Raumfahrt kein militärisches, sondern ein ziviles Programm werden. Daraufhin schuf der Kongress die National Aeronautics and Space Administration (Nasa; Nationale Luft- und Raumfahrtbehörde). Am 1. Oktober 1958 nahm sie ihren Betrieb auf.

Die Nasa besetzte viele Schlüsselpositionen mit erfahrenen Ingenieuren, die alle Veteranen der Luftfahrtforschung und -entwicklung waren. Ihnen schloss sich eine wachsende Zahl von Spezialisten an, die ihr technologisches Können nun auf die Weltraumforschung anwandten. 1961 verkündete Präsident John F. Kennedy das ehrgeizige Ziel, Menschen noch vor

Ablauf der Dekade auf dem **Mond** landen zu lassen – was auch gelang.

Nach den ersten **„Apollo"**-Mondlandungen 1969 sanken die Raumfahrtetats. Die Nasa konzentrierte sich auf die nähere Umgebung, etwa das Potenzial von **Raumstationen** in Erdumlaufbahnen. Die wichtigsten Projekte der bemannten Raumfahrt in den 1970er Jahren, die Raumstation **„Skylab"** und die Entwicklung des wieder verwendbaren **Spaceshuttles,** spiegelten diese neue Richtung wider. Die 1970er Jahre waren auch die Zeit, in der unbemannte Forschungssonden Geschichte schrieben: darunter die beiden Marslander „Viking" im Jahr 1976 sowie 1977 der Start der Sonden „Voyager 1" und „Voyager 2" zu den äußeren Planeten.

Die 1981 begonnene Shuttle-Ära erwies sich für die Nasa als eine Zeit der Triumphe und Tragödien. Der Spaceshuttle stellte sich als äußerst vielseitig heraus, so dass die Nasa mit ihm fehlgeleitete Satelliten retten und das **Hubble-Space-Teleskop** reparieren konnte.

Aber der Verlust der Raumfähren **„Challenger"** 1986 und **„Columbia"** 2003 unterstrich die Risiken der bemannten Raumfahrt und stürzte die Nasa in eine Krise. Auch die unbemannten Missionen der Behörde lieferten gemischte Ergebnisse, wie den Erfolg des „Mars Pathfinder" 1997 und den Verlust des „Mars Polar Lander" 1999.

Zu den erstaunlichen Leistungen in jüngerer Zeit gehört der Erfolg der beiden Mars-Forschungsfahrzeuge „Spirit" und „Opportunity" 2004.

KENNEDY SPACE CENTER

Das nach dem 1963 ermordeten Präsidenten John F. Kennedy benannte Kennedy Space Center liegt neben Cape Canaveral an der Atlantikküste Floridas. Dort starteten Hunderte von bemannten und unbemannten Missionen, darunter die **„Apollo"**-Mondlandungsmissionen, die **Spaceshuttle**-Missionen sowie unzählige unbemannte Sonden zur Erkundung von **Erde, Sonne, Sonnensystem** und Universum. Außerdem werden hier Raumfahrzeuge zusammengebaut und getestet. An diesem Ort sind die Shuttle-Raumfähren oft gelandet und nach jedem Start in Stand gesetzt worden.

ASTRONAUT

Auch wenn Astronaut wörtlich „Sternenmatrose" bedeutet, steht der Begriff seit Beginn des Raumfahrtzeitalters für Amerikaner, die in den Weltraum reisen. Die Mitglieder russischer Crews heißen Kosmonauten, die chinesischer Taikonauten.

Die ersten US-Astronauten waren sieben Piloten, die 1959 für das **Projekt „Mercury"** ausgewählt wurden. Bis 1963 mussten alle Astronauten Erfahrungen als Testpilot haben, diese Anforderung wurde in der dritten Auswahlrunde fallen gelassen. 1965 nahm man eine Hand voll Wissenschaftler auf: die ersten Astronautenforscher. 1978, als die **Nasa** die erste spezielle Auswahlrunde für Spaceshuttle-Astronauten durchführte, berücksichtigte sie erstmals auch Frauen.

Derzeit hat die Nasa mehr als 100 aktive Astronauten. Zwar sind sie nicht mehr so berühmt wie in den frühen Tagen der Weltraumflüge, aber ihre Arbeit ist auch heute weit mehr als ein Routinejob.

PROJEKT „MERCURY"

Ziel des 1958 gestarteten Projekts war, Amerikaner mit den ersten Flügen ins All zu schicken. 1959 wurden sieben junge Piloten als die ersten **Astronauten** der USA ausgewählt. Ihr kleines **Raumfahrzeug,** auch „Kapsel" genannt, hatte die Form einer Thermoskanne. Es war etwa zwei Meter lang und an seiner Basis 1,80 Meter breit. Die Kapsel war außen mit gerippten Platten aus einer Nickellegierung umgeben. Um die Astronauten vor der großen Hitze beim **Wiedereintritt** in die Erdatmosphäre zu schützen, entwarf der **Nasa**-Entwickler Max Faget einen stumpfen, sanft gebogenen **Hitzeschild,** der mit einem Kunstharz überzogen war. Um Hitze vom Raumfahrzeug abzuleiten, verkohlte das Kunstharz. Für einen Notfall während des Starts hatte Faget eine 4,50 Meter lange Fluchtrakete auf die Spitze der Kapsel gesetzt, die das Raumfahrzeug dann davontragen sollte. Am Hitzeschild befestigt war ein Satz Feststoffraketen, der das Raumfahrzeug vor seinem Abstieg auf die Erde abbremsen sollte.

Im Innern der Kapsel saß der Astronaut in einer speziellen, der Körperform angepassten Liege. Sie half ihm, die Beschleunigungskräfte beim **Start** und Wiedereintritt in die Erdatmosphäre zu ertragen. Vor dem Astronauten befanden sich eine Instrumententafel, auf der er die Systeme der Kapsel überwachen konnte, und eine Sichtöffnung für das Periskop. Zwar hatte man die „Mercury"-Kapsel so gebaut, dass sie mit Autopilot fliegen konnte, aber sie ließ sich auch von einem Astronauten steuern. Dazu diente ein Steuerknüppel, mit dem man kleine Triebwerke am Äußern der Kapsel zünden konnte. Die winzige Kabine enthielt auch die Systeme für die Kommunikation, für die Überwachung der Umgebung und für weitere Funktionen. Sie bot daher kaum genug Platz für die Ein-Mann-Besatzung. Deshalb witzelte einer der Astronauten: «Man steigt nicht in eine „Mercury"-Kapsel hinein, man zieht sie sich an.»

Für die „Mercury"-Missionen wurden zwei verschiedene Raketen eingesetzt, die aus dem US-amerikanischen Entwicklungsprogramm für **ballistische Raketen** hervorgingen: die „Redstone"-Rakete für die ursprünglichen Suborbitalflüge und die noch stärkere „Atlas" für die Orbitalflüge.

Zwar hatte die Nasa angekündigt, dass einer der sieben „Mercury"-Astronauten der erste Mensch im All sein werde, aber das sollte sich nicht bewahrheiten. Diese Ehre wurde dem sowjetischen Kosmonauten **Juri Gagarin** zuteil. Wenige Wochen später, im Mai 1961, gelang **Alan Shepard** der erste „Mercury"-Flug, ein 15 Minuten dauernder Suborbitalflug. Ihm folgte im Juli 1961 ein zweiter Suborbitalflug mit Gus Grissom als Pilot. 1962 erreichte „Mercury" ihr wichtigstes Ziel: eine Erdumkreisung. Nach mehreren Verzögerungen startete **John Glenn** am 20. Februar 1962 mit seiner

PROJEKT „MERCURY"					
Raum-fahrzeug	Startdatum	Zahl der Erd-umrundungen	Flugdauer	Bemerkenswerte Ergebnisse des Flugs	Mannschaft
„MR3"	5. Mai 1961	0	15 min 28 s	erster bemannter Suborbitalflug	Shepard
„MR4"	21. Juli 1961	0	15 min 37 s	zweiter bemannter Suborbitalflug, Raumfahrzeug ging bei der Bergung verloren	Grissom
„MA6"	20. Februar 1962	3	4 h 55 min 23 s	erste bemannte Erdumkreisung	Glenn
„MA7"	24. Mai 1962	3	4 h 56 min 5 s	zweite bemannte Erdumkreisung	Carpenter
„MA8"	3. Oktober 1962	6	9 h 13 min 11 s	Reaction-Control-System (zuständig für kleine Kurskorrekturen) und Modifikation der Frequenzantenne	Schirra
„MA9"	15. Mai 1963	22	34 h 19 min 49 s	erstes Aussetzen eines Satellits während des Flugs, erster ausschließlich von Hand gesteuerter Wiedereintritt	Cooper

„Mercury"-Kapsel an der Spitze einer „Atlas"-Rakete auf eine Umlaufbahn. Drei weitere Astronauten folgten Glenn in eine Umlaufbahn: Scott Carpenter machte im Mai 1962 einen Raumflug mit drei Erdumkreisungen. Wally Schirra umkreiste unseren Planeten im Oktober 1962 sechsmal. Gordon Cooper blieb im Mai 1963 länger als einen Tag im All und vollendete auf der letzten „Mercury"-Mission 22 Erdumkreisungen.

Selbstverständlich stellten die Erfolge des „Mercury"-Projekts nicht die Errungenschaften der Sowjetunion in den Schatten; die Kosmonauten hatten viel längere Flüge absolviert. Nach dem Ende von „Mercury" richtete die Nasa ihren Blick auf noch anspruchsvollere Ziele im All, unter anderem den Flug von Menschen zum **Mond.**

Alan Shepard

Amerikas erster Mensch im All war der schlaksige Neuengländer Alan Bartlett Shepard, Jr. Er wurde am 18. November 1923 in East Derry, New Hampshire, geboren und war Testpilot bei der Marine, ehe er im April 1959 als einer der sieben **Astronauten des „Mercury"-Projekts** ausgewählt wurde. Innerhalb der Nasa war er sowohl für seine Arroganz als auch für seine fliegerischen Fähigkeiten berüchtigt. Als Pilot der ersten „Mercury"-Mission am 5. Mai 1961 absolvierte Shepard einen 15 Minuten dauernden Suborbitalflug in der **Raumkapsel** „Freedom 7". Die von einer „Redstone"-Rakete beförderte Kapsel erreichte eine **Höhe** von 187 Kilometern, später schlug sie auf dem Atlantik auf. Beschwerden im Innenohr hinderten Shepard zwischen 1963 und 1969 an weiteren Starts. 1971 steuerte er als Kommandant der **„Apollo 14"**-Mission die dritte Mondlandung und wurde zum fünften Menschen auf dem Mond. Nachdem er 1974 die Nasa und die Marine verlassen hatte, war Shepard mit mehreren geschäftlichen Aktivitäten erfolgreich und gründete die Stiftung Mercury Seven Foundation, die Stipendien an Studenten der Naturwissenschaften vergibt. Shepard starb am 21. Juli 1998 an Leukämie.

John Glenn

John Herschel Glenn, Jr., wurde am 18. Juli 1921 in Cambridge, Ohio, geboren. Er war der erste Amerikaner, der die **Erde** umrundete. Nach seinem Dienst als Kampfpilot im Zweiten Weltkrieg und in Korea wurde Glenn Testpilot. 1957 gelang ihm der Geschwindigkeitsrekord für transkontinentale Flüge. 1959 wurde er als einer der sieben „Mercury"-**Astronauten** ausgewählt. Er war nicht nur für seine technischen Fähigkeiten, sondern auch für sein Charisma bekannt.

Die ersten Astronauten der USA neben einem der F-106-Delta-Dart-Jets, den sie während ihrer Trainings geflogen sind. Die für das Projekt „Mercury" auserkorenen Astronauten erhielten den Spitznamen „Original 7". Von links: Scott Carpenter, Gordon Cooper, John Glenn, Virgil „Gus" Grissom, Walter „Wally" Schirra, Alan Shepard und Donald „Deke" Slayton. Von den sieben flog nur Slayton keine „Mercury"-Mission, weil die Ärzte ihm wegen seines unregelmäßigen Herzschlags davon abrieten. Seinen einzigen Raumflug absolvierte Slayton 1975, rund 16 Jahre nach seiner Auswahl als Astronaut.

Am 20. Februar 1962 startete John Glenn in seinem **Raumfahrzeug** „Friendship 7" auf einer „Atlas"-Rakete zu drei Erdumrundungen. Beim **Wiedereintritt** von Glenn in die **Erdatmosphäre** empfing die Bodenkontrolle ein **Telemetriesignal,** dass „Friendship 7" den **Hitzeschild** verloren haben könnte. Zum Glück erwies sich das als falsch, und Glenn kehrte sicher von seiner fünfstündigen Reise zurück.

Nach dem Ende seiner Astronautenlaufbahn 1964 machte Glenn als Führungskraft in einem Unternehmen Karriere und wurde 1974 in den US-Senat gewählt, dem er 25 Jahre lang angehörte. 1998 machte Glenn im Alter von 77 Jahren einen zweiten Raumflug als **Nutzlast**-Spezialist auf dem **Spaceshuttle** „Discovery". Während des neun Tage dauernden Flugs STS-95 um die Erde sollte er unter anderem herausfinden, wie sich sein Alter auf die körperliche Fitness während des Raumflugs auswirkt.

Projekt „Gemini"

Durch den Aufruf von Präsident John F. Kennedy 1961, noch vor Ablauf des Jahrzehnts einen Menschen sicher auf den **Mond** und wieder zurück zur Erde zu bringen, sah sich die Nasa mit gewaltigen Herausforderungen konfrontiert. Sie konnte nicht ohne weiteres vom relativ einfachen **„Mercury"-Projekt** zu einer höchst komplexen Mondlandung übergehen.

Niemand wusste, ob **Astronauten** eine zweiwöchige Reise zum Mond überleben würden. Um den Mond zu betreten, musste man im Vakuum des Welt-

raums arbeiten – das hatte niemand zuvor getan. Die Mondcrews mussten außerdem ein Rendezvous mit einem anderen **Raumfahrzeug** in einer Umlaufbahn durchführen. Dazu galt es, die schwierige Koordinierung der Umlaufbahnen zu meistern. Um all diese Unbekannten zu beseitigen, startete die Nasa das Projekt „Gemini", benannt nach dem **Sternbild** der mythologischen Zwillinge Castor und Pollux.

Die „Gemini"-Kapsel bot Raum für zwei Personen und bestand aus zwei Komponenten: einem **Wiedereintrittsmodul** mit den Astronauten und einem Adaptermodul. Zum Adapter gehörten ein Bereich für das **Bremstriebwerk** und ein Bereich für die Ausrüstung. Letzterer beherbergte die Stromversorgung, eine Reihe von Schubdüsen zum Manövrieren und weitere Komponenten, die in der Umlaufbahn zum Einsatz kamen. Von außen sah „Gemini" wie eine vergrößerte Version von „Mercury" aus, aber in Wirklichkeit war sie viel moderner. Erstmals konnten „Gemini"-Astronauten dank der Schubdüsen ihre Umlaufbahn selbst ändern. Bei diesen Manövern unterstützte sie ein Computer an Bord. Stattete man „Gemini" mit Brennstoffzellen an Stelle von Batterien aus, konnte das Raumfahrzeug bis zu zwei Wochen im All bleiben. Um „Gemini" in den Weltraum zu befördern, wählte die Nasa die **ballistische Rakete** „Titan 2" der Luftwaffe.

Nach zwei unbemannten Teststarts debütierte mit „Gemini 3" im März 1965 die erste bemannte Mission. Gus Grissom und John Young bewiesen die Weltraumtauglichkeit des Fahrzeugs mit drei Erdumkreisungen. Während der viertägigen „Gemini 4"-Mission im Juni

PROJEKT „GEMINI"

Raumfahrt	Startdatum	Zahl der Erd-umkreisungen	Flugdauer	Bemerkenswerte Ereignisse auf dem Flug	Mannschaft
„GT3"	23. März 1965	3	4 h 52 min 31 s	erste Erdumkreisung mit zwei Menschen	Grissom, Young
„GT4"	3. Juni 1965	62	97 h 56 min 12 s	erste EVA*	McDivitt, White
„GT5"	21. August 1965	120	190 h 55 min 14 s	lange Flugdauer	Cooper, Conrad
„GT7"	4. Dezember 1965	206	330 h 35 min 01 s	lange Flugdauer, erfolgreiches Rendezvous	Borman, Lovell
„GT6-A"	15. Dezember 1965	16	25 h 51 min 24 s	erstes Rendezvous im All (mit „GT7")	Schirra, Stafford
„GT8"	16. März 1966	7	10 h 41 min 26 s	Rendezvous und erste Kopplung	Armstrong, Scott
„GT9-A"	3. Juni 1966	45	72 h 20 min 50 s	Rendezvous, EVA*	Stafford, Cernan
„GT10"	18. Juli 1966	43	70 h 46 min 39 s	Rendezvous, zwei EVA*-Phasen, Kopplung	Young, Collins
„GT11"	12. September 1966	44	71 h 17 min 08 s	Rekordhöhe für „Gemini": 1190 km	Conrad, Gordon
„GT12"	11. November 1966	59	94 h 34 min 31 s	Aldrin absolviert insgesamt 5,5 Stunden EVA*	Lovell, Aldrin

*EVA: Extravehicular Activity (Aktivitäten außerhalb des Raumfahrzeugs)

BEMERKENSWERTE SOWJETISCHE RAUMFLÜGE DER ERSTEN JAHRE

Raum-fahrzeug	Startdatum	Zahl der Erd-umkreisungen	Flugdauer	Bemerkenswerte Ereignisse auf dem Flug	Mannschaft
„Wostok 1"	12. April 1961	1	1 h 48 min 0 s	erster bemannter Raumflug, erste Erdumkreisung	Gagarin
„Wostok 2"	6. August 1961	17,5	25 h 18 min 0 s	Beobachtung der Auswirkungen von Schwerelosigkeit auf den Kosmonauten	Titow
„Wostok 6"	16. Juni 1963	48	70 h 50 min 0 s	erste Frau im All, erfolgreicher Tandemflug mit „Wostok 5"	Tereschkowa
„Woschod 1"	12. Oktober 1964	16	24 h 17 min 03 s	medizinische Beobachtung der Folgen von langen Aufenthalten im Weltraum	Komarow, Jegorow, Feoktistow
„Woschod 2"	18. März 1965	17	26 h 02 min 17 s	erfolgreiche EVA*; falsch berechnete Landung, aber Rettung der Crew	Beljajew, Leonow
„Sojus 1"	23. April 1967	18	26 h 46 min 0 s	erster bemannter „Sojus"-Flug, Absturz beim Wiedereintritt	Komarow
„Sojus 3"	26. Oktober 1968	64	94 h 51 min 0 s	erfolgreiches automatisches und manuelles Rendezvous mit „Sojus 2" (unbemannt)	Beregowoi

* EVA: Extravehicular Activity (Aktivitäten außerhalb des Raumfahrzeugs)

1965 unternahm der Astronaut Ed White als erster Amerikaner einen Weltraumspaziergang. Im August 1965 verbrachten Gordon Cooper und Pete Conrad in „Gemini 5" rekordverdächtige fünf Tage im All, was durch die beengten Verhältnisse in der „Gemini"-Kabine schwierig war. Im Dezember 1965 erreichten Wally Schirra und Tom Stafford mit „Gemini 6" das wichtigste Ziel des Programms: das erste Weltraumrendezvous. Dabei lenkten sie ihr Raumfahrzeug bis auf 0,30 Meter an „Gemini 7" heran. Derweil hatten Frank Borman und Jim Lovell an Bord von „Gemini 7" bewiesen, dass Astronauten eine Rundreise um den Mond ertragen können. Sie stellten mit 14 Tagen Aufenthalt im Weltraum einen Rekord auf.

Die restlichen „Gemini"-Missionen waren sehr wechselhaft. Im März 1966, nach dem ersten Kopplungsmanöver im Weltraum, entkamen Neil Armstrong und Dave Scott nur knapp einer Katastrophe, als eine fehlerhafte Schubdüse ihr Raumfahrzeug „Gemini 8" wild durchs All taumeln ließ. Bei den „Gemini"-Missionen 9, 10 und 11 erwiesen sich die Weltraumspaziergänge als die größten Hürden. Die Astronauten steckten in steifen, unter Druck stehenden **Raumanzügen** und mussten damit in der Schwerelosigkeit des Alls zurechtkommen.

Das „Gemini"-Programm endete erfolgreich. Im September 1966 schaffte „Gemini 11" das erste Rendezvous in derselben Erdumlaufbahn, dann gelang der Kapsel der erste computergesteuerte Wiedereintritt in die Erdatmosphäre. Im November 1966 zeigte Buzz Aldrin an Bord von „Gemini 12" mit drei getrennten Ausflügen, dass Weltraumspaziergänge machbar sind. „Gemini" gab der Nasa außerdem die Zuversicht, dass der Mond erreichbar ist.

„SOJUS"

Das **Raumfahrzeug** „Sojus" („Vereinigung") ist eines der Arbeitspferde des sowjetischen/russischen Raumfahrtprogramms. „Sojus" startete erstmals 1967; die Mission endete aber mit dem Tod des Kosmonauten Wladimir Komarow, da sich der Fallschirm nicht korrekt öffnete. Das neue Raumfahrzeug bewährte sich trotzdem bald: „Sojus" war geräumiger und ausgeklügelter als die bisherigen bemannten sowjetischen Raumfahrzeuge. Es bestand aus einem kugelförmigen **Wiedereintrittsmodul,** in dem während **Start** und Landung drei Kosmonauten Platz hatten, einem zylindrischen Antriebsmodul und einem eiförmigen Orbitalmodul, das etwas zusätzlichen Raum für Aktivitäten im All bot.

Nach dem Stopp des bemannten sowjetischen Mondprogramms diente „Sojus" hauptsächlich als Transportfahrzeug zu **Raumstationen** in der Erdumlaufbahn. Man hat inzwischen verschiedene Versionen von „Sojus" entwickelt, unter anderem das unbemannte Versorgungsschiff „Progress", das Nachschub zur **„Internationalen Raumstation", „ISS",** transportiert. Die aktuelle bemannte Version des Raumfahrzeugs namens „Sojus TMA" kann bis zu drei Kosmonauten befördern und mehr als sechs Monate an eine Raumstation angekoppelt bleiben.

Mondmissionen

„APOLLO"-PROGRAMM

Das Projekt „Apollo" war die Reaktion auf die Aufforderung von Präsident Kennedy im Mai 1961, einen Menschen noch vor Ende des Jahrzehnts auf den **Mond** zu bringen. In seiner Spitzenzeit beschäftigte „Apollo" rund 400 000 Menschen bei der **Nasa,** den Zulieferern der Raumfahrtindustrie sowie in Labors in den USA und in Übersee.

Am Anfang des Projekts stand die Auswahl der besten Methode, um auf den Mond zu gelangen. Nach

Buzz Aldrin, der zusammen mit Neil Armstrong am 20. Juli 1969 den ersten Mondspaziergang der Geschichte unternommen hat, fotografierte diesen Abdruck seines eigenen Stiefels im „Meer der Stille" auf dem Mond. Inzwischen ist dieses Bild zum Symbol des Raumfahrtzeitalters geworden.

langen Diskussionen entschieden sich die Ingenieure für ein Verfahren namens Rendezvous in der Mondumlaufbahn, das die Entwicklung von zwei getrennten **Raumfahrzeugen** erforderte: Das eine würde drei **Astronauten** zum Mond und wieder zurück transportieren, das andere zwei Astronauten auf der Mondoberfläche absetzen. Dafür baute die Nasa **„Saturn V",** die größte Rakete, die je erfolgreich gestartet wurde. „Apollo" war ingenieurstechnisch ein Kraftakt in einer noch nie da gewesenen Dimension.

Während insgesamt elf bemannter „Apollo"-Missionen zwischen 1968 und 1972 landeten sechs Astronautenteams auf dem Mond. Sie untersuchten die Landeplätze, stellten Instrumente auf, um Daten zur Erde zurückzuschicken, und sammelten Hunderte Kilogramm Proben von Mondstaub und -gestein. Ihre Begleitschiffe auf der Umlaufbahn umkreisten den

Mond, machten Tausende von Bildern der Oberfläche und führten weitere Experimente durch. Die letzten drei Mondlandungen wurden gestrichen, weil die Nasa mit sinkenden Etats zu kämpfen hatte.

„APOLLO 1"

Am 27. Januar 1967 nahm die für den ersten bemannten „Apollo"-Flug vorgesehene Mannschaft an der Hauptprobe vor dem Start teil, der für Mitte Februar angesetzt war. Die Mannschaft bestand aus den erfahrenen **Astronauten** Gus Grissom und Ed White sowie dem Neuling Roger Chaffee. Die drei Astronauten steckten in ihrem Kommandomodul, das mit reinem Sauerstoff bei einem Druck von 1 125 Kilogramm pro Quadratzentimeter gefüllt war (etwas mehr als Atmosphärendruck). Ungefähr gegen 6.30 Uhr Ostküstenzeit brach plötzlich ein Feuer in „Apollo 1" aus. Innerhalb von 20 Sekunden breitete es sich in der ganzen Kabine aus und erzeugte einen so großen Druck, dass der Rumpf des Schiffs zerriss. Die Bodenmannschaft kämpfte damit, die dreiteilige Schleuse des Raumfahrzeugs zu öffnen. Als es ihr endlich gelang, war es zu spät: Die Astronauten waren an giftigen Gasen erstickt, nachdem ihre Luftschläuche durchgeschmort waren. In den folgenden Monaten untersuchte die **Nasa** die Ursachen des Brands und stattete die Kommandokapsel mit feuerbeständigem Material aus sowie mit einer schnell zu öffnenden Luke. Reiner Sauerstoff unter hohem Druck wurde bei Bodentests künftig nicht mehr verwendet.

„APOLLO 8"

Im Sommer 1968 traf die **Nasa** die kühne Entscheidung, den zweiten bemannten „Apollo"-Flug auf eine Reise um den **Mond** zu schicken. Die Crew bestand aus den erfahrenen Astronauten Frank Borman und Jim Lovell sowie dem Neuling Bill Anders. Sie waren am 21. Dezember 1968 die ersten, die mit der **„Saturn V"**-Rakete ins All reisten. Ungefähr drei Stunden nach dem Start zündeten die Astronauten die dritte Stufe der „Saturn V" und beförderten „Apollo 8" auf eine 66 Stunden lange Reise zum Mond. Bis auf Bormans kurze Darmgrippe verlief die Reise glatt. Als die drei als erste Menschen die **Erdumlaufbahn** verließen, sahen sie ihren Heimatplaneten hinter sich zusammenschrumpfen, bis sie ihn mit dem Daumen der ausgestreckten Hand verdecken konnten.

In den frühen Morgenstunden des 24. Dezember zündeten die Astronauten das Haupttriebwerk ihres Servicemoduls und schwenkten in eine Mondumlaufbahn ein. Borman, Lovell und Anders umkreisten den Mond zehnmal und fotografierten seine Oberfläche.

Während der 20 Stunden, die sie den Mond umrundeten, übertrugen sie mit einer TV-Kamera an Bord auch zwei Fernsehsendungen zur Erde. Unter anderem lasen sie aus der Bibel vor, während Bilder der kahlen Mondlandschaft zu sehen waren. Schließlich zündeten die Astronauten das Triebwerk ihres Servicemoduls, um zur Erde zurückzukehren. Sie wasserten am Morgen des 27. Dezember im Pazifik. „Apollo 8" brachte der Nasa das lang ersehnte Erfolgserlebnis.

„APOLLO 11"

Am 20. Juli 1969 gelang den „Apollo 11"-**Astronauten** Neil Armstrong und Buzz Aldrin mit dem **Mondmodul** „Eagle" („Adler") die erste Mondlandung der Geschichte. Kennedys Wunsch, einen Menschen noch vor Ablauf des Jahrzehnts auf den Mond zu bringen, ist in Erfüllung gegangen.

Die Astronauten von „Apollo 11" hatten alle Raumfahrterfahrung. Neil Armstrong, geboren am 5. August 1930, aufgewachsen in Wapakoneta, Ohio, war im Koreakrieg Kampfpilot der US-Luftwaffe. Später wurde er Testpilot beim National Advisory Committee for Aeronautics, dem Vorläufer der **Nasa.** Armstrong flog mit dem Raketenflugzeug X-15 bis an den Rand des Alls, bevor er 1962 als Astronaut ausgewählt wurde. Als Kommandant der Mission „Gemini 8" im Jahr 1966

„APOLLO"-MISSIONEN

Mission	Startdatum	Flugdauer	Besondere Ereignisse, Bmerkungen	Mannschaft
„Apollo 1"	27. Januar 1967	kein Flug	Tod der Crew durch einen Brand	Grissom, White, Chaffee
„Apollo 7"	11. Oktober 1968	260 h 09 min 03 s	erster bemannter „Apollo"-Flug, erfolgreiches Rendezvous mit einer „Saturn IVB"	Schirra, Eisele, Cunningham
„Apollo 8"	21. Dezember 1968	147 h 00 min 42 s	erste bemannte Mondumrundung und erster Start der „Saturn V", Kommunikation/Bahnverfolgung demonstriert	Borman, Lovell, Anders
„Apollo 9"	3. März 1969	241 h 00 min 53 s	Wechsel der Mannschaft vom einen Raumfahrzeug zum anderen, EVA*. Rendezvous, Kopplung und Antrieb (MM) wurden demonstriert.	McDivitt, Scott, Schweickart
„Apollo 10"	18. Mai 1969	192 h 03 min 23 s	erste Mondumkreisung mit dem kompletten „Apollo"-Raumfahrzeug, MM-Rendezvous und KM-Kopplung im Gravitationsfeld des Mondes	Stafford, Young, Cernan
„Apollo 11"	16. Juli 1969	195 h 18 min 35 s	erste bemannte Mondlandung	Armstrong, Collins, Aldrin
„Apollo 12"	14. November 1969	244 h 36 min 4 s	erfolgreiche Mondlandung, Erkundung und Experimente im „Ozean der Stürme"	Conrad, Gordon, Bean
„Apollo 13"	11. April 1970	142 h 54 min 41 s	Abbruch der Mission wegen eines Brandes, der zu Sauerstoffverlust führte; Wechsel in das MM für den Wiedereintritt	Lovell, Swigert, Haise
„Apollo 14"	31. Januar 1971	216 h 01 min 58 s	erfolgreiche Mondlandung; allgemeiner Erfolg beim Fotografieren, bei Experimenten und der Erkundung mit nur kleineren Problemen	Shepard, Roosa, Mitchell
„Apollo 15"	26. Juli 1971	295 h 11 min 53 s	Einsatz eines Mondrovers, drei EVAs* auf dem Mond, eine EVA im All; erfolgreiche Inspektion und Entnahme von Proben in der Hadley-Apenninen-Region	Scott, Worden, Irwin
„Apollo 16"	16. April 1972	265 h 51 min 05 s	erfolgreiche Inspektion und Entnahme von Proben in der Descartes-Region, Fotografieren und Experimente auf dem Mond und während des Flugs	Young, Mattingly, Duke
„Apollo 17"	7. Dezember 1972	301 h 51 min 59 s	letzter „Apollo"-Flug zum Mond, erfolgreiche Inspektion der Taurus-Littrow-Region, Experimente und Fotografieren sowohl auf dem Mond als auch während des Flugs	Cernan, Evans, Schmitt

EVA: Extravehicular Activity (Aktivitäten außerhalb des Raumfahrzeugs); MM: Mondmodul; KM: Kommandomodul

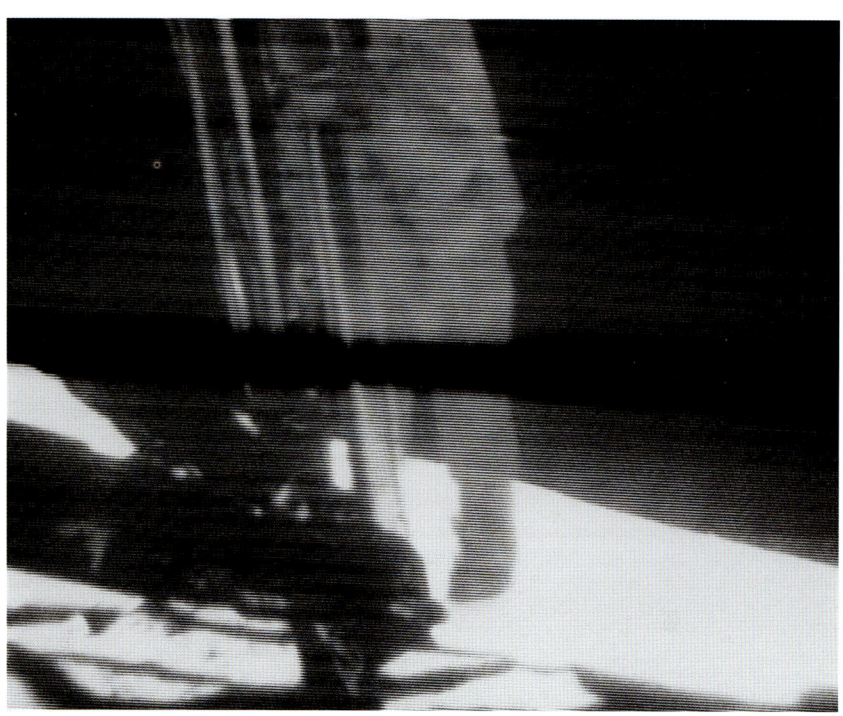

Neil Armstrong steigt die Leiter des Mondmoduls „Eagle" hinunter, kurz bevor er als erster Mensch seinen Fuß auf den Mond setzt. Das Ereignis wird von einer Fernsehkamera zur Erde übertragen, die an der Seite der Leiter befestigt ist. 600 Millionen Menschen – ein Fünftel der Erdbevölkerung – verfolgen das Ereignis an den Fernsehgeräten.

führte er das erste Kopplungsmanöver im All durch. Er konnte nur mit Mühe eine Katastrophe abwenden, als eine fehlerhafte Schubdüse das Raumfahrzeug wild durch den Weltraum taumeln ließ. Armstrong war für seine Gelassenheit in schwierigen Situationen bekannt, für seinen scharfen Intellekt, den trockenen Humor und seine Vorliebe für das Alleinsein.

Buzz Aldrin, am 20. Januar 1930 in Montclair, New Jersey, geboren, wurde ebenfalls Kampfpilot der Luftwaffe und flog Einsätze in Korea. Bevor er im Jahr1963 als Astronaut ausgewählt wurde, hatte er am Massachusetts Institute of Technology über Steuerverfahren bei Weltraumrendezvous promoviert. Im „Gemini"-Programm half Aldrin bei der Planung der Missionen und unternahm als Kopilot auf dem letzten Flug, „Gemini 12", drei Weltraumspaziergänge. Durch sein leidenschaftliches Interesse an Technik brachte Aldrin viel Erfahrung in die Crew von „Apollo 11" ein.

Das dritte Crewmitglied, Mike Collins, steuerte das **Kommandomodul** „Columbia". Geboren am 31. Oktober 1930 in Rom, studierte er an der Militärakademie in West Point. Als Luftwaffentestpilot flog Collins verschiedene Jagdflugzeuge vom Luftwaffenstützpunkt Edwards, bevor er 1963 als Astronaut ausgewählt wurde. 1966, als Kopilot der Mission „Gemini 10", unternahm er zwei Weltraumspaziergänge und beteiligte sich an zwei Rendezvous im All. Collins war für sein astronautisches Können bekannt.

Am 16. Juli 1969 hoben Armstrong, Aldrin und Collins an der Spitze einer **„Saturn V"**-Rakete ab. Ihre Reise verlief tadellos, am 19. Juli erreichten die Männer eine Mondumlaufbahn. Am folgenden Tag wechselten Armstrong und Aldrin in den „Eagle" und begannen mit dem Abstieg. Collins blieb mit der „Columbia" in der Umlaufbahn zurück. Während des Abstiegs wurde der Computer an Bord des „Eagle" überlastet und drohte, die Mission abzubrechen. Aber mit Hilfe des Flugkontrollzentrums konnten Armstrong und Aldrin alles am Laufen halten. Armstrong übernahm die Steuerung des „Eagle", um einem mit Felsbrocken übersäten Krater von der Größe eines Fußballfeldes auszuweichen. Dann landeten sie um 16.17 Uhr Ostküstensommerzeit auf einer glatten Ebene im „Meer der Stille". Beim Bodenkontakt hatten sie nur noch Treibstoff für 20 Sekunden. Hätte die Landung also erst kurze Zeit später erfolgen können, hätten Armstrong und Aldrin sie abbrechen müssen.

Mehr als sechs Stunden danach verließ Armstrong den „Eagle". Um 22.56 Uhr stieg er eine Leiter am vorderen Landebein hinunter. Als er die pulvrige Mondoberfläche erreichte, sagte er: «Das ist ein kleiner Schritt für einen Menschen, aber ein großer Sprung für die Menschheit.» 20 Minuten danach folgte ihm Aldrin zur Oberfläche. Beide verbrachten die nächsten zwei Stunden damit, ihren Landeplatz zu erkunden, Bilder zu machen und Gesteins- und Staubproben zu sammeln. Sie hissten die amerikanische Flagge und telefonierten mit Präsident Richard Nixon, der ihnen gratulierte. Collins kümmerte sich derzeit um die Systeme der „Columbia".

Am 21. Juli zündeten Armstrong und Aldrin das Aufstiegstriebwerk von „Eagle", hoben vom Mond ab und kehrten zu Collins in die „Columbia" zurück. Dann zündeten die Astronauten das Haupttriebwerk des **Servicemoduls,** um die Mondumlaufbahn zu verlassen und zur Erde zurückzukehren. Am 24. Juli wasserten sie im Pazifik. Aus Sorge, dass die drei „Mondkeime" einschleppen könnten, mussten sie bis zum 10. August in Quarantäne bleiben. Sie verließen sie gesund, als international gefeierte Helden. Für alle drei war „Apollo 11" die letzte Mission ins All.

„APOLLO 13"

„Apollo 13" startete am 11. April 1970 als wissenschaftliche Erkundungsmission. Sie sollte die dritte Mondlandung der **Nasa** werden. Aber diese Ziele musste man aufgeben, nachdem ein Sauerstofftank an Bord des Servicemoduls von „Apollo 13" nach 56 Stunden Dauer der Mission explodierte. Zu diesem Zeitpunkt war „Apollo 13" 330 000 Kilometer von der **Erde** entfernt. Die Explosion, die die Strom erzeugenden **Brennstoffzellen** des **Servicemoduls** zerstörte, zog auch das **Kommandomodul** in Mitleidenschaft. Die **Astronauten** Jim Lovell, Jack Swigert und Fred Haise gerieten plötzlich in eine lebensgefährliche Situation. Ohne die Stromversorgung des Servicemoduls konnten sie nicht auf direktem Weg zur Erde zurückkehren. Stattdessen mussten sie weiter bis zum **Mond,** ihn umkreisen und konnten erst dann die Heimreise antreten. Das angeschlossene Mondmodul diente ihnen als Rettungsboot. Es verfügte über Triebwerke, Sauerstoff und elektrischen Strom.

Während der nächsten vier Tage wurden die Astronauten mit einer Schwierigkeit nach der anderen konfrontiert. Als der Anteil des Kohlenmonoxids in der Kabinenluft stieg, mussten sich die Männer einen Abluftreiniger aus Teilen basteln, die dafür nicht vorgesehen waren. Glücklicherweise hatten sie die Unterstützung von Experten im Flugkontrollzentrum und der Lieferfirmen des „Apollo"-Programms im ganzen Land. Allerdings konnte das Flugkontrollzentrum nichts gegen die eisigen Temperaturen im **Raumfahrzeug** unternehmen. Die meisten elektronischen Komponenten waren abgeschaltet, um Strom zu sparen, weshalb sie nicht die übliche Wärme produzierten. Als die Astronauten am 17. April auf die Erde zurückkehrten, waren sie bis auf die Knochen durchgefroren und dehydriert, Haise litt zudem an einer Harnwegsentzündung. Die Männer erholten sich von der Tortur. Die Nasa konnte die Ursachen der Explosion ermitteln, um so etwas bei künftigen Missionen zu vermeiden.

„Apollo"-Forschung (Apollo 12, 14, 15, 16, 17)

Im Rahmen von „Apollo 12" landeten Pete Conrad und Alan Bean im November 1969 im „Ozean der Stürme" auf dem **Mond.** Sie absolvierten zwei Mondspaziergänge, während Dick Gordon über ihren Köpfen kreiste. Der Höhepunkt der Mission war ein Besuch der unbemannten Sonde „Surveyor 3", die seit 1967 auf dem Mond war. „Apollo 12" bestätigte die Machbarkeit einer Mondlandung an einem zuvor gewählten Punkt.

Im Februar 1971 erforschten **Alan Shepard** und Ed Mitchell während der „Apollo 14"-Mission das Fra-Mauro-Hochland und sammelten die bis dahin ältesten Gesteinsproben. Stu Roosa machte in der Zeit Aufnahmen von der Mondumlaufbahn aus.

Die Erforschung des Mondes erreichte mit der „Apollo 15"-Mission im Juli und August 1971 eine neue Dimension. Dave Scott und Jim Irwin führten drei Exkursionen durch, von denen jede bis zu sieben Stunden dauerte. Sie waren die ersten **Astronauten,** die einen **Mondrover** für die Erkundungen einsetzten. Beim Probensammeln in den Mondapenninen und den angrenzenden Ebenen entdeckten sie Felsen, die 4,5 Milliarden Jahre alt waren – fast so alt wie der Mond selbst. Von der Mondumlaufbahn aus sammelte Al Worden inzwischen Daten mit neuen hochauflösenden Kameras und Instrumenten.

„Apollo 16" führte als erste Mission ins zentrale Hochland des Mondes. John Young und Charlie Duke machten drei Mondspaziergänge und setzten zum zweiten Mal einen Mondrover ein. Während die beiden die Oberfläche erforschten, inspizierte Ken Mattingly den Mond aus der Umlaufbahn.

Im Dezember 1972 erfolgte mit „Apollo 17" die letzte Mondlandung. Während Ron Evans in einer Umlaufbahn blieb, setzten Gene Cernan und Jack Schmitt im Taurus-Littrow-Tal auf. Schmitt war der erste Wissenschaftler, der den Mond betrat. Die drei Mondspaziergänge erfolgten wieder mit einem Mondrover. Zu den aufregendsten Momenten der Mission gehörte Schmitts Entdeckung von orangefarbenem Boden. Wie Forscher später ermittelten, war der Boden durch Fontänen geschmolzener Lava entstanden, die vor 3,5 Milliarden Jahren ausbrachen. Die Wasserung von „Apollo 17" am 19. Dezember 1972 beendete die „Apollo"-Mondforschung.

Mondrover

Ein Schlüsselelement der letzten drei „Apollo"-Mondlandungen waren die batteriebetriebenen Mondrover, deren Räder aus einem Gitternetz bestanden. Die Rover ermöglichten es den **Astronauten,** kilometerweit auf der Mondoberfläche umherzustreifen. Sie besaßen eigene Systeme für Navigation und Kommunikation und boten Stauraum für geologische Werkzeuge, Mondproben und andere Ausrüstungsgegenstände.

Kommando- und Servicemodul

Das Kommando- und Servicemodul von „**Apollo**" war das erste bemannte Mondschiff der Geschichte. Es beförderte die **Astronauten** in eine Mondumlaufbahn und wieder zurück. Im kegelförmigen Kommandomodul befanden sich die Mannschaftskabine und die Instrumente, die während der Reise benötigt wurden. Verglichen mit früheren **Raumfahrzeugen** der USA bot die Kabine des Moduls etwas mehr Platz. Sie besaß

eine Gerätebucht für die Navigationsausrüstung, eine Speisekammer sowie Stauraum. Das untere Ende des Kommandomoduls wurde vom **Hitzeschild** für den **Wiedereintritt** umhüllt, im Bug waren die Fallschirme für die Landung verstaut.

An der Unterseite des Kommandomoduls war das zylindrische Servicemodul befestigt. Es enthielt das große Raketentriebwerk sowie die Tanks für Brennstoff und Oxidationsmittel, mit denen man das Raumfahrzeug in die Mondumlaufbahn brachte und wieder aus ihr heraus. Im Servicemodul befanden sich auch die **Brennstoffzellen** für die elektrische Stromerzeugung, ein Satz Steuerdüsen und die Funkantenne für die Kommunikation mit der **Erde.** Kurz vor Wiedereintritt in die **Erdatmosphäre** trennten die Astronauten das Servicemodul ab, so dass nur das Kommandomodul zur Erde zurückkehrte. Neben ihren Aufgaben im Mondprogramm transportierten die Kommando- und Servicemodule von „Apollo" 1973 und 1974 drei Astronautenteams zur Raumstation „Skylab" und wieder zurück. Außerdem wurden die Module 1975 im internationalen Flug des **„Apollo"-„Sojus"-Testprojekts** eingesetzt.

MONDMODUL

Das „Apollo"-Mondmodul, das die ersten bemannten Mondlandungen ermöglichte, wurde als das erste wahre Raumschiff bezeichnet, weil es ausschließlich in der Leere des Weltraums flog. Um zwei **Astronauten** zur Mondoberfläche und wieder zurück zu bringen, musste es so leicht wie möglich konstruiert sein. Das spinnenförmige Mondmodul bestand aus zwei Teilen, der Abstiegs- und der Aufstiegsstufe. Zur achteckigen Abstiegsstufe gehörten das Raketentriebwerk für den Abstieg auf die Mondoberfläche, außerdem die Landebeine und die Ausrüstung, die die Astronauten für die Erkundung der Oberfläche brauchten.

Auf der Abstiegsstufe saß die Aufstiegsstufe mit der Kabine für die Crew. Dort standen die beiden Astronauten vor einer Instrumentenanzeige und konnten durch zwei dreieckige Fenster nach draußen blicken. Die Aufstiegsstufe enthielt ebenfalls ein Raketentriebwerk; damit gelangten die Astronauten von der Mondoberfläche zurück in die Mondumlaufbahn.

Während der **„Apollo 13"**-Mission diente das Mondmodul als Rettungsboot. Nach einer Explosion im **Servicemodul** nutzten Jim Lovell und sein Team vom angeschlossenen Mondmodul Raketentriebwerk, Sauerstoffversorgung und Ausrüstung, um zur **Erde** zurückzukehren.

Hoch oben an den Hängen eines Mondbergs untersucht Jack Schmitt einen Felsbrocken während des letzten Mondspaziergangs auf der „Apollo 17"-Mission am 13. Dezember 1972. Während dreier Exkursionen verbrachten Schmitt und Kommandant Gene Cernan mehr als 21 Stunden mit der Erforschung des Taurus-Littrow-Tals. Sie nutzten dabei den batteriebetriebenen Mondrover, der rechts vor dem Felsen zu sehen ist. Im Rahmen der „Apollo 17"-Mission betraten Menschen den Mond zum letzten Mal im 20. Jahrhundert.

Raumfahrtprogramme

„APOLLO"-„SOJUS"-TESTPROJEKT

Das „Apollo"-„Sojus"-Testprojekt war die erste internationale Raumfahrtmission. Am 15. Juli 1975 hob ein **„Sojus"**-Raumfahrzeug mit den Kosmonauten Alexej Leonow und Waleri Kubassow vom Weltraumbahnhof Baikonur in Zentralasien ab. Stunden später starteten die **„Apollo"-Astronauten** Tom Stafford, Vance Brand und Donald Slayton vom **Kennedy Space Center.** Am 17. Juli führten Stafford und seine Mannschaft ein Rendezvous mit ihren sowjetischen Kollegen durch, bei dem sie ein speziell angefertigtes Kopplungssystem nutzten. Die beiden **Raumfahrzeuge** waren auf der Umlaufbahn vereint. Während der nächsten beiden Tage besuchten sich Astronauten und Kosmonauten gegenseitig und tauschten Geschenke aus. Es gab Fernsehsendungen zur **Erde.** „Sojus" landete am 21. Juli im heutigen Kasachstan, und „Apollo" wasserte am 24. Juli

im Pazifik. Der Erfolg der Mission ebnete den Weg für künftige gemeinsame Projekte, die rund 20 Jahre später durch US-Missionen zur russischen **Raumstation „Mir"** wiederauflebten.

EUROPÄISCHE RAUMFAHRTAGENTUR (EUROPEAN SPACE AGENCY, ESA)

Die im Jahr 1975 gegründete Europäische Raumfahrtagentur (ESA) hat heute 15 Mitglieder: Belgien, Dänemark, Deutschland, Finnland, Frankreich, Großbritannien, Irland, Italien, die Niederlande, Norwegen, Österreich, Portugal, Spanien, Schweden und die Schweiz. ESA-Astronauten haben an Missionen der USA, UdSSR und Russlands teilgenommen. Aushängeschild der ESA sind die „Ariane"-**Trägerraketen.** Die ESA unterhält ein Programm mit Raumsonden zur Erforschung des Alls und hat sich an vielen Missionen ins Sonnensystem beteiligt. 2003 betrug ihr Etat 2,7 Milliarden Euro.

GASTKOSMONAUTEN UND GASTASTRONAUTEN

Bis Mitte der 1970er Jahre gab es nur zwei Staaten mit Weltraummissionen: die USA und die UdSSR. 1976 wählten die Sowjets „Gastkosmonauten" für den Besuch der **Raumstation „Saljut"** aus. Die Teilnehmer des „Interkosmos"-Programms kamen aus Kuba, Nord-Vietnam, Rumänien und anderen sozialistischen Ländern sowie aus Frankreich. Sie verweilten rund eine Woche im All. Diese Missionen brachten neue Vorräte zur Raumstation und linderten die Einsamkeit der „Saljut"-Besatzung während ihres monatelangen Aufenthalts im All. Internationale Beteiligung gab es auch am „Mir"-Programm.

Inzwischen schickt die **ESA** im Rahmen des US-Raumfahrtprogramms eigene Astronauten auf Flüge mit den **Spaceshuttles.** Den Anfang machte die erste „Spacelab"-Mission 1983 mit dem Deutschen Ulf Merbold als erstem Nicht-Amerikaner. In den 1980er Jahren waren auch Vertreter von Frankreich, Kanada, Mexiko, den Niederlanden und Saudi-Arabien an Bord der Shuttles. Astronauten aus Europa, Japan und Kanada gehören inzwischen zum Astronautenkorps der **Nasa:** Sie nehmen an Shuttlemissionen teil und besuchen die **„Internationale Raumstation".**

Während des ersten internationalen Raumflugs – des „Apollo"-„Sojus"-Testprojekts – am 17. Juli 1975 schaut US-Astronaut Tom Stafford (links) aus dem Kopplungsmodul heraus, während der sowjetische Kosmonaut Alexej Leonow in der Luke des Orbitalmoduls des „Sojus"-Raumfahrzeugs schwebt.

Der Spaceshuttle ist das komplexeste Fluggerät, das je gebaut wurde. Die Raumfähre ist das erste wiederverwendbare Raumfahrzeug und für ganz verschiedene Missionen einsetzbar: um Satelliten auszusetzen oder wieder einzufangen, wissenschaftliche und medizinische Forschung sowie militärische Aufklärung zu betreiben oder Komponenten im All zusammenzubauen. Die Raumfähre kann Nutzlasten bis zu 25,4 Tonnen in ihrer 18 Meter langen Ladebucht transportieren. Per Roboterarm können die Astronauten große Nutzlasten bewegen.

Spaceshuttles

SPACESHUTTLE

Bereits in den 1960er Jahren, noch vor der ersten Mondlandung, hegte die **Nasa** den Traum von einem wiederverwendbaren Raumschiff. **„Apollo"** war, wie zuvor „Mercury" und „Gemini", ein Wegwerfvehikel, dessen Rückkehrkapsel nach einem einzigen Flug im Museum endete. Ein neues, wiederverwendbares Transportsystem (Shuttle) sollte den Raumflug effizienter gestalten und Teil einer Weltrauminfrastruktur sein, zu der auch eine permanente **Raumstation** in einer Erdumlaufbahn gehörte. Aber die Nixon-Regierung genehmigte nur den Shuttle, nicht die Station. Als der Kongress 1972 jedoch grünes Licht für den Shuttle-Bau gab, zwangen Etatkürzungen die Nasa zu einem Kompromiss. Um Entwicklungskosten zu senken, wurde das Raumfahrzeug zu einer Mischung aus wiederverwendbaren und Einweg-Elementen.

Das zentrale Element des Shuttles ist die **Raumfähre,** die so groß wie ein Passagierflugzeug mittlerer Größe ist: rund 37 Meter lang, mit einer Spannweite von 24 Metern. Zur Raumfähre gehören die Mannschaftskabine, die bis zu acht **Astronauten** Platz bietet, eine 18 Meter lange Ladebucht und drei Flüssigbrennstofftriebwerke für den Start. Dazu kommen weitere Triebwerke für Manöver im All und die Rückkehr zur Erde. Wiederverwendbar wird die Raumfähre auf Grund ihres Wärmeschutzsystems, das sie vor der

intensiven Hitze beim **Wiedereintritt** schützt. Es besteht aus Tausenden von Keramikkacheln, Paneelen aus kohlefaserverstärktem Verbundwerkstoff und weiteren Materialien an der Außenhülle. Während des Wiedereintritts und des Abstiegs durch die Atmosphäre benötigt die Raumfähre kein Antriebssystem, sondern sie gleitet zu einer Landebahn, die extra am **Kennedy Space Center** angelegt worden ist. Bisher hat es fünf Raumfähren gegeben: **„Columbia", „Challenger",** „Discovery", „Endeavour" und „Atlantis".

Für den Start wird die Raumfähre an einem externen Treibstofftank befestigt, der rund 47 Meter lang ist und acht Meter Durchmesser hat. Er beliefert die Haupttriebwerke der Raumfähre mit flüssigem Wasserstoff und flüssigem Sauerstoff, die beim Start einen Schub von mehr als 5 338 000 Newton erzeugen. Zusätzlich sind zwei Feststoffhilfsraketen am externen Tank befestigt, die je 14 680 000 Newton Schub liefern. Sie brennen während der ersten zwei Minuten des Flugs, werden dann gelöst und stürzen ins Meer. Dort werden sie für einen neuen Einsatz geborgen. Etwa acht Minuten nach dem **Abheben,** kurz bevor der Shuttle die Umlaufbahn erreicht, werden die Haupttriebwerke abgeschaltet und der externe Tank abgetrennt. Er verglüht beim Wiedereintritt in die Atmosphäre.

Seit seinem ersten Flug im April 1981 hat der Spaceshuttle eine Vielzahl von Missionen absolviert. Die

Shuttlebesatzungen haben **Satelliten** ausgesetzt und andere Satelliten zur Reparatur oder für einen Rücktransport zur Erde eingefangen. Der Shuttle hat als wissenschaftliches Labor gedient, um die Folgen der **Schwerelosigkeit** für den Menschen und andere Organismen zu untersuchen. Er diente auch als Beobachtungsplattform, um die Erde, die **Sonne** und das All zu erforschen. Es gab geheime Shuttlemissionen für das

Eines der schlimmsten Raumfahrtunglücke der Geschichte: Am 28. Januar 1986 explodierte der Spaceshuttle „Challenger" nur 73 Sekunden nach dem Start. Die beiden Feststoffhilfsraketen des Shuttles rasten weg und hinterließen Kondensstreifen. Alle sieben Besatzungsmitglieder starben, unter ihnen die Lehrerin Christa McAuliffe aus New Hampshire.

Verteidigungsministerium sowie Besuche bei der Raumstation „**Mir**". Zudem war der Shuttle wesentlich am Aufbau der „**Internationalen Raumstation**" beteiligt.

Es ist nicht gelungen, Menschen mit dem Shuttle kostengünstiger ins All zu schicken. Der Wartungsaufwand zwischen den Flügen ist hoch. Der Verlust zweier Shuttles mitsamt ihren Besatzungen („Challenger" 1986 und „Columbia" 2003) hat die Risiken eines Shuttleflugs unterstrichen. Die Nasa plant, die Shuttleflotte 2010 aus dem Verkehr zu ziehen; die „Internationale Raumstation" soll bis dahin fertig sein.

SALLY K. RIDE

Dr. Sally K. Ride war die erste Amerikanerin im Weltraum. Geboren am 26. Mai 1951 in Los Angeles, Kali-

fornien, studierte sie Naturwissenschaften und promovierte 1978 in Physik an der Stanford University. Noch im selben Jahr wurde sie als eine von 35 neuen **Astronauten** für das Spaceshuttleprogramm ausgewählt. Am 18. Juni 1983 startete Ride mit vier Kollegen an Bord der Raumfähre „**Challenger**" zum siebten Flug dieses Shuttles. Damit gelangte zum ersten Mal eine amerikanische Frau ins All. Teil der Mission war der Einsatz eines ferngesteuerten Roboterarms (ebenfalls eine Premiere), den Ride bediente und den sie mitentwickelt hatte. Im Oktober 1984 flog Ride erneut in den Weltraum, wieder an Bord der „Challenger", für die achttägige Mission „STS-41-G". Auf diesem Flug machte Rides Kollegin Dr. Kathy Sullivan als erste Amerikanerin einen Weltraumspaziergang.

Ride arbeitete in der Präsidentenkommission zur Aufklärung des „Challenger"-Unglücks 1986 mit und war die erste Direktorin des **Nasa**-Forschungsbüros. Seit 1989 ist sie Physikprofessorin an der University of California in San Diego, wo sie auch Direktorin des California Space Institute ist.

„CHALLENGER"

Am 28. Januar 1986 war der **Spaceshuttle** „Challenger" startbereit, zu seiner siebenköpfigen Besatzung gehörte erstmals eine Privatperson: die Lehrerin Christa McAuliffe. Als „Challenger" in den klaren Winterhimmel donnerte, schien alles in Ordnung zu sein – bis sich plötzlich 73 Sekunden nach dem Start eine fürchterliche Explosion ereignete. Das **Raumfahrzeug** wurde zerstört und die Besatzung getötet.

Nach monatelangen Untersuchungen ermittelte eine Präsidentenkommission, dass die Hauptursache des Unfalls bei einer der beiden Feststoffhilfsraketen des Shuttles lag. Jede dieser Raketen besteht aus mehreren Segmenten, deren Verbindungsstücke durch große Dichtungsringe aus gummiähnlichem Material versiegelt werden. Wegen des ungewöhnlich kalten Wetters am Starttag verlor einer der Dichtungsringe in der rechten Hilfsrakete seine Elastizität und wurde undicht. Flammen aus dem brennenden Treibstoff im Innern der Rakete trafen die Wand des externen Tanks. 73 Sekunden nach dem Start war die Materialstruktur des Tanks so weit geschwächt, dass große Mengen flüssigen Wasserstoffs und flüssigen Sauerstoffs entweichen konnten. Eine gewaltige Explosion war die Folge. Die Kommission kam auch zu der Erkenntnis, dass der Unfall durch Fehler im Entscheidungsprozess begünstigt wurde. Der Shuttleflugbetrieb wurde erst im September 1988 wieder aufgenommen.

„COLUMBIA"

Am 1. Februar 2003 bereitete sich die Besatzung des **Spaceshuttles** „Columbia" auf das Ende eines 16-tägigen Flugs vor. An Bord waren der Missionskommandant Rick Husband, der Pilot William McCool, die Missionsspezialisten Michael Anderson, Kalpana Chawla, David Brown und Laurel Clark sowie der Nutzlastspezialist Ilan Ramon – Israels erster **Astronaut.** Als der Zeitpunkt für die **Landung** verstrich, wurde den Mitarbeitern der Bodenkontrolle klar, dass etwas Schlimmes passiert sein musste. Die Raumfähre war während des **Wiedereintritts** in die Erdatmosphäre über dem Südwesten der USA zerfallen; alle sieben Astronauten kamen ums Leben.

In den folgenden Monaten bargen Suchteams mehr als 84 000 Bruchstücke. Aus ihnen und den letzten Daten, die das **Raumfahrzeug** zur **Erde** funkte, ermittelte der Unfallausschuss in monatelanger Untersuchung die Ursache: Eines der Wärmeschutzpaneele der „Columbia" hatte sich beim **Start** gelöst, nachdem es von einem Stück Isolierschaum des äußeren Shuttletanks getroffen worden war. Beim Wiedereintritt in die **Erdatmosphäre** traten heiße Gase in die Flügel der Raumfähre ein und ließen sie auseinander brechen. Nach dieser Tragödie ließ die Nasa die Shuttleflotte für rund zweieinhalb Jahre am Boden, um die Sicherheit der Raumfähren zu verbessern.

Am 26. Juli 2005 startete der Spaceshuttle „Discovery" mit einer siebenköpfigen Crew unter der Kommandantin Eileen Collins zur „Internationalen Raumstation", unter anderem um dort die Vorräte aufzufüllen.

Der weitere Verlauf der Mission „STS-114" war bei Redaktionsschluss des Buches noch nicht bekannt.

„HUBBLE"-REPARATURMISSION

Als das Hubble-Space-Teleskop 1990 an Bord des **Spaceshuttles** „Discovery" gestartet wurde, setzten Astronomen große Hoffnungen in das Observatorium in der Umlaufbahn. Hoch über der **Erdatmosphäre** sollte das **Teleskop** das All zehnmal schärfer sehen können als irgendein Instrument auf der Erde. Die ersten Bilder von „Hubble" waren jedoch unscharf. Das Fernrohr hatte einen gravierenden Fehler: Der 2,40 Meter große Hauptspiegel war nicht korrekt geschliffen.

Forscher sannen auf Abhilfe, ohne das Teleskop auf die **Erde** zurückholen zu müssen. Im All spazierende Shuttle-Astronauten sollten es mit einer Korrekturoptik versehen. Der Reparaturflug „STS-61" fand im Dezember 1993 statt. Der Shuttle „Endeavour" hob mit einer siebenköpfigen Crew ab, die zwei Jahre lang für die Mission trainiert hatte. Es handelte sich um einige der schwierigsten Weltraumspaziergänge, die je gemacht wurden. Nach der Annäherung an „Hubble" griffen die Astronauten das Teleskop mit dem ferngesteuerten Roboterarm und sicherten es in der Ladebucht. Die Reparatur gelang ihnen innerhalb von fünf Weltraumspaziergängen. Seitdem haben drei weitere Missionen Hubbles Instrumente auf den neusten Stand gebracht; fehlerhafte Teile wurden ausgewechselt. Ein weiterer Wartungsflug, ursprünglich für 2006 geplant, wurde nach der **„Columbia"**-Tragödie gestrichen.

SPACESHUTTLES

Space-shuttle	Erster Start	Letzter Start	Zahl der Flüge	Bemerkungen
„Enterprise"	15. Februar 1977	26. Oktober 1977	16	Spaceshuttle-Testfahrzeug; nicht raumflugtauglich; Test der Kapazität und Reaktionen im Gleitflug; Grundlage für die Entwicklung von Shuttles, die für die Umlaufbahn ausgerüstet sind.
„Columbia"	12. April 1981	16. Januar 2003	28*	Erster Spaceshuttle, der die Erde umkreiste; während des letzten Flugs zerbrach die Raumfähre beim Wiedereintritt, die gesamte Crew starb. Vorreiter bei Technologie und Entwicklung der Spaceshuttles.
„Challenger"	4. April 1983	28. Januar 1986	9	Zweiter Shuttle, der eine Umlaufbahn erreichte; Modifikationen, um eine „Centaur"** zu transportieren, was aber doch nicht versucht wurde. Der Shuttle explodierte beim zehnten Start, die gesamte Crew starb.
„Discovery"	30. August 1984	voraussichtlich 2010	30	Dritter Shuttle, der eine Umlaufbahn erreichte; Modifikationen, um eine „Centaur" zu transportieren, wegen des Verlusts des „Challenger"-Shuttles wurde aber kein „Centaur"-Flug unternommen.
„Atlantis"	3. Oktober 1985	voraussichtlich 2010	26	Vierter Shuttle, der eine Umlaufbahn erreichte; 165 Modifikationen, um die Leistung gegenüber den drei vorherigen Shuttles und der „Enterprise" zu verbessern.
„Endeavour"	7. Mai 1992	voraussichtlich 2010	19	Fünfter Shuttle, der eine Umlaufbahn erreichte; ausgestattet mit neuer Hardware, um die Möglichkeiten des Shuttles zu verbessern; rettete beim ersten Flug einen gestrandeten Kommunikationssatelliten.

* Beim Wiedereintritt des 28. Flugs verloren gegangen, am 1.2.2003; ** leistungsstarkes Oberstufentriebwerk

Eine grundsätzlich neue Perspektive

**US-Senator
Jake Garn**

Im November 1984 lud NASA-Administrator James Beggs den Vorsitzenden des Kongressausschusses, der für die Weltraumbehörde zuständig war, zu einem Flug an Bord des Shuttles ein. Als Vorsitzender des Senatsunterausschusses für Fördermittel (der für die Finanzierung der Nasa verantwortlich war) und als früherer Marineflieger und Luftwaffenpilot mit mehr als 10 000 Flugstunden, nahm ich die Einladung gerne an. Meine Reise sollte mit dem „Challenger"-Flug „STS-51E" erfolgen. Ich war als Nutzlastspezialist für eine Reihe von physiologischen und medizinischen Experimenten zuständig. Wegen technischer Probleme mit einem „TDRSS"-Satelliten, der bei dieser Mission gestartet werden sollte, wurde unser Flug gestrichen. Ein Großteil der Crew und ich wurden stattdessen dem Flug „STS-51D" an Bord des Spaceshuttles „Discovery" zugeteilt. Er startete am 12. April 1985 und landete wieder sieben Tage später, am 19. April.

Diese Erfahrung berührte mich tief. Sie schuf eine lebenslange Verbindung zwischen mir und meinen Crewkollegen sowie eine Seelenverwandtschaft mit allen, die vor und nach mir ins All gereist sind. Als ich die unbeschreibliche Schönheit der Erde von oben sah und die dunkle Weite des Raums, vermittelte mir das ein Gefühl von der wahren Größe der Schöpfung. Es verstärkte meine Überzeugung von der Macht einer Intelligenz, die das alles geformt und organisiert haben musste. Mir kam der Satz in den Sinn: «Was immer der Verstand eines Menschen erfassen und glauben kann, kann er auch erreichen.»

Dieser Satz hat sich bewahrheitet. Ich erinnere mich daran, wie ich mit meinem Vater, einem Piloten im Ersten Weltkrieg, vor dem Fernseher saß und zusah, wie Neil Armstrong seinen Fuß auf den Mond setzte. Mein Vater schien von der Emotion dieses Augenblicks fast überwältigt zu werden. Er erzählte mir, dass er sich noch genau daran erinnerte, wie er als Zehnjähriger mit seinem Vater zusammensaß, als dieser ihm vom ersten Flug der Gebrüder Wright am Vortag erzählte. Im Lauf seines Lebens wurde der Glaube an die Möglichkeit des Fliegens Realität. Für mich als kleiner Junge wurde dieser Glaube Realität, als ich im schmutzbedeckten Hangar meines Vaters in Richfield, Utah, mehr über das Fliegen erfuhr. Schließlich machte ich meinen Pilotenschein noch vor dem Führerschein. Und dann schaute ich auf unseren wunderschönen Blauen Planeten herunter – von viel weiter oben, als die Luft, die alle getragen hatte: die Gebrüder Wright, das Militärflugzeug, das ich bislang gesteuert habe, und die großen Passagierflugzeuge, die nach dem ersten Flug 1903 entwickelt wurden. Für mich persönlich schloss sich der Kreis, als ich 2003, während der Feierlichkeiten zum Gedenken an 100 Jahre Luftfahrt, das unvergessliche Erlebnis hatte, einen Nachbau des Fluggeräts der Brüder Wright zu fliegen.

Der Blick aus dem Weltraum

Einer der wichtigsten Eindrücke meines Raumflugs war, dass ich beim Blick auf die Erde keine Grenzen erkennen konnte. Grenzen, die die Bewohner unseres Planeten so oft in einander bekämpfende Lager spalten. Dies stellt nationale Ansprüche an Grund und Boden in Frage. Obwohl ich stolz und dankbar bin, Amerikaner zu sein, und sehr an unsere Ideale und Freiheit glaube, wurde dieses Gefühl während meines Aufenthalts in der Umlaufbahn von dem Gefühl überlagert, einfach Teil der Bevölkerung unseres Planeten zu sein – eines Planeten, der sein eigenes riesiges Raumschiff ist, das durch die unermesslichen Weiten des Alls reist und uns alle als Passagiere auf seiner Reise um die Sonne mitnimmt.

Schaute ich auf die Krisenregionen der Erde herab, konnte ich keine Hinweise auf Krieg erkennen. Es machte mich nicht nur traurig, sondern erschien mir fast schon frevlerisch, wenn jemand von uns etwas tun

Aus dem Weltraum betrachtet, ist der Mittlere Osten nur ein Flickenteppich aus Land und Wasser; die politischen Grenzen kann man aus der Entfernung nur erahnen.

würde, das diese Schönheit und diesen Frieden, den ich unter mir sehen konnte, verdarb. Ich fragte mich damals – und frage mich oft seitdem –, wie viel anders das Leben auf unserem Heimatplaneten wäre, wenn jeder die Welt aus diesem Blickwinkel von der Umlaufbahn aus betrachten könnte. Wären die Menschen weniger bereit, Krieg mit ihren Nachbarn anzufangen? Würden sie nachdenken, bevor sie unsere Umwelt verschmutzten, das weite Grün zerstörten, das so schön mit den kristallblauen Meeren und Seen kontrastierte, die wir auf unserer 90-Minuten-Umlaufbahn überquerten? Ich habe oft überlegt, dass Frieden und Eintracht sehr viel schneller erreicht werden könnten, wenn man die Führer der sich bekämpfenden Fraktionen oder Länder irgendwie in eine Umlaufbahn zu einem „Gipfeltreffen" bringen könnte.

Ein Platz im All

Als ich auf den sich ständig verändernden Horizont schaute, während wir auf der Umlaufbahn entlang-rasten, war ich auch davon getroffen, wie klein und zerbrechlich unsere Erde aussieht. Der Anblick vermittelte mir das starke Gefühl, dass wir in unserem Sonnensystem nach Orten suchen müssen, an denen Menschen leben könnten – auf fernen Planeten, die wir eines Tags besuchen könnten, oder auf dem Mars, den man vielleicht in eine bewohnbare Landschaft verwandeln könnte.

Schließlich war ich mir beim Blick hinaus in die unvorstellbare Weite des Alls – ohne Störungen durch die Atmosphäre oder das diffuse Licht unseres Planeten – absolut sicher, dass es in all den anderen Galaxien da draußen weitere Planeten wie die Erde geben musste, auf denen ebenfalls Menschen wohnen. Wir sind nicht einfach nur Mitglieder der menschlichen Rasse auf unserem eigenen Planeten, sondern zugleich Mitglieder einer galaktischen, universellen Familie.

Mein Raumflugerlebnis vermittelte mir das Gefühl, wirklich am rechten Ort zu sein. Ich konnte es gewissermaßen nur erleben, weil ich dort war. ■

An Bord der „Internationalen Raumstation" („ISS") arbeiten Mitglieder der „Expedition 2"-Besatzung am 5. April 2001 im Wissenschaftslabor „Destiny". Die amerikanische Astronautin Susan Helms erprobt die Auswirkungen der Schwerelosigkeit. Der russische Kosmonaut Juri Usachew war während der 165 Tage dauernden Mission Kommandant der „ISS".

Überleben im All

DER KÖRPER IM WELTRAUM

Wenn Sie ins All reisen könnten, würden Sie merken, wie sich Ihr Körper verändert. Sie würden einen sonderbaren Druck im Kopf spüren, so als ob Sie eine Erkältung bekämen. Ein Blick in den Spiegel würde Ihnen zeigen, dass Ihr Gesicht aufgequollen ist und Ihre Beine dünner als auf der **Erde** aussehen. Auch Ihre Körperhaltung hätte sich verändert: Wenn Sie die Muskeln entspannten, würden sich Ihre Schultern nach vorn beugen, Ihre Knie abwinkeln und Ihre Arme vor Ihnen herunterhängen. All das sind Folgen der **Schwerelosigkeit,** wenn auch nur ihre am einfachsten sichtbaren Anzeichen.

Forscher der **Nasa** mussten jahrelang Erfahrungen sammeln, um weitere Effekte zu erkennen. Den ersten detaillierten Einblick in physiologische Veränderungen infolge der Schwerelosigkeit erhielt die Nasa durch die Missionen zur **Raumstation „Skylab".** Da Körperflüssigkeiten nicht länger von der Gravitation nach unten gezogen werden, wandern sie in den oberen Teil des Körpers. Folge sind verstopfte Stirnhöhlen, aufgequollene Gesichter und dünne Beine. Die „Skylab"-Astronauten machten regelmäßig anstrengende Übungen, um dem Abbau von Muskeln und Knochen entgegenzuwirken, der bei langem Aufenthalt in der Schwerelosigkeit stattfindet.

Auch heute ist Sport eins der wichtigsten Mittel, um mit den gesundheitlichen Folgen des Raumflugs fertig zu werden. Dazu gehören das Training auf einem Laufband und Radfahren auf einem stationären Fahrrad ebenso wie Übungen an Geräten, um für Knochen und Muskeln die normale Gravitation zu simulieren. Tatsächlich verbringen US-Astronauten an Bord der **„Internationalen Raumstation"** etwa zwei Stunden pro Tag mit Training. Das Fitnessprogramm russischer Kosmonauten ist anders: Sie trainieren hauptsächlich in den letzten Wochen eines Aufenthalts im All, um sich so auf die Rückkehr zur Erde vorzubereiten.

Eine der faszinierendsten Veränderungen, die unter Schwerelosigkeit stattfindet, hängt mit der Wahrnehmung zusammen. Ohne spürbare Anziehungskraft, die oben und unten festlegt, kann sich der Orientierungssinn bei Astronauten dramatisch verändern. Die Begriffe „Boden", „Wände" und „Decke" sind beliebig: Sie hängen von der Lage des Astronauten ab, wenn er den Raum „betritt".

Die Weltraumbedingungen bergen eine Vielzahl von tödlichen Gefahren: vom Fehlen einer Atmosphäre über Temperaturextreme bis hin zur Sonnen- und kosmischen Strahlung. Jede dieser Gefahren muss von Ingenieuren berücksichtigt werden, wenn sie **Raumfahrzeuge, Raumanzüge** und weitere Ausrüstungsgegenstände für Astronauten entwickeln.

Daten von Aufenthalten in sowjetischen/russischen Raumstationen, US-Shuttleflügen und von der „Internationalen Raumstation" haben unser Verständnis dieser und anderer Effekte des Raumflugs erweitert. Aber es gibt noch viel zu tun, bis Astronauten sicher zum Mars oder in andere Welten unseres Sonnensystems reisen können. Biomedizinische Untersuchungen bleiben daher ein Schwerpunkt der Weltraumforschung.

Lebenserhaltende Systeme

Ein Leben im All wäre unmöglich ohne Systeme zur Lebenserhaltung und Umweltkontrolle. **Astronauten** benötigen nicht nur Trinkwasser oder Sauerstoff zum Atmen, es muss auch das ausgeatmete Kohlendioxid aus der Kabinenatmosphäre entfernt werden. Und egal, ob der Astronaut in der Kabine des **Raumfahrzeugs** einen Overall oder im Vakuum des Alls einen **Raumanzug** trägt – seine Umgebung muss hinsichtlich Druck, Temperatur und Feuchtigkeit so gestaltet werden, dass er sie als angenehm empfindet.

Schon für die „**Mercury**"-Missionen wurden Techniken zur Reinhaltung der Atmosphäre im Raumfahrzeug entwickelt: So diente Lithiumhydroxid dazu, das Kohlendioxid in der Kabinenatmosphäre zu binden, Aktivkohle filterte Verunreinigungen heraus. Andere Systeme, ursprünglich für die russischen **Raumstationen** vorgesehen, kommen heute auch auf der „**Internationalen Raumstation**" zum Einsatz: Perchlorat-„Kerzen", die man anzündet, um Sauerstoff zum Atmen zu erzeugen. Sauerstoff gewinnt man auch durch die Spaltung von Wasser mittels Elektrolyse. Den notwendigen Strom liefern die Sonnenpaddel der Raumstation; der bei der Elektrolyse entstehende Wasserstoff wird ins All abgelassen.

Wasser ist ein wertvolles Gut an Bord jeder Raumstation. Die lebenserhaltenen Systeme der „Internationalen Raumstation" recyceln Trinkwasser aus Urin, Waschwasser und der Feuchtigkeit der ausgeatmeten Luft. Das klingt zwar unappetitlich, aber dieses Wasser ist sauberer als das Trinkwasser, das auf der **Erde** aus dem Wasserhahn kommt.

Die Ingenieure hoffen, eines Tages ein geschlossenes lebenserhaltendes System zu entwickeln, in dem Pflanzen an Bord den Sauerstoff liefern, bei der Reinigung des Wassers helfen und sogar Abfälle verarbeiten.

Schwerelosigkeit

Astronauten und ihr **Raumfahrzeug,** die auf einer Umlaufbahn die **Erde** umkreisen, „fallen" in Wirklichkeit um den Planeten. Aus der Perspektive der Astronauten scheint es, als ob sie in einem bewegungslosen Raumfahrzeug schwebten. Unter Schwerelosigkeit haben Objekte noch immer Masse, aber ihr Gewicht (definiert als Masse mal Beschleunigung auf Grund der Gravitation) scheint null zu sein. Schwerelosigkeit kann man auch in einem Flugzeug spüren, das eine **ballistische Bahn** beschreibt; auf diese Weise testet die **Nasa** Ausrüstung und Verfahren für Astronauten, die Weltraumspaziergänge unternehmen sollen.

Im All bleiben Astronauten so lange schwerelos, bis sie ein **Triebwerk** zünden, um das Raumfahrzeug zu beschleunigen. Sie befinden sich also auf jeder Umlaufbahn im Zustand der Schwerelosigkeit, egal ob das Raumfahrzeug die Erde, den Mond oder einen anderen Planeten umkreist; das gilt auch auf jeder Reise von einem Himmelskörper zum anderen. Schwerelosigkeit kann eine wunderbare Erfahrung sein, etwa wenn Astronauten sich ohne Anstrengung in ihrem Raumfahrzeug bewegen oder beinahe mühelos mit großen Gegenständen hantieren. Außerdem können sie „in der Luft" schlafen. Aber unter Schwerelosigkeit zu arbeiten, ist gewöhnungsbedürftig; vor allem für Astronauten im Druckanzug auf einem Weltraumspaziergang. Ohne die Gravitation verhält sich alles so, als würde es sich auf einer dreidimensionalen Eisbahn bewegen. Es gilt **Newtons** drittes Bewegungsgesetz: «Für jede Aktion gibt es eine gleich große, entgegengesetzte Reaktion.» Astronauten müssen daher lernen, vorsichtig zu arbeiten, und spezielle Werkzeuge und Geräte verwenden. Um Schwerelosigkeit zu simulieren, absolvieren sie einen Teil ihres Trainings in einem riesigen Wassertank.

Besorgniserregend sind allerdings die negativen Folgen für den Körper. Mehr als die Hälfte aller Weltraumreisenden leidet unter dem *Space Adaption Syndrome* (Raumkrankheit, SAS). Die Symptome ähneln der Seekrankheit und unterscheiden sich von Fall zu Fall. Sie reichen von Kopfschmerzen und Übelkeit bis hin zu Erbrechen. Meist verschwinden die Symptome nach den ersten Tagen einer Mission wieder.

Bei einem Raumflug von mehr als einer Woche wirkt sich die Schwerelosigkeit gravierender aus. Folgen sind Muskelschwund, Schwächung des Herz-

Training für eine Mission zur „Internationalen Raumstation": Der US-Astronaut Ed Lu und der russische Kosmonaut Juri Malenchenko treiben im August 1999 in einem riesigen Becken im Kosmonautentrainingszentrum „Sternenstadt" außerhalb von Moskau. Unter Beobachtung von Sicherheitstauchern üben die beiden bestimmte Arbeiten, die sie während eines 6,5 Stunden dauernden Weltraumspaziergangs im September 2000 erledigen sollen.

Kreislauf-Systems und sinkender Kalziumgehalt der Knochen. Dem begegnen die Astronauten mit sportlichen Übungen.

Für zukünftige Reisen zum **Mars** und zu anderen Zielen im **Sonnensystem** malen sich die Ingenieure Raumfahrzeuge aus, die während des Flugs langsam rotieren. Das soll eine genügend große Zentrifugalkraft erzeugen, um einen Teil oder die gesamte Anziehungskraft der Erde zu simulieren.

SPACE ADAPTION SYNDROME

Das *Space Adaption Syndrome* (SAS) beschreibt die anfänglichen Reaktionen des Körpers auf lang andauernde **Schwerelosigkeit.** Das unangenehmste Symptom ist die Raumkrankheit, die der Seekrankheit gleicht. Vermutlich entsteht sie durch widersprüchliche Informationen der Sinnesorgane an das Gehirn.

Für einen im **Raumfahrzeug** schwebenden **Astronauten** mag Oben und Unten in seiner Kabine „richtig herum" erscheinen, aber das Innenohr spürt das Gefühl des freien Falls, und ein Blick zum Fenster hinaus zeigt den Erdhorizont womöglich völlig schräg. Daraus resultiert ein „sensorischer Konflikt", der Astronauten krank machen kann. Rund 60 Prozent aller Weltraumreisenden leiden unter entsprechenden Symptomen; zum Glück bessert sich ihr Zustand ein paar Tage nach dem **Start.** Weitere Folgen entstehen durch die Verschiebung der Körperflüssigkeiten von unten nach oben. Dies führt zu einem Druckgefühl im Kopf, anschwellenden Schleimhäuten und einem aufgedunsenen Gesicht. Diese Symptome können während des gesamten Raumflugs andauern.

WELTRAUMSTRAHLUNG

Bereits vor dem ersten bemannten Raumflug sorgten sich die Wissenschaftler über Strahlungsrisiken. Heftige Ausbrüche mit sehr energiereichen Photonen (Röntgen- und Gammastrahlen) können für Menschen tödlich sein. Das gilt ebenso für subatomare Teilchen, die durchs All rasen: **Sonnen-Flares** senden Protonen aus, die sich mit hoher Geschwindigkeit bewegen und die Wand eines **Raumfahrzeugs** durchdringen können. Treffen sie den menschlichen Körper, schädigen sie die Zellen beträchtlich. Ein großer **Sonnen-Flare** tötet einen Astronauten, der nicht ausreichend geschützt ist. Lebensgefährlich ist auch die **kosmische Strahlung** – massereiche Atomkerne, die explodierende Sterne ins All schleudern. Die Teilchen der kosmischen Strahlung sind viel schwerer und schneller als die der Sonnen-Flares, weshalb sie im menschlichen Gewebe einen noch größeren Schaden anrichten und auch elektronische Teile an Bord des Raumfahrzeugs schädigen können.

Die Forschung hat gezeigt, dass wasserstoffreiche Materialien – unter anderem Wasser und einige Kunststoffe – Weltraumreisende vor der Strahlung schützen. Diese Materialien könnte man bei der Entwicklung von Raumfahrzeugen für den Transport von Menschen zum **Mars** und zu anderen Zielen im **Sonnensystem** berücksichtigen. Auf der **Mond-** und Marsoberfläche könnten Astronauten ihre Behausung mit einer Lage Bodenmaterial bedecken, um die tödlichen Teilchen auszufiltern. Sobald sie jedoch im Freien arbeiten, brauchen sie weiteren Schutz. Mit dieser Herausforderung sehen sich Wissenschaftler und Ingenieure konfrontiert, die **Raumanzüge** und andere Geräte für Missionen jenseits der Erdumlaufbahn konzipieren.

RAUMANZÜGE

Die Entwicklung von Raumanzügen reicht bis in die 1930er Jahre zurück. Da es in Flugzeugen noch keine Druckkabinen gab, entwarfen Piloten wie der Amerikaner Wiley Post Druckanzüge, die sie während der Flüge in großen Höhen trugen. Als die **Nasa** für das „Mercury"-Projekt Raumanzüge benötigte, verwendete sie einen modifizierten Druckanzug von Piloten der US-Marine, die Flugzeuge in großen Höhen steuerten. Der Anzug besaß innen eine Lage aus neoprenbeschichtetem Nylongewebe, die als Druckblase diente, und außen ein Gewebe aus aluminisiertem Nylon, das die Druckblase daran hinderte, sich ins Vakuum des Alls auszudehnen. Unter Druck war der Anzug ziemlich starr, so dass ein **Astronaut** Schwierigkeiten hatte, Arme und Beine zu bewegen. Der „Mercury"-Raumanzug diente nur für den Notfall, dass die Kabine des **Raumfahrzeugs** während des Flugs an Druck verlieren sollte, was zum Glück nicht eintrat.

Auch die sowjetischen Kosmonauten der **„Wostok"**-Missionen waren nie dem Vakuum des Alls ausgesetzt und hatten ihre Druckanzüge nur zur Sicherheit. Dieser Anspruch änderte sich mit „Woschod 2", als der Kosmonaut Alexej Leonow als erster Mensch einen Weltraumspaziergang unternahm. Sein Raumanzug hielt ihn während seines kurzen Ausflugs am Leben, aber er blähte sich gefährlich auf, so dass Leonow bei der Rückkehr ins Raumfahrzeug fast nicht mehr durch die Luke passte. Derweil entwickelte die Nasa einen neuen Raumanzug für die **„Gemini"**-Missionen, auf denen die ersten Weltraumspaziergänge der USA stattfanden. Zwar bot der „Gemini"-Anzug eine größere Beweglichkeit als sein Vorgänger, aber wenn er unter Druck stand, konnte man sich in ihm nur mit großer Anstrengung bewegen. Aus diesem Grund ermüdeten mehrere „Gemini"-Astronauten während ihres Weltraumspaziergangs, manche bis zur völligen Erschöpfung.

Für den Raumanzug der **„Apollo"**-Mondspaziergänge entwickelten die Ingenieure neue Verfahren und Materialien, die den Anzug flexibler machten. Schultern, Ellbogen, Hüften und Knie der Anzüge wurden mit blasebalgähnlich geformtem Gummi verstärkt. Bis zu 21 Materialschichten – unter anderem Kapton, Mylar und Teflon – schützten vor extremen Temperaturen und schnellen Mikrometeoriten. Außerdem sorgten sie für Reißfestigkeit und Abreibebeständigkeit. Unter dem Anzug trugen die Astronauten lange Unterhosen und langärmlige Unterhemden, die von einem Netz aus Plastikschläuchen durchzogen wurden. Darin zirkulierte kaltes Wasser, damit die Astro-

nauten während der strapaziösen Mondspaziergänge nicht ins Schwitzen gerieten. Der Vorrat an Wasser und Sauerstoff steckte im Rucksack, ebenso ein Funkgerät. Eine verbesserte Version des „Apollo"-Anzugs ermöglichte während der letzten drei Missionen Mondspaziergänge von mehr als sieben Stunden.

Für das **Spaceshuttle** hat man einen neuen Raumanzug entwickelt, der wiederverwendbar ist. Statt ihn für jeden Astronauten individuell anzupassen, wird er aus Komponenten zusammengesetzt, die es jeweils in verschiedenen Größen gibt. Ansonsten funktioniert er wie der „Apollo"-Anzug mit gekühlter Unterwäsche und einem Rucksack für Wasser, Sauerstoff und Funkgerät. Mit ihm spazierten Shuttle-Astronauten bis zu neun Stunden im All, reparierten Satelliten, warteten das **Hubble-Space-Teleskop** und bauten die **„Internationale Raumstation"** auf. Der Anzug ist aus einem

Der Pilot Wiley Post präsentiert den ersten nutzbaren Druckanzug. Er hat ihn 1934 zusammen mit der B. F. Goodrich Rubber Company für große Flughöhen entwickelt. Der Druckanzug ermöglichte dem Piloten ein Überleben in der dünnen Luft oberhalb von 12 000 Metern und ist der Vorläufer der Raumanzüge, die Astronauten heute benutzen.

Guss und hat einen starren Torso. Der Rucksack ist abklappbar, damit man von hinten in den Raumanzug einsteigen kann.

Die Ingenieure arbeiten an der Entwicklung noch besserer Anzüge, die leichter und bequemer zu tragen sind und weniger Wartung erfordern. Solche Anzüge könnten zur Standardausrüstung gehören, wenn Astronauten in einigen Jahrzehnten auf dem **Mars** landen.

DER WELTRAUMSPAZIERGANG

Kathryn D. Sullivan

WELTRAUMSPAZIERGANG — WIE KONNTE ES BLOSS ZU SO EINEM irreführenden Begriff kommen? Nur zwölf Menschen, bekleidet mit einem Raumanzug, spazierten tatsächlich im Vakuum auf der Mondoberfläche. Wir anderen schwebten nur und mussten uns um das Raumfahrzeug herummanövrieren, als ob es ein Klettergerüst wäre. Weltraumspaziergänge sind selten und sehr begehrt. Nur 148 der 433 Menschen, die bis Mitte 2004 ins All geflogen sind, bekamen diese Gelegenheit. Deshalb war ich überglücklich, als ich 1983 erfuhr, dass ich nicht nur zu meinem ersten Raumflug starten würde, sondern auch für einen Weltraumspaziergang eingeteilt war. Nur drei Frauen waren bis dahin im All gewesen: Valentina Tereschkowa, Swetlana Sawitskaja und meine Lehrgangskollegin Sally Ride.

Meine Freunde und Kollegen freuten sich, dass ich die erste Frau der Geschichte sein würde, die im Weltraum spaziere. Ich wies darauf hin, dass ich wohl nur die zweite werden sollte. Im Buch der Rekorde sind sehr viele Ersttaten des sowjetischen Raumfahrtprogramms verzeichnet, und ich war mir ziemlich sicher, dass es kein Zufall war – gerade als die sechs Frauen unseres Lehrgangs anfingen –, wieder vermehrt von Swetlana Sawitskaja zu hören. Mein Flug „STS-41G" stand erst in zwölf Monaten an, die Sowjets hatte also viel Zeit, um Sawitskaja zu einem zweiten Flug ins All und auf einen Weltraumspaziergang zu schicken. Sie flog tatsächlich im Juli 1984 und bewegte sich drei Stunden und 35 Minuten lang im Weltraum.

Das Training für einen Weltraumspaziergang ist hart, aber es macht Spaß. Wir lernten unter anderem, wie der Anzug funktioniert, wie man bei Schwerelosigkeit manövriert, studierten unzählige Grafiken und technische Handbücher und verbrachten viel Zeit sowohl in Vakuumkammern als auch unter Wasser: in einem der größten Schwimmbecken der Welt.

Der Anzug ist, vereinfacht gesagt, ein dem Körper angepasstes Raumfahrzeug. Bekleidung, Handschuhe und Helm der *Extravehicular Mobility Unit* (EMU; etwa „bewegliche Einheit für Einsätze außerhalb des Raumfahrzeugs") schützen vor dem Vakuum des Alls.

Der Rucksack (*Portable Life Support System*, PLSS; tragbares lebenserhaltendes System) hält Sauerstoff, Kühlung und Funkgerät bereit. Im Paket auf dem Brustkorb (*Display and Control Modul*, DCM; Anzeige- und Steuermodul) stecken die Elektronik und der Computer, mit denen man alles betreibt. Nachdem wir uns durch das Studium der Trainingshandbücher, technischen Zeichnungen und Systemsimulatoren mit dem Betrieb und den Systemen des Anzugs vertraut gemacht hatten, probierten wir unseren für den Flug vorgesehenen Anzug in einem Vakuumtest. Dies geschieht mehrere Wochen vor der Mission.

Eine Vakuumkammer ist ein Raum, dessen Wände stabil genug sind, um alle Luft aus ihm herauszupumpen, ohne dass er sich durch den Luftdruck von außen verformt. Außerhalb der Kammer beträgt der Druck 1000 Millibar (ein Bar, fast der Luftdruck auf Meereshöhe). Nach dem Abpumpen ist der Druck im Innern niedriger als ein Millionstel dieses Werts.

Da der Raum mit und ohne Luft genau gleich aussieht, brachten die Techniker für jeden meiner Testläufe in der Kammer einen einfachen Gegenstand herein, um die Änderung des Luftdrucks sichtbar zu machen – und um die Wichtigkeit zu unterstreichen, dass ich den Anzug richtig bediente: eine Pfanne mit Wasser bei Zimmertemperatur. Als der Luftdruck in der Kammer sank, bildeten sich im Wasser Blasen, bis es heftig kochte. Dann plötzlich gefror ein Teil des Wassers und fiel als Schneematsch in die Pfanne. Das demonstrierte auf drastische Art und Weise, was mit meinen eigenen Körperflüssigkeiten passieren würde, wenn der Anzug im All Druck verlöre.

Anhand von Übungen unter Wasser lernten wir das Manövrieren in der Schwerelosigkeit. Dafür nutzten wir ein Becken im Johnson Space Center. Es misst 61,5 mal 31 mal zwölf Meter und fasst rund 23,5 Millionen Liter Wasser. Wir probten in echten Raumanzügen, die allerdings für das Unterwassertraining ausgelegt sind und nie im All eingesetzt werden. Das normale Flug-PLSS und -DCM wird durch Attrappen in gleicher Größe und Form ersetzt, die Bleigewichte enthalten. Diese Gewichte, zusammen mit weiteren, die an Beinen und Armen befestigt sind, gleichen den Auftrieb des Anzugs und der in ihm eingeschlossenen Luft aus. Taucher passen einem die Menge und die Lage der Gewichte unter Wasser an, so dass man weder steigt noch sinkt oder kippt.

Am Tankboden befinden sich originalgroße Attrappen der Arbeitsplätze im All: ein Shuttle, eine Raumstation, das Hubble-Space-Teleskop oder etwas anderes. Astronauten verbringen mindestens 100 Stunden damit, jeden Schritt ihres geplanten Weltraumspaziergangs in der simulierten Schwerelosigkeit des Beckens einzuüben.

Der Großteil unserer Ausbildung umfasste Dinge, die schief gehen konnten. Wir sollten lernen, nach provisorischen Lösungen zu suchen oder mehrere Probleme gleichzeitig zu beheben, ohne dabei die Fluganweisungen zu missachten. 1982 musste der erste Weltraumspaziergang von einem Shuttle aus abgebrochen werden, weil es Probleme mit der Geschwindigkeitskontrolle eines Ventilators gab. Die nächsten drei Spaziergänge verliefen erfolgreich, und unserer war der nächste. Die Chance für einen Abbruch stand demnach eins zu vier.

Die Vorbereitungen für einen Weltraumspaziergang beginnen während des Flugs einen Tag vorher, indem man die komplette Ausrüstung testet. Den Tag selbst verlebt man in einer Mischung aus Vorfreude und Disziplin. Trotz der Hilfe eines Kollegen dauert es ungefähr vier Stunden, bis man den Anzug angezogen hat und die Luftschleuse leer gepumpt werden kann. Mein Vater verfolgte den Vorgang von der Besuchergalerie der Flugkontrolle in Houston. Als ich mein Seil einhakte und hinaus in die Ladebucht glitt, wies unser Flugarzt ihn auf die Aufzeichnung meines Herzschlags hin. Noch heute staunt mein Vater darüber, dass mein Puls in einem solchen Moment der Vorfreude, Spannung und Gefahr nicht einmal 80 Schläge pro Minute erreichte, bevor er wieder auf 58 sank.

Draußen in der Ladebucht fühlten Dave Leestma und ich uns wie zu Hause. Wir machten uns zügig an die Arbeit. Unser Experiment zur Betankung eines Satelliten verlief glatt, ebenso die ungeplante Aufgabe, eine Kommunikationsantenne des Shuttles zu repa-

rieren. Auch die Aufnahmen für den IMAX-Film „The Dream is Alive" („Der Traum lebt weiter") verliefen problemlos. Wir hatten uns darauf getrimmt, unseren Zeitplan zu erfüllen oder gar zu unterbieten, und eilten mit einer unserer Meinung nach guten Zeit zurück zur Luftschleuse. Erst als ich wieder zu Hause war, erfuhr ich, dass das Team auf der Erde die ganze Zeit über gehofft hatte, wir wären langsamer. Dann hätte meine Zeit für den Weltraumspaziergang die von

Swetlana Sawitskaja übertroffen. So aber kam ich sechs Minuten „zu früh" zurück.

Bis heute könnte ich meinen Raumanzug mit geschlossenen Augen anlegen. Die Ladebucht der Raumfähre kam mir damals erstaunlich vertraut vor. Es hätte einfach ein Training unter Wasser sein können – bis auf den Moment, als ich mich vom Raumfahrzeug wegdrehte und die Umgebung betrachtete: die mit Sternen gespickte Schwärze des Alls, unten das Blau und Weiß der Erde. Bis heute kann ich meine Augen schließen und mir vorstellen, wie ich an einem außergewöhnlichen Klettergerüst hänge und Venezuela unter meinen Stiefeln vorbeiziehen sehe. ∎

Kathy Sullivan trägt einen wiederverwendbaren Raumanzug, der als EMU (*Extravehicular Mobility Unit*) bezeichnet wird. Am 11. Oktober 1984 unternahm sie als erste Amerikanerin einen Weltraumspaziergang.

Raumstationen

RAUMSTATION

Jahrzehnte vor dem ersten Flug ins All malten sich Science-Fiction-Autoren und Wissenschaftler künstliche Außenposten in der **Erdumlaufbahn** aus. Der deutsche Raumfahrtvisionär Hermann Oberth prägte in den 1920er Jahren den Begriff **„Raumstation"**. Er beschrieb sie als «eine Art Miniaturmond», in der **Astronauten** Himmel und Erde erforschen, militärische Aufklärung betreiben und als Kommunikationsvermittler für die Menschen rund um den Globus dienen.

Mitte der 1950er Jahre faszinierte der Raketenpionier **Wernher von Braun**, ein Schüler Oberths, die amerikanischen Zeitschriftenleser und Fernsehzuschauer, als er seine eigene Idee einer Raumstation präsentierte: Ein radförmiges Gebilde von 76 Meter Durchmesser, das aus drei Ebenen bestand, in denen Dutzende Astronauten leben und arbeiten konnten. Durch die langsame Drehung um die eigene Achse erzeugte die Station Zentrifugalkräfte und damit ihre eigene künstliche Gravitation. Zwar betonte von Braun in der Phase des Kalten Kriegs die militärische Bedeutung der Station, aber er und andere malten sie sich als Zwischenstation für Astronauten aus, die zum **Mond** oder zu den **Planeten** reisen sollten.

Diese Vision zu verwirklichen war schwieriger, als von Braun und seine Kollegen es sich vorgestellt hatten. Zwar war eine Raumstation eine der Möglichkeiten, die Präsident Kennedy 1961 in Erwägung zog, aber sie wurde zu Gunsten einer Mondlandung fallen gelassen. Als diese 1969 stattgefunden hatte, stand eine ständig bemannte Raumstation auf der Wunschliste der **Nasa** ganz oben – zusammen mit einem wiederverwendbaren **Spaceshuttle,** um Astronauten zwischen dem Außenposten und der Erde zu befördern. Reduzierte Etats zwangen die Nasa jedoch, die Station auf Eis zu legen, bis der Shuttle fertig war. Die drei Missionen zur Raumstation **„Skylab"** 1973 und 1974 gaben der Nasa eine Vorstellung davon, wie das monatelange Leben in einer Raumstation aussehen würde.

In der Sowjetunion bildeten Raumstationen den Mittelpunkt des bemannten Raumfahrtprogramms. Von 1971 an starteten die Sowjets eine Reihe von **„Saljut"**-Raumstationen, auf denen Kosmonauten die Grenze für lange Raumaufenthalte immer weiter hinausschoben. Diese Missionen zeigten, dass Menschen lange genug im All überleben können, um zu den nächsten Planeten zu reisen. Die Sowjets wurden zur führenden Nation, was Langzeitaufenthalte von Menschen im All anging. 1986 gipfelte ihr Programm in der ersten modular aufgebauten Raumstation: **„Mir".** Während ihrer 15-jährigen Betriebsdauer mussten die Besatzungen harte Herausforderungen meistern und stellten dabei neue Rekorde bei Langzeitaufenthalten im All auf.

RAUMSTATIONEN						
Raum-stationen	**Start-datum**	**Wiederein-trittsdatum**	**Durchschnittl. Flughöhe**	**Masse**	**Personen-kapazität**	**Bemerkungen**
„Saljut 1"	14. April 1971	11. Oktober 1971	197 km	18500 kg	3	Gestartet durch die Sowjetunion, die erste Raumstation in einer Umlaufbahn. Zwei Besatzungen flogen zur Station, aber nur eine konnte sie betreten. Sie hielt sich 23 Tage lang in „Saljut 1" auf.
„Skylab"	14. Mai 1973	11. Juli 1979	436 km	91000 kg	3	Erste amerikanische Raumstation. Beherbergte drei „Apollo"-Besatzungen im Lauf von neun Monaten für 28, 59 und 84 Tage.
„Mir"	20. Februar 1986	23. März 2001	367 km	122500 kg	2 (langer Aufenthalt), 6 (kurzer Aufenthalt)	Gestartet durch die Sowjetunion. Die Station beherbergte 104 Menschen (darunter sieben US-Astronauten), die auf „Mir" bis zu 14 Monaten am Stück verbrachten. Die Station überstand einen Brand, einen Zusammenstoß mit einem Raumfahrzeug und einen „Überfall" durch glas- und metallfressende Mikroben.
„Internationale Raumstation" („ISS")	20. November 1998	noch im Einsatz	375 km	450000 kg (nach Fertig-stellung)	7 (nach Fertig-stellung)	Internationales Projekt für eine ständig bemannte Raumstation. Beteiligt sind die Nasa, ESA, Russland, Japan, Kanada, phasenweise auch Brasilien. Die „ISS" ist der Versuch, im All zu leben; Forscher sollen die psychologischen und physiologischen Reaktionen des Menschen bei langen Raumaufenthalten untersuchen.

1984 bekam die Nasa grünes Licht für ihre lang ersehnte Raumstation, aber das Projekt verzögerte sich wegen Etatüberschreitungen und zahlreicher Neuplanungen. Die „Internationale Raumstation" ist nun im Bau, aber weder der Zeitpunkt ihrer Fertigstellung noch ihre Bedeutung stehen fest.

„SALJUT"

Im April 1971, zehn Jahre nach **Juri Gagarins** Pionierflug ins All, startete die Sowjetunion die erste **Raumstation** der Welt: „Saljut" („Gruß", benannt zu Ehren des 1968 verstorbenen Gagarin). „Saljut" bestand aus einem Modul von 19 Tonnen Gewicht, das 100 Kubikmeter Wohnraum bot. Im Juni 1971 verbrachten drei Kosmonauten 23 Tage an Bord der Station, womit sie einen neuen Langzeitrekord aufstellten. Doch ihre Mission endete in einer Tragödie: Kurz bevor ihr **„Sojus"-Raumfahrzeug** mit dem automatischen **Wiedereintritt** begann, trat ein Leck auf. Die Männer kamen ums Leben.

Fünf weitere „Saljuts" starteten zwischen 1974 und 1982. Zwei von ihnen („Saljut 3" und „Saljut 5") waren militärische Raumstationen, ausgerüstet mit hochauflösenden Kameras, um Aufklärung aus der Umlaufbahn zu betreiben. An Bord von „Saljut 6" und „Saljut 7" hielten sich die Kosmonauten ungewöhnlich lange auf: bis zu 237 Tagen (fast acht Monate) auf „Saljut 7". 1979 und 1980 verbrachte der Kosmonaut Waleri Ryumin während zweier Aufenthalte auf „Saljut 6" sogar insgesamt 360 Tage auf einer Umlaufbahn.

1985 versagte die Stromversorgung von „Saljut 7", ein Kosmonautenteam musste zu einer Reparaturmission starten. Mitte 1986, nachdem sich zwei weitere Besatzungen auf der Station aufgehalten hatten, wurde „Saljut 7" endgültig aufgegeben. Bei Weltraumaufenthalten waren die Sowjets die führende Nation.

„SKYLAB"

Die erste **Raumstation** der **Nasa**, „Skylab", entstand aus Bauteilen, die für das **„Apollo"-Programm** entwickelt worden waren. Das Hauptabteil der Station, als „Arbeitsraum in der Umlaufbahn" bezeichnet, wurde in die leere dritte Stufe einer **„Saturn V"-Rakete** eingebaut. Dort hatten drei **Astronauten** Platz zum Schlafen, Leben und Arbeiten. An den Arbeitsraum waren ein Kopplungsabteil und ein Sonnenteleskop angebracht. Insgesamt bot „Skylab" 210 Kubikmeter bewohnbaren Raum – wie ein kleines Haus.

Die „Skylab"-Mission hätte fast geendet, bevor sie begonnen hatte. Während des Starts am 14. Mai 1973

wurde ein Schild, das die Station vor Einschlägen durch Mikrometeoriten schützen sollte, durch aerodynamische Kräfte abgerissen und nahm noch eines der beiden Sonnenpaddel mit. Das verbliebene Paddel war auf der Seite des Arbeitsraums durch ein Stück **Weltraumschrott** verkeilt. Die erste Besatzung der Raumstation, die Astronauten Pete Conrad, Joe Kerwin und Paul Weitz, sollte „Skylab" retten, das zudem unter Strommangel und Überhitzung litt. Nach ihrer Ankunft bei der Station am 25. Mai installierten die Astronauten einen Sonnenschutz an der Außenseite und befreiten das verklemmte Sonnenpaddel während eines waghalsigen Weltraumspaziergangs. Ihre 28-tägige Mission brachte den USA damals einen Langzeitrekord ein.

Zwei weitere Besatzungen besuchten „Skylab" und verbrachten 59 beziehungsweise 84 Tage an Bord. Die „Skylab"-Mission lieferte der Nasa Daten über die gesundheitlichen Folgen langer Weltraumaufenthalte sowie über Sonne, Erde und das Verhalten von Materialien bei Schwerelosigkeit. Ein zweites „Skylab" wurde gebaut, aber nie gestartet. Es steht im National Air and Space Museum in Washington, D. C.

Kosmonauten an Bord der sowjetischen Raumstation „Saljut 6" im März 1978. Von links: der tschechische Kosmonaut Wladimir Remek und die sowjetischen Kosmonauten Alexej Gubarew, Georgi Gretschko und Juri Romanenko. Remek war der erste der „Gastkosmonauten" aus sozialistischen Staaten, die im Rahmen des sowjetischen Interkosmos-Programms eingeladen wurden.

„MIR"

Im Februar 1986 startete die Sowjetunion die erste modulare **Raumstation:** „Mir" („Frieden"). Das Hauptmodul des neuen Stationstyps wog 20 Tonnen und besaß sechs Kopplungsstutzen für weitere Module, **„Sojus"**-Transporter oder „Progress"-Versorgungsschiffe. Im Lauf des nächsten Jahrzehnts wuchs „Mir" durch zusätzliche Module zu einem Außenposten auf der Umlaufbahn heran. Das erste Modul („Kvant") trug **Teleskope** für astronomische Beobachtungen und erreichte die „Mir" im März 1987. Das letzte Modul („Priroda", im April 1996 hinzugefügt) diente hauptsächlich zur Fernerkundung. Dadurch wuchs der Wohnraum in der „Mir" auf rund 380 Kubikmeter, ihr Gesamtgewicht auf 122 500 Kilogramm.

„Mir" bot mehr Menschen Komfort als **„Saljut".** Es gab zum Beispiel individuelle Schlafabteile. An Bord der „Mir" wurden neue Rekorde für Langzeitaufenthalte im All aufgestellt: 1987 und 1988 verbrachten Wladimir Titow und Musa Manarow ein Jahr auf der Raumstation. 1995 vollendete der Medizinkosmonaut Waleri Poljakow einen 14-monatigen Aufenthalt an Bord der „Mir" – das ist bis heute unerreicht.

Im Rahmen eines gemeinsamen Programms der **Nasa** und der russischen Raumfahrtagentur hielten sich zwischen 1995 und 1998 US-**Astronauten** an Bord der „Mir" auf. Diese Missionen verhalfen den USA zu ersten Erfahrungen mit Langzeitaufenthalten im All, nachdem **„Skylab"** aufgegeben worden war. Die Astronautin **Shannon Lucid** verbrachte 1996 sechs Monate auf der „Mir". Das war mehr als doppelt so lange wie die längste „Skylab"-Mission.

Auf der „Mir" ereigneten sich einige der schlimmsten Zwischenfälle der Raumfahrtgeschichte, gerade als US-Astronauten zu Langzeitaufenthalten an Bord waren. Im Februar 1997 versagte ein Sauerstofferzeuger in einem der Module; er brannte minutenlang und erzeugte dichten Qualm. Das Feuer zwang den US-Astronauten Jerry Linenger und seine russischen Kollegen fast zur Evakuierung der Station. Nachdem der Rauch sich verzogen hatte, leckte aus den Rohrleitungen der Station giftiges Kühlmittel. Die Kosmonauten mussten hart arbeiten, um ihr Leben zu retten.

Im Juni kam es zum schwersten Zwischenfall: Ein automatisches „Progress"-Versorgungsschiff rammte die Station während eines Kopplungsmanövers. Dabei schlug ein Modul leck, wodurch die Station Luft verlor. Der Druckabfall wurde durch die schnelle Reaktion von Mike Foale und seinen Kollegen gestoppt, die das beschädigte Abteil versiegelten. Bei der Kollision wurde auch eines der Sonnenpaddel der „Mir" beschädigt, ein

Großteil der Stromversorgung brach zusammen. Die Station trieb ab, bis es der Besatzung gelang, die Stromversorgung wieder in Betrieb zu nehmen.

Die Vorfälle auf der „Mir" gaben einen Vorgeschmack auf die Herausforderungen, die den ersten Menschen auf ihrer Reise zum **Mars** bevorstehen könnten. Andererseits wurden diese Schwierigkeiten durch die Leistungen der „Mir"-Besatzung wieder wettgemacht: 104 Kosmonauten und Astronauten aus zwölf Ländern verbrachten zusammen 4 591 Tage auf der „Mir" – mehr als zwölf Jahre. Die Besatzungen der Station unternahmen 78 Weltraumspaziergänge von insgesamt 352 Stunden Dauer und führten 23 000 Experimente durch. Zwischen September 1989 und August 1999 war die Station ständig bemannt. „Mir" überdauerte 15 Jahre im All, dreimal so lange, wie ihre Entwickler erwartet hatten. Sie trat am 23. März 2001 wieder in die Atmosphäre ein und verglühte.

SHANNON LUCID

Dr. Shannon Lucid, geboren am 14. Januar 1943 in Shanghai, wuchs in Oklahoma auf. Die Biochemikerin wurde 1978 als eine der ersten **Astronautinnen** von der **Nasa** ausgewählt. Zwischen 1985 und 1993 flog sie auf vier Spaceshuttlemissionen, eine davon ein sehr erfolgreicher 14-tägiger Flug, der medizinischen Experimenten gewidmet war. Im März 1996 kam Lucid nach ihrem fünften Shuttlestart für einen Langzeitaufenthalt auf der **Raumstation „Mir"** an. Dort führte sie eine Reihe von Experimenten durch. Nach 188 Tagen im All kehrte Lucid im September mit dem Shuttle „Atlantis" auf die **Erde** zurück. Sie hält seitdem den amerikanischen Langzeitrekord.

„INTERNATIONALE RAUMSTATION"

1984 wies Präsident Ronald Reagan die **Nasa** an, eine ständig bemannte **Raumstation** in einer **Erdumlaufbahn** zu konstruieren. Obwohl die Nasa sich seit dem **„Apollo"**-Mondprogramm nach so einem Auftrag gesehnt hatte, verzögerte sich das Projekt wegen Etatüberschreitungen und Bürokratie. Unter dem Namen „Freedom" („Freiheit") stand die Raumstation sogar kurz vor dem Aus, da der US-Kongress gespalten war. Die Clinton-Regierung wandelte das Projekt 1993 in die „Internationale Raumstation" („ISS") um. Russland war nun mit an Bord und sollte wichtige Bauteile für die Station liefern. Zur gleichen Zeit wurden Pläne für US-Missionen zur Raumstation **„Mir"** geschmiedet, die den Weg für künftige gemeinsame

6. Februar 1995: Medizinkosmonaut Waleri Poljakow schaut aus einem der Fenster der „Mir", während sich der Spaceshuttle „Discovery" der Station stark nähert. Poljakow hält den weltweiten Rekord für Langzeitaufenthalte: Vom Januar 1994 an verbrachte er 14 Monate an Bord der „Mir".

Weltraumoperationen beider Staaten ebnen sollten.

Nach ihrer Fertigstellung aus mehr als 100 Bauteilen wäre die „ISS" die größte Konstruktion, die je im Weltraum zusammengefügt wurde: 453 Tonnen schwer würde sie sich über die Fläche eines Fußballfelds erstrecken. Ihr bewohnbarer Raum, zusammen mit den Labormodulen der USA, Europas und Japans, entspräche dem der Passagierkabine eines 747-Jumbojets.

1998 startete das erste „ISS"-Element auf einer russischen **„Proton"-Rakete.** Das russische „Zarya"-Modul („Sonnenaufgang") enthält Systeme zur Navigation und Steuerung der Station. Ihm folgte das amerikanische „Unity"-Modul („Eintracht") auf einem **Spaceshuttle,** das als Verbindungsstück zwischen „Zarya" und weiteren Modulen dient. Das Servicemodul „Zwezda" („Stern"), das ebenfalls als Wohnquartier für die Besatzung dient, kam im Juli 2000 hinzu. Im November desselben Jahres erreichte die erste Besatzung „Expedition One" die Station. **Astronaut** Bill Shepherd sowie die Kosmonauten Juri Gidsenko und Sergej Krikalew flogen mit einem **„Sojus"**-Transporter für vier Monate zur „ISS". Ende 2001 war die Station auf sechs Module angewachsen, darunter das amerikanische „Destiny"-Labor („Schicksal"). Die „ISS"-Besatzungen verbrachten ihre Zeit mit Wartung und Forschung. Während die Station wuchs, tauchten neue Probleme auf. Wegen Etatüberschreitung sah sich die Nasa gezwungen, wichtige Komponenten der Station zu verschieben oder zu streichen. Verschoben wurde beispielsweise das *Crew Return Vehicle* („bemanntes Rückkehrfahrzeug"), ohne das die Stationsbesatzung nicht von drei auf sechs oder sieben Personen erhöht werden kann. So viele Menschen wären aber nötig, um das angestrebte Forschungsprogramm durchzuführen.

Der Aufbau der „ISS" ging trotzdem voran – bis der Shuttle **„Columbia"** am 1. Februar 2003 beim **Wiedereintritt** in die Erdatmosphäre auseinander brach. Als Folge dieser Tragödie wurde die „ISS"-Besatzung auf zwei Personen verkleinert, die jeweils mit „Sojus"-**Raumfahrzeugen** zu einem sechsmonatigen Aufenthalt ins All fliegen. Während die Nasa noch daran arbeitete, den Shuttleflugbetrieb wieder aufzunehmen, um mit dem Aufbau der „ISS" fortfahren zu können, änderte sich das Ziel der Station erneut. Im Januar 2004 hat Präsident George W. Bush ein neues Forschungsprogramm für die Nasa verkündet, das unter anderem bemannte Flüge zum **Mond** und zum **Mars** vorsieht. Als Teil dieser Initiative soll sich die Forschung an Bord der „Internationalen Raumstation" fortan auf die Lösung von biomedizinischen Problemen eines interplanetaren, bemannten Flugs konzentrieren.

Das Blau des Pazifischen Ozeans bildet den Hintergrund für die „Internationale Raumstation" beim Blick vom Spaceshuttle „Endeavour" im Dezember 2000. Die großen Sonnenpaddel oben, die den Strom liefern, messen von einer Kante bis zur anderen 73,15 Meter. Der Aufbau der Station wurde nach dem Auseinanderbersten des „Columbia"-Shuttles im Februar 2003 gestoppt.

Gegenwart und Zukunft

WELTRAUMTOURISMUS

Im Frühjahr 2001 startete an Bord des russischen **„Sojus"-Raumfahrzeugs** ein neuer Typ von Weltraumreisendem: der kalifornische Geschäftsmann Dennis Tito. Für seinen achttägigen „Urlaub" in der Umlaufbahn, zu dem auch ein Aufenthalt auf der **„Internationalen Raumstation"** gehörte, soll er angeblich 20 Millionen Dollar gezahlt haben. Titos Flug wurde durch ein in

Der kalifornische Geschäftsmann Dennis Tito ist der erste Weltraumtourist. Am 28. April 2001 startete er mit einem „Sojus"-Transportschiff und verbrachte sechs Tage an Bord der „Internationalen Raumstation". Der Preis für den „Urlaub" in der Umlaufbahn soll 20 Millionen Dollar betragen haben.

Virginia ansässiges Unternehmen namens Space Adventures („Weltraumabenteuer") arrangiert. Der Flug markierte den Anfang des Weltraumtourismus. Auf Tito folgte im Frühjahr 2002 der südafrikanische Technologieunternehmer Mark Shuttleworth als zweiter Weltraumtourist. Weitere Touristenbesuche auf der **Raumstation** werden vorbereitet.

Noch sind Reisen in die Umlaufbahn die seltensten Abenteuer, die man kaufen kann. Mit der Entwicklung neuer Raumfahrzeuge könnte sich das ändern. Eine Reise in eine **niedrige Erdumlaufbahn** wäre dann mit den heutigen Extremreisen – der Besteigung des Himalajas oder einer Expedition in die Antarktis – ver-

gleichbar. Wenn erst einmal die notwendigen Fahrzeuge entwickelt sind, will Space Adventures innerhalb der folgenden Jahre Suborbitalflüge zu einem erschwinglicheren Preis (rund 100 000 US-Dollar) anbieten. An der Entwicklung solcher Vehikel arbeiten mehrere Unternehmen. Daraus könnte bald ein einsatzfähiges Suborbitalpassagierfahrzeug resultieren.

Aber „Urlaub auf dem **Mond**" oder andere Touristenreisen jenseits der Erdumlaufbahn werden wahrscheinlich noch viele Jahrzehnte ein Traum bleiben.

WELTRAUMFLUGZEUG

Der heilige Gral der Konstrukteure von **Raumfahrzeugen** ist das Weltraumflugzeug: ein einstufiges, wiederverwendbares Gefährt, das eine Umlaufbahn erreichen kann und wie ein Flugzeug startet und landet. Darauf warten viele. Es würde den bemannten Raumflug sicherer und kostengünstiger machen. Aber bislang liegt die Entwicklung eines solchen Fahrzeugs jenseits der technischen Möglichkeiten.

Das größte Problem ist das Gewicht. Mit heutigen Flüssigtreibstoffraketen würden bei einem einstufigen Gefährt für einen Flug in die Umlaufbahn rund 89 Prozent des Startgewichts aus Treibstoff bestehen. Die restlichen elf Prozent blieben für das eigentliche Fluggerät nebst Fracht und Besatzung. Man braucht also neue Materialien und Fortschritte in der Antriebstechnik, um ein Weltraumflugzeug realisieren zu können.

CHINESISCHES WELTRAUMPROGRAMM

Am 15. Oktober 2003 (Beijing-Zeit) wurde China das dritte Land, das einen Menschen ins All befördert hat – rund 33 Jahre nach dem **Start** seines ersten Satelliten. Der 21-stündige Orbitalflug des Leutnant-Colonel Yang Liwei bildete den Höhepunkt der jahrelangen Anstrengungen und markiert offenbar den Beginn eines anspruchsvollen bemannten Raumfahrtprogramms. Im Herbst 2005 soll ein zweiter bemannter Flug starten und fünf bis sieben Tage dauern. Noch vor 2010 ist ein dritter Start geplant. Auf lange Sicht will China eine **Raumstation** in der **Erdumlaufbahn** errichten. Verschiedenen Berichten zufolge bereitet das Land auch ein Mondprogramm vor, das für 2006 einen Mondsatelliten und für 2010 eine Erforschung durch unbemannte Fahrzeuge vorsieht. Solche Sonden könnten den Weg für bemannte Missionen in vielleicht zwei Jahrzehnten ebnen.

„Shenzhou"

Chinas bemanntes **Raumfahrzeug** „Shenzhou" („göttliches Schiff") wurde mit Hilfe russischer Weltraumexperten entwickelt. Es gleicht der russischen **„Sojus".** Wie sie besteht „Shenzhou" aus einem Abstiegsmodul mit der Mannschaftskabine, einem Servicemodul mit den **Bremstriebwerken** und einem Orbitalmodul für wissenschaftliche Experimente. Nur das Abstiegsmodul kehrt zur **Erde** zurück. Anders als „Sojus" besitzt das Orbitalmodul sein eigenes Antriebssystem und kann für wissenschaftliche Untersuchungen unbemannt auf einer Umlaufbahn bleiben. Zwischen 1999 und 2003 führte „Shenzhou" vier unbemannte Testflüge durch. Im Oktober 2003 lenkte Yang Liwei „Shenzhou 5" beim ersten bemannten Raumflug Chinas. Weitere „Shenzhou"-Missionen sind geplant sowie vermutlich auch der Aufbau einer **Raumstation** in der Erdumlaufbahn.

ZUM MOND, MARS UND WEITER

Am 14. Januar 2004 forderte Präsident George W. Bush die **Nasa** auf, ihre Weltraumaktivitäten für die kommenden Jahrzehnte zu ändern und sich auf die bemannte Erforschung jenseits der **Erdumlaufbahn** zu konzentrieren. Bushs Weltrauminitiative umfasst die erneute Entsendung von Menschen zum Mond im Jahr 2020, dann zu weiteren Zielen im **Sonnensystem,** etwa zur Marsoberfläche. Im Gegensatz zum **„Apollo"-Programm,** das auf ein bestimmtes Ziel (den Mond) und einen festen Abschlusstermin (1969) festgelegt war, beruht die jetzige Initiative auf dem Prinzip, neue Missionen zu entwickeln, wenn es Finanzierung und Technologie erlauben. Das breit angelegte Programm bemannter und unbemannter Erkundungen ist nicht auf ein konkretes Ziel fixiert.

In seiner Rede, fast ein Jahr nach der **„Columbia"**-Tragödie, schlug Bush vor, den **Spaceshuttle** nach der für 2010 geplanten Vollendung der „ISS" stillzulegen. Dann könnten die freiwerdenden Gelder aus dem Shuttle- und Raumstationsprogramm in die neue Forschung fließen. Um den Shuttle als Transportmittel für Astronauten in eine **niedrige Erdumlaufbahn** zu ersetzen, solle die Nasa ein *Crew Exploration Vehicle* entwickeln, das auch für bemannte Mond- und interplanetare Missionen dienen könnte.

CREW EXPLORATION VEHICLE

Das *Crew Exploration Vehicle* (CEV, bemanntes Erforschungsfahrzeug) wird das erste bemannte **Raumfahrzeug** sein, das im Rahmen der Weltrauminitiative von Präsident George W. Bush im Januar 2004 entwickelt wird. Das CEV ist Bestandteil einer neuen Generation von Raumfahrzeugen, mit denen Menschen erstmals seit den **„Apollo"-**Missionen wieder über die **Erdumlaufbahn** hinaus reisen können. Das Projekt heißt „Constellation" („Sternbild"). Das CEV soll es in verschiedenen Versionen geben: Eine würde man für den Transport von Besatzungen zur **„Internationalen Raumstation"** („**ISS**") und zurück nutzen, eine andere für Missionen zur Mondoberfläche und weitere für interplanetare Reisen. Für Flüge außerhalb der Erdumlaufbahn soll das CEV im All mit weiteren Komponenten versehen werden, etwa mit Antriebs- und Versorgungsmodulen, um daraus ein leistungsfähiges Mond- oder Planetenraumfahrzeug zu machen. Die ersten unbemannten Testflüge sollen im Jahr 2011 stattfinden; das Debüt eines bemannten *Crew Exploration Vehicle* ist für 2014 geplant.

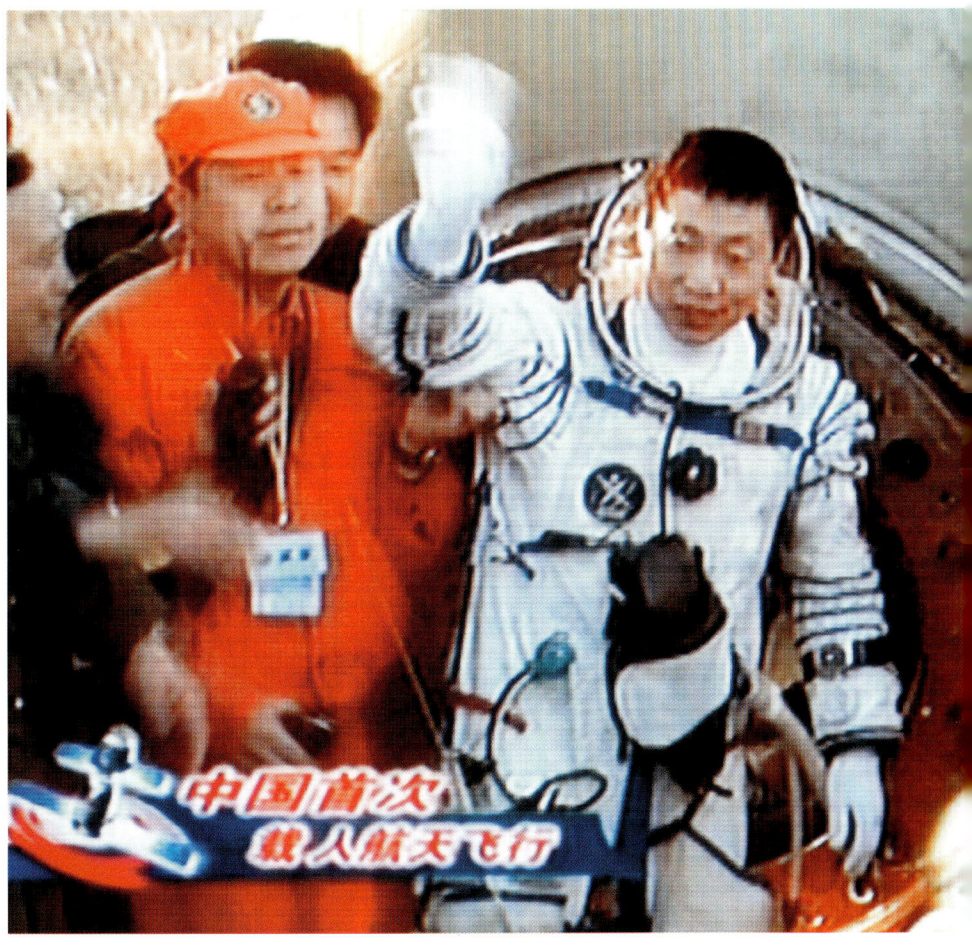

Chinas erster Mann im All: der 38-jährige Yang Liwei nach der Landung vor seinem Raumfahrzeug „Shenzhou 5" am 16. Oktober 2003. Die erfolgreiche, 21 Stunden lange Erdumkreisung machte China zur dritten Nation, die einen bemannten Raumflug durchgeführt hat.

Ein Abenteuer ohne Ende

Sean O'Keefe

DER MENSCH HAT IM VERGANGENEN JAHRHUNDERT BEIDE POLE ERFORSCHT, den Mount Everest bestiegen, ist in den Tiefen des Ozeans getaucht und auf dem Mond spazieren gegangen. Die erste große Reise in den nahen Weltraum war 1934 ein Ballonflug in die Stratosphäre, der von der National Geographic Society und dem Air Corps der US-Armee gemeinsam gefördert wurde. Im Lauf des zweiten Jahrhunderts der Luft- und Raumfahrt werden menschliche Pioniere zusammen mit unbemannten Erkundungsfahrzeugen die Reichweite der Zivilisation auf das ganze Sonnensystem und darüber hinaus ausdehnen, und sie werden nach Leben in anderen Welten suchen.

Trotz aller Erfolge steckt unser bemanntes Raumfahrtprogramm noch in den Kinderschuhen. In technischer Hinsicht befindet sich die Erforschung des Weltraums im Zeitalter des Segelschiffs. Aber das verheißungsvolle Zeitalter der Dampfmaschinen scheint zum Greifen nahe. Wir folgen einem Weg, der Menschen wieder auf den Mond bringen wird, dann zum Mars und anschließend noch weiter. Dies wird durch den Einsatz einer Vielzahl von neuen Technologien möglich sein, zum Beispiel fortschrittlichere Stromerzeugungs- und Antriebssysteme, Laserkommunikation und einzigartige Mikrogeräte.

Diesmal werden die Menschen, die ihren Fuß auf andere Himmelskörper setzen, ihre Landeplätze wochen- oder monatelang am Stück erforschen. Vielleicht werden sie auch tiefer in die Geheimnisse unter der Oberfläche eindringen.

Die nächste große Wanderungsbewegung der Menschheit wird nach oben führen. Diese Weltraumpioniere werden das Privileg haben, Antworten auf grundlegend wichtige Fragen der Wissenschaft zu suchen: Wie sind wir hierher gekommen? Sind wir allein im Universum?

Wenn wir zum Mond zurückkehren, werden unsere Forschungsreisenden mit Rohstoffen experimentieren, die sie auf und unter der Mondoberfläche finden. Sie werden versuchen, herauszufinden, ob man von dem Trabanten leben kann. Die durch unsere neuen Erfahrungen auf dem Mond gewonnenen Informationen werden uns das Vertrauen geben, den menschlichen Forscherdrang auch auf die Oberfläche des Mars auszudehnen.

Auf dem Roten Planeten gibt es zahlreiche Orte, die auf die Erforschung durch Menschen warten. 2004 war die Welt von der Entdeckung eines ehemaligen Salzmeers durch unser Marserkundungsfahrzeug „Opportunity" fasziniert. Ungefähr zur selben Zeit machte der „Mars Global Surveyor" der Nasa Aufnahmen, die 25 Grad südlich des Marsäquators eindeutig ein „in das Gestein gefrästes" Flussdelta zeigten. In der fernen Vergangenheit des Mars muss hier lange ein Fluss mit flüssigem Wasser existiert haben. Diese Orte werden zusammen mit unzähligen anderen die Hauptziele für menschliche Forschungsreisende sein, um auf dem Mars nach Hinweisen auf vergangenes Leben zu suchen. Vielleicht gibt es dort Hinweise darauf, wie ein dem unseren anscheinend so ähnlicher Planet sich in eine ganz andere Richtung entwickeln konnte. Vielleicht erfahren wir auf diese Weise etwas über das zukünftige Schicksal unseres eigenen Planeten Erde.

Aber bevor ein Wissenschaftler einen Fuß auf die Oberfläche des Mars setzt, wird ein Roboter zu den vielversprechendsten Marsfelsen reisen. Dort wird er wertvolle Proben sammeln und sie zur Erde zurückbringen, damit Forscher den Mars nach Hinweisen auf Leben untersuchen können. Später werden Wissenschaftler einmal die Gelegenheit bekommen, den Vulkan Olympus Mons zu besteigen, der mit mehr als 26 000 Metern dreimal so hoch ist wie der Mount Everest. Sie werden die 4 000 Kilometer lange Schlucht Valles Marineris durchqueren, die fünfmal länger und viermal tiefer als der Grand Canyon in Arizona ist.

Weitere Rätsel warten auf uns jenseits des Mars, sowohl in der Umgebung des Jupiters als auch anderswo. In „2010", der Fortsetzung des Science-Fiction-Klassikers „2001", setzte der Autor Arthur C. Clarke seinen Monolithen aus gutem Grund in die Nähe des Jupitermondes Europa. Unter seiner gefrorenen, zerklüfteten Kruste könnte ein möglicherweise lebensfreundliches, matschiges oder flüssiges Meer liegen. Der Europa könnte der erste Ort sein, an dem ein Forschungsunterseeboot außerhalb der irdischen Meere zum Einsatz kommt. Auch der Saturnmond Titan könnte Geheimnisse über die junge Erdatmosphäre bergen, aus der das Leben vor vier Milliarden Jahren entsprang.

«Geheimnisse lösen Staunen aus, und Staunen ist die Grundlage des menschlichen Verlangens nach Verständnis», sagte Neil Armstrong. Schauen Sie sich die weiteren bestaunenswerten Forschungsziele an, die auf absehbare Zeit von unbemannten Sonden ausgekundschaftet werden: Jupiters Großen Roten Fleck (bevor er verschwindet); die anderen Eismonde des Jupiters, Ganymed und Callisto; und die aktiven Vulkane auf dem Nachbarmond Io. Außerdem die Atmosphäre des Saturnmondes Titan: Sie ähnelt in mancherlei Hinsicht der jungen Erdatmosphäre, und vielleicht gibt es in ihr komplexe präbiotische chemische Verbindungen. Dann wären da noch die großen Asteroiden des Hauptgürtels, die vielleicht Überreste

misslungener Planeten aus der Frühzeit unseres Sonnensystems sind. Einige von ihnen sind groß genug, dass sie einst flüssiges Wasser besessen haben könnten.

Unser Forscherblick schweift bis zu den Sternen. Vor zehn Jahren wussten wir nicht einmal sicher, ob es jenseits unseres Planetensystems weitere Planetensysteme gibt. Mit neuen wissenschaftlichen Beobachtungsmöglichkeiten haben Astronomen inzwischen viele Planeten gefunden, die andere Sterne umkreisen. Und ihre Zahl wächst stetig – durch neue Entdeckungen mit innovativen Verfahren.

Obwohl unser Streben, diese Planeten zu verstehen, kaum begonnen hat, existiert auf dem Zeichenbrett bereits ein so genannter *Terrestrial Planet Finder* („Entdecker erdähnlicher Planeten"). Dieses große Weltraumfernrohr ist in der Lage, erdähnliche Planeten zu finden und die Bestandteile ihrer Atmosphären zu analysieren, die womöglich auf die Anwesenheit von Leben hindeuten. Mit zukünftigen Teleskopen wird es wahrscheinlich möglich sein, Kontinente auf diesen entfernten Planeten zu kartieren.

Vor fünf Jahrhunderten reiste Kolumbus über den Atlantik. Seine Schiffe trugen die Inschrift «Dem Licht der Sonne folgend, verließen wir die Alte Welt». Ich freue mich auf die vor uns liegenden Abenteuer, wenn wir dem Licht der Planeten und Sterne in die neue Welt des 21. Jahrhunderts folgen und letztlich erkennen werden, dass wir nicht allein sind. ■

5 | Geowissenschaften und die kommerzielle Nutzung des Alls

Der „European Retrievable Carrier"
(„EURECA") hebt sich gegen den Atlanti-
schen Ozean vor der Küste Floridas ab,
wo sich Cape Canaveral und das Kennedy
Space Center der Nasa befinden. Der
Satellit ist gerade für eine Mission aus
der Ladebucht des Spaceshuttles „Atlantis" ausgesetzt worden. Das Bild haben
die Shuttle-Astronauten im Juli 1992 mit
einer Kamera aus der Hand geschossen.
Es veranschaulicht den einzigartigen
Aussichtspunkt, den das All für die Strukturen auf der Erde darstellt.

D AS SAMMELN VON WISSENSCHAFTLICHEN INFORMATIONEN IST FÜR die Menschheit nichts Neues. Vor Jahrtausenden schlossen sich unsere Vorfahren in Gruppen von Jägern und Sammlern zusammen und wurden später in Dorfgemeinschaften sesshaft. Das Vertrauen in die Stärke der Gruppe und die Vielseitigkeit ihrer Mitglieder führte über einen langen Zeitraum zur Spezialisierung der Menschen. Es entstanden die verschiedensten Berufe, vom Handwerker bis zum Wissenschaftler. Die Herausforderung, zu überleben, hat die natürliche Neugier des Menschen nur weiter angestachelt. Er erkundete fremde Länder und Kontinente, Nord- und Südpol und machte sich schließlich auf ins All.

Ein frühes Beispiel für eine Zivilisation sind die Phönizier im 1. Jahrtausend v. Chr. Sie befuhren mit ihren Schiffen das Mittelmeer, erforschten seine Geheimnisse und transportierten Waren durch die damalige Welt. Auf jedem Schiff gab es einen Ausguck oben am Mast, von dem aus vor Untiefen, sich nähernden Unwettern oder feindlichen Schiffen gewarnt wurde. Je höher der Mast und je schärfer die Augen der Person im Ausguck, desto sicherer verlief die Reise. Masttops hatten flatternde Signalflaggen, um mit fernen Schiffen zu kommunizieren und um Freund von Feind zu unterscheiden.

Seitdem haben wir unsere Ausgucke und Signale immer höher gesetzt – zunächst auf größere Schiffe, dann in Flugzeuge, schließlich auf Satelliten im All. Wir haben Augen durch Kameras ausgetauscht und Flaggen durch Funk, aber das Prinzip bleibt das gleiche. Die Nutzung des Alls zur Entdeckung, Kommunikation und Navigation ist die natürliche Weiterentwicklung der Technik durch den menschlichen Verstand.

Systeme im Weltraum werden auch für militärische Zwecke genutzt. Sie haben dadurch ihre eigene tiefe Auswirkung auf die Wirtschaft, aber dieses Kapitel konzentriert sich auf die wissenschaftlichen und zivilen Anwendungen der Raumfahrzeuge.

Drei wichtige Bereiche werden in diesem Kapitel untersucht: Geowissenschaften und Fernerkundung (wie Satelliten mit ihren Instrumenten aus der Ferne Kenngrößen erfassen, mit denen wir die Atmosphäre, Meere und Kontinente der Erde überwachen können), Satellitenkommunikation (wie sich durch den Einsatz von Satelliten Informationen per Funk oder Laser von einem zum anderen Ort übertragen lassen) und Satellitennavigation (wie sich durch den Einsatz von Satelliten die genaue Position einer Person oder eines Gegenstands auf der Erde, in der Luft, sogar im Weltraum bestimmen lässt). ☾

Diese Aufnahme des Wirbelsturms „Fran" hat der „Geostationary Operational Environmental Satellite" („GOES") Anfang September 1996 gemacht. Meteorologen nutzen „GOES"-Bilder, um Stürme zu verfolgen und frühe Warnungen herauszugeben. „Fran" suchte die Küste North Carolinas mit bis zu 201 Kilometer pro Stunde schnellen Böen heim. Solche Satellitenaufnahmen retten Leben und helfen, Sachschäden zu reduzieren.

Die Fernerkundung der Erde

FERNERKUNDUNG DER ERDE

Der Begriff „Fernerkundung" ist seit Jahrzehnten gleichbedeutend mit der Beobachtung der **Erde** von Flugzeugen und **Satelliten** aus. Er wird verwendet, um zwischen den Beobachtungen eines Menschen von einem Aussichtspunkt und den Beobachtungen einer wie auch immer gearteten Kamera oder eines anderen Instruments aus großer **Höhe** zu unterscheiden.

Der Anblick der Erde aus dem All ist wunderbar. Aber jenseits dieser Schönheit beweisen die seit **John Glenns** historischer Erdumkreisung bei allen bemannten Missionen gemachten Bilder die Leistungsfähigkeit von Beobachtungen aus dem All, wenn die physikalische Natur von Himmel, Meer und Landmassen der Erde enthüllt werden soll. Wolkenformationen, Verfärbungen der Meere, Treibeis und Eisdecken sowie die komplexe Geologie der Kontinente sind in Aufnahmen

festgehalten worden, die die **Astronauten** machten.

Menschen sammeln Informationen mit einer Vielzahl von Sensoren und verarbeiten diese Daten im Gehirn zu Bildern oder Mitteilungen. Die Fernerkundung aus dem All ist die Erweiterung dieses Vorgangs. Astronauten benutzen ihre Augen und Kameras, Satelliten verwenden ferngesteuerte Kameras (abbildende Instrumente) oder andere Sensoren. Diese Geräte sammeln Informationen und übertragen sie zur Erde, damit Menschen sie studieren können. Das ist satellitengestützte Fernerkundung.

Satelliten überwachen atmosphärische Bedingungen (Wolken, Wind, Feuchtigkeitsgehalt, Niederschlag und Chemie), Meere und Seen (Strömungen, Wellen, Flora und Fauna, Tiefseemessungen, Salzgehalt, Farbe und Klarheit), Landbedeckung und -nutzung sowie die Kryologie (Bedeckung mit Meer- und Landeis).

FORSCHUNGSSATELLITEN

Forschungssatelliten sind für die Sammlung wissenschaftlicher Daten bislang nicht überwachter oder unzureichend verstandener Umweltphänomene entwickelt worden. Sie sind oft experimenteller Natur. Man kann mit ihnen neue Instrumententechnologien erproben, **Fernerkundung** aus einer anderen Perspektive betreiben (beispielsweise bei einer neuen Wellenlänge) oder mit verbesserten Möglichkeiten beobachten (einer höheren räumlichen oder spektralen Auflösung oder einer häufigeren Durchmusterung). Deshalb werden Forschungssatelliten durch Forschungseinrichtungen wie die **Nasa** finanziert. Die Missionen werden oft mit einem gewissen Risiko durchgeführt, manchmal versagen sie komplett.

Beispiele für erfolgreiche Missionen sind die Satelliten des **Earth Observing System** (EOS, Erdbeobachtungssystem) der Nasa, die sich stark voneinander unterscheiden und jeweils mehrere Sensoren an Bord haben. Sie sind Teil eines umfangreichen geowissenschaftlichen Programms, das riesige Datenmengen über Dutzende verschiedener Umweltparameter liefert.

OPERATIONELLE SATELLITEN

Einige weltraumtaugliche Systeme sind in ihrer Konstruktion ausgereift, weil sie beim Bau von Wissen profitieren, das die frühere Verwendung ihrer Sensoren

Bilder, die durch Fernerkundung entstanden sind, unterscheiden sich in ihrer Auflösung – räumlich, spektral und zeitlich. In der oberen Reihe wird das Pentagon mit steigender Auflösung besser erkennbar. Die spektrale Auflösung enthüllt verschiedene Strukturen auf Cape Canaveral. Veränderungen in der Eisdecke vor Alaska zeigen sich durch die zeitliche Auflösung von nacheinander aufgenommenen Bildern.

RÄUMLICH (Pentagon, Arlington, Virginia)

30 Meter

10 Meter

1 Meter

SPEKTRAL (Cape Canaveral, Florida)

natürlich

Nahinfrarot

thermisches Infrarot

ZEITLICH (Point Barrow, Alaska)

4. Februar 1992

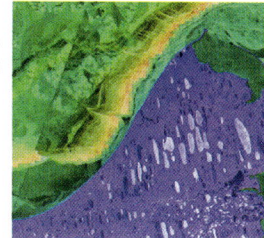

7. Februar 1992

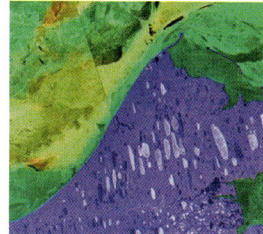

10. Februar 1992

erbracht hat. Operationelle Satelliten führen Beobachtungen der **Erde** durch, die von staatlichen Organisationen oder Unternehmen genutzt werden. Sie ermöglichen zum Beispiel die regelmäßige methodische Sammlung von Daten für die Wettervorhersage, zur Überwachung der Meeresverschmutzung, zur Erdölsuche, für die Landwirtschaft, zur Kartierung sowie zur Erkennung und Bekämpfung von Waldbränden.

Solche Satelliten werden meist durch staatliche Organisationen wie die National Oceanic and Atmospheric Administration (NOAA, Nationale Meeres- und Atmosphärenagentur) oder durch Unternehmen finanziert. Sie beruhen gewöhnlich auf bereits funktionierenden Technologien; bis zum Zeitpunkt ihres Starts hat man die meisten Risikoelemente des Programms auf ein Minimum reduziert. Operationelle Satelliten sind so gebaut, dass man sie auf eine Umlaufbahn bringt und in Betrieb nimmt. Nach dem Ausfall eines Satelliten oder einer seiner missionsentscheidenden Sensoren kann schnell Ersatz für sie gestartet werden, oder ein Ersatzsatellit wartet bereits auf einer Umlaufbahn im Schlafmodus auf seinen Einsatz. Die Kontinuität der Daten ist beim gesamten Systemdesign operationeller Satelliten ein entscheidendes Kriterium.

AKTIVE UND PASSIVE FERNERKUNDUNG

Weltrauminstrumente zur Erdbeobachtung sind entweder für passive oder aktive Fernerkundung ausgelegt. Meist werden passive Sensoren eingesetzt. Sie sammeln Daten, indem sie entweder reflektierte oder ausgestrahlte Energie vom Beobachtungsobjekt empfangen. Ein aktiver Sensor überträgt dagegen Energie vom Instrument zum Objekt und beobachtet dann die Besonderheiten des zurückkommenden „Echos".

Ein Alltagsbeispiel für einen passiven Sensor ist das Bild, das man mit einer Kamera ohne Blitzlicht macht. Es sammelt das vom Motiv ausgehende Licht. Passive Fernerkundungssensoren imitieren das menschliche Sehen, indem die Instrumente wie die Augen das vom Beobachtungsobjekt reflektierte Licht sammeln. Viele Sensoren funktionieren im optischen Spektralbereich und sehen nichts bei Nacht, es sei denn, sie arbeiten in anderen Frequenzbändern.

Aktive Sensoren arbeiten wie Kameras mit Blitz, die ihr eigenes Licht vom Blitz zum Objekt schicken und dann das reflektierte Licht aufzeichnen. Das Navigationssystem der Fledermäuse beim Nachtflug funktioniert nach dem gleichen Prinzip. Sie senden Töne hoher Frequenz aus und verarbeiten die Echos, die ihre empfindlichen Ohren empfangen. Aktive Fernerkundungsgeräte arbeiten auf die gleiche Weise, nur dass sie Radarwellen oder Licht hoher Intensität verwenden, um die **Erde** von oben zu untersuchen.

NUTZUNG DES ELEKTROMAGNETISCHEN SPEKTRUMS BEI DER FERNERKUNDUNG

Elektromagnetische Energie wird oft als „Licht" bezeichnet. Aber das ist irreführend, weil das sichtbare Licht nur ein kleiner Teil des ganzen Energiespektrums ist, das wir in Form von Photonen empfangen, die sich mit Lichtgeschwindigkeit bewegen. Es ist passender, sich auf die elektromagnetische Energie in Begriffen ihres Spektrums zu beziehen: die Klassifikation der Energie durch Frequenz oder Wellenlänge. Das elektromagnetische Spektrum umfasst den kompletten Wellenlängenbereich – von den kürzesten Gamma- und Röntgenstrahlen über das Ultraviolett (UV) sowie die längeren Wellenlängen im Infrarot- (IR) und Mikrowellenbereich bis zu den TV- und Radiowellen. Spektraldiagramme haben fast immer das sichtbare Licht in der Mitte, weil diese bekannteste Lichtart als Vergleichsgrundlage für andere Wellenlängen dient und wir Menschen sie am besten kennen.

Die **Erde** wird bei all diesen Wellenlängen mit Strahlung der **Sonne** sowie ferner Sterne, **Quasare** und anderer Objekte im All bombardiert. Um so viele Informationen wie möglich zu sammeln, hat die Fernerkundung Verfahren für die Beobachtung der Erde in all diesen Bereichen entwickelt. Dafür kommen sowohl **aktive** als auch **passive Fernerkundungssysteme** zum Einsatz. UV-, sichtbares, IR- und Mikrowellenband sind jedoch am nützlichsten. Die UV-Strahlung der Sonne wird von chemischen Verbindungen in der **Erdatmosphäre** absorbiert, zu denen auch das Ozon zählt. Daher nutzt man UV-Instrumente, um seine Eigenschaften zu messen. Die Entdeckung des Ozonlochs über dem Südpol gelang passiven Instrumenten auf NOAA- und Nasa-Satelliten.

Sichtbares Licht, das Wolken und Erdoberfläche reflektieren, wird benutzt, um das Wetter, die Vegetation, Flora und Fauna der Meere sowie viele weitere nützliche Kenngrößen zu überwachen. Die IR-Strahlung wird erfasst, um die Temperatur von der Oberseite der Wolken (ein Maß für ihre Höhe in der Atmosphäre) sowie die Temperatur der Oberflächen von Ozeanen, Seen und Landmassen zu ermitteln. Mikrowellensensoren benutzt man, um passiv das Treibeis, den Niederschlag, den Wassergehalt der Atmosphäre und die Eigenschaften der Meere zu überwachen. Aktive **Mikrowellensensoren (Radar)** dienen der Beobachtung des Eises, der Meeresströmungen, der Topografie von Landmassen sowie der Spannungen in den irdischen Störzonen.

UMLAUFBAHNEN FÜR DIE FERNERKUNDUNG

Fernerkundungssatelliten fliegen auf **niedrigen Erdumlaufbahnen, geostationären Umlaufbahnen, hoch elliptischen Umlaufbahnen, mittleren Umlaufbah-**

nen oder in einem Librationspunkt von Sonne und Erde. Je höher die Umlaufbahn, desto größer ist die überblickte Fläche der Erde, aber desto undeutlicher werden die Strukturen. Die **„Internationale Raumstation"** („International Space Station", „ISS") umkreist die Erde auf einer niedrigen **Umlaufbahn** in einer Höhe von rund 375 Kilometern von Westen nach Osten. Dabei deckt sie eine **Bahnspur** zwischen 51,65 Grad nördlicher und südlicher Breite ab. Die Station überblickt fast die Hälfte des Mittelmeers. Sie kann aber weder einen ganzen Kontinent noch ein komplettes Ozeanbecken oder einen der Pole überschauen. Folglich ist die Umlaufbahn der Raumstation nicht für die Fernerkundung der Erde optimiert.

Satelliten auf polaren, ebenfalls niedrigen Umlaufbahnen fliegen im Wesentlichen von Nord nach Süd. Sie umkreisen die Erde ungefähr alle anderthalb Stunden. Meist fliegen sie etwas mehr als doppelt so hoch wie bemannte **Raumfahrzeuge:** zwischen 700 und 900 Kilometern. Diese höhere Umlaufbahn ermöglicht eine größere überschaubare Fläche, aber auch dieselbe Sonnenbeleuchtung für jeden Breitengrad, wenn die Satelliten sich auf einer **sonnensynchronen Umlaufbahn** bewegen. Diese spezielle Umlaufbahn führt dazu, dass ein Satellit den Äquator bei jeder Umrundung genau zur selben Ortszeit überquert.

Satelliten auf einer geostationären Umlaufbahn befinden sich 35 786 Kilometer über dem Äquator. Sie umrunden die Erde mit derselben Winkelgeschwindigkeit, mit der sie sich dreht. Von einer geostationären Umlaufbahn überschaut ein Satellit die ganze **Erde,** aber der Blick zu den Polen und zum Horizont erfolgt unter sehr flachen Winkeln. Da ein geostationärer Satellit nicht alles abdecken kann, benötigt man mehrere solcher Satelliten entlang des Äquators, um die gesamte Erde mit Ausnahme der Pole zu beobachten.

Um das gleiche weite Blickfeld, aber mit Blick auf die Polargebiete zu bekommen, kann man Satelliten auf hoch elliptische Umlaufbahnen setzen. Diese verlaufen an einem der Pole – meist dem Südpol – nahe an der Erde. Von seinem **Perigäum** wandert der Satellit dann weit hinaus zu seinem **Apogäum** in mehreren 1000 Kilometer Abstand über dem Pol.

Umlaufbahnen von Satelliten in 1000 bis 15 000 Kilometer Höhe werden als mittlere Erdumlaufbahnen bezeichnet. Fernerkundungssatelliten nutzen diese Bahnen im Allgemeinen nicht. Sie eignen sich eher für andere Anwendungen wie Satellitennavigation.

Eine letzte interessante Umlaufbahn für Fernerkundungssatelliten ist der Librationspunkt des Systems Erde-Sonne, oft als **L1** bezeichnet. Dies ist eine

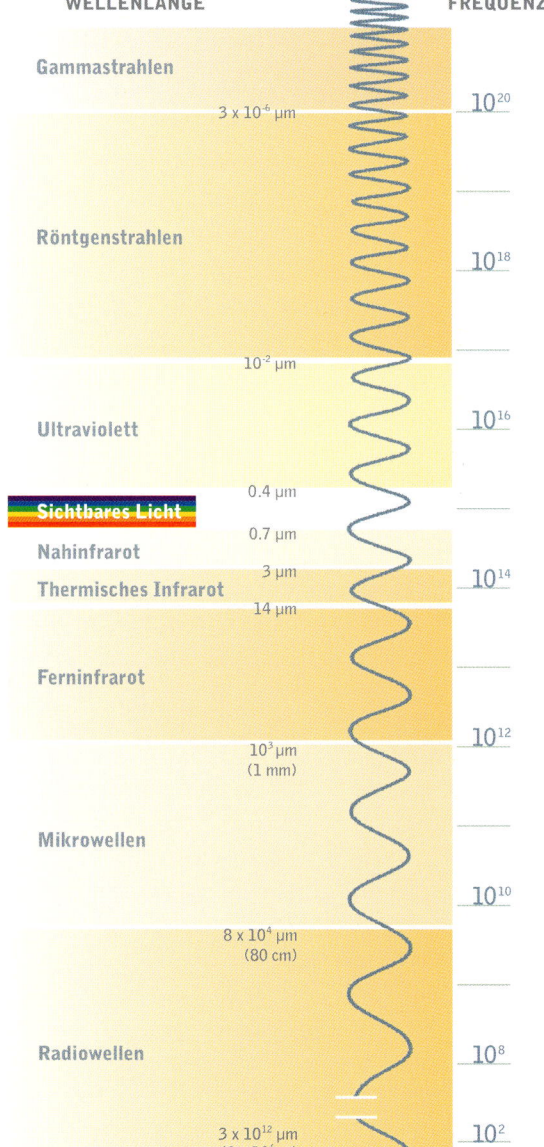

Das elektromagnetische Spektrum

WELLENLÄNGE — FREQUENZ

Gammastrahlen
3×10^{-6} µm — 10^{20}

Röntgenstrahlen — 10^{18}

10^{-2} µm

Ultraviolett — 10^{16}

0.4 µm

Sichtbares Licht
0.7 µm

Nahinfrarot
3 µm — 10^{14}

Thermisches Infrarot
14 µm

Ferninfrarot

10^{3} µm (1 mm) — 10^{12}

Mikrowellen

10^{10}

8×10^{4} µm (80 cm)

Radiowellen — 10^{8}

3×10^{12} µm (3×10^{6} m) — 10^{2}

Elektromagnetische Energie breitet sich in Wellenform aus, die sich entweder durch die Wellenlänge (der Abstand von Maximum zu Maximum, meistens in Mikrometern bis Metern gemessen) oder durch die Frequenz (in Schwingungen pro Sekunde gemessen) beschreiben lässt. Systeme zur Fernerkundung der Erde nutzen Wellenlängen vom Ultraviolett- bis zum Mikrowellenbereich. Damit führen sie Beobachtungen an Meeren, Land und Atmosphäre durch. Das Spektrum der Licht- und Radiowellen spielt in der Telekommunikation eine Rolle.

Umlaufbahn um die Sonne, die einen geringeren Abstand zu unserem Zentralgestirn hat als die Erdumlaufbahn. Auf dieser Bahn schaut ein Satellit immer direkt zur Sonne, ohne dass die Erde die Sicht verstellt, und immer direkt zur beleuchteten Seite der Erde. L1 wird derzeit nur von Satelliten zur Sonnenüberwachung genutzt. Es sind aber bereits Erdüberwachungssatelliten für diese Umlaufbahn vorgeschlagen worden.

GESICHTSFELD

Der geographische Bereich der **Erde,** den ein Sensor überblickt, heißt Gesichtsfeld. Es bezieht sich auf ein Instrument oder auf alle Instrumente an Bord eines Fernerkundungssatelliten. Durch eine Drehung des Satelliten lässt sich das Gesichtsfeld vergrößern, weil die Instrumente dann in eine andere Richtung zeigen. Man kann das Gesichtsfeld entweder als Winkel in Grad angeben oder als Fläche auf der Erdoberfläche in Quadratkilometern.

Ausleuchtungsbereich (footprint)

Der Ausleuchtungsbereich eines Fernerkundungsinstruments ist der geographische Bereich auf der Erdoberfläche innerhalb des **Gesichtsfelds,** in dem das Instrument auf seiner Umlaufbahn Daten sammelt. Der Ausleuchtungsbereich definiert die geographischen Grenzen, in denen das Fernerkundungsinstrument Bilder oder Daten sammeln kann.

Schrägentfernung (slant range)

Der kürzeste Abstand zwischen **Erdoberfläche** und **Satellit** ist die **Höhe.** Aber ein Fernerkundungsinstrument ist oft so gebaut, dass es auf eine oder beide Seiten schaut, nach vorn oder nach hinten. Den Abstand zwischen dem Instrument und einem bestimmten Beobachtungspunkt auf der Erdoberfläche bezeichnet man als Schrägentfernung. Je weiter weg die Beobachtung von dem Punkt senkrecht unter dem Satelliten (**Nadir**) erfolgt, desto größer wird die Schrägentfernung. Messungen mit verschiedenen Schrägentfernungen können sich unterscheiden, weil Abstand und Betrachtungswinkel zum Objekt sich ändern. Man kann jedoch die Instrumente bereits so konstruieren, dass sie innerhalb des gesamten **Gesichtsfelds** eine bereinigte Datenaufnahme ermöglichen.

Bodenspur (swath)

Während ein **Satellit** auf seiner Bahn fliegt, machen seine Instrumente meist eine kontinuierliche Reihe von Beobachtungen. Die geographische Fläche, die

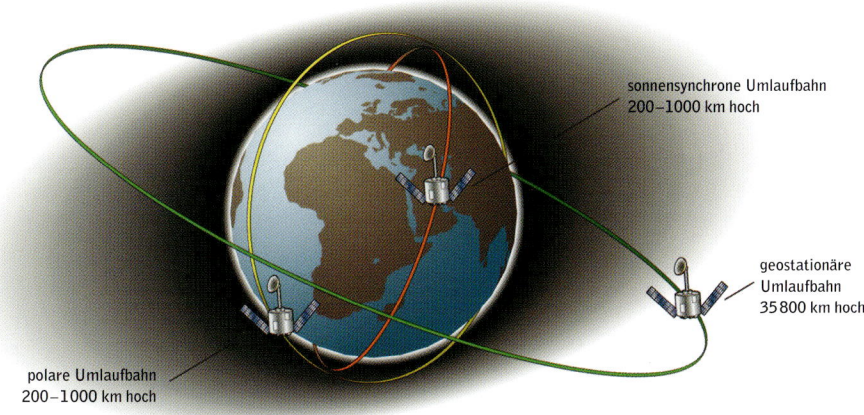

sonnensynchrone Umlaufbahn
200–1000 km hoch

geostationäre
Umlaufbahn
35 800 km hoch

polare Umlaufbahn
200–1000 km hoch

dabei vom **Ausleuchtungsbereich** der Satelliteninstrumente überstrichen wird, bezeichnet man als Bodenspur der Sensoren.

BILDELEMENT (PIXEL)

Ein Bildelement (*picture element* oder Pixel) ist bei einer Messung die kleinste räumliche Einheit in einem digitalen Bild. Es ist das kleinste Element in einem Bild, das Informationen enthält.

Genauso funktioniert eine Filmkamera. Sie erzeugt ein Bild, indem sie Licht durch ihre Linse sammelt und mit diesem Licht ein rechteckiges Filmstück belichtet. Die Photonen des Lichts lösen in den chemischen Teilchen des Films eine Reaktion aus. Entwickelt man das Negativ und projiziert es mit Hilfe des Lichts auf Fotopapier, das wiederum über lichtempfindliche Chemikalien verfügt, wird das Bild sichtbar. Das gedruckte Bild besteht aus einer Anordnung winziger Punkte. Jeder Punkt hat gegenüber den benachbarten Punkten eine andere Intensität und/oder Farbe. Je dichter die Punkte beieinander liegen, desto schärfer erscheint das Bild. Die Punkte der Filmchemie entsprechen den Pixeln (Bildelementen) der digitalen Aufnahmen.

Mit Digitalkameras auf **Satelliten** aufgenommene Bilder erfassen Wolken, Land oder Ozeane mit Tausenden oder gar Millionen einzelner Pixel, indem sie von diesen Gegenden reflektierte Photonen sammeln und deren Intensität oder Wellenlänge messen.

Diese Pixel lassen sich dann elektronisch wieder zu einem Bild zusammensetzen. Je mehr Pixel man für die Abbildung einer geographischen Fläche hat, desto größer ist die erreichbare räumliche Auflösung. Je größer die räumliche Auflösung ist, desto kleiner sind die einzelnen Strukturen auf der Erde, die man auf dem Bild noch erkennen kann.

Geostationäre und polare Umlaufbahnen (sonnensynchrone inbegriffen) – sowie andere hier nicht dargestellte Umlaufbahnen – bieten unterschiedliche Perspektiven und Anwendungen für Fernerkundung, Kommunikation und Satellitennavigation.

Sensoren und Verfahren für die Fernerkundung

OPTISCHER SENSOR

Ein optischer Sensor zeichnet ein Bild mit Hilfe des Lichts auf, das vom jeweiligen Objekt selbst kommt. Die ersten **Fernerkundungsinstrumente** waren Filmkameras, deren Filme in Kapseln zur Erde zurückkehr-

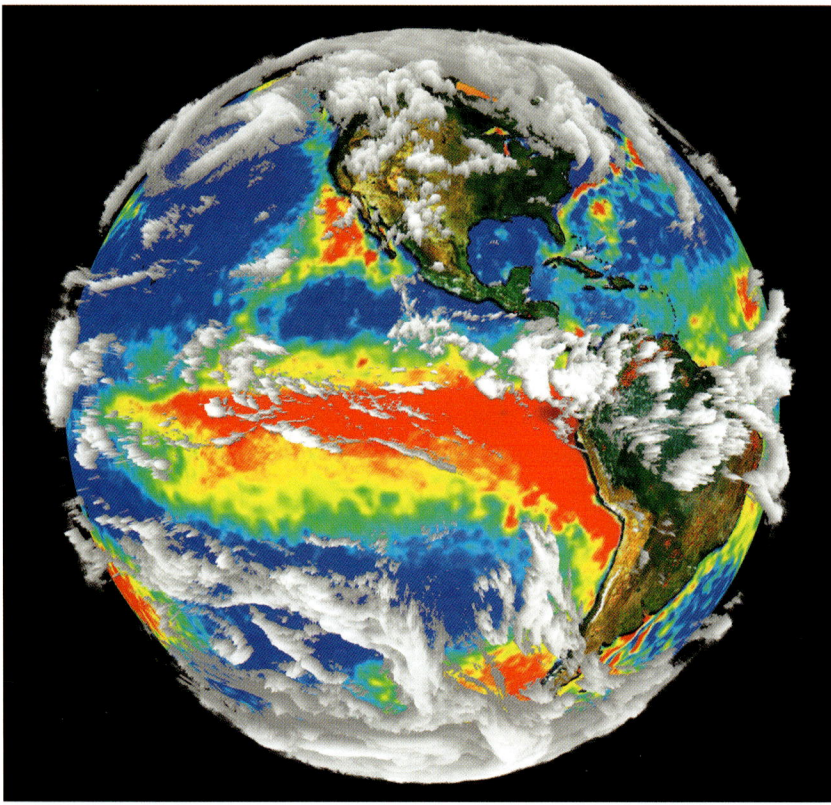

Die Zusammenstellung mehrerer Datensätze, wie sie das Earth Observing System der Nasa liefert, umfasst Wolkenbedeckung, Vegetation und Temperatur an der Meeresoberfläche. Der rote Bereich zeigt die gewaltige Menge warmen Wassers, die mit dem Wetterphänomen El Niño einhergeht.

ten und dort geborgen wurden. Später verwendete man elektronische Kameras, deren Bilder zur Erde gefunkt wurden. Die gängigsten Sensoren für Wetter, Ozeanografie und irdische Ressourcen erfassen reflektiertes Licht im optischen Spektralband. Diese Sensoren arbeiten nur bei Tageslicht, mit Ausnahme von lichtempfindlichen Kameras, die beispielsweise beleuchtete Städte auf der Nachtseite der Erde aufnehmen.

OPTOELEKTRONISCHER SCANNER

Ein optoelektronischer Scanner ist ein elektronisches optisches Gerät, das **elektromagnetische Strahlung**

bei optischen Wellenlängen erfasst (UV, sichtbarer Bereich oder IR). Zu seinen wichtigsten Komponenten gehören: ein optisches System (aus Linsen, Spiegeln, Blenden, Modulatoren und Dispersionseinheiten), **Detektoren** und ein Signalprozessor (ein Computerchip, der die elektrischen Signale des Detektors in das gewünschte Ausgabeformat für die Daten umwandelt).

DETEKTOR

Ein Detektor liefert ein elektrisches Signal, das proportional zur Strahlungsintensität an seiner Oberfläche ist. Meist handelt es sich um eine Art Halbleiter. Jedes Gerät, das Informationen über die Energie verarbeitet, auf die es trifft, ist ein Detektor. Für die optische **Fernerkundung** ist ein Detektor ein elektronisches Gerät, etwa ein **CCD.** Bei der optischen Fernerkundung lenkt der Spiegel oder die **Linse** eines **Fernrohrs** Licht auf den Detektor, der dann die Photonen erfasst. Bei der Mikrowellenfernerkundung entspricht die Antenne dem Teleskop. Sie lenkt die elektromagnetischen Wellen zum Empfänger (Detektor), der die Energie erfasst.

◾ CCD

Ein Charge-coupled Device (CCD, etwa ladungsgekoppelter Strahlungsempfänger) ist eine Matrix aus eng beieinander liegenden, mikroskopisch kleinen, lichtempfindlichen Festkörperelementen auf der Oberfläche eines Halbleiters, beispielsweise Siliziumkarbid. Die Elemente reagieren auf Licht und geben einen elektrischen Strom ab, der proportional zur Lichtintensität ist. Die daraus resultierenden Ströme werden von einem Mikroprozessor sortiert, als Funksignal übertragen und zu einem Bild zusammengesetzt.

◾ Abbildende Verfahren (*staring* und *scanning*)

Optische Sensoren erzeugen Bilder, indem sie Licht mit **Detektoren** oder optischen Elementen sammeln. Dies kann durch Erfassen (*staring*) oder Abtasten (*scanning*) geschehen. Beim *staring* macht man von einem Ort auf der **Erde** quasi ein Standbild; dies liefert Aufnahmen höchster Auflösung. Das Verfahren erfordert Detektoren mit einer zweidimensionalen Anordnung der Elemente. Bewegt man dagegen entweder die gesamte

Kamera oder nur deren Optik (Linsen oder Spiegel) – hin und her oder im Kreis – und macht dabei eine kontinuierliche Folge von Bildern, um daraus ein zusammenhängendes Mosaik zu erstellen, bezeichnet man das Verfahren als *scanning*. Besteht das Gerät nur aus einem einzeiligen Detektor, gibt es dennoch die Möglichkeit, ein zweidimensionales Bild zu erhalten, indem man die Kamera bewegt oder einfach den Detektor rechtwinklig zur Bewegungsrichtung des **Satelliten** anordnet. Das Bild entsteht dann durch den Umlauf des Satelliten um die Erde. Man spricht in diesem Fall von *pushbroom scanning* („Kehrbesen").

PANCHROMATISCHE ABBILDUNG

Eine panchromatische Abbildung ist ein Fernerkundungsverfahren, das das gesamte sichtbare Licht zwischen 0,4 und etwa 0,7 Mikrometer Wellenlänge sammelt, unabhängig von der Farbe. Ein panchromatisch abbildendes Gerät ist daher empfindlicher als Kameras, die nur in einem Lichtband arbeiten, und liefert die Bilder mit der höchsten Auflösung.

MULTISPEKTRALE ABBILDUNG

Eine multispektrale Abbildung ist ein Verfahren, bei dem ein Fernerkundungsinstrument gleichzeitig in mehreren Wellenlängenbereichen Licht sammelt. Zwar sind Schwarz-Weiß-Bilder am schärfsten, aber sie liefern keine Informationen, die in der Farbe des Lichts stecken. So weist zum Beispiel grünes Meerwasser auf viele Algen hin, während blaues Wasser relativ wenige enthält. Nimmt eine Kamera blaues und grünes Licht getrennt auf und erzeugt daraus Bilder, in denen jedes **Pixel** des Ozeans auf Grund seiner Blau- und Grünanteile ausgewertet wird, können Ozeanografen beispielsweise die Verschmutzung der Küsten untersuchen. Die Fischfangindustrie findet mit Hilfe solcher Aufnahmen die Regionen, die wahrscheinlich besonders fischreich sind.

HYPERSPEKTRALE ABBILDUNG

Hyperspektrale Sensoren sammeln Informationen in Hunderten von Spektralbändern. Die sehr viel größere Zahl von Einzelbändern bietet die Chance, feine Farbunterschiede wahrzunehmen, die in **multispektralen Aufnahmen** untergehen würden.

Computeralgorithmen dienen dazu, automatisch bestimmte Phänomene in multispektralen Bildern zu erfassen; ein multispektrales Bild kann von einem geübten Auswerter interpretiert werden. Dagegen ist für hyperspektrale Bilder immer eine Computeranalyse erforderlich. Der Vorteil dabei ist allerdings, dass sich aus einer einzigen Aufnahme sehr viel mehr Informationen ableiten lassen.

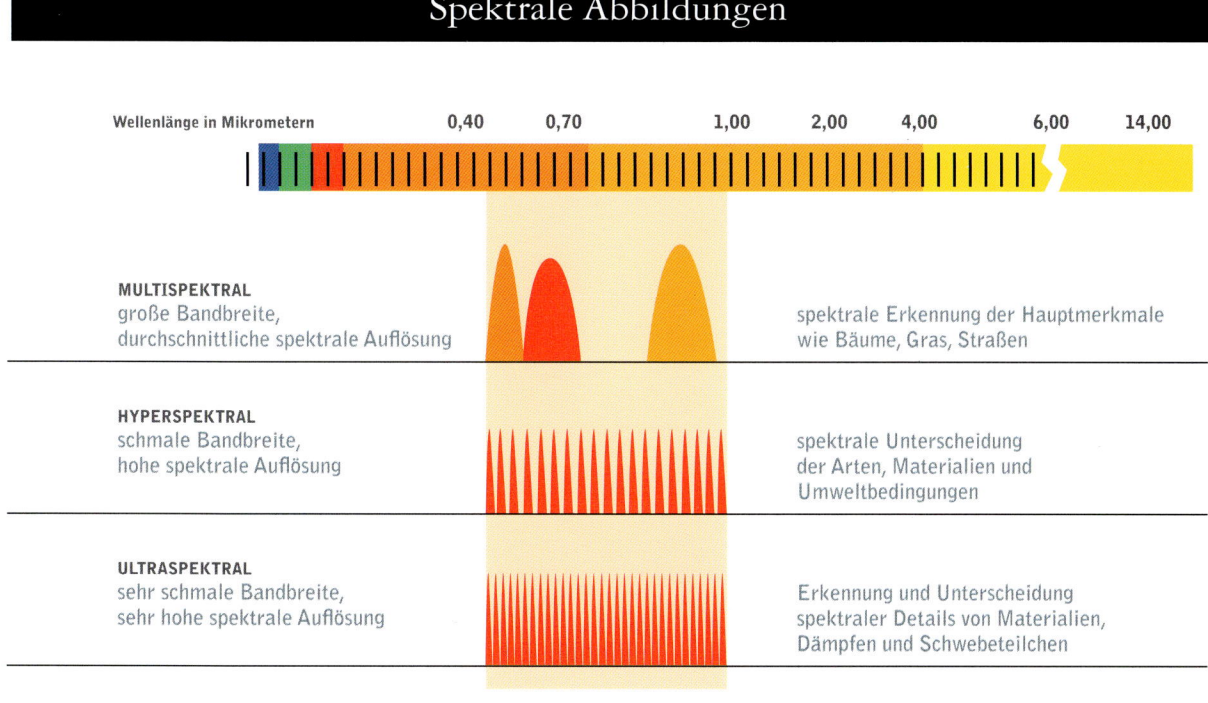

Spektrale Abbildungen

Wellenlänge in Mikrometern 0,40 0,70 1,00 2,00 4,00 6,00 14,00

MULTISPEKTRAL
große Bandbreite,
durchschnittliche spektrale Auflösung

spektrale Erkennung der Hauptmerkmale
wie Bäume, Gras, Straßen

HYPERSPEKTRAL
schmale Bandbreite,
hohe spektrale Auflösung

spektrale Unterscheidung
der Arten, Materialien und
Umweltbedingungen

ULTRASPEKTRAL
sehr schmale Bandbreite,
sehr hohe spektrale Auflösung

Erkennung und Unterscheidung
spektraler Details von Materialien,
Dämpfen und Schwebeteilchen

Moderne Fernerkundungsinstrumente sammeln Licht bei einzelnen Wellenlängen, das jeweils als Einzelbild (eines für jede Spektrallinie) gespeichert wird. Diese Bilder lassen sich dann einzeln darstellen oder digital überlagern, um verschiedene Informationen zu erhalten. Multispektrale Abbildungen umfassen mehrere Bänder, hyperspektrale Hunderte Bänder und ultraspektrale Abbildungen Tausende Bänder.

ULTRASPEKTRALE ABBILDUNG

Die ultraspektrale Abbildung nutzt Tausende schmaler **Bandbreiten** für eine präzise **Fernerkundung.** Wird diese Technologie in Fernerkundungsinstrumente integriert, ermöglicht sie die Analyse von Tausenden extrem schmaler Bandbreiten. Dadurch lassen sich atmosphärische Aerosole wie Rauch und Rauchfahnen (etwa ausströmende Gase aus Fabriken) identifizieren.

INFRAROTSENSOR

Ein Infrarotsensor erfasst die von der **Erde** abgestrahlte Wärme. Waldbrände beispielsweise sind sowohl im visuellen als auch im Infrarotband zu sehen: im Visuellen, weil der Rauch Sonnenlicht reflektiert, im Infraroten wegen der Hitze des Feuers. Infrarotsensoren werden häufig eingesetzt, um die Wassertemperaturen der Weltmeere zu kartieren.

Bei einigen Infrarotinstrumenten müssen Optik und **Detektor** gekühlt werden, um die Photonen bei längeren Infrarotwellenlängen erfassen zu können. Im Nahinfrarotband (0,7 bis 1,1 Mikrometer Wellenlänge) wird passiv mit Kühlrippen gekühlt. Im thermischen Infrarotband (1,1 bis 14 Mikrometer Wellenlänge) braucht man eine Tieftemperaturkühlung. Sie wird entweder mit einem Dewargefäß erreicht – es funktioniert wie eine große Thermosflasche, die flüssige Gase wie Stickstoff enthält – oder durch eine Kühlanlage, die Wärme von der Optik abpumpt.

ULTRAVIOLETTER SENSOR

Ultraviolette Systeme sind im ultravioletten (UV) Bereich empfindlich, bei Wellenlängen kürzer als 0,4 Mikrometer. Verschiedene Bestandteile der Atmosphäre absorbieren die UV-Strahlen der Sonne und bilden einen natürlichen Schutzschild für das Leben auf unserem **Planeten.** Ein Beispiel ist das gasförmige Ozon.

Verschiedene chemische Bestandteile der Atmosphäre sowie die Schwankungen in der Konzentration der Chemikalien je nach geographischer Breite oder Höhe führen zu einer unterschiedlichen Absorption der Ultraviolettstrahlung. UV-Sensoren stellen leistungsfähige Werkzeuge dar, um die chemischen Eigenheiten der **Erdatmosphäre** zu beobachten.

RADIOMETER

Ein Radiometer misst die Intensität der **elektromagnetischen Strahlung** in einem Teil des **Spektrums.** Handelt es sich dabei um sichtbares Licht, kann man den Begriff „Radiometer" durch „Fotometer" ersetzen, weil das Gerät die Lichtintensität misst.

SPEKTROMETER

Ein Spektrometer ist ein **Radiometer,** das eine Komponente wie ein Prisma oder Gitter enthält, um die einfallende Strahlung in die einzelnen Wellenlängen zu zerlegen. So getrennt, schickt das Spektrometer die Energie zu Detektoren, die die Strahlung bei den verschiedenen Wellenlängen messen. Man kann ein Spektrometer dazu verwenden, um beispielsweise die chemische Zusammensetzung des beobachteten Objekts zu bestimmen. Eine bestimmte Art von Spektrometer heißt Spektroradiometer. Bei ihm geht die Strahlung (das Wellenlängengemisch) durch einen Schlitz und wird in schmale Wellenlängenbereiche zerlegt, die sich getrennt messen lassen. Die meisten optischen **Fernerkundungssysteme** im All sind Spektroradiometer.

SOUNDER

Ein Sounder (vom Englischen „to sound", „ausloten") ist ein Infrarot-Radiometer oder -Spektrometer, mit dem man Temperatur und Feuchtigkeit der Atmosphäre in unterschiedlichen Höhen messen kann. Dieses Verfahren ist die High-Tech-Variante der Tausenden von Radiosondenballons, die von überall auf der Welt mit Soundern an Bord gestartet sind. Die kleinen Sensorpakete, die Temperatur und Luftfeuchtigkeit erfassen, sind sehr exakt, weil sie sich genau in der Luftmasse befinden, in der die Messung erfolgt. Sie sind jedoch teuer und lassen sich nie gleichzeitig von überall auf der Welt starten, schon gar nicht vom Meer aus. Eine alternative **Fernerkundung** bieten **Satelliten**-Sounder. Zwar messen sie weniger genau und nur in einer begrenzten Zahl von Luftschichten, aber sie erfassen die Atmosphäre weltweit, was für die modernen numerischen Modelle zur Wettervorhersage entscheidend ist.

LASER

Ein Laser *(light amplification by stimulated emission of radiation,* „Lichtverstärkung durch künstlich angeregte Strahlungsemission") ist ein Gerät, das stark fokussiertes Licht bei einer bestimmten Wellenlänge abstrahlt. Der Strahl ist kohärent, das heißt, jedes Photon bewegt sich in Koordination mit anderen Photonen.

Der weit verbreitete Einsatz so einfacher Geräte wie Laserpointer täuscht darüber hinweg, wie ausgeklügelt solche Instrumente sind. Sie funktionieren durch das

„Pumpen" eines Lasermediums (meist ein homogenes Gas oder ein homogener Kristall aus einem bestimmten Element oder einer Chemikalie): Ein Lichtblitz oder ein elektrischer Stoß regt Atome an. Haben die Atome genügend Energie aufgenommen, strahlen sie Photonen bei einer bestimmten Wellenlänge in Phase ab, die dann durch Spiegel auf beiden Seiten der Röhre fokussiert werden. Einer der beiden Spiegel ist teildurchlässig, reflektiert also nur einen Teil des Lichts. Die Photonen laufen zwischen den Spiegeln hin und her, bis sie durch das teildurchlässige Ende als intensiver Lichtstrahl einer Wellenlänge austreten.

Lidar

Lidar steht für *light detection and ranging* („Lichtradar") und ist ein aktives Fernerkundungsinstrument, das mit einem oder mehreren Lasern einen oder mehrere monochromatische Lichtstrahlen mit Hunderten oder Tausenden von Pulsen pro Sekunde erzeugt. Die Strahlen laufen vom **Raumfahrzeug** hinunter durch die Atmosphäre bis zur Erdoberfläche. Ein Teil des Lichts wird von der Oberfläche wieder zum Raumfahrzeug reflektiert. Mit einem Radiometer misst man dann sorgfältig das reflektierte Licht und ermittelt die Zeit, die seit seiner Abstrahlung vergangen ist.

Mit einem Lidar misst man beispielsweise Wassertiefen, indem man die Laufzeiten des Lichts, das von der Meeresoberfläche reflektiert wurde, mit dem Licht, das vom Meeresboden reflektiert wurde, vergleicht. Mit einem Lidar kann man auch die Eigenschaften von Materialien in der Atmosphäre bestimmen: von Wolken oder Verunreinigungen wie Rauch.

Laseraltimeter

Das Laseraltimeter (Laserhöhenmesser) bedient sich des **Lidars:** Ein Laserstrahl wird vom **Raumfahrzeug** aus nach unten zum **Nadir** gerichtet und seine Laufzeit zurück zum Raumfahrzeug gemessen.

Mit einem solchen Gerät kann man exakte topografische Karten und dreidimensionale Modelle von Gebäuden erstellen, aber auch langfristige Veränderungen in der topografischen Form (und Dicke) der Polar- und Grönlandeisdecke erfassen. Letzteres deutet auf Klimaveränderungen hin.

Mikrowellensensor

Mikrowellensensoren messen die Strahlung von der **Erde** (von Kontinenten und Ozeanen) und der Atmo-

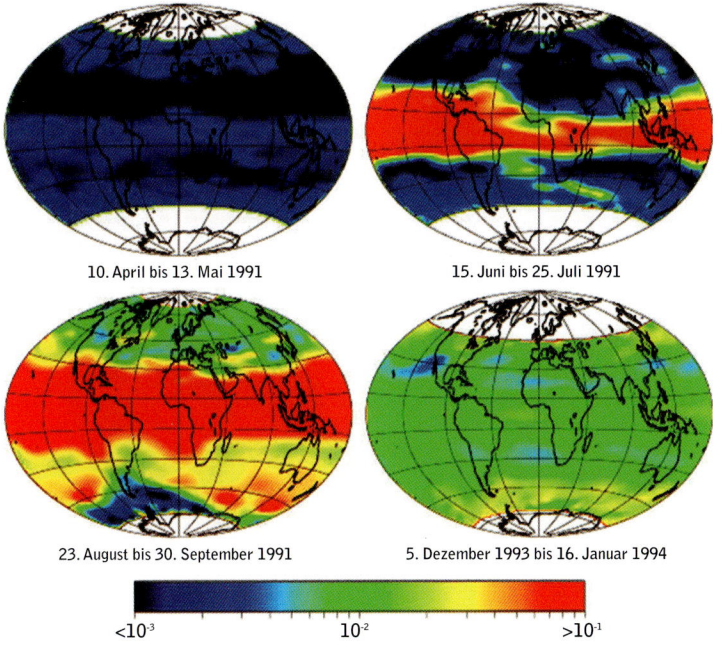

SAGE II 1020nm Optische Tiefe

10. April bis 13. Mai 1991 | 15. Juni bis 25. Juli 1991

23. August bis 30. September 1991 | 5. Dezember 1993 bis 16. Januar 1994

<10⁻³   10⁻²   >10⁻¹

sphäre im Mikrowellenbereich, meist bei Frequenzen zwischen 10,7 und 85 Gigahertz. So wie verschiedene Phänomene auf der Erde (Feuer, Meeresströmungen und Vegetation) Infrarotenergie abgeben, die sich mit IR-Sensoren beobachten lässt, strahlen beispielsweise Feuchtigkeit in der Atmosphäre, Treibeis, Meerwasser oder Kontinente Mikrowellen ab. Passive Mikrowellensensoren sind im Wesentlichen Radioantennen, die die Erdoberfläche abtasten und die Strahlung aufzeichnen. Mit Mikrowellensensoren misst man den Regen, die Ausdehnung und Temperatur des Treibeises (ein Hinweis auf Alter und Dicke des Eises) und die Oberflächentemperatur der Ozeane.

Im Juni 1991 schleuderte der Pinatubo auf den Philippinen Ascheteilchen in die Atmosphäre. Der Sensor des Stratospheric Atmosphere and Gas Experiment (SAGE II) der Nasa verfolgte die Konzentration der Schwebeteilchen drei Jahre lang. Es zeigte sich, dass diese weltweit ein Absinken der Temperatur verursachten und die Ozonkonzentration in der oberen Atmosphäre beeinflussten.

DIE BEOBACHTUNG DER ERDE AUF EINE NEUE ART

Diane L. Evans

RADAR IST EIN AKRONYM FÜR „RADIO DETECTION AND RANGING" (ETWA Aufspüren und Orten durch Radiowellen). Das Synthetic Aperture Radar (SAR, Radar mit künstlich vergrößertem Antennendurchmesser) ist ein Kartierungsverfahren, das mit Hilfe der Doppler-Verschiebung infolge der Bewegung der Beobachtungsplattform künstlich einen großen Antennendurchmesser erzeugt. SAR sendet Mikrowellenpulse zur Erde und misst die Stärke und Zeitverzögerung der Strahlung, die wieder zur Antenne reflektiert wird. Eine der nützlichsten Eigenschaften des SAR ist die Möglichkeit, von quasi jedem Ort zu jeder Zeit Daten sammeln zu können – unabhängig von Wetter oder Sonnenlicht. Radarwellen können Wolken durchdringen und gehen bei bestimmten Bedingungen auch durch Vegetation, Eis und extrem trockenen Sand hindurch. In vielen Fällen können Wissenschaftler unzugängliche Bereiche der Erdoberfläche nur mit Radar erforschen.

Die Bedingungen auf der Erdoberfläche entscheiden darüber, wie viel Radarenergie zur Antenne zurückgestreut wird. Eine Fläche mit verschiedenartigen Oberflächen – Hügeln, Bäumen und großen Felsen – wirft mehr Energie zum Radar zurück als eine glatte Oberfläche.

Die längeren Radarwellenlängen des L- und P-Bands (rund 25 beziehungsweise 70 Zentimeter) eignen sich besonders für den Blick unter die Oberfläche oder die Durchdringung von Vegetationsschichten, während X- und C-Band (rund drei beziehungsweise fünf Zentimeter) sich für feinere Oberflächenstrukturen und die Spitzen der Vegetationsschichten eignen.

Es ist auch möglich, horizontal und vertikal polarisierte Radarwellen auszusenden und wieder zu empfangen. Nimmt man Daten zum Beispiel mit HH-Polarisation auf *(horizontal transmit, horizontal receive)*, so wird die Welle von der Antenne in der Horizontalebene abgegeben, und in dieser empfängt die Antenne auch wieder die zurückgestreute Strahlung. Bei HV-Polarisation wird die Welle horizontal von der Antenne abgegeben und in der vertikalen Ebene empfangen. Die Wechselwirkung der abgestrahlten Wellen mit der Erdoberfläche bestimmt die Polarisation der von der Antenne empfangenen Wellen. Multipolarisationsdaten enthalten genauere Informationen über die Bedingungen an der Oberfläche als Daten von einfachen Polarisationen. Daher sind sie für Wissenschaftler besonders hilfreich, um verschiedene Nutzpflanzen zu unterscheiden und um die Zahl der Bäume unter dem Blätterdach eines Walds zu bestimmen.

Synthetic Aperture Radar

Das erste zivile SAR für den Weltraum startete am 26. Juni 1978 mit dem „Seasat"-Satelliten. „Seasat" arbeitete im L-Band mit einer HH-Polarisation und einem festen Einfallswinkel von 23 Grad. Obwohl die Mission wegen Stromausfalls vorzeitig endete (10. Oktober 1978), legte sie die Grundlage für künftige SAR-Missionen. Aufbauend auf den Ergebnissen von „Seasat" für Meer- und Landoberflächen, nahm man SARs auf Spaceshuttleflügen mit. Unter ihnen waren 1981 das Shuttle Imaging Radar-A der Nasa und SIR-B im Jahr 1984, die die Erdoberfläche unter verschiedenen Winkeln erfassen konnten.

Das am weitesten entwickelte zivile SAR, das bis dahin nachgebaut wurde, ist das Spaceborne Imaging Radar-C and X-Band Synthetic Aperture Radar (SIR-C/X-SAR), das zweimal mit den Spaceshuttles flog (April und Oktober 1994). Die Daten dieses Flugs lieferten Wissenschaftlern eine Fülle von Informationen über die sich verändernde Umwelt der Erde und eröffneten neue Einsatzfelder wie die Archäologie.

SIR-C war ein polarimetrisches Zweifrequenzradarsystem, das im L- und C-Band arbeitete. Es war das erste Radar an Bord eines Raumfahrzeugs, das horizontal und vertikal polarisierte Wellen bei beiden Frequenzen abstrahlen und empfangen konnte. SIR-C konnte dadurch zeitlich parallele Bilder mit HH-, VV-, HV- und VH-Polarisation erzeugen. Die Antenne von SIR-C hatte eine elektronische Strahlschwenkung, durch die man Bilder unter Einfallswinkeln zwischen 15 und 55 Grad aufnehmen konnte: Mit SIR-CD wurde das Funktionieren des ScanSAR-Modus demonstriert, indem man die Antenne während jedes Synthetic-Aperture-Intervalls auf vier verschiedene Neigungswinkel einstellte. So ergab sich eine Breite der Bodenspur von 225 Kilometern.

X-SAR arbeitete im X-Band mit VV-Polarisation und wurde gemeinsam vom Deutschen Zentrum für Luft- und Raumfahrt (DLR) und der italienischen Weltraumagentur entwickelt. Die Antenne des X-SAR war an einem mechanisch schwenkbaren Gerüst befestigt, um den X-Band-Strahl auf die L- und C-Band-Strahlen auszurichten. SIR-C und X-SAR konnten eigenständig oder zusammen arbeiten, woraus sich eine Dreifrequenzfähigkeit des gesamten SIR-C/X-SAR-Systems ergab. Die Breite der Bodenspur schwankte je nach Orientierung des Antennenstrahls zwischen 15 und 90 Kilometern, die Auflösung des Radars zwischen zehn und 200 Metern.

Aus den Daten von SIR-C/X-SAR hat man Karten über Vegetation und Biomasse, über Boden- und Pflanzenfeuchtigkeit und über die Verteilung von Feuchtgebieten erstellt. Außerdem experimentierten die Mitglieder des SIR-C/X-SAR-Forscherteams mit der SAR-Interferometrie (InSAR), um dreidimensionale Bilder der Erdoberfläche zu erzeugen. Während der Oktobermission flog man mit dem Radar zweimal die fast identische Flugbahn, um so interferometrische Daten von vielen Gegenden auf der ganzen Welt zu gewinnen. Daraus ließen sich bei allen drei Radarfrequenzen gleichzeitig digitale Höhenmodelle ableiten.

Ermuntert durch den Erfolg des SIR-C/X-SAR, setzten Nasa, DLR und die italienische Weltraumagentur ihre Zusammenarbeit mit der National Geospatial-Intelligence Agency (NGA) als weiterem Partner fort: mit der Shuttle Radar Topography Mission (SRTM). SRTM sammelte topografische Daten über alle irdischen Landmassen zwischen 60 Grad nördlicher und 56 Grad südlicher Breite, woraus sich der allererste Höhendatensatz von fast 80 Prozent der Festlandoberfläche ergab. SRTM machte die für die Interferometrie erforderlichen zwei Radarbilder aus verschiedenen Richtungen mit der SIR-C- und X-SAR-Antenne in der Shuttleladebucht sowie mit zwei zusätzlichen Radarantennen, die an der Spitze eines Masts befestigt waren, der 60 Meter weit aus dem Shuttle herausragte. Der nächste Schritt des SAR-Pro-

gramms der Nasa ist eine reine InSAR-Mission, um seismisch und vulkanisch bedingte Verformungen zu kartieren und die Geschwindigkeit zu messen, mit der sich Inlandeis und Gletscher bewegen.

Deutschland, Italien, Japan, Kanada, Russland und die Europäische Raumfahrtagentur haben SARs auf Raumfahrzeugen betrieben oder planen entsprechende Flüge. Dies könnte zum gleichzeitigen Einsatz mehrerer Beobachtungsplattformen führen. ∎

Der Spaceshuttle „Endeavour" kartiert mit dem SRTM-Radar die irdische Topografie aus 233 Kilometer Entfernung. Die Abbildung ist eine Montage aus einem gemalten Bild, einer Radaraufnahme und einem Foto aus der Erdumlaufbahn.

RADAR IM WELTRAUM

Radar steht für *radio detection and ranging* (etwa Aufspüren durch Radiowellen) und wurde kurz vor dem Zweiten Weltkrieg erfunden. Es handelt sich um ein Gerät, das Mikrowellenenergie mit hoher Leistung abstrahlt, die an ihrem Ziel – Schiff, Flugzeug, aber auch Kontinent oder Regenwolke – reflektiert und von einer Antenne wieder empfangen wird. Das Radar gibt meistens Mikrowellenenergie im Wellenlängenbereich zwischen einem Zentimeter und einem Meter ab. Das entspricht Frequenzen von 300 Megahertz bis 30 Gigahertz. Eine aktive **Fernerkundung** mit Mikrowellen wird mit Radar aus dem Weltraum durchgeführt, das genauso funktioniert wie ein Schiffs- oder Flugzeugradar. Radarstrahlen aus dem All werden nach unten abgestrahlt, damit sie von dem zu beobachtenden Objekt auf der Erdoberfläche reflektiert werden. Dabei kann es sich um Landmassen, Meere, Eis, Wassertröpfchen in Wolken oder sogar Wasserdampf handeln, den der Wind transportiert.

Synthetic Aperture Radar (SAR)

Die Strahlbreite beim **Radar** ist umgekehrt proportional zur Größe der verwendeten Antenne. Eine kleine Antenne liefert daher einen großen **Ausleuchtungsbereich** und ein Bild mit geringer Auflösung. Ein Synthetic Aperture Radar (SAR, Radar mit künstlich ver-größertem Antennendurchmesser) ist ein kleiner abbildender Radar, der die Bewegung seines Raumfahrzeugs nutzt, um künstlich eine sehr große Antenne zu erzeugen. Dazu verknüpft er die reflektierten Signale entlang seiner Fluglinie zu einem Bild. Mit diesem Verfahren lassen sich sehr hoch aufgelöste Aufnahmen der **Erde** mit einer relativ kleinen Antenne gewinnen.

Rund 1500 energiereiche Pulse werden dazu pro Sekunde zum Ziel oder zur abzubildenden Region übertragen, wobei jeder Puls zehn bis 50 Mikrosekunden dauert. Wenn ein Puls das Ziel trifft, wird die Energie in alle Richtungen gestreut, ein Teil wird reflektiert und gelangt wieder zur Antenne. Diese Echos werden verarbeitet, um ihre Stärke und möglichen Veränderungen in der Polarisation (horizontal oder vertikal) gegenüber den abgestrahlten Pulsen zu erkennen. Aus all diesen Informationen wird dann ein digitales Bild berechnet. SAR-Bilder sind hilfreich in der **Ozeanografie, Kartografie, Landwirtschaft** oder bei der Überwachung der Position von Treibeis.

Interferometrisches SAR

Ein interferometrisches SAR ist ein Verfahren, das digitale Bilddaten verarbeitet, die zwei Synthetic Aperture Radars (SARs) vom selben Ort auf der **Erde** geliefert haben. Dabei werden Amplitude und Phase der Radarechos auf den Bildern miteinander verglichen. Aus die-

sem Verfahren ergeben sich mehr Informationen, als man von beiden Bildern einzeln bekommen könnte. Kombiniert man die „Phasenmessungen" zweier Bilder, kann man daraus Informationen wie die Topografie (Höhe und Form) der Erdoberfläche ableiten.

Liegt eine gewisse Zeitspanne zwischen den beiden SAR-Bildern, kann man durch einen interferometrischen Vergleich leichte Veränderungen an der Oberfläche feststellen. Solche Verformungen der Erde treten in Störungszonen (Erdbebenregionen) auf. Deshalb sind SAR-Bilder äußerst wertvoll für die **Kartografie** sowie die Warnung vor Naturkatastrophen.

Scatterometer (Streustrahlungsmesser)

Ein Scatterometer ist ein spezielles hochfrequentes, nicht abbildendes Radarinstrument, um Geschwindigkeit und Richtung des Windes über der Meeresoberfläche zu messen. Dazu werden Mikrowellenpulse in mehreren Strahlen zum Ozean abgestrahlt. Typischerweise erfolgt dies mit einer Frequenz von 14 Gigahertz oder einer anderen zum Instrument passenden Frequenz. Diese Strahlen treffen die Meeresoberfläche und werden an Oberflächenwellen gestreut, die durch den Wind entstehen. Die resultierenden Echos werden von mehreren Antennen empfangen und hinsichtlich ihrer Doppler-Verschiebung (Frequenzverschiebung durch die Bewegung der Wellen) miteinander verglichen.

Aus diesen Echos lassen sich Informationen über die Richtung und Höhe der Wellen errechnen, aus denen sich wiederum Geschwindigkeit und Richtung des Winds an der Meeresoberfläche ableiten lassen. Solche Beobachtungen müsste man ansonsten mit Windmessgeräten (Anemometern) an Tausenden oder Millionen von Orten in den Weltmeeren durchführen.

Radaraltimeter (Radarhöhenmesser)

Ein Radaraltimeter strahlt seine Mikrowellenenergie direkt nach unten ab und erfasst das Echo, um die Entfernung zwischen Erdoberfläche und **Satellit** zu messen. Aus der Messung der Zeit zwischen dem abgestrahlten Puls und dem von der Antenne empfangenen Echo der reflektierten Energie berechnet man die genaue Höhe des Satelliten. Dieser Vorgang kann dazu benutzt werden, um die Flughöhe des Satelliten zu bestimmen und daraus die Eigenschaften seiner Umlaufbahn abzuleiten oder um die sich verändernde Form der Erde unter der Satellitenbahn zu messen.

Aus diesem kontinuierlichen Profil der irdischen Oberflächenform kann man topografische Landkarten entwickeln, die Position von Treibeis ermitteln oder die Form der Meeresoberfläche bestimmen, die ein Hinweis auf die unterseeische Topografie (Tiefseemessungen), die Meeresströmungen und die Oberflächenwellen (hohe See oder Dünungen durch Wind) sein kann.

Zwei digitale Datensätze wurden zu einem Falschfarben-3D-Bild vom Berg Ararat in der Osttürkei zusammengefügt. Der eine Datensatz ist ein digitales Höhenmodell, den das Shuttle Radar Topographic Mapping (SRTM) an Bord des Spaceshuttles erstellt hat, der andere ist ein multispektrales Bild von „Landsat".

Anwendung der Fernerkundung

Satelliten beobachten Wolken und messen Meerestemperaturen. Ein zweidimensionaler „Schnitt" in Ost-West-Richtung des Pazifik (oben) zeigt, wie Wolken normalerweise über warmem Wasser (rot) aufsteigen und klare Luft über kühlem Wasser absinkt. Bei El Niño (unten) liegen niedrige Wolken über der Region.

METEOROLOGIE

Meteorologie ist die Wissenschaft, die sich mit dem Verständnis und der Vorhersage des Wetters befasst. Die Fernerkundung per Satellit hat ihr große Fortschritte beschert. Bis vor 200 Jahren hatten die Menschen nur wenige Anhaltspunkte für eine Wettervorhersage. Sie blickten hoch zu den Wolken, konnten sagen, ob der Luftdruck steigt oder fällt, kannten die Temperatur und die örtlichen Winde. Auch Seeleute besaßen kaum mehr Informationen: Sie beobachteten die Wellen, die durch ferne Stürme erzeugt wurden.

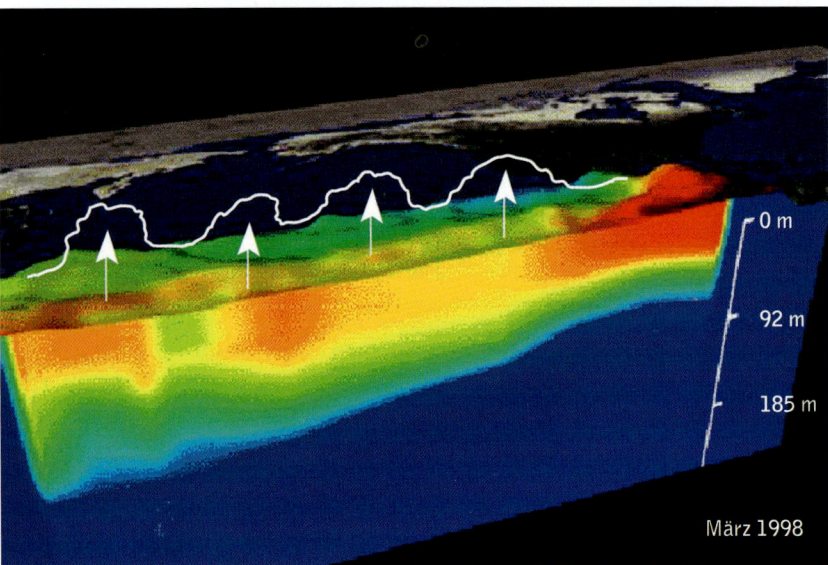

Januar 1997

März 1998

0 m

92 m

185 m

Die Menschen erfanden Wetterballone, um die Bedingungen in der Höhe zu verfolgen, aber sie ermöglichten nur lokale Beobachtungen. Mit dem Aufkommen des Telegrafen und später des Funks konnten Wetterbeobachtungen von weit entfernten Stationen analysiert werden, was bei der Wettervorhersage sehr half.

Am 1. April 1960 veränderte sich die Meteorologie für immer durch das erste Fernsehbild aus dem All. Aufgenommen hatte es der weltweit erste meteorologische **Satellit** „TIROS" (**„Televison Infrared Observation Satellite"**, „Fernsehsatellit für Infrarotbeobachtungen"). „TIROS" war ein Fernerkundungssystem auf einer **niedrigen Erdumlaufbahn**. Am 7. Dezember 1966 startete der erste meteorologische Satellit auf eine **geostationäre Umlaufbahn**. Er hieß **„Applications Technology Satellite"** („ATS", „Satellit für angewandte Technik"). Durch die Neuerung, dass Wolken aus der Umlaufbahn beobachtet werden konnten, stand für die Wettervorhersage erstmals ein Gesamtbild der komplexen Wettermuster zur Verfügung.

Durch die späteren Erfindungen zur Datengewinnung konnten Satelliten mehr, als nur Wolken aufnehmen. Sie führten zum Beispiel Temperatur- und Feuchtigkeits-Soundings, Ozonkartierungen und Windmessungen mit **Scatterometern** durch.

Die Sensoren der meteorologischen Satelliten erfassen viele Kenngrößen, die dann in Supercomputer einfließen. Diese Computer erzeugen dreidimensionale, nummerische Modelle der gesamten Erdatmosphäre. In die Berechnungen gehen Beobachtungen von Satelliten, von der Erdoberfläche und von Flugzeugen ein, um den momentanen Zustand der Atmosphäre zu bestimmen. Mit Hilfe von Gleichungen der Strömungsdynamik berechnen diese Supercomputer dann, wie die Atmosphäre in den nächsten Stunden, Tagen oder sogar Wochen aussehen könnte.

KLIMA

Die Erforschung des Klimawandels ist facettenreich. Wissenschaftler versuchen unter anderem folgende Fragen zu beantworten: Wie sehen die Trends und Muster im irdischen Klimasystem aus, wenn man Atmosphäre, Meere, Gletscher, Treibeis und die **Biosphäre** mit berücksichtigt? Welche Vorgänge beeinflussen die Klimaentwicklung, wenn man interne Größen wie Wasserdampf, Wolken und Wärmeübertragung durch die Atmosphäre und die Ozeane sowie externe Größen wie Sonnenaktivität, Vulkanismus und den zunehmenden Kohlendioxidausstoß durch Industrie und Haushalte einbezieht?

Großräumige Prozesse, wie zum Beispiel das oft beschriebene El-Niño-Phänomen im Pazifischen Ozean, das Ozonloch über dem Südpol und Veränderungen der Polareiskappen, sind Indikatoren für eine Klimaveränderung, die das menschliche Leben und die Wirtschaft weltweit beeinflussen. Die Zusammenhänge zwischen den natürlichen Kräften und den durch Menschen verursachten Effekten sind sehr komplex. Da die Satellitenfernerkundung alle Systeme und Verfahren für die Überwachung der wichtigsten atmosphärischen, ozeanografischen und terrestrischen Phänomene bietet, hat sie sich zum entscheidenden Faktor der internatonalen Klimaforschung entwickelt.

Es gibt zwei Schlüssel zu einer effektiven Erforschung der Klimaveränderung: die Kalibration der Fernerkundungssysteme, damit sich Beobachtungen mit denselben oder ähnlichen Instrumenten im Lauf der Zeit miteinander vergleichen lassen, sowie die Kontinuität der Beobachtungen über viele Jahre, damit Veränderungen untersucht werden können. Das Nasa-**Earth Observing System** (Erdbeobachtungssystem) ist ein Beispiel für diesen Forschungsansatz.

OZEANOGRAFIE

Die Ozeanografie untersucht die Weltmeere und umfasst verschiedene, eng miteinander verbundene Disziplinen: Biologie, Chemie und Geologie sowie die Strömungs- und Thermodynamik (physikalische Ozeanografie). Auch die Ozeanografie hat durch die **Satellitenfernerkundung** große Fortschritte gemacht. Da mehr als 70 Prozent der Erdoberfläche von Wasser bedeckt sind, beeinflussen die Wechselwirkungen zwischen Atmosphäre und Ozeanen sowohl die Meere als auch das Land. Die **Meteorologie** entwickelte sich mit dem Beginn des Weltraumzeitalters weiter, die satellitengestützte Ozeanografie entstand fast zur selben Zeit. Die „**Nimbus**"- **Forschungssatelliten** der Nasa starteten erstmals 1964, um unser Verständnis der Atmosphäre und der Ozeane zu verbessern und um neue Technologien auszuprobieren, die sich auf künftigen **operationellen Satelliten** nutzen ließen.

Der Coastal Zone Color Scanner (CZCS, Farbscanner für die Küstenbereiche) auf der „Nimbus"-Satellitenreihe war das weltweit erste weltraumgestützte Fernerkundungssystem für die Meere. 1978 mündeten die Entwicklungen der Nasa bei der Meeresfernerkundung in der „**Seasat**"-Mission, die mit mehreren Sensoren für die Beobachtung der Ozeane ausgestattet war. Zu den vielen Verfahren, die im Lauf der Jahre entwickelt worden sind, gehören: Infraroterkundung (Temperatur der Meeresoberfläche), **multispektrale optische Aufnahmen** zur Ermittlung der Meeresfarbe (küstennahe Dynamik, Biologie, Kontrolle von Verschmutzungen, Treibeis, Tiefseemessungen) und Scatterometrie (oberflächennahe Windrichtungen und -geschwindigkeiten). Eingesetzt werden Geräte wie **Lidar** (Tiefseemessungen, Wasserreinheit und Treibeis), **Synthetic Aperture Radar** (Treibeis, Wellen, küstennahe Dynamik, Kielwasser von Schiffen), Radarhöhenmesser (Strömungen, Fronten und Wirbel von Wassermessungen, Windgeschwindigkeit, Treibeis). Man nutzt Satelliten auch, um die Daten zu übermitteln, die Meeresbojen und anderen Sensoren an der Oberfläche erfassen.

LANDWIRTSCHAFT

Die **Fernerkundungssysteme** der **Satelliten** verfolgen die natürlichen und von Menschen geschaffenen Bedingungen, die die Landwirtschaft beeinflussen. Bauern müssen viele Entscheidungen treffen: wann und wo sie Getreide anbauen, düngen und Pestizide einsetzen sollen oder wann und wo sie bewässern müssen. Solche Entscheidungen wirken sich unmittelbar auf den Erfolg der Landwirte aus, da sie direkt von den Wetter- und Umweltbedingungen abhängig sind und der Wettbewerb am Markt für Getreide und andere Produkte hart ist.

Die nationalen und globalen Verflechtungen der Agrarproduktion führen dazu, dass die Umweltbedingungen, die die Landwirtschaft beeinflussen, überwacht werden. Zu den Systemen im All, die für die Agrarökonomie wichtig sind, gehören **multispektrale optische** Aufnahmen (Gesundheit und Reifegrad der Pflanzen, Kartierung, Waldbrände, Bodenanalyse), **Meteorologie** (Regen, Überflutungen, Stürme), Klimaforschung (Wind, saisonale oder von Jahr zu Jahr auftretende Klimaschwankungen) sowie Radar- und Mikrowellenbilder (Bodenfeuchte, Gelände und Überflutungen). Das „**Landsat**"-Programm und seine internationalen Gegenstücke „**SPOT**" und „**INSAT**" haben sich zu gängigen Hilfsmitteln der Landwirtschaft entwickelt.

Forstwirtschaft

Ein besonderer Fall der weltraumgestützten **Landwirtschaft** ist das Forstwesen. Staatliche Organisationen sowie Holz- und Papierindustrie überwachen den Zustand und die Grenzen bewaldeter Flächen mit

Fernerkundungssystemen auf Satelliten. So erfassen sie die Artenvielfalt der Bäume und anderer Pflanzen, außerdem erkennen sie Waldbrände.

Dafür werden **optische abbildende** Instrumente, vor allem multispektrale und infrarote Fernerkundungssysteme, eingesetzt. Als besonders nützlich hat sich der **Synthetic Aperture Radar** erwiesen, um Dichte, Gesundheitszustand und Arten von Bäumen zu bestimmen. Das **Lidar** lässt sich einsetzen, um in Waldgebieten die Höhen des Blätterdachs sowie Vegetation und Geländeform zu ermitteln.

NATURSCHUTZ

Satellitenfernerkundung und Aufnahmen durch Astronauten lassen sich sehr gut für den Naturschutz einsetzen. Mit ihrer Hilfe können Wissenschaftler Ökosysteme, natürliche Ressourcen und den Einfluss der Zivilisation – Städte, Straßen, Industrie – beobachten.

Die digitale Fernerkundung mit **optischen abbildenden** Systemen, besonders **multispektrale Aufnahmen** (wie die von „Landsat") und **Synthetic Aperture Radar** (SAR), haben sich als nützlich erwiesen, um Ressourcen wie Feuchtgebiete, Flüsse, Wasserläufe, Seen, Wälder und Mineralienvorkommen zu überwachen.

Solche Systeme werden zusammen mit anderen **kartografischen,** weltraumgestützten Systemen eingesetzt. Damit kann man beispielsweise das Wachsen der Städte, Baumaßnahmen, Wassermanagement- und Bergbauprojekte planen oder überwachen.

Der Schutz dieser Ressourcen ist der Schlüssel für eine nachhaltige Entwicklung. Er beginnt häufig mit einer Erfassung der aktuellen Bedingungen und der Überwachung der Veränderungen. Zu verschiedenen Zeiten gemachte Digitalaufnahmen eines Orts auf der Erde lassen sich **Pixel** für Pixel vergleichen. So kann man Veränderungen – beispielsweise der Vegetation und Bodenerosion oder der Landschaft durch den Bau von Straßen – erkennen und für eine Analyse quantifizieren. Selbst kleine Veränderungen in der Landnutzung oder -bedeckung lassen sich aus dem Vergleich digitaler Fernerkundungsdaten herauslesen.

HYDROLOGIE

Bei der Hydrologie aus dem Weltraum kommen Sensoren auf Satelliten zum Einsatz. Sie erfassen Umwelt- oder geologische Parameter, die für die Untersuchung des Wasserkreislaufs (inklusive Regen, Feuchtgebieten, Wasserläufen, Flüssen, Seen und Überflutungen) genutzt werden.

Das Enhanced Thematic Mapper-Instrument auf „Landsat 7" hat auf einer Fläche von mehreren100 Quadratkilometern den Sand und die Algen im kristallklaren Wasser um die Bahamas erfasst. Gezeiten und Strömungen erzeugen die schönen Muster in ähnlicher Weise, wie Winde die Sanddünen der arabischen Wüste formen.

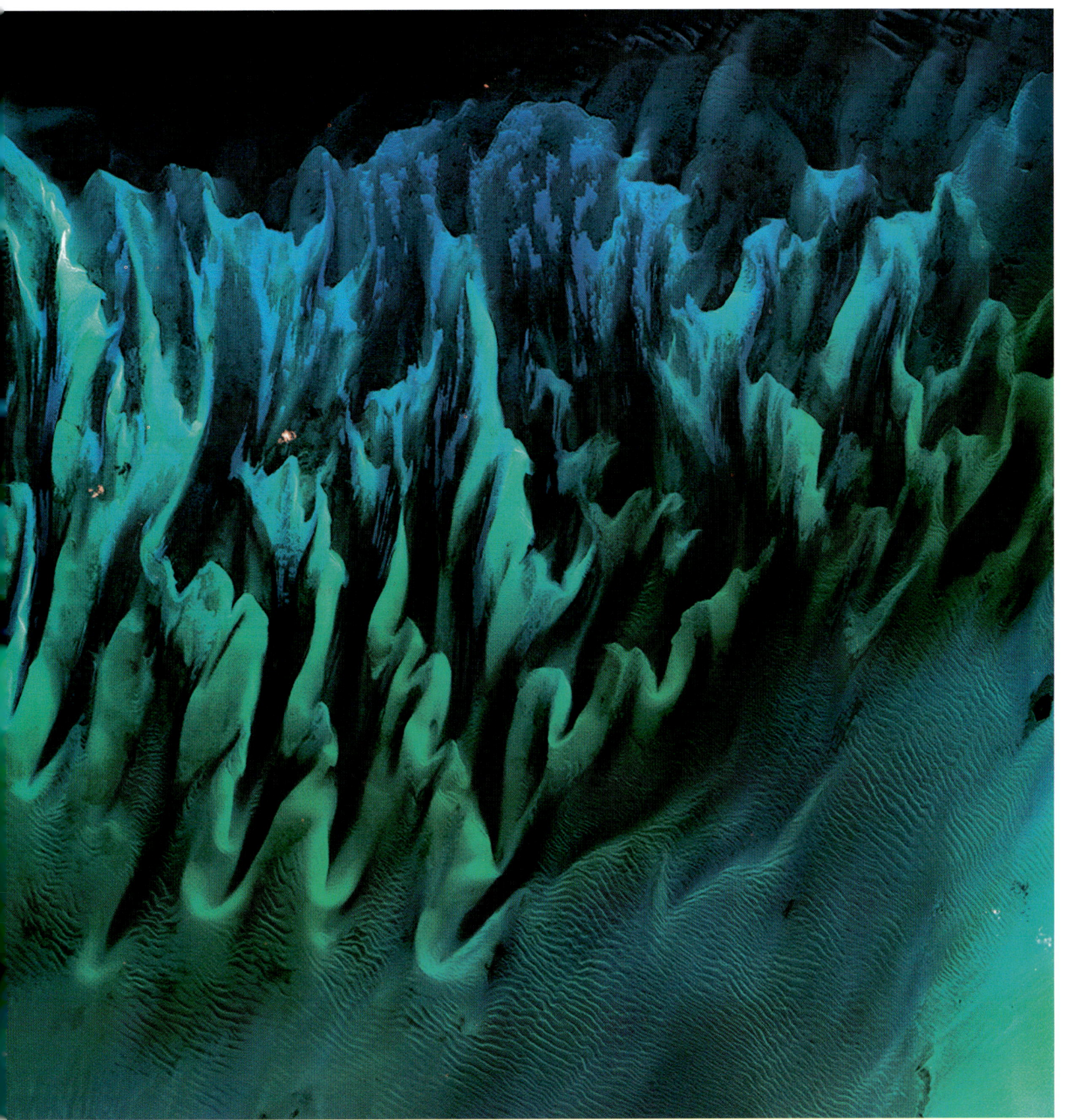

Zu diesem Bereich gehört auch das Wassermanagement (die Planung und der Bau von Staudämmen und -seen sowie die Trockenlegung von Feuchtgebieten für Tiefbau oder Landwirtschaft). Hydrologen benutzen Satellitenfernerkundungssysteme (**optische Aufnahmen** und **Synthetic Aperture Radar**), um das Wetter zu überwachen, zur **Kartografie** der Trockenlegung eines Geländes und zur direkten Messung der Wasserstände von Seen und Flüssen.

GEOLOGIE

Die Analyse der Erdoberfläche mit Mitteln der **Fernerkundung** heißt satellitengestützte Geologie. Optische Aufnahmen haben sich als besonders erfolgreich bei der Ermittlung der mineralischen Zusammensetzung von Gesteinsformationen und Böden erwiesen, weil Mineralien das Sonnenlicht bei unterschiedlichen Wellenlängen reflektieren. Jedes Mineral hinterlässt eine charakteristische „Handschrift".

Multispektrale und **hyperspektrale** Bildsensoren ermöglichen eine deutlich bessere Kartierung der Mineralien, weil sich das reflektierte Licht in den schmalen Bändern des Spektrums genau untersuchen lässt.

Die Computerverstärkung von multispektralen Bildern erlaubt die Zuweisung von deutlich unterschiedlichen Farben zu Bereichen, die nur ein leicht differentes Reflexionsverhalten zeigen. Sie deuten auf die Anwesenheit unterschiedlicher Mineralien hin. Der künstlich erzeugte Kontrast in den Bildern erleichtert einem Geologen die Untersuchung der Aufnahmen. Für die hyperspektrale Abtastung kommen Computer zum Einsatz, um detaillierte geologische und Vegetationskarten zu erzeugen.

Neben der optischen Fernerkundung hat sich das Synthetic Aperture Radar als erfolgreich erwiesen, um geologische Strukturen zu verstehen, die im optischen Spektralbereich nicht sichtbar sind. Die vom Synthetic Aperture Radar abgestrahlte Mikrowellenenergie dringt in sehr trockenen Boden oder Sand ein und wird von unterirdischen Felsformationen reflektiert. Mit diesem Verfahren haben Wissenschaftler Strukturen wie das Grundgestein oder alte Flussbetten unter dem Wüstensand beobachtet.

WARNUNG VOR NATURKATASTROPHEN

Vorhersagen aus dem All können dazu dienen, vor Erdbeben, Vulkanausbrüchen, Waldbränden, Tornados, tropischen Wirbelstürmen oder Überschwemmungen zu warnen. Viele dieser Gefahren treten infolge geophysikalischer Phänomene auf, die bereits per **Fernerkundung** beobachtet werden.

Operationelle meteorologische Satelliten sind speziell dafür entwickelt worden, schnell die Bedingungen zu erkennen, unter denen sich ein Tornado entwickelt, um die Öffentlichkeit warnen zu können – vor allem die „Geostationary Operational Environmental Satellites" („GOES", „Geostationäre, operationelle Umweltsatelliten"). Die gleichen Satelliten eignen sich für die Verfolgung tropischer Wirbelstürme. Dadurch lassen sich Küstengebiete rechtzeitig evakuieren.

Andere abbildende Infrarotsatelliten werden häufig dazu benutzt, um vor Wärmequellen zu warnen, die auf Vulkanausbrüche oder Waldbrände zurückgehen. Unter diesen Satelliten sind auch einige, die primär militärischen Zwecken dienen. Meteorologische Sensoren im sichtbaren Bereich können häufig Rauch und Aschefahnen von denselben Ereignissen sehen. Abbildende Ultraviolettsensoren sind in der Lage, die Anwesenheit von Aschewolken oder Rauch zu erkennen, wobei eine Unterscheidung von natürlich auftretenden Wolken hoher Feuchtigkeit schwierig ist.

Mit **interferometrischem Synthetic Aperture Radar** (SAR) lassen sich Verformungen der Erdkruste erkennen: zum Beispiel die Ausbeulung eines Vulkans vor seinem Ausbruch oder die Verschiebung einer Störungszone – der typische Vorläufer eines Erdbebens. Auch einen Tsunami könnte man auf SAR-Bildern deutlich erkennen, wenn man zufällig zur rechten Zeit am rechten Ort beobachten würde.

Der US Geological Survey unter Leitung des Innenministeriums und des nationalen Feuerzentrums in Boise, Idaho, nutzt Fernerkundungsdaten von Satelliten als Hilfsmittel, um Warnungen vor Erdbeben und Waldbränden herauszugeben sowie um Bundes-, Staats- und örtliche Behörden bei der Bekämpfung von Katastrophen zu unterstützen.

KARTOGRAFIE

Der Gebrauch von Digitalbildern, die mit optischen Sensoren oder dem **Synthetic Aperture Radar** (SAR) gemacht wurden, hat sich als eine Methode der Kartografie aus dem All etabliert. Die Bilder verbessern oder ersetzen Vermessungen am Boden und von Flugzeugen aus. Solche Karten werden bei der Navigation an Land und im Wasser eingesetzt, bei der Planung von Bauprojekten, der Überwachung von küstennahen Ökosystemen und auf unzähligen weiteren Gebieten. Früher mussten sich Kartografen auf Vermessungen verlassen,

die Beobachter vom Boden oder mit Lotleinen von Schiffen aus durchführten. Mit den Luftaufnahmen bekamen sie ein vorzügliches Werkzeug für die Kartografie in die Hand. Besonders hilfreich sind Stereobilder, anhand derer sie Geländehöhen bestimmen können. Systeme im All haben dieses Verfahren einfach in größere Höhen gebracht, womit man nun weite Bereiche weltweit kartieren kann.

Alle Fotografien enthalten jedoch Verzerrungen, die durch die Welligkeit der Oberfläche, die Kameraeigenschaften und den Blickwinkel entstehen (und die für jedes **Pixel** des Bildes einen anderen Wert haben). Der Vorgang, der die Daten über die Satellitenumlaufbahn und die Sensorinformation mit den Bodenkontrollpunkten und den digitalen Höhendaten zusammenführt, heißt orthogonale Bereinigung: Es wird eine Aufnahme erzeugt, die sich über eine Karte legen lässt oder aus der eine Karte erzeugt werden kann.

Um orthogonal bereinigte Bilder zu erhalten, setzt man mehrere Satelliten ein; die Systeme unterscheiden sich im Grad ihrer geographischen Abdeckung sowie ihrer räumlichen und spektralen Auflösung. **„Landsat"** und seine internationalen Gegenstücke **„SPOT"** und **„INSAT"** verwendet man für Karten mit geringer und mittlerer Auflösung (verglichen mit Luftaufnahmen), kommerzielle Fernerkundungssysteme wie **„IKONOS", „QuickBird"** und **„OrbView"** kommen für die hochaufgelöste Kartografie zum Einsatz.

Stereoaufnahmen, die mit diesen optischen Systemen gemacht wurden, kann man für die Erstellung dreidimensionaler Bilder nutzen, mit denen sich das Gelände analysieren lässt. SAR kann ebenfalls für die Kartierung eingesetzt werden. Der zusätzliche Vorteil liegt in der Kartierung von Regionen, die fast immer von Wolken verhüllt werden. Denn Wolken behindern optische Aufnahmen, sind aber für Radar durchsichtig,

Am 26. Oktober 2003 wüteten in Südkalifornien heftige Waldbrände, die Hunderte von Häusern zerstörten. Der Satellit „Terra", der zum Earth Observing System der Nasa gehört, machte diese Aufnahme mit dem Moderate-Resolution Imaging Spectrometer (MODIS). Das visuelle Spektralband zeigt den Rauch, das Infrarotband die Hitze der Brände.

DIE ERFORSCHUNG DES OZEANS AUS DEM ALL

Sylvia A. Earle

DANK DER WELTRAUMTECHNOLOGIE HABEN WIR IN DEN VERGANGENEN Jahrzehnten mehr über die Gewässer der Welt erfahren als in der gesamten Zeit davor. Durch die Augen der Astronauten, Kosmonauten und Instrumente hoch oben im All sehen wir die Erde als Blauen Planeten, der von Meer dominiert wird: ein riesiges, lebendes flüssiges Reich, das bestimmt, wie die Welt funktioniert. Der Blick aus dem Weltraum auf unseren Planeten zeigt Landmassen, die von einem Wasserkörper umgeben sind, an beiden Polen von gefrorenem Wasser bedeckt. Mit dem Land ist der Wasserkörper durch Bänder aus Süßwasser und mit dem Himmel durch Wasserdampf verbunden. Bemannte und unbemannte Raumfahrzeuge haben die Datengewinnung enorm beschleunigt und ein neues Verständnis für den gewaltigen Einfluss der Meere geschaffen, den sie auf Temperatur, Wetter, Klima, Sauerstoffproduktion und andere umfassende planetare Vorgänge haben. Zuvor mussten sich Forscher auf kleine Bereiche des Ozeans beschränken.

Vor mehr als 200 Jahren nutzte Benjamin Franklin die Logbücher von Kapitänen, um daraus die erste bekannte Karte des Golfstroms zusammenzusetzen. Dieses bedeutende Meeresphänomen war bis dahin unerklärlich. Als die „H.M.S. Challenger" sich 1872 auf den Weg zur ersten umfassenden Erforschung des Ozeans machte, sammelten die mitreisenden Wissenschaftler Informationen vom Deck des schwankenden Schiffs aus. Jahrzehntelang maß man die Temperatur des Oberflächenwassers auf dem offenen Meer, indem man einen Eimer Wasser schöpfte, ein kalibriertes Thermometer ablas, den Wert notierte und die Position des Schiffs mit Kompass, Uhr und Sextant bestimmte. Vor Anbruch des Satellitenzeitalters, in dem die genaue Ortsbestimmung einfach ist, erforderte die Rückkehr an dieselbe Position im Meer viel Glück und ein ausgeprägtes Navigationstalent.

Heute sind die meisten Schiffe mit dem Global Positioning System (GPS) ausgerüstet, das durch eine Verbindung mit Erdsatelliten eine beispiellose Genauigkeit ihrer Positionen liefert. Karten, die Land, Meer und unterseeisches Gelände zeigen, vereinen Ultraschallmessungen durch Schiffe mit Informationen, die durch Raumfahrzeuge gewonnen wurden. In den vergangenen Jahren wurde mit Geräten aus 800 Kilometer Höhe über der Erde das weithin unbekannte Terrain weit unterhalb der Meeresoberfläche kartiert. Satelliten messen die feinen Unterschiede in der Meereshöhe. Sie spiegeln die Form des Tiefseebodens sowie Schwerkraftanomalien (Hinweise auf unterseeische Gesteinsmassen) wider.

Die genaue Kenntnis der Temperatur der Meeresoberfläche ist nun seit Jahrzehnten durch Satelliten bekannt, die ihre Daten weltweit erfassen. Mikrowellenenergie kann – anders als Energie im sichtbaren und infraroten Bereich – Wolkendecken durchdringen und dadurch einen klaren Blick auf den Ozean liefern. Radarsatelliten messen aus Hunderten Kilometer Höhe die Welligkeit der Meeresoberfläche, um daraus Windgeschwindigkeiten und -richtungen abzuleiten.

Die Perspektive von oben liefert auch neue Einblicke in Oberflächenströmungen, Wellenmuster, Salzgehalt, biologische Produktivität und sogar die Migration bestimmter großer Seetiere. Blauflossentunfische, Meeresschildkröten, Seelöwen, Seeelefanten und Wale hat man mit Geräten versehen, die ihre eigene Temperatur, den Ort und die Tauchtiefe sowie die Wassertemperatur an Satelliten schicken, die diese Daten wiederum an Forscher weiterleiten. Sender auf Schiffen werden an einigen Orten ebenfalls dazu genutzt, um den Umfang des Fischfangs und des Seeverkehrs zu überwachen.

Um die Natur und den Umfang der biologischen Produktivität in der Nähe der Meeresoberfläche zu messen und um Wasserverschmutzungen zu entdecken, erfassen Satelliten die Anwesenheit von Pigmenten (vor allem von Chlorophyll im Plankton) und messen Temperaturveränderungen. Unterschiedliche Planktonarten, Seegraswiesen in der Gezeitenzone und Kelpwälder werden bei verschiedenen Frequenzen des elektromagnetischen Spektrums sichtbar.

Da elektromagnetische Strahlung nicht sehr tief ins Meer dringt, ermittelt man mit anderen Methoden, was im Innern des Ozeans geschieht. In den 1990er Jahren hat man Bojen namens „Argo" entwickelt, die Unterseedaten als Ergänzung zum „Jason 1"-Satelliten sammelten. „Argo"-Bojen werden mit dem Schiff oder Flugzeug ausgebracht und tauchen bis in eine vorgegebene Tiefe (meist zwischen 1000 und 2000 Meter), wo sie mit Tiefseeströmungen treiben. Alle paar Tage taucht ein solcher Schwimmer auf und misst Temperatur und Salzgehalt entlang seinem Weg. Bevor er wieder nach unten sinkt, um seine Reise fortzusetzen, überträgt er die Daten. Das System Integrated Global Observing Strategy (IGOS, Integrierte, weltweite Beobachtungsstrategie) ist Teil eines internationalen Projekts, um ein Netzwerk aus Überwachungsstationen aufzubauen. Eine Initiative namens GOOS (Global Ocean Observing System, weltweites Meeresbeobachtungssystem) wird das Meer weltweit überwachen.

Ozeanografische Satellitendaten in Verbindung mit langfristigen Beobachtungen von Land und Meer aus ermöglichten es Wissenschaftlern bereits, die Ursachen von El Niño und La Niña, der Zyklen tropischer Wirbelstürme, Niederschlagsmuster sowie Überschwemmungen zu erkennen. Land, Luft und Meer hängen untrennbar miteinander zusammen. Wir wissen heute, dass der Ozean ein dynamisches System ist, das Leben, wie wir es kennen, erst möglich macht.

Wir wissen auch, dass die Menschheit in der Lage ist, die Natur des Ozeans zu verändern. Dafür sprechen die Veränderungen der Küstenlinie, die Verschmutzung des Meeres, der Zerfall von Korallenriffen und ein massiver Rückgang der Meerestiere. Neue computergestützte Kartierungen verbinden die Informationen aus Datenbanken exakt mit den richtigen Positionen auf einer Karte und liefern auf diese Weise neue Erkenntnisse über natürliche und durch den Menschen verursachte Veränderungen – sowohl auf dem Wasser als auch an Land.

Das Bewusstsein für die Bedeutung der irdischen Ozeane half bei der Suche nach Wasser – und damit Leben – an anderen Orten im Universum. Wir wissen, dass der Rote Planet Mars einst blau durch ein Meer war. Da drängt sich die Frage auf, ob es dort früher Leben gab und dieses womöglich noch immer existiert. Das Vorkommen flüssigen Wassers auf Jupiters Mond Europa hat die Begeisterung für eine Raumsonde erhöht, die diese ferne Welt untersuchen soll.

Ohne Meer würde die Erde dem kahlen, unfruchtbaren Mars gleichen. Die Rolle der Ozeane als Rückgrat unseres lebenserhaltenden Systems wird heute anerkannt. Meere sind viel mehr als nur ein Ort, an dem man sich erholen kann und aus dem man Nahrung, Öl oder Mineralien gewinnt. Und für die Abfallentsorgung sind sie viel zu wertvoll. Auch wenn man seit Mitte des 20. Jahrhunderts mehr über den blauen Teil der Erde gelernt hat als jemals zuvor: Die wichtigste Forschungsära hat gerade erst begonnen. ■

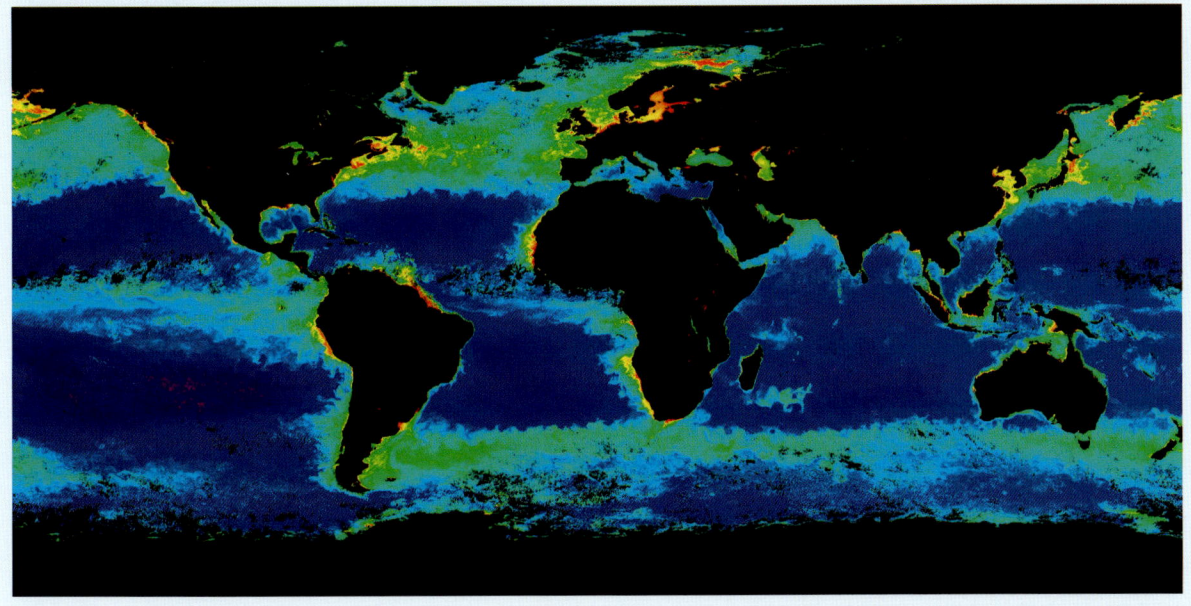

Die Daten von „SeaWIFS" waren bei dieser Falschfarbendarstellung von der Chlorophyllkonzentration des ozeanischen Phytoplanktons hilfreich. Rot deutet auf die Bereiche höchster Konzentration, dunkelblau auf die der geringsten Konzentration zwischen September 1997 und August 1998 hin.

wenn sie keine großen Mengen an Niederschlag enthalten. Mit dem **interferometrischen SAR** lassen sich genauso Geländekarten der Erde erzeugen, wie mit Stereobildern. Aus den Daten der Shuttle Radar Topography Mission (SRTM, Shuttle-Radartopografie-Mission) aus dem Jahr 2000 wird zurzeit eine mehr oder weniger weltumspannende Geländekarte der Erde erstellt.

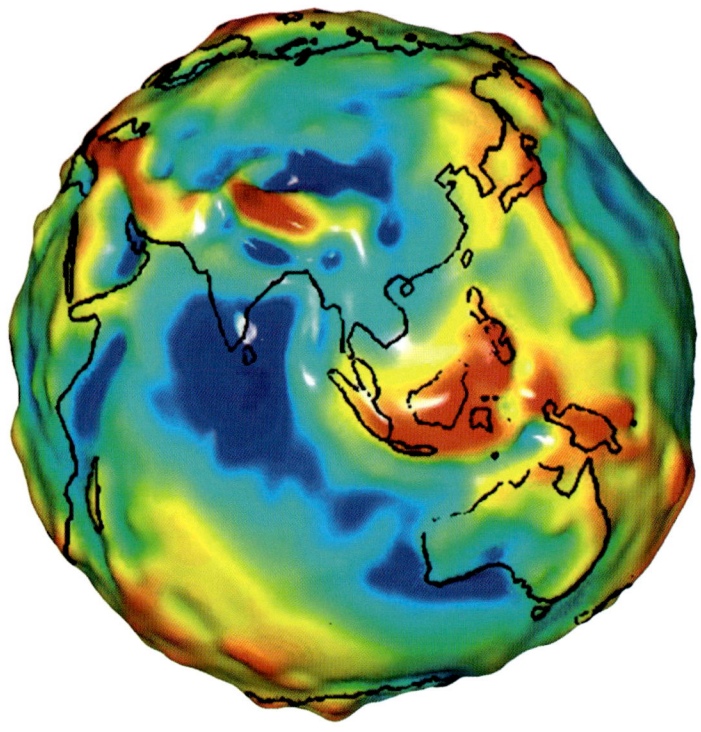

Das Gravity Recovery and Climate Experiment (GRACE) besteht aus zwei kleinen Satelliten, die auf ihrem Formationsflug die Verzerrungen des irdischen Gravitationsfelds messen. Die Satelliten kartieren auch die Schwankungen des Gravitationsfelds in Abhängigkeit von der Geographie des Planeten, die hier in Farbe und 3D zu sehen sind. GRACE ist ein gemeinsames Projekt von Nasa und DLR (Deutsches Zentrum für Luft- und Raumfahrt).

SCHWERKRAFT- UND MAGNETFELDMESSUNGEN

Das Gravitationsfeld der **Erde** und ihr Magnetfeld werden aus dem All gemessen. Die Gravitation ist die unsichtbare Kraft, wegen der sich zwei Massen anziehen. **Newton** entdeckte, dass die Anziehung mit wachsender Masse des Gegenstands steigt. Verändern sich Masse oder Dichte, wandelt sich auch die Anziehungskraft.

Durch die variable Topografie der Erde (Berge, Täler und Ebenen) ist auch die Anziehungskraft nicht immer gleich, je nachdem, wo auf unserem Planeten man sich befindet. In den Tiefen der Ozeane gibt es Gräben, flachen Meeresboden oder unterseeische Berge. In Folge dieser Unterschiede ändert sich die Erdmasse und damit die Anziehungskraft.

Die Veränderlichkeit des Gravitationsfelds wurde im Bereich der Meere durch exakte Höhenmessungen mit **Radaraltimetern** erfasst. Der Meeresspiegel hängt demnach beträchtlich von Meeresströmungen, dem **Coriolis-Effekt** und dem örtlichen Gravitationsfeld ab. Durch Messungen von Länge und Form des Meeresbodens, lässt sich das Geoid des Meeres bestimmen (der mittlere Wasserstand).

Die Veränderung des irdischen Gravitatonsfelds messen zwei **Forschungssatelliten** im Rahmen des 2002 gestarteten Gravity Recovery and Climate Experiment (GRACE, etwa Gravitationserkennungs- und Klimaexperiment). Durch Messung der veränderlichen relativen Satellitenposition (ihres Abstands), die durch die wechselnde Anziehungskraft der Erde entsteht, konnten die Forscher die räumlichen Schwankungen der Gravitation für den gesamten Planeten kartieren.

Das Erdmagnetfeld ist eine geophysikalische Eigenheit, die uns nicht nur den Gebrauch eines Kompasses ermöglicht. Die **Magnetosphäre** ist lebenswichtig, weil sie eintreffende Teilchen des **Sonnenwinds** ablenkt und uns so vor dieser gefährlichen Strahlung bewahrt.

Die irdische Magnetosphäre entsteht durch zwei wichtige Zutaten. Die erste ist das Erdmagnetfeld, das auf Ströme im Erdkern zurückgeht und über der Oberfläche dieselbe Form wie ein Stabmagnet hat. Dieses Dipolfeld ist ungefähr genauso orientiert wie die Rotationsachse der Erde. Die zweite Zutat ist der Sonnenwind: ein Plasma aus Wasserstoff und Helium, das die **Sonne** ständig mit Geschwindigkeiten von 300 bis 800 Kilometern pro Sekunde verlässt.

Magnetometer auf Satelliten sind Instrumente, mit denen die Magnetosphäre vermessen wird. Dadurch erhält man Daten über die Veränderlichkeit des Felds. Zusammen mit der Beobachtung der Sonnenvariabilität kann man das „Weltraumwetter" vorhersagen: Strahlung, die für den Menschen gefährlich ist und außerdem Satelliten stören sowie die Stromversorgung auf der Erde unterbrechen kann.

ROHSTOFFERFORSCHUNG

Multispektrale und **hyperspektrale** optische Kamerasysteme lassen sich für die satellitengestützte **Geologie** einsetzen, die die Erforschung von natürlichen Ressourcen ermöglicht.

Die Analyse spektraler Signaturen in den erfassten Regionen hilft dabei, Mineralien oder andere Rohstoffe, beispielsweise Öl oder Gas, zu bestimmen. Optische Stereobilder und das **interferometrische Synthetic Aperture Radar** lässt sich ebenfalls für die Erzeugung topografischer Karten nutzen, die man für Vermessungen oder den Tagebau benötigt.

Fotografische Satelliten

„LANDSAT"

Seit 1972 liefern optische, abbildende Erdbeobachtungssatelliten der „Landsat"-Reihe kontinuierlich Daten aus **niedrigen Umlaufbahnen,** die Umweltforschung, Wissenschaft, Unternehmen, Ausbildung unterstützen sowie für militärische Zwecke genutzt werden.

Multispektrale Bilder im optischen und thermischen Infrarotband werden auf vielen Gebieten genutzt: beispielsweise in der Geologie, der Öl- und Gasexploration, der landwirtschaftlichen Kontrolle, bei Tiefseemessungen, der Untersuchung küstennaher Ökosysteme und der Wasserverschmutzung sowie für Studien über Landnutzung.

Die sechs „Landsat"-Satelliten haben Millionen von Bildern gemacht – das ist die längste, relativ hochaufgelöste, multispektrale Aufzeichnung der irdischen Kontinente aus dem All.

Diese Bilder werden im Earth Resources Observation Systems (EROS) Datenzentrum in Sioux Falls, South Dakota, archiviert, das vom US Geological Survey des Innenministeriums betrieben wird, sowie in „Landsat"-Empfangsstationen rund um den Globus. Sie stellen eine einzigartige, wertvolle Quelle für die Erforschung der weltweiten Klimaveränderungen und weiterer Gebiete dar.

Das Hauptinstrument des aktuellen „Landsat"-Satelliten („Landsat 7") ist der Enhanced Thematic Mapper Plus (ETM+, etwa verbessertes thematisches Kartierungsgerät Plus), ein siebenkanaliges, abbildendes System mit einer Bodenspur von 185 Kilometer Breite und einer räumlichen Bildauflösung von 15 Metern im panchromatischen Modus, 30 Metern in den sieben Bändern des sichtbaren und nahinfraroten Lichts sowie 60 Metern im thermischen Infrarot. Alle 16 Tage deckt „Landsat" die gesamte Erde zwischen 81 Grad nördlicher und 81 Grad südlicher Breite ab. „Landsat 7" folgt in einer **Höhe** von 705 Kilometern einer **sonnensynchronen, polaren Bahn.**

„Landsat" begann als staatliches Forschungsprogramm und ging später in ein experimentelles, quasi-kommerzielles Unternehmen über. Die US-Regierung hat den Bau und Start jedes „Landsat"-Satelliten bezahlt. Einige der Satelliten wurden dann von Unternehmen betrieben, die die Daten der US-Regierung zur Verfügung stellten und auch zum kommerziellen Gebrauch verkauften (auch an andere Staaten).

Der zuletzt gestartete Satellit „Landsat 7" wird voll-ständig durch die US-Regierung betrieben. Die Daten werden gegen eine Schutzgebühr verkauft.

„Earth Resources Technology Satellite" („ERTS")

Der „Earth Resources Technology Satellite" (etwa „Technologiesatellit für Erdressourcen") war ein Forschungssatellit der Nasa, aus dem sich eine Reihe von

„IKONOS"-Aufnahmen zeigen eine Festung in den Niederlanden aus dem 17. Jahrhundert. Sie wurde mit einem Sensor aufgenommen (oben), der mit hoher Auflösung heranzoomen konnte (unten).

multispektralen Fernerkundungssystemen entwickelt haben, die später „Landsat" getauft wurden. Der erste Satellit („ERTS 1") startete am 23. Juli 1972. Als Vorlage beim Bau diente der Meteorologiesatellit „Nimbus".

„IKONOS"

Während das **„Landsat"**-Programm derzeit von der US-Regierung betrieben wird, haben Unternehmen (teils Tochterfirmen von Satellitenherstellern) Bildsatelliten für den kommerziellen Gebrauch gebaut und gestartet.

Der von Lockheed Martin gebaute „IKONOS"-Satellit war beim Start am 24. September 1999 der technisch am weitesten ausgereifte Fernerkundungssatellit im kommerziellen Markt. Der Satellit ist im Besitz der Firma Space Imaging und wird von ihr auch betrieben. Er kann im panchromatischen Band Gegenstände am Boden bis zu einer Auflösung von einem Meter fotografieren, im **multispektralen** Bild bis drei Meter. Panchromatische und multispektrale Aufnahmen lassen sich digital kombinieren, so dass die resultierenden Bilder beide Vorteile bieten: Farbbilder mit sehr scharfen Rändern, um Objekte genauer interpretieren zu können.

„IKONOS"-Bilder lassen sich für Karten orthogonal berichtigen; für topografische Karten und dreidimensionale Ansichten können auch Stereobilder erstellt werden.

„QUICKBIRD"

Bei „QuickBird" handelt es sich um einen kommerziellen **Satelliten,** der panchromatische Bilder mit einer räumlichen Auflösung von 0,61 Metern im Nadir liefert, von 2,44 Metern bei multispektralen Aufnahmen. Gebaut von der Firma Ball Aerospace & Technologies startete er am 18. Oktober 2001. Der „QuickBird"-Satellit wird von der Firma Digital Globe betrieben.

Die Bilder werden in digitaler Form verkauft, hauptsächlich übers Internet. Wegen der Bedeutung der sehr hochaufgelösten Aufnahmen für militärische und geheimdienstliche Zwecke brauchen Satelliten wie „QuickBird" und „IKONOS" eine Genehmigung der US-Regierung. Es ist genau festgelegt, wie die Satelliten betrieben werden, wie und an wen Daten verkauft werden dürfen und wie sie archiviert werden müssen.

„SPOT"

Das „SPOT"-Programm (Système pour l'Observation de la Terre, System zur Erdbeobachtung) ähnelt dem „Landsat"-Programm in Aufbau und Anwendungen. Der erste „SPOT"-**Satellit** wurde 1996 von der französischen Raumfahrtagentur Centre National d'Études Spatiales (CNES) mit Unterstützung von Schweden und Belgien gestartet.

„SPOT"-Satelliten bewegen sich auf **sonnensynchronen,** fast **polaren** Umlaufbahnen in Höhen von ungefähr 830 Kilometern über der Erde, was zu einer Wiederholung der Umlaufbahn alle 26 Tage führt.

Im Gegensatz zu „Landsat" können „SPOT"-Satelliten ihre Orientierung auf der Umlaufbahn ändern. Auf diese Weise können Stereobilder in aufeinander folgenden Umlaufbahnen und topografische Karten hergestellt werden. Die räumliche Auflösung der Bilder von „SPOT 5" beträgt fünf Meter im panchromatischen Band.

„SPOT" ist ein quasi-kommerzielles Programm. Die französische Regierung finanziert den Satelliten und seinen Start, die Firma Spot Image ist für Betrieb und kommerzielle Vermarktung der Daten zuständig.

„ORBVIEW"

Die Firma Orbimage betreibt zwei kommerzielle, abbildende **Satelliten:** „OrbView-2" und „3". Der im August 1997 gestartete „OrbView-2"-Satellit wurde von seinem Erbauer, der Firma Orbital Science, ursprünglich „SeaStar" genannt. Auf ihm befindet sich der Sea-viewing Wide Field-of-view Sensor (SeaWiFS, Weitwinkelsensor zur Meeresbeobachtung), ein multispektrales Instrument zur Farbanalyse, um Flora und Fauna des Wassers zu beobachten.

Die Nasa finanzierte die Entwicklung von „SeaStar" als Forschungssatellit, gestartet und betrieben wurde er dann jedoch kommerziell. Die Nasa verwendete die Daten für Forschungszwecke; der Betreiber durfte sie für kommerzielle Zwecke auf dem heimischen und internationalen Markt verkaufen.

Die Bilder von „OrbView-2" lassen feine Farbunterschiede an der Erdoberfläche erkennen, die Aufschluss über das Plankton und Ablagerungsschichten im Meer geben. Aus den Bildern lässt sich auch der Gesundheitszustand der Vegetation an Land ablesen. Fischer können aus den Bildern anhand der Planktonvorkommen auf ergiebige Fischgründe schließen.

„OrbView-3" startete 2003. Bei ihm handelt es sich um einen kommerziellen, abbildenden Satelliten mit hoher Auflösung, der ebenfalls von Orbimage betrieben wird. Er macht panchromatische Bilder mit einer räumlichen Auflösung von einem Meter. Im vierkanaligen, multispektralen Modus sind es vier Meter.

Dieses „QuickBird"-Bild zeigt die große Pyramide von Gizeh, von der man glaubt, dass sie ungefähr 2650 v. Chr. erbaut worden ist. Die multi-spektrale Farbaufnahme wurde durch das pan-chromatische Band des Satelliten geschärft, in dem eine Auflösung von 61 Zentimetern erreicht wird. Das daraus resultierende Bild ist so detailliert, dass man fast die einzelnen Steine erkennen kann.

US-Umweltsatelliten

„GEOSTATIONARY OPERATIONAL ENVIRONMENTAL SATELLITE" („GOES")

„GOES" ist ein geostationäres **operationelles Satellitenprogramm,** das von der National Oceanic and Atmospheric Administration (NOAA) betrieben wird. Die normale Konstellation besteht aus zwei funktional identischen **Raumfahrzeugen** auf einer **geostationären Umlaufbahn.** „GOES-East" steht bei 75 Grad westlicher Länge, „GOES-West" bei 135 Grad westlicher Länge. Diese beiden **Satelliten** können die Umweltbedingungen in den gesamten USA inklusive Alaska und Hawaii kontrollieren. Ihre Positionen auf der Umlaufbahn sind besonders wichtig, weil sie sowohl die Überwachung von Wettersystemen ermöglichen, die sich der USA vom Pazifik her nähern, als auch die Überwachung von tropischen Stürmen im Atlantik.

Jeder Satellit verfügt über einen **multispektralen, abbildenden Sensor,** einen **Sounding-Sensor,** je ein System zur Umweltüberwachung und Datengewinnung sowie einen Empfänger für Such- und Rettungseinsätze. „GOES-12" besitzt auch einen Sensor für Röntgenstrahlung, um **solare Flares** zu überwachen.

Der hauptsächliche Nutzen der „GOES"-Satelliten liegt in ihrer Fähigkeit, die gesamte westliche Halbkugel nach Anzeichen für tropische Wirbelstürme oder Tornados abzusuchen. Der nationale Wetterdienst der NOAA sichtet „GOES"-Bilder rund um die Uhr, um vor schweren Unwettern warnen zu können.

Die nächste Generation der „GOES"-Satelliten, als „GOES-R" bezeichnet, wird noch leistungsfähiger als ihre Vorgänger. Unter anderem werden die Satelliten eine höhere räumliche und zeitliche Auflösung der Bilder erlauben sowie weitere multispektrale Möglichkeiten für die satellitengestützte Ozeanografie.

„TELEVISION INFRARED OBSERVATION SATELLITE" („TIROS")

Die **Nasa** startete den ersten „Fernseh-Infrarot-Beobachtungssatelliten" („TIROS") am 1. April 1960, um zu beweisen, dass sich die Wolkendecke und die Wettermuster weltweit aus dem All beobachten lassen. Zwar können Satelliten auf einer **geostationären Umlaufbahn** über dem Äquator die ganze Scheibe der Erde überschauen, aber sie können nicht den ganzen Planeten beobachten.

Daher starteten zwischen 1960 und 1965 zehn experimentelle „TIROS"-Satelliten in **niedrige Erdumlaufbahnen.** Der Erfolg dieses Programms führte zum „TIROS Operational Satellite"-Programm (TOS), das von der Environmental Sciences Services Administration (ESSA, Agentur für umweltwissenschaftliche Dienste) betrieben wurde, die später in der National Oceanic and Atmospheric Administration aufging. Der erste TOS-Satellit („ESSA-1" genannt) startete am 3. Februar 1966.

„POLAR OPERATIONAL ENVIRONMENTAL SATELLITE" („POES")

Das Programm „Polarer operationeller Umweltsatellit" („POES") wird von der National Oceanic and Atmospheric Administration (NOAA) seit 1978 betrieben. Es handelt sich um zwei **Satelliten** auf **kreisförmigen,** fast **polaren, sonnensynchronen Erdumlaufbahnen geringer Höhe.** Dieses Programm ging aus dem „TIROS"-Programm hervor und begann mit dem Start des „Improved TIROS Operational Satellite" („ITOS-1", „Verbesserter, operationeller TIROS-Satellit") am 23. Januar 1970. Am 11. Dezember desselben Jahres folgte der umbenannte Satellit „NOAA-1".

Das „POES"-Programm läuft heute mit den beiden **operationellen Satelliten** „NOAA-17" und „NOAA-18". Diese **Raumfahrzeuge** beruhen auf einem weiterentwickelten „TIROS"-Design („TIROS-N"). Jeder Satellit besitzt mehrere Instrumente für Aufnahmen und Messungen von **Atmosphäre** und Wolkenbedeckung der Erde, die die Beobachtung der Oberfläche ergänzen. Vor allem ermitteln sie die Vegetationsbedeckung und messen Temperaturen der Meeresoberfläche.

Hauptinstrumente sind das Advanced Very High Resolution Radiometer (AVHRR, Fortgeschrittenes Radiometer mit sehr hoher Auflösung), der „TIROS" Operational Vertical Sounder (TOVS, Operationeller, vertikaler „TIROS"-Sounder) und der **Ultraviolett-Sensor** Solar Backscatter Ultraviolet (SBUV, Sonnenrückstreuung im Ultraviolett). Mit dem SBUV misst man das atmosphärische Ozon, auch das Ozonloch über dem Südpol.

Die Daten der „POES"-Satelliten fließen direkt in kurz, mittel- und langfristige Modelle zur Wettervorhersage sowie in Klimamodelle ein. Auf den Satelliten gibt es auch Instrumente für Sekundärmissionen wie das **Search and Rescue Satellite Aided Tracking, System (SARSAT,** Satellitengestützes System zur Suche und Rettung).

„POES"-Satelliten sammeln weltweit Daten und übertragen sie zur NOAA-Empfangsstation in den Vereinigten Staaten. Ausgewertet werden sie mit Computern des Nationalen Zentrums für Umweltvorhersagen in Camp Springs, Maryland, und mit Computern mehrerer Zentren der amerikanischen Marine und Luftwaffe in Monterey (Kalifornien), Bay St. Louis (Mississippi) und Offutt (Nebraska).

Die Satelliten übertragen die Beobachtungen in Echtzeit, direkt bei der Messung. Die Daten sind nicht verschlüsselt und können daher von jedem genutzt werden, der einen preiswerten Satellitenempfänger und entsprechende Software besitzt.

„DEFENSE METEOROLOGICAL SATELLITE PROGRAM" („DMSP")

Das „Defense Meteorological Satellite Program" („DMSP") wird vom amerikanischen Verteidigungsministerium betrieben. Es handelt sich um zwei Satelliten, die dem „POES"-Programm (**„Polar Operational Environmental Satellite"**) der National Oceanic and Atmospheric Administration (NOAA) ähneln. Die „DMSP"-Satelliten befinden sich auf **kreisförmigen,** fast **polaren, sonnensynchronen Erdumlaufbahnen in geringer Höhe.**

Bei den Hauptsensoren handelt es sich um abbildende **Radiometer** für den optischen und den Infrarotbereich. Die „DMSP"-Satelliten haben eine bessere räumliche Auflösung: Sie können mit dem Optical Linescan Sensor-Instrument (Optischer Sensor mit zeilenförmiger Abtastung) noch Wolkenelemente mit ungefähr 520 Meter Größe auflösen. Die „POES"-Auflösung beträgt dagegen 1 100 Meter.

„DMSP"-Systeme nutzen ein anderes Infrarotband als „POES" und besitzen ein passives Mikrowellenradiometer, den Special Sensor Microwave Imager (SSM/I, Spezieller, abbildender Mikrowellensensor). Er misst beispielsweise die Feuchtigkeit in der Atmosphäre und die Verbreitung des Treibeises in den Polarregionen.

Die Daten der „DMSP"-Satelliten können verschlüsselt übertragen werden, so dass in Krisenzeiten nur das Militär und die Regierung darauf Zugriff haben.

„NATIONAL POLAR-ORBITING OPERATIONAL ENVIRONMENTAL SATELLITE SYSTEM"

Am 5. Mai 1994 entschied US-Präsident Bill Clinton, die militärischen und zivilen operationellen Meteorologiesatellitensysteme zusammenzulegen. Das betraf

Das künstliche Licht der Städte – hier auf einem digital erstellten Mosaik aus Hunderten von Bildern, die nachts bei wolkenfreiem Himmel aufgenommen wurden. Durch die Fähigkeit des „US Defense Meteorological Satellite Program" („DMSP"), Bilder bei schwachem Licht zu machen, ist die Beobachtung der Wolkenbildung auch auf der Nachtseite der Erde möglich.

die „Polar Operational Environmental Satellites" („POES") und das **„Defense Meteorological Satellite Program"** („DMSP"). Das vereinte Satellitenprogramm heißt „National Polar-Orbiting Operational Environmental Satellite System" („NPOESS").

Seitdem arbeiten Experten für Satellitenbeschaffung und Umweltfernerkundung der National Oceanic and Atmospheric Administration (NOAA) gemeinsam mit den entsprechenden Fachleuten des Verteidigungsministeriums und der **Nasa** zusammen. „NPOESS" wird ein komplett neues Satellitendesign haben, das die beiden Firmen Northrop Grumman und Raytheon verwirklichen. Die Instrumente von „NPOESS" werden neue Sensoren bekommen, die zwar ihren Vorgängern ähneln, aber leistungsfähiger sind. Der erste „NPOESS"-Satellit soll nach der derzeitigen Planung im Jahr 2012 starten und wird sowohl militärischen als auch zivilen Nutzern in staatlichen Einrichtungen dienen.

„AEROS"

Die „Aeros"-**Satelliten** sind frühe Beispiele für die Zusammenarbeit der **Nasa** mit ausländischen Partnern, in diesem Fall mit dem deutschen Wissenschaftsministerium. „Aeros-1" und „Aeros-2" starteten am 16. Dezember 1972 beziehungsweise 16. Juli 1974 auf „Scout"-Raketen vom Luftwaffenstützpunkt Vandenberg in Kalifornien. Sie hatten **elliptische, polare, fast sonnensynchrone Erdumlaufbahnen.**

Zweck dieser Missionen war die Untersuchung der oberen Atmosphäre und der **Ionosphäre** – vor allem der Einfluss der UV-Strahlen der Sonne. Fünf Experimente lieferten Daten über die Temperatur sowie über die Dichte der Elektronen, Ionen und neutralen Teilchen, außerdem über die Zusammensetzung der Ionen und neutralen Teilchen sowie über die ultravioletten Strahlen der Sonne.

„NIMBUS"

Sieben „Nimbus"-**Forschungssatelliten** brachte die Nasa zwischen 1964 und 1978 ins All. Sie dienten dem Test neuer Sensoren. Die weiterentwickelten Instrumente wurden später in **operationelle Satelliten** integriert, unter anderem in die **„Polar Operational Environmental Satellites"** („POES"), in das **„Defense Meteorological Satellite Program"** („DMSP") und in „Landsat". „Nimbus"-Satelliten hatten eine Schmetterlingsform: drei Meter lang und mit einer Spannweite von 3,4 Metern über ihren flügelähnlichen Sonnenpaddeln. Jeder Satellit hatte eine runde Plattform mit 1,5

Meter Durchmesser, auf der sich die Fernerkundungsinstrumente für die Beobachtungen bei Wellenlängen vom Infraroten bis zum Ultravioletten befanden.

Diese Satelliten nahmen die Wolken, Polkappen und die Bodenbedeckung auf. Mit ihren Sounding-Sensoren maßen sie auch Temperatur und Feuchtigkeit in verschiedenen Höhen der Atmosphäre.

Coastal Zone Color Scanner

Eines der erfolgreich auf den **„Nimbus"**-Satelliten erprobten Instrumente war der Farbscanner für Küstenzonen (Coastal Zone Color Scanner, CZCS). Er startete mit „Nimbus-7" am 24. Oktober 1978 ins All. Das Instrument war ein sechskanaliges Scanning-**Radiometer,** das Farben (vor allem blaue und grüne Schattierungen) in Küstengewässern und sehr großen Seen maß.

Satellitengestützte Farbmessungen des Ozeans dienen dazu, die Chlorophyllkonzentration oder Bestandteile von Sedimenten zu erkennen sowie Algenblüten, die sich verheerend auf die Populationen von Meeressäugern und Fischen auswirken können. Der Erfolg des CZCS führte später zur Entwicklung des Sea-viewing Wide Field-of-view Sensor (SeaWiFS).

„SEASAT"

Der am 28. Juni 1978 gestartete „Seasat" war der erste **Satellit,** der gezielt für die Beobachtung der Meere entwickelt wurde. Auf ihm befand sich der erste zivile, satellitengestützte **Synthetic Aperture Radar** (SAR). Der **Forschungssatellit** wurde vom Jet Propulsion Laboratory des California Institute of Technology für die **Nasa** entwickelt. Er flog auf einer fast kreisförmigen Umlaufbahn in 800 Kilometer Höhe, die um 108 Grad geneigt war. Der Satellit arbeitete nur 105 Tage, weil ein schwerer Kurzschluss in der Stromversorgung am 10. Oktober 1978 die Mission beendete. Alle fünf Sensoren des Instruments arbeiteten jedoch wie geplant. Ihnen kam eine Vorreiterrolle für spätere Sensoren auf Forschungs- und operationellen Satelliten zu.

Das **Radaraltimeter** von „Seasat" bestimmte exakt die Höhe des Satelliten über der Meeresoberfläche, was wiederum zur Entwicklung des **„Geodesy Satellite"** („Geosat-A") der amerikanischen Marine führte. Ähnliche Versionen des SAR flogen bei vier Spaceshuttlemissionen als Shuttle Imaging Radar (SIR-A/B/C, Abbildendes Shuttle-Radar) mit.

Das mehrkanalige Scanning-Mikrowellenradiometer entwickelte sich im **„Defense Meteorological Satellite Program"** („DMSP") zu einem operationellen System weiter. Das Mikrowellenscatterometer von „Seasat" beobachtete die Geschwindigkeit und Richtung des Windes; diese Messungen erfolgen heute durch die **„QuikSCAT"**-Mission der Nasa. „Seasat" hatte auch ein **Radiometer** für den optischen und Infrarotbereich, um Wolken-, Land- und Wasserstrukturen identifizieren zu können.

EARTH OBSERVING SYSTEM (EOS)

Das Earth-Observing-System-Programm (EOS, Erdbeobachtungssystem) beobachtet die Erde mit Satelliten aus dem All. Die riesigen Datenmengen, die dabei anfallen, unterstützen Wissenschaftler aller Disziplinen, die sich mit den komplexen Vorgängen in unserer Umwelt beschäftigen. Das Programm wird von **Nasa** Space Science Enterprise in enger Kooperation mit der internationalen Gemeinschaft, vor allem der EU und Japan, verwaltet.

Das Programm wurde 1991 als präsidiale Initiative gegründet, aber sein Erbe lässt sich bis zu den experimentellen Erdbeobachtungssatelliten der 1960er und 70er Jahre zurückverfolgen. Das 1979 ins Leben gerufene Weltklimaforschungsprogramm hatte das Ziel, die grundlegenden Klimaprozesse zu verstehen. Es entstand aus der Erkenntnis, dass sich das Klima weltweit ändert.

Der Nationale Forschungsrat der USA veröffentlichte erstmals 1985 einen Bericht über den weltweiten Klimawandel, der seitdem regelmäßig aktualisiert wird. Der Rat forderte ein Forschungsprogramm, dem gleichzeitige, kalibrierte, kontinuierliche Messungen der wichtigsten physikalischen Kenngrößen der irdischen Umwelt zu Grunde liegen sollten.

Das Programm besteht inzwischen aus mehr als 25 Satelliten mit vielen Fernerkundungsinstrumenten. Die gewonnenen Daten werden vom EOS-Dateninformationssystem empfangen, verarbeitet, verteilt und archiviert. Drei EOS-Satelliten sind die Flaggschiffe: **„Terra", „Aqua"** und **„Aura"** (nach ihren Beobachtungszielen Land, Meer und Atmosphäre). Ihnen zur Seite stehen Erderkundungsmissionen wie das Total Ozone Mapping Spectrometer und internationale Projekte wie die amerikanisch-französische **„TOPEX/ Poseidon"**-Mission zur Topografie des Ozeans.

„Terra"

„Terra" (lateinisch für „Land") ist ein schulbusgroßer Satellit, den die Firma Lockheed Martin für die **Nasa** gebaut hat. Er startete am 18. Dezember 1999 und gilt

Bereich	Gemessene Kenngrößen
Atmosphäre	Wolkeneigenschaften (Menge, optische Eigenschaften, Höhe)
	Strahlungsenergieflüsse (Oberseite der Atmosphäre, Boden)
	Niederschlag
	troposphärische Chemie (Ozon, Vorläufergase)
	stratosphärische Chemie (Ozon, ClO, BrO, OH, Spurengase)
	Eigenschaften von Schwebeteilchen (stratosphärisch, troposphärisch)
	Temperatur der Atmosphäre
	Feuchte der Atmosphäre
	Blitze (Auftreten, Region, Blitzstruktur)
Sonnenstrahlung	gesamte Sonnenintensität
	Strahlungsintensität im ultravioletten Bereich
Land	Veränderungen in Bodenbedeckung und -nutzung
	Vegetationsdynamik
	Oberflächentemperatur
	Auftreten von Bränden (Ausmaß, thermische Besonderheiten)
	vulkanische Effekte (Häufigkeit des Auftretens, thermische Besonderheiten, Auswirkungen)
	Oberflächenfeuchtigkeit
Meer	Oberflächentemperatur
	Phytoplankton und gelöste organische Materie
	oberflächennahe Windfelder
	Topografie der Meeresoberfläche (Höhe, Wellen, Meeresspiegel)
Kryosphäre	Festlandeis (Topografie der Eisdecke, Veränderungen des Eisvolumens, Veränderungen der Gletscher)
	Treibeis (Ausmaß, Konzentration, Bewegung, Temperatur)
	Schneedecke (Ausmaß, Wasseräquivalent)

MESSUNGEN MIT ERDBEOBACHTUNGSSATELLITEN

als Flaggschiff unter den Satelliten des **Earth Observing System.** Seine fünf Sensoren heißen: Advanced Spaceborne Thermal Emission and Reflection Radiometer (ASTER, Fortgeschrittenes, satellitengestütztes Radiometer für thermisch emittierte und reflektierte Strahlung), Clouds and the Earth's Radiant Energy System (CERES, etwa System zur Erfassung der irdischen Strahlungsenergie und Wolken), Multi-angle Imaging Spectro-radiometer (MISR, Abbildendes Spektroradiometer für viele Winkel), **Moderate-resolution Imaging Spectroradiometer** (MODIS, Abbildendes Spektrometer mittlerer Auflösung) und Measurements of Pollution in the Troposphere (MOPITT, Messungen der Verschmutzung in der Troposphäre).

Die **passiven Fernerkundungsinstrumente** bilden die Grundlage einer interdisziplinären, multinationalen Initiative, deren Ziel es ist, 15 Jahre lang Messdaten

der physikalischen Eigenschaften der Erde zu sammeln, um unser Klima und die Klimaveränderung zu verstehen.

„Aqua"

Der zweite große Satellit des **Earth Observing System** (EOS) ist „Aqua" (lateinisch für „Wasser").

Er startete am 4. Mai 2002 als **Forschungssatellit,** um den Wasserkreislauf zu untersuchen, inklusive der Verdunstung über den Ozeanen, des Wasserdampfs in der Atmosphäre, des Niederschlags, der Bodenfeuchte, des Treib- und Festlandeises sowie der Schneedecke über Erdboden und Eis.

Außerdem misst „Aqua" Strahlungsenergieflüsse, Schwebeteilchen in der Atmosphäre, die Vegetationsdecke an Land, Phytoplankton und gelöste organische Substanzen im Meer sowie die Temperaturen an Land, in der Luft und an der Meeresoberfläche. Sechs Sensoren machen diese vielseitigen Beobachtungen möglich: der Atmospheric Infrared Sounder (AIRS, Infrarot-Sounder für die Atmosphäre), die Advanced Microwave Sounding Unit (AMSU-A, Fortgeschrittene Mikrowellen-Sounding-Einheit), der Huminity Sounder for Brazil (HSB, Feuchtigkeits-Sounder für Brasilien), das „Advanced Microwave Scanning Radiometer for EOS (AMSR-E, Fortgeschrittenes Mikrowellen-Scanning-Radiometer für das EOS), das **Moderate-resolution Imaging Spectroradiometer** (MODIS, Abbildendes Spektroradiometer mit mittlerer Auflösung) und das Clouds and Earth's Radiant Energy System (CERES, etwa System zur Erfassung der irdischen Strahlungsenergie und Wolken). Der sehr große **Nasa-Satellit** wurde von TRW gebaut, das nun zur Firma Northrop Grumman gehört. „Aqua" befindet sich auf seiner **sonnensynchronen Umlaufbahn,** die der seines Bruders **„Terra"** gleicht. Es gibt nur einen Unterschied: Die „Aqua"-Umlaufbahn überquert den Äquator nachmittags von Süd nach Nord, „Terra" überfliegt ihn dagegen am Morgen. Dies erklärt die ursprünglichen Missionsnamen „AM-1" („Terra") und „PM-1" („Aqua").

„Aura"

Der Satellit „Aura" (ursprünglich „CHEM-1") ist eine Mission des **Earth Observing System** (EOS) und startete am 15. Juli 2004. Die dritte der drei großen EOS-Missionen dient der Untersuchung von Ozon, Luftqualität und Klima der **Erde und** besitzt vier Instrumente: den High Resolution Dynamics Limb Sounder (HIRDLS, Hochauflösender Sounder zur Horizontsondierung), den Microwave Limb Sounder

Dieses Bild der Sanddünen im Namib-Naukluft-Nationalpark in Namibia machte das in Japan gebaute Advanced Spaceborne Thermal Emission and Reflection Radiometer (ASTER) am 14. Oktober 2002. Das Instrument befindet sich an Bord des Nasa-Satelliten „Terra". Die 3D-Ansicht entstand durch Bildverarbeitung am Computer, bei der eine senkrecht von oben gemachte Farbaufnahme über ein digitales Höhenmodell – ein Datensatz der Geländeform – gelegt wurde.

(MLS, Mikrowellen-Sounder zur Horizontsondierung), das Ozone Monitoring Instrument (OMI, Ozonüberwachungsinstrument) und das Tropospheric Emission Spectrometer (TES, Emissionsspektrometer für die Troposphäre). OMI wurde als europäischer Beitrag zur Mission von den Niederlanden entwickelt. Die Sensorsuite wird zahlreiche Messungen der oberen und unteren Erdatmosphäre machen, die ihre Zusammensetzung, Chemie und Dynamik betreffen.

„Aura" beruht auf Forschungsarbeiten, die mit dem „Upper Atmospheric Research Satellite" („UARS", „Forschungssatellit für die Hochatmosphäre") begannen. „UARS" startete 1991 mit dem **Spaceshuttle** „Discovery". „Aura" setzt auch die Messungen des atmosphärischen Ozons fort, die mit der Mission **Total Ozone Mapping Spectrometer** (TOMS) begann.

Moderate-resolution Imaging Spectroradiometer (MODIS)

MODIS ist ein passives, **multispektrales** Instrument für den sichtbaren und infraroten Bereich. Es befindet sich auf den beiden großen **Earth Observing System**-Missionen (EOS) „Terra" und „Aqua". Von deren fast **polarer, sonnensynchroner Umlaufbahn** in **geringer Höhe** können die MODIS-Instrumente alle ein bis zwei Tage mit ihrer 2 300 Kilometer breiten Bahnspur die gesamte Erde in 36 einzelnen Spektralbändern erfassen. Diese Beobachtungen sollen zusammen mit den Messungen anderer Sensoren an Bord den Einfluss der Wolken und Schwebeteilchen auf den irdischen Energiehaushalt bestimmen. Dadurch unterstützen sie die Erforschung des Klimawandels. MODIS kann die Fotosyntheseaktivität der Landvegetation und des Phytoplanktons im Meer messen. Dadurch kann das Instrument indirekt großräumige Veränderungen in der irdischen **Biosphäre** und im Kohlendioxidkreislauf feststellen. Die Messungen können Einblicke in so wichtige Klimaphänomene wie El Niño und La Niña liefern. Diese beeinflussen sowohl das pazifische Becken, Nord-, Mittel- und Südamerika als auch die globalen Zirkulationsmuster der Atmosphäre und der Weltmeere.

Sea-viewing Wide Field-of-view Sensor (SeaWiFS)

SeaWiFS ist ein Aufnahmegerät für Meeresfarben, das für die satellitengestützte **Ozeanografie** entwickelt wurde. In Aufbau und Funktionsweise ähnelt es dem **Coastal Zone Color Scanner** (CZCS) auf dem Nasa-Satelliten „Nimbus-7", der bereits früher erfolgreich arbeitete. SeaWiFS, eine Erderkundungsmission der Nasa, lieferte als Erstes ein tägliches Farbbild der Erde. Entstanden ist die Mission aus einer Kooperation zwischen dem Goddard Spaceflight Center der Nasa und der Firma Orbital Sciences. Im Rahmen dieser Vereinbarung bezog Orbital das SeaWiFS-Instrument vom Hersteller Raytheon Santa Barbara Remote Sensing.

Orbital startete SeaWiFS am 1. August 1997. Die kommerzielle Fernerkundungsfirma Orbimage betreibt den **Satelliten** als „OrbView-2". Die Nasa kaufte für sich und andere staatliche Organisationen den Zugang zu den Echtzeitdaten sowie zu den insgesamt gespeicherten Daten, um mit ihnen Forschung betreiben zu können. Inzwischen verkauft Orbimage wirtschaftlich nutzbare Bilddaten und die daraus abgeleiteten Informationen: zum Beispiel die Karten von kommerziell interessanten Fischgründen.

Das **multispektrale** Aufnahmegerät von SeaWiFS besitzt acht Kanäle, sechs im sichtbaren und zwei im nahinfraroten Bereich. Die räumliche Auflösung beträgt 1,1 Kilometer. Dadurch lassen sich subtile Veränderungen in der Meeresfarbe (blaugrüne Schattierungen) verfolgen, die die Art und Menge der mikroskopisch kleinen Meeresalgen (das Phytoplankton) anzeigen. Das Verständnis dieser biologischen Aktivität ist für die Grundlagenforschung und Praxis von großer Bedeutung. Wegen dieses breiten Nutzens haben sich staatliche Organisationen und Industrie die Kosten geteilt.

„TROPICAL RAINFALL MEASURING MISSION" („TRMM")

Der Forschungssatellit „Tropical Rainfall Measuring Mission" („TRMM") ist ein Gemeinschaftsprojekt zwischen der **Nasa** und der japanischen Weltraumforschungsagentur Jaxa. Er soll den Wissenschaftlern beim Verständnis des Wasserkreislaufs im irdischen Klimasystem helfen. Die Mission besteht sowohl aus **aktiven** als auch aus **passiven Fernerkundungssystemen,** insgesamt sind es fünf: ein Niederschlagsradar, das „TRMM"-Aufnahmegerät für den Mikrowellenbereich, ein Radiometer für den optischen und infraroten Bereich, ein System zur Erfassung der irdischen Strahlungsenergie und der Wolken (CERES) sowie ein abbildender Blitzsensor.

Gemeinsam liefern diese Instrumente Regenradar- und radiometrische Mikrowellendaten von den Tropen zwischen 35 Grad nördlicher und südlicher Breite. Mit diesen Messungen können Forscher Computermodelle entwerfen, die die Wechselwirkungen zwischen Ozean, Luft und Landmassen beschreiben. Diese Wechselwirkungen führen zu Veränderungen des weltweiten Niederschlags und Klimas. Der „TRMM"-

Satellit wurde im November 1997 erfolgreich vom japanischen Weltraumbahnhof in Tanegashima gestartet.

„Ocean Topography Experiment" („TOPEX")/„Poseidon"

„TOPEX/Poseidon" ist eine Mission mit einem **Radarhöhenmesser,** um satellitengestützte **Ozeanografie** zu betreiben. Die **Nasa** und die französische Weltraumagentur CNES haben das Experiment gemeinsam entwickelt. Verwaltet wird die Mission in den USA durch das Jet Propulsion Laboratory des California Institute of Technology.

„TOPEX/Poseidon" startete im August 1992 vom Weltraumbahnhof Kourou der **Europäischen Raumfahrtagentur** in Französisch-Guyana. Der Satellit umkreist die Erde in 1336 Kilometer Höhe und vermisst im Lauf von zehn Tagen den Meeresspiegel senkrecht unter seiner Umlaufbahn mit Hilfe eines Zweifrequenzradarhöhenmessers der Nasa und eines Einfrequenzradarhöhenmessers des CNES. Die Vermessung der Meerestopografie von einem Satelliten aus wurde erstmals 1978 von der Nasa mit der **„Sea-**

sat"-Mission demonstriert. Auch der **„Geosat-A"** der amerikanischen Marine leistete von 1985 bis 1989 Pionierarbeit. Zwar ist „TOPEX/Poseidon" noch in Betrieb, aber er hat seine auf fünf Jahre angelegte Betriebsdauer längst überschritten. Ende 2001 startete daher „Jason-1", ein Höhenmesser, der ebenfalls von Nasa und CNES gemeinsam betrieben wird.

„SeaWinds" auf „QuikSCAT"

Die **Nasa** bewies 1978 mit der **„Seasat"**-Mission, dass man mit einem aktiven Mikrowellenscatterometer aus dem All Windgeschwindigkeiten und -richtungen messen kann. Der Satellit arbeitete nur kurze Zeit, bevor er wegen eines elektrischen Kurzschlusses versagte. Neue Scatterometer auf dem National Oceanic Satellite System (NOSS, Nationales Satellitensystem für den Ozean) und dem Navy Remote Ocean Sensing System (NROSS, Ozean-Fernerkundungssystem der Marine) scheiterten jeweils, weil die US-Behörden die Missionen vor ihrem Start strichen. Nach diesen vergeblichen Anläufen klappte es schließlich doch: Das **Nasa** Scatterometer (NSCAT) flog mit dem

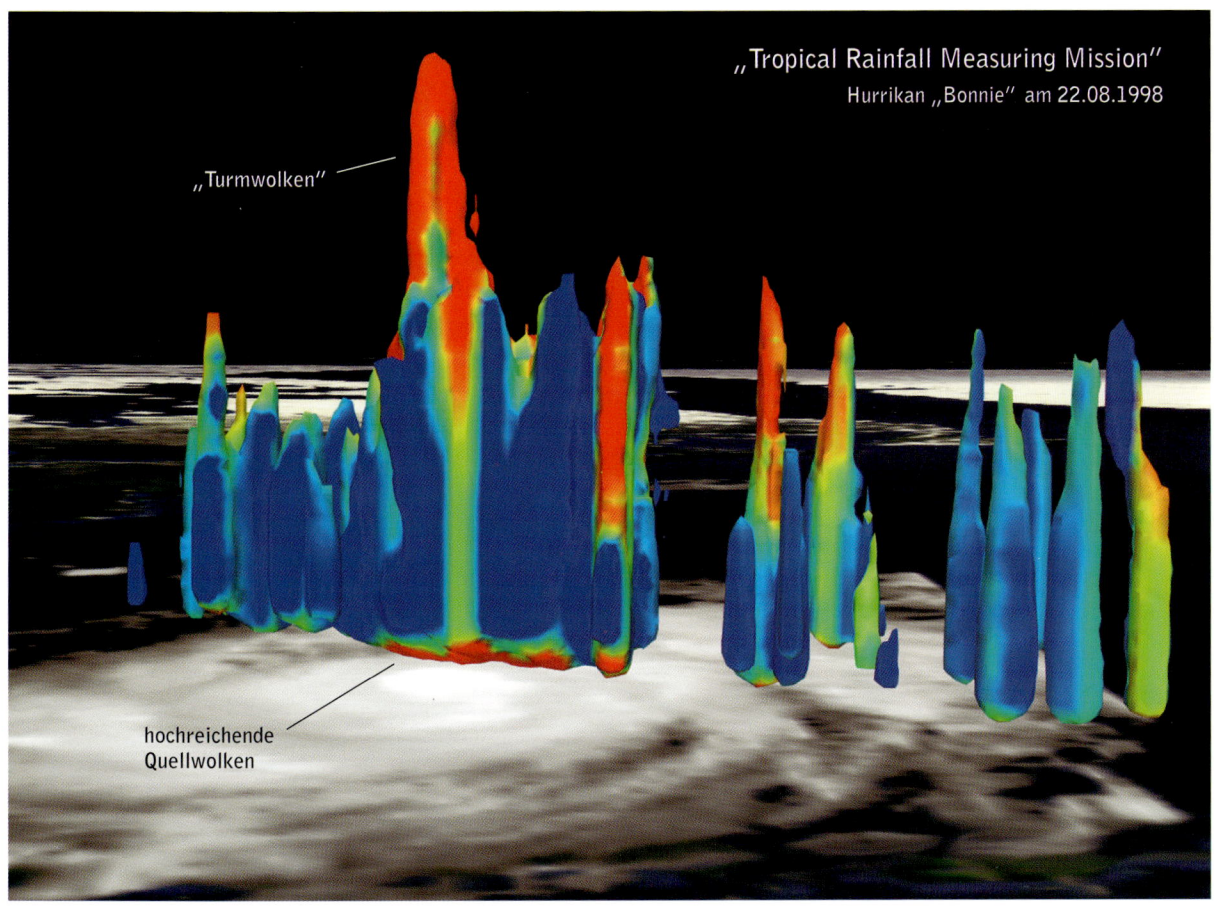

„Tropical Rainfall Measuring Mission"
Hurrikan „Bonnie" am 22.08.1998

„Turmwolken"

hochreichende
Quellwolken

Der „TRMM"-Satellit überflog den tropischen Wirbelsturm „Bonnie", als er sich am 22. August 1998 in die Ostküste der USA bohrte. Das neuartige Niederschlagsradar des Satelliten erzeugte dieses 3D-Bild der hochreichenden Quellwolken. Zur Verdeutlichung ist die vertikale Dimension stark übertrieben dargestellt, wobei die Farben der Wolken die darin enthaltenen Niederschlagsmengen wiedergeben: blau bedeutet wenig, rot viel.

Der Blick aus dem All als ein Fenster zum Erdsystem

Ghassem R. Asrar

Der Beginn des Weltraumzeitalters fiel mit dem ersten internationalen Geophysikalischen Jahr (IGJ) zusammen, das von Juli 1957 bis Dezember 1958 dauerte. Zwar hingen die beiden Ereignisse kaum zusammen, aber die weitere Entwicklung der beiden Gebiete ist miteinander verwoben: Das eine unterstützt das jeweils andere. Das IGJ brachte die Untersuchung abgelegener Regionen der Erde voran. Wissenschaftler erkennen zunehmend, dass dortige Veränderungen auf komplexe Weise mit Veränderungen in besiedelten Regionen zusammenhingen. In der Zeit vor dem IGJ entwickelten sich die Geowissenschaften getrennt, nur gelegentlich kam es zu einer Zusammenarbeit zwischen den Disziplinen der Ozeanografie, Geologie, Atmosphärenchemie und Ökologie.

Das Weltraumzeitalter eröffnete eine neue Perspektive auf die Erde; die wissenschaftliche Vision des IGJ wurde langsam Realität. 1960 lieferte der erste Wettersatellit ein globales Bild der Atmosphärendynamik und ermöglichte die Ausdehnung der Wettervorhersagen von zwei auf fünf Tage. 1972 bewies der erste zivile Satellit, der die Kontinente abbilden konnte, dass sich die Bodenbedeckung global erfassen lässt. Wissenschaftler konnten dadurch Veränderungen in den Wüsten und Regenwäldern der Erde erkennen. 1978 bewies der „Seasat"-Satellit, dass man Ozeanografie in globalem Maßstab betreiben kann. Ebenfalls Ende der 1970er Jahre fingen Wissenschaftler damit an, die Ozonkonzentrationen weltweit zu erfassen. Dies verdeutlichte die Verletzlichkeit unseres natürlichen Schutzschilds vor ultravioletter Strahlung und löste internationale Aktivitäten aus. Das Montreal-Protokoll zum Schutz der Ozonschicht gilt als Prototyp für weltweite Beobachtungen, die das wissenschaftliche Verständnis verbessert haben und international zu wirksamen politischen Entscheidungen führten, um unseren Planeten zu schützen.

Was mit Demonstrationen der Weltraumtechnologie begann, ließ den Großteil der Forscher anders über die Geowissenschaften denken. So wie Satelliten die Erde ohne Rücksicht auf nationale Grenzen beobachten, unterscheiden sie bei der Datensammlung auch nicht zwischen wissenschaftlichen Disziplinen. Wechselwirkungen zwischen Kontinenten, Ozeanen, Atmosphäre, Eiskappen und dem Leben erkennt man am deutlichsten aus dem All. Daraus ergeben sich Themen oder Fragen, die keine geowissenschaftliche Disziplin allein beantworten kann: etwa der Übergang von den Meeresströmungen zum Treibeis und zu den Eiskappen im Lauf des jahreszeitlichen Wechsels, der weltweite Gaswechsel der Pflanzen an Land und im Meer, der Transport von Saharastaub über den Atlantik, die regionalen Unterschiede in der weltweit steigenden Durchschnittstemperatur sowie der menschliche Einfluss auf den Klimawandel und seine Folgen. In den 1980er-Jahren entwickelte die Forschergemeinde mit finanzieller Unterstützung der Nasa den interdisziplinären Ansatz der Erdsystemwissenschaft, um die regionalen und internationalen Veränderungen weltweit in Zusammenhang zu bringen.

Die Erdsystemwissenschaft erforderte umgekehrt den Wechsel von mehreren Fernerkundungssatelliten zu einem Erdbeobachtungssystem, das speziell für die Messung der Kenngrößen entwickelt wurde, die den Schlüssel zu den Wechselwirkungen der wichtigsten Komponenten des Erdsystems (Atmosphäre, Meere, Kontinente, Eis und Leben) darstellten. Das in den 1980er Jahren erdachte Earth Observing System (EOS) der Nasa, das durch eine präsidiale Initiative im Haushaltsjahr 1991 aufgenommen wurde, ist die Antwort auf diese Herausforderung. An ihm wirken auch andere Staaten direkt oder mit kompatiblen Programmen mit. Mit dem Start des „Aura"-Satelliten im Juli 2004 ist der erste Teil des EOS vollständig. Nun besitzt die Welt erstmals die Möglichkeit, die grundlegenden Signale der Erde zu überwachen.

EOS und seine Vorgänger haben bereits bemerkenswerte Erfolge vorzuweisen. Wir verstehen nun die irdische Energiebilanz und können ihre Unsicherheiten quantifizieren: Wir wissen also, wie die Erde auf die eintreffende Sonnenstrahlung, die das Klimasystem antreibt, und etwaige Schwankungen reagiert. Wir verstehen die Funktionsweise des El-Niño-/La-Niña-Phänomens, auch wenn der Auslöser noch erforscht werden muss. Wir verfolgen die Kohlenstoff- und Wasserkreisläufe des Erdsystems, die unseren Planeten lebensfreundlich machen. Neue Satelliten sollen künftig weltweit den Kohlenstoff in der Atmosphäre, den Salzgehalt des Meeres und die Bodenfeuchte messen. Dadurch können wir die verbliebenen Lücken im Verständnis dieser Kreisläufe schließen. Wir haben die ersten topografisch einheitlichen Karten der besiedelten Regionen auf der Erde erstellt und die Veränderungen in der Landbedeckung jahrzehntelang aufgezeichnet. Wir messen regelmäßig und weltweit die Meerestemperatur und -topografie, die Strömungen sowie die Windgeschwindigkeiten und -richtungen an der Oberfläche des Ozeans. Wir haben die Eisdecken von Grönland und der Antarktis kartiert und führen Messungen durch, um daraus Geschwindigkeit und Art der Veränderungen abzuleiten. Beispielsweise wird das Grönlandeis entlang der Ostküste dünner, während es im Innern zunimmt. Wir haben vom All aus über 20 Jahre lang verfolgt, wie die Ausdehnung des Treibeises schwankt, um dadurch die Auswirkungen auf den Anstieg des Meeresspiegels zu verstehen.

Jenseits ihrer wissenschaftlichen Nutzung beeinflussen die Daten von Erdbeobachtungssatelliten in zunehmendem Maße Routineentscheidungen von Organisationen, die wichtige Dienstleistungen für die Gesellschaft erbringen. Dazu gehören Wettervorhersagen, das Ressourcenmanagement in Landwirtschaft und Natur, Notfalleinsätze, die Überwachung des Luftverkehrs und die Energieversorgung. Weltraumforscher und Umweltagenturen arbeiten gemeinsam daran, dass diese einzigartigen Fernerkundungsmöglichkeiten in künftige operationelle Systeme einfließen können – um Waldbrände zu bekämpfen, Warnungen vor Vulkanausbrüchen und Erdbeben herauszugeben oder um die Vorhersage von schlimmen Wetterereignissen zu verbessern.

Nachdem man diese Vorteile für die Gesellschaft erkannt hatte, begannen neue, internationale Anstrengungen. Die G8-Staaten haben die Erdbeobachtung für das nächste Jahrzehnt zu einer ihrer drei Prioritäten im Bereich Wissenschaft und Technologie erklärt; die anderen beiden sind die Wasserstoffenergie und

die Biotechnologie für die Landwirtschaft. Mehr als 40 Staaten und mehr als 20 internationale Organisationen haben deshalb eine gemeinsame Arbeitsgruppe für Erdbeobachtungen gebildet, die einen Zehnjahresplan für ein umfassendes, koordiniertes und nachhaltiges Konzept entwirft.

Das Weltraumzeitalter hat die Erdsystemwissenschaft möglich gemacht. Nun wird die Erdwissenschaft jenen in der Weltraumforschung Fortschritte ermöglichen, die gerade mit der detaillierten Untersuchung der anderen Planeten unseres Sonnensystems beginnen. Die Erdsystemwissenschaft hilft dabei mit Beobachtungsverfahren für den kompletten Planeten, mit dem wissenschaftlichen Verständnis der planetaren Prozesse auf der Erde sowie den Verfahren zur Verwaltung und Modellierung der Daten. ∎

Eine große Schar verschiedener Fernerkundungssatelliten beobachtet die Erde. Sie liefern Daten beispielsweise für Meteorologen, Ozeanografen, Geologen und verbessern unser Verständnis vom Wechselspiel der irdischen Kräfte.

Die amerikanisch-französische Radarhöhenmessmission „TOPEX/Poseidon" erfasst die Form des Ozeans. Die Satellitenhöhe wird dabei mit Radar gemessen, der senkrecht nach unten zeigt. Mögliche störende Effekte durch Feuchtigkeit und Ionosphäre rechnet man heraus. Wenn die Position des Satelliten durch GPS, Laser- und DORIS-Radiodopplerradar genau bestimmt ist, ist der Abstand zwischen Oberfläche und Satellit ein Maß für die Höhe der Meeresoberfläche. Radarhöhenmessungen haben sich als ausgezeichnetes Hilfsmittel bewährt, um jahreszeitliche und langfristige Phänomene des Klimawechsels zu erfassen.

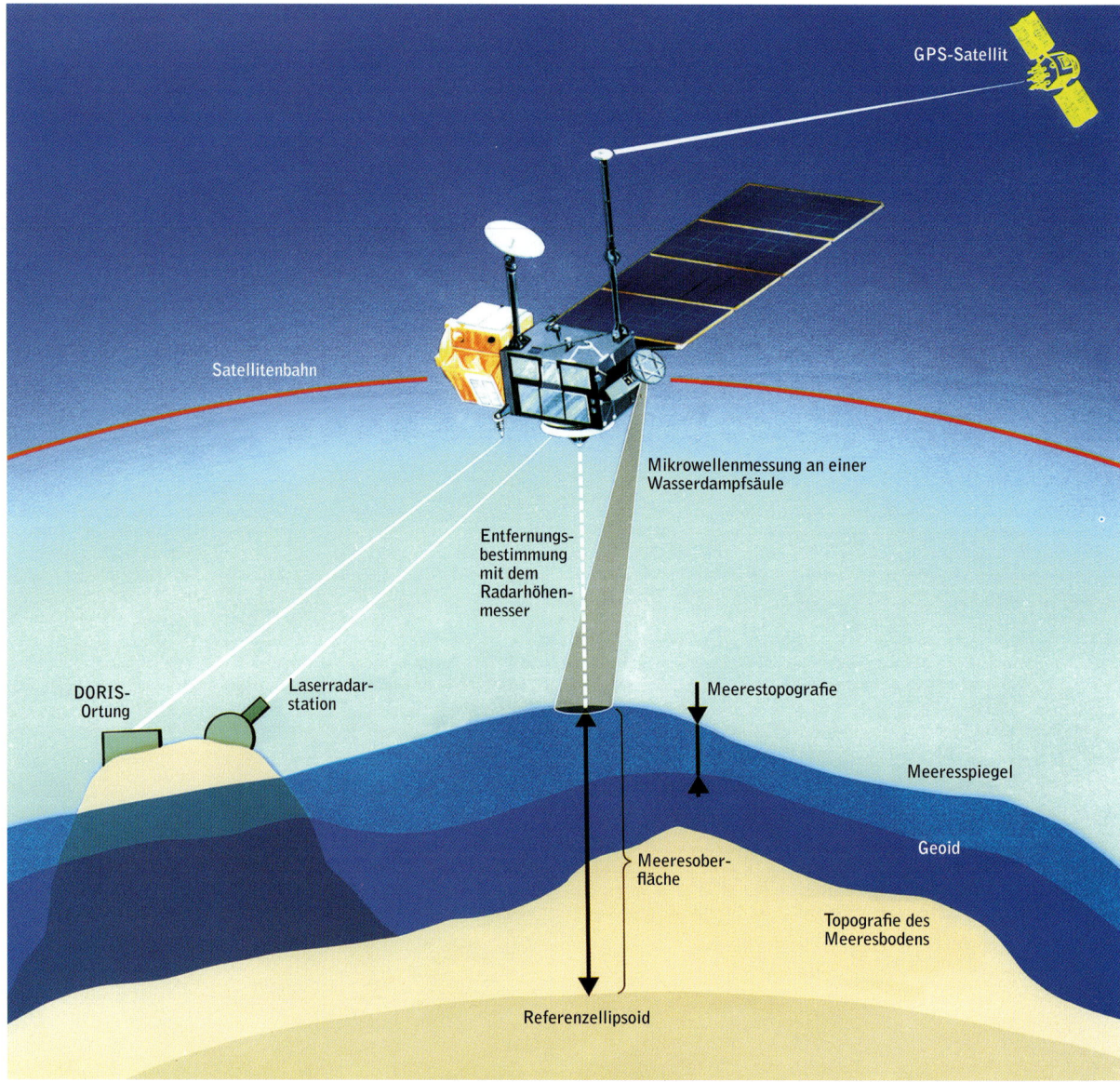

GPS-Satellit

Satellitenbahn

Mikrowellenmessung an einer Wasserdampfsäule

Entfernungsbestimmung mit dem Radarhöhenmesser

DORIS-Ortung

Laserradarstation

Meerestopografie

Meeresspiegel

Geoid

Meeresoberfläche

Topografie des Meeresbodens

Referenzellipsoid

japanischen **„Advanced Earth Observing Satellite"** („ADEOS-I", „Fortgeschrittener Erdbeobachtungssatellit") am 17. August 1996 ins All. Dann allerdings versagte der Satellit vorzeitig, so dass die Nasa wieder kein Instrument zur Windmessung besaß. Daraufhin entwickelte man „SeaWinds" am Jet Propulsion Laboratory des California Institute of Technology, das einzige Instrument eines Satelliten, den die Firma Ball Aerospace & Technologies baute. Der „Quick Scatterometer" (QuikSCAT) genannte Satellit startete am 19. Juni 1999. Im Gegensatz zu früheren Scatterometern, die mehrere unbewegliche **Antennen** besaßen, kommt bei „SeaWinds" eine rotierende Antennenschüssel zum Einsatz, mit der sich ein kreisförmiges Muster beschreiben lässt. „SeaWinds" kann dadurch jeden Tag fast 400 000 Messungen der Geschwindigkeit und Richtung des Seewinds durchführen und dabei 90 Prozent der Ozeane erfassen. Die Daten von „QuikSCAT" werden sowohl für die Forschung als auch für die Wettervorhersage genutzt.

TOTAL OZONE MAPPING SPECTROMETER (TOMS)

Die Nasa hat mehr als 30 Jahre lang satellitengestützte Beobachtungen des atmosphärischen Ozons durchgeführt. Die Datenerhebung begann 1978, als das TOMS-Instrument auf dem **Forschungssatelliten** „Nimbus-7" flog. TOMS ist ein sechskanaliges Fernerkundungsinstrument für das Ultraviolett, das die

Gesamtmenge des Ozons aus dem All anhand der zurückgestreuten Ultraviolettstrahlung misst (UV-Licht, das Gase der Atmosphäre reflektieren). TOMS misst wichtige Klimafaktoren wie das antarktische Ozonloch und das Schwefeldioxid, das durch Vulkanausbrüche in die Atmosphäre gelangt.

Die **„Nimbus-7"**-Mission lieferte bis Mai 1993 wertvolle Daten und überschnitt sich mit einem zweiten TOMS auf dem russischen Wettersatelliten **„Meteor-3",** der im August 1991 startete. Nach einer 18 Monate großen Lücke in den kontinuierlichen Messungen hob ein weiteres TOMS mit der japanischen **„ADEOS"**-Mission ab, die von ihrem Start im August 1996 bis zu ihrem Versagen im Juni 1997 Daten lieferte. In diesem Zeitraum fiel auch der Start einer Earth Probe (EP) TOMS-Mission der Nasa am 2. Juli 1996. Ein viertes TOMS-Instrument ging am 21. September 2001 verloren, als der Nasa-Satellit „QuikTOMS" beim Start durch das Versagen der **Trägerrakete** zerstört wurde. Obwohl er seine geplante Betriebsdauer schon lange überschritten hat, sorgt EP-TOMS noch immer für einen kontinuierlichen Datenfluss. Instrumente auf **„Aura",** einer Mission des **Earth Observing System** (EOS), und das **National Polar-orbiting Operational Environmental Satellite System** (NPOESS) werden in der Zukunft die wichtigen Ozonmessungen fortsetzen.

„Geodesy Satellite" („Geosat-A" und „Geosat Follow-on", „GFO")

Die 1973 von den USA gestartete Raumstation **„Skylab"** war der erste erfolgreiche Weltraumflug eines **Radarhöhenmessers** für die geophysikalische Forschung. Auf dieser Erfahrung aufbauend, entwickelte das Labor für angewandte Physik der Johns Hopkins University den **„Geodynamics Experimental Ocean Satellite"** („GEOS-3"), der im April 1975 startete. Er vermaß das Meeresgeoid (die Verformung des Meeresspiegels durch örtliche Schwankungen in der Erdgravitation, die auf Strukturen wie unterseeische Rücken und Berge zurückgehen). Die amerikanische Marine schloss mit dem Labor für angewandte Physik einen Vertrag über einen weiteren **Satelliten** ab, der offiziell „Geosat-A" hieß (als „Geosat" bezeichnet). Sein Start erfolgte am 12. März 1985. Während seiner 18 Monate dauernden Geodäsiemission vermaß „Geosat" die Meerestopografie. Das Naval Oceanographic Office benutzte diese Informationen, um geheime geodätische Datensätze für die Unterseeboote der Marine zu erstellen. Diese Daten verwendet man, um die Startparameter strate-

gischer **ballistischer Raketen** zu korrigieren, da die Raketen durch die örtliche Gravitation aus der Vertikalen abgelenkt werden. In den 1990er Jahren wurden die vollständigen „Geosat"-Daten freigegeben. Dadurch konnte man die genauesten Tiefseekarten der Welt zwischen 72 Grad nördlicher und südlicher Breite erstellen.

Die ursprüngliche Mission von „Geosat" war im September 1986 abgeschlossen. Im November änderte man seine Umlaufbahn für die „Exact Repeat Mission" („ERM", etwa „Mission der genauen Wiederholung") in eine Bahn, die sich alle 17 Tage exakt wiederholt. Der Satellit flog dadurch genau in der Bahnspur der **„Seasat"**-Mission von 1978, um **ozeanografische** Messungen aus dem All durchzuführen. Solche Messungen nutzten der Marine bei Militäroperationen und für Forschungszwecke. „ERM" erfasste starke Strömungen, Wassermassenfronten und Strudel, Wellenhöhen, Windgeschwindigkeiten sowie die Position des Treibeises.

Der Erfolg der Mission veranlasste die Marine dazu, die Entwicklung des „Geosat Follow-on" („GFO") zu finanzieren, den die Firma Ball Aerospace & Technologies baute. Er startete im Februar 1998 als operationeller Satellit der Marine. „GFO" sowie die amerikanisch-französischen Missionen **„TOPEX/Poseidon"** und „Jason" ähneln sich in Aufbau und Funktionsweise. Allerdings kann „GFO" seine Daten für militärische Zwecke bei Bedarf verschlüsselt übertragen.

■ „Geodynamics Experimental Ocean Satellite" („GEOS-3")

„GEOS-3" startete am 9. April 1975 in eine 843 Kilometer hohe **kreisförmige Umlaufbahn.** Er war der dritte in einer Reihe von geodätischen **Forschungssatelliten,** die die **Nasa** finanzierte. Der Satellit war so aufgebaut, dass man mit seinem **Radarhöhenmesser** die Topografie der Meeresoberfläche mit einer absoluten Genauigkeit von plus oder minus fünf Metern und einer relativen Genauigkeit von plus oder minus ein bis zwei Metern kartieren können sollte.

Die präzisen Messungen waren ein Erfolg. Sie bewiesen, dass es möglich war, die Ablenkung aus der Vertikalen durch die Schwerkraft und die Höhen der durch Wind verursachten Wellen zu bestimmen. Aus der Mission gingen der **„Seasat"**-Höhenmesser der Nasa, der **„Geosat"**-Satellit der Marine und die amerikanisch-französische Mission **„TOPEX/Poseidon"** hervor. Radarhöhenmesser flogen auch erfolgreich auf den **„ERS-1"**- und **„ERS-2"**-Missionen der **Europäischen Raumfahrtagentur** (ESA) mit.

Internationale Umwelt-
satellitenprogramme

SATELLITENPROGRAMME DER EUROPÄISCHEN RAUMFAHRT-AGENTUR (ESA)

Der Erfolg des europäischen, quasi-kommerziellen Bildsatelliten „SPOT" („Système pour l'Observation de la Terre"), der 1986 von der französischen Weltraumagentur CNES gestartet wurde, hat den Weg für ein umfassendes europäisches Fernerkundungsprogramm der **Erde** geebnet. Es wird von der ESA unterstützt. Die europäischen Staaten arbeiten bei der Forschung auch weiterhin eng mit den USA zusammen. Beispiele sind die amerikanisch-französischen Missionen **„TOPEX/-Poseidon"** und „Jason" sowie der Satellit „Cloud-Aerosol Lidar and Infrared Pathfinder Satellite Observations" („CALIPSO", etwa „Lidar für Wolken und Schwebeteilchen und Satellitenbeobachtungen im Infraroten"). Er wurde von **Nasa** und CNES entwickelt, um mehr über den Einfluss von Wolken und Schwebeteilchen auf das Klima zu erfahren.

„ERS-1" und „ERS-2"

Die Europäische Raumfahrtagentur **ESA** startete die Satelliten „ERS-1" im Jahr 1991 und „ERS-2" im Jahr 1995 mit „Ariane IV"-Trägerraketen. Diese Erdbeobachtungssatelliten basierten auf dem Bauprinzip von **„SPOT"** und waren sehr erfolgreich. Sie wogen rund 2400 Kilogramm und maßen zwölf mal zwölf mal zweieinhalb Meter. Es waren die größten und technisch am weitesten ausgereiften Satelliten, die bis dahin in Europa gebaut wurden.

Ihre fast **polaren Umlaufbahnen** hatten eine Höhe von 780 Kilometern. „ERS-1" und „ERS-2" ähnelten den Nasa-Satelliten **„Terra"** und **„Aqua"** des **Earth Observing System** (EOS). Die Instrumente, ebenfalls in Europa gebaut, waren: das Aktive Messinstrument AMI, das die Funktionen eines **Synthetic Aperture Radar** und eines **Scatterometers** vereinte, ein **Radarhöhenmesser,** das Radiometer, das die Erdoberfläche entlang der Bahnspur abtastet (ATSR, Along Track Scanning Radiometer), das PRARE (Precise Range and Range-rate Equipment, etwa Ausrüstung für die genaue Positionsbestimmung) und Laserretroreflektoren (LRR). Auf den Satelliten gab es auch ein Instrument zur Ozonkartierung namens GOME und ein Mikrowellenradiometer (MWR), um die Messungen des Radaraltimeters für die Atmosphärenfeuchtigkeit zu korrigieren. Beide Missionen überschritten ihre geplanten Betriebsdauern.

„Envisat"

Im März 2002 machte die ESA ihren nächsten Schritt bei der Erdbeobachtung: Sie startete die „Envisat"-Mission auf einer polaren Umlaufbahn. Der Satellit

Dieses Bild zeigt in natürlichen Grün-, Braun- und Weißtönen die Oberfläche der Erde: Wälder und Felder, Wüsten und Tundra, Schnee- und Eisfelder. Dafür wurden Hunderte Aufnahmen des „SPOT"-Satelliten zusammengesetzt, die bei Tageslicht und wolkenlosem Himmel im Lauf eines Winters auf der Nordhalbkugel entstanden sind. Solche Bilder sind für unterschiedliche Nutzer sehr hilfreich: von Bauern und Warenhändlern bis hin zu Geheimdiensten.

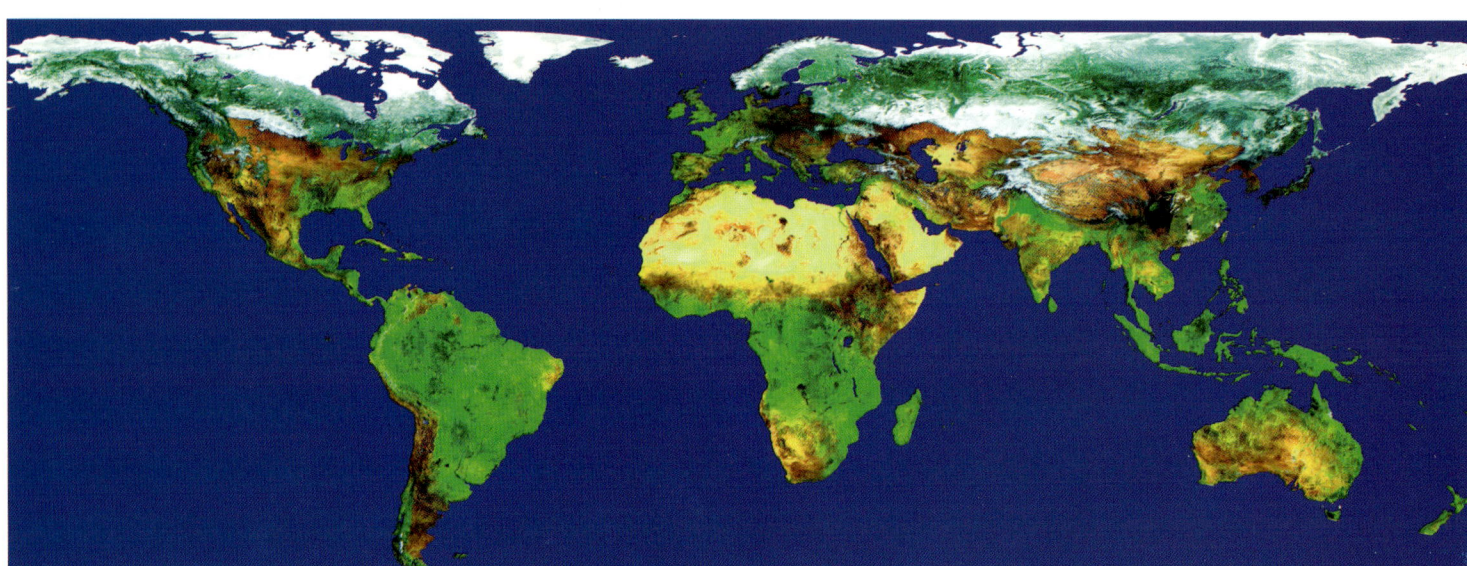

setzt die Missionen von „ERS-1" und „ERS-2" fort; er vermisst Atmosphäre, Meere, Land und Eis. „Envisat" ist noch größer als seine beiden Vorgänger: 26 mal zehn mal fünf Meter groß und 8 210 Kilogramm schwer. „Envisat" trägt neun Instrumente: das Michelson-Interferometer zur passiven Sondierung der Atmosphäre (MIPAS, Michelson Interferometer for Passive Atmospheric Sounding); GOMOS (Global Ozone Monitoring by Occultation of Stars, Globale Ozonmessung durch Okkultation von Sternen); das abbildende Abtast-Absorptionsspektrometer für atmosphärische Kartografie (SCIAMACHY, Scanning Imaging Absorption Spectrometer for Atmospheric Chartography); das abbildende Spektrometer mit mittlerer Auflösung (MERIS, Medium Resolution Imaging Spectrometer); das verbesserte Radiometer, das in Flugrichtung abtastet (AATSR, Advanced Along Track Scanning Radiometer); das verbesserte Radar mit synthetischer Apertur (ASAR, Advanced Synthetic Aperture Radar); ein **Radarhöhenmesser** (RA-2); ein Mikrowellenradiometer (MWR) und DORIS (Doppler Orbitography and Radarpositioning Integrated by Satellite, Doppler-Bahnvermessung und Funkortung integriert mittels Satellit), mit dem sich die Umlaufbahn sehr genau bestimmen lässt.

„Meteosat"

In den Vereinigten Staaten hat die **Nasa** als Entwickler von Forschungssatelliten ein Gegenstück für den Betrieb **operationeller Umweltsatelliten:** die NOAA. Entsprechend gibt es in Europa ein Gegenstück zur **Europäischen Raumfahrtagentur:** die European Organisation for the Exploitation of Meteorological Satellites (EUMETSAT, die europäische Organisation zur Nutzung meteorologischer Satelliten). Sie wurde im Juni 1986 geschaffen, um die geostationären operationellen „Meteosat"-Wettersatelliten von der ESA zu übernehmen. „Meteosat-1" startete im November 1977 auf einer „Delta"-Rakete von Cape Canaveral. Heute zählt EUMETSAT 18 Mitgliedsstaaten. Sie hat ihren Hauptsitz in Darmstadt.

Die geostationären „Meteosat"-Satelliten werden nach und nach durch drei geplante Wettersatelliten verstärkt, die auf polaren Bahnen die Erde umkreisen sollen: „Metop-1" bis „Metop-3". Diese Satelliten werden gemeinsam von ESA und EUMETSAT entwickelt. Nach ihrer Fertigstellung werden sie ein Teil des National Polar-orbiting Operational Environmental Satellite System (NPOESS), das in den USA entwickelt wird. Die Daten beider Systeme werden Nutzern weltweit kostenlos zur Verfügung stehen.

RUSSISCHES SATELLITENPROGRAMM

Russland betreibt seit vielen Jahrzehnten ein umfangreiches Programm zur **Erdfernerkundung.** Das wichtigste Wettersatellitensystem („Meteor-3") besteht aus einer Reihe von **Satelliten,** die auf fast **polaren Bahnen** um die Erde kreisen. Die Flughöhe beträgt 1 200 Kilometer, die Bahnen sind um 82,5 Grad geneigt. Zusätzlich zu ihrer normalen Ausstattung mit Aufnahmegeräten für Wolken befinden sich auf den Satelliten oft Instrumente für wissenschaftliche Experimente. Der fünfte „Meteor-3"-Satellit startete am 15. August 1991 und führt ein Instrument zur Ozonmessung mit sich

Der Larsen-Eisschild in der Antarktis, aufgenommen am 18. März 2002 von „Envisat", dem Satelliten der Europäischen Raumfahrtagentur ESA. Das Synthetic Aperture Radar des Satelliten verfolgte den Abbruch des Eisschilds und sein späteres Auseinanderbrechen. Womöglich wäre dieses Ereignis ohne Radar unbeobachtet geblieben.

(TOMS, **Total Ozone Mapping Spectrometer);** der achte Satellit trägt SAGE III (Stratospheric Aerosol and Gas Experiment, Experiment für Schwebeteilchen und Gase in der Stratosphäre). Beide Instrumente hat die Nasa gestellt. Ein russisches Spektrophotometer (SFM-2) misst die vertikale Ozonverteilung zwischen fünf und 80 Kilometer Höhe.

„Geostationary Operational Meteorological Satellite" („GOMS")

Am 31. Oktober 1994 erweiterte Russland sein meteorologisches Satellitenprogramm um „GOMS", den „Geostationären operationellen Meteorologiesatelliten". Er steht über dem Äquator bei 76 Grad 50 Bogenminuten östlicher Länge. „GOMS" verfügt über Instrumente für Echtzeitbilder der Wolkenbedeckung im optischen und Infrarotbereich. Außerdem besitzt der Satellit Instrumente, um solare und galaktische Teilchen sowie Veränderungen im Magnetfeld der **Erde** zu messen.

„OKEAN-1"

Bei „OKEAN-1" handelt es sich um eine Reihe von Fernerkundungssatelliten für das Meer, die seit 1983 eingesetzt sind. Sie sind mit **Radar-,** Mikrowellen- und optischen Instrumenten für die satellitengestützte **Ozeanografie** ausgestattet. Eine Hauptaufgabe der „OKEAN"-Satelliten besteht darin, die Verteilung des Treibeises bei hohen Breitengraden und in der Arktis zu messen. Dadurch unterstützen sie den Schiffsverkehr zwischen Russlands hoch im Norden gelegenen Häfen.

„RESURS-01"

Russland betreibt auch die Erdfernerkundungssatelliten der „RESURS-01"-Reihe. Dabei handelt es sich um multispektrale, abbildende Satelliten, die mit dem amerikanischen **„Landsat",** dem französischen **„SPOT"** und den indischen „IRS"-Satelliten vergleichbar sind. „RESURS-01" startete am 4. November 1994 an Bord einer „Zenit"-Rakete vom Kosmodrom in Baikonur. Die Daten dieser Satelliten verwaltet das Moskauer Weltraumforschungsinstitut IKI RAN.

INDISCHES SATELLITENPROGRAMM

Die indische Regierung richtete 1972 die Weltraumkommission und Weltraumabteilung DOS ein, darauf folgte die Indische Weltraumforschungsorganisation ISRO (Indian Space Research Organisation). Sie betreibt ein umfassendes Weltraumprogramm, das am 19. April 1975 mit dem Start des Technologiesatelliten „Aryabhata" begann. Indiens erste Erdfernerkundungs-

satelliten („Bhaskara-1" und „Bhaskara-2") wurden im Juli 1979 und November 1981 von sowjetischen Trägerraketen gestartet. Seitdem hat die ISRO Dutzende von **Raumfahrzeugen** für die Satellitenkommunikation und Meteorologie sowie für Aufnahmen von Ressourcen der Erde gestartet

„INSAT-1A"

„INSAT-1A" ist ein geostationärer **Satellit,** der am 10. April 1982 mit einer amerikanischen „Delta"-Rakete startete. Er war Indiens erster **operationeller Vielzwecksatellit** für die Aufnahme von Wolken. Weitere Satelliten dieser Reihe folgten.

„Indian Remote Sensing"-Satelliten („IRS")

1988 nahm eine Reihe indischer Fernerkundungssatelliten ihren Betrieb auf; die fast **polaren Umlaufbahnen** hatten eine Höhe von 905 Kilometern. „IRS-P2" startete als Erster mit einer indischen **Trägerrakete.** Hauptinstrumente der „IRS"-Satelliten waren der multispektrale Sensor LISS-3, der eine räumliche Auflösung von 23,5 Metern liefert, und ein zweikanaliger Weitwinkelsensor mit einer Auflösung von 190 Metern.

Mit „IRS-P4" erweiterte Indien die Fähigkeiten seiner Erdsatelliten. Er startete im Mai 1999 und war Indiens erster Satellit, der hauptsächlich den Ozean beobachtete (deshalb heißt er auch „OceanSat-1"). Der 1036 Kilogramm schwere Satellit auf einer 720 Kilometer hohen Umlaufbahn trug den multispektralen OCM (Ocean Color Monitor, Überwachung der Meeresfarbe) und das so genannte Abtastende Mikrowellenradiometer für viele Frequenzen (MSMR, Multifrequency Scanning Microwave Radiometer). Der „IRS-P6"-Satellit startete am 17. Oktober 2003 und heißt nun „ResourceSat-1". Er hat eine weiterentwickelte LISS-4-Kamera mit hoher Auflösung, die man im panchromatischen oder multispektralen Modus betreiben kann. Die Daten des Satelliten werden für die **Landwirtschaft,** das Katastrophenmanagement sowie die Überwachung von Land- und Wasserressourcen eingesetzt.

Am 27. Januar 2004 unterzeichnete die Firma Antrix, die der kommerzielle Arm der ISRO ist, einen Vertrag mit der privatwirtschaftlichen amerikanischen Fernerkundungsfirma Space Imaging: Demnach vermarktet Space Imaging künftig die Bilddaten der „IRS"-Satelliten, des „ResourceSat-1" und später von dessen Nachfolger „IRS-P5 CartoSat-1". Dieser neue Satellit wird mit zwei panchromatischen Kameras ausgestattet, um während des Flugs Stereobilder aufnehmen zu können. Die räumliche Auflösung beträgt zweieinhalb Meter.

Die japanische Weltraum-
agentur JAXA startete
den Erdbeobachtungs-
satelliten „Midori-II" im
Dezember 2002. Seine
zahlreichen Sensoren lie-
ferten bis Oktober 2003
vielfältige Daten. Japan
arbeitet seit Jahren eng
mit der Nasa zusammen.
„Midori-II" ist ein Bei-
spiel für diese enge Part-
nerschaft.

JAPANISCHES SATELLITEN-PROGRAMM

Die japanische Weltraumagentur JAXA hieß bis zum 1. Oktober 2003 NASDA (National Space Development Agency of Japan). Außer ihrem eigenen Meteorologie- und **Erdfernerkundungsprogramm** hat die JAXA auch mit der **Nasa** zusammengearbeitet, um die Mission „TRMM" (**„Tropical Rainfall Measuring Mission"**) zu entwickeln. Die enge Zusammenarbeit zwischen JAXA und Nasa setzte sich fort mit AMSR-E (Advanced Microwave Scanning Radiometer for EOS), ein passiver Mikrowellenscanner mit einer 1,60 Meter großen Antenne an Bord des Nasa-eigenen **EOS-Forschungssatelliten „Aqua".** AMSR-E sammelt Daten, um den globalen Wasser- und Energiekreislauf zu verstehen.

Die JAXA plant weitere Missionen, darunter den Satelliten „ALOS" („Advanced Land Observing Satellite"), der über **optische Sensoren** und ein **Synthetic Aperture Radar** für die Beobachtung der Landbedeckung verfügen wird. Eine für das Jahr 2007 geplante Mission wird die Verbreitung der Treibhausgase Kohlendioxid und Methan messen. Sie heißt „GOSAT" („Greenhouse Gases Observing Satellite", „Beobachtungssatellit für Treibhausgase").

„Geostationary Meteorological Satellite" („GMS")

Als Mitglied der Weltmeteorologieorganisaton der Vereinten Nationen (WMO) betreibt Japan seit 1977 geostationäre Wettersatelliten und stellt die Daten der World Weather Watch der WMO zur Verfügung. Bis 1995 hat die japanische Weltraumagentur vier GMS-Satelliten (die in den USA gebaut wurden) gestartet. Damals hat man den letzten Satelliten dieser Reihe („GMS-5") in Betrieb genommen.

Der erste Vertreter der nächsten Wettersatellitengeneration, „MTSAT-1" („Multifunctional Transportation Satellite", „Multifunktionaler Transportsatellit"), wurde 1999 beim Start zerstört. Aber sein Nachfolger „MTSAT-1R" startete im Februar 2005 erfolgreich.

„Japanese Earth Resources Satellite" („JERS-1")

Der „Japanese Earth Resources Satellite" („JERS-1") ist der erste **Erdfernerkundungssatellit,** den Japan aus eigener Kraft gebaut hat. Er hieß auch „Fuyo-1" und startete am 11. Februar 1992. Diese sehr erfolgreiche Mission trug ein **Synthetic Aperture Radar** (SAR) sowie einen optischen Sensor (OPS) für das sichtbare und nahinfrarote Band.

„Advanced Earth Observing Satellite" („ADEOS")/„Midori"

Am 17. August 1996 startete Japan den verbesserten Erdbeobachtungssatelliten „ADEOS" („Advanced Earth Observing Satellite") mit einer „H-II"-Trägerrakete vom Weltraumbahnhof Tanegashima. Er wurde in „Midori" umbenannt (japanisch für „grün"). Der große Satellit wog 1200 Kilogramm und befand sich auf einer **sonnensynchronen Umlaufbahn** in 800 Kilometer Höhe. Er trug acht Sensoren; zwei von ihnen stammten von der **Nasa:** das **TOMS-** und das Nasa-Scatterometer (NSCAT). Die japanischen Sensoren waren der Meeresfarben- und Temperaturscanner OCTS (Ocean Color and Temperature Scanner), das verbesserte Radiometer für sichtbare und nahinfrarote

Der „Terra"-Satellit der Nasa ermöglicht die weltweite Überwachung des Kohlenmonoxids. Das in Kanada gebaute Instrument MOPITT (Measurements of Pollution in the Troposphere) machte diese Bilder von der industriellen Luftverschmutzung in Asien (oben) und den gewaltigen Rauchfahnen brennender Wälder in Südamerika sowie brennender Steppen im südlichen Afrika (unten).

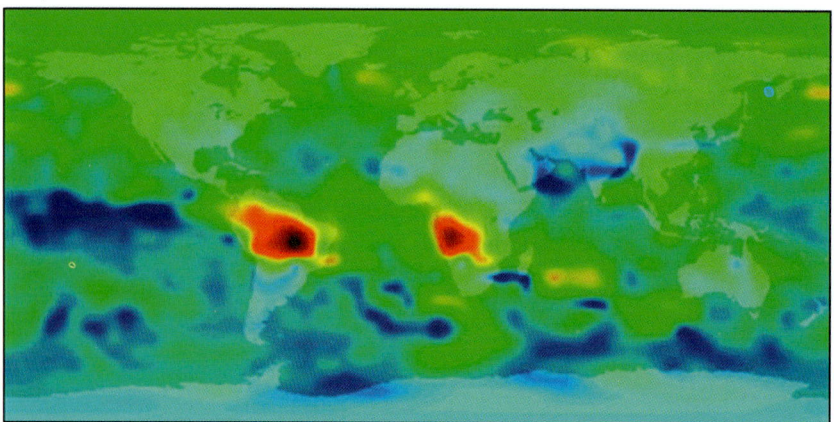

30. April 2000

30. Oktober 2000

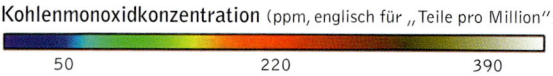

Kohlenmonoxidkonzentration (ppm, englisch für „Teile pro Million")

50   220   390

Strahlung (AVNIR, Advanced Visible and Near-Infrared Radiometer), POLDER (Polarisation and Directionality of the Earth's Reflectances, etwa Polarisation und Richtung des irdischen Rückstrahlvermögens), ILAS (Improved Limb Atmospheric Spectrometer, verbessertes Horizont-Atmosphärenspektrometer), RIS (Retroreflector in Space, Retroreflektor im All) und der IMG (Interferometric Monitor for Greenhouse Gases, Interferometrische Überwachung der Treibhausgase). „Midori" funktionierte nur etwa zehn Monate, dann geriet er im Juni 1997 außer Kontrolle.

Japan startete einen zweiten Erdbeobachtungssatelliten („ADEOS-II", auch als „Midori-II" bekannt) im Dezember 2002 an Bord einer „H-II"-Trägerrakete. Auf diesem Satelliten gab es das verbesserte Mikrowellen-Scanning-Radiometer AMSR (Advanced Microwave Scanning Radiometer), das globale Aufnahmegerät GLI (Global Imager), ein Instrument zum Monitoring des stratosphärischen Ozongehaltes in hohen Breiten (ILAS-II, Improved Limb Atmospheric Spectrometer II), das **SeaWinds**-Scatterometer der Nasa, POLDER und das System zur Datensammlung, (DCS, Data Collection System). Der Satellit fiel im Oktober 2003 aus.

KANADISCHES SATELLITEN-PROGRAMM

Das kanadische Raumfahrtprogramm wird von der Canadian Space Agency (CSA) verwaltet. Sie unterhält seit langem enge Beziehungen zur Nasa und liefert unter anderem Roboterarme für das US-Shuttleprogramm und die Raumstation **„ISS".** Kanada hat aber auch ein sehr vielseitiges Programm zur **Erdfernerkundung.** Beim kanadischen MOPITT-Instrument (Measurements of Pollution in the Troposphere) handelt es sich um ein achtkanaliges Infrarotspektrometer, das am 18. Dezember 1999 an Bord des **Nasa-Satelliten „Terra"** ins All startete. MOPITT erfasste erstmals langfristig die Verbreitung von Kohlenmonoxid und Methan in den tiefen Atmosphärenschichten – zwei wichtige Messungen für die Klimaforschung.

Als Mitglied der **Europäischen Raumfahrtagentur (ESA)** arbeitet Kanada eng mit Europa zusammen. Das in Kanada gebaute OSIRIS (Optical Spectrograph and InfRed Imager System, Optischer Spektrograf und Infrarotaufnahmesystem) untersuchte den Ozonabbau in der Atmosphäre und startete auf dem „Odin"-**Satelliten** der schwedischen Raumfahrtorganisation. Dies war die dritte Mission, bei der Kanada und Schweden kooperierten.

Weltraumkommunikation

WELTRAUMKOMMUNIKATION

Der Bedarf an Kommunikationssatelliten ergab sich aus drei Gründen: Die Übertragung der Wellen wird durch die irdische **Atmosphäre** und **Ionosphäre** gestört; die Funkfrequenzen sind überlastet; Satelliten haben gegenüber Kabeln wirtschaftliche Vorteile.

Elektromagnetische Wellen breiten sich mit Lichtgeschwindigkeit zwischen Sender und Empfänger aus. Der schnellste Weg einer solchen Übertragung ist die direkte Verbindung, die auch als Sichtlinie bezeichnet wird. Ein gesendetes Signal verliert durch die Ausbreitung an Stärke und wird gedämpft (durch die Absorption und Streuung an Molekülen der Atmosphäre). Aber wenn der Sender leistungsfähig genug ist und der Empfänger genügend empfindlich, um das Signal zu erfassen, wird die Übertragung empfangen, die enthaltene Information übermittelt. Wenn es keine Sichtverbindung zwischen Sender und Empfänger gibt, werden die Radiowellen entweder in der Erdatmosphäre gekrümmt (gebrochen) oder von der irdischen Ionosphäre zurückgeworfen (reflektiert). Die Krümmung erfolgt meistens in einer feuchten Schicht in Bodennähe. Die Ionosphäre ist die obere Atmosphärenschicht, in der es geladene Teilchen gibt. Ob Brechung oder Reflexion auftritt, hängt von der Frequenz der Radiowellen ab, die gesendet werden.

Radiowellen in mittleren (MF) und hohen (HF) Frequenzbändern zwischen 1000 Kilohertz (Mittelwellen) und 10 Megahertz (Kurzwellen) werden von der Ionosphäre reflektiert. Wellen höherer Frequenz im VHF-Band (very high frequency), die für UKW-Sender und das Fernsehen verwendet werden, durchlaufen die Ionosphäre und verschwinden im All. Dasselbe gilt für Radiowellen mit noch höheren Frequenzen im UHF- (ultra high frequency), SHF- (super high frequency) und EHF-Band (extremly high frequency).

Die MF- und HF-Kommunikation kann wegen der Reflexion an der Ionosphäre zwar über große Entfernungen erfolgen, aber ihre Frequenzen sind zu niedrig, als dass viele Informationen übertragen werden könnten: Dies schränkt die Übertragung von Sprache, Bildern oder großen Mengen digitaler Daten ein. Die direkte Ausbreitung von Radiowellen höherer Frequenz (VHF, UHF, SHF, EHF) durch die Ionosphäre öffnete zusammen mit dem Beginn des Weltraumzeitalters die Tür zur Satellitenkommunikation. 1945 stellte Sir Arthur C. Clarke die These auf, dass sich mit drei Satelliten auf einer geostationären Umlaufbahn über dem Erdäquator ein weltweites Netz zur Funkkommunikation aufbauen ließe. Nur die Polregionen könne es nicht abdecken. Heute umkreisen Hunderte von Kommunikationssatelliten die Erde, die sowohl der Weltwirtschaft als auch dem Militär dienen.

Auf dem Bild sieht man fünf von fast 500 Raumfahrtspezialisten und Wissenschaftlern, die im Mai 1954 das „Dritte Symposium über Weltraumfahrt" in New York besuchten: Kommandant R. C. Traux (Bureau of Aeronautics, Guided Missiles Division), George Sutton (North American Aviation, Inc.), Sir Arthur C. Clarke (Autor und Raketenexperte), Dr. Fred Singer (University of Maryland) und Dr. Walter Dornberger (Bell Aircraft, Corp.).

Eine Verbindung zu einem Kommunikationssatelliten besteht aus der ursprünglichen Bodenstation (Sendeantenne) und einem Satelliten, der seinen Strom aus Sonnenkollektoren bezieht und der sowohl eine Antenne mit Empfänger als auch eine Antenne mit Sender besitzt. Als Transponder bezeichnet man das Empfangs- und Sendesystem eines Satelliten. Ein Satellit wird manchmal durch folgende Eigenschaften beschrieben: Umlaufbahn, Zahl der Transponder und Transponderfrequenzbänder, Zweck und ob er für eine Datenübertragung von Punkt zu Punkt oder für eine direkte Übertragung an viele Empfänger gedacht ist.

UMLAUFBAHNEN FÜR DIE SATELLITENKOMMUNIKATION

Kommunikationssatelliten haben sowohl kreisförmige als auch **elliptische Umlaufbahnen.** Wie bei der

Fernerkundung aus dem All nutzt man Kreisbahnen in drei Formen: als **geostationäre Erdumlaufbahnen** und als Umlaufbahnen in **niedriger** oder **mittlerer Höhe**.

Da Satelliten auf niedrigen und mittleren Umlaufbahnen von einem bestimmten geographischen Ort aus nur für kurze Zeit „sichtbar" sind, wenn sie über ihn hinwegfliegen, benötigt man eine große Zahl an Satelliten, um eine Abdeckung der Erdkugel zu erreichen. Diese Satelliten können sich in derselben **Höhe** befinden, müssen aber auf verschiedene Ebenen verteilt sein (**Inklinationen**). Geostationäre Satelliten bieten dagegen den Vorteil, dass sie sich auf einer Kreisbahn ohne (oder mit sehr geringer) Inklination mit derselben Geschwindigkeit wie die Erde von West nach Ost bewegen. Das bedeutet, dass geostationäre Satelliten immer über dem gleichen Punkt am Äquator stehen. Jeder Satellit ist von rund 42 Prozent der Erdoberfläche aus „sichtbar". Eine Konstellation aus drei solcher Satelliten deckt faktisch den gesamten **Planeten** ab. Sie wird für die meisten kommerziellen und militärischen Satelliten eingesetzt.

Die **stark elliptischen Umlaufbahnen** (auch **Molniya-Orbit** genannt) nutzt man, um mit Satelliten die Polarregionen abzudecken. Der Winkel von einem Ort in hohen Breiten zu einem Satelliten über dem Äquator ist sehr flach. Für eine ständige Abdeckung der nördlichen Breiten genügen bereits zwei Satelliten auf stark elliptischen Umlaufbahnen.

Jede der beschriebenen Umlaufbahnen hat Vor- und Nachteile. Geostationäre Bahnen sind die nützlichsten: Sie sind einfach und gewährleisten eine fast weltweite Abdeckung. Aber selbst bei Lichtgeschwindigkeit dauert eine Übertragung einige Zehntelsekunden, bis die zwei oder mehr Sprünge von der Erde zum 35 000 Kilometer entfernten Satelliten und wieder zurück gemacht sind. Für die kommerzielle Datenkommunikation ist dieser Zeitverlust bedeutungsvoll, für die Sprachkommunikation ungünstig und frustrierend. Um die Entfernung für die Übertragung drastisch zu verkürzen, hat man daher Anordnungen auf niedrigen Umlaufbahnen geschaffen.

FREQUENZBÄNDER FÜR DIE KOMMUNIKATION

Je höher die Frequenz (je kürzer die Wellenlänge), desto mehr Informationen kann eine elektromagnetische Welle übertragen. Wellenlängen von mehr als einem Meter eignen sich nicht, weil die Übertragung zwischen Erde und Satellit von der irdischen **Ionosphäre** reflektiert wird.

Das sich anschließende Mikrowellenband wird am häufigsten für die Satellitenkommunikation verwendet: ultrahohe Frequenzen (UHF), superhohe Frequenzen (SHF) und extrem hohe Frequenzen (EHF). In diesen Frequenzbändern werden die folgenden Frequenz-/Wellenlängenbereiche am häufigsten für die Satellitenkommunikation genutzt: L-, S-, C-, X-, Ku-, K- und Ka-Band. Im Alltag verwendet man die Begriffe SHF- und X-Band synonym, genauso wie EHF- und Ka-Band. Satellitenkommunikation im EHF-Band stellt die anspruchsvollste Technologie dar, die derzeit machbar ist. Sie ermöglicht die höchsten Datenraten bei **operationellen Satelliten**.

Breitbandkommunikation

Als Breitbandübertragung bezeichnet man die gleichzeitige Übertragung mehrerer Kanäle, bei der jeder Kanal eine separate Mitteilung/Unterhaltung ermöglicht. Eine Basisbandübertragung transportiert zu einer bestimmten Zeit nur ein Signal. Für einen **Uplink/Downlink** in der Satellitenkommunikation muss man mehrere Kanäle zusammenschalten, um für jeden Transponder maximale Effizienz zu erzielen.

LASERKOMMUNIKATION

Telefonleitungen wurden früher aus Kupfer gefertigt, weil es den Strom gut leitet. Doch wegen Kosten, Gewicht und begrenzter **Bandbreite** der Kupferdrähte findet derzeit eine Revolution statt: Für die meisten Anwendungen der Telekommunikation werden nun

DIE HÄUFIGSTEN FREQUENZBÄNDER DER SATELLITENKOMMUNIKATION

Mikrowellenband	Frequenz (GHz)	Wellenlänge (cm)
UHF	0,3–3	100–10
SHF	3–30	10–1
EHF	30–300	1–0,1
L	1–2	30–15
S	2–4	15–7,5
C	4–8	7,5–3,75
X	8–12	3,75–2,5
Ku	12–18	2,5–1,67
K	18–27	1,67–1,11
Ka	27–40	1,11–0,75

Glasfaserkabel eingesetzt. Da durch Glasfasern, die meist aus hochreinem Quarz bestehen, kein elektrischer Strom fließen kann, transportieren Lichtstrahlen die Information, und zwar mit höheren Datenraten als Kupferleitungen. Da die Wellenlänge des Lichts gegenüber Radiowellen sehr kurz ist, ist die Datenübertragungskapazität des Lichts im freien Weltraum größer als die der Radiowellen.

Man verwendet **Laser** als Lichtquelle, weil sie einen konzentrierten Lichtstrahl bei einer einzelnen Wellenlänge besitzen, und leitet diesen Lichtstrahl entweder in ein Glasfaserkabel oder direkt durch den freien Weltraum zu einer optischen Empfangsstation (faktisch ein **Fernrohr**). Bei der optischen Kommunikation im All läuft das Licht durch das Vakuum. Bei Verbindungen vom All zur Erde oder umgekehrt schwächt die Streuung an der Atmosphäre und an Schwebeteilchen das Licht. Wolken, die für Radiowellen meist durchsichtig sind, lassen nur noch die energiereichsten Laserstrahlen durch, weshalb Laserkommunikation nur in wolkenfreien Gegenden funktioniert.

Der Bedarf an Datenübertragungskapazitäten steigt ständig, und das Radiospektrum ist durch die vielen Nutzer bereits überfüllt. Die direkte optische Laserkommunikation gilt trotz technischer Schwierigkeiten als Zukunft der Satellitenkommunikation.

DATENÜBERTRAGUNG

Jegliche elektronische Datenübertragung erfolgt durch einen Prozess, den man als Modulation des Trägersignals bezeichnet. Die Trägerwelle (beispielsweise eine Radiowelle mit konstanter Frequenz) wird angepasst, um das Basisbandsignal zu übermitteln. Um Informationen zu transportieren, kann man die Amplitude der Trägerwelle variieren, dann spricht man von Amplitudenmodulation (AM). Variiert man die Frequenz der Trägerwelle, handelt es sich um Frequenzmodulation (FM). Eine dritte, weniger bekannte Methode für die Datenübertragung ist die Phasenmodulation (PM), bei der die Änderungsrate der Phase des Trägersignals zur Informationsübermittlung genutzt wird.

Bei der digitalen Kommunikation werden alle Informationen in eine Folge von Nullen und Einsen umgewandelt, man bezeichnet sie als binäre Daten. Die Elektronik übersetzt diese Binärsprache in „Ein und Aus" oder „positive Ladung und negative Ladung" oder „Spannung und keine Spannung". Ein digitales Signal kann wie sein analoges Gegenstück durch so genannte Amplituden-, Frequenz- oder Phasenumtastung übertragen werden.

Bei der Datenübertragung überträgt man das Trägersignal (Radiowellen oder Lichtstrahlen), das moduliert wird, um das Basisbandinformationssignal zu transportieren. Überlagert man eine Trägerwelle mit mehreren Informationsbändern, handelt es sich um eine Breitbandübertragung.

Ein **Satellit** ist ein leistungsfähiges Gerät, um beträchtliche Informationsmengen von einem Ort zum anderen zu übertragen. In unseren Wortschatz haben sich neue Begriffe eingeschlichen, die diese enormen

Datenmengen beschreiben: Kilobyte (1000 digitale „Wörter", die jeweils aus acht Bit bestehen), Megabyte (eine Million Byte), Gigabyte (1000 Millionen oder eine Milliarde Byte) – riesige Informationsmengen, die von einem Ort zum anderen übertragen werden müssen.

Bandbreite

In der Telekommunikation hat der Begriff Bandbreite zwei Bedeutungen; die eine ist technisch exakt, die andere kommt im Alltag zum Einsatz. In technischer Hinsicht bezeichnet die Bandbreite einen Frequenz- oder Wellenlängenbereich des elektromagnetischen Spektrums (beispielsweise hat ein Empfänger eine Bandbreite von zwei bis 20 Gigahertz). In der Satellitenkommunikation bezeichnet man auch die Rate, mit der digitale Daten innerhalb einer festen Zeitspanne gesendet werden, als Bandbreite. Diese Datenrate wird für gewöhnlich in Bit oder Byte pro Sekunde (oder in Hertz) ausgedrückt. Bei einem Satellitensystem hoher Bandbreite handelt es sich um ein System, das relativ große Datenmengen in kurzer Zeit übertragen kann.

Im Juli 2003 nutzte der europäische „Artemis"-Satellit seine SILEX-Laserübertragungsstation für eine direkte Kommunikation von Satellit zu Satellit. So wie Glasfaserkabel die Kupferkabel in der weltweiten Kommunikationsinfrastruktur ersetzen, könnte die Zukunft der Kommunikation im Weltraum bei Lichtstrahlen liegen. Sie könnten die Radiowellen ablösen, mit denen man seit Jahrzehnten Sprache und Daten in der Satellitenkommunikation übertragen hat.

Spreizfunk

Der Spreizfunk ist ein Verfahren, um eine sichere Kommunikation mit elektromagnetischen Wellen zu gewährleisten. Dazu überträgt man eine Reihe kurzer Radiopulse auf verschiedenen Frequenzen innerhalb eines Frequenzbands. Fängt jemand ein einzelnes Signal ab, ist es bei keiner Frequenz vollständig und kann daher nicht von einem unerwünschten Empfänger verstanden werden. Dieser ständige Frequenzwechsel bewahrt die Kommunikationsverbindung auch vor feindlichen Störungen. Das amerikanische Militär nutzt den Spreizfunk erfolgreich für seine Satellitenkommunikation, wobei die Methode bereits im Zweiten Weltkrieg für die Funkübertragungen eingesetzt wurde. 1985 ermöglichte die amerikanische Kommunikationsaufsichtsbehörde die teilweise Nutzung des Verfahrens für kommerzielle Zwecke. Inzwischen wird es in so alltäglichen Systemen wie schnurlosen Telefonen und Funknetzen für Computer eingesetzt.

Aus dem Spreizfunk hat sich die Kommunikation im so genannten Ultraweiten Band (UWB) entwickelt, bei der Milliarden Pulse über einen Frequenzbereich von mehreren Gigahertz verteilt werden. UWB nutzt man in der kommerziellen Telekommunikation für eine sehr schnelle und sichere Datenübertragung.

Bandpassfilter

Ein Bandpassfilter ist ein elektronisches Gerät, das die Energieübertragung in einem speziellen, meist schmalen Wellenlängenbereich ermöglicht, während Energie mit kürzeren oder längeren Wellenlängen zurückgehalten wird. Bandpassfilter sind besonders wichtig, um Störungen und Interferenzen zu vermeiden. Zum Beispiel die absichtliche Energieübertragung durch einen Feind, damit man selbst das Frequenzband nicht nutzen kann, oder ein unbeabsichtigtes Energiesignal, das man von anderen Quellen bei einer bestimmten Frequenz empfängt.

Dämpfung

Wenn elektromagnetische Wellen sich zwischen dem Erdboden und dem All ausbreiten, müssen sie durch die Atmosphäre und **Ionosphäre** laufen. Dabei wird die Signalstärke gedämpft (verringert), weil die Energie mit dem Medium, das sie durchläuft, in Wechselwirkung tritt. Die Dämpfung tritt in zwei Formen auf: Absorption und Streuung. Die wichtigsten Ursachen für die Dämpfung unterscheiden sich je nach betrachteter Wellenlänge. So ist im Mikrowellenband, das von den meisten Telekommunikationssatelliten genutzt wird, Regen der entscheidende Faktor. Je mehr Regentropfen in einer Wolke stecken, desto mehr Energie wird gestreut. Das Signal wird dadurch schwächer.

Im Millimeterband sind die Streuung durch Regen und die Absorption an Sauerstoffmolekülen die entscheidenden Faktoren. Im Submillimeterband dämpfen die Absorption des Wasserdampfs und die Streuung an Wolken das Signal. Optische Signale wie in der Laserkommunikation werden durch Wolken, Nebel, Regen, Staub und Dunst gedämpft. Längere Radiowellen im Hochfrequenzband oder Kurzwellenfunk werden an der Ionosphäre reflektiert und von ihr gebrochen, weshalb diese Frequenzen sich nicht für die Satellitenkommunikation eignen.

Freiraumdämpfung

Unter der Freiraumdämpfung versteht man den Energieverlust einer elektromagnetischen Welle, die zwischen einem Sender und einem Empfänger auftritt. Der Energieverlust entsteht durch die Ausbreitung der Welle. Die Freiraumdämpfung wächst mit dem Quadrat der zurückgelegten Entfernung. Während Dämpfungsverluste verschwinden, wenn ein Signal die Atmosphäre verlassen hat und durch das Vakuum des Weltraums läuft, findet die Freiraumdämpfung entlang des gesamten Wegs statt. Der Dämpfungsverlust bei einer Übertragung zu einem **geostationären Satelliten** ist demnach viel größer als bei einer Übertragung zu einem Satelliten in einer **niedrigen Umlaufbahn,** da sich die Distanz um mehrere 10 000 Kilometer unterscheidet. Daher müssen Kommunikationsverbindungen zur geostationären Umlaufbahn mit leistungsfähigeren Sendern und/oder empfindlicheren Empfängern aufgebaut werden.

Latenz

Die Latenz ist die Zeitspanne zwischen dem Senden und Empfangen der Daten. In der Satellitenkommunikation ergibt sich die Latenz bei einer Zweiwegeübertragung als die Strecke von der Bodenstation bis zum **Satelliten** und wieder zurück geteilt durch die Lichtgeschwindigkeit.

Bei Satelliten in einer **geostationären Umlaufbahn** sind dies 35 786 Kilometer mal zwei geteilt durch 299 792 Kilometer pro Sekunde oder ungefähr zwei Zehntelsekunden. Das mag sehr kurz erscheinen, aber es ist wertvolle Zeit, wenn man Daten mit Tausenden oder Millionen von Bit pro Sekunde überträgt. Eine solche Zeitverzögerung empfindet man bei einem Telefonat als unangenehm, vor allem wenn die Übertragung mehrmals hoch ins All und wieder herunter muss, um die beiden Sprecher miteinander zu verbinden.

Kommunikationssatelliten

„SCORE"

Der Satellit „Signal Communication by Orbiting Relay Equipment" („SCORE", etwa „Signalkommunikation durch Weiterleitung mittels Geräten auf einer Umlaufbahn") war der erste Kommunikationssatellit der Welt. Am 18. Dezember 1958 wurde er von der amerikanischen Armee von Cape Canaveral aus gestartet und bewies, dass ein **Satellit** vom Boden Kommandos empfangen und auf diese antworten kann. „SCORE" verbreitete aber auch ständig über Kurzwellenfunk eine Mitteilung von Präsident **Dwight D. Eisenhower:** «Hier spricht der Präsident der Vereinigten Staaten. Durch das Wunder des wissenschaftlichen Fortschritts gelangt meine Stimme von einem Satelliten, der sich draußen im Weltraum befindet, zu Ihnen. Meine Botschaft ist einfach: Durch dieses einzigartige Mittel teile ich Ihnen und der gesamten Menschheit Amerikas Wunsch nach Frieden auf der Erde und sein Wohlwollen gegenüber allen Menschen mit.»

„ECHO"

Der 1960 entworfene Satellit „Echo" war der denkbar einfachste Kommunikationssatellit. Bei ihm handelte es sich um einen 30,5 Meter großen Plastikballon, der mit Aluminium beschichtet war. Er bewies, dass man Funk- und Fernsehsignale zum **Satelliten** übertragen konnte, die von ihm zurück zur **Erde** reflektiert wurden. Dort konnte man die Signale dann mit jeder richtig eingestellten Antenne empfangen, wenn der Satellit zu sehen war. „Echo" war bei seinem Flug über den Nachthimmel sichtbar, aber seine niedrige Umlaufbahn begrenzte seinen praktischen Nutzen: Über jedem Ort der Erde war er nur für ein paar Minuten zu sehen, bevor er wieder hinter dem Horizont verschwand.

„SYNCOM 2"

Die **Nasa** startete „Syncom 2" 1963 als den ersten geosynchronen Kommunikationssatelliten der Welt. Mit ihm bewies die amerikanische Weltraumagentur, dass eine ständige Satellitenkommunikation möglich ist. Anhand von „Syncom 2" wurde auch deutlich, dass eine Anordnung aus drei Satelliten auf einer **geosynchronen Umlaufbahn** mit Verbindungen zwischen den Satelliten die gesamte Erdkugel abdecken konnte – mit Ausnahme der Pole.

COMSAT

Der Kongress der USA schuf 1962 durch das „Gesetz über Kommunikationssatelliten" die Firma Communications Satellite (Comsat). Erstmals hatte ein privates Unternehmen die Genehmigung der Regierung, ein weltweites System für die Satellitenkommunikation zu

entwickeln sowie überall auf der Welt Bodenstationen zu kaufen und zu unterhalten. Um neue Satellitentechnologien zu schaffen, eröffnete Comsat die Comsat Laboratories in Clarksburg, Maryland. Im Jahr 1965 startete Comsat mit „Early Bird" den ersten kommerziellen Kommunikationssatelliten. Die besondere Verbindung zur Regierung bestimmte die Funktion des Unternehmens und führte zur Bezeichnung „Carrier's Carrier" (Telekommunikationsanbieter für Telekommunikationsanbieter). Die Firma durfte keine Transponderkanäle ihrer Satelliten verkaufen, sondern betrieb sie für Fernsehanstalten, Nachrichtensender

In den 1960er Jahren startete die Nasa zwei experimentelle „Echo"-Kommunikationssatelliten, an deren aluminiumbeschichteten Hüllen die Bodenstationen Radiowellen reflektieren lassen konnten. Der praktische Nutzen dieser Technik war jedoch begrenzt.

Normalerweise befinden sich nicht mehr als zwei Astronauten gleichzeitig auf einem Weltraumspaziergang – aber der 13. Mai 1992 bildete eine Ausnahme. Nachdem frühere Versuche fehlgeschlagen waren, den „Intelsat VI" für eine Reparatur zu ergreifen, fingen Richard J. Hieb, Thomas D. Akers und Pierre J. Thuott den 4,5 Tonnen schweren Satelliten mit bloßen Händen ein. Nach der Wartung wurde der Satellit wieder ausgesetzt, um seine Arbeit fortzusetzen.

und weitere Kunden. Comsat musste den Zugang zu den Kanälen an andere Telekommunikationsanbieter verkaufen, die sie weiterverkaufen durften.

INTELSAT

Die Internationale Organisation für Telekommunikationssatelliten (ITSO, International Telecommunications Satellite Organisation) ist ein internationales Konsortium, dem Organisationen verschiedener Staaten angehören. ITSO besitzt und betreibt eine Anord-

nung aus „Intelsat"-Kommunikationssatelliten und hieß lange genauso wie die Satelliten, die sie betrieb: Intelsat Corporation. **Comsat** ist der amerikanische Vertragspartner der ITSO. Die Organisation wurde am 20. August 1964 zunächst als International Telecommunications Satellite Consortium von elf Staaten gegründet. Heute hat die ITSO mehr als 100 Mitglieder und betreibt weltweit Hunderte von Bodenstationen. Hauptsitz der Organisation ist Washington, D. C. Seit ihrer Gründung hat Intelsat mehr als 60 **Satelliten** von verschiedenen Herstellern von **Raumfahrzeugen** und

Trägerraketen gekauft. Die Satelliten starteten in den Vereinigten Staaten oder in Kourou in Französisch-Guyana. Ein Versuch in China 1996 misslang, der Satellit erreichte nicht die Umlaufbahn.

INMARSAT

Die Organisation Inmarsat (International Maritime Satellite Organisation) wurde 1979 gegründet und ist wie **Intelsat** ein internationales Konsortium. Inmarsat betreibt Satelliten für die Mobilkommunikation sowie Sprach-, Fax- und Datendienste für Schiffe, Raumfahrt und mobile Nutzer auf dem Land. **Comsat** ist der amerikanische Vertragspartner der internationalen Vereinbarung, aus der Inmarsat hervorging. Die Firma Inmarsat hat ihren Hauptsitz in London und verwaltet neun **Satelliten** für Tausende von Nutzern weltweit.

INTERNATIONAL TELECOMMUNICATIONS UNION (ITU)

Die Internationale Telecommunications Union (ITU) wurde von den Vereinten Nationen gegründet, um die Aktivitäten von Staaten und privaten Telekommunikationsanbietern zu organisieren (und in einigen Fällen zu regulieren). Sie hat ihren Hauptsitz in Genf und veröffentlicht Informationen über Technologien, Regulierung und Standards. Außerdem veranstaltet die ITU Fachtagungen wie den „Weltgipfel über die Informationsgesellschaft". Die Wurzeln der Organisation gehen auf die International Telegraph Union zurück, die am 17. Mai 1865 vom ersten Internationalen Telegrafenkongress in Paris gegründet wurde. Vor dieser ersten internationalen Übereinkunft hatte die Erfindung der Telegrafie beim Austausch von Nachrichten über Landesgrenzen hinweg ein Chaos verursacht, weil jeder Staat seine eigenen System- und Nachrichtenregeln hatte. Auch heute entwickelt sich die ITU noch weiter, indem sie Standards für neue Systeme und Technologien erarbeitet. So wird weltweit eine nahtlose Telekommunikation sichergestellt.

„TRACKING AND DATA RELAY SATELLITE SYSTEM" („TDRSS")

Das Satellitensystem „TDRSS" wurde vom Goddard Space Flight Center der **Nasa** in Greenbelt, Maryland, entwickelt, um Missionen der Nasa und anderer staatlicher Organisationen mit Sprach-, Video- und schneller Datenkommunikation zu versorgen. Die Nasa betreibt die „TDRSS"-Bodenstation in der Nähe von Las Cruces im US-Bundesstaat New Mexiko (auch als Raketenversuchsgelände White Sands bekannt). Diese Bodenstation kommuniziert mit den direkt sichtbaren Satelliten und über Verbindungen von Satellit zu Satellit auch mit den anderen. Dank dieses Netzes haben Nasa-Missionen eine Echtzeitverbindung, beispielsweise der **Spaceshuttle, die Internationale Raumstation,** das **Hubble-Space-Teleskop,** die **Satelliten** des **Earth Observing System** (EOS) **„Terra"** und **„Aqua"**, außerdem **„Landsat","TOPEX/Poseidon"** und andere Satelliten. Von White Sands gelangen die Daten per Landleitung oder über weitere Satellitenverbindungen zu den Nasa-Zentren und anderen Forschungseinrichtungen. Das „TDRSS" wird auch vom GLOBE-Programm (Global Learning and Observations to Benefit the Environment, Weltweites Lernen und Beobachten zum Schutz der Umwelt) genutzt – ein weltweites Netz aus Studenten, Lehrern und Forschern.

ARGOS DATA COLLECTION SYSTEM

Beim Argos Datensammelsystem handelt es sich um einen Funkempfänger, der die **Geolokalisierung** von Sendern auf der Erdoberfläche ermöglicht sowie die Datenübertragung von diesen Sendern. Es wird gemeinsam von der NOAA und der französischen Weltraumagentur CNES betrieben und fliegt auf jedem Satelliten des POES-Programms mit (Polar-orbiting Environmental Satellite). Argos sammelt Informationen aus verschiedenen Quellen: von automatischen Wetterstationen, von Bojen (Wind, Wellen, Wassertemperatur) und von Tieren bedrohter Arten, die mit Sendern ausgestattet sind, um beispielsweise etwas über ihr Migrationsverhalten zu erfahren. Satelliten übertragen die gesammelten Daten zu Bodenstationen in Fairbanks (Alaska), Wallops Island (Virginia) und Lannion (Frankreich). Zwei Firmen, die der CNES angeschlossen sind, verarbeiten die Daten und bieten ihre Dienste direkt dem Nutzer an. Die Firmen heißen Collecte Localisation Satellites mit Sitz in Toulouse und Service Argos mit Sitz in Largo, Maryland.

„IRIDIUM" UND „GLOBALSTAR"

Zwar befinden sich die meisten Telekommunikationssatelliten auf **geosynchronen Umlaufbahnen,** aber dieser Ort in 35 900 Kilometer Höhe über der Erdoberfläche hat zwei Nachteile: die hohen Kosten für einen Satellitenstart in diese Umlaufbahn und die Zeit, die eine Übertragung elektromagnetischer Wellen zu dieser Umlaufbahn und wieder zurück benötigt. In den

LEBEN UNTER SATELLITEN

Carissa Bryce Christensen

DIE MENSCHHEIT IM ALL — DIE MEISTEN VON UNS DENKEN BEI DIESER Vorstellung an ferne Sterne oder Wissenschaft an der Grenze zur Fiktion. Dabei ist ein Teil der menschlichen Aktivitäten im All so alltäglich, dass wir gar nicht weiter darüber nachdenken. Es gibt direkt über uns eine industrielle Infrastruktur, die jeden Tag unseres Lebens beeinflusst. Die Bilder, die Sie morgens in den Fernsehnachrichten sehen, hat ein

Übertragungswagen (ein Lastwagen mit einer Satellitenschüssel auf dem Dach) über einen Satelliten direkt vom Ort des Ereignisses geliefert. Die Satellitenbilder der Wettervorhersage helfen Ihnen zu entscheiden, ob Sie einen Regenschirm einstecken, wenn Sie das Haus verlassen.

Falls Sie zum Tanken fahren, könnte das Benzin aus einer Pipeline stammen, die von winzigen Satellitenstationen auf Rost und Schäden überwacht wird. Wenn Sie per EC-Karte zahlen, werden die Informationen über die Transaktion mit einer kleinen Satellitenschüssel auf dem Dach der Tankstelle übertragen.

Nachdem Sie sich wieder ins Auto gesetzt haben, läutet Ihr Mobiltelefon. Sie stellen das Radio leiser (die Sendung wurde auch per Satellit weitergeleitet), um den Anrufer zu verstehen. Ihr Handy hat zwar keine direkte Verbindung zu einem Satelliten, aber der Mobilfunkmast, mit dem Ihr Mobiltelefon in Kontakt steht, ist auf genaue Zeitangaben angewiesen, die er von den Atomuhren der amerikanischen GPS-Satelliten (Global Positioning System) empfängt.

Falls Sie durch einen Ihnen unbekannten Teil der Stadt fahren, orientieren Sie sich vielleicht mit Hilfe eines Navigationssystems im Auto, das durch das GPS-Netz möglich wird. Der Computer in Ihrem Auto nutzt die Informationen der GPS-Satelliten, um die Position des Fahrzeugs zu ermitteln. Dann kombiniert er diese Information mit dem Stadtplan in seinem Speicher oder fordert über das Mobilfunknetz Anweisungen für die Fahrt von einem Dienstleister an.

Und so geht es für den Rest Ihres Tages weiter – die Möglichkeiten des Weltraums sind überall. Ein Teil Ihres Mittagessens nahm als Getreide seinen Anfang, dessen Wachstum und Zustand von Satelliten überwacht wurden. Nach dem Essen kontrollieren Sie Ihre

E-Mails und schauen ins Internet. Dabei denken Sie nicht darüber nach, dass die Daten über Kommunikationssatelliten wandern. Auf dem Weg nach Hause geben Sie ein Päckchen bei der Post auf, das mit einem Flugzeug transportiert wird. Der Pilot navigiert per Satellit. Und das Fahrzeug, das Ihr Päckchen an den Empfänger liefert, wird von einem satellitengestützten System zum Flottenmanagement geleitet. Die Straße, auf der Sie gerade fahren, wird wiederum mit Hilfe von Satellitenbildern und GPS-Ortsdaten überwacht.

Am Abend lassen Sie sich erschöpft in den Sessel vor dem Fernseher fallen und „zappen" durchs Programm. Vielleicht ist Ihnen gar nicht bewusst, dass Sie Satellitenfernsehen haben, auch wenn Sie selbst keine Satellitenschüssel besitzen. Die Programme werden landesweit per Satellit verteilt und dann in das Kabelnetz oder einen Fernsehturm eingespeist.

Wenn Sie den Fernseher satt haben, rufen Sie vielleicht einen Freund in Übersee an, um sich über das schreckliche Programm zu beschweren. Ihr Anruf verlässt den Kontinent wahrscheinlich über eine gewöhnliche Leitung, wird aber dann an einen Satelliten weitergeleitet. Ferngespräche waren die ersten kommerziellen Satellitenanwendungen, und Satellitendienste sind noch immer für Regionen wichtig, die bislang keinen vollen Zugang zu unterseeischen Glasfaserkabeln oder Telefonnetzen auf dem Land haben.

Kommerzielle Weltraumsysteme gehören meist Firmen, die sie an Kunden in aller Welt verkaufen oder vermieten. Der weltweite Umsatz mit dem All beträgt rund 100 Milliarden US-Dollar jährlich. Wenn man die Firmen hinzurechnet, die für staatliche Raumfahrtprogramme arbeiten, könnte die Schätzung auf 150 Milliarden US-Dollar steigen. Die meisten kom-

merziellen Weltraumunternehmen profitieren auch in anderer Hinsicht von staatlichen Raumfahrtprogrammen: durch Starts von staatlichen Weltraumhäfen, durch den Wissenstransfer aus der öffentlichen Forschung und durch Kostensenkung, weil sie Fabriken und Infrastruktur gemeinsam nutzen können.

Der Kuchen für kommerzielle Weltraumumsätze teilt sich wie folgt auf: Ein Drittel bis zur Hälfte kommt von Fernsehsendern, Kabelbetreibern, Abonnenten des Satellitenfernsehens sowie weiteren satellitengestützten Fernsehdiensten. Ein Viertel entfällt auf die Fertigung kommerzieller Satelliten und die Ausrüstung am Boden. Rund zehn Prozent stammen von Kunden, die Satellitentelefone, das Internet und weitere Datendienste nutzen. Kommerzielle Aufnahmen aus dem All, Navigation und Ortsbestimmung sowie Wetterdienste entfallen sowohl auf privatwirtschaftliche als auch auf staatliche Satelliten; sie tragen noch weniger zum Umsatz bei. Und Raketenstarts, so aufregend sie auch sein mögen, machen nur fünf Prozent des kommerziellen Weltraumumsatzes aus.

Der Kuchen wird künftig größer werden. Letztlich wird das Geschäft mit dem Weltraum über Satellitendienstleistungen hinausgehen: die Fertigung hochreiner Materialien, touristische Weltraumflüge zu Raumstationen oder der Abbau wertvoller Mineralien vom Mond und von Asteroiden sind nur einige Beispiele und zeigen die Spanne der Möglichkeiten auf. Die neuen Märkte fangen an, langsam zu entstehen. Es gab ein paar Weltraumtouristen, die mehrere zehn Millionen US-Dollar bezahlt haben. Fast perfekte Kristalle hat man an Bord des Shuttles und der Internationalen Raumstation gezüchtet. Doch die Arbeitskosten im All sind noch zu hoch, als dass sie vernünftige Preise ermöglichen würden. Und in absehbarer Zeit werden sie wahrscheinlich so hoch bleiben.

Es mag Jahre dauern oder Jahrzehnte, bevor die neuen Weltraumprodukte und -dienstleistungen, die wir uns heute ausmalen, in unseren Alltag einziehen und ihn bereichern werden. Inzwischen können wir uns daran erfreuen, dass die heutigen Wunderwerke der Weltraumwirtschaft ständig greifbar sind. ∎

Ob Kriege, Naturkatastrophen oder eher banale Ereignisse – durch das Fernsehen gelangt alles unmittelbar zu uns nach Hause. Dank der Kommunikationssatelliten ist es möglich, dass Nachrichtensender weltweit in Echtzeit übertragen können.

frühen 1990er Jahren dachten sich Unternehmer anspruchsvolle Pläne aus, die die Entwicklung und den **Start** von Satelliten vorsahen, die auf **niedrigen Umlaufbahnen** miteinander in Verbindung stehen. Dadurch wäre eine weltweite Sprach- und Datenkommunikation möglich. Mit billigen Mobiltelefonen könnte ein Kunde von überall auf der Welt Anrufe empfangen oder selbst anrufen, so die Überlegung. Aber jedes dieser vorgeschlagenen Systeme wurde bereits vor dem Aufbau verschrottet oder erwies sich als finanzielle Katastrophe für die Investoren.

Zwei globale Satellitensysteme für die Telefonie wurden gebaut und sind in Betrieb. Keines der beiden hat sich als wirtschaftlicher Erfolg erwiesen. Dafür gibt es zwei wesentliche Gründe: die weltweite Verbreitung von billigen Mobiltelefonen, die mit Antennen auf dem Boden funktionieren, und der Wechsel bei den Telefonleitungen von Kupfer zu Glasfasern, die schnelle und preiswerte Ferngespräche und Datenfernübertragungen in alle Welt erlauben.

Das Satellitensystem „Iridium" wird von der Firma Iridium Satellite betrieben und bietet eine vollständige Abdeckung der Erde durch eine Anordnung von 66 Satelliten auf niedrigen Umlaufbahnen. Der größte Kunde des Systems ist die US-Regierung, aber die Betreiberfirma versucht ihre kommerzielle Basis auch auf andere Nutzer auszuweiten.

Das System „Globalstar" nahm seinen Betrieb ein paar Jahre nach „Iridium" auf und besteht derzeit aus 48 Satelliten auf niedrigen Umlaufbahnen, die ähnliche Sprach- und Datendienste weltweit anbieten wie „Iridium". Der Handel bietet Mobiltelefone für „Iridium" und „Globalstar" an, aber sie sind nicht kompatibel. Die Besitzer beider Unternehmen haben inzwischen gewechselt, nachdem die ursprünglichen Investoren beträchtliche Verluste hinnehmen mussten.

ORBITAL COMMUNICATION SYSTEM (ORBCOMM)

Die Orbcomm-Anordnung aus 30 **Satelliten** in **niedrigen Umlaufbahnen** wurde von der Firma Orbital Sciences aus Dulles, Virginia, aufgebaut. Ursprünglicher Betreiber war das Tochterunternehmen Orbital Communications (Orbcomm). Orbcomm war als Netz aus sehr kleinen, relativ billigen Satelliten gedacht, das weltweit die wechselseitige Nachrichtenübermittlung *(messaging)*, Datenkommunikation sowie **Geolokationsdienste** anbietet. Es galt als attraktive Alternative zu den großen geostationären Satelliten und zu den anderen geplanten Daten- und Sprach-

kommunikationssystemen auf **niedrigen Umlaufbahnen** wie „Iridium" und „Globalstar". Heute wird das System von Orbcomm betrieben, einem Mobilfunkanbieter, dessen staatliche und privatwirtschaftliche Kunden die „Orbcomm"-Dienste über weltweite Lizenznehmer nutzen können.

Wegen der relativ geringen Kosten für die Transmitter/Empfänger-Einheiten von „Orbcomm" hat das System völlig neue Anwendungen eröffnet: etwa die Übermittlung von Nachrichten innerhalb von Lastwagenfuhrparks, die Übermittlung von Wetterdaten für den Flugbetrieb oder die Überwachung von Gegenständen im Versandhandel, die so klein sein können wie ein einzelnes Paket. Zwar war „Orbcomm" nicht sofort ein wirtschaftlicher Erfolg, aber das Unternehmen vergrößert seine Nutzerbasis ständig. In diesem Marktsegment gibt es faktisch keinen Wettbewerb.

„TELSTAR"

„Telstar" ist der bekannteste Kommunikationssatellit. Anfang der 1960er Jahre bauten die Firma AT&T und die **Nasa** gemeinsam sechs „Telstar"-Satelliten. Nur zwei starteten tatsächlich; der erste am 10. Juli 1962 auf einer „Delta"-**Rakete.** Die Bell Laboratories (die Forschungsabteilung von AT&T) entwarfen und bauten die Satelliten, die Nasa sorgte für den Start und nutzte den Satelliten auch für eigene Experimente. Ursprünglich schwebte AT&T eine Anordnung zwischen 50 und 120 Satelliten vor, von denen immer mehrere gleichzeitig starten sollten. Damit wollte das Unternehmen in der Satellitenkommunikation weltweit führend werden. Das „Telstar"-Programm diente als Modell, um die Zusammenarbeit zwischen staatlichen Stellen und der Industrie anzuregen.

Man ermutigte Unternehmen dazu, Satelliten zu bauen und sie kommerziell zu betreiben. Dieses Konzept unterstützte der damalige amerikanische Präsident **Dwight D. Eisenhower** mit seiner Richtlinie zur Weltraumkommunikation vom Dezember 1960. Doch bereits am 24. Juli 1961 veröffentlichte sein Nachfolger John F. Kennedy eine neue Richtlinie, in der er zwar den privaten Betrieb von Satelliten befürwortete, sich aber für Bedingungen aussprach, die eine einzelne Firma davon abhalten sollten, ein Monopol aufzubauen. Genau das jedoch wollte AT&T mit dem „Telstar"-Programm. Am 31. August 1962 unterzeichnete Präsident John F. Kennedy das „Gesetz über Kommunikationssatelliten", das die Gründung einer neuen Firma namens **Comsat** vorsah. Comsat bekam zwar ein Monopol zugewiesen, aber mit internationalen Beteiligungen.

Satellitengestützte Navigation und Positionsbestimmung

SATELLITENGESTÜTZTE NAVIGATION UND POSITIONSBESTIMMUNG

Als die Amerikaner 1957 den sowjetischen Satelliten „Sputnik" über sich vorüberziehen sahen und seine Piepssignale verfolgten, bemerkten Ingenieure, dass die Signale eigentlich eine konstante Frequenz hatten. Doch während sich der Satellit vom Horizont kommend einem Empfänger näherte und sich dann wieder entfernte, nachdem er seine größte **Höhe** für diesen Vorbeiflug erreicht hatte, trat der Doppler-Effekt auf: Die Signale kamen beim Anflug in zeitlich kürzeren Abständen an und beim Abflug in längeren. Es dauerte nicht lange, bis es möglich war, diese Frequenzverschiebung zu messen, um daraus die genaue Bahn des Satelliten zu bestimmen. Am Labor für Angewandte Physik (APL) der Johns Hopkins University in Laurel, Maryland, gelang es Wissenschaftlern und Ingenieuren, dieses Prinzip umzukehren: Wenn die genaue Position und die Bahnparameter eines Satelliten bekannt sind, kann man die Position eines Empfängers auf der Erdoberfläche exakt ermitteln.

Das „**Navy Navigation Satellite System**" (auch als „Transit" bezeichnet) wurde am APL gebaut und von der Marine bis 1996 betrieben. Dann wurde es durch das **Global Positioning System** (GPS) ersetzt. Beim GPS kommt ein anderes Verfahren bei der Positionsbestimmung zum Einsatz, das auf der Signallaufzeit beruht. Es müssen vier GPS-Satelliten für einen Empfänger „sichtbar" sein, um eine vollständige Positionsbestimmung durchführen zu können. Das System hat sich zum internationalen Standard in der Satellitennavigation entwickelt.

ASTROMETRIE

Für die Navigation bedarf es vieler Informationen; die wichtigen aber sind die genaue Zeit und die genaue Kenntnis der Positionen von Sternen und anderen Himmelskörpern in Bezug zur Bewegung der Erde. Die Astrometrie hängt eng mit der Astronomie zusammen. Aber während sich die Astronomie mit der Erforschung des Alls und seiner Objekte und Energiefelder beschäftigt, befasst sich die Astrometrie nur mit Posi-

tionsmessungen. Navigiert man mit Hilfe des Himmels, bestimmt man seine eigene Position auf der Erdoberfläche mittels der Sternpositionen am Himmel, die zuvor relativ zur Erdrotation und zu anderen Bewegungen der Erde ermittelt wurden. Eine einfache Messung ist der Winkel zwischen dem Horizont und dem **Polarstern.** Sie hat Seefahrern auf der nördlichen

Halbkugel eine gute Abschätzung ihrer geographischen Breite ermöglicht. Durch die Erfindung der genauen Zeitmessung im 18. Jahrhundert, mit Uhren, die man als Chronometer bezeichnete, konnten Seefahrer auch ihre geographische Länge ermitteln. Damals standen den Navigatoren auf dem Meer mindestens ein, oft aber drei Chronometer zur Verfügung. Zusätzlich führten sie die berechneten Stern- und Planetenpositionen bezogen auf die Uhrzeit und die Bewegung der Erde mit sich; diese Daten standen in einem Buch namens „Nautical Almanac".

Herausgegeben wird der Nautische Almanach vom US Naval Observatory in Washington, D. C., weltweit der Hüter der genauen Zeitmessung und der Astrometrie. Der vom Observatorium regelmäßig berechnete

Satellitensysteme sind ein wichtiges Hilfsmittel bei der Überwachung bedrohter Tierarten. Wie diese Meeresschildkröte tragen die Tiere Sender. Anhand der Signale können Forscher beispielsweise die Wanderroute eines Tieres ermitteln.

Sternkatalog und der außerordentlich genaue Zeitstandard des Instituts – als „Hauptuhr" dient ein Wasserstoffmaser – werden elektronisch per Satellit in die ganze Welt übertragen, um damit navigieren oder in der Astronomie forschen zu können. Diese Daten sind für die **Satellitennavigation** wichtig.

GEOLOKATION

Unter Geolokation versteht man die genaue Position eines Menschen, Orts oder Gegenstands in Nord-Süd-Ost-West-Koordinaten (Länge und Breite) sowie die **Höhe** oder Tiefe über beziehungsweise unter der Erdoberfläche. Dies ist nicht nur für die Navigation auf dem Meer oder bei der Suche eines Wegs im dichten Wald wichtig. Es ist auch von entscheidender Bedeutung für die heutige High-Tech-Welt der Geographischen Informationssysteme (GIS). Die Straßenkarte eines Automobilclubs ist ein einfaches, häufig genutztes Produkt der GIS-Technologie. Die Nord-Süd-Ost-West-Koordinaten stehen am Rand der Karte oder vielleicht in einem Gradnetz. Farben oder Schattierungen stellen die wechselnde Form des Geländes dar. Die von Menschen geschaffene Infrastruktur wie Gebäude, Straßen, Eisenbahnlinien ist eingezeichnet, damit der Nutzer weiß, wie er von A nach B kommt. Einer solchen Karte liegen mehrere Datensätze zu Grunde, die man übereinander gelegt hat, damit der Nutzer viele Informationen bekommt. Die grundlegenden Daten werden auf ein Papier projiziert, auf dem Längen- und Breitengrade als zueinander senkrechte Linien zu sehen sind. Auf diese Weise entsteht eine einfach zu lesende, rechtwinklige Karte. Des weiteren benötigt man Gelände-, Vegetations-, Straßen- und Gebäudedaten. Besitzt der Reisende neben der Straßenkarte auch einen elektronischen GPS-Empfänger **(Global Positioning System),** bestimmt er seine aktuelle Position auf Knopfdruck. Nach einem Blick auf die Karte kann er dann weiterfahren. Besitzt der Reisende eine Kombination aus elektronischer Karte und GPS-System, braucht er nur den Anweisungen des Computers zu folgen.

Ein Geologe baut im Januar 2004 ein Differenzielles GPS am Hang des ecuadorianischen Vulkans Cotopaxi auf. An geologisch aktiven Plätzen erfassen die Wissenschaftler mit Hilfe solcher Geräte Stöße, die Ausbrüchen vorangehen oder – wie in diesem Fall – Veränderungen an der Schneebedeckung des Vulkans. Diese Veränderungen weisen auf seismische Aktivitäten oder den globalen Klimawechsel hin.

Dieses Beispiel liefert eine grundlegende Erkenntnis: Jemand muss zuvor sorgfältig die genaue Position jeder Straße, jedes Gebäudes und jedes Grenzsteins geolokalisieren, damit sie auf der Landkarte erscheinen können. Im digitalen Zeitalter geolokalisiert man die Merkmale auf der Karte mit fotografischen Kartierungen aus der Luft oder dem All. Als Kontrollpunkte dienen Objekte, die in jedem Bild auftauchen. Diese Punkte werden sorgfältig geolokalisiert, meist durch jemanden vor Ort, der seine eigene Position relativ zu anderen Merkmalen vermisst, deren Positionen bereits bekannt sind.

Die Geolokalisierung hilft bei der Verfolgung von bedrohten oder wandernden Tierarten (Zugvögel, Wale, Schildkröten), die mit einem Funksignalgeber ausgestattet sind. Dank der Geolokation kann man auch einzelne Fahrzeuge einer Lastwagenflotte oder den Versand von Paketen überwachen. Navigationssatelliten und Systeme, die Daten sammeln, erweisen sich als allgemein anerkannte Hilfsmittel für die wichtige und wertvolle Geolokalisierungsarbeit.

„Navy Navigation Satellite" („Navsat") System/„Transit"

Der **Start** von **„Sputnik"** durch die Sowjetunion am 4. Oktober 1957 führte zu einem Durchbruch beim uralten Problem der Navigation. Die elektronische Navigation wurde zu Beginn der 1940er Jahre entwickelt. Es begann mit der Navigation über große Entfernungen (LORAN, Long Range Navigation), die elektronische Funkfeuer auf dem Land nutzte. George Weiffenbach, William Guier und Frank McClure waren Wissenschaftler am Labor für Angewandte Physik (APL) der Johns Hopkins University in Laurel, Maryland. Sie untersuchten das 20-Megahertz-Signal von „Sputnik" und fanden heraus, dass sich eine solche konstante Übertragung einer Frequenz für die Geolokalisierung eines Empfängers auf der Erdoberfläche eignete. Dazu musste man nur die Bahnparameter des **Satelliten,** die Uhrzeit und die Doppler-Verschiebung des empfangenen Signals genau kennen.

Nach dem Start von „Sputnik 2" am 3. November 1957 konnte das APL seine Forschung fortsetzen, um dann der neu geschaffenen Advanced Research Projects Agency (ARPA) ein Satellitenprogramm namens „Transit" vorzuschlagen. Die ARPA wurde 1958 gegründet und gehörte zum amerikanischen Verteidigungsministerium. Sie übergab die Verwaltung des Satellitenprogramms an die Marine; der erste „Navy Navigation Satellite" („Navsat") startete am 13. April 1960 von Cape Canaveral. Er wurde zum ersten

erfolgreichen Navigationssatelliten der Welt: „Transit".

Das „Navsat"-System nahm 1964 seinen Betrieb auf; die Satelliten wurden von einer Einrichtung der Marine in Point Mugu, Kalifornien, überwacht. 1967 erhielt jedermann Zugang zu „Transit", egal, wo er war und welcher Nationalität er angehörte. Während seiner 32 Jahre langen Betriebsdauer lieferte „Transit" für Tausende von Nutzern verlässliche Positionen für die Navigation – bei jedem Wetter. Der letzte „Transit"-Satellit startete 1988. Noch 1996, als das Satellitensystem abgeschaltet wurde, waren mehrere Satelliten voll funktionsfähig. Nachfolger von „Transit" wurde das Global Positioning System (GPS).

Doppler-Kursverfolgung

Die **Geolokation** eines Satellitenempfängers lässt sich ermitteln, indem man die scheinbare Frequenzverschiebung eines dauerhaft von einem **Satelliten** abgestrahlten Signals beobachtet. Man benötigt ansonsten nur noch die genaue Zeit und die genauen Bahnparameter des Satelliten (seine Ephemeriden). Dies ist das Grundprinzip, nach dem das inzwischen stillgelegte **„Navy Navigation System"/„Transit"** funktionierte. Ein Nutzer maß die Doppler-Verschiebung des bei 149,99 und 399,97 Megahertz übertragenen Signals während des 15-minütigen Überflugs eines einzelnen „Transit"-Satelliten. Mit den ebenfalls übertragenen „Zeitmarken" und Ephemeriden korrigierte man die Signale, die durch die ionosphärische Refraktion gestört werden, und berechnete mit Hilfe eines Computers die Längen- und Breitenkoordinaten. Die Umkehrung dieses Verfahrens verwendet man, um die genauen Ephemeriden eines Satelliten zu ermitteln. Dazu sendet man Signale konstanter Frequenz von der Bodenstation zum Satelliten und bestimmt mittels der Doppler-Verschiebung und der genauen Zeit die Position des Raumfahrzeugs auf seiner Umlaufbahn.

Dieses Prinzips bediente man sich, um die Bahnelemente der „Transit"-Satelliten zu berechnen und für die „Geosat"-Mission der amerikanischen Marine. Heute kommt es noch immer bei dem europäischen „DORIS"-System („Doppler Orbitography and Radiopositioning Integrated by Satellite") zum Einsatz, das beispielsweise von der amerikanisch-französischen Mission **„TOPEX/Poseidon"** genutzt wird.

Global Positioning System (GPS)

Das amerikanische Verteidigungsministerium betreibt die 24 **Satelliten** des Global Positioning System (GPS), das weltweit dreidimensionale Geolokationsdienste bietet: Es ermittelt die jeweilige Position in Länge, Breite und Höhe. Das Joint Programm Office am Space and Missile Systems Center in Los Angeles, Kalifornien, verwaltet das Programm. Das GPS-System hat man für die amerikanischen und alliierten Streitkräfte entwickelt. Aber die Navigation per GPS ist für jeden verfügbar, und die kommerziell erhältlichen Empfänger werden immer billiger. Das System bietet zwei Genauigkeitsstufen. Der Standarddienst SPS liefert eine Positionsgenauigkeit von etwa 100 Metern in horizontaler und 156 Metern in vertikaler Richtung sowie auf 340 Nanosekunden (Milliardstelsekunden) genaue Zeitsignale in Koordinierter Weltzeit (UTC). Für militärische Nutzer mit der richtigen Ausrüstung liefert der Präzisionsdienst PPS eine höhere Genauigkeit: 22 Meter horizontal und 27,7 Meter vertikal sowie Zeitsignale mit einer Genauigkeit von 200 Nanosekunden UTC.

Die ursprünglich elf „Block I GPS"-Satelliten wurden zwischen 1978 und 1985 vom kalifornischen Luftwaffenstützpunkt Edwards gestartet. Diesen Entwicklungssatelliten folgten 28 Satelliten des Typs „Block II"- und „Block IIA". Nachdem die ersten 24 „Block I"- und „Block II/IIA"-Satelliten ihre geplanten Umlaufbahnen erreicht hatten, war die Anordnung vollständig. Am 8. Dezember 1993 rief man den Betrieb mit SPS-Genauigkeit aus.

Die GPS-Satelliten bewegen sich auf **Kreisbahnen** mit 55 Grad Neigung in einer Höhe von 20 900 Kilometern. Jeder Satellit umrundet die **Erde** in zwölf Stunden. Die vollständige Konstellation aus 24 Satelliten sorgt dafür, dass ein Empfänger immer vier GPS-Satelliten „sieht". Das „Transit"-System erforderte nur einen Satelliten, um eine Position per **Doppler-Kursverfolgung** zu bestimmen. Aber die Position war dann nur in zwei Dimensionen bekannt (Länge und Breite) und nicht so genau. Das GPS-System verwendet für die Positionsbestimmung Signallaufzeiten: Wenn ein Signal von einem Satelliten zu einer genau bekannten Zeit ausgesandt und sehr kurze Zeit später wieder empfangen wird, lässt sich aus beiden Zeitpunkten die Entfernung zum Satelliten präzise berechnen. Berechnet man die Entfernungen zwischen mehreren Satelliten (deren Bahnparameter bekannt sind) und dem Empfänger gleichzeitig, lässt sich seine Position dreidimensional ermitteln. Berechnet man die Position des Empfängers fortlaufend, kann man daraus die Bewegung des Empfängers ableiten. Ein Pilot kennt daher dank GPS immer seine genaue Position sowie die Geschwindigkeit und Richtung des Flugzeugs. Kein Wunder, dass sich das GPS in der zivilen Luftfahrt zum wichtigsten

Navigationsverfahren entwickelt hat. Durch diesen Durchbruch in der elektronischen Positionsbestimmung kennt das Militär die Positionen selbst einzelner Soldaten genau. Und mit Hilfe der Navigation können Waffen ihr Ziel präzise ansteuern. Betreiber von Raumfahrzeugen kennen die genauen Bahnparameter ihrer Satelliten dank GPS, und immer mehr kommerzielle, wissenschaftliche und zivile Nutzer profitieren vom Navigationssystem.

NAVSTAR

Das **Global Positioning System** GPS wird auch als NAVSTAR-System oder NAVSTAR GPS bezeichnet.

P-Code

NAVSTAR GPS-Satelliten senden auf zwei Frequenzen im L-Band: 1575,42 Megahertz (L1) und 1227,6 Megahertz (L2). Der Präzisionscode (P-Code) ist der hauptsächliche Code für die Navigation. In Kriegszeiten droht Satelliten eine Störung (durch feindliche Signale, die den Satelliten oder das Empfängersystem durcheinander bringen sollen). Deshalb versetzt man die Satelliten in einen nicht manipulierbaren Modus und nutzt einen anderen Code (Y-Code). GPS-Dienste lassen sich auch in einem eingeschränkt verfügbaren Modus betreiben, damit nur bestimmte Nutzer über den höchsten Genauigkeitsgrad verfügen können.

Differenzielles GPS

Das Differenzielle GPS ist ein Verfahren, mit dem sich außerordentlich genaue Positionen mit Hilfe des **NAVSTAR-GPS**-Systems erzielen lassen. Dazu stellt man einen GPS-Empfänger an einen Ort, dessen Position durch Vermessungsverfahren exakt bekannt ist. Dann überträgt man Korrekturen an den GPS-Angaben zu anderen Empfängern in der Gegend, die gemeinsam mit den Signalen der GPS-**Satelliten** und dem genau positionierten Empfänger/Sender Geolokationen mit einer Genauigkeit unter einem Meter liefern. Es gab schon Berichte über Messgenauigkeiten im Millimeterbereich. Das Differenzielle GPS wird beispielsweise bei der Kursverfolgung und Landung von Flugzeugen eingesetzt.

DAS RUSSISCHE SATELLITENNAVIGATIONS-SYSTEM GLONASS

Russland betreibt ein weltweites Satellitennavigationssystem, das seinen Ursprung in der Sowjetunion hat. Es heißt „Global'naya Navigatsionannaya Sputnikovaya Sistema" (GLONASS) und ähnelt in Aufbau und Funktion dem amerikanischen **NAVSTAR GPS.** Wenn es vollständig in Betrieb ist, soll GLONASS aus einer Anordnung mit 24 **Satelliten** auf **Kreisbahnen** bestehen, die 64,8 Grad geneigt sind und eine Höhe von 19 100 Kilometern haben. Wie GPS arbeitet GLONASS auf zwei Frequenzen: 1,250 und 1,6035 Gigahertz. Die Positionen lassen sich laut Ankündigung auf 100 Meter (horizontal) und 150 Meter (vertikal) genau bestimmen. Die Geschwindigkeitsberechnungen erreichen eine Genauigkeit von 15 Zentimetern pro Sekunde. Es sind Empfänger gebaut worden, die sowohl GPS- als auch GLONASS-Signale empfangen, um sehr genaue Positions- und Höhendaten ermitteln zu können.

EMERGENCY POSITION INDICATING RADIO BEACON (EPIRB)

Der Notrufsender mit Positionsangabe (EPIRB) ist ein kleiner Funksender, der je nach Modell manuell oder automatisch aktiviert wird. Eine automatische Aktivierung funktioniert beispielsweise über einen Druckmesser auf einem sinkenden Boot. Im eingeschalteten Zustand überträgt das Gerät ein Notrufsignal, das von einem **Satelliten** aufgefangen oder mit einem Leitgerät verfolgt wird, um die in Gefahr geratene Person zu finden. Typische Anwendungen ergeben sich für Piloten und Seefahrer, um damit anzuzeigen, dass ein Flugzeug abgestürzt oder ein Schiff gesunken ist. Nachdem EPIRB in den 1970er Jahren verbreitet worden ist, konnten mehrere tausend Menschen gerettet werden, meist Freizeitsegler. Es gibt heute drei Arten von EPIRB. Leitsender arbeiten bei 121,5 Megahertz, COSPAS-SARSAT-Sender bei 406 Megahertz und „Inmarsat"-Sender bei 1,6 Gigahertz. Je nach gewünschtem Modell kosten diese Sender zwischen 200 und 1 500 US-Dollar. Einige Modelle enthalten einen **NAVSTAR-GPS**-Empfänger, damit die genaue Position des Notrufsenders gleich mitübermittelt wird.

SEARCH AND RESCUE SATELLITE-SYSTEM (SARSAT)

1970 verschwand ein Flugzeug, in dem zwei Angehörige des amerikanischen Kongresses saßen, über einer abgelegenen Gegend in Alaska. Trotz einer ausgedehnten Suche wurde niemals eine Spur des Flugzeugs gefunden. Als Reaktion auf dieses Unglück ordnete der Kongress an, auf allen amerikanischen Flugzeugen Notrufsender einzusetzen. Allerdings strahlten diese Sender bei 121,5 Megahertz und hatten nur eine begrenzte Reichweite; zudem arbeiteten sie in einem Fre-

quenzband, das andere Quellen durch ihre Abstrahlung störte. Danach entwickelten Kanada, Frankreich und die Vereinigten Staaten gemeinsam ein satellitengestütztes System. Dieses Such- und Rettungssatellitensystem (SARSAT) war ursprünglich darauf ausgelegt, die Notrufe auf der besser geeigneten Frequenz von 406 Megahertz zu empfangen. Betrieben wurde es in den USA durch die National Oceanic and

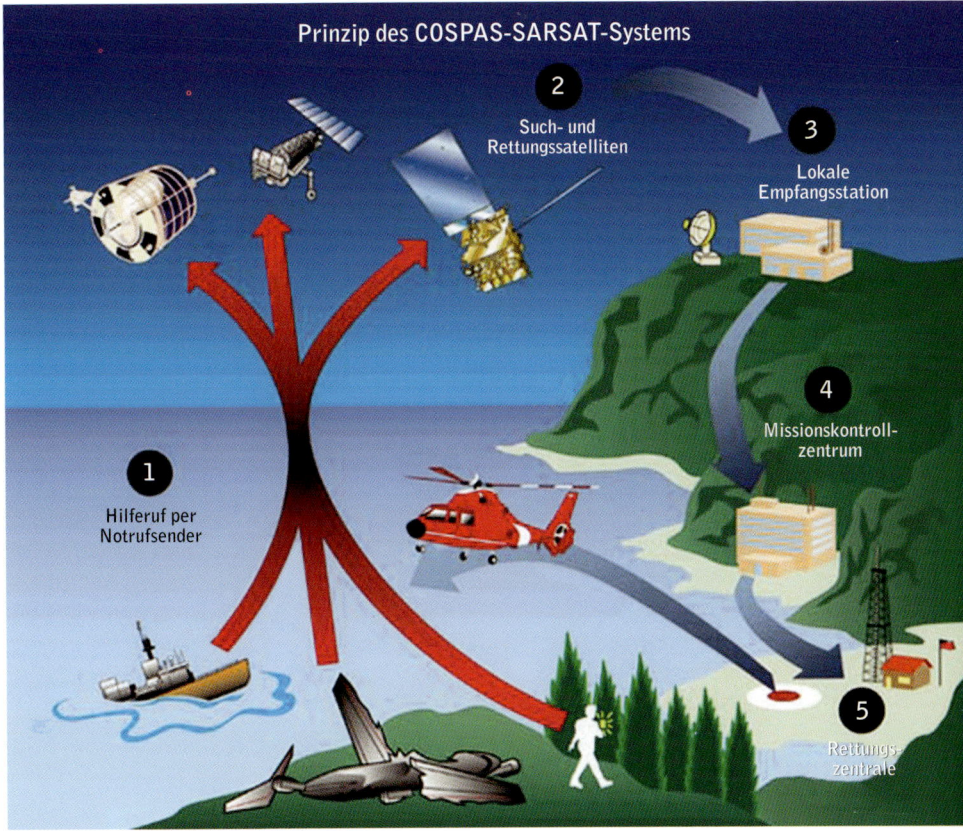

Prinzip des COSPAS-SARSAT-Systems

1 Hilferuf per Notrufsender

2 Such- und Rettungssatelliten

3 Lokale Empfangsstation

4 Missionskontrollzentrum

5 Rettungszentrale

Atmospheric Administration (NOAA). Die Sowjetunion entwickelte ein ähnliches System unter dem Namen COSPAS. 1979 vereinte man die beiden Systeme zu COSPAS-SARSAT.

1982 startete der erste Satellit mit einem gemeinsamen Empfänger für beide Systeme. Heute fliegen diese Empfänger auf allen NOAA-Umweltsatelliten und allen russischen Wettersatelliten mit. Das amerikanische Betriebszentrum des Systems befindet sich in Suitland, Maryland, und gehört zur NOAA. Weil weltweit noch immer eine große Zahl älterer Notrufsender mit 121,5 Megahertz in Gebrauch ist, hat man COSPAS-SARSAT so angelegt, dass es die Signale von Notrufsendern mit Positionsangabe (**EPIRB**-Geräte) empfängt. Sie funken entweder bei 121,5 oder bei 406 Megahertz.

Das internationale satellitengestützte Such- und Rettungssystem COSPAS-SARSAT hat während seines 20 Jahre langen Betriebs mehrere tausend Menschenleben gerettet. NOAA- und russische Satelliten besitzen Empfänger, die die Notrufsignale von Schiffen, Flugzeugen oder Menschen, die sich in der Wildnis verirrt haben, auffangen.

LEBEN RETTEN

Jonathan T. Malay

GEOWISSENSCHAFTEN UND DIE KOMMERZIELLE NUTZUNG DES ALLS — zwei Begriffe, die einen interessanten Kontrast bilden: Forschung und Wirtschaft. Die Ausgaben für beide Bereiche sind relativ hoch. Sie belaufen sich jährlich fast immer auf mehrere 100 Millionen US-Dollar. Es stellt sich die Frage: Wie viel ist genug, um in Weltraumsysteme zu investieren? In der Wirtschaft ist diese Frage einfach zu beantworten. Man gibt so viel aus, dass sich die Investition rechnet und man genug von seinem Einsatz zurückbekommt. Wenn man eine halbe Milliarde US-Dollar für eine Anordnung aus mehreren Satelliten ausgibt und diese eine Dreiviertelmilliarde einbringt, lohnt sich die Investition: Notfalls leiht man sich das Geld. Wie aber sieht es mit den Ausgaben der öffentlichen Hand aus?

Investiert ein Staat in Erdüberwachungssatelliten, hat er sich für eine ziemlich wertvolle Einrichtung entschieden. Das gleiche kann man über Satelliten zur Sonnenüberwachung sagen. Schließlich geht es darum, den Stern in unserer Nachbarschaft und unseren Planeten zu verstehen. Die Nasa betreibt gemeinsam mit anderen Staaten Forschungsmissionen, die sich sowohl mit geowissenschaftlichen Themen als auch mit den solar-terrestrischen Wechselwirkungen befassen.

Diese Missionen schaffen die wissenschaftlichen Grundlagen für Umweltüberwachungssatelliten der National Oceanic and Atmospheric Administration (NOAA). Bei so einer Zusammenarbeit sind Investitionsstopps keine rein akademischen Angelegenheiten mehr, denn sie beeinflussen das Leben der Menschen auf diesem Planeten. Die NOAA betreibt Umweltsatellitensysteme, die den Auftrag der Nasa erfüllen: Veränderungen der irdischen Umwelt zu verstehen und vorauszusagen sowie die küstennahen Bereiche und die Meeresressourcen zu erhalten und zu verwalten, um die wirtschaftlichen, sozialen und umweltbedingten Bedürfnisse der USA zu erfüllen. NOAA-Satelliten besitzen operationelle Instrumente, die die Sonne, den erdnahen Weltraum sowie die irdischen Ozeane, Kontinente und die Atmosphäre beobachten.

Es ist dringend notwendig, in die nächste Generation dieser Satelliten zu investieren: in Satelliten, die vor Unwettern warnen, küstennahe Ökosysteme überwachen und vor Sonnenstürmen alarmieren, die für Störungen auf der Erde sorgen. Daher legt die NOAA einige sehr interessante Zahlen über die USA vor:

- Unwetter gehören zu den gefährlichsten und häufigsten Wetterrisiken, denen Menschen ausgesetzt sind. Und Blitze sind der Hauptgrund für Todesfälle bei Gewittern. Dies summiert sich auf durchschnittlich 93 Todesfälle und 300 Verletzte pro Jahr.
- Im Schnitt werden pro Jahr 800 Tornados in den USA beobachtet, die für 80 Tote und 1500 Verletzte verantwortlich sind. Der angerichtete Sachschaden beläuft sich auf 1,1 Milliarden US-Dollar.
- Überschwemmungen verursachen jährlich 5,2 Milliarden US-Dollar an Schäden und kosten mehr als 80 Menschen das Leben.
- Tropische Wirbelstürme richten pro Jahr einen durchschnittlichen Sachschaden von 5,1 Milliarden US-Dollar an und kosten 20 Menschen das Leben. Im Jahr 2003 starben in sieben Bundesstaaten insgesamt 27 Menschen durch den Hurrikan „Isabel", 3,3 Millionen Menschen waren ohne Strom.
- Wetterbedingte Unfälle und Verspätungen sind für 7 000 Verkehrstote und 800 000 Verletzte beziehungsweise 500 Millionen Stunden Verspätung und wirtschaftliche Verluste von insgesamt 42 Milliarden US-Dollar verantwortlich.
- Schlechtes Wetter richtet einen jährlichen Schaden von durchschnittlich elf Milliarden US-Dollar an.
- Küstennahe Gewässer und das Meer erzeugen pro Jahr Waren und Dienstleistungen im Wert von mehr als 54 Milliarden US-Dollar. Von ihnen hängen 28 Millionen Arbeitsplätze ab.

- Rund 180 Millionen Touristen besuchen die amerikanischen Küstenorte jedes Jahr. 17 Millionen Amerikaner geben in ihrer Freizeit 25 Milliarden US-Dollar für Angeln und Fischen im Meer aus.
- Die amerikanischen Transportschiffe schlagen 95 Prozent der für den internationalen Handel bestimmten Tonnage in US-Häfen um. Allein die Fracht auf dem Wasser steuert mehr als 740 Milliarden US-Dollar zum amerikanischen Bruttoinlandsprodukt bei, was Arbeitsplätze für mehr als 13 Millionen Amerikaner schafft.
- Bessere Vorhersagen des El-Niño-Phänomens ersparen der amerikanischen Landwirtschaft jährlich zwischen 265 und 300 Millionen US-Dollar und mindestens 450 Millionen US-Dollar weltweit.
- Durch verlässliche Warnungen vor geomagnetischen Stürmen, die durch Ereignisse auf der Sonne ausgelöst werden, könnten Stromunternehmen über einen Zeitraum von drei Jahren 450 Millionen US-Dollar einsparen. Ein Stromausfall wie der des Jahres 2003 im Nordwesten der USA kostete die amerikanische Wirtschaft schätzungsweise vier bis sechs Milliarden US-Dollar.
- Insgesamt tragen Industrien, die von Wetter und Klima abhängen, ungefähr ein Drittel zum amerikanischen Bruttoinlandsprodukt bei. Das sind mehr als 900 Milliarden US-Dollar.

Die Ausgaben für Weltraumsysteme zur Beobachtung von Erde und Sonne, um vor gefährlichen Ereignissen zu warnen, machen nur einen Bruchteil der Kosten aus, die in diesen Zahlen genannt werden.

Unwetter wird es natürlich weiterhin geben. Das Klima wird sich weiter durch natürliche und von Menschen verursachte Effekte verändern. Solare Flares werden in den kommenden Jahrtausenden immer wieder ihre geladenen Teilchen über unseren Planeten jagen. Aber eine Welt ohne besseres Verständnis dieser Phänomene und ohne frühere, genauere Warnungen, um Leben und Eigentum zu schützen, ist eine Welt mit unnötigen Risiken. Wie viel sollte ein Land in ein solches Überwachungs- und Warnsystem investieren? Es gilt dasselbe wie für die Verteidigung: so viel, wie für einen Staat finanziell tragbar ist – nicht weniger.

Um zu bestimmen, was für einen Staatshaushalt „finanziell tragbar" ist, kommt man unvermeidlich zur Kosten-Nutzen-Analyse: Es ist relativ leicht, die Kosten für ein neues Satellitensystem gegen die oben genannten Zahlen abzuwägen. Aber ein anderer Faktor lässt sich in dieser Analyse nicht berücksichtigen: Weltraumsysteme retten Leben. Durch Warnungen vor tropischen Wirbelstürmen, Gewitterstürmen, Tornados

und anderen Unwettern suchen Menschen Schutz; das rettet Hunderte oder Tausende Leben jedes Jahr. Auf den Satelliten der NOAA befinden sich die Ortungssysteme der internationalen COSPAS-SARSAT-Notrufsender. In den ersten drei Monaten des Jahres 2004 rettete dieses System 60 Menschen aus lebensbedrohlichen Situationen. Jedes Jahr wächst diese Zahl weiter, denn immer mehr Menschen nehmen einen solchen High-Tech-Notrufsender mit auf ihr Boot, in ihr Flugzeug oder in ihren Rucksack. Inzwischen nehmen 36 Staaten an diesem internationalen Rettungssystem teil;

die Zahl der geretteten Leben steigt dadurch enorm: Mehrere tausend Signale werden jedes Jahr empfangen. Dank neuer Notrufsender mit integriertem GPS (Global Positioning System) erfolgen die Rettungseinsätze immer schneller und gezielter. Wie aber kann jemand darüber eine Kosten-Nutzen-Analyse anstellen, die sich in Geld ausdrücken lässt?

Weltraumsysteme für Geowissenschaften und die Wirtschaft sind tatsächlich teuer. Die Entscheidung, in was man wann investiert und wie viel genug ist, wird schwierig bleiben. Wirtschaftliche Überlegungen erfolgen auf Grund von Geschäftsplänen, aber der staatliche Haushalt muss vielen Wählern gerecht werden. Auf das Militär, die Wissenschaft sowie den Schutz unserer Erde und ihrer Bewohner kann man nicht verzichten. Weltraumsysteme braucht man für alle diese Bereiche. Darum ist es egal, wie teuer Weltraumsysteme auch sein mögen: Sie sind einfach unbezahlbar. ■

Ein Rettungshubschrauber schwebt über einem im Wasser treibenden Opfer: Jedes Jahr werden Tausende Rettungsoperationen auf Grund eines Notrufsignals gestartet, das NOAA- und russische Satelliten empfangen haben. Den Überlebenden entstehen keine Kosten für die Bergungsaktion. Die Rettung von Leben bleibt eine der allerbesten Investitionen, die eine Regierung machen kann.

6 | Militärische und geheimdienstliche Nutzung des Alls

Kosmodrom Baikonur in Kasachstan:
Ein russischer Militärsatellit startet am
24. April 2003 auf einer „Proton"-
Rakete. An ihrer ersten Stufe sind Hilfsraketen befestigt.

ACHDEM DIE AMERIKANISCHE REGIERUNG IM VERGANGENEN Jahrzehnt wesentliche Informationen freigegeben hatte, wurde viel über die geheimen Raumfahrtprogramme der frühen Jahre bekannt. Dabei kam so Erstaunliches zutage wie Spionageballons im Strahlstrom der Erdatmosphäre *(jetstream)*, Aufklärungsflugzeuge am Rand zum All, misslungene Starts, verloren geglaubte Raumfahrzeuge, die tief im südamerikanischen Dschungel wiedergefunden wurden, ausgeklügelte Scheinprogramme sowie viele neue Einsatzmöglichkeiten von Satelliten, um die Geheimdienste zu modernisieren. Ein Teil dieser haarsträubenden Geschichten steht in diesem Kapitel. Sie sollen verdeutlichen, wie die mit nachrichtendienstlichen Ermittlungen verbundenen Gefahren und Grenzen die Entwicklung der satellitengestützten Systeme vorantrieb.

Ende der 1950er und in den 1960er Jahren gelangen Forschern, Ingenieuren und Technikern unglaubliche Innovationen. Sie nutzten die grundlegenden Gesetze der Physik und überwanden technische Schranken. Sie entwickelten Systeme, die monatelang unter den rauen Bedingungen des Alls arbeiteten. Zwischen Oktober 1957 und Juli 1969 machte die Menschheit Fortschritte: vom Start des „Sputnik", dem ersten künstlichen Erdtrabanten, bis zur Landung auf dem Mond.

Zahlreiche Weltraumaktivitäten waren wirtschaftlich oder wissenschaftlich motiviert, aber hinter den Kulissen war der Wettlauf ins All zwischen den beiden neuen Supermächten USA und Sowjetunion der Antrieb. Militär und Geheimdienste entwickelten Satelliten und Sensoren für ihre eigenen Bedürfnisse. Damals arbeiteten die Regierungen im Rahmen der Vereinten Nationen zusammen, um den neuen Herausforderungen durch Satelliten und der bemannten Raumfahrt Herr zu werden. Geklärt werden mussten Fragen der Souveränität und der Überflugrechte eines Raumfahrzeugs, die Möglichkeit von Militärstützpunkten im All sowie Besitzansprüche auf dem Mond, auf Asteroiden oder auf fremden Planeten und die wirtschaftliche Ausbeutung dieser Himmelskörper.

Zwar sind noch immer beeindruckende Technologien in der Entwicklung, aber inzwischen besteht die Herausforderung darin, dass die vielen Systeme, die es schon gibt, besser und schneller zusammenarbeiten.

Die Details aktueller Systeme sind Verschlusssache, aber die allgemeinen Prinzipien und die Einsatzzwecke werden so weit erklärt, wie es erlaubt ist.

Der Start des ersten amerikanischen „SAMOS"-Satelliten am 1. Oktober 1960 war ein Misserfolg. Der Startplatz in Point Arguello, Kalifornien, wurde später als Luftwaffenstützpunkt Vandenberg bekannt. Er ist noch immer der bevorzugte Startplatz für die meisten amerikanischen Militärsatelliten.

Raketen

MILITÄRISCHE RAKETEN

Amerikanische Trägerraketen („Atlas", „Redstone", „Thor", „Jupiter" und „Titan") gehen alle auf weitreichende militärische **Raketen** zurück. Später wurden sie umgebaut, um militärische Satelliten auf eine Umlaufbahn zu befördern. Die „Redstone" beispielsweise war die erste einsatzbereite **ballistische Rakete** der USA. Aber als modifizierte und in „Jupiter-C" umbenannte erste Stufe brachte sie auch Amerikas ersten Satelliten, den „Explorer", ins All. Die „Atlas" war die erste **Interkontinentalrakete** der USA, aber nachdem sie in dieser Funktion ausrangiert wurde, wurden noch lange Satelliten mit ihr ins All befördert. Mit der „Titan"-Rakete starteten fast alle Frühwarnsatelliten des **„Defense Support Program"** (DSP). Auch diese militärische Rakete kam für den Start ziviler Satelliten zum Einsatz.

Lenkraketen

Lenkraketen werden vom Start bis zum Ziel von einem Navigationssystem gesteuert. Ein Beispiel für eine Lenkrakete ist die Cruise Missile, ein unbemanntes Luftfahrzeug mit einer Lufteinblasung wie bei einem Flugzeug. Die Cruise Missile wird von einem automatischen Navigationssystem an Bord ins Ziel gelenkt. Die meisten Lenkraketen führen dagegen auch Sauerstoff für die Verbrennung mit und sind deshalb nicht auf das Ansaugen von Luft angewiesen.

Deutschlands „V-1" war im Zweiten Weltkrieg die erste Lenkrakete. Im Juli 1944, weniger als einen Monat nachdem die „V-1" London getroffen hatte, bauten die USA aus Teilen einer Rakete, die nicht explodiert war, ihre eigene Variante: die „Jet Bomb-2". Direkt nach dem Krieg konzentrierten sich die Vereinigten Staaten eher auf die Entwicklung von Lenkraketen und Langstreckenbombern als auf **ballistische Raketen.** Ballistische Raketen waren komplexer und teurer.

Ballistische Raketen

Ballistische Raketen werden nicht gesteuert. Ihre beim **Start** festgelegte **Flugbahn** bestimmt zusammen mit

Januar 1997: Eine amerikanische Interkontinentalrakete in ihrem Silo an einem geheimen Ort in Arizona.

der Schwerkraft und dem Luftwiderstand während des Flugs den Einschlagpunkt.

Gegen Ende des Zweiten Weltkriegs nahmen die Sowjets das „V-2"-Raketenzentrum der Nazis in Peenemünde auf der Ostseeinsel Usedom ein. Im Oktober 1946 wurden mehr als 500 deutsche Techniker des Raketenzentrums zusammen mit ihren Familien nach Moskau gebracht, um den Sowjets bei deren Raketenentwicklung zu helfen. Anders als die USA kümmerte sich die Sowjetunion nicht sonderlich um **Lenkraketen,** sondern konzentrierte sich schon bald auf Mittelstreckenraketen. Das wichtigste Entwicklungs- und Testzentrum für Raketen der Sowjetunion wurde 1947 in Kapustin Jar in der heutigen Ukraine eingerichtet. Es war eines der Hauptziele für die Aufklärung der amerikanischen und alliierten Streitkräfte.

Die USA fingen Mitte der 1950er Jahre mit der Entwicklung von ballistischen Raketen an („Redstone", „Atlas", „Thor" und „Jupiter"). Nachdem die Sowjetunion ihre Grenzen abgeschottet hatte, machten sich die USA und ihre Alliierten zunehmend Sorgen darüber, wie weit das Raketenprogramm der Sowjetunion vorangekommen war.

Interkontinentalraketen

Die erste Interkontinentalrakete der USA war „Atlas", die von 1959 bis 1967 betrieben wurde. Auf „Atlas" folgten „Titan I" und „Titan II". Sie waren die ersten amerikanischen Interkontinentalraketen, die unterirdisch, in Raketensilos, untergebracht waren. „Titan I" musste vor dem Start noch aus ihrem Silo gehoben und betankt werden; „Titan II" konnte dagegen innerhalb von 60 Sekunden direkt aus dem Silo gestartet werden. Sie war bereits betankt, und ihre Treibstoffe zündeten bei der Vermischung.

Die Sowjetunion verkündete im August 1957 einen erfolgreichen Test der weltweit ersten Interkontinentalrakete. Die „R-7"-Rakete wurde von den Nato-Streitkräften „SS-6/Sapwood" genannt. Der sowjetische Nachfolger „R-36" („SS-9/Scarp" bei westlichen Streitkräften) hatte eine Reichweite von 12 000 Kilo-

metern. Die wenigen Geheimdienstinformationen über die Zahl und Positionen der sowjetischen Raketen lösten in den USA Ende der 1950er Jahre eine Debatte über die „Raketenlücke" gegenüber der UdSSR aus.

Sämtliche dieser leistungsfähigen Raketen langer Reichweite modifizierte man später für den Einsatz als erste Stufe von **Trägerraketen,** um Satelliten zu starten.

Ballistische Raketen auf U-Booten

In den frühen 1960er Jahren entwickelte die Sowjetunion **ballistische Raketen,** die sich von U-Booten aus starten ließen. Feuerte man eine solche Rakete von einem sowjetischen U-Boot vor der amerikanischen Küste ab, konnte die Rakete ihr Ziel innerhalb kurzer Zeit in geringer Flughöhe erreichen. Deshalb entwickelten die USA Sensoren für Frühwarnsatelliten, die solche Raketenstarts erkennen konnten.

1965 belegten Experimente, dass amerikanische Raketenstarts von U-Booten vom US-Frühwarnsystem erkannt werden konnten. Die USA waren daher überzeugt, dass sich Raketenstarts von sowjetischen U-Booten ebenfalls rechtzeitig entdecken ließen.

Sprengköpfe

Ein Sprengkopf ist der vordere Teil einer Rakete, eines Torpedos oder einer Bombe. Im Sprengkopf enthalten sind explosive chemische oder nukleare Substanzen oder biologisches Waffenmaterial.

Während das Prinzip einer Atombombe auf der Spaltung von Uran- oder Plutoniumisotopen beruht, fusionieren bei der Wasserstoffbombe Wasserstoffkerne zu Heliumkernen. Das erhöht die Sprengkraft im Vergleich zu chemischen Substanzen um das Zweimillionenfache. Deshalb konnten kleine thermonukleare Sprengköpfe entwickelt werden, die auf **Interkontinentalraketen** starten.

Angesichts der Vorstellung, solche Waffen würden in der Sowjetunion gestartet und könnten bei einem Flug über den Nordpol die Vereinigten Staaten innerhalb von 30 Minuten erreichen, trieb die US-Regierung die Entwicklung von **Aufklärungssatelliten** voran.

BALLISTISCHE RAKETEN

Typ	Reichweite	Raketen
Kurzstreckenrakete	weniger als 1100 km	–
Mittelstreckenrakete	1100 bis 2 750 km	USA: „Redstone"
Langstreckenrakete	2750 bis 5 500 km	USA: „Jupiter", „Thor"; Sowjetunion: „R-5", „11", „12", „14"
Interkontinentalrakete	mehr als 5 500 km	USA: „Atlas", „Titan"; Sowjetunion: „R-7", „R-36"

DER WETTLAUF INS ALL

Linda K. Glover

EINE KLEINE ALUMINIUMKUGEL VON DER GRÖSSE EINES BASKETBALLS ZOG DIE Weltöffentlichkeit am 4. Oktober 1957 in ihren Bann, nachdem sie von der Sowjetunion in eine Erdumlaufbahn geschossen worden war. „Sputnik 1" war während seines Flugs am Nachthimmel zu sehen, das Piepsen seines winzigen Senders ließ sich mit jedem Funkgerät verfolgen. Dies war das erste Ereignis, das die Öffentlichkeit vom „Wettlauf ins All" mitbekam, der ein

paar Jahre zuvor begonnen hatte. Vier Jahre nach dem Abwurf amerikanischer Atombomben auf Japan testeten die Sowjets am 29. August 1949 erfolgreich eine eigene Atombombe. Die Amerikaner erfuhren davon erst einen Monat später, als sie den radioaktiven Niederschlag über dem Pazifischen Ozean nachwiesen. Den sehr viel stärkeren Wasserstoffbomben, die die USA bis Dezember 1952 entwickelt hatten, folgte die sowjetische Variante nur acht Monate später. Sowjetische Aussagen gegenüber der Presse über nukleare Langstreckenbomber und -raketen verbreiteten im Westen große Angst. Die Folgen waren Übungen in amerikanischen Schulen, Luftschutzbunker in Gärten und die Verlagerung einer wichtigen Regierungsbehörde (der National Security Agency) aus der Hauptstadt heraus, um einem möglichen Nuklearschlag zu entgehen.

Von Mitte bis Ende der 1950er Jahre war es nicht möglich, die Behauptungen über sowjetische Waffen zu prüfen. Die Luftaufklärung war gefährlich, da immer mehr Flugzeuge abgeschossen und ihre Piloten gefangen oder getötet wurden. Zwar zogen kommerzielle Satelliten und die bemannte Raumfahrt die öffentliche Aufmerksamkeit auf sich, aber der Großteil des Wettlaufs im All blieb geheim.

Strategien, Politik und der Wettlauf

Ein kurioser Aspekt des frühen amerikanisch-sowjetischen Wettlaufs bestand darin, dass es sich um den Wettkampf zweier deutscher Teams handelte, die beide von der Raketenbasis der Nazis in Peenemünde stammten. Ende des Zweiten Weltkriegs nahmen die Sowjets 500 Techniker und ihre Familien mit nach Moskau, während die USA Wernher von Braun und

sein Team in das gerade entstehende Raketen- und Weltraumprogramm des Militärs integrierten.

Um potenzielle Konflikte zu vermeiden, die entstehen könnten, wenn ein US-Satellit souveräne Staaten überflog, bestand Eisenhower darauf, dass der erste amerikanische Satellit von einer Forschungsrakete gestartet wurde statt von einer militärischen. Als von Braun im September 1956 eine „Jupiter-C"-Langstreckenrakete testete, hatte er die strikte Order, sie nicht in die Umlaufbahn einschwenken zu lassen. Daher war die vierte Stufe der Rakete, die wahrscheinlich der erste Erdtrabant hätte werden können, nicht mit Treibstoff, sondern mit Sand gefüllt.

Die frühen sowjetischen Siege beim Wettlauf ins All waren sensationell: Der erste Satellit („Sputnik") umkreiste die Erde 1957; 1959 erreichte das erste Raumfahrzeug („Luna") die Fluchtgeschwindigkeit und im selben Jahr das erste Raumfahrzeug den Mond. Diese Erfolge beeinflussten nicht nur die Meinung der Weltöffentlichkeit, sondern hatten auch politische Folgen in den USA: Die amerikanische Öffentlichkeit verlor langsam den Glauben an Präsident Eisenhower.

Dass dies 1960 wahrscheinlich zur Niederlage der Republikaner gegen John F. Kennedy beitrug, ist die Ironie des Schicksals, denn Eisenhower gewann zweifellos den militärischen und geheimdienstlichen Wettlauf ins All: Doch der war natürlich geheim. Im Juni 1960 starteten die Amerikaner den ersten Aufklärungssatelliten der Welt. „GRAB" („Galactic Radiation and Background", „Galaktische Strahlung und Hintergrund") diente der elektronischen Aufklärung sowjetischer Radars. Und nur zwei Monate danach starteten die Vereinigten Staaten unter Eisenhowers persönlicher Führung den ersten erfolgreichen fotografischen Aufklärungssatelliten der Welt: „Mission 9009". Da er zum geheimen „Corona"-Programm gehörte, wurde er in der Öffentlichkeit als Forschungssatellit „Discoverer XIV" bezeichnet.

Dieser erste fotografische Aufklärungssatellit machte an einem Tag mehr Aufnahmen von der Sowjetunion als die U-2-Flüge der ersten vier Jahre zusammen. Dank dieser Fotografien wurde klar, dass die Sowjets viel weniger Raketen besaßen, als sie vorgaben. Die Befürchtungen über eine gefährliche „Raketenlücke" ließen sich zerstreuen. Präsident Eisenhower hatte John F. Kennedy mehrere Monate vor der Wahl mit dem „Corona"-Programm vertraut gemacht. Aber da keiner von beiden offen über die Informationsquelle reden konnte, stuften die Öffentlichkeit und die Regierungskritiker die „Raketenlücke" als Teil des Wahlkampfs ein. Um die weltverändernden Aufklärungsmöglichkeiten geheim zu halten, erwähnte Präsident Eisenhower sie nicht einmal in seinen Memoiren.

Eine der aufregendsten Entdeckungen der fotografischen Aufklärungssatelliten waren die Startrampen für Langstreckenraketen, die die Sowjets auf Kuba errichteten. Dieser Einsatz ging der berüchtigten Kuba-Krise voraus, der Konfrontation zwischen beiden Supermächten, die die Welt in Atem gehalten hatte. Relativ unbekannt ist die Tatsache, dass diese Satellitenbilder keine ausreichend hohe Auflösung besaßen. Deshalb flog ein U-2-Aufklärungsflugzeug über Kuba, um detaillierte Bilder zu machen. Es wurde abgeschossen, der Pilot kam ums Leben. Vorfälle dieser Art unterstrichen die Notwendigkeit, Spionagekameras und Aufklärungssatellitensysteme zu verbessern.

Der Mond und danach

Am 20. Juli 1969, als Neil Armstrong und Buzz Aldrin vor dem größten Fernsehpublikum der Geschichte auf dem Mond landeten, gewannen die Amerikaner in den Augen der Welt den öffentlichen Wettlauf ins All.

Vier Tage danach startete – unbemerkt von der Weltöffentlichkeit – die „Corona"-Mission 1107, der sechste von 15 erfolgreichen fotografischen Aufklärungssatelliten, die jeweils eine J3-Stereospionagekamera an Bord hatten. Der Satellit hatte zwei getrennte Bergungskapseln, damit er auf einer Umlaufbahn warten konnte, bis eine wichtige Aufklärungsaufgabe anstand. Von seiner sehr niedrigen Erdumlaufbahn in nur 85 Kilometer Höhe lieferten seine verbesserten Kameras Aufnahmen mit einer Auflösung von zwei Metern. Das bedeutete, dass Bilder aus dem All endlich

den U-2-Aufnahmen in nichts mehr nachstanden.

Dreieinhalb Jahrzehnte später hat sich die Welt erstaunlich gewandelt. Das zeigt sich auch an einem der wichtigsten militärischen Kooperationsprogramme im All, an dem die Vereinigten Staaten und Russland beteiligt sind.

„RAMOS", der „Russisch-amerikanische Beobachtungssatellit", ist ein gemeinsames Projekt jener beiden Nationen, die 45 Jahre lang Gegner waren. Dieses Satellitenprogramm zielt nicht nur auf die Erd-

beobachtung ab, sondern auch auf die Entwicklung von Verfahren, mit denen man rechtzeitig vor dem Start ballistischer Raketen warnen kann.

Der alte – öffentliche – Wettlauf ins All könnte in eine neue Runde gehen. Im Jahr 2004 stieß China zu der kleinen Staatengruppe (nun sind es drei), die Menschen in den Weltraum befördert hat. Auch die Chinesen wollen zum Mond, und die USA planen ernsthaft, eine Mondstation aufzubauen, um sich auf eine bemannte Marsforschungsmission vorzubereiten.

Der sehr geheime militärische und geheimdienstliche Wettlauf ins All dauert an. Sicher wird es weitere erstaunliche Innovationen geben. ■

1. November 1957 im Oval Office des Weißen Hauses: Während einer Fernsehansprache präsentiert Präsident Eisenhower eine Raketenspitze. Die Rede fand drei Wochen nach dem sowjetischen Start des ersten Satelliten „Sputnik 1" statt – und fast drei Monate vor dem Start des ersten amerikanischen Satelliten „Explorer 1".

NATIONAL INTELLIGENCE ESTIMATES (CIA-BERICHTE)

Die Berichte des US-Auslandsgeheimdiensts, der CIA (**Central Intelligence Agency**), für den amerikanischen Präsidenten fassen das militärische Potenzial der USA und ihrer Alliierten sowie die Bedrohungen durch feindliche Mächte zusammen. Mitte der 1950er Jahre waren Berater der **Eisenhower**-Regierung davon überzeugt, dass diese Schätzungen nicht auf soliden Informationen beruhten und man daher Satelliten benötigte, um die Aufklärungsarbeit zu verbessern.

9. November 1965: Truppenparade auf dem Roten Platz in Moskau. Stolz präsentiert die Sowjetunion ihre militärischen Raketen.

DWIGHT D. EISENHOWER (1890–1969)

General Eisenhower war der Oberste Kommandant der Alliierten im Zweiten Weltkrieg. Unter seiner Führung erfolgte die Invasion in der Normandie im Juni 1944, die zur Niederlage Nazi-Deutschlands führte. Nach dem Krieg war Eisenhower fünf Jahre lang Präsident der Columbia University, dann zwischen 1953 und 1961 der 34. Präsident der Vereinigten Staaten.

Als sich die Sowjetunion während der 1950er Jahre immer mehr abschottete und sich der Kommunismus nach Osteuropa, China und Korea ausbreitete, war Eisenhower besorgt über das wachsende sowjetische Militärpotenzial. Da es an guten Geheimdienstinformationen zu diesem Bereich mangelte, gründete Eisen-

hower im Juli 1954 einen geheimen Ausschuss (Technological Capabilities Panel), in den er Wissenschaftler und Industrielle berief, die nicht der Regierung angehörten. In einem Bericht vom Februar 1955 empfahl der Ausschuss die Entwicklung von **Interkontinentalraketen,** Frühwarnradarnetzen, ballistischen U-Boot-Raketen, **Aufklärungssatelliten** und des **U-2.** Eisenhower verließ sich auf die Ratschläge dieser Berater und unterstützte die notwendigen Programme, auch wenn es anfangs Misserfolge gab.

Die Verteidigung gegen einen sowjetischen Überraschungsangriff mit Waffensystemen großer Reichweite und durch eine satellitengestützte Aufklärung legte das Fundament für Amerikas heutige Stärke. Aber da diese Programme geheim gehalten wurden, war Präsident Eisenhowers Rolle damals nicht bekannt und wurde nicht einmal in seinen Memoiren erwähnt.

NIKITA S. CHRUSCHTSCHOW (1894–1971)

Chruschtschow war im Kalten Krieg der wichtigste sowjetische Gegenspieler der US-Präsidenten **Eisenhower** und Kennedy. Er wurde 1953 zum Ersten Sekretär der Kommunistischen Partei ernannt und war von 1958 bis 1964 sowjetischer Regierungschef.

Chruschtschow baute die sowjetischen Kapazitäten an Langstreckenbombern und **Interkontinentalraketen** auf, die mit Nuklearsprengköpfen bestückt werden konnten. Er schottete die sowjetischen Grenzen so gut ab, dass der Westen kaum Zugang zu Informationen über das Ausmaß der Militärstreitkräfte hatte.

PROJEKT RAND

Im Oktober 1945 richtete das US-Militär eine Forschungswerkstatt bei Douglas Aircraft im kalifornischen Santa Barbara ein. Sie trug den Namen Research on America's National Defense (RAND, Erforschung von Amerikas nationaler Verteidigung).

RAND betonte im Jahrzehnt vor dem „Sputnik"-Start in mehreren Geheimberichten, dass **Satelliten** realisierbar seien. Zwar verfolgte die amerikanische Luftwaffe im Rahmen des „SAMOS"-Programms jahrelang die elektronische Übertragung von Bildern, aber die RAND-Gruppe empfahl später stattdessen die Bergung von Fotos, die im All gemacht wurden. Diese Empfehlung beeinflusste **Eisenhowers** Ratgeber im Weißen Haus sehr und wurde später dann auch erfolgreich im Rahmen des „**Corona**"-Programms umgesetzt.

Frühe Aufklärungsmissionen

FRÜHE SPIONAGEFLUGZEUGE

Nach dem Zweiten Weltkrieg ordnete Präsident Truman militärische Aufklärungsflüge in der Nähe der sowjetischen Grenze an, aber nicht über dem Territorium des Landes. Diese Flüge außerhalb der Grenzen der Sowjetunion und anderer kommunistischer Staaten ermöglichten fotografische und elektronische **Aufklärung.** Sie erfolgten während des gesamten Kalten Kriegs und darüber hinaus im Rahmen des Programms zur Luftaufklärung in Friedenszeiten (PARPRO, Peacetime Airborne Reconnaissance Program). 170 Mitarbeiter des US-Militärs wurden während solcher Missionen zwischen 1946 und 1991 gefangen genommen oder getötet.

Anfang 1950 genehmigte Präsident Truman den ersten Überflug des sowjetischen Luftraums. Zwei Aufklärungsjäger des Typs RF-80A überflogen Südostrussland und machten Radaraufnahmen von Flugplätzen; dabei wurde einer der Jäger von sowjetischen MiG-Bombern abgeschossen. Während der Truman-Präsidentschaft kam es gelegentlich zu weiteren Überflügen, allerdings ohne ernsthafte Zwischenfälle.

Im Frühjahr 1953 genehmigte Präsident **Eisenhower** das SENSINT-Programm (Sensitive Intelligence, Sensible Aufklärung), das geheime Flüge über feindlichem Territorium in Friedenszeiten vorsah. Ein Höhepunkt dieser Flüge war das Projekt Homerun, in dessen Rahmen Aufklärungsmaschinen (RB-47E) 156-mal von eisbedeckten Pisten in Thule (Grönland) starteten und über den Nordpol flogen.

Die fotografischen Aufklärungsmissionen galten meist den Stützpunkten im schlecht erreichbaren hohen Norden der Sowjetunion. Von dort wären am schnellsten Überraschungsangriffe mit Raketen oder Bombern auf die USA möglich gewesen. Es gab aber auch weit ins Landesinnere reichende Flüge über sämtlichen Gebieten der Sowjetunion.

Der Präsident bestand darauf, dass jede Mission von ihm persönlich genehmigt wurde. Sie waren oft mit Schreckensgeschichten verbunden, weil die Flugzeuge vom sowjetischen Radar erfasst oder von Jägern beschossen wurden. Aber im Gegensatz zu den PARPRO-Flügen ging keines der SENSINT-Flugzeuge verloren, obwohl sie tief in feindliches Territorium eindrangen. Eisenhower beendete die militärischen Überflüge im Dezember 1956, als die sehr hochfliegenden U-2-Spionageflugzeuge der CIA (**Central Intelligence Agency**) einsatzbereit waren.

PROJEKT GENETRIX

Im Rahmen von Genetrix beförderte die US-Luftwaffe hochfliegende Ballone mit Spionagekameras in den Strahlstrom der Atmosphäre (Starkwindfelder in fünf bis zwölf Kilometer Höhe). Während die Ballone dann von Westen nach Osten trieben, konnten sie in der Sowjetunion und China Regionen fotografieren, die besonders schwierig zu erkunden waren oder bei denen ein Überflug sehr gefährlich gewesen wäre.

Präsident **Eisenhower** genehmigte das Projekt im Dezember 1955. Im Januar und Februar 1956 starteten 516 Ballone mit Spionagekameras von Stützpunkten in Westeuropa und der Türkei. Nachdem sie den internationalen Luftraum über dem westlichen Pazifik erreicht hatten, wurden die Kameras abgetrennt und fielen an einem Fallschirm zur **Erde.** Flugzeuge des Typs C-119 fingen die Kameras dann mit einem speziellen Haken ein. Nur 44 Kameras konnten geborgen werden. Einige sind wahrscheinlich im Meer versunken, aber viele stürzten über sowjetischem Territorium ab oder wurden von sowjetischen Flugzeugen abgeschossen. Die UdSSR protestierte vehement und brachte Amerika in Verlegenheit, indem sie die gefundene Ausrüstung öffentlich präsentierte. Eisenhower beendete das Programm noch im Februar 1956 und suchte nach einem anderen Ansatz für die **Aufklärung** von oben.

Das bizarre Bergungsverfahren des Genetrix-Projekts wurde später erfolgreich im Rahmen des Aufklärungssatellitenprogramms „**Corona**" eingesetzt.

U-2-SPIONAGEFLUGZEUG

Weil sowjetische Radargeräte Aufklärungsflugzeuge erfassen konnten und die starken Proteste der UdSSR wegen des unerlaubten Eindringens in ihren Luftraum immer häufiger wurden, genehmigte Präsident **Eisenhower** im November 1954 das Projekt Aquatone: die Entwicklung eines sehr hochfliegenden Aufklärungsflugzeugs, das sich dem sowjetischen Radar entziehen konnte. Anfangs hieß das Flugzeug CL-282, später wurde es in U-2 umbenannt.

Da es in großer Höhe fliegen sollte, war ein komplett neues Bauprinzip nötig: nicht nur beim Flugzeug, auch beim Treibstoff, den Kameras und den lebenserhaltenden Systemen für die Piloten. U-2-Piloten bewegten sich in einer so lebensfeindlichen Umgebung, dass sie umgehend gestorben wären, wenn sie ihr ausgesetzt gewesen wären. Die Temperatur lag bei minus 21 Grad, und der atmosphärische Druck war so gering, dass Blut und andere Körperflüssigkeiten einfach verdampft wären.

Das Konstruktionsprinzip der U-2 beruhte auf einem Gleiter: Es bestand großenteils aus Aluminium und war sehr leicht. Das Flugzeug hatte eine Länge von nur 13,5 Metern und eine Flügelspannweite von 21 Metern. Ein neuartiges Kerosin für geringen Luftdruck diente als Treibstoff. Die Piloten trugen Sauerstoffmasken und Druckanzüge, die von einem Strumpfband-

Francis Gary Powers am 6. März 1962 bei einer Aussage vor einem Militärausschuss. In der Hand hält er ein Modell des U-2-Spionageflugzeugs. In einem solchen Flugzeug wurde er am 1. Mai 1960 über der Sowjetunion abgeschossen. Powers wurde von den Sowjets wegen Spionage angeklagt und verurteilt, aber später gegen einen Sowjetspion ausgetauscht.

hersteller aus Gummi gefertigt wurden. Die Spionagekameras an Bord der U-2 konnten noch sehr kleine Gegenstände am Boden unterscheiden. Die Annahme aber, dass die U-2 wegen ihrer großen Flughöhe nicht vom sowjetischen Radar entdeckt werden konnte, sollte sich als falsch erweisen.

Das erste einsatzfähige Flugzeug startete am 20. Juni 1956 von der Bundesrepublik Deutschland aus. Zwei weitere Missionen überflogen am 2. Juli die Tschechoslowakei, Ungarn, Rumänien, die DDR, Polen und Bulgarien. Anscheinend hatte man nicht bemerkt, dass diese Flugzeuge vom Radar verfolgt worden waren, weshalb Eisenhower zehn weitere Tage mit U-2-Flügen genehmigte, die am 4. Juli begannen.

Das sowjetische Radar erfasste den Flug vom 4. Juli über der westlichen UdSSR. Der Vorfall verärgerte **Chruschtschow,** der gerade bei einer Feier der US-Botschaft in Paris auf die amerikanische Unabhängigkeit anstieß. Die Fotografien dieses Flugs bestätigten dem Westen, dass er beim Bau von Langstreckenbombern gegenüber der Sowjetunion nicht hinterherhinkte. Trotz des Protests von Chruschtschow genehmigte

Eisenhower weitere Flüge über der Sowjetunion, bis am 1. Mai 1960 eine U-2 abgeschossen und von den Sowjets geborgen wurde. Insgesamt belichteten die U-2-Kameras mehr als 1 610 000 Kilometer Film vom sowjetischen Territorium, auf denen sich die Radarstellungen und Flugplätze erkennen ließen.

FRANCIS GARY POWERS (1929–1977)

Francis Gary Powers war der Pilot beim letzten U-2-Spionageflug im sowjetischen Luftraum. Im März 1960 wies ein CIA-Bericht darauf hin, dass die neue sowjetische Boden-Luft-**Rakete** SA-2 „Guardrail" in der Lage sein könnte, ein U-2-Flugzeug abzufangen. Trotzdem genehmigte **Eisenhower** eine weitere Mission am 1. Mai 1960 mit dem Codenamen „Grand Slam".

Powers hob mit seinem Flugzeug ab, um neun Stunden lang von Süd nach Nord zu fliegen. Dabei fotografierte er viele wichtige sowjetische Standorte. Eine der drei von Swerdlowsk aus abgefeuerten „SA-2"-Raketen explodierte knapp hinter seiner U-2. Das Flugzeug stürzte ab; Powers überlebte und geriet in Gefangenschaft.

Peinlich wurde es für die US-Regierung, als Chruschtschow ihr einen Piloten präsentierte, der einen Aufklärungsflug gestanden hatte. Da die USA alles abstritten, drohte Chruschtschow, ausländische Stützpunkte anzugreifen, von denen Spionageflugzeuge starteten. Er warnte, dass weitere Flüge zum Krieg führen könnten. Daraufhin genehmigte Eisenhower keine weiteren U-2-Flüge über ausländischen Territorien. 1962 wurde Powers gegen einen Sowjetspion an der Glienicker Brücke ausgetauscht. Es war der erste und spektakulärste Agentenaustausch des Kalten Krieges. Das U-2-Flugzeug wurde später wieder in Krisenregionen in Übersee eingesetzt.

ÜBERSCHALLSPIONAGEFLUGZEUG

1959 genehmigte **Eisenhower** die Entwicklung eines Flugzeugs, das höher und schneller als die U-2 fliegen konnte. Es bestand aus Titan und erreichte mehr als dreifache Schallgeschwindigkeit (Mach 3,2). Bei der **CIA** hieß es A-12 „Oxcart", bei der amerikanischen Luftwaffe SR-71 „Blackbird". Die CIA setzte A-12-Flugzeuge über Korea und Vietnam ein, aber nahm sie 1968 außer Betrieb. Die Luftwaffe nutzte SR-71-Flugzeuge in mehreren Krisenregionen und nahm sie 1990 außer Betrieb, weil die **Aufklärungssatelliten** immer besser wurden. Diese Flugzeuge waren nie in den sowjetischen Luftraum eingedrungen.

Militär- und Spionagesatelliten

DIE ERSTEN MILITÄRSATELLITEN

Auf Grund wachsender Proteste und Gefahren war Präsident **Eisenhower** sehr an einem Wechsel von Aufklärungsflugzeugen zu Aufklärungssatelliten interessiert. Sie wären für sowjetische **Raketen** nicht erreichbar, so die Überlegung. Mitte und Ende der 1950er Jahre gab es viele miteinander konkurrierende amerikanische Programme zur Satellitenentwicklung. Einige waren wissenschaftlicher Natur, andere verfolgten militärische und geheimdienstliche Zwecke. Für sie gab es ausgefeilte Scheinprogramme, um die wahre Natur der Missionen zu verheimlichen.

„Explorer"

Am 31. Januar 1958 erreichte der „Explorer" als erster US-**Satellit** die Erdumlaufbahn, knapp vier Monate nach dem Start des sowjetischen **„Sputnik"**. Obwohl „Explorer" von der US-Armee entwickelt wurde, beförderte er eine wissenschaftliche Nutzlast, die den **Van-Allen-Strahlungsgürtel** entdeckte (benannt nach dem Chefwissenschaftler des Programms, James Van Allen). Sechs „Explorer"-Satelliten starteten, bevor der erste militärische Aufklärungssatellit **„GRAB"** ins All flog.

Vanguard

Vanguard hieß das erste Entwicklungsprogramm der amerikanischen Marine für **Satelliten.** Nachdem die sowjetischen Satelliten **„Sputnik 1"** und „Sputnik 2" die Welt in ihren Bann geschlagen hatten, zogen die USA am 6. Dezember 1957 große Aufmerksamkeit auf sich bei ihrem ersten Versuch, einen Satelliten zu starten: den kleinen Marinesatelliten „Vanguard". Doch die Trägerrakete explodierte in aller Öffentlichkeit auf der Startrampe. Am 17. März 1958 startete ein weiterer „Vanguard"-Satellit erfolgreich – als zweiter amerikanischer Satellit. Störungen seiner **kreisförmigen** Bahn zeigten erstmals, dass die **Erde** keine ideale Kugel ist, sondern an den Polen abgeplattet und am Äquator dicker ist.

„GRAB" („Galactic Radiation and Background")

„GRAB"war der erste amerikanische **Aufklärungssatellit.** Er startete am 22. Juni 1960 auf eine kreisförmige polare Bahn in 805 Kilometer Höhe über der **Erde.** Der Satellit wurde vom Naval Research Laboratory (NRL) unter dem Projektnamen „Tattletale" („Klatschbase") entwickelt. Er betrieb elektronische Aufklärung über

die Möglichkeiten der Sowjets, Flugzeuge und **ballistische Raketen** per Radar zu verfolgen. Auch das Scheinprogramm stimmte: „GRAB" hatte eine wissenschaftliche **Nutzlast** an Bord, die die Sonnenstrahlung maß.

Die Antennen auf dem 20 Kilo leichten Satelliten schnappten Signale der sowjetischen Radarverteidigung auf und funkten sie an eine Reihe sehr kleiner, getarnter Bodenstationen in Übersee, die die Signale auf Magnetband aufzeichneten. Die Bänder schaffte man

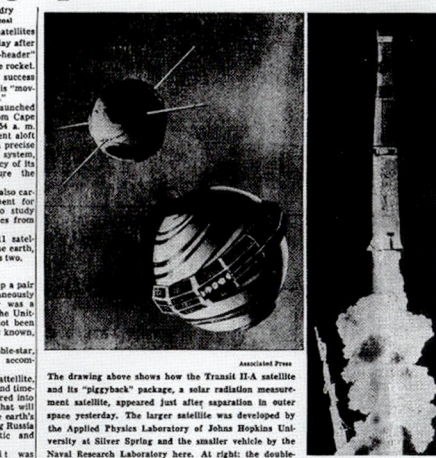

Am 23. Juni 1960 verkündete die *Washington Post* einen „Sieg" der Vereinigten Staaten beim Wettlauf ins All: den erfolgreichen Einschuss zweier Satelliten in eine Umlaufbahn mit derselben Trägerrakete.

anschließend zum NRL, von dort zur Weiterverarbeitung zur **National Security Agency** (NSA) und dem Strategischen Luftkommando (SAC). Die Umlaufbahn von „GRAB" ermöglichte eine Überwachung des sowjetischen Radars entlang einer 6475 Kilometer breiten Bodenspur. Die Verarbeitung der Daten lieferte wichtige Informationen über den Standort der Radarsysteme, ihre Art, ihren Frequenzbereich und ihr Bedrohungspotenzial für westliche Flugzeuge und **Raketen.**

Der **Start** des „GRAB"-Satelliten war ein weiteres Novum für die USA: Er flog auf einem „**Transit**"-Satelliten auf derselben **Trägerrakete** mit, und beide erreichten ihre geplanten Umlaufbahnen. Als der erste Aufklärungssatellit startete, waren bereits neun Satelliten im All: fünf „**Explorer**"-Satelliten, ein „**TIROS**"-Wettersatellit und drei „**Transit**"-Navigationssatelliten der Marine. Von vier weiteren „GRAB"-Starts war nur einer erfolgreich: am 29. Juni 1961. Die „GRAB"-Satelliten waren zwischen Juli 1960 und August 1962 in Betrieb.

WS-117L-Programm

Die Entwicklung der ersten **Satelliten** der amerikanischen Luftwaffe gehörte zum Programm WS-117L. WS stand für Waffensystem, weil auch **Interkontinentalraketen** entwickelt wurden.

Obwohl mehrere Bereiche inzwischen nicht mehr der Geheimhaltung unterliegen, ist die Geschichte des WS-117L-Programms noch immer schwer nachvollziehbar. Die Gründe dafür liegen in bürokratischen Manövern, Rivalitäten zwischen Militär- und Geheimdienststellen, einer mehrstufigen Sicherheitsklassifikation, teilweise unveröffentlichten Programmteilen und einigen ausgeklügelten Scheinprogrammen.

Die ursprünglichen Anforderungen an das Programm wurden 1954 erarbeitet, Jahre vor dem „**Sputnik**"-Start. Demnach war das Ziel die Überwachung potenziell feindlicher Regionen, um deren Kriegspotenzial einschätzen zu können. Erste Pläne über das

Programm umfassten die Aufklärung mit infraroten, fotografischen und elektronischen Mitteln. Zu WS-117L gehörten mehrere bemerkenswerte Satellitenprogramme: „**Sentry**", „**SAMOS**", „**Discoverer**" und die Anfänge des „**Corona**"-Programms. Gemeinsam erfüllten sie die ursprünglichen Anforderungen an eine infrarote und fotografische Aufklärung.

„Sentry"

„Sentry" war im Rahmen des **WS-117L-Programms** einer der ersten **Frühwarnsatelliten** für den Infrarotbereich. Sensoren im All sollten dabei die Wärmesignale feindlicher Raketenstarts erkennen. Sentry wurde in **MIDAS** (Missile Defense Alarm System, Alarmsystem zur Raketenverteidigung) umbenannt.

„SAMOS"

„SAMOS" war Anfang der 1960er Jahre ein Satellitenentwicklungsprojekt im Rahmen des **WS-117L-Programms.** Bei ihm kam eine neue Fernsehtechnologie zum Einsatz, um digitale Videoaufnahmen mit einem Satelliten zu machen, die dann fast in Echtzeit zur **Erde** gefunkt wurden, wenn der Satellit die Bodenstationen in Nordamerika überflog. Dieser Ansatz stand in starker Konkurrenz zum Abwurf traditionellen Films in einer Bergungskapsel, der dann auf der Erde entwickelt wurde. General Bernard Schriever, der Leiter von WA-117L, erkannte dies und initiierte Ende 1957 ein Bergungsprogramm für Satellitenfilmkapseln (Programm IIA). Beide Entwicklungen verliefen parallel. Bei elf „SAMOS"-Starts zwischen 1960 und 1962

Der Wettlauf ins All

SOWJETUNION	**4. Oktober 1957** Erster Start eines Satelliten „Sputnik 1", eine 59 Zenti- meter große Aluminium- kugel, erreicht die Umlauf- bahn und erregt die Aufmerksamkeit der Welt.	**3. November 1957** Erstes Tier im All: „Laika", eine Hündin aus Moskau in „Sputnik 2".	**2. Januar 1959** Erster Satellit zum Mond Die sowjetische „Luna 1" entkommt der Erdanziehung und fliegt am Mond vorbei.		**12. April 1961** Erster Mensch im All Juri Gagarin verbringt mit „Wostok 1" 108 Minuten im All und kehrt wohlbehalten auf die Erde zurück.
	1957	**1958**	**1959**	**1960**	**1961**
USA		**31. Januar 1958** „Explorer 1", entwickelt von Wernher von Braun, umrundet die Erde und befördert die USA ins Weltraumzeitalter.	**März 1960** Erster Navigationssatellit Die USA starten den ersten „Tran- sit"-Satelliten; zusammen mit zwei weiteren Satelliten ermöglicht das System weltweit eine Positions- bestimmung auf 25 Meter genau. **März 1960** Erster Wettersatellit Das zivile „TIROS"-Programm der USA startet das erste Aufnahme- system für Wolken und Stürme.	**22. Juni 1960** Erster Satellit für elektronische Aufklärung Der „GRAB"-Satellit der USA schnappt sowjetische Radar- signale auf und sendet sie an „Bodenstationen". **18. August 1960** Erster Satellit zur Bildaufklärung „Discover XIV" fotografiert die Sowjetunion; die Rückkehr- kapsel mit dem Film wird über dem Meer geborgen.	**Anfang 1961** Erster Frühwarnsatellit „MIDAS 3" erreicht eine geostationäre Umlaufbahn, um die USA vor Angriffen mit ballistischen Raketen zu warnen. **Mai 1961** Alan Shepard absolviert einen erfolgreichen Suborbi- talflug; die USA sind in der bemannten Raumfahrt dabei.

erwiesen sich die „Atlas"-**Trägerraketen** der Luftwaffe als ziemlich zuverlässig. Das Bildaufnahme- und Datenübertragungssystem sah vielversprechend aus, aber unterlag technischen Schwierigkeiten: Die Auflösung der Kamera war geringer als erhofft, und nur ein kleiner Teil der Daten konnte zur Bodenstation übertragen werden, weil der Satellit so schnell über sie hinwegflog.

Die wichtigsten wissenschaftlichen Berater von Präsident **Eisenhower,** unter ihnen die **RAND**-Gruppe, waren daher überzeugt, dass die Bergung des Films zuverlässiger und billiger war und auf absehbare Zeit Bilder mit höherer Auflösung liefern konnte. Dieser Rat bestätigte sich 1960 im Rahmen des geheimen „**Corona**"-Programms, einem Ableger des WS-117L-Programms IIA. Die Filmauflösung war der Videoübertragung überlegen, weshalb „SAMOS" 1963 beendet wurde.

■ „Discoverer"

„Discoverer" war ein **WS-117L**-Satellitenprogramm, das 1958 öffentlich angekündigt wurde. Damit sollten der Kauf von **Trägerraketen,** der Bau neuer Starteinrichtungen im kalifornischen Point Arguello (später Luftwaffenstützpunkt Vandenberg) und die Bergung von Kapseln aus dem Meer gerechtfertigt werden. In Wirklichkeit war „Discoverer" ein Scheinprogramm für das fotografische „**Corona**"-Aufklärungsprogramm der Luftwaffe und der **CIA.** Die Ziele des angeblichen „Discoverer"-Forschungsprogramms der Luftwaffe wurden am 3. Dezember 1958 auf einer Pressekonferenz des Pentagons verkündet: der Test von Trägerraketen und Verfahren, um eine Umlaufbahn zu erreichen sowie biomedizinische Studien mit „mechanischen Mäusen" und lebenden Tieren, um Daten für

die bemannte Raumfahrt zu sammeln.

Was die Geschichte des WS-117L-Programms noch komplizierter macht, ist die Bezeichnung der ersten streng geheimen „Corona"-Flüge als „Discoverer"-Starts. Weil Starts und Bergungsversuche des „Discoverer"-Programms ziemlich viel Aufmerksamkeit erregten, veröffentlichte man immer ein paar Forschungsergebnisse. Zum Beispiel machte „Discoverer XVII" neben Spionageaufnahmen Messungen an der **Ionosphäre,** der kosmischen Strahlung und der Wärmestrahlung der Erde. Das offizielle Ziel, lebende Tiere zu starten und zu bergen, wurde im Rahmen dieses Programms vermutlich nie betrieben. Dass es „mechanische Mäuse" und keine Spionagekamera auf „Discoverer II" gab, war die perfekte Tarnung, denn die Bergungskapsel ging im April 1959 in der Nähe von Spitzbergen verloren und wurde vielleicht von der Sowjetunion geborgen.

■ „Corona"

Im Rahmen des „Corona"-Programms entwickelten und betrieben die USA **Satelliten,** deren Filmkapseln zur Fotoaufklärung über die Sowjetunion geborgen wurden. Präsident Eisenhower wurde 1957 von Wissenschaftlern des **RAND**-Projekts davon überzeugt, dass dieses System schneller entwickelt werden sollte. Eisenhower bestand darauf, dass das Programm streng geheim blieb und es nicht vom Verteidigungsministerium, sondern von den Geheimdiensten verwaltet wurde. Deshalb wurde Projekt IIA im Rahmen des **WS-117L**-Programms der amerikanischen Luftwaffe vom Verteidigungsministerium in aller Öffentlichkeit beendet – und im Geheimen als neues Programm unter die Verwaltung der **CIA** gestellt. Benannt wurde „Corona"

18. März 1965
Erster Weltraum-
spaziergang
Alexej Leonow steigt aus
seinem Raumfahrzeug
aus, mit dem er über ein
Seil verbunden bleibt.

August 1962
Die Sowjets starten den
„Kosmos"-Satelliten mit
einer Kamera, ihr erster
Satellit zur Bildaufklärung.

16. Juni 1963
Erste Frau im All
Valentina Tereschkowa
umkreist in
„Wostok 6" die Erde.

Mai 1967
Die UdSSR fängt mit der satel-
litengestützten Navigation an;
„Kosmos 158" ist der erste
Satellit des „Zyklon"-Systems.

19. April 1971
Erste Weltraumstation
Die Sowjets starten
„Saljut 1", die erste Raum-
station für lange Aufent-
halte von Kosmonauten.

1962	1963	1965	1967	1969	1971

20. Februar 1962
John Glenn umkreist als erster
Amerikaner die Erde.
Ein Meilenstein für die Nasa.

September 1962
Erster Kommunikationssatellit
„Telstar 1" erreicht eine
Umlaufbahn und leitet
Mitteilungen in die USA
fast in Echtzeit weiter.

3. Juni 1965
Ed White steigt
aus „Gemini 4"
aus und arbeitet
21 Minuten im All.

20. Juli 1969
Erster Mensch auf dem Mond
Neil Armstrong und Buzz Aldrin
landen auf dem Mond und
spazieren auf ihm herum. Diese
Leistung beendet in den
Augen der Öffentlichkeit den
Wettlauf ins All.

nach den Lieblingszigarren eines der Manager. Es waren 14 Versuche für Start und Bergung bis zu einem ersten Erfolg nötig. Die Filmbergung beruhte auf dem **Genetrix**-Programm für Hochatmosphärenballone. Ein hitzebeständiger Behälter wurde von der Spitze des Satellitentransporters „Agena" abgetrennt und trat in die **Erdatmosphäre** ein. Zwei kleine Fallschirme entfalteten sich, und der Behälter wurde in mittleren Höhen von einem C-119-Flugzeug „an den Haken genommen".

Der erste Startversuch am 21. Januar 1959 wurde abgebrochen, als die Stabilisierungsraketen der Oberstufe vorzeitig zündeten und die erste Stufe der Rakete beschädigten; man bezeichnete diesen Versuch als „Discoverer 0". Bei den folgenden zwölf Versuchen versagte immer etwas in irgendeiner Phase – beim Start, bei den Aufnahmen oder bei der Bergung:

■ Die Brenndauer der „Thor"-**Rakete** war zu kurz, weshalb der Satellit nur einen **Suborbitalflug** machte. Oder sie war zu lang und die resultierende Umlaufbahn zu hoch für Aufnahmen mit der Kamera.

■ Der Film in der Kamera verklemmte oder zerbröselte.

■ Das System zur Dreiachsenstabilisierung versagte, so dass der Satellit taumelte und Kameraaufnahmen unmöglich wurden.

■ Die Trennraketen schickten die Bergungskapsel in den Weltraum hinaus, anstatt zum **Wiedereintritt** in die Erdatmosphäre.

■ Einige Bergungsversuche misslangen.

Richard M. Bissell, Jr., von der CIA, hatte man auch deswegen zum Programm-Manager ernannt, weil er das Spionageflugzeug **U-2** so schnell und erfolgreich entwickelt hatte. Es frustrierte ihn zunehmend, dass das „Corona"-Programm von so vielen Rückschlägen und Misserfolgen heimgesucht wurde. Einmal bemerkte er: «Störungen bei einem experimentellen Satellitensystem sind besonders frustrierend, ...weil es nie einen menschlichen Beobachter gibt, der sehen und einschätzen kann, was falsch lief... Sie geraten außer Kontrolle, verglühen in der Atmosphäre, stürzen ab, gehen im Meer verloren oder explodieren... Es erforderte eine gewisse Stärke, um weiterzumachen, in der Hoffnung, dass es zum Schluss funktioniert.» Der „Corona"-Ansatz funktionierte schließlich: Der Start am 10. August 1960 endete mit einer erfolgreichen Bergung.

An Bord von „Discoverer XIII" befand sich keine Kamera, sondern eine amerikanische Flagge in der Bergungskapsel. Sie wurde nicht in mittleren Höhen eingefangen, sondern vor Hawaii aus dem Meer gefischt. Endlich war die gesamte Abfolge aus Start, Erreichen der Umlaufbahn und Bergung erfolgreich verlaufen. Das amerikanische Marineschiff „Haiti Victory" funkte

Die Schiffswerft in Sewerodwinsk am Weißen Meer im Nordwesten Russlands baute 1957 das erste sowjetische Atom-U-Boot und 24 weitere zwischen 1967 und 1974. Dieses Bild stammt von einem „Corona"-Satelliten aus dem Jahr 1969, dem weltweit ersten Programm für fotografische Aufklärungssatelliten. Die Satelliten ermöglichten den USA, erstmals einen Blick auf diese sowjetischen Standorte zu werfen.

ein kurzes, aber erfreuliches Telegramm: «Kapsel unbeschädigt geborgen.» Die Kapsel wurde zu Präsident Eisenhower ins Weiße Haus gebracht und befindet sich heute im National Air and Space Museum der Smithsonian Institution in Washington, D.C.

Dem Start des 14. „Corona"-Satelliten („Discoverer XIV") am 18. August 1960 wurde keine besondere Aufmerksamkeit geschenkt. Dabei wurde er ein großer Erfolg. Die Bergung mit dem Flugzeug klappte, und die Spionagekamera hatte an einem Tag mehr Bilder von der Sowjetunion gemacht als das gesamte U-2-Programm. Die neun Kilo belichteter Film (900 Kilometer) deckten viereinhalb Millionen Quadratkilometer der UdSSR ab. Die Auflösung betrug zwölf Meter und offenbarte, dass die Sowjets viel weniger **Interkontinentalraketen** hatten, als sie behaupteten.

HEIMLICHE PROGRAMME

Heimliche Programme sind militärische und geheimdienstliche Programme der höchsten Geheimhaltungsstufe. Sie unterliegen strengen Sicherheitskriterien, die regeln, wer was unbedingt wissen muss. Diese Festlegung erfolgt im Rahmen von „Geheimhaltungsabteilen", zu denen nur eine begrenzte Zahl von Personen Zugang hat. Die Namen dieser Programme, ihre Sicherheitskennzeichnung, ihr Etat und meist auch ihre pure Existenz sind Verschlusssache.

Ein besonders prägnantes Beispiel dieser Art von Geheimhaltung betraf zwei Forscher des **RAND-Projekts,** Merton Davies und Amron Katz, die im November 1957 über das **„Corona"**-Programm berichteten. Sie hatten keinen Zugang zu dem Programm bekommen, als es aufgelegt worden war. Als nun das Verteidigungsministerium im Dezember 1957 die Versuche mit der Filmbergung im Rahmen des **WS-117L**-Programms beendete, waren Davies und Katz erstaunt und beschwerten sich darüber lauthals. Ihre Klagen sicherten dem neuen „Corona"-Programm, das unbemerkt von ihnen heimlich wieder aufgelegt worden war, eine noch bessere Geheimhaltung zu. Ein anderes Beispiel ist das Schicksal der ersten erfolgreichen „Corona"-Mission mit einer Kamera: Damit die wahre Mission geheim blieb, wurde die Bergungskapsel zertrümmert und in den Tiefen des Santa-Barbara-Kanals vor Kalifornien versenkt.

Schwarze Programme

Schwarze Programme sind **heimliche Programme** mit separater Rechnungsführung. Dadurch tauchen sie nicht im Bundeshaushalt auf, der veröffentlicht wird. Zu Beginn des „Corona"-Programms genehmigte die zuständige **CIA**-Stelle Zahlungen an Lieferanten ohne Rechnung. So blieben Zweck, Programm und Höhe der Zahlung unbekannt.

Nationale Technische Mittel

Dieser Ausdruck wird in freigegebenen Unterlagen für **Aufklärungs- und Überwachungssatelliten** verwendet. Der Ausdruck tauchte international erstmals in den Verhandlungen für Rüstungskontrollvereinbarungen auf. Er bezeichnete geheime Satelliten, die die Einhaltung der Verträge überprüfen sollten.

Scheinprogramme

Scheinprogramme dienen dazu, die Existenz oder wahre Natur von **heimlichen Programmen** zu verschleiern. Im Dezember 1957 erfand die amerikanische Luftwaffe das wissenschaftliche „Discoverer"-Programm, um das neue „Corona"-Programm zu vertuschen.

Die Scheinprogramme lösten jedoch oft unbeabsichtigt Verwirrung aus. Ein Beispiel war das Schicksal der „Discoverer XIII"-Kapsel. Für das „Corona"-Programm wollte man den geheimen Austausch des Kapselinhalts einüben. Die wahre **Nutzlast** sollte dann in aller Stille zu den Lockheed-Technikern ins kalifornische Sunnyvale zur Untersuchung gelangen. Aber ein pflichtbewusster Luftwaffenoffizier, Colonel Charles „Moose" Mathison, war in das Programm nicht eingeweiht und hörte von der Bergung der Kapsel. Daraufhin flog er mit dem Hubschrauber zum Bergungsschiff, nahm die Kapsel an sich, flog mit ihr zu Präsident **Eisenhower** und sorgte dafür, dass die Presse weltweit über das Ereignis berichtete. Zum Glück enthielt diese Kapsel nur eine amerikanische Flagge und keine Spionagekamera, so dass die Medien das „Discoverer"-Scheinprogramm unfreiwillig sogar unterstützten. Aber die ins wahre Programm Eingeweihten schlugen bei der Vorstellung, in der Kapsel wäre bereits eine Kamera gewesen, die Hände über dem Kopf zusammen.

Weil es schwierig war, Scheinprogramme aufrechtzuerhalten, empfahlen Geheimdienst- und Militärberater der Kennedy-Regierung, diese Praxis aufzugeben und lieber strikte Sicherheitskontrollen einzuführen. Am 23. März 1963 erließ der stellvertretende Verteidigungsminister Roswell Gilpatric eine nach ihm benannte Direktive, die faktisch alle Details über militärische Satellitenstarts der Geheimhaltung unterwarf. Diese Verfahrensweise gilt noch heute.

Das „Corona"-Programm ging mit mehr als 100 Starts noch zwölf Jahre weiter. Im Februar 1995 hob Präsident Clinton die Geheimhaltung über die ersten Jahre des Programms auf.

Weltraumpolitik und -verträge

SOUVERÄNITÄT UND LUFTRAUM

Das Prinzip der Souveränität besagt, dass die Regierung eines jeden Staats den Zugang zu ihrem Land und den territorialen Gewässern vor der Küste kontrollieren darf. In einem gewissen Umfang darf sie den Besuchern ihres Landes vorschreiben, wie sie sich zu verhalten haben. Die Konvention über den internationalen zivilen Luftverkehr wurde am 10. Dezember 1944 in Chicago unterzeichnet und von genügend Staaten ratifiziert, um am 4. April 1947 in Kraft treten zu können. Demnach erstreckt sich die Souveränität eines Staats auch auf den befahrbaren Luftraum über seinem Territorium und die territorialen Gewässer. Fliegt ein Pilot in den Luftraum eines fremden Landes, unterliegt er dessen Gerichtsbarkeit.

Nach internationalem Recht sind nicht genehmigte Flüge illegal, vor allem für militärische oder geheimdienstliche Zwecke. Als Präsident Truman aber die ersten Aufklärungsflüge über der Sowjetunion während des Korea-Konflikts genehmigte, befand er sich auf solidem juristischen Grund (gemäß Kapitel VI der Charta der Vereinten Nationen), weil die Sowjetunion den Nordkoreanern und Chinesen Luftwaffenstützpunkte gegen die friedenssichernden Uno-Truppen zur Verfügung stellte.

Präsident **Eisenhower** hatte immer befürchtet, dass die unbefugten Aufklärungsflüge im sowjetischen Luftraum nach internationalem Recht illegal waren – gemäß der ausgerechnet in Chicago ausgehandelten und unterzeichneten Konvention. Nur zögerlich genehmigte er daher die Missionen, um Informationen über Bomber- und Raketenprogramme der Sowjetunion zu sammeln und bestand auf strikter Geheimhaltung. Der sowjetische Premier **Nikita Chruschtschow** protestierte vehement, aber nie öffentlich, bis sein Militär im Mai 1960 eine **U-2** abschoss und den Piloten **Gary Powers** gefangen nahm.

Da Chruschtschow zunehmend aggressiver auf die Verletzung des Luftraums durch amerikanische Spionageflüge reagierte, sorgte sich die Eisenhower-Regierung über die Folgen von Satellitenflügen über souveränem, ausländischem Luftraum ohne Genehmigung. In der Tat unterstützte die amerikanische Regierung die Entwicklung und den **Start** von wissenschaftlichen Satelliten stark, um das Konzept des „freien Weltraums" zu verankern. Dies würde dann den Weg für militärische Satelliten ebnen, so der Gedanke. Daher trieben die Amerikaner die geheime Entwicklung der ersten Aufklärungssatelliten an. Im April 1955 verkündeten die Sowjets ihre Absicht, einen wissenschaftlichen Satelliten mit einer Kamera an Bord zu starten. Aber sie versuchten nicht, dafür eine Genehmigung der vielen Staaten einzuholen, die der Satellit überfliegen

TREATY ON PRINCIPLES GOVERNING THE ACTIVITIES OF STATES
IN THE EXPLORATION AND USE OF OUTER SPACE,
INCLUDING THE MOON AND OTHER CELESTIAL BODIES

The States Parties to this Treaty,

Inspired by the great prospects opening up before mankind as a result of man's entry into outer space,

Recognizing the common interest of all mankind in the progress of the exploration and use of outer space for peaceful purposes,

Believing that the exploration and use of outer space should be carried on for the benefit of all peoples irrespective of the degree of their economic or scientific development,

Desiring to contribute to broad international co-operation in the scientific as well as the legal aspects of the exploration and use of outer space for peaceful purposes,

Believing that such co-operation will contribute to the development of mutual understanding and to the strengthening of friendly relations between States and peoples,

Recalling resolution 1962 (XVIII), entitled "Declaration of Legal Principles Governing the Activities of States in the Exploration and Use of Outer Space", which was adopted unanimously by the United Nations General Assembly on 13 December 1963,

würde. Nach dem erfolgreichen Start von „**Sputnik**" äußerte der französische Präsident Charles de Gaulle im Mai 1960 während des Pariser Gipfeltreffens informell seinen Unmut über das sowjetische „Raumschiff", das mehr als 15-mal am Tag französisches Territorium überflog. Chruschtschow deutete an, dass es ihm gleichgültig wäre, wenn Satelliten über sowjetisches Staatsgebiet flögen. Die rechtlichen Unsicherheiten im Hinblick auf Raumfahrzeuge wurden durch „Sputnik" indirekt geklärt, da niemand offiziell gegen seinen Start protestiert hatte. Das All oberhalb eines Landes gehört nicht zu seinem Luftraum.

Der Anfangstext des ersten Weltraumvertrags von 1967 ist oben abgebildet. Wesentliche Bestimmungen des Vertrags führt die Tabelle auf Seite 340 auf.

„OFFENER HIMMEL"

Während der Entwicklung des **U-2**-Flugzeugs 1955 stellte Richard Leghorn, Reserveoffizier der US-Luftwaffe, das Konzept der uneingeschränkten Luftaufklärung vor, das er „Offener Himmel" nannte. Leghorn glaubte, dass sich die wachsenden Spannungen zwischen der UdSSR und den USA durch freie Aufklärungsflüge über ausländischen Staaten reduzieren ließen. Es wäre ein Beitrag zum Weltfrieden.

Eisenhower gefiel diese Vorstellung aus mehreren Gründen. Die Geheimhaltung der Aufklärungsprogramme wäre überflüssig. Die Piloten müssten nicht mehr befürchten, auf unbefugten Flügen abgeschossen zu werden. Die Abrüstung würde begünstigt. Und schließlich würde der Präsident mit der Genehmigung der Flüge kein internationales Recht brechen.

Der Vorschlag wurde am 21. Juli 1955 von Eisenhower offiziell beim Viermächtegipfel (Frankreich, Großbritannien, die Sowjetunion und die USA) über Abrüstung vorgestellt, der im Palast der Nationen in Genf stattfand. Der sowjetische Premierminister Niko-

lai Bulganin reagierte positiv auf den Vorschlag. Aber außerhalb des offiziellen Teils signalisierte der Chef der Kommunistischen Partei, Nikita **Chruschtschow,** dass er diesen Vorschlag nicht als friedliche Bemühung um Abrüstung betrachtete, sondern nur als einen schlecht verschleierten Versuch, die Spionageanstrengungen der USA gegen die Sowjetunion zu verstärken.

Als Reaktion auf Chruschtschows Ablehnung der offenen Aufklärungsflüge genehmigte Eisenhower illegale U-2-Flüge im Juni des folgenden Jahres. Die Entwicklung von Aufklärungssatelliten erfolgte bis Ende der 1950er Jahre unter strikter Geheimhaltung.

WELTRAUMRESOLUTIONEN DER GENERALVERSAMMLUNG DER VEREINTEN NATIONEN

Die Ursprünge des internationalen Weltraumrechts gehen auf zwei Resolutionen der Generalversammlung der Vereinten Nationen zurück. Resolution 1472, gebilligt von der 14. Generalversammlung am 12. Dezember

WICHTIGE BESTIMMUNGEN DES WELTRAUMVERTRAGS* VON 1967		
Artikel	**Thema**	**Wesentliche Bestimmungen**
I	Allgemeines	Die Erforschung und die Nutzung des Weltraums steht allen Nationen offen, alle sollen davon profitieren können.
II	Souveränität	Im Weltraum gibt es keine nationalen Besitzansprüche.
III	Gesetz	Die Erforschung und die Nutzung sollen in Übereinstimmung mit dem internationalen Recht stehen.
IV	Militärische Nutzung	Die Nutzung soll friedlichen Zwecken dienen. Verboten sind nukleare oder andere Massenvernichtungswaffen, Militärstützpunkte oder Waffentests. Allerdings darf militärisches Personal Forschung im All betreiben.
V	Astronauten	„Gesandte der Menschheit" leisten jegliche Unterstützung, warnen vor jeder erkannten Gefahr.
VI	Verantwortlichkeit	Die Staaten sind verantwortlich für jegliche private Raumfahrtaktivität, die aus ihrem Land stammt, und müssen diese überwachen und/oder regulieren.
VII	Haftbarkeit	Die Staaten sind haftbar; sie müssen für jeden Schaden zahlen, der durch Raumfahrtaktivitäten den Menschen oder dem Eigentum anderer Nationen zugefügt wird – egal, ob im All, in der Luft oder am Boden.
VIII	Eigentumsrecht	Das Eigentumsrecht an einem Gegenstand aus dem All verbleibt bei dem Staat, aus dem er stammt – egal, ob er im All war, auf einem Himmelskörper landete oder auf einem anderen Staatsgebiet der Erde niederging.
IX	Möglicher Schaden	Die Staaten sollen die Verschmutzung des Alls vermeiden und die Erde durch Materialien aus dem Weltraum nicht kontaminieren.
X	Überwachung	Die Staaten sollen die Hilfe von anderen Staaten in Erwägung ziehen, um Raumflüge zu überwachen.
XI	Bekanntmachung	Die Staaten stimmen darin überein, dass sie die Vereinten Nationen über Weltraumaktivitäten informieren, und zwar so weit dies irgendwie machbar und möglich ist.
XII	Besuche im Weltraum	Alle Stationen im All sollen nach angemessener Anfrage und Anmeldung von anderen Nationen besucht und inspiziert werden dürfen.
XIII–XVII	Verwaltungstechnisches	Unterschrift, Inkrafttreten, der Ablauf von Änderungen und Austritten sowie die offiziellen Sprachen des Vertrags (Englisch, Russisch, Französisch, Spanisch, Chinesisch).

*Anmerkung: „Weltraum" bezieht sich auf den Weltraum, den Mond und andere Himmelskörper.

1959, richtete ein Komitee der Vereinten Nationen für die friedliche Nutzung des Weltraums ein und wies dieses Komitee an, nach Möglichkeiten der internationalen Zusammenarbeit und nach rechtlichen Aspekten der Weltraumforschung zu suchen. Die Sowjetunion boykottierte diese Idee zunächst, aber nachdem sie die Einsprüche zurückgezogen hatte, wurde das Komitee am 28. November 1961 gebildet.

Die Beratungen des Komitees mündeten in der Resolution 1721, die von der 16. UN-Generalversammlung am 20. Dezember 1961 angenommen wurde. Mit dieser Resolution stimmten die Staaten zwei grundlegenden Prinzipien über das All zu: 1. Das internationale Recht und die Charta der Uno gelten für den Weltraum. 2. Der Zugang zum All für Forschungszwecke steht jedem Staat uneingeschränkt offen. Eine weitere Bestimmung, die die USA vorgeschlagen hatten, verpflichtete die Staaten dazu, dem Komitee alle Satellitenstarts und Umlaufbahnen zu melden.

WELTRAUMVERTRAG

Der Weltraumvertrag bildet die Grundlage aller internationalen Weltraumgesetze.

Der Vertrag entstand nach dem Zweiten Weltkrieg aus dem Wunsch, abzurüsten und bislang nicht betroffene Gebiete wie die Antarktis und den Weltraum aus dem Rüstungswettlauf herauszuhalten. Auf der Generalversammlung der Vereinten Nationen am 22. September 1960 schlug Präsident **Eisenhower** vor, die grundlegenden Prinzipien des Antarktisvertrags von 1959 auch auf den Weltraum auszudehnen.

Trotz verschiedener anfänglicher Bedenken der Sowjetunion und anderer Staaten kamen die Verhandlungen über eine internationale Vereinbarung zügig voran, und die Generalversammlung vom 13. Dezember 1966 akzeptierte den Vertrag. Am 27. Januar 1967 unterschrieben 91 Nationen den Vertrag. Am 10. Oktober 1967 trat er in Kraft.

Die wesentlichen Grundsätze lauten: Im All und auf Himmelskörpern darf kein Staat Besitzansprüche erheben, keine Rohstoffe kommerziell abbauen, keine Militärstützpunkte errichten oder Massenvernichtungswaffen dorthin bringen. Außerdem haben alle Staaten die uneingeschränkte Möglichkeit, diese Bereiche zu erforschen. Es folgten weitere internationale Vereinbarungen: unter anderem eine Rettungsvereinbarung aus dem Jahr 1968, in der es um die internationale Unterstützung für **Astronauten** geht, die in Gefahr sind; eine Haftungskonvention von 1972 fasst die Verantwortung eines Staats für jegliche Schäden

durch seine Raumfahrzeuge zusammen; die Anmeldekonvention von 1975 betrifft die Benachrichtigung über Satellitenstarts; 1979 folgt die Mondvereinbarung.

ANMELDEKONVENTION

Auf der Grundlage der Resolution 1721 der Vereinten Nationen meldeten die USA am 5. März 1962 erstmals einen Satellitenstart dem „UN-Komitee für die friedliche Nutzung des Weltraums". Zwar hatte man von 1960 an mehrere kurze, sehr geheime „**Corona**"-Fotoaufklärungssatelliten erfolgreich gestartet, aber die Amerikaner entschieden sich dafür, diese Flüge zu verheimlichen und nur langlebige Satelliten zu melden.

Am 10. Juli 1962 genehmigte der amerikanische Nationale Sicherheitsrat die Verfahrensweise, militärische Satelliten nicht zu melden, trotz der Aufforderung der UdSSR, militärische Aufklärungssatelliten in einer gemeinsamen Erklärung zu verbieten.

Die – wenn auch begrenzte – Praxis, Satellitenstarts zu melden, wurde 1975 in der Konvention über die Anmeldung von in den Weltraum gestarteten Objekten niedergelegt. Sie verpflichtete jeden Staat zum Aufbau eines nationalen Erfassungssystems und zu Berichten an den UN-Generalsekretär. Da Mitteilung über militärische Satellitenstarts nicht ausdrücklich erwähnt wird, hat es sich bis heute eingebürgert, dass man sie nicht meldet.

MONDVERTRAG

Der Mondvertrag („Vereinbarung über die Aktivitäten von Staaten auf dem Mond und anderen Himmelskörpern") wurde von der Generalversammlung der Vereinten Nationen am 5. Dezember 1979 angenommen. Er konnte vom 18. Dezember 1979 an unterzeichnet werden und trat am 12. Juli 1984 in Kraft.

Der Vertrag griff wichtige neue Bedenken auf: den Schutz der Umwelt auf dem Mond und der **Erde** vor der Einführung fremder Substanzen; die Möglichkeit, Gebiete für die Forschung einzurichten, in denen keine wirtschaftlichen Aktivitäten stattfinden dürfen; das Verbot von jeglichen Eigentumsrechten am Mond oder an seinen Ressourcen; und die Bedingung, dass die Nutzung von Ressourcen nur einer internationalen Organisation erlaubt ist, die ihr Vorgehen mit allen Staaten abstimmt.

Wegen der Eigentumsrechte und der Bedingung einer gemeinsamen wirtschaftlichen Entwicklung haben die Vereinigten Staaten es abgelehnt, das Abkommen zu ratifizieren.

Missionen und Umlaufbahnen von Spionagesatelliten

SPIONAGESATELLITENMISSIONEN

Satelliten sind der Schlüssel zu vielen militärischen und geheimdienstlichen Aufträgen. Dafür werden verfeinerte Versionen der vielen zivilen Sensoren und Missionen eingesetzt, die der Erdfernerkundung und der Kommunikation dienen. Bildaufklärung (**IMINT**) erfolgt mit Hilfe von satellitengestützten Kameras, Signalaufklärung (**SIGINT**) umfasst sowohl die elektronische als auch die Kommunikationsaufklärung (ELINT und COMINT). Die Mess- und Signaturintelligenz (**MASINT**) bezeichnet neue Methoden, um eine erstaunliche Vielfalt an Informationen mit Satellitensensoren zu sammeln.

Die Art der Mission kann man auch durch ihre Ziele und den Betrieb beschreiben. Nur wenige Staaten setzen derzeit Spionagesatelliten ein, aber deren Missionen, Sensoren und Umlaufbahnen sind alle hochgeheim. Informationen von den freigegebenen amerikanischen Systemen der ersten Jahre erlauben jedoch gewisse Einblicke.

Aufklärung

Aufklärung bedeutet, dass man einen kurzen Blick auf ein Gebiet oder eine Aktivität wirft. Dabei sammelt man gerade genug Informationen, um das Beobachtungsobjekt charakterisieren zu können. Allerdings ist die Gefahr von Fehlinterpretationen groß, wenn wichtige Daten fehlen. Die ersten Spionagesatelliten besaßen nur begrenzte Fähigkeiten für Aufklärungsmissionen.

Werden die Bahnparameter des Aufklärungssatelliten unbeabsichtigt bekannt, kann eine feindlich gesonnene Macht die Zeitpunkte des Überflugs berechnen und ihre zu verbergenden Aktivitäten dann erledigen, wenn der Satellit nicht über den Himmel zieht.

Überwachung

Unter Überwachung versteht man die ständige Kontrolle eines Gebiets oder einer Aktivität. Da Spionagesatelliten, Satellitenanordnungen, deren Umlaufbahnen und die damit verbundene Kommunikation immer ausgeklügelter werden, ist eine Überwachung von vielen geheimdienstlich interessanten Zielen rund um die Uhr möglich.

Weitbereichssuchsystem

Ein Weitbereichssuchsystem von Spionagesatelliten ist ein Bauprinzip, bei dem mit jedem Umlauf Bilder oder andere Aufklärungsdaten von einer breiten Bodenspur unter dem Satelliten erfasst werden. Alle Teile der Bodenspur werden untersucht, aber es gibt keine Bereiche mit höherer Auflösung. Die frühen „Corona"-Satelliten waren solche Weitbereichssuchsysteme.

Spotting-System

Als Spotting-System bezeichnet man ein System aus Spionagesatelliten, das sich auf bestimmte kleinere Objekte richten lässt, um Bilder mit höherer Auflösung zu machen. Die frühen **„Corona"**-Satelliten konnten dies nicht, aber Mitte der 1960er Jahre entwickelte man einen speziellen **IMINT**-Satelliten, der die Weitbereichssuche von „Corona" ergänzte. Dieses Spotting-System hieß **„KH-7"**.

UMLAUFBAHNEN VON SPIONAGESATELLITEN

Unterschiedliche Aufklärungsmissionen erfordern speziell angepasste Satelliten und Sensoren und eine sorgfältige Wahl der Umlaufbahn, um die Datengewinnung zu optimieren.

Die früheren **„Corona"**-Satelliten befanden sich auf **niedrigen, polaren Umlaufbahnen** in etwa 500 Kilometer Höhe. Dieser relativ geringe Abstand zur Erde war notwendig, damit die Kameras eine ausreichende Auflösung erzielten. Beim ersten operationellen „Corona"-Satelliten („Discoverer XIV") führte diese Umlaufbahn zu sieben Erdumkreisungen pro Tag. Die sieben Überflüge über sowjetisches Territorium erfassten etwa fünf Prozent der Landmasse, aber wegen mehrerer Stunden Abstand zwischen den Überflügen entsprach dies der Umlaufbahn eines Aufklärungs- und nicht eines Überwachungssatelliten.

Um keine wichtigen Ereignisse zu verpassen, vor allem keine Aktivitäten, die gerade dann stattfinden, wenn kein Satellit am Himmel steht, kann man mehrere Satelliten auf polaren Bahnen betreiben. Ein typischer Ansatz wäre, wenn einige Satelliten auf fast polaren Bahnen mit der gleichen Neigung reisen, aber einander auf ihren Bahnen über der Erdoberfläche „folgen". Durch genügend Satelliten in einer Anordnung verkürzt sich die Wiederkehrzeit so weit, dass eine fast durchgehende Abdeckung erreicht wird – und damit ein funktionierendes Überwachungssystem.

Eine andere Form der Überwachung sind Satelliten auf **geostationären Umlaufbahnen.** Da so ein Satellit immer über demselben Punkt der Erde steht, kann er das erreichbare Gebiet permanent überwachen. Hierbei gibt es aber zwei Einschränkungen: 1. Geostationäre Umlaufbahnen erfordern eine große Höhe (rund 36 000 Kilometer) und eignen sich deshalb besser für die elektronische Aufklärung als für hochauflösende Bilder. 2. Von seiner Position über dem Äquator kann ein geostationärer Satellit nichts „sehen" oder „hören", was nördlich oder südlich von 70 Grad geographischer Breite liegt. Bei der Überwachung der abgelegenen nördlichen Teile der Sowjetunion war dies eine schwerwiegende Einschränkung.

Ein guter Kompromiss für die amerikanische Aufklärung über der sowjetischen Landmasse und der Nordpolarregion war ein Molniya-Orbit. Die Nordpolregion galt als schnellste Strecke für Langstreckenbomber und **Interkontinentalraketen,** und auf dieser Route waren die Waffensysteme auch am schwierigsten zu erkennen. Beim **Molniya-Orbit** handelt es sich um eine **stark elliptische, polare Umlaufbahn,** die eine maximal mögliche Verweildauer über dem Nordpol erlaubt. Wegen der großen Höhe in diesem Teil der Bahn eignet sich der Molniya-Orbit jedoch eher für elektronische Aufklärung als für Kameras. Durch weiter verfeinerte Sensoren und umfangreiche Satellitenkonstellationen hat man die Beschränkungen der Umlaufbahnen überwunden, mit denen man sich bei den ersten Aufklärungssatelliten konfrontiert sah.

„KOSMOS"-PROGRAMM

Das sowjetische Militär- und Geheimdienstsatellitenprogramm der frühen 1960er Jahre hieß „Kosmos". Die Sowjets, und nach dem Ende des Kalten Krieges die Russen, bezeichneten mit diesem Namen sämtliche ihrer Fotoaufklärungs-, **Frühwarn-** und militärischen Kommunikationssatelliten. Auch sie benutzten den **Molniya-Orbit** für ihr satellitengestütztes Kommunikationsnetz, denn ein Großteil der Landmasse der UdSSR liegt hoch im Norden. Vermutlich nutzte die Sowjetunion diese Bahn auch, um die Aufklärung von amerikanischen Aktivitäten in der Arktisregion zu verbessern. „Kosmos"-Spionagesatelliten bewegten sich zwischen den 1960er und 1980er Jahren hauptsächlich auf **nied-**

rigen Umlaufbahnen in Höhen zwischen 250 und 400 Kilometern. Es gab viele kurzlebige Satelliten, die für ein paar Tage bis ein paar Wochen Fotoaufklärung betrieben. Weitere „Kosmos"-Satelliten wurden zu acht gestartet und auf eine Umlaufbahn mit einem **Apogäum** bei ungefähr 1 500 Kilometer gebracht. Dort unterstützten sie die sichere militärische Kommunikation.

MILITÄRSTARTS

Der erste **„Corona"**-Satellit wurde vom Luftwaffenstützpunkt Vandenberg in der Nähe von Point Arguello

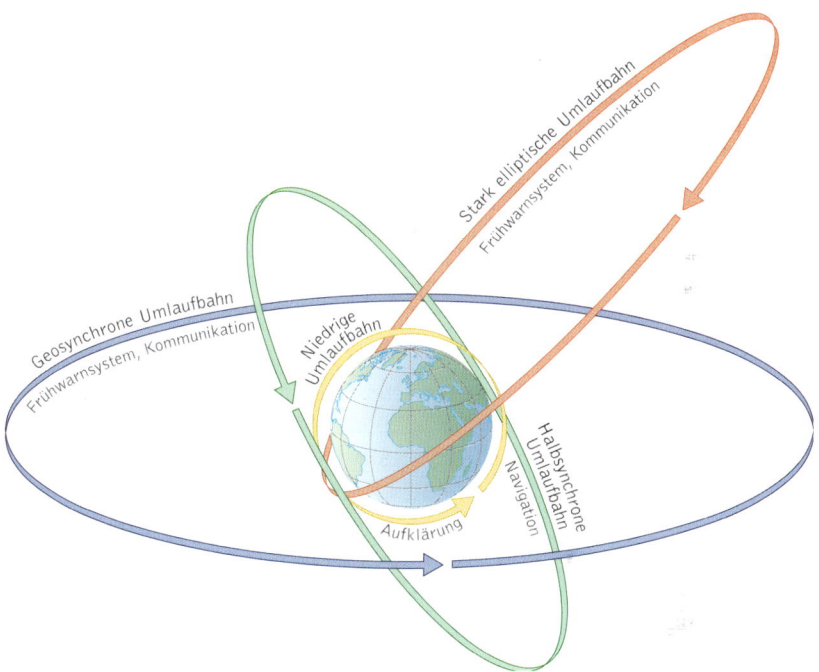

in Südkalifornien gestartet. Ein **Start** war nicht zu verheimlichen, weil der Lärm der Raketentriebwerke für die Bewohner der Umgebung unüberhörbar war. Die Trägerrakete ließ sich zudem per Radar verfolgen.

Trotzdem wurde dieser Platz aus Sicherheitsgründen gewählt, vor allem in den Anfangsjahren, als viele Startversuche schief gingen. Eine **polare Umlaufbahn** kann man durch einen Start nach Süden von Vandenberg aus erreichen. Die erste Stufe fliegt dabei entlang dem Santa-Barbara-Kanal und dann weiter über den Südpazifik. Alle amerikanischen **„Corona"**-Aufklärungssatelliten starteten in Vandenberg.

In den vergangenen Jahren wurden amerikanische Militär- und Geheimdienstsatelliten an Bord des **Spaceshuttles** vom **Kennedy Space Center** in Florida gestartet.

Dies sind typische Umlaufbahnen für Militär- und Geheimdienstsatelliten: Aufklärungssatelliten nutzen stark geneigte, fast polare Bahnen. Für Frühwarnsysteme und die militärische Kommunikation werden meist geostationäre Bahnen und die Molniya-Orbits genutzt.

Satellitengestützte Frühwarnung

LAND- UND SEEGESTÜTZTE FRÜHWARNSYSTEME

Nach dem Zweiten Weltkrieg gab es Befürchtungen, dass die Sowjetunion ihre Bomber über den Nordpol in die USA schicken könnte. Das veranlasste die **Eisenhower**-Regierung dazu, gemeinsam mit Kanada ein Netz aus Radarstationen auf der westlichen Hälfte der Arktis aufzubauen. Dieses Fernfrühwarnsystem aus Flugabwehrradar (DEWS, Distant Early Warning System) ging im August 1957 in Betrieb.

1959 dehnte man das Warnsystem bis zu den Aleuteninseln im Beringmeer und noch weiter in den Ozean aus. Dazu baute man 16 „Liberty"-Schiffe in Meeresradarstationen um; sie trugen Namen wie „USS Guardian" (Beschützer) und „USS Skywatcher" (Himmelsbeobachter). Diese Schiffe waren mit weitreichenden Radar- und Kommunikationsgeräten ausgerüstet. Sie patrouillierten an vorgegebenen Punkten rund 800 Kilometer vor der amerikanischen Ost- und Westküste. Ein Einsatz dauerte mehr als einen Monat und bedeutete einen ständigen Alarmzustand.

1959 umfasste die DEW-Linie mehr als 100 land- und seegestützte Frühwarnradarstationen in der abgelegenen, unwirtlichen Arktis und an vielen Stellen im Meer. Sie war viele 1 000 Kilometer lang und umgab Nordamerika. 1965 baute man den Großteil der Systeme wieder ab, weil ihre Warnmöglichkeiten die hohen Betriebskosten nicht rechtfertigten.

1959 installierte man ein weiterentwickeltes, landgestütztes System zur Radarerfassung und -verfolgung (BMEWS, Ballistic Missile Early Warning System). Dieses Frühwarnsystem für ballistische Raketen wurde auch an einigen weit nördlich gelegenen Orten aufgebaut. Verbesserte BMEWS-Stationen gibt es noch heute, um militärische Raketen zu erfassen und Raumfahrzeuge in einer Erdumlaufbahn zu verfolgen. Aber die 15-minütige Vorlaufzeit des Warnsystems im Jahr 1959 hielt man für ungeeignet, weshalb es ein starkes Interesse an satellitengestützten Systemen gab.

FRÜHWARNSATELLITEN

Die landgestützten amerikanischen Radarsysteme konnten den Start einer sowjetischen Rakete nicht nachweisen, die über die Arktis flog. Man würde sie erst entdecken, wenn die Rakete weit genug geflogen war und infolge der Erdkrümmung am Horizont auftauchte. Diese geometrisch begrenzte Frühwarnzeit ließ sich mit landgestützten Systemen nicht verlängern. Daher unterstützte **Eisenhower** die Entwicklung eines satellitengestützten Systems, das eine Rakete bereits beim Start erfassen könnte und die Frühwarnzeit auf 30 Minuten verlängern würde.

Zwar haben viele Staaten Kommunikations- und fotografische Satelliten gebaut, aber nur Amerika und Russland besitzen militärische Frühwarnsatelliten, die speziell auf die Erkennung von feindlichen Raketenstarts ausgelegt sind. Die USA haben ein solches System als Erste Anfang der 1960er Jahre entwickelt, als Reaktion auf die Entwicklung der sowjetischen **Interkontinentalraketen** 1957. Das erste System war MIDAS (Missile Defense Alert System), dessen Satelliten während der gesamten 1960er Jahre arbeiteten. Ihre Infrarotsensoren erfassten das Wärmesignal des Raketenstarts. 1970 folgte dann das **DSP** (Defense Support System), dessen **geostationäre** Satelliten optische und Infrarotsensoren besaßen. DSP ist noch heute im Einsatz. Der DSP-Nachfolger namens **SBIRS** (Space-based Infrared System) ist stärker auf die heutigen Bedrohungen ausgerichtet.

MIDAS (MISSILE DEFENSE ALERT SYSTEM)

Die Geschichte des MIDAS-Programms wurde Ende 1999 freigegeben. Die Ansicht, dass man mit einem satellitengestützten Infrarotsensor die Starts feindlicher **ballistischer Raketen** erfassen kann, ging ursprünglich auf das WS-117L-Satellitenprogramm der amerikanischen Luftwaffe zurück.

1958 entschied die **Eisenhower**-Regierung, die Fotoaufklärung aus dem WS-117L-Programm herauszunehmen und in ein streng geheimes Programm namens **„Corona"** (Deckname: „Discoverer") umzuwandeln. Damals benannte man die in WS-117 verbliebene Satellitenmission (mit Infrarotsensoren für die rechtzeitige Warnung vor feindlichen Raketenstarts) in **Projekt Sentry** um. Doch kurz darauf bekam das Projekt

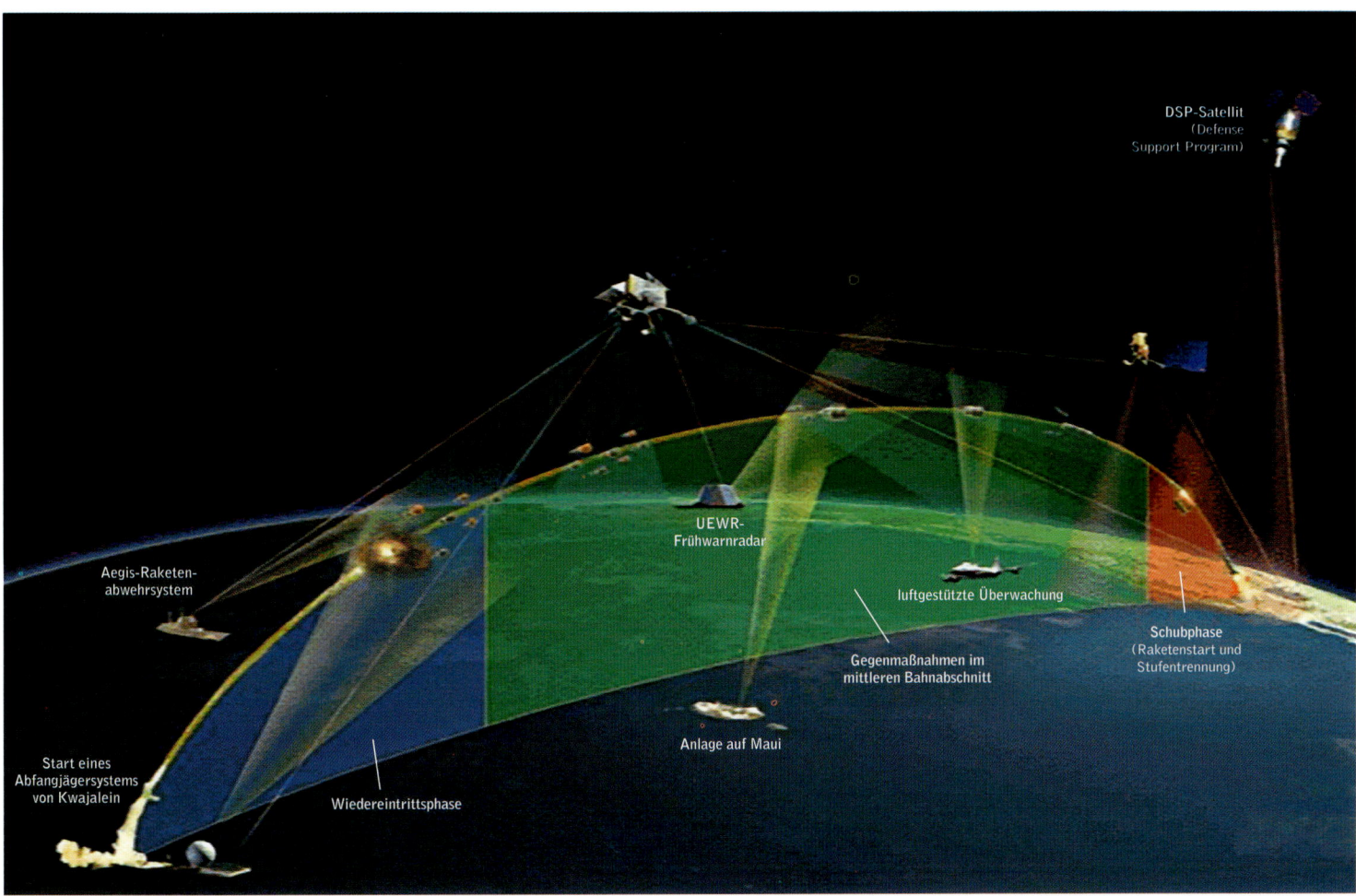

Start eines Abfangjägersystems von Kwajalein

Aegis-Raketen-abwehrsystem

Wiedereintrittsphase

UEWR-Frühwarnradar

Anlage auf Maui

luftgestützte Überwachung

Gegenmaßnahmen im mittleren Bahnabschnitt

Schubphase (Raketenstart und Stufentrennung)

DSP-Satellit (Defense Support Program)

den Namen MIDAS (Missile Defense Alert System).

Ende der 1950er und Anfang der 1960er Jahre rätselten wissenschaftliche Berater der Regierung, ob die Infrarotsignale von Raketenstarts in den Wärmesignalen der Erde, der Atmosphäre und der Wolken zu erkennen sein würden oder ob die Zahl der falschen Alarme infolge natürlicher Phänomene das Warnsystem wirkungslos machen könnte. Mit Hilfe von Ballon- und Flugzeugtests hatte man 1958 die optimale Arbeitsfrequenz der Infrarotsensoren ermittelt: 2,7 bis 4,3 Mikrometer. Dieser Frequenzbereich kommt bei der **Erdfernerkundung** meist nicht zum Einsatz, weil der Wasserdampf in der Atmosphäre die Energie absorbiert. Aber für das Raketenwarnsystem diente der Wasserdampf als Filter, der die unerwünschte Hintergrundstrahlung abhielt.

Am 26. Februar 1960 erfolgte der erste MIDAS-Start. Er erregte große Aufmerksamkeit, weil die erste Stufe (eine „Atlas") mit der zweiten Stufe (einer „Agena") zusammenstieß und die Bruchstücke in den Atlantik stürzten. Am selben Abend titelte der *Orlando*

Herald: «Spy in the Sky, Asleep in the Deep» (Der Spion für den Himmel schläft in der Tiefe).

Trotz fünf weiterer Start- oder Betriebsfehler in den kommenden zwei Jahren (zwischen Mai 1960 und April 1962) und Programmkosten von 425 Millionen US-Dollar befürworteten sowohl zwei wissenschaftliche Beratungskomitees des Präsidenten als auch das Verteidigungsministerium weiterhin den grundlegenden Ansatz. Der siebte MIDAS-Start am 9. Mai 1963 rechtfertigte schließlich diesen Optimismus, denn der Satellit erreichte seine geplante **polare Kreisbahn** in 3 500 Kilometer Höhe. Von dort erfasste er während seiner Betriebsdauer alle Arten von Raketenstarts und bewies, dass es keine Probleme mit der Hintergrundstrahlung oder falschen Alarmen gab.

Die nächsten drei MIDAS-Starts misslangen, oder der Satellit versagte in einer Frühphase des Betriebs. Die beiden letzten Satelliten arbeiteten etwa ein Jahr lang erfolgreich. Sie erkannten Raketenstarts selbst durch dichte Wolken hindurch und identifizierten vier sowjetische Raketenabschusseinrichtungen.

Das Space Tracking and Surveying System (STSS) ist ein Teil des amerikanischen Frühwarnsystems. Seine satellitengestützten Infrarotsensoren können angreifende ballistische Raketen früh auf ihrer Flugbahn erfassen und dann verfolgen. STSS liefert Abfangjägersystemen eine verbesserte Datenverarbeitung und Kommunikation.

DSP (DEFENSE SUPPORT PROGRAM)

Im späteren Verlauf des MIDAS-Programms tauchten Anforderungen auf, die eine grundlegende Überarbeitung der Frühwarnsatelliten erforderlich machte. Das neue Programm DSP sollte nicht nur rechtzeitig vor sowjetischen und chinesischen **Interkontinental-** und U-Boot-Raketen warnen, sondern auch:

- feindliche Nuklearexplosionen am Boden, in der Atmosphäre und im All erkennen können.
- Starts von jeglichen Nutzlasten in den Weltraum erkennen können.
- im Fall eines Krieges erfassen können, ob amerikanische Raketen ihr Ziel getroffen haben.

Zwischen 1970 und 1997 startete man 18 DSP-Satelliten auf **geosynchrone Umlaufbahnen** in 40 500 Kilometer Höhe. Die fünf unterschiedlichen DSP-Typen und ihre wichtigsten Unterschiede sind in der Tabelle unten zu sehen. Das DSP kam 1991 im Irak-Konflikt zum taktischen Einsatz und bewies seine Fähigkeiten vor allem bei der rechtzeitigen Erfassung irakischer Scud-Raketen, um Streitkräfte und Zivilbevölkerung zu warnen. Nach diesem Erfolg wurde ein ständiges taktisches Datensystem eingeführt, ALERT (Attack and Launch Early Reporting, etwa frühe Berichte über Angriffe und Starts). Der Erfolg führte auch zur Einrichtung eines neuen Programms, das diese breiter angelegten Bedürfnisse befriedigen sollte: das **Space-based Infrared System** (SBIRS).

SDI (STRATEGIC DEFENSE INITIATIVE)

Im März 1983 initiierte Präsident Ronald Reagan die so genannte Strategische Verteidigungsinitiative SDI. Das Konzept umfasste die Frühwarnsatelliten „Brilliant Eyes", um Raketen zu erkennen, und „Brilliant Pebbles"-Satelliten, um diese Raketen zu zerstören.

Obwohl Präsident Clinton SDI im Jahr 1998 beendete, ohne dass irgendein System ausgeliefert worden wäre, erwiesen sich die Forschungsergebnisse für künftige Militärsatelliten als nützlich, vor allem für die Miniaturisierung von Komponenten.

SBIRS (SPACE-BASED INFRARED SYSTEM)

Die USA entwickeln derzeit ein neues satellitengestütztes Infrarotsystem namens SBIRS. Seine Satellitenkonstellation auf hohen Umlaufbahnen richtet sich gegen weltweite Bedrohungen der USA durch **Raketen.**

STSS (SPACE TRACKING AND SURVEILLANCE SYSTEM)

Das System zur Weltraumüberwachung wird derzeit von den Vereinigten Staaten entwickelt, weil der zunehmende Einsatz von Mittelstreckenraketen mit kurzer Flugdauer die Grenzen der **DSP**-Abtastfrequenz aufgezeigt hat.

Eine Anordnung von Satelliten auf **niedrigen Umlaufbahnen** soll bei regionalen Konflikten schnelle Warnungen vor Raketen kurzer Reichweite ermöglichen können.

SOWJETISCHE FRÜHWARNUNG

Die Sowjets arbeiteten im Rahmen ihres **Kosmos**-Programms auch an einem System aus **Frühwarnsatelliten.** 1987 ging es mit neun Satelliten in Betrieb. Es sollte vor Raketen warnen und nukleare Explosionen erfassen.

Zwei Jahre später, 1989, brachten die Sowjets die „Prognos"-Frühwarnsatelliten auf eine **geostationäre Erdumlaufbahn.**

SATELLITEN, STARTS UND EIGENSCHAFTEN DES DSP				
Phase	**Starts**	**Datum**	**Umlaufbahn**	**Zusätzliche Möglichkeiten**
Phase I	4	1970–73	geostationär	2 000 IR-Detektoren
Phase II	3	1975–77	geostationär	längere Betriebsdauer
MOS	4	1979–84	geostationär/stark elliptisch	viele Umlaufbahnen
Phase II Upgrade	2	1984–87	geostationär	6 000 IR-Detektoren; neue IR-Detektoren für mittlere Wellenlängen
DSP-1	5	1989–98	geostationär	längere Betriebsdauer

MOS: Multi-orbit satellite (viele Umlaufbahnen).

Fotoaufklärung aus dem All

IMINT (IMAGERY INTELLIGENCE)

Unter IMINT versteht man die Aufklärung mit Kameras oder ähnlichen Systemen sowie die Ergebnisse und die Analyse, die sich aus den Bildern ableiten lassen.

Seit dem Beginn der satellitengestützten Fotoaufklärung in den 1960er Jahren stammt der weitaus größte Teil der IMINT, die die Supermächte betrieben haben, von Satellitensystemen. In diesem Buch liegt der Fokus auf dem ersten amerikanischen IMINT-Satellitensystem **„Corona"**, weil die Informationen darüber öffentlich zugänglich sind. Dagegen ist der Großteil der Veröffentlichungen über Aufklärungssatelliten anderer Nationen von sehr spekulativer Natur. Die ersten amerikanischen IMINT-Satelliten warfen den belichteten Film zum Wiedereintritt in die Atmosphäre ab. Der damalige sowjetische Ansatz glich der Filmbergung des „Corona"-Programms.

Unter Fotogrammetrie versteht man die exakte Vermessung von Aufnahmen. Stereobildpaare und Schatten in Aufnahmen liefern in Verbindung mit der genauen Position und dem Blickwinkel der Kamera eine ziemlich genaue Höhe des erfassten Objekts. Die Analyse der Bilder durch Menschen wird zunehmend von Computern unterstützt, zum Beispiel bei der Erfassung von Veränderungen. Dabei werden die Veränderungen beim Vergleich von Bildern desselben Orts automatisch markiert. So lässt sich die Verschiebung von Ausrüstung oder Personal erkennen.

SATELLITENGESTÜTZTE SPIONAGEKAMERAS

Die Möglichkeiten aktueller Spionagesatellitenkameras sind in allen beteiligten Staaten streng geheim. Die USA gaben aber kürzlich die Geschichte frei, wie man in den 1960er Jahren die Herausforderung eines Kamerabetriebs im All gemeistert hat.

Das **„Corona"-Programm** erforderte einen Satelliten, der im Vakuum bei den niedrigen Temperaturen des Alls arbeiten konnte. Deshalb wurde das Kameragehäuse aus Titan gebaut, einem leichten, aber stabilen Metall, das sich bei wechselnden Umgebungsbedingungen nicht verzieht. Das Gehäuse hatte eine Wabenstruktur, die widerstandsfähig ist und eine Leichtbauweise ermöglicht. Außerdem begünstigte sie die Verteilung von Wärme innerhalb des Gehäuses. Damit die verschiedenen Lagen des Films während des

Starts nicht aneinander rieben, wickelte man den Film straff auf Titanspindeln auf.

Für die Ausrichtung der Kamera gab es zwei Ansätze. Beim ersten hätte sich der Satellit um seine eigene Achse gedreht, und die Kamera hätte nur Bilder gemacht, wenn sie gerade zur Erdoberfläche zeigt. Der zweite Ansatz galt anfangs als zu komplex: ein in drei Achsen stabilisiertes Raumfahrzeug, dessen Kamera immer zur Erdoberfläche wies. Dafür waren Horizontsensoren und Gasdüsen auf dem Satelliten erforderlich. Trotzdem setzte man bei den „Corona"-Satelliten auf die Dreiachsenstabilisierung, die auch bei allen fol-

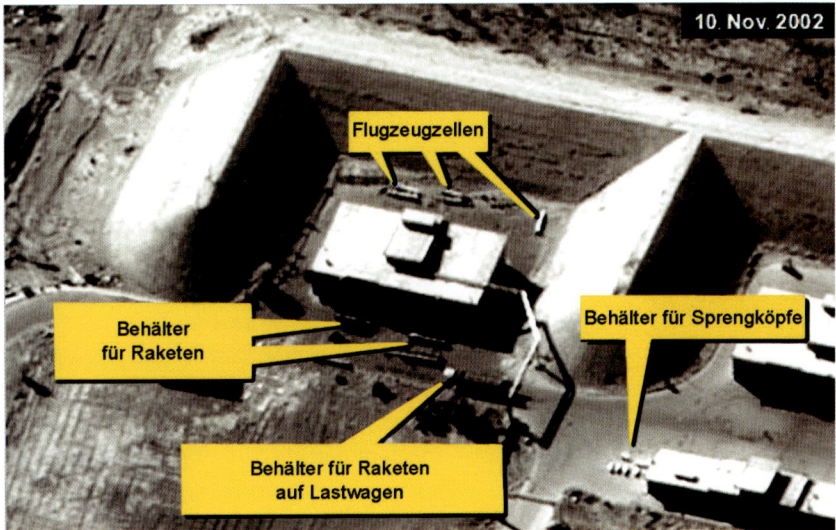

10. Nov. 2002

Flugzeugzellen

Behälter für Raketen

Behälter für Sprengköpfe

Behälter für Raketen auf Lastwagen

genden Fotoaufklärungsmissionen der USA eingesetzt wurde. Eine spezielle Kamera auf dem Satelliten fotografierte die Sterne und ermittelte aus deren bekannten Positionen den Blickwinkel der Aufklärungskamera. So ließen sich die Objektpositionen auf den Aufnahmen bestimmen.

Filme für Spionagekameras

Für den Blick durch die Erdatmosphäre benötigt man einen Film mit hohem Kontrast und schmalem Empfindlichkeitsbereich, der bei längeren Wellenlängen am roten Ende des sichtbaren Spektrums liegt. Dieses Licht dringt besser durch den Dunst als kurzwelliges Blau oder Grün.

Die Azetatfilme, die bei den ersten „Corona"-Satellitenstarts verwendet wurden, rissen, sobald sie dem Vakuum des Alls ausgesetzt waren, weil ihre

Am 5. Februar 2003 zeigte der amerikanische Außenminister Colin Powell dem Sicherheitsrat der Vereinten Nationen dieses Bild. Darauf sieht man den Rücktransport einer ballistischen Rakete vom irakischen Raketentestgelände Al Musayyib. Diese Rakete besitzt eine Reichweite, die dem Irak nach den UN-Richtlinien nicht zustand.

Lösungsmittel verdampften beziehungsweise wegen des fehlenden Atmosphärendrucks „kochten". Die Firma Eastman Kodak entwickelte den Film „Estar", dessen Trägermaterial aus einem neuen Polyester namens Mylar bestand. Um den Film vor Wölbung und Zusammenkleben zu schützen, lagerte man auf der Rückseite des Films extrem kleine Glasperlen in die dünne Beschichtung („Pelloid") ein. Der Film auf Mylarbasis funktionierte sehr gut in den „Corona"-Kameras.

Man rollte ihn im wahrsten Sinn des Wortes kilometerweise auf Spulen auf. Obwohl er nur 0,076 Millimeter dick war, bewegte er sich im Kamerasystem, ohne zu reißen. Eastman Kodak fertigte den Film in Abschnitten von 1800 Meter Länge und entwickelte eine neue Ultraschallverbindungstechnik, um diese Abschnitte zu extrem langen Rollen zusammenzufügen. An den Verbindungsstellen traten weder Materialermüdung noch Verdickungen auf.

Im Lauf des „Corona"-Programms entwickelte Kodak ein besseres Abscheideverfahren, um lichtempfindliche Emulsionen aus Silberhalogenid auf den Filmträger aufzubringen. Dadurch hatte der Film eine höhere Empfindlichkeit und eine bessere Auflösung bei geringem Lichteinfall, was den geheimdienstlich verwertbaren Inhalt der Bilder wesentlich steigerte.

Bauprinzip der Spionagekameras

Die theoretische Auflösung ist nicht so wichtig wie die Auflösung am Boden, also die Auflösung des gesamten Systems. Sie stellt die Fähigkeit dar, Objekte einer bestimmten Größe auf der Erde zu unterscheiden.

Das **„Corona"-Programm** nutzte vier Abwandlungen desselben grundlegenden Kameraprinzips:

- Die erste satellitengestützte Spionagekamera, „C" genannt, besaß eine Linse mit einer maximalen Blende von fünf, 60 Zentimeter Brennweite und einer Auflösung am Boden von etwa zwölf Metern. Bei den ersten Starts mit Kameras an Bord deutete die **Telemetrie** (die Diagnosesignale, die der **Satellit** zur Bodenstation schickt, um über seinen Zustand Auskunft zu geben) auf katastrophale Kamerafehler hin, die auf das Reißen des Acetat-Films zurückzuführen waren. Zwar wurde der Film des elften „Corona"-**Starts** („Discoverer XI") nicht geborgen, aber die Telemetriedaten zeigten, dass der Wechsel zum Mylarfilm (Estar) das Problem beseitigt hatte: Die gesamten 900 Meter Film wurden, ohne zu reißen, durch die Kamera und in die Bergungskapsel transportiert. Bei der ersten erfolgreichen Filmbergung am 18. August 1960 („Discoverer XIV") kam die C-Kamera zum Einsatz.

- Die weiterentwickelte C'-Kamera setzte man mit Unterbrechungen vom „Discoverer XVIII"-Start im Dezember 1960 an bis Oktober 1961 ein. C' besaß dieselbe Linse wie die C-Kamera, aber wies ein paar bauliche Veränderungen auf, die ihren Betrieb vereinfachten und die Auflösung am Boden von etwa zwölf auf zehneinhalb Meter steigerte.

- Die C'''-Kamera startete erstmals auf „Discoverer XXIX" im August 1961. Ihre lichtstärkere Linse mit einem Öffnungsverhältnis von f/3,5 konnte mit einem feiner körnigen, weniger empfindlichen Film von Eastman Kodak eingesetzt werden. Ihr besserer Ausgleich der Bildbewegung erhöhte die Bodenauflösung auf sechs bis siebeneinhalb Meter.

- Das M-System bestand aus zwei C'''-Kameras, die auf demselben Rahmen in einem Winkel von 30 Grad zueinander montiert waren. Die resultierenden Stereobilder des M-Systems lieferten dreidimensionale Informationen und waren in ihrer Aussagekraft mehr als doppelt so wertvoll. Das System kam während des restlichen „Corona"-Programms bis 1972 zum Einsatz. Die Kombination aus zwei C'''-Kameras im Stereomodus lieferte letztlich eine Bodenauflösung von dreieinhalb bis fünf Metern.

Die Kameras für die „Corona"-Spionagesatelliten arbeiteten erstaunlich zuverlässig. Nach dem Wechsel zum Estar-Film auf Mylarbasis gab es bei 136 weiteren Starts nur zehn Kameraprobleme, wobei es sich meist um vorübergehende Störungen handelte.

„KH"-SATELLITEN („KEYHOLE")

Die Abkürzung für Keyhole, Schlüsselloch, war der heimliche Name der **„Corona"**-Fotoaufklärungssatelliten zwischen 1960 und dem Ende des Programms 1972 (**„KH-1"** bis **„KH-6"**) und für einige spätere **IMINT**-Satellitenprojekte, bei denen die Geheimhaltung ebenfalls aufgehoben wurde. Zum Schutz des U-2-Programms und damit verbundener Anstrengungen zur Luftaufklärung richtete die **CIA** ein spezielles geheimes Sicherheitssystem namens „Talent" ein.

Nachdem das heimliche „Corona"-Programm zur Satellitenaufklärung angelegt worden war, entwickelte man dafür das neue, streng kontrollierte Sicherheitssystem „Talent-Keyhole".

Im Februar 1995 gab Präsident Bill Clinton den Namen Keyhole frei, zusammen mit 860 000 Bildern von „KH-1" bis „KH-6". Die Empfehlung dazu kam von der Umweltarbeitsgruppe um Vizepräsident Al Gore. So bekamen bedeutende Wissenschaftler Zugriff auf Aufklärungsbilder, obwohl die meisten der Wis-

„KEYHOLE"(„KH")-SATELLITEN

Nummer	Codename	Kamerasystem	Missionsnummer†	„Discoverer"-Nummer	Startdatum
„KH-1"	-	C (oder keine)	9001*–9009	DO–XIV September 1960	Juni 1959 bis
„KH-2"	-	C′	9010–9021 (plus 9022, 9024, 9026)	DXV–XXVIII, plus XXX, XXXI, XXXIII	September 1960 bis Oktober 1961
„KH-3"	-	C‴	9023–9030	DXXIX–XXXVII	August 1961 bis Januar1962
„KH-4"	-	Mural = 2 C‴	9031–9062	DXXXVIII**	Februar 1962 bis Dezember 1963
„KH-4A"	-	J = 1 Mural; 2 Kapseln	1001–1052	-	August 1963 bis September 1969
„KH-4B"	-	J3 = Filter, Blenden	1101–1117	-	September 1967 bis Mai 1972
„KH-5"	Argon	nur Kartierung	12 90xxA–Flüge	DXX, XXIII, XXIV, XXVII	Februar 1961 bis August 1964
„KH-6"	Lanyard	hochauflösende Stereokamera	8001–8003	-	März 1963 bis Juli 1963
„KH-7"	-	Spotting-Kamera	-	-	Juli 1963 bis Juli 1967
„KH-9"- Kartierung	-	Kartierungskamera	-	-	März 1973 bis Juni 1980

†Genannt werden die erste und letzte Missionsnummer für jedes System, einige dazwischenliegende Nummern können andere Kamerasysteme bezeichnen; *Missionsnummern (9001), die mit „Discoverer IV" gestartet sind. **Die „Discoverer"-Missionsnummern endeten mit 38, nachdem das Pentagon das Scheinprogramm für „Corona" im Februar 1962 aufgegeben hatte.

senschaftler zuvor keine Geheimnisträger waren. Sie sollten durch diesen beispiellosen Schritt den Nutzen alter Aufklärungsbilder beurteilen, um aktuelle Umweltprobleme zu lösen. Die Regierung entschied, dass der potenzielle Nutzen für die Forschung wichtiger war als die Geheimhaltung der „Corona"-Bilder.

Während des Kalten Krieges hatten diese Bilder den westlichen Staaten verlässliche Informationen über die potenzielle Bedrohung geliefert. Zwischen 1960 und 1972 stieg die Aufenthaltsdauer der Satelliten auf der Umlaufbahn von einem Tag auf 19 Tage, die Auflösung der Bilder verbesserte sich von zwölf auf weniger als zwei Meter. Die 145 „Corona"-Starts lieferten 610 Kilometer Film, der fast zwei Milliarden Quadratkilometer der Ostblockstaaten abdeckte.

Am 20. September 2002 gab die amerikanische Regierung Informationen und Bilder von „KH-7" und „KH-9" frei. Angesichts des Decknamens der ersten Starts („Discoverer"), des heimlichen Namens („Keyhole") für verschiedene Kamerakonfigurationen und den Missionsbezeichnungen kann es verwirrend sein, ein freigegebenes Bild eines bestimmten Satelliten zu finden. Die KH-Nummer bezieht sich auf die verwendete Kamerakonfiguration. In späteren KH-Phasen (von „KH-5" an) kam auch noch ein spezieller Codename hinzu. Bei den ersten 38 Starts von „Keyhole"-Satelliten wurde als Teil des Scheinprogramms offiziell eine „Discoverer"-Startnummer angegeben. Diese Praxis endete im Februar 1962, als man das Scheinpro-

gramm aufgab und keine Erklärungen zu militärischen Starts mehr veröffentlichte. Die Missionsnummern bilden eine fortlaufende Folge und beziehen sich auf die eingesetzte Kamerakonfiguration. Die ersten drei Starts trugen allerdings keine Missionsnummer, weil sie keine Kamera an Bord hatten.

„KH-1"

Die „KH-1"-Phase von „Corona" umfasste alle Modelle der ursprünglichen C-Spionagekameras. Bei 15 Starttests zwischen Juni 1959 und September 1960 hoben zehn C-Kameras ab, aber wegen Fehlern in der zweiten Raketenstufe („Agena"), in der Stabilisierungsrakete oder bei der Bergung konnte nur ein Film gerettet werden. Der bahnbrechende „Discover XIV" (Mission 9009), der am 18. August 1960 startete, hatte die weltweit erste satellitengestützte Spionagekamera an Bord, die funktionierte.

Das erste Bild wurde von einem sowjetischen Stützpunkt für Langstreckenbomber in Mys Shmidta gemacht, der im äußersten Nordosten der Sowjetunion lag. Mit einer Entfernung von nur 640 Kilometern von Nome in Alaska war dies der den USA am nächsten liegende sowjetische Stützpunkt und daher ein wichtiges und häufiges Ziel von „Corona"-Missionen. Während ihres eintägigen Betriebs erfasste die Mission 9009 auch einen Stützpunkt für Boden-Luft-Raketen des Typs „SA-2 Guideline" und ein wichtiges Raketentestgelände südlich von Moskau in Kapustin Jar. Aber das

Wichtigste war, dass die Mission weitgehend mit der Vorstellung von einer „Bomber- und Raketenlücke" aufräumte, die die westliche Welt beunruhigt hatte.

Präsident **Eisenhower** war hocherfreut über die „KH-1"-Bilder. Da sie einen Großteil der sowjetischen Landmasse abdeckten, lieferten sie eine Menge an Informationen über sowjetische Bomber, ohne dass man dafür das Leben eines Piloten riskieren oder gegen internationales Recht verstoßen musste. Trotz der vielen Probleme, mit denen das Programm konfrontiert war, und trotz einiger Streitigkeiten, wie die Bilder zu interpretieren seien, trieb der Präsident die Fortsetzung von „Corona" und die Pläne für eine weitere Verbesserung der Kameras voran.

„KH-2"

Die „KH-2"-Phase von **„Corona"** umfasste die **Satelliten,** die die leicht verbesserte C'-Kamera an Bord hatten. Elf „KH-2"-Satelliten starteten zwischen dem 13. September 1960 und dem 23. Oktober 1961. Das Programm litt weiterhin unter dem Versagen der zweiten „Agena"-Raketenstufe, aber zwei C'-Starts gelangen (Mission 9013 und 9017), und ihre Filme wurden geborgen.

Auf einer Aufnahme, die die Kamera der Mission 9013 gemacht hatte, entdeckten Analysten den ersten durch Luft- oder Satellitenbilder abgebildeten Startkomplex für **Interkontinentalraketen.** Verglichen mit einer Aufnahme aus dem Vorjahr zeigte das Bild den Bau von Bahnschienen, die zu mehreren Startplätzen für Interkontinentalraketen führten.

„KH-3"

„Corona"-Satelliten der „KH-3"-Phase hatten die C'''-Spionagekamera an Bord. Der erste „KH-3"-Start am 30. August 1961 verlief genauso erfolgreich wie drei weitere der insgesamt sechs Starts. Wie erwartet lieferten die „KH-3"-Bilder eine rund doppelt so hohe Auflösung am Boden wie die ursprüngliche „Corona"-Spionagekamera. Eine wichtige Beobachtung der „KH-3"-Mission 9023 waren Aufnahmen des Weltraumbahnhofs und Raketentestgeländes in Tjuratam in der Zentralsowjetunion.

„KH-4"

Die M-Kamerakonfiguration (zwei C'''-Kameras für stereografische Bilder) flog auf der „KH-4"-Reihe des **„Corona"**-Programms ins All. Das System führte gegenüber den ersten drei KH-Phasen die doppelte Filmmenge mit sich (18 Kilo pro Kamera). Der erste Start, Mission 9031 am 27. Februar 1962, endete erfolg-

reich mit einer Bergung in der Luft. Die „KH-4"-Satelliten lieferten Bilder mit höherer Auflösung: Sie umrundeten die Erde in 200 Kilometer Höhe und konnten noch zweieinhalb Meter große Objekte erfassen. Insgesamt starteten 26 „KH-4"-Kameras zwischen Februar 1962 und Dezember 1963, bei 20 von ihnen gelang die Bergung des Films. In den ersten Monaten des Jahres 1963 gab es mehrere Misserfolge bei **Start** oder Bergung von KH-Systemen, und die Geheimdienste und das Militär waren unglücklich über den Mangel an Bildern. Das zuverlässige „KH-4"-M-System beseitigte das Problem schließlich mit drei erfolgreichen Starts im Juni und Juli 1963.

„KH-4A"

In der „KH-4A"-Phase des **„Corona"**-Programms kam die J-Kamerakonfiguration zum Einsatz, die ein M-Stereokamerasystem und zwei getrennte Bergungskapseln für insgesamt 72 Kilo Film umfasste. Nach vier Tagen Betriebsdauer der M-Kamera wurde die erste Kapsel abgeworfen, nach weiteren vier Tagen folgte die zweite Kapsel. Nach der Bergung der ersten Kapsel blieb der Satellit bis zu 20 Tage lang mit ausgeschalteter Stromversorgung und Rotationsstabilisierung im All. Aus diesem so genannten Zombiemodus reaktivierte man den Satelliten, wenn er dringend für eine zweite Fotoaufklärung benötigt wurde. Dadurch verdoppelte sich die Bildmenge, die man nach jedem Start barg. Bei den ersten beiden „KH-4"-Starts konnte man nur die erste Filmkapsel bergen, weil sich die Reaktivierung des Zombiesatelliten als schwierig erwies. Insgesamt war das System jedoch zuverlässig: Bei 52 Starts zwischen August 1963 und September 1969 konnten 93 von 104 Filmkapseln geborgen werden.

Es gab ein besonders peinliches Versagen eines „KH-4A"-Satelliten: Mission 1005 startete am 27. April 1964 und arbeitete zunächst einwandfrei. Dann zeigten die Telemetriedaten, dass der Film in der Kamera gerissen war, die Stromversorgung brach zusammen und das Wiedereintrittsfahrzeug reagierte nicht auf Kommandos. Berechnungen des natürlichen Absinkens der Umlaufbahn deuteten auf einen Absturz in der Nähe von Venezuela hin, aber die Kapsel wurde weder gesichtet noch geborgen. Monate später wurde sie von zwei Hilfsarbeitern auf einer abgelegenen Farm in den venezolanischen Anden entdeckt. Der Besitzer der Farm versuchte, die Kapsel zu verkaufen. Bis das zuständige amerikanische Personal eingetroffen war, hatte das venezolanische Militär Teile der Kapsel an sich genommen. Von dem, was übrig blieb, holten sich die Bewohner der Umgebung Teile, die sie für

brauchbar hielten. Einer von ihnen war so pfiffig, aus den Seilen des Bergungsfallschirms ein Pferdegeschirr zu basteln.

„KH-4B"

Die „KH-4B"-Satelliten besaßen eine J-3-Kamerakonfiguration, bei der es sich um eine Stereokamera mit verbesserter mechanischer Ausführung handelte. Zwei Bergungskapseln und eine neue Navigationskamera des Satelliten, die eine genauere Höhenbestimmung erlaubte, waren ebenfalls an Bord der Satelliten. Die Spionagekamera verfügte über zwei Wechselfilter, vier wählbare Schlitzblenden und 36 Kilo Film auf einer 500-Meter-Rolle. Die „KH-4B"-Kameras konnten bis zu 19 Tage in geringeren Höhen verbringen (bis herab zu 85 Kilometer), woraus eine bessere Bodenauflösung von zwei Metern resultierte.

Bei den ersten fünf Flügen (Mission 1101 bis 1105) wurden neue Filmarten getestet: sehr empfindliche Schwarz-Weiß-Filme sowie Farb- und Nahinfrarotfilme. Zwischen September 1967 und Mai 1972 starteten 17 weitere Systeme, von deren 34 Filmkapseln nur zwei verloren gingen. Dies war die höchste Erfolgsrate des **„Corona"-Programms.**

„KH-5/Argon"

Die „KH-5"-Satellitenreihe mit dem Codenamen „Argon" wurde als heimliches Kartierungsprojekt der US-Armee betrieben. Um Startprioritäten zu koordinieren, wurden die Satelliten im Rahmen des **„Corona"-Programms** verwaltet. Die „Argon"-Satelliten hatten eine einzelne Kamera mit geringer Auflösung an Bord und führten genaue geodätische Messungen (Länge, Breite, Höhe) durch, um daraus genauere Positionen strategischer Ziele ableiten zu können. Von den zwölf „Argon"-Satelliten zwischen Februar 1961 und August 1964 waren sieben erfolgreich. Die neue vertikale und horizontale Positionskontrolle und die sehr genaue Navigationskamera der „KH-4B"-Phase ermöglichten eine so genaue satellitengestützte Kartierung, dass die Armee die geplanten Nachfolgeprogramme stoppte.

„KH-6/Lanyard"

1962 wollten Geheimdienste und Militär unbedingt hochauflösende Bilder von Startplätzen antiballistischer Raketen (ABM), die man in Leningrad vermutete, aber die aktuelle M-Kamera des „Corona"Programms besaß dafür keine ausreichende Auflösung. Für eine

Die Filme der „Corona"-Satelliten wurden auf erstaunliche Weise geborgen: Der hitzebeständige Bugkonus trat in die Atmosphäre ein, entfaltete einen Fallschirm und wurde in mittleren Höhen von einem C-119-Flugzeug der amerikanischen Luftwaffe aufgefangen – mit einem speziell entwickelten Haken, den das Flugzeug hinter sich herzog.

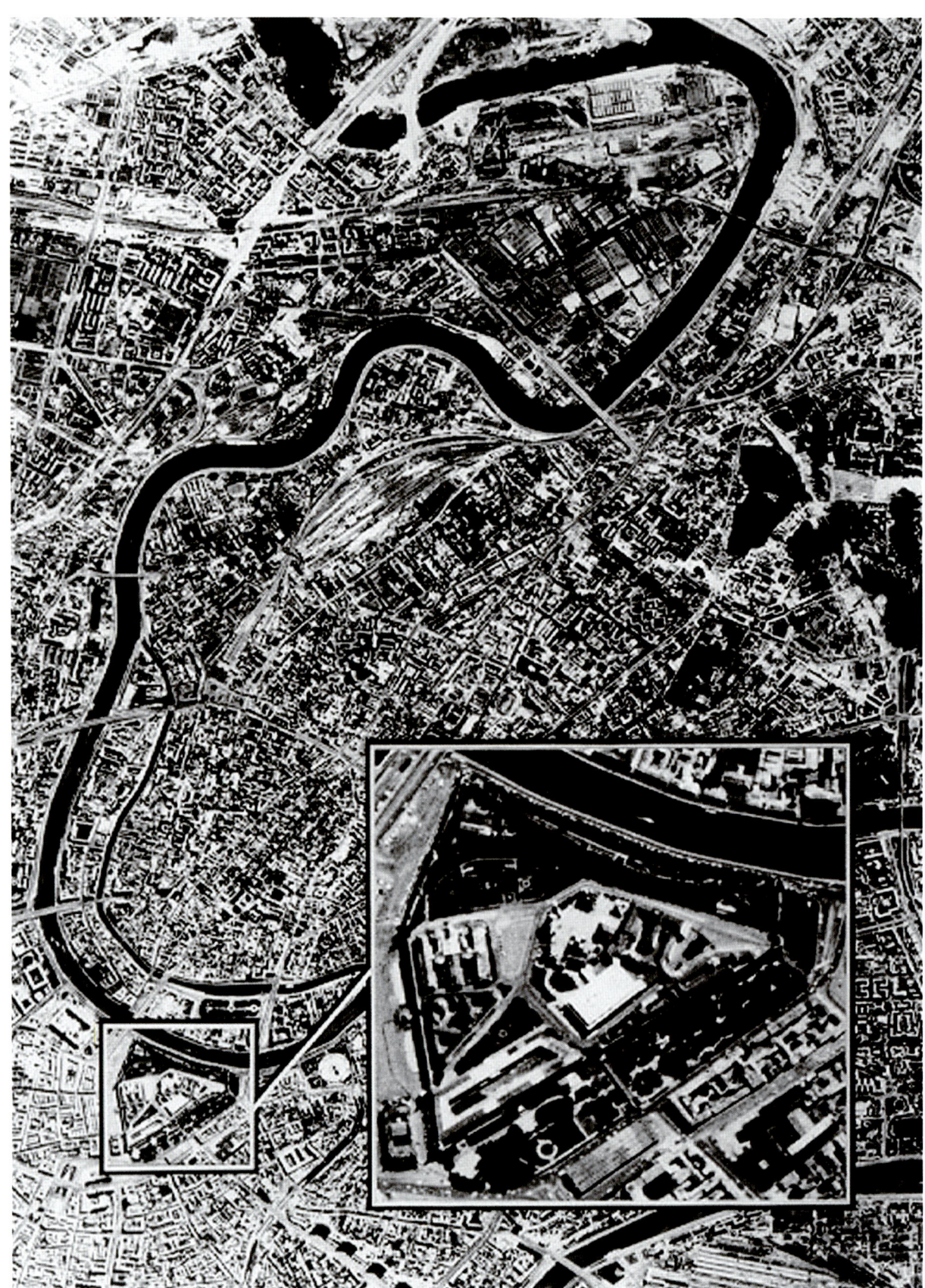

Dieses „KH-4B"-Bild zeigt Moskau und wie sich die Moskwa durch die Stadt windet. Auf der Ausschnittsvergrößerung sind der Kreml und der Rote Platz zu sehen.

entsprechende Mission überarbeitete man schnell eine große **„SAMOS"**-Kapsel, eines der späteren E5-Modelle, das eher für die Filmrückführung als für die Übertragung von Fernsehbildern gedacht war. Dieses experimentelle Programm des Jahres 1963 hieß „KH-6" und trug den Codenamen „Lanyard". Man erwartete Stereobilder mit 60 Zentimeter Auflösung.

Die ersten beiden Starts misslangen wegen der für den Anfang typischen Probleme des **„Corona"-Programms:** ein Versagen der zweiten „Agena"-Stufe. Der dritte Start war nur teilweise erfolgreich, da die Kamera nach 33 Tagen versagte. Die Ausfallquote des neuen Programms im Vergleich zu dem zunehmend verlässlicheren „Corona"-Programm und die Bedenken hinsichtlich der Bergung einer größeren Kapsel besiegelten das Ende des „Lanyard"-Konzepts.

„KH-7"

Zwar gelangen den **„Corona"**-Satelliten Aufnahmen mit immer feineren Details von Militärflughäfen, Raketenabschussbasen und U-Boot-Stützpunkten, aber das Militär brauchte ein Spotting-System, um einen detaillierten Anblick von kleineren Objekten in den Anlagen zu bekommen: von einzelnen Flugzeugen, Raketen, U-Booten oder Panzern.

Die amerikanische Luftwaffe entwickelte ein solches System namens „KH-7", das unter der Kontrolle des Keyhole-Sicherheitssystems stand. Diese Satelliten blieben ungefähr fünf Tage auf einer Umlaufbahn, deren **Perigäum** bei etwa 150 Kilometer Höhe lag. Sie lieferten Bilder mit ungefähr 45 Zentimeter Auflösung. Damit erreichte man mit Aufklärungssatelliten erstmals die gleich hohe Auflösung wie mit **U-2**-Aufklärungsflugzeugen. Der Film wurde wie beim „Corona"-Programm in Bergungskapseln zurückgeschickt. Die Luftwaffe nutzte die Aufnahmen, um ihre geplanten Ziele zu verfeinern. Von den 38 zwischen 1963 und 1967 gestarteten Satelliten waren 36 erfolgreich.

„KH-9"-Kartierung

Dieses spezialisierte Kamerasystem für die Kartierung kam zwischen März 1973 und Oktober 1980 im All zum Einsatz. Wie die **„Corona"**-Systeme kehrten die „KH-9"-Filme in hitzebeständigen Behältern zur **Erde** zurück. Die Kamera machte Stereobilder und manchmal drei Bilder vom gleichen Ort, um die Informationen für die Kartierung zu verfeinern. Diese Bildkartierung wurde genutzt, um Landkarten von „verbotenen" oder unzugänglichen Regionen zu erstellen und die Amerikakarten des US Geological Survey zu verbessern.

Der **Ausleuchtungsbereich** am Boden betrug für jede „KH-9"-Aufnahme 130 mal 260 Kilometer bei einer durchschnittlichen Auflösung von etwa zehn Metern bei den ersten Flügen und sechseinhalb Meter bei späteren Missionen. Diese Auflösung ist besser als die der ursprünglichen **„Landsat"**-Bilder, aber nicht so gut wie die des französischen **„SPOT"**-Satelliten.

Alle zwölf Missionen des „KH-9"-Kartierungssystems waren erfolgreich. Ihre Betriebsdauer lag zwischen 42 und 119 Tagen, und das gesamte Programm lieferte 29 000 Aufnahmen, die rund 300 Millionen Quadratkilometer abdeckten. Nur 100 Bilder davon unterliegen noch der Geheimhaltung.

EIS (Enhanced Imagery System)

EIS ist das aktuelle amerikanische IMINT-System des National Reconnaissance Office. Gegenüber älteren Bildaufklärungssystemen hat es verbesserte Möglichkeiten und soll durch die Future Imagery Architecture abgelöst werden. EIS ist streng geheim.

FIA (Future Imagery Architecture)

Die Zukunft des amerikanischen **IMINT**-Systems heißt Future Imagery Architecture (FIA). Die Planungen für dieses geheime Programm begann die US-Bundesregierung Mitte der 1990er Jahre.

Da den Geheimdiensten und dem Militär die Verbesserungen von zivilen Fernerkundungssatelliten bekannt waren, konzentrierten sie sich bei den FIA-Satelliten auf besonders anspruchsvolle Funktionen, die sonst nicht verfügbar sind. Weitwinkelaufnahmen will man dagegen bei zivilen und kommerziellen Programmen kaufen. Und anstatt viele Bildauswertungen anzufordern, können Nutzer des Mission Integration and Development Program (MIND) eine spezifische Aufklärungsfrage stellen. Das Programm führt die notwendigen Informationen aus allen Quellen zusammen und erzeugt daraus die beste Antwort auf die Anfrage.

Die amerikanische Regierung unternahm einen weiteren ungewöhnlichen Schritt und legte nur die Leistungscharakteristika des Systems fest: Dinge wie Bildauflösung, Abdeckung und Überflugraten über denselben Punkt der Erdoberfläche. Die Auftragnehmer sind dagegen in der Festlegung von Art und Anzahl der Satelliten völlig frei, sie müssen nur die Anforderungen erfüllen. Der Satellitenvertrag wurde im September 1999 unterzeichnet.

Andere Formen der Aufklärung

SIGINT (SIGNALS INTELLIGENCE, SIGNALAUFKLÄRUNG)

Schon immer haben Staaten versucht, den Nachrichtenverkehr anderer Regierungen abzufangen – bis zum heutigen Tag. Mit der Entwicklung von Kommunikationsverfahren, die verschiedene Bereiche des elektromagnetischen **Spektrums** nutzen, und durch die beiden Weltkriege entwickelten sich diese Aktivitäten zu einer ausgeklügelten, technikgetriebenen Wissenschaft.

SIGINT (Signals Intelligence) umfasst die Aufklärung und Analyse der elektromagnetischen Emissionen, die durch die Kommunikation und andere Aktivitäten des Gegners entstehen. Auf diese Weise will man mehr über das Bedrohungspotenzial, strategische und taktische Begrenzungen sowie die Absichten des Gegners erfahren. Zwei wichtige Anforderungen an SIGINT lauten: Sie muss heimlich und passiv vor sich gehen. Heimlich, weil kein Gegner Informationen preisgibt, wenn er weiß, dass jemand zuhört; passiv, weil man nur lauschen, aber nicht in die Aktivitäten der ausländischen Regierungen eingreifen will. Oft muss man die Informationen dechiffrieren, weil sie mit immer komplizierteren Verfahren verschlüsselt werden, und es ist eine schnelle, genaue Übersetzung bei Übertragungen in anderen Sprachen erforderlich.

SIGINT umfasst drei Unterdisziplinen, die verschiedene Teile eines Frequenzspektrums betreffen und unterschiedliche Ziele haben:

- COMINT (Communications Intelligence, Kommunikationsaufklärung) ist die Aufklärung (und Auswertung) von Übertragungen per Sprache, Fernschreiber, Fax, Mikrowellen, Video, Internet.
- ELINT (Electronic Intelligence, Elektronische Aufklärung) ist meist die Aufklärung (und Auswertung) der Emissionen von Radargeräten. Ihr Ziel ist, das gegnerische **Radar** hinsichtlich Art, Funktion, Reich-

Der „GRAB"-Satellit („Galactic Radiation and Background") maß die Sonnenstrahlung, aber sein Hauptzweck war, als weltweit erster Aufklärungssatellit elektronische Aufklärung zu betreiben. Sein Start durch die Vereinigten Staaten erfolgte am 22. Juni 1960.

weite, Möglichkeiten und Standort genau kennen zu lernen. Unter anderem kann man die ELINT auf Raketenleitsysteme und die Störsender des Gegners anwenden.

■ FISINT (Foreign Instrumentation Signals Intelligence, Signalaufklärung ausländischer Instrumente) ist die Aufklärung (und Auswertung) von Emissionen, die mit der Entwicklung und dem Test neuer militärischer Plattformen und Waffensysteme des Gegners einhergehen.

Während des Kalten Krieges fürchteten die Vereinigten Staaten besonders die sowjetische Aufrüstung bei Waffen großer Reichweite und einen möglichen Überraschungsangriff. Die Sowjetunion stellte nur noch wenige Visa für Ausländer aus, daher konnten Agenten nur sehr begrenzt eingesetzt werden. Die westlichen Alliierten erkundeten die Sowjetunion zwar mit SIGINT-Horchposten, aber die Geographie des Landes stellte ein unüberwindliches Hindernis dar.

Russland ist das größte Land der Welt. Es erstreckt sich über 9 000 Kilometer von Osten nach Westen und durchläuft elf Zeitzonen. Seine gesamte nördliche Grenze ist von der eisigen, unbewohnten Arktis umgeben. Die Aufklärung der Emissionen von fernen Bodenstationen aus wurde durch gebirgiges oder waldreiches Gelände erschwert, das die Signale störte. Auch elektromagnetische Interferenzen von Wohn- und Industriegebieten sowie die Folgen von heftigen Wettereffekten und **solaren Flares** in der Atmosphäre behinderten die elektronische Aufklärung. Es war unmöglich, Emissionen aus dem Zentrum der Sowjetunion aufzufangen – für die USA ein zusätzlicher Anstoß für den Start eines ELINT-**Satelliten.** Das Ergebnis war der im Juni 1960 gestartete „GRAB"-Satellit.

Zwar beseitigte er viele Probleme beim „geographischen" Zugang zur Sowjetunion, aber er erzeugte auch ein ganz neues Problem: die Fülle an Signalinformationen, die der Satellit abfing, überforderte die Auswertekapazitäten der **National Security Agency.**

Die heute von allen größeren Staaten betriebene SIGINT steht vor ständigen Herausforderungen, weil es in immer kürzeren Abständen neue Formen der Kommunikation und Verteilung von Informationen gibt. Beispiele sind der ständige Frequenzwechsel beim Funk, die Burst-Kommunikation (Burst ist gleich Sendeimpuls) und die immer besser werdende Verschlüsselungssoftware. Aber die größte Herausforderung bleibt die Geheimhaltung. Daher bestätigen Regierungen nur selten öffentlich, dass sie SIGINT für die Erarbeitung einer Strategie nutzen. Der Zugang zu Informationen über heutige Signalaufklärung ist sehr begrenzt.

MASINT (Measurement and Signature Intelligence, Mess- und Signaturaufklärung)

MASINT (Measurement and Signature Intelligence) ist die Aufklärung von mobilen oder stationären Zielen. Sie erfasst deren Existenz und Standort, verfolgt und identifiziert sie und beschreibt ihre besonderen Eigenschaften (Signaturen). Von **IMINT** und **SIGINT** unterscheidet sich MASINT durch ein breiteres Spektrum an genutzten Informationen: Sie erfasst **Radar, Laser,** optische, infrarote, akustische, seismische und Radiofrequenzen, nukleare Reaktionen sowie gasförmige, flüssige und feste Materialien. Beim MASINT-Ansatz wird ein Ziel oder eine Aktivität auf möglichst viele Arten beschrieben, um Tarnung und Gegenmaßnahmen des Gegners zu überwinden. Dazu gehört auch die Weiterverarbeitung traditioneller SIGINT- und IMINT-Daten. MASINT ist so etwas wie das forensische Werkzeug für feindliche Aktivitäten oder drohende Ereignisse.

Bei der MASINT sammelt man die Daten mit Sensoren im All, in der Luft und am Boden. Manche Sensoren sind extra für die MASINT entwickelt worden, andere werden für verschiedene Zwecke genutzt. Zu vielen kommerziellen und wissenschaftlichen Sensoren gibt es ein MASINT-Gegenstück.

MASINT unterstützt Waffenentwicklung, Gegenmaßnahmen, Taktik, Zielplanung, die Erfassung von Zerstörungen durch Kampfhandlungen, Hinweise auf gegnerische Absichten, die Lagebestimmung durch Militärkommandanten, Antiterrormaßnahmen, Abrüstungs- und Vertragskontrollen, Maßnahmen gegen Drogenhandel, Warnungen vor Naturkatastrophen und die Umweltüberwachung. Bei zivilen Notfällen entsprechenden Ausmaßes – beispielsweise Erdbeben – wird die Geheimhaltung für die Informationen heruntergesetzt, um die Rettungskräfte zu unterstützen.

Da die unzähligen Datenquellen die Möglichkeiten der Auswerter und Nutzer leicht übersteigen, arbeiten die USA an einem Werkzeug, das die Arbeit der Anwender erleichtern soll. Das sich in Entwicklung befindende MASINT Information Environment (MINE) ähnelt dem MIND-Programm (Mission Integration and Development) der Future Imagery Architecture. Es soll einem Anwender ermöglichen, eine Frage an das System zu stellen und sich die archivierten Daten anzusehen, wenn es eine Antwort gibt. Falls nicht, kann er die beste Sammlung an Aufklärungsinformationen anschauen, die verfügbar ist. So muss ein Nutzer nicht die Besonderheiten jedes Sensors kennen; ein breiterer Zugang zum System wird möglich.

SPIONE AM HIMMEL

Gary A. Federici

IN DEN 1950ER JAHREN VERSCHÄRFTE SICH DER RÜSTUNGSWETTLAUF. SOWOHL DIE Vereinigten Staaten als auch die Sowjetunion stützten sich auf Langstreckenbomber und investierten kräftig in Luftverteidigungssysteme, um einen Angriff des jeweils anderen abzuwehren. Die Amerikaner hatten Schwierigkeiten, Informationen über das sowjetische Waffenarsenal zu bekommen. Es gab öffentliche Diskussionen, ob eine „Bomberlücke" existiere und die USA genügend „B52"

bauten. Dazu kam die Ungewissheit über die sowjetische Luftverteidigung. Hätte man eine genaue Vorstellung von ihrem System, wüsste man nicht nur, wie viele Bomber man selbst benötigte, sondern auch auf welchen Flugrouten man unentdeckt bleiben könnte.

Die Amerikaner versuchten, diese Informationen durch Aufklärungsflüge entlang der sowjetischen Grenze zu bekommen. Aber diese Flüge eigneten sich nicht, um weit ins Land hineinschauen, und man war ständig von sowjetischen Abfangjägern bedroht.

Eine anfängliche Lösung waren die U-2-Aufklärungsflugzeuge, die eine große Reichweite und Flughöhe hatten. Sie konnten die Sowjetunion oberhalb der Flughöhe der Abfangjäger überfliegen. Aber die Sowjets entwickelten Boden-Luft-Raketen, die der U-2 gefährlich werden konnten. Bereits vor dem Abschuss des U-2-Piloten Gary Powers 1960 erkannten die USA, dass die Tage der Luftaufklärung gezählt waren. Eine satellitengestützte Aufklärung wäre nicht mehr angreifbar, und sie wäre weniger provokativ.

Sowohl die Sowjetunion als auch die Vereinigten Staaten hatten Satelliten entwickelt, um während des Internationalen Geophysikalischen Jahres 1957 wissenschaftliche Messungen durchführen zu können. Aus politischen Gründen starteten die USA ihren „Vanguard"-Satelliten nicht mit einer militärischen Rakete, sondern entwickelten eine separate Rakete. Bei ihrem ersten Startversuch im Dezember 1957 versagte sie; im März 1958 war sie dann erfolgreich. Derweil hatte die Sowjetunion im Oktober 1957 die Welt mit dem Start von „Sputnik" in Erstaunen versetzt. Die Amerikaner änderten ihre Strategie und starteten den „Explorer"-Satelliten im Januar 1958. Den Bedarf an einer satellitengestützten Aufklärung der Sowjetunion

und die Verfügbarkeit von ballistischen Raketen für militärische Zwecke begünstigten die ersten beiden erfolgreichen Aufklärungssatellitenprogramme der Amerikaner: zunächst das „Corona"-Programm der CIA zur fotografischen Aufklärung der Sowjetunion.

Bei „Corona" stand man vor enormen technischen Herausforderungen. Der Satellit musste seine Kamera genau auf die gewünschten Ziele ausrichten und genügend Film mit sich führen, der dann aus dem All zurückgebracht werden sollte. Beim Wiedereintritt in die Atmosphäre durfte er nicht verglühen. Anschließend musste er sich in Reichweite eines Flugzeugs befinden, das ihn aufsammeln konnte, während er in einem Kanister am Fallschirm hängend tiefer sank. Der komplette Satellit musste leicht genug sein, um von einer zweistufigen Rakete ins All befördert zu werden, als deren erste Stufe die „Thor"-Langstreckenrakete diente.

Bis zum Erfolg der ersten Mission bedurfte es einer Reihe von Teststarts, die offiziell als das „Discoverer"-Forschungsprogramm der Luftwaffe galten. Der erste Startversuch erfolgte im Januar 1959; die erste erfolgreiche Kameramission gelang am 18. August 1960.

Heutzutage werden Programme nach ein paar Misserfolgen eingestellt. Doch damals sorgte eine Kombination aus Dringlichkeit, Heimlichkeit und Verfügbarkeit von „Thor"-Raketen dafür, dass das „Corona"-Programm weitergeführt wurde, bis alles klappte.

Die ersten „Discoverer"-Starts erfolgten öffentlich, nur ihr Zweck blieb geheim. 1962 ging das „Corona"-Programm an das neu gegründete National Reconnaissance Office (NRO) über, dessen Existenz jahrzehntelang geheim gehalten wurde. 1995 gab Präsident Clinton Informationen über die Satelliten frei.

„Corona" war nicht der erste erfolgreiche Aufklä-

29. April 1960: Ein Teil des zum Naval Research Laboratory gehörenden „GRAB"-Teams führt einen Rotationstest an dem Satelliten durch, der auf einem „Transit"-Navigationssatelliten sitzt. Beide Satelliten haben nach dem Start auf derselben Trägerrakete am 22. Juni 1960 erfolgreich ihre Umlaufbahn erreicht.

rungssatellit. Das Naval Research Laboratory entwickelte „GRAB", der im ersten Anlauf am 22. Juni 1960 ins All startete. Der kleine Satellit belauschte das sowjetische Radar und übertrug alle Signale an ein Netz aus Abhörstationen. Obwohl er nicht stabilisiert war, konnte man durch eine geschickte Verarbeitung der empfangenen Signale die Positionen der sowjetischen Radarsysteme ermitteln und ihre Fähigkeiten beurteilen.

„GRAB" hatte auch eine wissenschaftliche Mission an Bord, die den galaktischen Strahlungshintergrund vermaß. Das Experiment diente als Tarnung. Die Fähigkeit von „GRAB" war für das Strategische Luftkommando von großem Nutzen. Wie „Corona" unterlag er der Kontrolle des NRO. Als die Starts im Geheimen stattfanden, war die wissenschaftliche Tarnung nicht mehr nötig. Die Geheimhaltung über das „GRAB"-Satellitenprogramm wurde 1998 aufgehoben.

Zwar war die Warnung vor einem möglichen nuklearen Schlagabtausch die Motivation für „Corona" und „GRAB", aber die Rolle der Aufklärungssatelliten veränderte sich im Lauf des Kalten Krieges. Nachdem Amerikaner und Sowjets Verträge über die nuklearen Waffenarsenale abgeschlossen hatten, konnten beide Staaten mit ihren Aufklärungssatelliten die Auflagen überwachen. Zwar waren die Satelliten geheim, aber die beiden Supermächte hatten eine genaue Vorstellung von den Aufklärungsmöglichkeiten des jeweils anderen. Die Verträge verboten ausdrücklich die Behinderung dieser Aufklärung.

„Corona" und „GRAB" führten zu sehr viel besseren Nachfolgern. In den 1980er Jahren war die satellitengestützte Aufklärung so ausgereift, dass sie die Streitkräfte direkt unterstützen konnte. Der Irak-Krieg von 1991 wurde von manchen als erster „Informationskrieg" bezeichnet, weil die Informationsüberlegenheit entscheidend war. Diese ergab sich größtenteils durch Überwachungssatelliten. Die Satellitenaufklärung kam auch bei den amerikanischen Aktivitäten nach den Terroranschlägen in New York und Washington und beim zweiten Irak-Krieg zum Einsatz.

Weitere Investitionen für Systeme im All sind in Vorbereitung. Die Luftwaffe plant eine Anordnung aus Radarsatelliten, um nahezu rund um die Uhr Objekte erfassen zu können, die sich auf der Erde bewegen. ■

Militärische und geheimdienstliche Weltraumorganisationen

DIE GEHEIMDIENSTLICHEN WELTRAUMORGANISATIONEN DER USA

In den Vereinigten Staaten überschneiden sich Geheimdienst- und Weltraumorganisationen sowie zivile und militärische Weltraumorganisationen beträchtlich. Zu den Geheimdiensten und Nutzern von Geheimdienstinformationen zählen: **CIA, Defense Intelligence Agency,** Geheimdienste von Heer, Marine, Luftwaffe und Marinetruppen, **National Reconnaissance Office, National Security Agency, National Geospatial-intelligence Agency,** FBI, Finanzministerium, Energieministerium und Auswärtiges Amt. Einige der Organisationen sammeln Aufklärungsdaten, andere verarbeiten sie, wieder andere nutzen hauptsächlich die Informationen.

Das National Reconnaissance Office ist das „amerikanische Auge und Ohr im Weltraum". Die federführende Organisation für die amerikanische **SIGINT** (Signalaufklärung) ist die National Security Agency; für **IMINT** (Bildaufklärung) und die neue GEOINT (Geospatial Intelligence, Aufklärung des Erdraums) liegt die Führung bei der Defense Intelligence Agency; für HUMINT (Human Intelligence, Aufklärung durch Menschen) sind die Defense Intelligence Agency (bei auswärtigen militärischen Angelegenheiten) beziehungsweise die **CIA** (in allen anderen Angelegenheiten) zuständig. Das Militär überwacht die Entwicklung der Raketenabwehr sowie die Starts und Bahnen von **Satelliten.** Es betreibt die militärischen Systeme, die auf Angriffe mit **Raketen** oder anderen Waffen reagieren.

NRO (NATIONAL RECONNAISSANCE OFFICE)

Das NRO ist eine Regierungsorganisation, die Spionagesatelliten und Sensoren entwirft, baut, startet und betreibt. Dies geschieht im Auftrag der Geheimdienstorganisationen und der Nutzer der Geheimdienstinformationen in den USA. Das NRO wurde 1961 als geheime Organisation eingerichtet und hat in den vergangenen viereinhalb Jahrzehnten Hunderte von Satelliten betrieben. Rechenschaftspflichtig ist das NRO dem Verteidigungsministerium und der CIA, die beide für die Finanzierung sorgen.

Das National Reconnaissance Program (NRP) wurde durch eine streng geheime Vereinbarung zwischen dem Stellvertretenden Verteidigungsminister und dem CIA-Direktor am 6. September 1960 beschlossen. Anlass für die Gründung war die Bewältigung des „**Corona**"-Programms, nachdem es von der Luftwaffe als heimliches Programm an die CIA ging. Das NRO wurde formal am 14. Juni 1962 als eigenständige Organisation gegründet. Das bereits zwei Jahre laufende „**GRAB**"-Satellitenprogramm ging danach ebenfalls an das NRO. Amerika bestätigte die Existenz der Organisation, nachdem der CIA-Direktor die Geheimhaltung am 18. September 1992 aufgehoben hatte – mehr als 30 Jahre nach der Gründung. Zwar sind nun Existenz und Name der Organisation bekannt, aber ihre Programme und ihr Etat sind weiterhin streng geheim.

Das NRO unterstützt heutige Nutzer mit einer großen Vielfalt an neu entwickelten satellitengestützten Sensoren. Unter den Nutzern sind Geheimdienste, Militärkommandeure, der Heimatschutz sowie zivile Katastrophenhelfer und die Umweltüberwachung.

NGA (NATIONAL GEOSPATIAL-INTELLIGENCE AGENCY)

Die NGA ist die neue amerikanische Regierungsorganisation, die Daten der Fotoaufklärung (**IMINT**) mit zugehörigen Aktivitäten bei der Geolokalisierung und Kartierung verbindet. Dieser neue Bereich heißt GEOINT (Geospatial Intelligence). Die NGA wurde offiziell durch die Unterzeichnung des „Gesetzes zur Genehmigung der Verteidigung" am 23. November 2003 eingerichtet. Die Organisation ist hauptverantwortlich für den TPED-Prozess im Rahmen der neuen **Future Imagery Architecture** (FIA), dem im Entstehen begriffenen neuen Fotoaufklärungssystem. TPED steht für *Tasking, Processing, Exploitation and Dissemination* (Durchführung, Verarbeitung, Ausnutzung und Verteilung) und bezieht sich unter anderem auf die Datengewinnung sowie auf Bilder und Landkarten des FIA-Programms. Die NGA verbessert den Nutzerzugriff, die Aktualität und die Automatisierung in allen Phasen des Prozesses.

Dieser vielschichtigen Organisation kommt eine entscheidende Rolle innerhalb der Geheimdienste und unter den Nutzern von Geheimdienstinformationen zu. Sie versorgt auch die amerikanischen Truppen im Ausland mit Bildern und Landkarten sowie zivile Nutzer weltweit mit Luft- und Seekarten.

NIMA (NATIONAL IMAGERY AND MAPPING AGENCY)

NIMA ist der frühere Name der **National Geospatial-intelligence Agency.** Sie entstand 1996 durch den Zusammenschluss der Defense Mapping Agency mit mehreren **IMINT**-Büros, die zu verschiedenen Geheimdienstorganisationen gehörten.

NPIC (NATIONAL PHOTOGRAPHIC INTERPRETATIONAL CENTER)

Präsident **Eisenhower** genehmigte die Gründung des National Photographic Interpretational Center (NPIC) im Januar 1961. Die Organisation vereinte die **IMINT**-Aktivitäten der **CIA** mit denen von Heer, Marine und Luftwaffe. Sie hatten zuvor die Aufklärungsdaten der **U-2** und anderer Flüge separat ausgewertet. Doch auf Grund der Bilderflut von den **„Corona"**-Fotoaufklärungssatelliten und der persönlichen Interessen des Präsidenten und seines Stabs entstand die NPIC. Diese Organisation gewährleistete für die Staatsführung eine schnelle, koordinierte Interpretation der Daten.

NSA (NATIONAL SECURITY AGENCY)

Die NSA ist die Regierungsorganisation, die für die Verarbeitung und Verteilung der Signalaufklärungsdaten zuständig ist. Sie entwickelt auch Verschlüsselungsalgorithmen. Ihren Auftrag kann man als *code-breaking and code-making* (Code knacken und Code entwickeln) beschreiben. Die Armed Forces Security Agency wurde im Mai 1949 gegründet und ging gemeinsam mit zivilen Kryptologie-Initiativen in der NSA auf, als diese im November 1952 eingerichtet wurde.

Die Gründung der NSA ging den ersten Versuchen einer satellitengestützten Signalaufklärung voraus, die der **„GRAB"-Satellit** erst 1960 durchführte.

Während der Kuba-Krise 1963 bestätigten **„Corona"**- und U-2-Aufnahmen die Stationierung sowjetischer Raketen auf Kuba. Aber für die Überwachung der sowjetischen Flottenbewegungen während der von Präsident Kennedy angeordneten Seeblockade

war die Signalaufklärung der NSA entscheidend.

Bei der NSA sind mehr Mathematiker angestellt als an irgendeinem anderen Ort in den USA. Außerdem arbeiten dort Sprachspezialisten, um Gespräche über Terrorismus, Drogen- und Waffenschmuggel abzuhören. Die NSA konzentriert sich sowohl auf neue Bedrohungen als auch auf die traditionellen Militär- und Geheimdienstoperationen. Die Hightech-Entwicklungen der NSA haben wesentlich zur Entwicklung von Kassettenbändern, Supercomputern, Mikrochips und der Nanotechnologie beigetragen.

CIA (CENTRAL INTELLIGENCE AGENCY)

Die CIA ist der amerikanische Geheimdienst, der für die Aufklärung durch Agenten zuständig ist. Außerdem ordnet und analysiert er die Informationen aus allen Aufklärungsbereichen und erstellt daraus die täglichen Berichte für den Präsidenten sowie die **National Intelligence Estimates.** Der CIA-Direktor ist gleichzeitig Leiter aller amerikanischen Geheimdienstorganisationen.

Die CIA wurde von Präsident Truman durch das „Gesetz zur nationalen Sicherheit" aus dem Jahr 1947 gegründet. Diesem Geheimdienst kam eine Führungsrolle bei der anfänglichen satellitengestützten

Ein von Washington 1966 freigegebenes Foto, das mit einem „Corona"-Satelliten der „KH-4A"-Reihe gemacht worden ist, zeigt die hohe Auflösung der frühen Fotoaufklärungssatelliten.

Aufklärung zu. Mitte der 1950er Jahre betrieb die CIA das **U-2-Programm**, 1958 übernahm sie die Führung des „**Corona**"-Satellitenprogramms. Sie ist noch immer ins Tagesgeschäft des **NRO** eingebunden.

DIA (Defense Intelligence Agency)

Die 1961 gegründete DIA (Defense Intelligence Agency) ist die hauptverantwortliche Regierungsorganisation, die Aufklärung über Fähigkeiten und Absichten ausländischer Militärs sammelt, analysiert und verbreitet. Dazu gehören auch Informationen über ausländische Raketenwaffen und Raumfahrtprogramme. Ihr Fokus liegt weiterhin bei der militärischen Aufklärung – sowohl mit Agenten als auch mit Satelliten. Bei der DIA liegt auch die Leitung der relativ neuen **MASINT** (Measurement and Signature Intelligence).

STRATCOM (Strategisches Kommando der USA)

STRATCOM ist das US-Militärkommando, das für viele Weltraummissionen zuständig ist. Gegründet am 1. Juni 1992, geht es auf das Strategische Luftkommando zurück, das im März 1946 geschaffen wurde, um Langstreckenbomber als Reaktion auf die sowjetische Bedrohung zu betreiben. Am 1. Oktober 2002 wurde das Kommando um die Missionen des früheren Weltraumkommandos der USA erweitert und ist nun für folgende Bereiche verantwortlich:

- Start, Überwachung und Betreibung von militärischen Frühwarnsatelliten sowie militärischen Kommunikations-, Wetter-, Navigations- und Positionsbestimmungssatelliten.
- Betreibung des Weltraumüberwachungsnetzes, das Weltraumschrott überwacht und berechnet, wann er in der Erdatmosphäre verglüht.
- Betreibung der Aufklärungsflugzeuge.
- Leitung der Betreibung der Systeme, die auf eine Bedrohung der USA wie Langstreckenbomber, land- und U-bootgestützte Atomraketen reagieren würden.

MDA (Missile Defence Agency)

Die MDA ist die amerikanische Organisation, die für die Verteidigung gegen Raketenangriffe von feindlichen Staaten oder Terroristen zuständig ist. Dieser Auftrag bezieht sich auf die USA, auf Stützpunkte außerhalb der USA sowie auf befreundete und alliierte Staaten. Im Januar 2002 reorganisierte das Verteidigungsminis-

terium die **Ballistic Missile Defense Organisation**, wandelte sie in eine Bundesanstalt um und taufte sie auf den Namen Missile Defence Agency (MDA). Die MDA betreibt eine mehrschichtige Verteidigung. Dazu arbeitet sie an Verfahren, um sich nähernde Raketen in allen Phasen des Flugs erfassen und vernichten zu können. Diese Phasen sind die Brennphase (der **Start**), während der die Raketentriebwerke laufen, die Mittlere Bahn, bei der sich die Rakete auf ihrer vorherbestimmten **ballistischen Flugbahn** befindet, und die Endphase, in der die Rakete mit bis zu 1 240 Kilometern pro Stunde wieder in die **Erdatmosphäre** eintritt und im **freien Fall** auf ihr Ziel hinabstürzt. Die MDA nutzt nicht nukleare Defensivwaffen, die auf dem Land und auf dem Meer stationiert sind, sowie Sensoren zur Erkennung und Verfolgung, die sich am Boden, auf dem Meer und im All befinden. Zu den Defensivwaffen gehören Abfangraketen, die auf Grund ihrer Masse und Geschwindigkeit die anfliegende Rakete durch einen Zusammenstoß zerstören können. Man forscht auch am gezielten Einsatz von Strahlenwaffen, etwa von Laserabwehrwaffen in der Luft oder im All.

Die Komponenten des **Space-based Infrared System** (SBIRS) auf **niedrigen Umlaufbahnen** wurden 2001 von der amerikanischen Luftwaffe an die Missile Defence Agency übergeben und in **Space Tracking and Surveillance System** (STSS) umbenannt. Eine Anordnung aus STSS-**Satelliten** mit Infrarotsensoren an Bord soll die weltweite Erfassung von Raketenstarts und die Verfolgung der **Raketen** sowie eine schnelle Weiterleitung der Informationen an die Abwehrraketen ermöglichen. Der Start der ersten beiden STSS-Demonstrationssatelliten ist für 2007 geplant.

BMDO (Ballistic Missile Defense Organisation)

Die BMDO ist die ehemalige **Missile Defense Agency** (MDA). Während des Kalten Krieges war das SDI-Büro (Strategische Verteidigungsinitiative) auf die Bedrohung durch sowjetische **Interkontinentalraketen** fixiert. Nach dem Zerfall des Ostblocks Ende der 1980er Jahre schien sich die Raketenbedrohung zu verringern. Inzwischen sind Raketen jedoch noch viel weiter verbreitet und noch schwerer zu verfolgen und abzuwehren. 1993 verlegte das amerikanische Verteidigungsministerium daher entsprechende Anstrengungen eher auf boden- als auf weltraumgestützte Initiativen. An die Stelle von nuklearen Waffen treten nun nicht nukleare Ansätze. Daher wurde die MDA in die **Ballistic Missile Defense Organisation** umgewandelt.

Die abgelegene Insel
Ascension liegt über dem
Mittelatlantischen
Rücken nur acht Grad
südlich des Äquators. Sie
ist ein idealer Ort für
die Überwachung von
Satelliten und Raketen.
Der Mond geht über dem
„Telemetrie-Berg" auf,
auf dem die militärischen
Überwachungsantennen
stehen.

Militärische Kommunikation

MILITÄRISCHE KOMMUNIKATION

Die satellitengestützten, militärischen Kommunikationsmöglichkeiten, oft MILSATCOM abgekürzt, werden von allen amerikanischen Militäroperationen genutzt: von der Frühwarnung vor Raketenangriffen über die operativen Einsatzpläne bis zur Logistik und zu Computertrainings für die Truppen. Das Militär nutzt dabei **niedrige, geostationäre, stark elliptische** und driftende **Umlaufbahnen,** eine große Spanne an Frequenzen und Datenraten sowie eine Mischung aus kommerziellen Leitungen und militärischen Systemen:

Das satellitengestützte, militärische Kommunikationssystem Milstar verbindet Befehlshaber weltweit mit den Luft-, Land- und Seestreitkräften.

■ Mit dem Aufbau des Defense Satellite Communications System (DSCS, Satellitenkommunikationssystem zur Verteidigung) wurde 1966 begonnen. Die DSCS-Satelliten der Phase I wurden zwischen 1966 und 1968 auf **Kreisbahnen** über dem Äquator geschossen, knapp unter der Höhe einer geostationären Bahn. Die Satelliten der Phase II (1971 bis 1975) und III (seit 1982) bewegen sich auf geostationären Umlaufbahnen. Die Phase III nutzt 13 Satelliten für die Breitbandkommunikation mit den militärischen Kommandeuren im Feld. Sie hat eine lange Reichweite, ist verschlüsselt und störungssicher.
■ Die Fleet Satellite Communications (FLTSATCOM, Flotten-Satellitenkommunikation) war für taktische Nutzer auf dem Schlachtfeld gedacht. Vier geostationäre Satelliten wurden dafür zwischen 1978 und 1980 gestartet. Sie ermöglichten die schmalbandige Kommunikation im SHF-, EHF- und UHF-Band.
■ Der Ultra High Frequency Follow-on (UFO, Ultrahochfrequenz-Nachfolger) ersetzte die FLTSATCOM. Neun geostationäre Satelliten mit UHF- und EHF-Systemen an Bord starteten zwischen 1993 und 2003.
■ Das Global Broadcast System (GBS, Globales Sendesystem) ist ein Breitbandsystem, mit dem man nur senden kann. Es liefert den Streitkräften, die kleine tragbare Empfänger bei sich haben, Aufklärungsdaten, Bilder, Landkarten und Videoinformationen an jeden Ort der Welt. Die ersten drei GBS-Systeme befanden sich auf den UFO-Satelliten 8, 9 und 10, die zwischen 1996 und 1999 starteten.
■ Das Milstar-System verbindet Befehlshaber weltweit mit den Luft-, Land- und Seestreitkräften. Es ermöglicht die verschlüsselte Übertragung von Sprache, Daten, Fernschreiben und Faxdokumenten sowie geheimen Videokonferenzen. Es ist vor radioaktiver Strahlung, Störsendern und anderen Gefahren geschützt. Die Anordnung umfasst fünf geostationäre Satelliten mit aktiven Verbindungen untereinander; die Kommunikation erfolgt im SHF- und EHF-Band. Milstar kann Kommunikationssignale an Bord verarbeiten und dadurch sehr schnell Verbindungen erzeugen, betreiben, ändern und wieder abbauen.

TRANSFORMATIONAL COMMUNICATIONS ARCHITECTURE (TCA)

Die TCA dient dazu, amerikanische militärische, geheimdienstliche und zivile Organisationen besser miteinander zu vernetzen. Die heutige Kommunikation erfolgt über getrennte, doppelt vorhandene Kabel. Die TCA soll den Übergang zu einem integrierten, internetähnlichen Informationstransport ermöglichen. Sie umfasst Weltraumsysteme des US-Verteidigungsministeriums (Transformational Satellite System), der Geheimdienste (Optical Relay Communications Architecture) und der **Nasa** (Tracking Data Relay Satellite System). Sie sollen sich einst zum Global Information Grid verbinden. Dieses globale Informationsnetz bietet eine höhere Kapazität als die heutigen Netze und eine horizontale Integration der Kommunikation zwischen den genannten drei Bereichen.

Militärische und geheimdienstliche Nutzung des Alls

MILITÄRISCHE UND GEHEIMDIENSTLICHE NUTZUNG DES ALLS

Zwischen 1960 und 2000 starteten die Vereinigten Staaten fast 800 Militär- und Aufklärungssatelliten für verschiedene Zwecke und ungefähr die gleiche Zahl an zivilen **Satelliten.** Im selben Zeitraum setzten die Sowjets (später die Russen) ungefähr die gleiche Zahl an zivilen Satelliten ein, aber mehr als dreimal so viele Militär- und Aufklärungssatelliten. Zwischen 1969, als Großbritannien seinen ersten Militärsatelliten startete, und 2000 starteten fünf Nationen (Chile, China, Frankreich, Großbritannien und Israel) sowie die Nato fast 50 Militärsatelliten. Diese Gruppe setzte mehr als 500 zivile Satelliten ein, was ihr vorrangiges Interesse an einer zivilen Nutzung des Alls unterstreicht. Im Januar 2003 kündigte die südkoreanische Regierung an, dass man 2005 den ersten Militärsatelliten einsetzen wolle. Japan startete seine ersten beiden Spionagesatelliten im März 2003.

Der **Weltraumvertrag** legt fest, dass das All nur für friedliche Zwecke genutzt werden darf. Diese Bestimmung wurde von den raumfahrenden Staaten sehr großzügig ausgelegt: Defensive militärische Aktivitäten im All gelten als akzeptabel. Zwar sind die Details der Militär- und Geheimdienstsatelliten unbekannt, aber einige amerikanische Missionen werden hier allgemein zusammengefasst. Die Vereinigten Staaten sind in vielerlei Hinsicht auf den Weltraum angewiesen. Kartografiesatelliten ermitteln die Geländeform und den genauen Ort von Zielen in gegnerischen Ländern. Wettersatelliten informieren, ob es möglich ist, Bilder von oben zu machen, ob manche Waffen, **Radar-** oder Kommunikationsgeräte gestört werden und welche Witterungsbedingungen im Einsatzgebiet herrschen. Militärische Kommunikationssatelliten ermöglichen weltweit Verbindungen zwischen der Staatsführung und regionalen Kommandanten bis hin zu den verstreuten Einheiten auf dem Land oder dem Meer. Die Weiterleitung von Aufklärungsinformationen fast in Echtzeit und die schnelle Verteilung von **Aufklärungs-** und Zielinformationen sind weitere Aufgabenfelder der Kommunikationssatelliten.

Satelliten für die Navigation und zur Positionsbestimmung, vor allem das amerikanische **Global Positioning System** (GPS), werden für die Navigation, Positionsbestimmung und das Sammeln der Streitkräfte genutzt. Aber sie liefern auch die genaue Zeit für parallel verlaufende Operationen und für die verschlüsselte Burst-Kommunikation. Die genaue Position von Zielen und die Steuerung von Präzisionslenkwaffen sind weitere Einsatzzwecke dieser Satelliten.

Einige der Militärsatelliten sind in Wirklichkeit Aufklärungs- und Überwachungssatelliten. Präsident Bush kündigte am 13. Mai 2003 eine neue Strategie der amerikanischen Regierung an, wonach künftig «im maximal möglichen Umfang» kommerzielle Bilder für militärische, geheimdienstliche und außenpolitische Zwecke (Vertragskontrollen) genutzt würden. Künftige Fotoaufklärungssatelliten werden also nur noch das liefern, was kommerzielle Systeme nicht leisten können. Einige der militärischen Satelliten sind Frühwarnsysteme, um **Raketen** zu identifizieren und zu verfolgen, die die USA, die amerikanischen Streitkräfte im Ausland sowie die alliierten und befreundeten Staaten angreifen.

WELTRAUMKONTROLLE

Unter Weltraumkontrolle versteht man zwei Dinge: dass man seine eigene Handlungsfreiheit im All behält und dass man die Fähigkeit hat, anderen bei Bedarf die Nutzung des Alls zu untersagen. Für die Vereinigten Staaten erfordert dieses Ziel vier Ansätze. Der erste umfasst die **Überwachung** von Objekten im All, weil **Weltraumschrott** und natürliche Himmelskörper mit der **Erde** zusammenstoßen können. Unter anderem sorgt die Überwachung dieser Objekte dafür, dass nicht irrtümlich ein Raketenangriff gemeldet wird. Zu den weiteren Ansätzen der Weltraumkontrolle gehören der Schutz der eigenen Raumfahrzeuge vor feindlichen Bedrohungen und natürlichen Gefahren, der Schutz vor nicht erlaubtem Gebrauch der amerikanischen Weltraumsysteme und – falls nötig – die Zerstörung oder Störung eines feindlichen Raumfahrzeugs. Ein Beispiel für die Umsetzung der Weltraumkontrolle sind Antisatellitenprogramme: Waffen, die künstliche **Satelliten** auf der Umlaufbahn zerstören oder unbrauchbar machen können. Sowohl die USA als auch Russland haben mit Antisatellitensystemen experimentiert. Meist handelte es sich dabei um land- oder luftgestützte Systeme. Dabei besteht allerdings die Gefahr, dass die Trümmer eines zerstörten Satelliten die eigenen oder diejenigen von befreundeten Staaten beschädigen können. Auch deswegen konzentriert sich Amerika nun auf einen breiter gefassten Ansatz zur Weltraumkontrolle. Es wäre etwa möglich, die Kommando- und Steuerverbindungen zu den Satelliten eines feindlich gesinnten Landes zu stören oder die entsprechenden Bodenstationen und Starteinrichtungen lahm zu legen.

AUFKLÄRUNG FÜR DAS KAMPFGEBIET

Die satellitengestützte Aufklärung ist auch wichtig für friedenserhaltende Missionen und Kriegseinsätze. Sie liefert vielfältige Informationen über das Kampfgebiet, die Positionen der eigenen und der feindlichen Streitkräfte und ermöglicht die **Verfolgung** von feindlichen Streitkräften. Das moderne Kampfgebiet wird immer komplexer und verändert sich schnell, aber auch die weltweit erhältlichen Waffensysteme werden zunehmend schneller, mobiler und weitreichender. Immer mehr Überflugzeiten und Fähigkeiten der satellitengestützten Aufklärungssysteme sind bekannt, weshalb

Einsatzpläne zunehmend darauf abzielen, diese Beschränkungen auszunutzen. Dies hat zur Entwicklung von einigen luftgestützten Spionagesystemen geführt, die die taktischen Erkenntnisse über die Positionen der befreundeten und feindlichen Streitkräfte verbessern sollen. Diese Luftaufklärung wird von einer Vielzahl von bemannten und unbemannten Geräten zunehmend erfolgreich geleistet. Einige westliche Systeme werden nachfolgend beschrieben.

■ U-2S

Die U-2S ist der Nachfolger des hochfliegenden **U-2**-Aufklärungsflugzeugs aus den 1950er Jahren (das S steht für *surveillance* – Überwachung). Man setzt sie heute ein, wenn kein geeigneter **Satellit** am Himmel steht oder wenn hochauflösende Daten von wichtigen Bereichen benötigt werden. Die U-2S ist 19 Meter lang. Sie hat ein Spannweite von 32 Metern, eine Reichweite von 11 000 Kilometern und erreicht eine Flughöhe am Rand des Alls von mehr als 21 000 Metern. Sie hat ausgeklügelte Sensoren für fotografische, optoelektronische, infrarote und **Radarbilder** sowie einige **SIGINT**-Datensammler an Bord. Alle Informationen (außer dem traditionellen Film) werden fast in Echtzeit an eine Bodenstation übertragen. Die U-2S kommt auch beim Katastrophenschutz zum Einsatz.

Auf einem Satellitenbild des saudi-arabischen Hafens R'as al Khafji nahe der kuwaitischen Grenze sind die Positionen von Funk- und anderen elektronischen Strahlungsquellen markiert. Bei ihnen handelt es sich um Patrouillenboote vor der Küste und Anlagen an Land wie etwa ein Luftabwehrradar. Dieses Foto stammt von dem kommerziellen „IKONOS"-Satelliten. Da Aufklärungsbilder der Geheimhaltung unterliegen, führt die Verknüpfung von kommerziellen und geheimdienstlichen Informationen ebenfalls zu Bildern, die der Geheimhaltung unterliegen.

„Predator"

Um zu vermeiden, dass Piloten abgeschossen werden, setzt man für die Aufklärung des Kampfgebiets auf unbemannte Drohnen. Bei verschiedenen Versionen der „Predator" handelt es sich um langlebige Aufklärungssysteme, die in mittleren Höhen operieren (15 Kilometer). Sie sind acht Meter lang, haben eine Spannweite von 15 Metern und erreichen eine Geschwindigkeit zwischen 130 und 220 Kilometern pro Stunde. Sie haben Sensoren für Video, Infrarot, **Synthetic Aperture Radar** (SAR) und Laserzielsysteme bei bewaffneten Versionen an Bord. Drohnen werden von Stationen auf dem Boden oder Meer betrieben. Entweder besteht eine Sicht- oder eine Satellitenverbindung, um eine Kommunikation über den Horizont hinaus zu ermöglichen.

„Global Hawk"

„Global Hawk" (RQ-4A) ist ein unbemanntes Flugzeug von großer Reichweite, das in großer Höhe fliegt. Die Vereinigten Staaten haben es für hochauflösende **Aufklärungsfotos** und **Überwachung** von Kampfgebieten entwickelt. Wegen ihrer Leichtbauweise aus Aluminium und Verbundwerkstoffen kann die Drohne bei einer Flughöhe von 20 000 Metern 26 000 Kilometer ohne Betanken zurücklegen. „Global Hawk" stellte im April 2001 einen Langzeitrekord für Drohnen auf: ein 12 000 Kilometer langer, ununterbrochener Flug von den USA nach Australien. Die Drohne ist mit optoelektronischen und **infraroten Sensoren** ausgerüstet, die 135 000 Quadratkilometer pro Tag abbilden können, außerdem gibt es an Bord ein **Synthetic Aperture Radar** (SAR). Es kann Bedrohungen am Boden und Ziele nahezu in Echtzeit erfassen.

Joint STARS

Das Joint Surveillance Target Attack Radar System (Joint STARS, Gemeinsames Zielüberwachungs- und Zielangriffssystem) ist ein bemanntes Flugzeug. Ausgerüstet mit einem Doppler-Radar kann es Bodenbewegungen von Fahrzeugen bei Tag und Nacht und bei jedem Wetter (auch in Sandstürmen) verfolgen. Die Besatzung besteht aus vier Personen und bis zu 18 Spezialisten. Sie „umkreist" das Kampfgebiet in dieser modifizierten „Boeing 707" in großer Höhe, um Ziele am Boden zu erkennen und zu verfolgen.

INTEGRATION DER AUFKLÄRUNG

Viele verschiedene Nutzer haben einen wachsenden Bedarf an hochauflösenden Aufklärungsbildern, die voll integriert sind und nahezu in Echtzeit zur Verfü-

gung stehen: Geheimdienst, Militär, Heimatschutz und zivile Katastropheneinsatzkräfte. Außerdem gibt es eine ständig wachsende Zahl an satelliten- und luftgestützten Systemen, die diesen Nutzern hochauflösende Aufklärungsinformationen liefern können. Die entscheidende Anforderung ist nun die Notwendigkeit, die Informationen aller Systeme den Nutzern trotz der sehr unterschiedlichen Betriebsarten schnell zugänglich zu machen. Viele Systeme beeindrucken durch ihre starke Integration der Sensoren, die zu ganzheitlichen Aufklärungs- und Betriebsinformationen führen, aber jedes Programm verwendet dazu einen anderen Integrationsansatz und andere Hilfsmittel.

Für Militäroperationen bedeutet dies, die verschiedenen Systeme zu koordinieren, Schnittstellen zu schaffen oder sie zusammenzuführen. Betroffen wären alle Systeme, die an der Verteilung, Verarbeitung, Darstellung und Nutzung der Daten beteiligt sind, die von verschiedenen satelliten- und luftgestützten Einheiten kommen. Damit Kommandeure schnell über die Aufklärungsdaten verfügen können, bedarf es selbst zwischen Militär- und Geheimdienstkräften eines einzigen Staates einer fein abgestimmten, mehrschichtigen Sicherheitsarchitektur. Die Anforderungen verschärfen sich noch, wenn die militärische Aufklärung mehreren Staaten zugute kommen soll. Es wird endgültig schwierig, wenn auch noch der zivile Bereich Informationen nutzen können soll. Es gibt Verfahren, um für Informationen aus wichtigen Quellen die Geheimhaltung herunterzusetzen oder aufzuheben. Aber oft sind dafür sehr schnelle, automatische Prozesse notwendig.

Eine weitere Herausforderung ist der Bedarf an gemeinsamen Kartengrundlagen und Werkzeugen, um Informationen von verschiedenen Sensoren zusammenzuführen. Kombiniert man Satellitenbilder mit Luftaufnahmen des Kampfgebiets bekommt man eine aktuelle Darstellung von Veränderungen, die dort stattgefunden haben. Verbindet man diese noch mit **SIGINT**-Informationen, gibt das Aufschluss über Fahrzeuge, Installationen und Waffensysteme. Dadurch werden Kampfhandlungen transparenter. So lassen sich Vorfälle vermeiden, bei denen Soldaten unter den Beschuss der eigenen Truppen kommen; die Zahl der zivilen Opfer sinkt, weil man Ziele nochmals überprüfen kann. Da die verschiedenen Systeme jeweils andere Bodenstationen für die Sammlung und Verarbeitung der Daten nutzen, wird die Kommunikation zur größten Herausforderung. Das amerikanische Verteidigungsministerium arbeitet an der Integration seiner vielen Aufklärungs- und Überwachungssysteme.

Die militärische Nutzung des Alls

**Konteradmiral
Rand Fisher**

WARUM IST DAS ALL WICHTIG FÜR DAS MILITÄR? DER WELTRAUM IST doch ein riesiges „Nichts". Aber die Verlockung ist die Reise dorthin. Das All weckt unseren Pioniergeist, unseren Wunsch, zu erforschen, zu entdecken. Der Weltraum öffnet den Weg zu anderen Planeten. Er ist ein Ort, an dem man expandieren und nach neuem Leben suchen kann. Er kann ein Weg sein zu Ruhm, neuen Ressourcen, Reichtum – oder zur Macht. In der Geschichte der Menschheit wurde immer um Macht gekämpft: um die Macht des Glaubens, des Willens, des Wohlstands oder des Überlebens. Bei diesen Kämpfen war die militärische Kriegsführung immer die treibende Kraft für technologische Veränderungen und Erfindungen.

Der Chinese Sun Tzu, einer der ersten bekannten Militärstrategen, schrieb ungefähr 500 v. Chr., die Informationsüberlegenheit gegenüber dem Feind sei der Schlüssel zum Sieg. Die Militärgeschichte belegt, dass es wichtig ist, Informationen zu sammeln: Wo befindet sich mein Feind? Wie groß ist seine Streitmacht? Wie ist sie bewaffnet? Sind die Rahmenbedingungen günstig für einen Sieg?

Die Militärgeschichte des Weltraums begann mit der Suche nach dem Vorteil, der sich ergibt, wenn man den Feind von oben sieht und man die Gravitation – diese große Quelle potenzieller Energie – wirkungsvoll nutzt. Die Perspektive von oben bot den Militärführern eine weite Spanne an Möglichkeiten: Frühwarnung, das Sammeln von Informationen, eine verbesserte Verteidigung. Mit dem technischen Fortschritt bekamen die Militärs neue Hilfsmittel an die Hand. Zunächst bot die Luft den neuen Blickwinkel. Heute liefert das All diese Perspektive von oben und das eng damit zusammenhängende Reich des virtuellen Raums. Erfolgreiche militärische Strategien beruhen auf „Weltraumüberlegenheit": der Informationsüberlegenheit, die das All ermöglicht.

Weltraum und Weltraumsysteme verschaffen dem modernen Militärkommandeur mehrere einseitige Vorteile:

■ Perspektive: die Fähigkeit, die gegnerischen Streitkräfte und Truppenbewegungen umfassend zu erkennen und daraus Vorteile für die eigenen Offensiv- und Defensivwaffen und Systeme zu ziehen.

■ Ausdauer: die Fähigkeit, allgegenwärtig zu sein, lange zu verweilen und Veränderungen sehr schnell nach ihrem Eintreten weiterzumelden.

■ Durchdringung: die Fähigkeit, tief und unbemerkt in „verbotenes" Gebiet zu schauen, ohne dort physisch präsent zu sein.

■ Präzision: die Fähigkeit, etwas genau zu orten, zu identifizieren, zu verfolgen und zu treffen.

■ Geschwindigkeit: die Fähigkeit, mit Sensoren, Systemen und Waffen nahezu in Echtzeit zu agieren oder zu reagieren.

Angesichts so gewichtiger Vorteile ist es keine Überraschung, dass das Militär ständig nach neuen Möglichkeiten sucht, den Weltraum auszunutzen. Heute hängt der Erfolg bei allen militärischen Teildisziplinen – Luft, Heer und Marine – entscheidend von Weltraumsystemen ab: bei der Navigation, Kommunikation, Aufklärung, Überwachung, Zielführung und Meteorologie sowie der Weltraumkontrolle. Dabei geht es immer darum, die Informations- und Entscheidungsüberlegenheit zu erlangen. Manchmal können solche einseitigen Vorteile Konflikte verhindern oder zumindest deren Dauer verkürzen.

Ein typisches Szenario für eine alliierte militärische Streitmacht könnte wie folgt aussehen: Es ist Mittwochnachmittag an Bord der „USS Abraham Lincoln" im Persischen Golf. Überwachungssatelliten haben in Afghanistan und dem Irak zu ungewohnter Stunde verstärkte Kommunikationsaktivitäten und die Verlagerung von Ausrüstung beobachtet. Gemäß den standardisierten Einsatzabläufen rufen die „Lincoln" und die anderen Koalitionskräfte zu Land und zur See erhöhte Alarmbereitschaft aus und fordern aktuelle Aufklärungsdaten aus allen Quellen an. Diese Anfragen gehen über eine Anordnung von Kommunikationssatelliten an ein Netz aus miteinander in Verbindung stehenden Aufklärungszentren und -sensoren in aller Welt. Dadurch kann CONUS (Continental United States) Unterstützung leisten. Über diese Verbindung lassen sich fast umgehend Logistik-, Trainings-, Wartungs- und medizinische Unterstützung anfordern.

Gleichzeitig werden potenzielle Ziele identifiziert, aufgenommen und geometrisch vermessen, damit im Fall der Fälle mit Präzisionswaffen per GPS genau gezielt werden kann. Der leitende Ozeanograf der „Lincoln" sammelt Satellitenbilder und andere Informationen, um die Witterungsbedingungen im Zielgebiet genau vorherzusagen. Derweil integriert und synchronisiert der Oberbefehlshaber der alliierten Streitkräfte alle Einsatzkomponenten unter seinem Kommando, um Operationen für das potenzielle Kampfgebiet zu unterstützen. Für die boden- und seegestützten Streitkräfte werden Chatrooms eingerichtet, um einen intensiven Informationsaustausch nahezu in Echtzeit zu ermöglichen. Ziel ist es, sich genügend einseitige Vorteile zu verschaffen, um einen Konflikt zu vermeiden. Sollte ein Konflikt unmittelbar bevorstehen, lassen sich so die Zeiten der „Angriffskette" verkürzen.

Dieses Szenarium steht in deutlichem Kontrast zu militärischen Einsätzen vor dem Irak-Krieg des Jahres 1991. Doch die wachsenden Möglichkeiten, die sich durch das All und den virtuellen Raum eröffnen, deuten auf eine grundlegend andere Zukunft hin. Eine Zukunft, die viele Chancen bietet, aber auch viel Nachdenken erfordert – über eine neue Doktrin, die Taktik, die Ausbildung, die Abläufe. Eine Analogie für diese Art der Veränderung lässt sich in der Entwicklung der amerikanischen Spezialeinsatzkräfte erkennen: kleine, unabhängig eingesetzte Gruppen, die verdeckt auf feindlichem Territorium abgesetzt werden, um Aufklärung und andere Missionen durchzuführen.

In früheren Einsatzplänen galten die Spezialeinsatzkräfte als unterstützendes Element. Heute spielen sie eine zentrale Rolle bei der Entstehung und Durchführung dieser Pläne. Spezialeinsatzkräfte haben durch ihre Fähigkeit, rasch vorzudringen, etwas wahrzunehmen und zu reagieren, einiges mit Weltraumsystemen gemeinsam – und sind auf diese angewiesen. Künftige Militäraktionen werden noch stärker von Weltraumsystemen abhängen: von der Vorbereitung bis zum Einsatz. In vielerlei Hinsicht erhöht die Weltraumüberlegenheit die Kampfeffektivität. Sie liefert den strategischen Vorteil im Hinblick auf bessere Informationen und schnellere Entscheidungen. Künftig wird man bei der Planung und Durchführung von militärischen Einsätzen der Entwicklung und Ausnutzung der Weltraumsysteme – und ihrer Verteidigung – noch mehr Aufmerksamkeit schenken. ■

Die Mannschaft des Flugzeugträgers „USS Abraham Lincoln" ist auf Deck angetreten; auf den Schiffsaufbauten wimmelt es von Antennen. Nach einem zehnmonatigen Irak-Einsatz kehrt das Schiff am 6. Mai 2003 in seinen Heimathafen zurück.

DER NÖRDLICHE STERNHIMMEL

Bis zu 3 000 Sterne funkeln für das bloße Auge sichtbar in einer klaren, mondlosen Nacht am Himmel – vorausgesetzt, man befindet sich an einem dunklen Ort. Jeder dieser Sterne ist eine Sonne und womöglich der Mittelpunkt eines Planetensystems.

Die ersten Beobachter des Nachthimmels verbanden die Sterne zu Figuren wie dem Sagenhelden Perseus oder der angeketteten Prinzessin Andromeda. Diese Sternfiguren bilden die Sternbilder, deren Mitgliedssterne meist in ganz verschiedenen Entfernungen von der Erde stehen. Beim Blick an den Himmel sieht es dagegen so aus, als ob alle Sterne gleich weit entfernt wären. Die Sternbilder haben keine wissenschaftliche Bedeutung, sondern erinnern an die alten Sagen. Gemäß der Internationalen Astronomischen Union gibt es offiziell 88 Sternbilder.

Am Nordhimmel stehen besonders viele Sterne in einem bestimmten Bereich, der sich entlang der Sternbilder Orion, Perseus, Kassiopeia und Cygnus (Schwan) erstreckt; durch diese Sternbilder verläuft die Scheibe unseres Milchstraßensystems. An einem dunklen Abend ist daher in dieser Himmelsregion ein diffuses, schwaches Lichtband zu sehen: die Milchstraße.

Folgt man dem Verlauf der Milchstraße mit einem Fernglas, wird man unzählige schwache Sterne, Sternansammlungen (Sternhaufen) und helle diffuse Flecken (Gasnebel) sehen.

Alle hier und auf der Südsternkarte (auf den folgenden Seiten) dargestellten Sterne bezeichnet man als Fixsterne, um sie von den Planeten zu unterscheiden, die erkennbar durch die Sternbilder wandern. Dagegen bewegen sich die Sterne am Himmel mit so geringen Geschwindigkeiten, dass man mit bloßem Auge keine Veränderung feststellen kann. Ähnlich jedoch wie die Kontinentalverschiebung die Erdoberfläche verändert, verändert die Bewegung der Sterne im Lauf von Tausenden von Jahrhunderten die Konturen der Sternbilder.

Am Rand dieser Karte des nördlichen Sternhimmels ist die Rektaszension – ein der geographischen Länge vergleichbares Maß – in römischen Zahlen vermerkt. Die blauen Kreise markieren die Deklination (himmlische Breite), die gestrichelten gelben Linien die Sternbildgrenzen. Die Monatsangaben besagen, wann ein Sternbild abends am besten zu sehen ist. Für viele Sterne sind griechische Buchstaben, andere Symbole oder Eigennamen angegeben. „M" oder „N" mit nachfolgender Nummer bezeichnet Sternhaufen, Nebel oder Galaxien, die im Messier-Katalog beziehungsweise im New General Catalog aufgeführt sind.

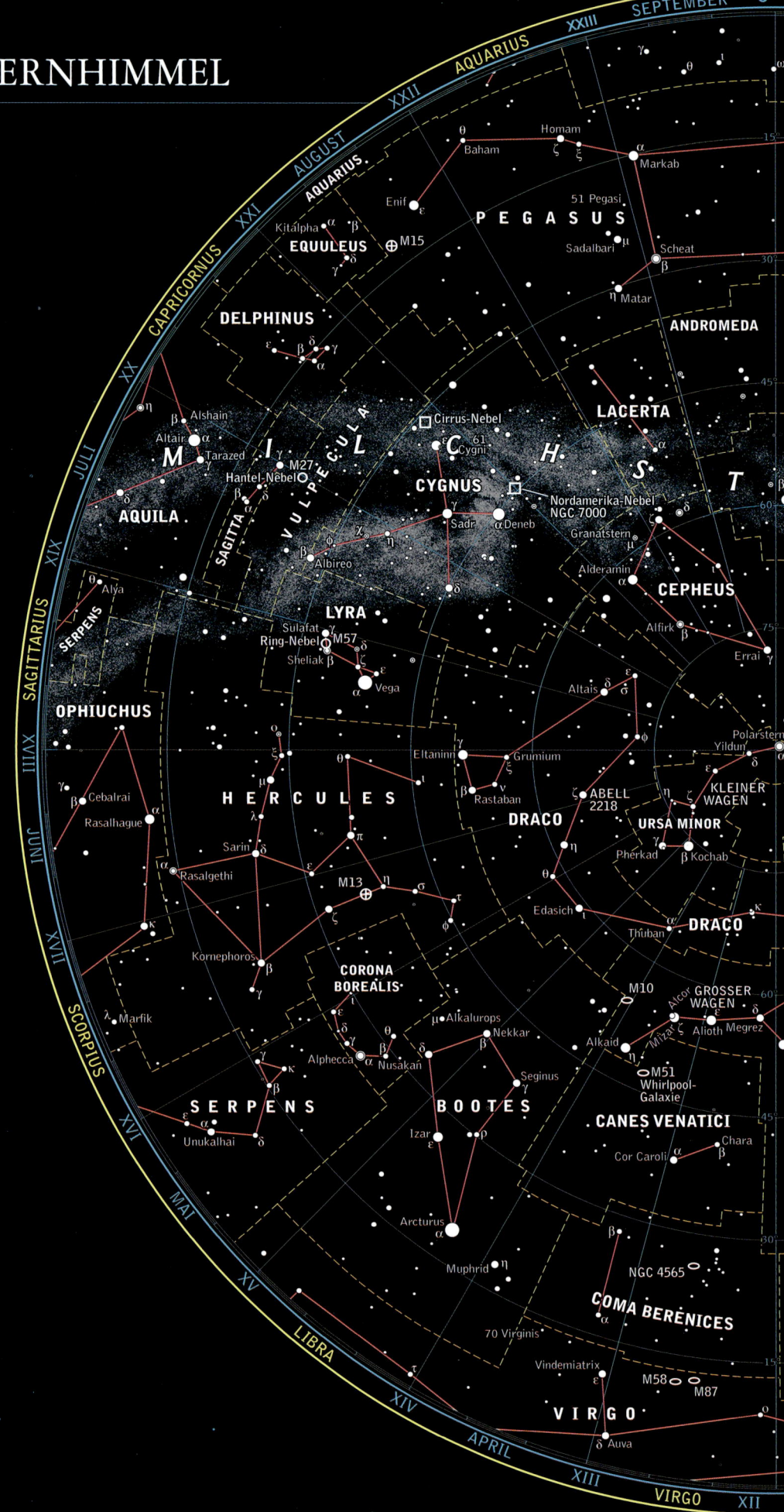

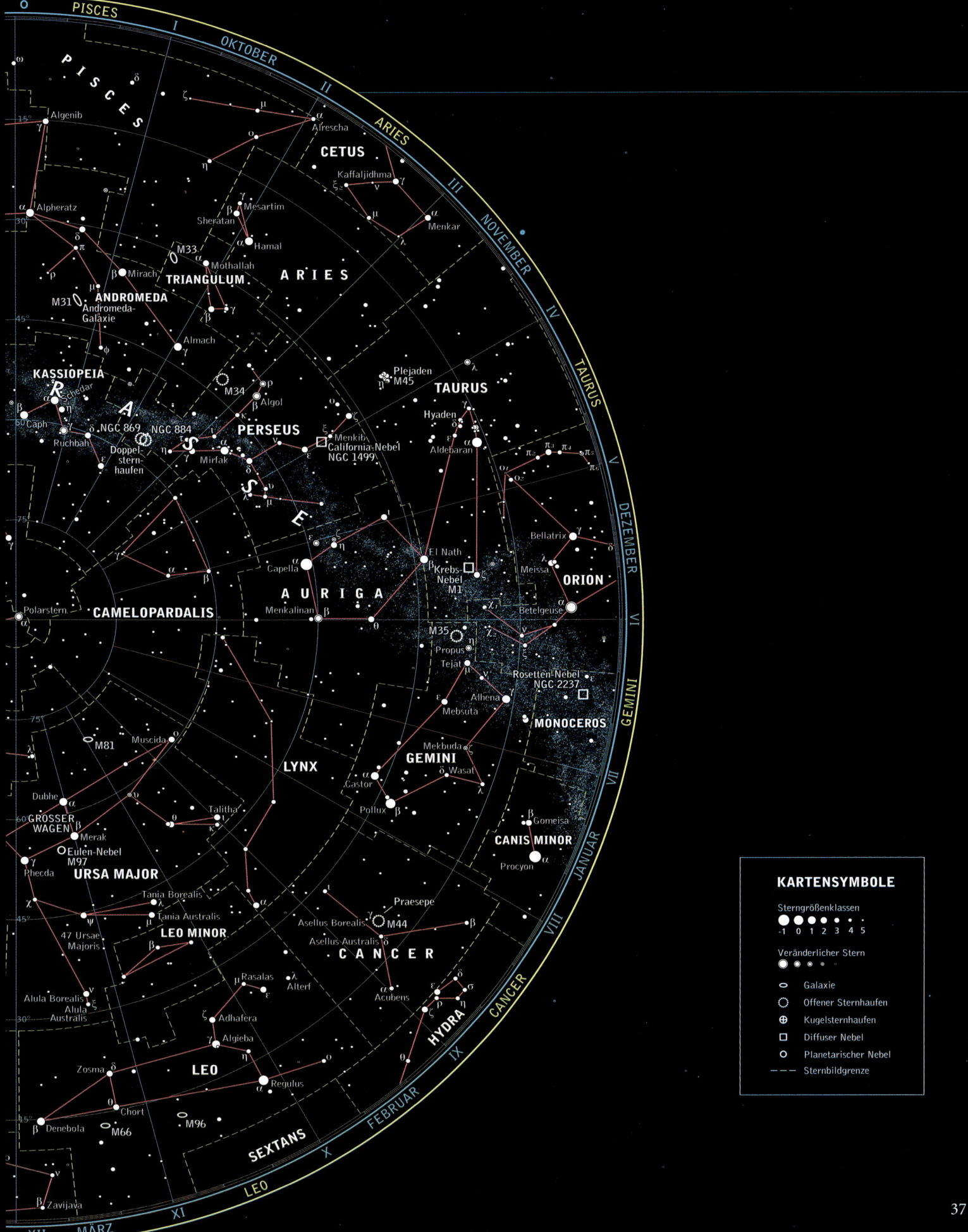

KARTENSYMBOLE

Sterngrößenklassen

-1 0 1 2 3 4 5

Veränderlicher Stern

◯ Galaxie
◯ Offener Sternhaufen
⊕ Kugelsternhaufen
▢ Diffuser Nebel
◯ Planetarischer Nebel
--- Sternbildgrenze

371

DER SÜDLICHE STERNHIMMEL

Am Südhimmel befindet sich im Sagittarius (Schütze) das Zentrum unserer Milchstraße. Zwei der auffälligsten Kugelsternhaufen (runde Ansammlungen aus Hunderttausenden von Sternen, die innerhalb eines Raums von ein paar Dutzend Lichtjahren stehen) sind Omega Centauri und 47 Tucanae. In Crux (Kreuz des Südens) steht das mit bloßem Auge sichtbare „Schatzkästchen". Mit dem Fernglas sieht man in diesem offenen Sternhaufen leicht mehrere Dutzend Sterne. Der Tarantel-Nebel in der Großen Magellanschen Wolke ist viel größer als der Orion-Nebel, aber hundertmal weiter entfernt.

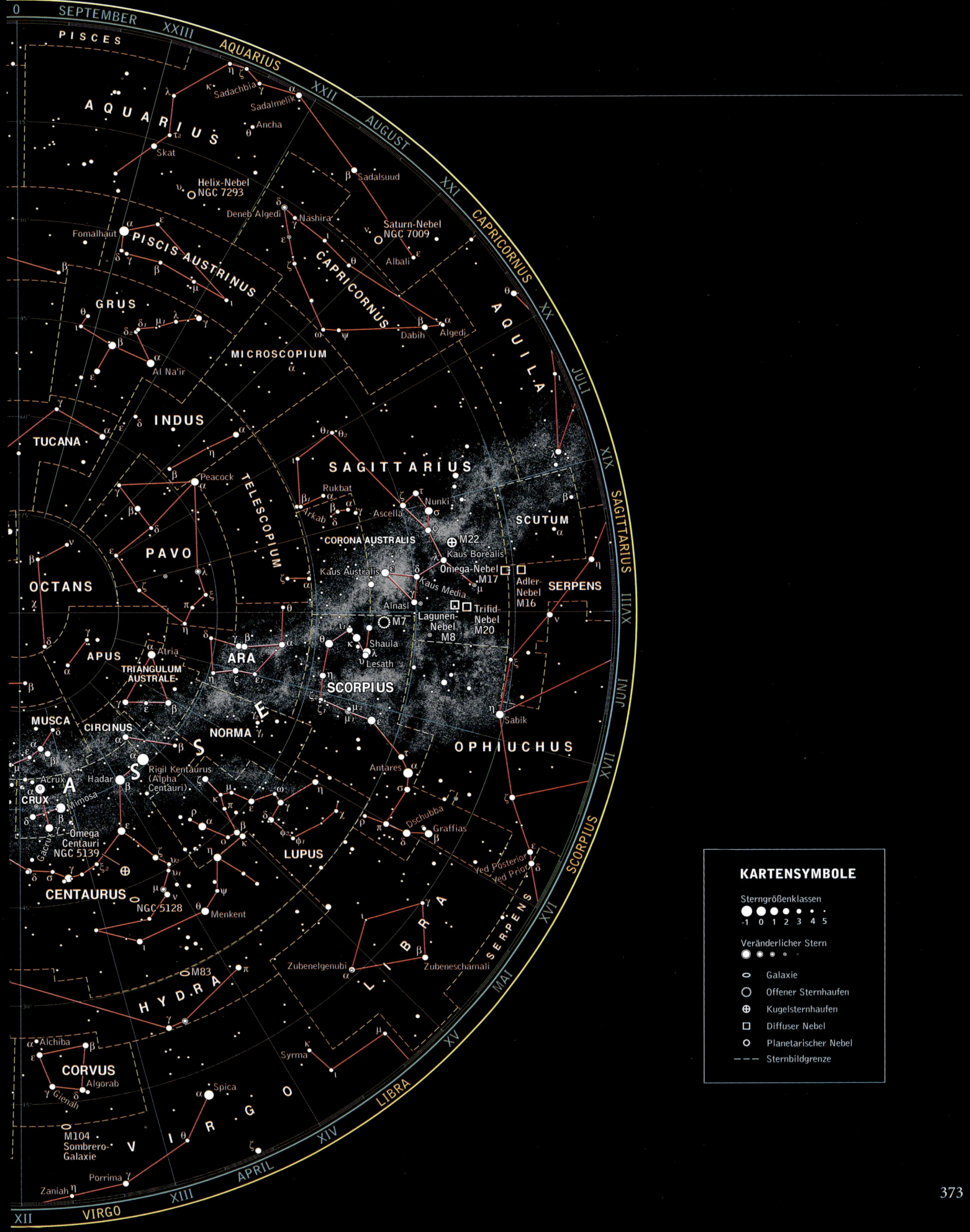

KARTENSYMBOLE

Sterngrößenklassen

-1 0 1 2 3 4 5

Veränderlicher Stern

◯ Galaxie
◌ Offener Sternhaufen
⊕ Kugelsternhaufen
□ Diffuser Nebel
○ Planetarischer Nebel
--- Sternbildgrenze

DER MOND

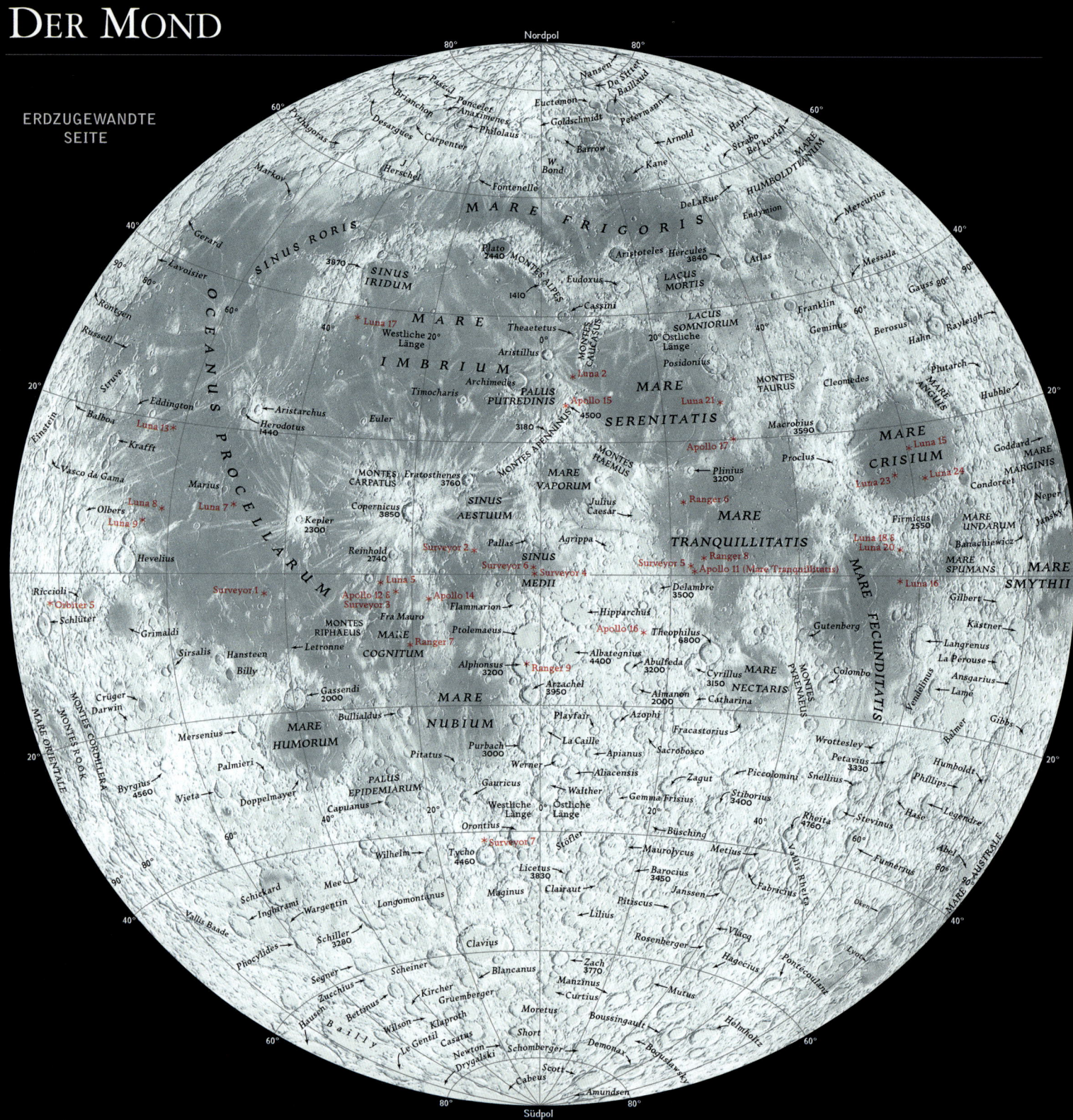

Während der Mond sich auf seiner ehrwürdigen Bahn durchs All bewegt, kehrt er der Erde immer dieselbe Seite zu. Auf der erdzugewandten Halbkugel gibt es dunkle Ebenen. Trotz ihrer phantasievollen Namen wie Mare Tranquillitatis (Meer der Ruhe) oder Mare Nectaris (Nektarmeer) enthalten sie keinen Tropfen Wasser. Auf der anderen Halbkugel liegt nur ein Teil einer solchen Ebene, das Mare Orientale (Ostmeer). Ansonsten ist sie noch stärker mit Kratern übersät.

Die Mondoberfläche zeigt eine große Vielfalt an Einschlagstrukturen – Narben, die durch Objekte entstanden sind, die den Mond vor langer Zeit getroffen haben. Die größten dieser Strukturen sind gewaltige Krater, die Durchmesser von bis zu 2 500 Kilometern haben. Kurz nach den Einschlägen überflutete Lava die Böden der Becken und erzeugte die glatten, dunklen Oberflächen, die wir heute als Maria wahrnehmen. In den hellen Hochländern des Monds liegen die Krater dicht an dicht. Das deutet darauf hin, dass während

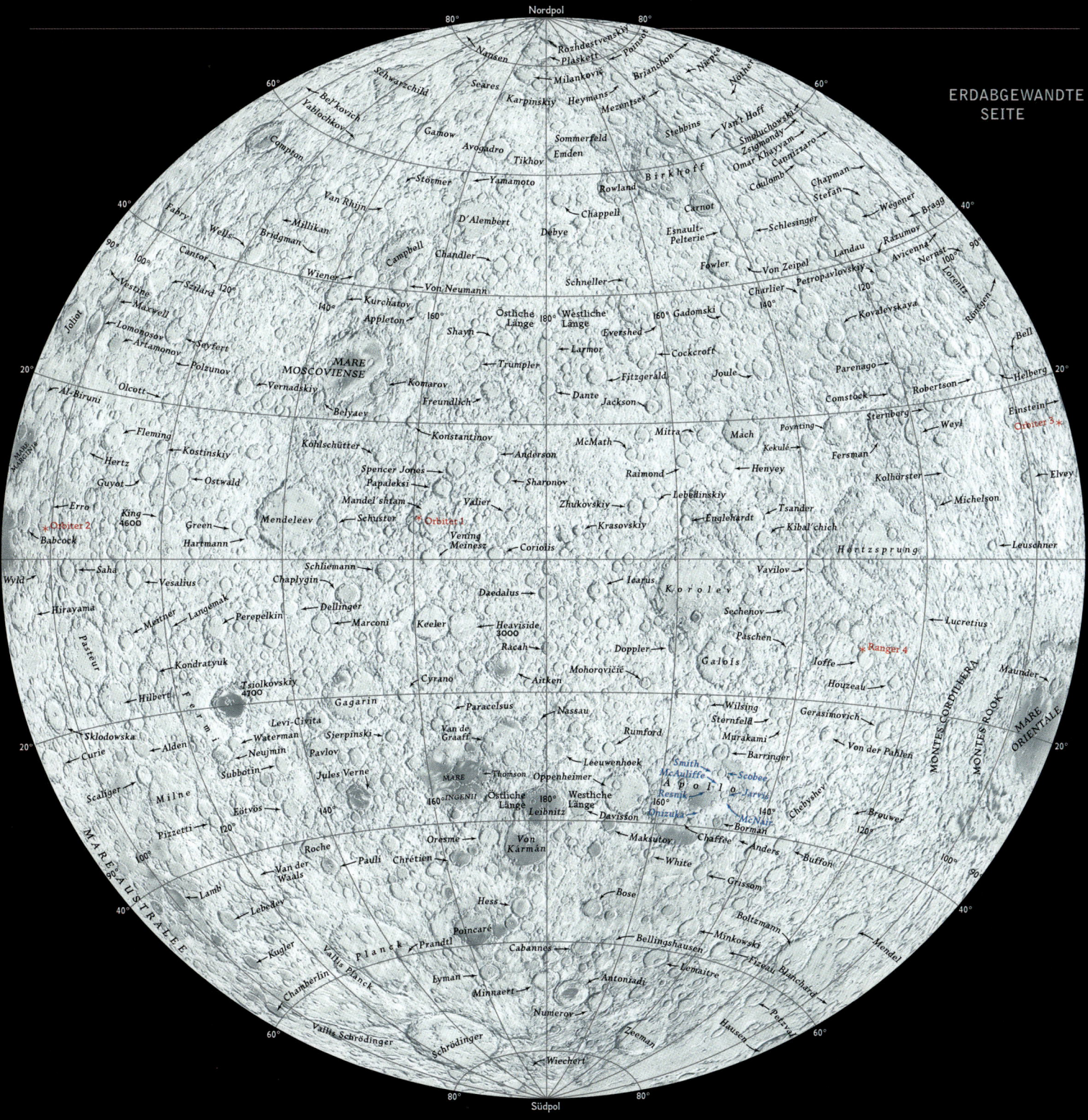

der frühen, hitzigen Tage des Sonnensystems Asteroiden und Kometen diese Gebiete häufig getroffen haben. Durch die hellen Hochländer und die dunklen Maria entsteht für das bloße Auge der bekannte Anblick des „Mannes im Mond".

Auf der Mondoberfläche gibt es auch noch andere Kraterformenstrukturen: radiale Muster aus hellem Auswurfmaterial, das beim Einschlag verteilt wurde. Werden Gesteinsbrocken bei einem Einschlag weggeschleudert, fliegen sie auf dem Mond weiter als auf der Erde, weil seine Anziehungskraft schwächer ist.

In den Maria sind faltige Bergrücken, gewölbte Hügel und Spalten zu erkennen: bekannte Phänomene alter vulkanischer Landschaften.

Der Mond hat keine Gebirge – wie etwa den Himalaja, der durch den Zusammenstoß zweier Kontinentalplatten entstanden ist –, weil es auf ihm keine Kotinentalverschiebung gibt. Er ist inzwischen geologisch tot. Seine Gebirge bestehen aus alten vulkanischen Domen, den Zentralbergen und Rändern von Einschlagkratern. Manche sind mehr als 6 000 Meter hoch.

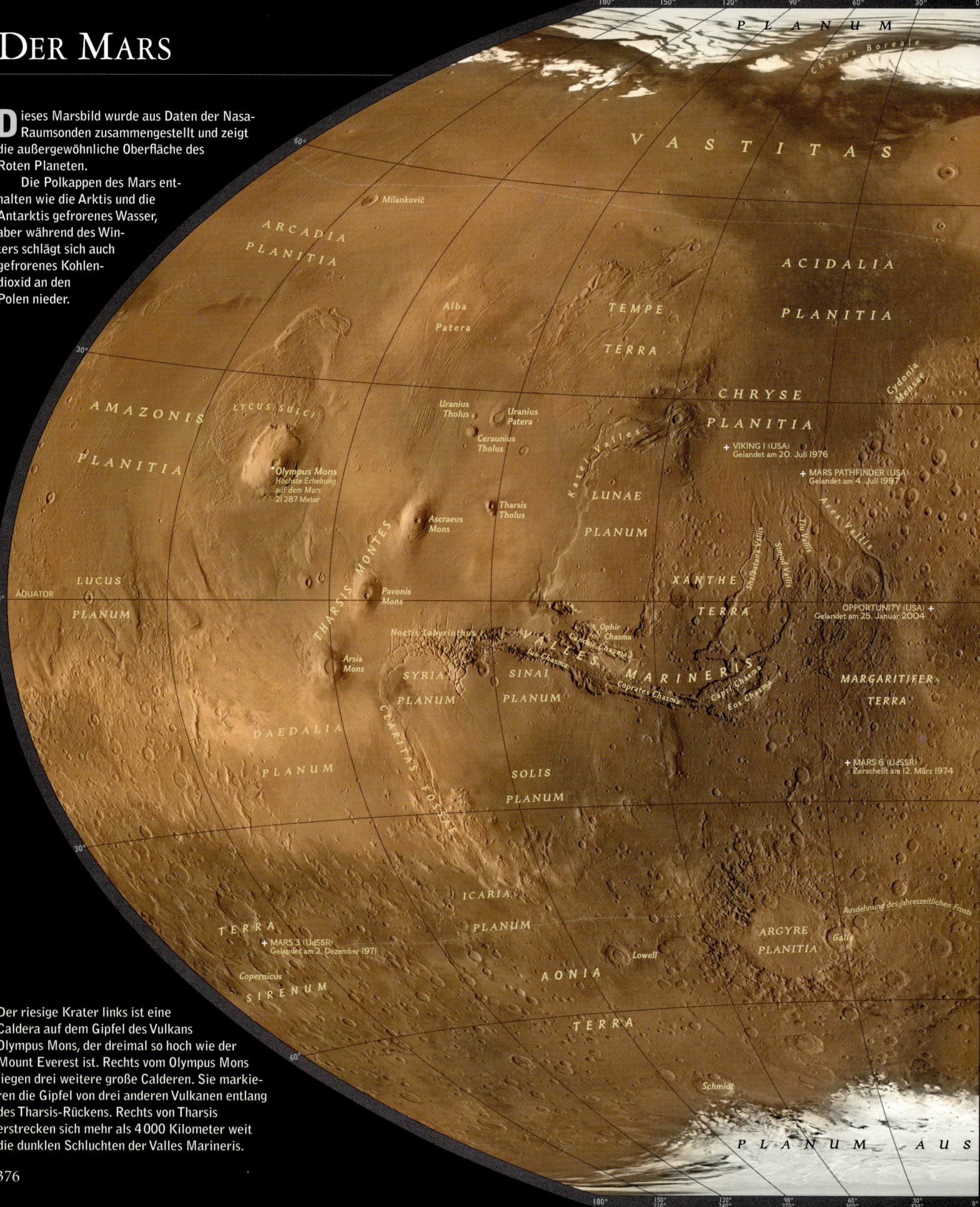

Der Mars

Dieses Marsbild wurde aus Daten der Nasa-Raumsonden zusammengestellt und zeigt die außergewöhnliche Oberfläche des Roten Planeten.

Die Polkappen des Mars enthalten wie die Arktis und die Antarktis gefrorenes Wasser, aber während des Winters schlägt sich auch gefrorenes Kohlendioxid an den Polen nieder.

Der riesige Krater links ist eine Caldera auf dem Gipfel des Vulkans Olympus Mons, der dreimal so hoch wie der Mount Everest ist. Rechts vom Olympus Mons liegen drei weitere große Calderen. Sie markieren die Gipfel von drei anderen Vulkanen entlang des Tharsis-Rückens. Rechts von Tharsis erstrecken sich mehr als 4000 Kilometer weit die dunklen Schluchten der Valles Marineris.

PLANUM

Chasma Boreale

VASTITAS

Milankovič

ARCADIA PLANITIA

ACIDALIA

TEMPE TERRA

PLANITIA

Alba Patera

CHRYSE

Cydonia Mensae

AMAZONIS

LYCUS SULCI

Uranius Tholus

Uranius Patera

Ceraunius Tholus

PLANITIA

PLANITIA

+ VIKING I (USA)
Gelandet am 20. Juli 1976

Kasei Valles

Olympus Mons
Höchste Erhebung
auf dem Mars
21 287 Meter

Ascraeus Mons

Tharsis Tholus

LUNAE

+ MARS PATHFINDER (USA)
Gelandet am 4. Juli 1997

Ares Vallis

PLANUM

Tiu Vallis

Shalbatana Vallis

Simud Vallis

LUCUS

THARSIS MONTES

Pavonis Mons

XANTHE

OPPORTUNITY (USA) +
Gelandet am 25. Januar 2004

AQUATOR

PLANUM

TERRA

Arsia Mons

Noctis Labyrinthus

Ophir Chasma

Candor Chasma

VALLES

MARINERIS

MARGARITIFER

SYRIA

CLARITAS FOSSAE

PLANUM

SINAI PLANUM

Melas Chasma

Coprates Chasma

Capri Chasma

Eos Chasma

TERRA

DAEDALIA

+ MARS 6 (UdSSR)
Zerschellt am 12. März 1974

PLANUM

SOLIS PLANUM

ICARIA

Ausdehnung des jahreszeitlichen Frosts

TERRA

PLANUM

ARGYRE

Galle

+ MARS 3 (UdSSR)
Gelandet am 2. Dezember 1971

Lowell

PLANITIA

Copernicus

SIRENUM

AONIA

TERRA

Schmidt

PLANUM AUS

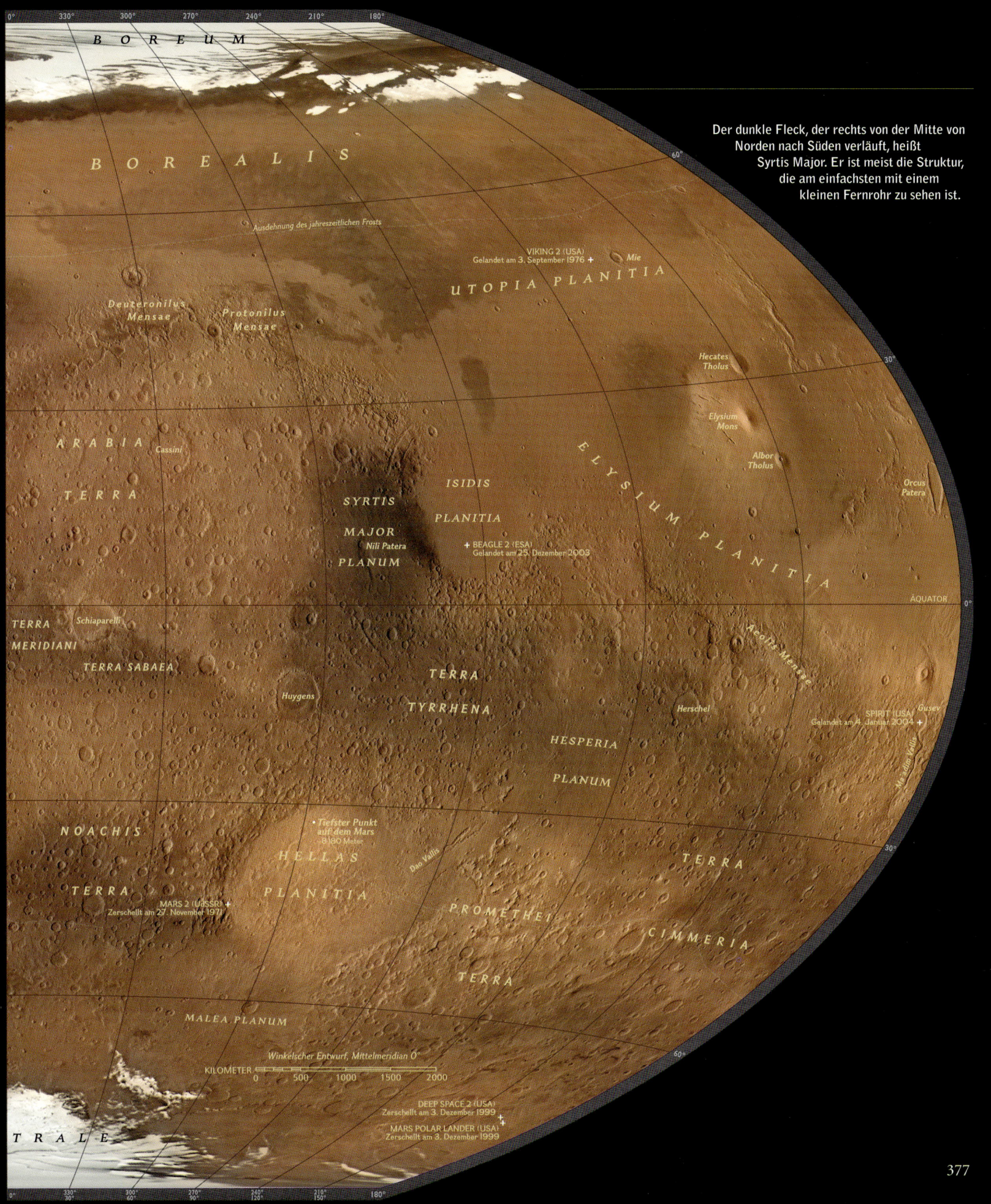

B O R E U M

B O R E A L I S

Ausdehnung des jahreszeitlichen Frosts

VIKING 2 (USA)
Gelandet am 3. September 1976 +   *Mie*

U T O P I A   P L A N I T I A

60°

Deuteronilus Mensae

Protonilus Mensae

Hecates Tholus

30°

Elysium Mons

A R A B I A   Cassini

Albor Tholus

Orcus Patera

T E R R A

ISIDIS PLANITIA

SYRTIS

MAJOR   *Nili Patera*

PLANUM

+ BEAGLE 2 (ESA)
Gelandet am 25. Dezember 2003

E L Y S I U M   P L A N I T I A

ÄQUATOR   0°

TERRA MERIDIANI   Schiaparelli

Aeolis Mensae

TERRA SABAEA

Huygens

T E R R A

T Y R R H E N A

Herschel

SPIRIT (USA)   *Gusev*
Gelandet am 4. Januar 2004 +

HESPERIA

PLANUM

• *Tiefster Punkt auf dem Mars*
−8180 Meter

N O A C H I S

H E L L A S

Dao Vallis

T E R R A

30°

T E R R A

PLANITIA

MARS 2 (UdSSR) +
Zerschellt am 27. November 1971

P R O M E T H E I

C I M M E R I A

T E R R A

MALEA PLANUM

Winkelscher Entwurf, Mittelmeridian 0°

KILOMETER
0   500   1000   1500   2000

60°

DEEP SPACE 2 (USA)
Zerschellt am 3. Dezember 1999   +

MARS POLAR LANDER (USA)
Zerschellt am 3. Dezember 1999

T R A L E

Der dunkle Fleck, der rechts von der Mitte von Norden nach Süden verläuft, heißt Syrtis Major. Er ist meist die Struktur, die am einfachsten mit einem kleinen Fernrohr zu sehen ist.

DAS SONNENSYSTEM

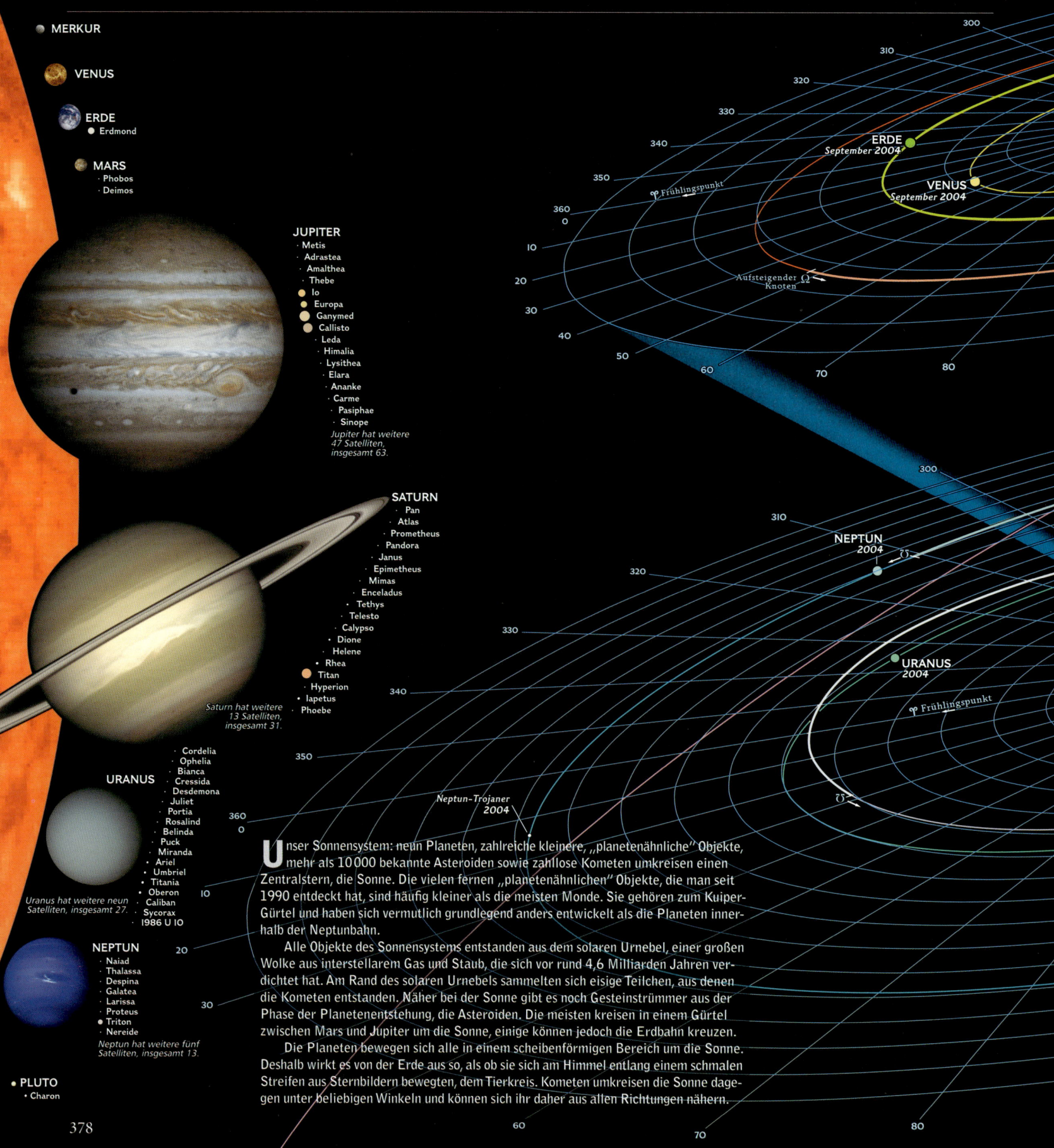

MERKUR

VENUS

ERDE
· Erdmond

MARS
· Phobos
· Deimos

JUPITER
· Metis
· Adrastea
· Amalthea
· Thebe
· Io
· Europa
· Ganymed
· Callisto
· Leda
· Himalia
· Lysithea
· Elara
· Ananke
· Carme
· Pasiphae
· Sinope
*Jupiter hat weitere
47 Satelliten,
insgesamt 63.*

SATURN
· Pan
· Atlas
· Prometheus
· Pandora
· Janus
· Epimetheus
· Mimas
· Enceladus
· Tethys
· Telesto
· Calypso
· Dione
· Helene
· Rhea
· Titan
· Hyperion
· Iapetus
· Phoebe
*Saturn hat weitere
13 Satelliten,
insgesamt 31.*

URANUS
· Cordelia
· Ophelia
· Bianca
· Cressida
· Desdemona
· Juliet
· Portia
· Rosalind
· Belinda
· Puck
· Miranda
· Ariel
· Umbriel
· Titania
· Oberon
· Caliban
· Sycorax
· 1986 U 10
*Uranus hat weitere neun
Satelliten, insgesamt 27.*

NEPTUN
· Naiad
· Thalassa
· Despina
· Galatea
· Larissa
· Proteus
· Triton
· Nereide
*Neptun hat weitere fünf
Satelliten, insgesamt 13.*

· **PLUTO**
· Charon

ERDE
September 2004

VENUS
September 2004

♈ Frühlingspunkt

Aufsteigender ☊
Knoten

NEPTUN
2004

URANUS
2004

♈ Frühlingspunkt

Neptun-Trojaner
2004

Unser Sonnensystem: neun Planeten, zahlreiche kleinere, „planetenähnliche" Objekte, mehr als 10 000 bekannte Asteroiden sowie zahllose Kometen umkreisen einen Zentralstern, die Sonne. Die vielen fernen „planetenähnlichen" Objekte, die man seit 1990 entdeckt hat, sind häufig kleiner als die meisten Monde. Sie gehören zum Kuiper-Gürtel und haben sich vermutlich grundlegend anders entwickelt als die Planeten innerhalb der Neptunbahn.

Alle Objekte des Sonnensystems entstanden aus dem solaren Urnebel, einer großen Wolke aus interstellarem Gas und Staub, die sich vor rund 4,6 Milliarden Jahren verdichtet hat. Am Rand des solaren Urnebels sammelten sich eisige Teilchen, aus denen die Kometen entstanden. Näher bei der Sonne gibt es noch Gesteinstrümmer aus der Phase der Planetenentstehung, die Asteroiden. Die meisten kreisen in einem Gürtel zwischen Mars und Jupiter um die Sonne, einige können jedoch die Erdbahn kreuzen.

Die Planeten bewegen sich alle in einem scheibenförmigen Bereich um die Sonne. Deshalb wirkt es von der Erde aus so, als ob sie sich am Himmel entlang einem schmalen Streifen aus Sternbildern bewegten, dem Tierkreis. Kometen umkreisen die Sonne dagegen unter beliebigen Winkeln und können sich ihr daher aus allen Richtungen nähern.

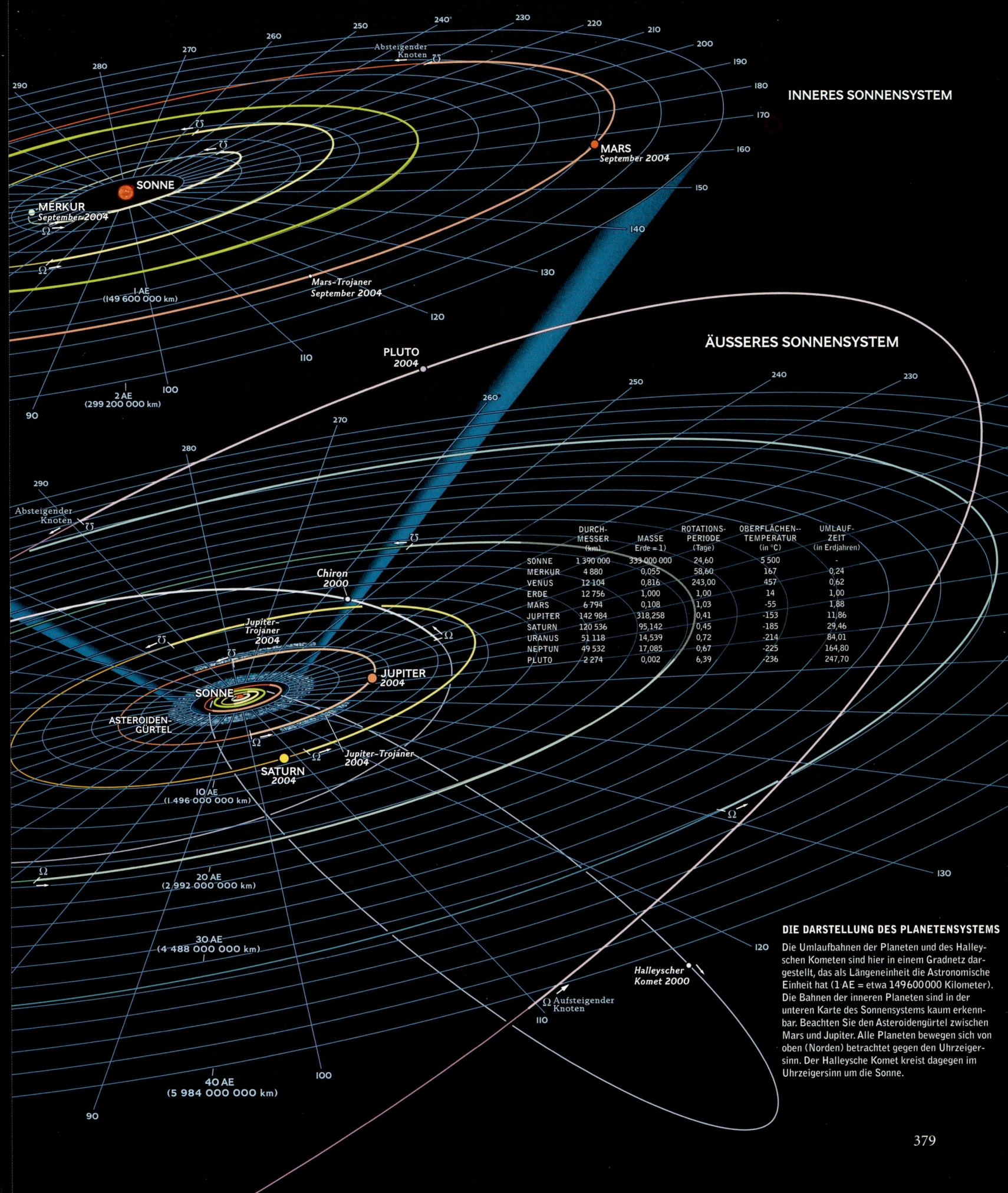

INNERES SONNENSYSTEM

ÄUSSERES SONNENSYSTEM

SONNE

MERKUR
September 2004

MARS
September 2004

PLUTO
2004

Absteigender Knoten

1 AE
(149 600 000 km)

2 AE
(299 200 000 km)

Mars-Trojaner
September 2004

Chiron
2000

Jupiter-Trojaner
2004

JUPITER
2004

SONNE

ASTEROIDEN-GÜRTEL

SATURN
2004

Jupiter-Trojaner
2004

10 AE
(1 496 000 000 km)

20 AE
(2 992 000 000 km)

30 AE
(4 488 000 000 km)

40 AE
(5 984 000 000 km)

Absteigender Knoten

Aufsteigender Knoten

Halleyscher
Komet 2000

	DURCH-MESSER (km)	MASSE Erde = 1)	ROTATIONS-PERIODE (Tage)	OBERFLÄCHEN-TEMPERATUR (in °C)	UMLAUF-ZEIT (in Erdjahren)
SONNE	1 390 000	333 000 000	24,60	5 500	-
MERKUR	4 880	0,055	58,60	167	0,24
VENUS	12 104	0,816	243,00	457	0,62
ERDE	12 756	1,000	1,00	14	1,00
MARS	6 794	0,108	1,03	-55	1,88
JUPITER	142 984	318,258	0,41	-153	11,86
SATURN	120 536	95,142	0,45	-185	29,46
URANUS	51 118	14,539	0,72	-214	84,01
NEPTUN	49 532	17,085	0,67	-225	164,80
PLUTO	2 274	0,002	6,39	-236	247,70

DIE DARSTELLUNG DES PLANETENSYSTEMS

Die Umlaufbahnen der Planeten und des Halley-schen Kometen sind hier in einem Gradnetz dar-gestellt, das als Längeneinheit die Astronomische Einheit hat (1 AE = etwa 149 600 000 Kilometer). Die Bahnen der inneren Planeten sind in der unteren Karte des Sonnensystems kaum erkenn-bar. Beachten Sie den Asteroidengürtel zwischen Mars und Jupiter. Alle Planeten bewegen sich von oben (Norden) betrachtet gegen den Uhrzeiger-sinn. Der Halleysche Komet kreist dagegen im Uhrzeigersinn um die Sonne.

379

DIE MILCHSTRASSE

Die Milchstraße ist die Heimatgalaxie der Erde, unsere Galaxis. Sie umfasst mehrere 100 Milliarden Sterne sowie Tausende Sternhaufen und Nebel. Von unserer Position in der flachen galaktischen Scheibe sehen wir die Milchstraße als diffuses, leuchtendes Band, das von dunklen Wolken aus interstellarem Staub unterbrochen wird. 1609 enthüllte Galileis erster Blick durchs Fernrohr in diesem Milchstraßenband zahllose Sterne, die alle zu schwach sind, als dass man sie mit dem bloßen Auge sehen kann. Heute beschreiben Astronomen die Milchstraße als Spiralgalaxie mit einem Durchmesser von rund 100 000 Lichtjahren. Viele der Sterne haben Planeten, vielleicht ähneln manche von ihnen sogar der Erde.

Regionen mit hellen, jungen Sternen und Nebeln, wie der Lagunen-Nebel im Sagittarius (Schütze), machen die Spiralarme unserer Galaxis genauso sichtbar, wie Staus den Verlauf von Autobahnen um eine Stadt nachzeichnen. Viele ältere Sterne stoßen langsam ihre äußeren Schichten ab, die dann schöne Planetarische Nebel wie NGC 6910 im Ophiuchus (Schlangenträger) bilden. Der kleine Stern, der dann im Zentrum eines Planetarischen Nebel zurückbleibt, wird immer schwächer, während der Nebel durch seine Expansion immer dünner wird und schließlich verschwindet. Richtung galaktisches Zentrum markiert ein großer Schwarm aus orangefarbenen und roten Sternen die galaktische Wölbung *(bulge)*. Ein galaktischer Halo aus alten Sternen und Kugelsternhaufen erstreckt sich weit ober- und unterhalb der Scheibe. Alle Objekte in der Milchstraße umkreisen das galaktische Zentrum, so wie die Planeten des Sonnensystems die Sonne umrunden. Aber das zentrale Objekt ist kein Stern, denn es ist rund vier Millionen Mal so massereich wie die Sonne. Man vermutet, dass es sich um ein Schwarzes Loch handelt.

NGC 6341

20.000 Lichtjahre

SCUTUM-ARM

SAGITTARIUS-A

30.000 Lichtjahre

PERSEUS-ARM

40.000 Lichtjahre

Rotationsrichtung

50.000 Lichtjahre

ÄUSSERER

Palomar I

0°

90°

120°

150°

330°

300°

270°

240°

3-KPC-ARM

NORMA-ARM

CRUX-ARM

CARINA-ARM

Omega Centauri
NGC 5139

M4

Schmetterlings-
Nebel NGC 6910

Adler-Nebel
M16

Eta-Carinae-Nebel
NGC 3372

Schlüsselloch-Nebel
NGC 3324

Lagunen-Nebel
M8

Omega-Nebel M17

UNSER SONNENSYSTEM

Wildenten-
Haufen M11

Trifid-Nebel
M20

Ring-Nebel M57

Nordamerika-
Nebel
NGC 7000

Antares

Vela-Supernova-
Überrest

Orion-
Nebel
M42

Konus-Nebel
NGC 2264

M

Hantel-Nebel
M27

Cirrus-Nebel

R M

Rosetten-Nebel
NGC 2237

O R I O N - A R M

3.000 Lichtjahre

6.000 Lichtjahre

Krebs-Nebel
M1

210°

180°

A R M

Kugelsternhaufen

Interstellares Gas und Staub
(Molekülwolken)

Nebel

Bereiche mit jungen Sternen
(OB-Sterne)

Dichte Molekülwolken

Wölbung *(bulge)* **und Zentrum der Galaxis**
(Bereiche mit älteren Sternen)

Himmelskataloge

M (Messier)
NGC (New General Catalog)

381

DAS UNIVERSUM

Innerhalb der heute beobachtbaren Grenzen des Universums sind mehr als 125 Milliarden Galaxien verteilt. Viele gehören kleinen Gruppen oder großen Haufen an, die wiederum filamentförmige Superhaufen bilden. Diese liegen meist entlang der Ränder von riesigen Raumvolumen, den Leerräumen. Die Gravitation hält die Galaxien eines Haufens zusammen, aber die Haufen, die Gruppen und die einzelnen Galaxien entfernen sich voneinander. Das liegt an der Ausdehnung des Universums, die vor ungefähr 13,7 Milliarden Jahren im Urknall ihren Ursprung nahm.

Die Forschung zeigt, dass die fernsten Galaxien, die man heute so sieht, wie sie vor Jahrmilliarden ausgesehen haben, systematisch kleiner als die heutigen Galaxien sind. Es scheint außerdem, als ob die Galaxien, als sie noch näher beisammen standen, häufiger als heute zusammengestoßen oder miteinander verschmolzen sind. Diese Erkenntnisse passen zur Theorie der „hierarchischen Bildung", gemäß der Galaxien eher aus kleineren Einheiten entstanden sind als in ihrer vollen Größe aus Mutterwolken.

2 Millionen Lichtjahre
1 Million
Leo II
Leo I
Draco
Ursa Minor · Sextans
Milchstraße · Sagittarius
Große Magellansche Wolke · Kleine Magellansche Wolke
Carina
Sculptor
Fornax
NGC 6822
IC 10
And VII
NGC 185
NGC 147
And V
(NGC 205) M110
M32
And II
And III
And I
Andromeda-Galaxie (M31)
DDO 210
Triangulum-Galaxie (M33)
And VI
Phoenix
LGS 3
Pegasus
IC 1613
1 Million
2 Millionen Lichtjahre

NGC 5128
NGC 253
Lokale Gruppe (Milchstraße)
NGC 628
NGC 891
NGC 1566

250 000 Lichtjahre
200 000
150 000
100 000
50 000
Sagittarius-Zwerggalaxie
Magellanscher Strom
Kleine Magellansche Wolke
Sculptor
Milchstraße
Große Magellansche Wolke
Ursa Minor
50 000
100 000
150 000
200 000
250 000 Lichtjahre

GALAXIEBEGLEITER

Die Lokale Galaxiengruppe erstreckt sich von unserer Milchstraße über drei Millionen Lichtjahre hinweg. Der Gruppe gehören zwei weitere große Spiralgalaxien an, die Andromeda- und die Triangulum-Galaxie (M31 und M33), sowie die Kleine und die Große Magellansche Wolke. M31 besitzt eine eigene Untergruppe, zu der auch zwei kleine elliptische Galaxien gehören (M32 und NGC 205), in denen sich Sterne in geringer Zahl bilden. Die Andromeda-Galaxie lässt sich mit dem bloßen Auge als diffuser, lichtschwacher Fleck am Nachthimmel erkennen, obwohl sie mehr als zwei Millionen Lichtjahre entfernt ist. Ihre Begleiter M32 und NGC 205 sind bereits mit einem kleinen Fernrohr leicht zu sehen. Dagegen sind die meisten anderen Mitglieder der Lokalen Gruppe sehr schwach.

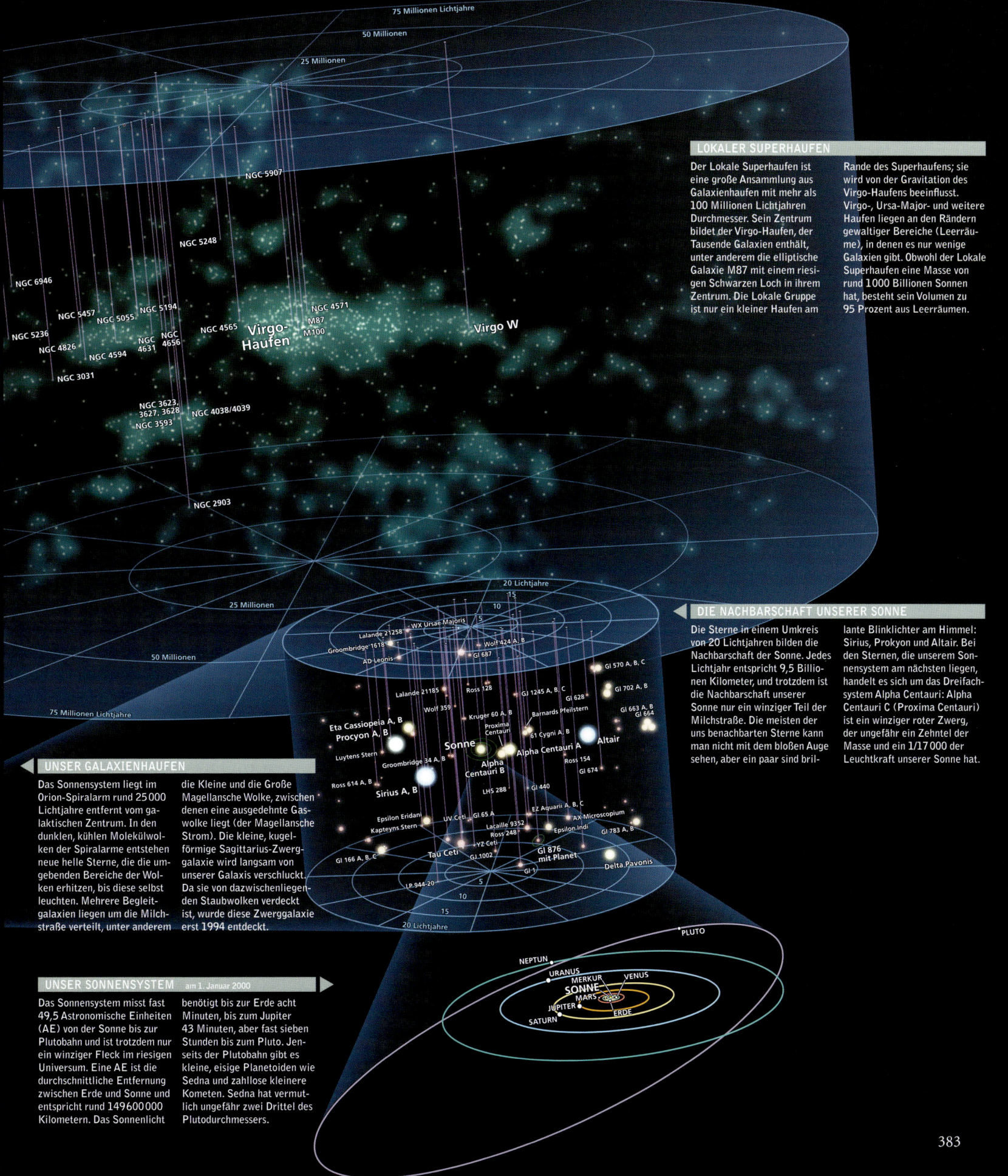

LOKALER SUPERHAUFEN

Der Lokale Superhaufen ist eine große Ansammlung aus Galaxienhaufen mit mehr als 100 Millionen Lichtjahren Durchmesser. Sein Zentrum bildet der Virgo-Haufen, der Tausende Galaxien enthält, unter anderem die elliptische Galaxie M87 mit einem riesigen Schwarzen Loch in ihrem Zentrum. Die Lokale Gruppe ist nur ein kleiner Haufen am Rande des Superhaufens; sie wird von der Gravitation des Virgo-Haufens beeinflusst. Virgo-, Ursa-Major- und weitere Haufen liegen an den Rändern gewaltiger Bereiche (Leerräume), in denen es nur wenige Galaxien gibt. Obwohl der Lokale Superhaufen eine Masse von rund 1000 Billionen Sonnen hat, besteht sein Volumen zu 95 Prozent aus Leerräumen.

DIE NACHBARSCHAFT UNSERER SONNE

Die Sterne in einem Umkreis von 20 Lichtjahren bilden die Nachbarschaft der Sonne. Jedes Lichtjahr entspricht 9,5 Billionen Kilometer, und trotzdem ist die Nachbarschaft unserer Sonne nur ein winziger Teil der Milchstraße. Die meisten der uns benachbarten Sterne kann man nicht mit dem bloßen Auge sehen, aber ein paar sind brillante Blinklichter am Himmel: Sirius, Prokyon und Altair. Bei den Sternen, die unserem Sonnensystem am nächsten liegen, handelt es sich um das Dreifachsystem Alpha Centauri: Alpha Centauri C (Proxima Centauri) ist ein winziger roter Zwerg, der ungefähr ein Zehntel der Masse und ein 1/17 000 der Leuchtkraft unserer Sonne hat.

UNSER GALAXIENHAUFEN

Das Sonnensystem liegt im Orion-Spiralarm rund 25 000 Lichtjahre entfernt vom galaktischen Zentrum. In den dunklen, kühlen Molekülwolken der Spiralarme entstehen neue helle Sterne, die die umgebenden Bereiche der Wolken erhitzen, bis diese selbst leuchten. Mehrere Begleitgalaxien liegen um die Milchstraße verteilt, unter anderem die Kleine und die Große Magellansche Wolke, zwischen denen eine ausgedehnte Gaswolke liegt (der Magellansche Strom). Die kleine, kugelförmige Sagittarius-Zwerggalaxie wird langsam von unserer Galaxis verschluckt. Da sie von dazwischenliegenden Staubwolken verdeckt ist, wurde diese Zwerggalaxie erst 1994 entdeckt.

UNSER SONNENSYSTEM am 1. Januar 2000

Das Sonnensystem misst fast 49,5 Astronomische Einheiten (AE) von der Sonne bis zur Plutobahn und ist trotzdem nur ein winziger Fleck im riesigen Universum. Eine AE ist die durchschnittliche Entfernung zwischen Erde und Sonne und entspricht rund 149 600 000 Kilometern. Das Sonnenlicht benötigt bis zur Erde acht Minuten, bis zum Jupiter 43 Minuten, aber fast sieben Stunden bis zum Pluto. Jenseits der Plutobahn gibt es kleine, eisige Planetoiden wie Sedna und zahllose kleinere Kometen. Sedna hat vermutlich ungefähr zwei Drittel des Plutodurchmessers.

INTERNATIONALES EINHEITENSYSTEM (SI, Abkürzung für französisch Le Système international d'unités)

Gemessene Größe	SI-Einheit (und Symbol)	Weitere Einheiten (und Symbole)
Entfernung	Meter (m)	Zentimeter (cm), Nanometer (nm)
Masse	Kilogramm (kg)	Gramm (g)
Zeit	Sekunde (s)	Stunde (h), Minute (min)
Temperatur	Kelvin (K)	Grad Celsius (°C)
Fläche	Quadratmeter (m^2)	Quadratzentimeter (cm^2)
Volumen	Kubikmeter (m^3)	Kubikzentimeter (cm^3)
Kraft	Newton (N)	Nanonewton (nN)
Druck	Pascal (Pa)	Kilopascal (kPa), Gigapascal (GPa); Bar (bar)
Geschwindigkeit	Meter pro Sekunde (m/s)	Kilometer pro Sekunde (km/s), Kilometer pro Stunde (km/h)
Beschleunigung	Meter pro Sekundequadrat (m/s^2)	Zentimeter pro Sekundequadrat (cm/s^2); Erdbeschleunigung (g)
Frequenz	Hertz (Hz)	Kilohertz (kHz), Megahertz (MHz), Gigahertz (GHz)
Wellenlänge	Meter (m)	Zentimeter (cm), Millimeter (mm), Mikrometer (µm), Nanometer (nm)
Bandbreite (Signal)	Hertz (Hz)	Kilohertz (kHz), Megahertz (MHz)
Bandbreite (Datenübertragungsrate)	Bit pro Sekunde (bps)	Kilobit pro Sekunde (kbps), Megabit pro Sekunde (Mbps)
Winkelabstand	Bogensekunde (")	Bogenminute (')

NÜTZLICHE MASSEINHEITEN

	Metrische Entsprechung
1 Zentimeter (cm)	0,01 m
1 Meter (m)	100 cm
1 Kilometer (km)	1000 m
1 Quadratzentimeter (cm^2)	0,0001 m^2
1 Quadratmeter (m^2)	10 000 cm^2
1 Gramm (g)	0,001 kg
1 Kilogramm (kg)	1000 g
1 Tonne (t)	1000 kg
1 Newton (N)	1 kg m/s^2
1 Kelvin (K)	-272,15 °C
1 Pascal (Pa)	0,00001 bar
1 Kilopascal (kPa)	0,01 bar
1 Astronomische Einheit (AE)	149,6 Millionen km
1 Parsec (pc)	3,0856 x 10^{13} km
1 Lichtjahr (LJ)	9,46 Billionen km

PHYSIKALISCHE KONSTANTEN

Konstante	Wert
Lichtgeschwindigkeit	299 792,5 km/s
Sonnenmasse	1,989 x 10^{30} kg
Sonnenradius	6,960 x 10^8 m
Erdmasse	5,974 x 10^{24} kg
Erdradius	6,378 x 10^6 m
Siderisches Jahr (bezogen auf die Sterne)	365,25636 Tage
Hubble-Konstante	70 km/s/Mpc ±7

VORSILBEN VON EINHEITEN UND IHRE BEDEUTUNG

Faktor	Vorsilbe	Symbol
10^9	Giga	G
10^6	Mega	M
10^3	Kilo	k
10^{-3}	Milli	m
10^{-6}	Mikro	µ
10^{-9}	Nano	n

Adams, Fred/Laughlin, Greg, „Die fünf Zeitalter des Universums", München, DVA, 2002

Apt, Jay/Michael Helfert, „Orbit: NASA Astronauts Photograph the Earth", Washington, D. C., National Geographic Society, 1996

Barrow, John D., „Das 1x1 des Universums", Frankfurt/New York, Campus, 2004

Bergmann, Ludwig/Schaefer, Clemens/Raith, Wilhelm (Hrsg.), „Lehrbuch der Experimentalphysik, Sterne und Planeten" (Bd. 7), Berlin, Gruyter, 2001

Ebd., „Lehrbuch der Experimentalphysik, Sterne und Weltraum" (Bd. 8), Berlin, Gruyter, 2002

Campbell, Bruce A./Samuel Walter McCandless, „Introduction to Space Sciences and Spacecraft Applications", Houston, Gulf Pub., 1996

Chaikin, Andrew, „A Man on the Moon: The Voyages of the Apollo Astronauts", New York, Viking, 1994

Ders., „Space, Geschichte der Raumfahrt in Bildern", Stuttgart, Motorbuch, 2003

Cole, K. C., „Eine kurze Geschichte des Universums", Berlin, Aufbau, 2005

Comins, Neil F., „Der Schweif des Kometen. Irrtümer und Legenden über das Universum", München, DVA, 2002

Darling, David, „The Complete Book of Spaceflight from Apollo1 to Zero Gravity", New York, Wiley-VCH, 2003

Ders., „The Universal Book of Astronomy: From the Andromeda Galaxy to the Zone of Avoidance", New York, Wiley, 2004

DeVorkin, David, (Hrsg.), „Beyond Earth: Mapping the Universe", Washington, D. C., National Geographic Society, 2002

Gratzer, Walter, „Eurekas and Euphorias, The Oxford Book of Scientific Anecdotes", Oxford, Oxford University Press, 2002

Greeley, Roland/Batson, Raymond, „Der NASA-Atlas des Sonnensystems", München, Droemer Knaur, 2002

Hahn, Hermann-Michael, „Unser Sonnensystem", Stuttgart, Kosmos, 2004

Harwood, William, „Space Odyssey, Voyaging Through the Cosmos", Washington, D. C., National Geographic Society, 2001

Hawking, Stephen W., „Eine kurze Geschichte der Zeit", Reinbek, Rowohlt, 1998

Ders., „Das Universum in der Nußschale", erweiterte Neuausgabe, Hamburg, Hoffmann & Campe, 2002

Ders., „On the Shoulders of Giants: The Great Works of Physics and Astronomy", Philadelphia, Running Press, 2002

Herrmann, Joachim, „DTV-Atlas Astronomie", München, DTV, 1998

Jackson, Ellen, „Looking for Life in the Universe", Boston, Houghton Mifflin, 2002

Kevles, Bettyann, „Almost Heaven: The Story of Women in Space", New York, Basic Books, 2003

Lang, Kenneth R., „The Cambridge Guide to the Solar System", Cambridge, Cambridge University Press, 2004

Layzer, David, „Das Universum. Aufbau, Entdeckungen, Theorien", München, Spektrum Verlag, 1998

Maran, Stephen P., „Astronomie für Dummies", Weinheim, Wiley-VCH, 2004

Moore, Sir Patrick, Hrsg., „Astronomy Encyclopedia", Oxford, Oxford University Press, 2002

Motz, Lloyd/Jefferson H. Weaver, „The Story of Astronomy", New York, Plenum Press, 1995

National Research Council, „A Review of the U.S. Global Change Research Program and NASA's Mission to Planet Earth/Earth Observing System", Washington, D. C., National Academy Press, 1995

Pedlow, Gregory W./Welzenbach, Donald E., „The CIA and the U-2 Program, 1954–1974", Central Intelligence Agency, 1998

Raeburn, Paul, „Mars: Uncovering the Secrets of the Red Planet", Washington, D. C., National Geographic Society, 1998

Ridpath, Ian, (Hrsg.), „The Illustrated Encyclopedia of the Universe", New York, Watson-Guptill Publications, 2001

Scientific American, „New Light on the Solar System", New York, Scientific American, Inc., 2003

Siddiqi, Asif A., „Sputnik and the Soviet Space Challenge", Gainesville, University Press of Florida, 2003

Taubman, Philip, „Secret Empire: Eisenhower, the CIA, and the Hidden Story of America's Space Espionage", New York, Simon & Schuster, 2003

Trefil, James, „Other Worlds: Images of the Cosmos from Earth and Space", Washington, D. C., National Geographic Society, 1999

Tribble, Alan C., „Guide to Space", Princeton, Princeton University Press, 2000

Turner, Martin J. L., „Rocket and Spacecraft Propulsion: Principles, Practice, and New Developments", New York, Springer, 2000

Voit, Mark, „Hubble Space Telescope: New Views of the Universe", New York, Harry N. Abrams in association with the Smithsonian Institution and the Space Telescope Science Institute, 2000

Whitfield, Peter, „The Mapping of the Heavens", Rohnert Park, Pomegranate, 1995

Williamson, Mark, „The Cambridge Dictionary of Space Technology", Cambridge, Cambridge University Press, 2001

Zeilik, Michael, „Astronomy: The Evolving Universe", Cambridge, Cambridge University Press, 2002

AUTOREN

LINDA K. GLOVER leitet Glover Works Consulting. Die Ozeanografin mit 38-jähriger Erfahrung in den Meereswissenschaften arbeitet für die US-Regierung, die amerikanische Marine, für die NOAA (National Oceanic and Atmospheric Administration) und das Strategiekomitee des Präsidenten. Sie begann 1999 für das National Reconnaissance Office zu arbeiten und sich mit dem Weltraum zu befassen. Ihre Forschungsgebiete sind Meeresgeologie, Geoakustik und Paläoklimatologie. Zu ihren politischen Fachgebieten gehören Seetransport, Navigationssatelliten, Meeresrecht, Verhandlungen für internationale Vereinbarungen, die Freigabe von geheimen Daten, die Konvergenz zwischen Daten der satellitengestützten Aufklärung und Daten aus anderen Quellen sowie der Ausgleich zwischen wirtschaftlichen, umweltpolitischen und Sicherheitsinteressen.

ANDREW CHAIKIN ist Autor des Buchs „A Man on the Moon: The Triumphant Story of the Apollo Space Program". Chaikin schreibt und referiert seit mehr als 20 Jahren über Weltraumforschung und Astronomie. Er hat als Redakteur für die Magazine *Space Illustrated*, *Sky & Telescope* und *Popular Science* gearbeitet. Seine Beiträge sind in *Newsweek*, *Air&Space/Smithsonian* und *Scientific American* erschienen. Zu seinen jüngsten Büchern gehören „Apollo: An Eyewitness Account", „Full Moon" und „SPACE: A History of Space Exploration in Photographs".

PATRICIA S. DANIELS ist Autorin und Redakteurin mit dem Spezialgebiet Wissenschaft und Geschichte. Zu ihren Werken gehören ein Handbuch über die Sternbilder sowie Beiträge über Sternbeobachtung und Raketenantriebe. Sie war Redakteurin der 16-bändigen Astronomiereihe „Voyage Through the Universe" von Time-Life Books.

ANDREA GIANOPOULOS, Astronomin, Wissenschaftsjournalistin und Pädagogin, hat für das National Solar Observatory gearbeitet. Sie war Redakteurin bei der Zeitschrift *Astronomy* und Chefredakteurin von *Astronomy.com*. Gianopoulos entwickelt multimediale Lernmaterialien und hat längere Beiträge für *Scientific American Exploration* sowie weitere Publikationen verfasst. Zu ihren Forschungsschwerpunkten gehören Sonnen- und Stellarphysik, Planetenwissenschaften, Archäoastronomie, Kosmologie und Religion.

JONATHAN T. MALAY ist Direktor des Bereichs „Zivile Raumfahrt" bei der Niederlassung des Luft- und Raumfahrtkonzerns Lockheed Martin in Washington. Er ist für die Geschäftsentwicklung des Weltraumforschungs- und geowissenschaftlichen Programms der Nasa sowie des Umweltsatellitenprogramms der NOAA zuständig. Malay ist ehemaliger Marineoffizier und hat akademische Abschlüsse in Ozeanografie und Meteorologie. Er ist der amtierende Präsident der American Astronautical Society.

ESSAYISTEN

Ghassem R. Asrar ist assoziierter Leiter des Earth Science Enterprise der Nasa. Er war eine Schlüsselfigur bei der Entwicklung der Nasa-Satelliten des Earth Observing Program, in dessen Rahmen die irdische Umwelt überwacht und aus der Ferne erkundet wird. Der erste „EOS"-Satellit startete unter seiner Leitung.

J. Kelly Beatty, geschäftsführender Redakteur von *Sky & Telescope*, arbeitet seit 1974 in der Redaktion. Er ist Herausgeber des Standardwerks: „The New Solar System".

Carissa Bryce Christensen, Expertin für die kommerzielle Raumfahrtindustrie, ist Gründerin und geschäftsführende Gesellschafterin der Beratungsfirma Tauri Group in Virginia. Christensen arbeitet auch für die Nasa und das US-Verteidigungsministerium, um Technologieprogramme zu planen und den Nutzen künftiger Raumfahrtkonzepte zu beurteilen.

Leonard David, leitender Raumfahrtautor bei *space.com*, einer Abteilung der Firma Imaginova, berichtet seit rund 45 Jahren über Weltraumforschung. Seine Beiträge sind in zahlreichen Zeitungen, Magazinen und Büchern erschienen. Er lebt in Boulder, Colorado.

David DeVorkin, Kurator für Geschichte der Astronomie und Weltraumwissenschaften am National Air and Space Museum der Smithsonian Institution, konzipierte die Ausstellung „Explore the Universe" („Erforsche das Universum"). Er ist Autor des Buchs „Henry Norris Russell: Dean of American Astronomers".

Sylvia A. Earle ist Meeresbiologin, Explorer-in-Residence bei NATIONAL GEOGRAPHIC und Leiterin der Sustainable Sea Expeditions. Sie ist Vorsitzende von Deep Ocean Exploration and Research sowie Ehrenpräsidentin des Explorers Club. Die frühere Chefwissenschaftlerin der NOAA hält mehrere Tieftauchrekorde. Sie ist Autorin von mehr als 120 Publikationen, darunter sieben Büchern.

Diane L. Evans ist Direktorin der Abteilung für Geowissenschaften und Technologie am Jet Propulsion Laboratory des California Institute of Technology. Dort war sie an der Entwicklung des satellitengestützten abbildenden Radarprogramms beteiligt.

Gary A. Federici, Direktor am Center for Naval Analyses für die Forschung im Bereich Informationsablauf und Kriegsführung, arbeitete an der Gestaltung der Marinestrategie für den Weltraum. Er war außerdem an der Entwicklung taktischer Anwendungen von Weltraumsystemen sowie an der Überführung von Ergebnissen aus nationalen satellitengestützten Sicherheitssystemen in den breiten Marineeinsatz beteiligt. Frederici hat die Marine dazu ermutigt, vollständig beim National Reconnaissance Office und anderen Raumfahrtaktivitäten mitzuwirken, die der nationalen Sicherheit dienen.

Konteradmiral Rand Fisher ist Direktor des Raumfahrtprogramms der Marine und Leiter des Transformational Communications Office beim National Reconnaissance Office. Er ist verantwortlich für die Entwicklung einer satellitengestützten Kommunikationsinfrastruktur, die die Anforderungen der amerikanischen Geheimdienste, des Militärs und der Raumfahrtagenturen erfüllen soll.

US-Senator Jake Garn, ehemaliger Senator des Staates Utah, flog 1985 mit dem Spaceshuttle „Discovery".

William Harwood ist Journalist und begann 1992 für CBS News zu arbeiten. Dabei koordinierte er die Berichterstattung des Senders über den Weltraum und trat in Sendungen als Berater auf. Harwood ist Autor der Bücher „Space Odyssey: Voyaging Through the Cosmos" und „Comm Check: The Final Flight of Shuttle Columbia".

Sean O'Keefe war zwischen 2001 und 2004 Leiter der Nasa. Er führte die amerikanische Weltraumagentur in einer Zeit, in der sie am Beginn einer neuen Phase der Weltraumforschung stand.

Sara Schechner ist David-P.-Wheatland-Kuratorin für historische wissenschaftliche Instrumente an der Harvard University. Sie hat das Buch „Comets, Popular Culture, and the Birth of Modern Cosmology" geschrieben sowie die Einleitung zu dem Buch „Western Astrolabes" von Roderick und Marjorie Webster.

Robert W. Smith ist Professor an der Fakultät für Geschichte und Klassiker der University of Alberta in Kanada. Er ist Autor der Werke „The Expanding Universe: Astronomy's Great Debate, 1900–1931" und „The Space Telescope: A Study of NASA, Science, Technology, and Politics". Außerdem gewann er 1990 den Watson-David-Preis der History of Science Society.

Kathryn D. Sullivan ist Präsidentin und Vorstandsvorsitzende von COSI Columbus, einem spielerischen Wissenschaftszentrum in Columbus, Ohio. Sie ist Ozeanografin und Hauptmann der Reserve bei der amerikanischen Marine. Die ehemalige Astronautin flog auf drei Shuttlemissionen und war die erste Amerikanerin, die einen Weltraumspaziergang unternahm.

James Trefil hat die Clarence-J.-Robinson-Professur für Physik an der George Mason University inne und gehört dem Wissenschaftsbeirat des National Public Radio an. Trefil hat mehrere populärwissenschaftliche Bücher geschrieben, unter anderem „The Moment of Creation", „The Dark Side of the Universe", „From Atoms to Quarks" und „Are We Alone?".

J. Anthony Tyson ist Distinguished Member des technischen Mitarbeiterstabs der Telekommunikationsfirma Lucent Technologies/Bell Labs. Seine Spezialgebiete sind experimentelle Gravitationsphysik und Kosmologie. Tyson erforscht derzeit Verfahren für Detektoren, mit denen man die dunkle Materie und die dunkle Energie erforschen kann. Er ist einer der maßgeblichen Befürworter des Dark Matter Telescope.

Christopher Wanjek schreibt über Weltraumthemen für die Nasa und für Astronomiezeitschriften. Er ist ebenfalls Autor von Büchern über medizinische Themen, unter anderem „Bad Medicine: Misconceptions and Misuses Revealed, from Distance Healing to Vitamin O" sowie eines bald erscheinenden Buchs für die International Labor Organisation über die Ernährung von Arbeitern.

Deborah Jean Warner, Kuratorin für die Geschichte der Physik am National Museum of American History der Smithsonian Institution, ist Gründerin und ehemalige Herausgeberin der Zeitschrift *Rittenhouse.* Sie hat das Buch „The Sky Explored: Celestial Cartography, 1500–1800" geschrieben.

David Wilkinson war Professor für Physik an der Princeton University. Er untersuchte mehr als ein Vierteljahrhundert die kosmische Hintergrundstrahlung und half bei der Konzeption des „COBE"-Satelliten (Start 1989) und des „MAP"-Satelliten (Start 2001). Beide Satelliten haben unser Verständnis über die Entkopplung von Strahlung und Materie 300 000 Jahre nach dem Urknall deutlich verbessert.

Robert W. Wilson, Astronom am Harvard Smithsonian Center for Astrophysics, bekam 1978 für die Entdeckung der kosmischen Mikrowellenhintergrundstrahlung zusammen mit Arno Penzias den Physiknobelpreis verliehen. Sein Essay wurde aus früheren Beiträgen zusammengestellt, unter anderem aus einem Kapitel des Buchs „Serendipitous Discoveries in Radio Astronomy".

Titelbild: Einst galten totale Sonnenfinsternisse als Vorboten schlimmer Ereignisse. Das nur wenige Minuten dauernde Phänomen tritt auf, wenn der Neumond zwischen Sonne und Erde vorbeizieht. Foto: Taxi/Getty Images. Titelrücken: Nasa.

2–3, Aaron Horowitz/CORBIS; 9, H. Yang (UIUC), J. Hester (ASU) und Nasa; 11, Nasa; 16–17, G. Fritz Benedict, Andrew Howell, Inger Jorgensen, David Chapell (Univ. of Texas), Jeffery Kenney (Univ. of Yale) und Beverly J. Smith (CASA, Univ. of Colorado) und Nasa; 18, Nasa/ESA/S. Beckwith (STScI) und das HUDF-Team; 20, NGS Map Group; 24–25, Robert Gendler; 26, NGS Map Group; 29, Scala/Art Resource, NY; 30, mit freundlicher Genehmigung von The Library of Congress; 31, Foto von Klipsi; 34, Stapleton Collection/CORBIS; 35, Jean-Leon Huens; 37, Michael Freeman/CORBIS; 38, mit freundlicher Genehmigung von The Library of Congress, Geography & Map Division; 41, Julian Baum/Science Photo Library Photo Researchers; 42, The Observatories of the Carnegie Institution of Washington; 44, Helmut K. Wimmer; 46, Mehau Kulyk/Science Photo Library Photo Researchers, Inc.; 47, Peter Lloyd; 48–49, Stephanie Maze/CORBIS; 52, Nasa/CXC SU/S. Park et al.; 53, The Boomerang Collaboration; 54, Mark McCaughrean (Astrophysikal. Institut Potsdam) und das European Southern Observatory; 57, David A. Hardy Photo Researchers, Inc.; 58, FORS Team, 8,2-Meter-VLT Antu, ESO; 59, Mark Seidler; 60, Helmut K. Wimmer; 62–63 (alle), Howard E. Bond und Nasa/STScI; 64, Nasa, ESA und H. E. Bond (STScI); 66 (oben), Foto von David Malin und The Hubble Heritage Team (STScI/AURA) Anglo-Australian Observatory; 66 (unten), Foto von David Malin/Anglo-Australian Observatory; 67, Rob Wood; 69, Lynette Cook, alle Rechte vorbehalten; 71, David A. Hardy/Science Photo Library Photo Researchers; 72, T.A. Rector & B.A. Wolpa, NOAO, AURA, NSF; 74–75, T. A. Rector (Univ. of Alaska), WIYN, NOAO, AURA, NSF; 76, Naoyuki Kurita; 77 (beide), John A. Bonner; 78, Nasa, „Cosmic Background Explorer" („COBE") Project; 79, Simulation gestaltet von Darren Reed mit PKDGRAY, programmiert von Joachim Stadel & Tom Quinn, auf SGI Origin 2000's bei NCSA & Nasa Ames; 81, Nasa; 83, Kirk Borne (STScI) und Nasa; 84, Nasa und The Hubble Heritage Team (STScI/AURA); 86, Smithsonian Insitution-National Air & Space Museum, künstlerische Gestaltung: Keith Soares/Bean Creative; 89, W. N. Colley & E. Turner (Princeton), J. A. Tyson (Lucent Technologies), HST, Nasa; 90, David Parker/Science Photo Library Photo Researchers; 93, David A. Hardy Photo Researchers, Inc.; 94 (oben), Nasa/„COBE" Science Team; 94 (unten), Nasa/WMAP Science Team; 95, Adolf Schaller für STScI; 97, Roger Ressmeyer/CORBIS; 98, Roger Ressmeyer/CORBIS; 100, NASM, Smithsonian Institution, Foto von Eric Long; 102, Roger Ressmeyer/CORBIS; 104, Roger Ressmeyer/CORBIS; 107, Nasa und A. Feild (STScI); 109, Nasa; 110–111, JPL/Nasa; 112, Philip Perkins/JPL; 114, Nasa; 116, Jean-Leon Huens; 120, Nasa; 122, Nasa; 124–125, Peter Lloyd; 126, Advanced Composition Explorer, Nasa; 129, Nasa; 130, JPL/Nasa; 132, USGS/Nasa; 135, Nasa; 136, Davis Meltzer; 137, Sally Bensusen Photo Researchers, Inc.; 139, Chris Madeley/Science Photo Library; 140 (oben), JPL/Nasa; 140 (unten), Apollo 16/Nasa; 141, Nasa; 142, David Handy/Science Photo Library Photo Researchers; 142, (Einschub) Don Davis/Sky & Telescope; 144, Nasa/JPL/Malin Space Science Systems; 145, Nasa JPL/Cornell/USGS; 146–147, Nasa/JPL; 148, Nasa/JPL/Malin Space Science Systems; 151, Johns Hopkins University Applied Physics Laboratory/Southwest Research Institute (JHUAPL/SwRI); 152, Nasa/JPL/STScI; 154–155, JPL/Nasa; 156, Nasa/JPL/STScI; 157, Ludek Pesek; 159, Nasa/JPL; 161, Nasa/JPL; 162, Nasa/STScI/Erich Karkoschka (Univ. of Arizona) und Nasa; 164, Nasa/JPL/CalTech; 166, David A. Hardy

Photo Researchers, Inc.; 168, JPL/Nasa; 170, Jonathan Blair; 172–173, Bill & Sally Fletcher; 174–175, Bilder mit freundlicher Genehmigung von Dave Seal und Paul Chodas vom JPL; 176, Peter Casolino/CORBIS; 178–179, Nasa; 180, Jim Sugar/CORBIS; 184–185, Hulton Archives/Getty Images; 186, Hulton Archive/Getty Images; 188–189, Nasa; 191, ESA/CNES/Arianespace-Photo CSG; 193, Nasa/JPL; 194, Reuters/CORBIS; 197, Nasa; 198, Nasa/KSC; 201, Bettmann/CORBIS; 202, Nasa; 203, Nasa; 204–205, Nasa; 207, Nasa; 209, Digital Image (c)1996 CORBIS; Originalbild mit freundlicher Genehmigung von Nasa/CORBIS; 211, NGS Map Group; 213, David A. Hardy/Science Photo Library; 215, Nasa/JPL; 216, Rob Griffith/AP; 217, NGS Map Group; 218, abgedruckt mit freundlicher Genehmigung von The Aerospace Corporation; 220–221, Nasa; 222, Nasa; 224, Presseagentur Novosti; 226, Videocosmos; 228–249 (alle), Nasa; 251, Bettmann/CORBIS; 253, Nasa; 254–255, Nasa; 256, Reuters/CORBIS; 257, European Pressphoto Agency, CCTV/AP; 259–262 (alle), Nasa; 264 (links), EarthData International of Maryland, LLC; 264 (Mitte), EarthData International of Maryland, LLC; 264 (rechts), EarthData International of Maryland, LLC; 264 (links), Space Imaging; 264 (links), Alaska SAR Facility, NOAA/NWS (Alaska-Region); 264 (Mitte), Space Imaging; 264 (rechts), Space Imaging; 264 (Mitte), Alaska SAR Facility, NOAA/NWS (Alaska-Region); 264 (rechts), Alaska SAR Facility, NOAA/NWS (Alaska-Region); 267, Stuart Armstrong; 268, Foto von R. B. Husar, Washington University; Festlandmassendarstellung vom SeaWiFS Project; Karten der European Space Agency; Temperaturdarstellung der Meeresoberfläche vom Naval Oceanographic Office's Visualization Laboratory, die Wolkenschicht vom SSEC, University of Wisconsin; 271 (oben), Alberto Garcia/CORBIS; 271 (unten), Nasa Langley Research Center/Aerosol Research Branch; 273, Gary R. Salisbury/Ball Aerospace Technologies Corp.; 274–275, Nasa/JPL/NIMA; 276, Nasa SVS; 278–279, mit freundlicher Genehmigung von Serge Andrefouet, Institut de Recherche pour le Développement, Noumea, Neukaledonien, und Dr. Frank Muller-Karger, Institute for Marine Remote Sensing, College of Marine Science, University of South Florida, St. Petersburg, FL; 281, Nasa/MODIS-Rapid Response Team; 283, Satellitenbild mit freundlicher Genehmigung von Space Imaging; 284, Nasa/JPL und The University of Texas, Center for Space Research; 285, Satellitenbild mit freundlicher Genehmigung von Space Imaging; 287, Digital Globe; 289, C. Mayhew & R. Simmon (Nasa/GSFC), NOAA/NGDC, DMSP Digital Archive; 292–334, Nasa/GSFC/METI/ERSDAC/JAROS und U.S./Japan ASTER Science Team; 295, Nasa's Scientific Visualization Studio; 297, Nasa; 298, Nasa/JPL/Caltech; 300, spotimage.com; 301, European Space Agency; 303, Nasa; 304, Nasa, GSFC Scientific Visualization Studio, basierend auf MOPITT-Daten (Canadian Space Agency und University of Toronto); 305, Bettmann/CORBIS; 307, ESA/J. Huart; 309, Bettmann/CORBIS; 310, Nasa; 313, AP/Jason Hirchfeld; 315, James L. Amos/CORBIS; 316, AFP/Getty Images; 319, NOAA/National Environment Satellite; 321, CORBIS; 322–323, AP/Mikhail Metzel; 324, Time Life Pictures/Getty Images; 326, Steve Crise/CORBIS; 329, Time Life Pictures/Getty Images; 330, Hulton-Deutsch/CORBIS; 332, Bettmann/CORBIS; 333, Naval Center for Space Technology/Naval Research Laboratory; 336–337, National Reconnaissance Office; 339, CORBIS; 343, NGS Map Group; 345, Missile Defense Agency; 347, AP/Department of State/HO; 351, National Reconnaissance Office; 352, CIA/National Reconnaissance Office; 354, Naval Research Laboratory; 357, Naval Center for Space Technology/Naval Research Laboratory; 359, National Imagery and Mapping Agency/National Geospatial Intelligence Agency; 361, Peter Johnson/CORBIS; 362, Boeing Satellite Systems; 364, Northrup-Grumman Corporation; 367, AP/Ralph Radford; 368–369, Nasa.

Die große National Geographic Enzyklopädie Weltall
Linda K. Glover mit Andrew Chaikin, Patricia S. Daniels,
Andrea Gianopoulos und Jonathan T. Malay
Vorwort von Buzz Aldrin

Veröffentlicht von der National Geographic Society
John M. Fahey, Jr., *President and Chief Executive Officer*
Gilbert M. Grosvenor, *Chairman of the Board*
Nina D. Hoffman, *Executive Vice President*

Erarbeitet durch die Fachabteilung Buch
Kevin Mulroy, *Vice President and Editor-in-Chief*
Charles Kogod, *Illustrations Director*
Marianne R. Koszorus, *Design Director*
Barbara Brownell Grogan, *Executive Editor*

Mitarbeiter an diesem Buch
Jane Sunderland, *Project Manager*
Toni Eugene, *Text Editor*
Susan Blair, *Illustrations Editor*
Carol Farrar Norton, *Art Director*
Suzanne Poole, John Wagley,
    Daniel O'Toole, Emily McCarthy, *Researchers*
Carl Mehler, *Director of Maps*
Gregory Ugiansky, Matt Chwastyk, *Map Production*
Anne Oman, Daniel O'Toole, *Contributing Writers*
Margo Browning, Barbara Johnson, *Contributing Editors*
Gary Colbert, *Production Director and*
    Production Project Manager
Sharon Kocsis Berry, *Illustrations Assistant*
Connie Binder, *Indexer*

Herstellungs- und Qualitätskontrolle
Christopher A. Liedel, *Chief Financial Officer*
Phillip L. Schlosser, *Managing Director*
John T. Dunn, *Technical Director*
Vincent P. Ryan, *Manager*

Danksagung
Ich möchte den vielen Menschen danken, die dieses Buch möglich gemacht haben: Sylvia Earle, die mich bei NATIONAL GEOGRAPHIC eingeführt hat; Barbara Brownell von der dortigen Buchabteilung, der die Idee eines Weltraumtitels gefiel; den anderen Autoren und Essayisten, die ihre Begeisterung und ihr Fachwissen in dieses Projekt eingebracht haben; Toni Eugene, der unter Zeitdruck heldenhaft redigierte; den vielen anderen Mitarbeitern, die ich nie persönlich kennen lernte; und Jane Sunderland, die wie durch ein Wunder alle Teile zusammenführte. Ebenso möchte ich den Offices of the Historian and Corporate Communications, Konteradmiral Rand Fisher, Oberst Joseph Rouge und Lieutenant Commander Rob Thompson sowie allen Mitarbeitern des National Reconnaissance Office für unschätzbare Informationen danken. Und ich danke den Mitarbeitern von Reiters Scientific Bookstore in Washington, D.C., für die Zusammenstellung der weiterführenden Literaturhinweise. Mein persönlicher Dank geht an Muv und Rod, dass sie mir meine Abwesenheit vergeben haben; an Colette Magnant, Irene Gage und Fred Smith, die buchstäblich mein Leben retteten; an Ellen, die mich immer anspornte; an Fulton, der immer da war, und besonders an Randolph für seine ständige Unterstützung.   — *Linda K. Glover*

Die Buchabteilung möchte sich bei Stephen P. Maran bedanken, der den Rahmen des Buches genau ausgearbeitet hat, sowie bei Dana Chivvis für das Gegenlesen und den Vergleich der vielen Editierzeichen. Jonathan T. Malay möchte sich bei Ray Ernst von Lockheed Martin und bei Dr. Bill Gail von Ball Aerospace für deren Hilfe bedanken.

Die National Geographic Society, eine der größten gemeinnützigen wissenschaftlichen Vereinigungen der Welt, wurde 1888 gegründet, um «die geographischen Kenntnisse zu mehren und zu verbreiten». Seither unterstützt sie die wissenschaftliche Forschung und informiert ihre mehr als neun Millionen Mitglieder in aller Welt. Die National Geographic Society informiert durch Magazine, Bücher, Fernsehprogramme, Videos, Landkarten, Atlanten und moderne Lehrmittel. Außerdem vergibt sie Forschungsstipendien und organisiert den Wettbewerb National Geographic Bee sowie Workshops für Lehrer. Die Gesellschaft finanziert sich durch Mitgliedsbeiträge und den Verkauf der Lehrmittel. Die Mitglieder erhalten regelmäßig das offizielle Journal der Gesellschaft: das NATIONAL GEOGRAPHIC-Magazin.

Falls Sie mehr über die National Geographic Society, ihre Lehrprogramme und Publikationen wissen wollen, nutzen Sie die Website unter www.nationalgeographic.com.

Die Website von National Geographic Deutschland können Sie unter www.nationalgeographic.de besuchen.

Titel der amerikanischen Originalausgabe:
National Geographic Encyclopedia of Space

ISBN 3-937606-25-4
ISBN 3-937606-26-2 (mit CD-ROM)

Übersetzung: Michael Vogel
Lektorat: Monika Rößiger, Alexandra Schlüter (Ltg.)
Wissenschaftliche Beratung: Rahlf Hansen
Schlussredaktion: Katharina Harde-Tinnefeld, Birte Kaiser
Titelgestaltung: Lutz Jahrmarkt
Produktionsgrafik: Sandra Cordes
Kartografische Bearbeitung: Klaus Kühner
Redaktionsassistenz: Alexandra Carsten, Hella Raddatz
Herstellung: Dirk Beyer
Lithografie: Dunz-Wolff GmbH
Printed in Spain